リーマン面上のハーディ族

Hardy Classes on Riemann Surfaces—A Modern Introduction

荷見　守助著

内田老鶴圃

本書の全部あるいは一部を断わりなく転載または複写(コピー)することは，著作権および出版権の侵害となる場合がありますのでご注意下さい．

はしがき

本書の主題は無限連結 Riemann 面上の Hardy 族である．この方面の著書としては M. Heins による "Hardy Classes on Riemann Surfaces" (Heins [B19]) が 1969 年に発刊され無限連結性に関わる Hardy 族の話題が本格的に論じられた．1983 年にはその後の発展のいくつかをまとめた著者の報告 [B16] が出ている．本書は 1983 年の報告の主な部分に Fuchs 群の立場からの理論とそれに関連したその後の発展の一部を加えて解説を試みたものである．

Hardy 族は G. H. Hardy が単位円板上の正則函数の平均増大度を論じた 1915 年の論文 [36] に始まるというのが大方の認識である．この極めて有用な函数族は Hardy 自身をはじめ，J. E. Littlewood, Frederic と Marcel の Riesz 兄弟，G. Szegö 等によって基礎が築かれ，複素函数論の分野を越えて膨大な研究文献があり，現在もなお活発な進展が続けられている．

Hardy 族の研究は単位円板の場合が発生の当初からその重要性と単純性から最も盛んに研究されてきた．それに続いて有限連結領域の場合にも高い関心が寄せられ多くの研究がある．それに対して，種数無限を含む無限連結の場合はどちらかと言えば研究の多くが一般論に関心があったようで，Hardy 族に限ってみれば充実した理論の建設には無理があると思わざるを得なかった．それで，1983 年の報告では「古典的 Hardy 族理論の稔ある発展が可能な無限連結 Riemann 面を求めること」を目標にして Parreau-Widom 型 Riemann 面（以下，PW 面，PW 型と略称する）を導入し，その上の Hardy 族の基本性質の解明に努めた．幸い，その後この PW 型に関心を寄せられる方が増えているようである．最近では PW 型の Denjoy 領域が或る種の自己共軛作用素のスペ

クトルとの関連で話題になっている．このように，「PW 型」が理論のための理論を越えて関心を持たれていることは M. Parreau, H. Widom 両氏の炯眼が齎した当然の結果ではあるが，望外の発展で嬉しいことである．

次に，内容について簡単に述べる．第 I 章では調和函数の Poisson 積分表示の抽象論として正値調和函数のベクトル束論的な扱い方を説明する．多重連結領域上の Hardy 族を円滑に扱うための仕組みとして我々は乗法的解析函数と Martin コンパクト化の概念を利用する．これらはそれぞれ第 II 章と第 III 章で説明する．第 IV 章では Hardy 族についての古典的理論の基本を境界対応に重点を置いて復習する．本論は第 V 章から始まる．まず，ここでは Parreau-Widom 型面の定義が Widom に従って述べられる．この定義が Parreau の与えたものと本質は変わらないことが "正則化" の方法で示された後，

Widom の基本定理 開 Riemann 面 $\mathcal{R}$ が PW 型であるための必要十分条件は $\mathcal{R}$ の基本群 $\pi_1(\mathcal{R})$ の任意の指標に対しこれを指標とする $\mathcal{R}$ 上の定数でない有界な乗法的正則函数が存在することである

が詳しく証明される．第 VI 章では Green 線の空間上の Dirichlet 問題が論じられ，PW 面に対しては Green 測度と Martin 測度の関係を問う Brelot-Choquet 問題の肯定的な解答が与えられる．第 VII 章の主題は順 (direct) と逆 (inverse) の二つの Cauchy 定理である．この中で，逆 Cauchy 定理は全ての PW 面で成り立ち，その逆も有界正則函数環が $\mathcal{R}$ の点を分離するという付帯条件の下で成り立つという意味で PW 面をほとんど特徴づける (林 [54])．一方，Cauchy の積分公式の精密化にあたる順 Cauchy 定理 (略して (DCT)) は一般の PW 面に対しては成り立たず，Beurling 型の不変部分空間定理の成立や，指標的保型函数に関する極値問題の解の指標に対する連続性などいくつかの性質と同等で，(DCT) の成立を条件として PW 面の一つの重要な部分族が規定される．この結果は林実樹廣氏の深い研究に負うものである．実際，同氏は 1970 年代半ばから 1980 年代半ばにかけて PW 型 Riemann 面の研究に精力的に取組んだ．この間二度の UCLA 滞在で T. W. Gamelin 教授の下で多くの成果を挙げたことは，PW 面理論にとって誠に幸いであった．(DCT) を満たす PW 面の部分族の重要さは Carleson が導入した等質集合の補集合とし

て得られるいわゆる等質 Denjoy 領域が (DCT) を満たす PW 領域であるという Jones-Marshall [64] や Sodin-Yuditskii [105] の結果からも推察される. 我々が扱ってきた Riemann 面は全(すべ)て双曲型で,その普遍被覆面である単位円板を或る Fuchs 群で割って得られる. その意味で以上で述べた Riemann 面の複素函数論的なところは適当な Fuchs 群の言葉で全部再現できるはずである. 第 VIII 章ではこれを具体的に実行した Pommerenke の理論を解説した. 第 IX 章は Fuchs 群的な話の続きで,Forelli の射影を説明する. 主な応用としては,Cauchy-Read の定理の Earle-Marden の証明,等質 Denjoy 領域に関する Carleson のコロナ定理の Jones-Marshall の証明を述べる. 第 X 章は等質 Denjoy 領域上の Jacobi の逆問題に関する Sodin-Yuditskii の理論を解説する. 自己共軛作用素のレゾルベント集合は Denjoy 領域であるから,この視点からの研究はあって当然で,実際 Hill の方程式のスペクトルの研究等が地道に続けられてきたが,それを等質集合をスペクトルとする Jacobi 行列を対応する Denjoy 領域の PW 性と結びつけて解析し,さらに (DCT) 条件の成立を発見して Jacobi の定理の無限次元版を完成したのは Sodin-Yuditskii の美しい仕事である. 以上では,PW 面の持つさまざまな状況を述べて,無限連結であっても有限連結とそれほど変らぬ感覚で扱えることを見てきた. 第 XI 章では PW 面から離れて Hardy 族による平面領域の分類問題を述べる. ここでは,無限種数の Riemann 面 (いわゆる Myrberg 面) を利用した Heins の分類表のほとんどが平面領域のみを使っても再現できることが示される. これは Hardy 族から見たとき,平面領域は想像以上に複雑になり得ることを示している. さらに,付録として,本文中の記号の説明をかねて若干進んだ予備知識をまとめておいたので必要に応じて利用していただきたい. もちろん,これだけでは間に合わないので,本文中でも参考書を適宜紹介した.

　本書の主題である Hardy 族に関連する話題に著者が初めて興味を持ったのは 1962 年から 1964 年まで Berkeley の California 大学に滞在した折のことある. 1962 年の秋学期には Henry Helson 先生が "Selected Topics in Analysis" という講義題目で Helson-Lawdenslager 理論を講義されたが,これが著者が出会ったアメリカでの最初の本格的な数学であった. 当時は所謂(いわゆる)函数環論の発展期で Berkeley でも 1962–63 学年の春学期から John Kelley 先生を中心とす

る函数環セミナーが始まり，William Bade, Errett Bishop, Henry Helson の諸先生が常時参加され，活気に溢れていた．$C(\mathbb{T})$ の不変部分空間を一緒に勉強した T. P. Srinivasan とは Helson 先生のご講義がご縁の始まりだったが，同氏は Kelley セミナーにもよく登場し，「これは昨夜(ゆうべ)考えたことだが」というのが口癖だったことを懐かしく思い出す．一方，Riemann 面とは Bishop 先生から Voichick の論文 [110] のプレプリントを頂いたのが長いお付合の始りであった．1983 年報告の序文で触れたことは割愛するが，ここにお名前を挙げない多くの方々のお蔭を蒙ってきたことを記しておきたい．

幸い 1990 年代に入ってから，PW 面上の Hardy 族理論は Carleson の等質集合をスペクトルとする作用素研究の有力な手段として注目され，その関連で 1983 年の報告の結果 (特に, 順 Cauchy 定理に関する林実樹廣氏の研究) も単位円板とその上の Fuchs 群を基本とする Pommerenke 理論の枠組みに翻訳されて基本的な役割を演ずるようになった．それで，この方面の基礎と現況の若干を含めることにした．甚だ不十分ながら何かのお役に立てれば幸いである．

本書の執筆は内田老鶴圃社長内田学氏のお勧めによるものである．安請合で始めたものであったが，勉強の空白を埋める作業は当然のことながら難航し，行間が読めずに時間だけを空費した感が強い．それでも，著者の疑問に答えていただいた北海道大学の林実樹廣教授，Tel Aviv 大学の Mikhael Sodin 教授のご親切と茨城大学数理科学科の皆さんのご援助は大きな励みになった．

遅々として進まぬ著者を暖かく見守っていただいた内田老鶴圃会長内田悟氏，原稿の細部まで多大な労を厭わずご検討いただき多くの貴重な示唆を与えて下さった内田老鶴圃編集部の笠井千代樹氏，さらには内田社長の十年以上に亘る辛抱強い励ましもあって何とかここまで辿り着いたというのが実感である．特に記して深く感謝の意を表する次第である．

平成 22 年 8 月

水戸にて

荷見　守助

目 次

はしがき i
凡 例 ix

第 I 章　正値調和函数　1

§1. ベクトル束 1
§2. コンパクト凸集合の解析：Krein-Milman の定理 8
§3. コンパクト凸集合の Choquet 理論 13
§4. 調和函数の束構造 25
　　文献ノート 30

第 II 章　乗法的解析函数　31

§1. 基本群とコホモロジー群の双対性 31
§2. 乗法的解析函数 36
§3. コンパクト縁つき面上の Cauchy 核 39
　　文献ノート 48

第 III 章　Martin コンパクト化　49

§1. コンパクト化の構成 49
§2. 調和函数の Martin 積分表示 53
§3. Dirichlet 問題 56
§4. 細位相 62
§5. 境界挙動の解析 65
§6. 被覆写像 73
　　文献ノート 80

第 IV 章　Hardy 族　　81

§1. 単位円板上の Hardy 族 81
§2. 上半平面上の Hardy 族 101
§3. 双曲型 Riemann 面上の Hardy 族 106
§4. β 位相 110
　　文献ノート 116

第 V 章　Parreau-Widom 型 Riemann 面　　117

§1. 定義と基本性質 117
§2. Parreau-Widom 型 Riemann 面の正則化 121
§3. Widom の定理の証明 (I) 124
§4. Widom の定理の証明 (II) 132
§5. 二三の帰結と注意 149
　　文献ノート 151

第 VI 章　Green 線　　153

§1. Green 線に基づく Dirichlet 問題 153
§2. Parreau-Widom 型 Riemann 面上の Green 線 157
§3. Green 線と Martin 境界 164
　　文献ノート 172

第 VII 章　Cauchy 定理　　173

§1. 逆 Cauchy 定理 173
§2. 順 Cauchy 定理 181
§3. 不変部分空間 189
§4. 函数 $m^p(\xi, a)$ の連続性と (DCT) 200
　　文献ノート 207

第 VIII 章　Widom 群　　209

§1. 一次変換群 209
§2. 被覆変換群としての Fuchs 群 216
§3. Widom 群の解析 224

　　　　文献ノート 236

第 IX 章　Forelli の条件つき平均作用素　　237
§1.　コンパクト縁つき Riemann 面の Fuchs 群 237
§2.　条件つき平均作用素 241
§3.　コロナ問題 247
§4.　等質 Denjoy 領域のコロナ定理 257
　　　文献ノート 262

第 X 章　等質 Denjoy 領域の Jacobi 逆問題　　263
§1.　古典的実形式 Jacobi 逆問題の再定義 263
§2.　有限帯 Jacobi 行列と Jacobi の逆問題 270
§3.　無限帯 Jacobi 行列 ── 主定理と証明の筋書き 277
§4.　PW Denjoy 領域の解析 284
§5.　Abel 写像の逆の構成 302
§6.　主要結果の証明の仕上げ 314
　　　文献ノート 326

第 XI 章　Hardy 族による平面領域の分類　　327
§1.　Hardy-Orlicz 族 327
§2.　N_Φ 級の零集合 331
§3.　平面領域の分類 348
　　　文献ノート 358

付　録　　359
§A.　Riemann 面の基本事項 359
§B.　古典的ポテンシャル論 372
§C.　主作用素の構成 383
§D.　若干の古典函数論 387
§E.　Jacobi 行列 397

参考文献一覧	**403**
著者索引	**413**
記号索引	**415**
事項索引	**417**

凡　例

1) 本文を章，節，小節 (必要なときのみ) に分ける．付録は一つの章である．

2) 章節の番号付は，章は I, II, III, ...，節は章ごとに改め 1, 2, 3, ...，小節は節毎に改め 1, 2, ... とする．但し，付録の節は A, B, ... とする．

3) 定理等の番号は節ごとに番号を改め，第 1 節中の定理は，定理 1.1, 定理 1.2, ... とする．

4) 引用の形式は次の通り：例えば，「第 II 章第 5 節」「第 II 章第 5 節第 3 小節」「第 II 章第 5 節の定理 7」を引用するには，
   - 同じ章の中では，§5, §5.3, 定理 5.7 等であるが，
   - 別の章の中では，§II.5, §II.5.3, 定理 II.5.7 等と章の番号を追加する．

また，付録は §A.1 などとする．

5) 参考文献は巻末にまとめ，単行書は [B1], [B2], ...，それ以外の論文等は [1], [2], ... とした．直接参考にしたもの以外についてもページが許す範囲でいくつかを含めることにしたが，完全を期したものではない．証明を省略したものについては，初等的なものは別としてなるべく参考書を提示した．また，論文についてはアメリカ数学会の Mathematical Reviews 誌所載のものは MR 0288780 (44 #5976) 等としてその所在を示した．MathSciNet が利用できる場合は，これで検索すれば便利であろう．

6) 和訳の見当たらなかった次の専門用語については，暫定的に言葉を当てておいた：**ほぼ到るところ** (quasi-everywhere), **限界円** (oricycle), **単純抜き差し** (simple jerk), **縮減函数** (réduite (仏)), **穿孔** (puncture).

7) 記号について注意すると，本書では多くの概念が登場するので，それに伴って記号も多様で時として紛らわしいことも起り得る．例えば，同じ文字 g が単なる函数記号として使われるほかに，Riemann 面の種数，Green 函数などを表す．また，α は数を表す他に，群の指標を表したりする．

第 I 章

正値調和函数

正値調和函数およびその差として表される調和函数をベクトル束構造を利用して調べる.さらに,コンパクト凸集合に関する Choquet 理論を応用して調和函数に対する積分表示の公式を導く.

§1　ベクトル束

大小の順序が定義された線型空間は数学のさまざまなところに顔を出す.我々も準備としてここから話を始めよう.

1.1　定義と基本性質　実線型空間 E の空でない部分集合 C が条件

(CC1)　任意の $x,y \in C$ に対して $x+y \in C$,

(CC2)　任意の $x \in C$ と任意の実数 $\alpha \geqq 0$ に対して $\alpha x \in C$,

(CC3)　C は原点を通る直線を含まない

を満たすとき,これを E の**凸錐**(とっすい)と呼ぶ.E の凸錐 C を固定し,$x,y \in E$ が $y-x \in C$ を満たすとき $x \leqq y$ と定義すれば,E 上の二元関係 $\leqq$ は**順序**である.即ち,(i) 全(すべ)ての $x \in E$ に対して $x \leqq x$, (ii) $x \leqq y$ 且つ $y \leqq x$ ならば $x = y$, (iii) $x \leqq y$ 且つ $y \leqq z$ ならば $x \leqq z$, の三性質を持つ.また,この順序を使えば条件 (CC1), (CC2), (CC3) は次のそれぞれと同等である:

(OV1)　$x,y \geqq 0$ ならば,$x+y \geqq 0$,

(OV2)　$x \geqq 0, \alpha \geqq 0$ ならば,$\alpha x \geqq 0$,

(OV3)　$x \geqq 0$ 且つ $-x \geqq 0$ ならば,$x = 0$.

条件 (OV1), (OV2), (OV3) を満たす線型空間 E を**順序線型空間**と云う.順序線型空間 E の任意の二元 x, y がこの順序に関して E の中で最小の上界を

持つならば,E を**ベクトル束** (vector lattice) と呼ぶ.この場合,任意の二元 x, y の最小上界を $x \vee y$ と書く.特に,$x \vee 0$ および $(-x) \vee 0$ の代りにそれぞれ x^+ および x^- の記号を用いる.以下で示すように,ベクトル束においては,任意の x, y の最大下界も存在する.これを $x \wedge y$ と書く.

定理 1.1 順序線型空間 E がベクトル束であるためには,全ての $x \in E$ に対し $x \vee 0$ が存在することが必要十分である.

証明 E がベクトル束ならば,定義により全ての $x \in E$ に対して $x \vee 0$ が存在する.逆に,順序線型空間 E の全ての $x \in E$ に対して $x \vee 0$ が存在すると仮定すると,任意の $x, y \in E$ に対して,$z_0 = x + (y - x) \vee 0$ が x と y の最小上界である.実際,まず $x \leqq z_0$ は明らかで,$z_0 - x = (y - x) \vee 0 \geqq y - x$ より $y \leqq z_0$ を得るから,z_0 は x と y の上界である.次に,x と y の任意の上界を z とすれば,$z - x \geqq (y - x) \vee 0$ より $z \geqq x + (y - x) \vee 0 = z_0$ を得るから,z_0 は x と y の最小上界である.x, y は任意であったから,全ての $x, y \in E$ に対し $x \vee y$ が存在する.これが示すべきことであった. □

以下では,E をベクトル束とする.

定理 1.2 任意の二元 $x, y \in E$ に対し x と y の最大下界 $x \wedge y$ は存在して $-((-x) \vee (-y))$ に等しい.

証明 写像 $x \mapsto -x$ は E の線型自己同型で,順序を逆にする.従って,任意の $x, y \in E$ に対し $-(x \vee y)$ は $-x$ と $-y$ の最大下界である.特に,$-((-x) \vee (-y))$ は $x = -(-x)$ と $y = -(-y)$ の最大下界である. □

定理 1.3 任意の元 $x, y, z \in E$ に対して次が成り立つ.

(a) $x \vee y + z = (x + z) \vee (y + z)$, $x \wedge y + z = (x + z) \wedge (y + z)$.

(b) $\alpha \geqq 0$ ならば,$\alpha(x \vee y) = (\alpha x) \vee (\alpha y)$, $\alpha(x \wedge y) = (\alpha x) \wedge (\alpha y)$.

(c) $x + y = x \vee y + x \wedge y$. 特に,$x = x^+ - x^-$.

(d) $x \vee (-x) \geqq 0$.

証明 (a) と (b) の証明は読者に残し,(c) と (d) のみを示そう.

(c) 性質 (a) と定理 1.2 を使って次のように計算すればよい：
$$x \vee y - (x+y) = (x-(x+y)) \vee (y-(x+y))$$
$$= (-x) \vee (-y) = -(x \wedge y).$$

(d) 性質 (c) より，$x \vee (-x) + x \wedge (-x) = x + (-x) = 0$ が分る．また，$x \vee (-x) \geqq x \geqq x \wedge (-x)$ より，$x \vee (-x) - x \wedge (-x) \geqq 0$．これらを加えて，$2(x \vee (-x)) \geqq 0$．よって，性質 (OV2) より求める結果が得られる． □

定理 1.4 非負の元 $x, y_1, \ldots, y_n \in E$ が $x \leqq \sum_{j=1}^{n} y_j$ を満たすとき，$x = \sum_{j=1}^{n} x_j$ と $0 \leqq x_j \leqq y_j$ $(1 \leqq j \leqq n)$ を満たす $x_j \in E$ が存在する．

証明 まず $n=2$ の場合を示すため，非負の $x, y_1, y_2 \in E$ が $x \leqq y_1 + y_2$ を満たすと仮定する．このときは，$x_1 = x \wedge y_1$, $x_2 = x - x_1$ とおけばよい．実際，$0 \leqq x_1 \leqq y_1$ は明らかで，$0 \leqq x_2 \leqq y_2$ は次の計算の通りである：
$$0 \leqq x_2 = x - x_1 = x - x \wedge y_1 = x \vee y_1 - y_1$$
$$\leqq (y_1 + y_2) - y_1 = y_2.$$

$n > 2$ の場合は帰納法によって簡単に $n = 2$ の場合に帰着される． □

系 非負の元 $x, y_1, \ldots, y_n \in E$ に対して次が成り立つ：
$$x \wedge \sum_{j=1}^{n} y_j \leqq \sum_{j=1}^{n} x \wedge y_j.$$

1.2 完備ベクトル束 ベクトル束 E において，E の順序について上に有界な (可算) 部分集合が必ず最小上界を持つとき，E を**完備 (σ 完備) ベクトル束**と呼ぶ．上に有界な集合 $\{x_\iota : \iota \in I\}$ の最小上界を $\bigvee_{\iota \in I} x_\iota$ と書く．E が完備 (σ 完備) ならば，下に有界な (可算) 部分集合 $\{x_\iota : \iota \in I\} \subset E$ は最大下界を持つ．これを $\bigwedge_{\iota \in I} x_\iota$ と書く．これらの演算は可換律と結合律を満たすが，完備ベクトル束においてはさらに次が成り立つ．

(a) $x + \bigvee_{\iota \in I} x_\iota = \bigvee_{\iota \in I}(x + x_\iota), \quad x + \bigwedge_{\iota \in I} x_\iota = \bigwedge_{\iota \in I}(x + x_\iota),$
(b) $-\bigvee_{\iota \in I} x_\iota = \bigwedge_{\iota \in I}(-x_\iota),$
(c) $\alpha\left(\bigvee_{\iota \in I} x_\iota\right) = \bigvee_{\iota \in I}(\alpha x_\iota), \quad \alpha\left(\bigwedge_{\iota \in I} x_\iota\right) = \bigwedge_{\iota \in I}(\alpha x_\iota) \quad (\alpha \geqq 0),$
(d) $x \vee \left(\bigwedge_{\iota \in I} x_\iota\right) = \bigwedge_{\iota \in I}(x \vee x_\iota), \quad x \wedge \left(\bigvee_{\iota \in I} x_\iota\right) = \bigvee_{\iota \in I}(x \wedge x_\iota).$

これらの等式において $\{x_\iota\} \subset E$ は一般に無限 (σ 完備のときは可算) 集合で，等式の一方の辺に意味があれば他方も同様で等号が成り立つのである．

等式の検証　(a) と (d) の第一の等式のみを検証する．

(a) 左辺が意味を持つとすると，$\{x_\iota\}$ は上に有界である．従って，全ての $\iota \in I$ に対して $x + x_\iota \leqq x + \bigvee_{\kappa \in I} x_\kappa$ であるから，$\{x + x_\iota\}_{\iota \in I}$ も上に有界で，$\bigvee_{\iota \in I}(x + x_\iota) \leqq x + \bigvee_{\iota \in I} x_\iota$ が成り立つ．ここで，x を $-x$ とし，各 x_ι を $x + x_\iota$ におきかえて同じ不等式を書けば，

$$\bigvee_{\iota \in I} x_\iota = \bigvee_{\iota \in I}(-x + x + x_\iota) \leqq -x + \bigvee_{\iota \in I}(x + x_\iota)$$

となるが，これは逆向きの不等式であるから，求める等号が成り立つ．右辺が意味を持つとしても同様である．

(d) 左辺 $\leqq$ 右辺 は明らかである．各 ι に対して

$$x + x_\iota - x \wedge (\bigwedge_\kappa x_\kappa) = x \vee x_\iota + x \wedge x_\iota - x \wedge (\bigwedge_\kappa x_\kappa) \geqq x \vee x_\iota$$

であるから，次のように計算して逆の不等号が得られる：

$$x \vee \left(\bigwedge_\iota x_\iota\right) = x + \bigwedge_\iota x_\iota - x \wedge \left(\bigwedge_\iota x_\iota\right)$$
$$= \bigwedge_\iota \left[x + x_\iota - x \wedge (\bigwedge_\kappa x_\kappa)\right] \geqq \bigwedge_\iota (x \vee x_\iota).\quad \square$$

1.3 絶対値とベクトルの直交　定理 1.3(d) の左辺 $x \vee (-x)$ を x の**絶対値**と呼び，$|x|$ で表す．これは実数の絶対値に似た性質を持つ．

定理 1.5　任意の $x, y \in E$ と任意の $\alpha \in \mathbb{R}$ に対して次が成り立つ：

(a)　$|x| \geqq 0$ であり，且つ $|x| = 0$ と $x = 0$ は同等である．

(b)　$|\alpha x| = |\alpha||x|,\quad |x + y| \leqq |x| + |y|$．

証明　絶対値の定義と定理 1.3 の性質を使えば容易であるから省略する．　$\square$

さて，$x, y \in E$ に対し $|x| \wedge |y| = 0$ が成り立つとき，x と y とは互いに**直交**すると云って，$x \perp y$ と表す．

定理 1.6 非負の元 $x_1, \ldots, x_n \in E$ が互いに直交するならば,
$$\sum_{j=1}^n x_j = \bigvee_{j=1}^n x_j .$$

証明 $n = 2$ のときは, 定理 1.3(c) による. また, $n > 2$ については帰納法が簡単で, §1.2 の公式 (d) を使って計算すればよい. □

1.4 順序イデアル F をベクトル束 E の線型部分空間とする. もし F が E の演算 $x \vee y$ と $x \wedge y$ について閉じているならば, F を E の**部分ベクトル束**と云う. また, $x \in E, y \in F$ が $|x| \leq |y|$ を満たすとき常に $x \in F$ が成り立つならば, F を E の**順序イデアル**と呼ぶ. 順序イデアルは必ず部分ベクトル束である. ベクトル束 E が完備 (σ 完備) のとき, E の部分ベクトル束 F が E で完備 (σ 完備) であるとは, F の (可算) 部分集合 $\{x_\iota\}$ が E の中で上に有界ならば E での最小上界 $\bigvee_\iota x_\iota$ が F に属することを云う.

ベクトル束 E の部分集合 $A (\neq \emptyset)$ に対し, A の各元と直交する E の元の全体を $A^\perp$ と書き, A の**直交補空間**と呼ぶ. さらに, $A^{\perp\perp} = (A^\perp)^\perp$ 等と書く.

定理 1.7 直交補空間 $A^\perp$ は E の順序イデアルである.

証明 $x, y \in A^\perp, a \in A$ とする. まず, 束演算の分配律より
$$|x+y| \wedge |a| \leq (|x|+|y|) \wedge |a| = (|x| \vee |y| + |x| \wedge |y|) \wedge |a|$$
$$\leq (2|x| \vee 2|y|) \wedge |a| = (2|x| \wedge |a|) \vee (2|x| \wedge |a|) = 0$$
となり, $x + y \in A^\perp$. また, $\alpha \in \mathbb{R}$ ならば, $|\alpha| \leq n$ とするとき, $|\alpha x| \wedge |a| \leq n(|x| \wedge |a|) = 0$ となり, $\alpha x \in A^\perp$. よって, $A^\perp$ は E の線型部分空間である. 次に, $x \in E, y \in A^\perp$ が $|x| \leq |y|$ を満たすときは, 任意の $a \in A$ に対し $0 \leq |x| \wedge |a| \leq |y| \wedge |a| = 0$ となり, $x \in A^\perp$. 故に, $A^\perp$ は E の順序イデアルである. □

1.5 直和分解 直交関係の応用として, ベクトル束の順序イデアルへの直和分解を示そう. まず, 補題を二つ用意する.

補題 1.8 $A^\perp \cap A^{\perp\perp} = \{0\}$. 従って, $A^\perp + A^{\perp\perp}$ は直和である.

証明 $x \in A^\perp \cap A^{\perp\perp}$ ならば, $|x| = |x| \wedge |x| = 0$ より $x = 0$ を得る. □

補題 1.9 E が完備ならば,任意の $x \in E$ に対し $x = y+z$ を満たす $y \in A^{\perp\perp}$ と $z \in A^\perp$ が存在する.もし x が非負ならば,y, z も同様である.

証明 任意の $x \in E$ は $x = x^+ - x^-$ と非負の元の差で表されるから,x は非負として考えれば十分である.このとき,$\mathcal{M} = \{b \in A^\perp : b \leq x\}$ とおくと,E は完備であるから,$\mathcal{M}$ は最小上界を持つ.これを z と書くと,$x \geq 0$ より $0 \in \mathcal{M}$ を満たすから $0 \leq z \leq x$ を得る.また,任意の $a \in A$ に対し
$$z \wedge |a| = \left(\bigvee\{b : b \in \mathcal{M}\}\right) \wedge |a| = \bigvee\{b \wedge |a| : b \in \mathcal{M}\} = 0$$
が成り立つから,$z \in A^\perp$.次に,$y = x - z$ とおくと,$0 \leq z \leq x$ であるから,$y = x - z \geq 0$ が分る.$y \in A^{\perp\perp}$ を示すために,任意に $c \in A^\perp$ をとり,$u = y \wedge |c|$ とおく.$A^\perp$ は順序イデアルであるから,$0 \leq u \leq |c|$ より $u \in A^\perp$.従って,任意の $b \in \mathcal{M}$ に対し $b + u \in A^\perp$ が成り立つが,さらに $b + u \leq z + u \leq z + y = x$ を満たすから,$b + u \in \mathcal{M}$.よって,
$$z + u = \bigvee\{b : b \in \mathcal{M}\} + u = \bigvee\{b + u : b \in \mathcal{M}\} \leq z.$$
故に,$u = 0$ となり,$y \in (A^\perp)^\perp = A^{\perp\perp}$. □

定理 1.10 完備ベクトル束 E の部分集合 $A \neq \emptyset$ に対し次が成り立つ:
  (a) $E = A^\perp \oplus A^{\perp\perp}$ は直和分解で,直和因子への射影は正値である.
  (b) $A^\perp$ および $A^{\perp\perp}$ は E で完備である.
  (c) $A^{\perp\perp}$ は A から生成された完備な E の順序イデアルである.

証明 (a) 補題 1.8 および 1.9 で既に示した.なお,分解の一意性は直和の特性である.

(b) $\{x_\iota\}$ を $A^\perp$ の部分集合で E の中で上に有界であるとする.即ち,全ての ι について $x_\iota \leq x$ を満たす $x \in E$ が存在したとする.必要ならば x を $x \vee 0$ に代えることにより,x は非負であると仮定してよい.従って,$x_\iota \leq x_\iota^+ \leq x$. 補題 1.9 により,$x = y + z$ ($y \in A^{\perp\perp}, z \in A^\perp$ は非負) と分解するとき,$x_\iota \leq z$. 実際,x_ι^+ と y および z と y はそれぞれ非負で直交しているから,定理 1.6 により,$x_\iota^+ + y = x_\iota^+ \vee y \leq x \vee y = x = y + z$ となり,$x_\iota \leq x_\iota^+ \leq z$. 故に,$\bigvee_\iota x_\iota \leq z \in A^\perp$ より $\bigvee_\iota x_\iota \in A^\perp$ を得る.

(c) A' を A から生成された E で完備な E の順序イデアルとする．まず，(b) により $A \subseteq A' \subseteq A^{\perp\perp}$ が分る．逆に，$x \in A^{\perp\perp}$ を任意にとり，$\mathfrak{M} = \{a \in A' : 0 \leqq a \leqq |x|\}$ とおく．A' は完備であるから，A' の中に $\mathfrak{M}$ の最小上界 z が存在する．そこで $y = |x| - z$ とおくと，$0 \leqq y \leqq |x|$ を満たすが，$A^{\perp\perp}$ は順序イデアルであるから，$y \in A^{\perp\perp}$ を得る．次に，任意の $a \in A$ に対して $u = y \wedge |a|$ とおく．A' は A を含む順序イデアルであるから $u \in A'$ を満たす．従って，$z + u \in A'$ であり，$0 \leqq z + u \leqq z + y = |x|$ より $z + u \in \mathfrak{M}$ を得るから，$z + u \leqq z$ となり $u = 0$．よって，$y \in A^{\perp}$ であるが，$y \in A^{\perp\perp}$ でもあるから，結局 $y = 0$ となる．故に，$|x| = z \in A'$．A' は順序イデアルであるから，$x \in A'$ となって $A^{\perp\perp} \subseteq A'$ が得られた． □

1.6 準有界性と特異性 定理 1.10 の直和分解で A が唯一個の元 h からなるときは，E は σ 完備であれば十分である．このときは，$\{h\}^{\perp\perp}$ (または，$\{h\}^{\perp}$) の元を h **準有界** (または，h **特異**) であると云う．特に，$h \equiv 1$ のときは単に**準有界** (または，**特異**) であると云い，$x \in E$ の $\{1\}^{\perp\perp}$ (または，$\{1\}^{\perp}$) 内の成分を x の準有界 (または，特異) 成分と云う．

定理 1.11 σ 完備ベクトル束 E の元 $h > 0$ に対し次が成り立つ：

(a) $E = \{h\}^{\perp} \oplus \{h\}^{\perp\perp}$．

(b) $\{h\}^{\perp\perp}$ は h から生成された E で完備な E の順序イデアルである．

(c) 任意の $x \in E$ に対し，x の $\{h\}^{\perp\perp}$ 内の成分は次で与えられる：

$$\lim_{m \to \infty} \lim_{n \to \infty} (-mh) \vee ((nh) \wedge x) . \tag{1.1}$$

証明 初めに (a) と (c) を同時に示す．まず，$x \geqq 0$ を仮定する．E は σ 完備であるから，§1.2 の公式 (a), (b) により，

$$y = \bigwedge_{n=1}^{\infty} (x - (nh) \wedge x) \quad \text{および} \quad z = \bigvee_{n=1}^{\infty} ((nh) \wedge x)$$

は存在し，$y \geqq 0, z \geqq 0$ および $x = y + z$ を満たす．次に，$y \in \{h\}^{\perp}$ を示す．そのため，$w = y \wedge h$ とおくと，$0 \leqq w \leqq (x - (nh) \wedge x) \wedge h$ より $w + (nh) \wedge x \leqq ((n+1)h) \wedge x$ を得る．この両辺で $n \geqq 1$ についての最小上界をとれば，$w = 0$ が導かれる．故に，$y \in \{h\}^{\perp}$．また，任意に $u \in \{h\}^{\perp}$ を

とれば, §1.2 の公式 (d) より次の計算で $z \in \{h\}^{\perp\perp}$ が分る:
$$z \wedge |u| = \Bigl(\bigvee_{n=1}^{\infty} ((nh) \wedge x)\Bigr) \wedge |u| = \bigvee_{n=1}^{\infty} ((nh) \wedge x \wedge |u|) = 0.$$
これで $x \geqq 0$ の場合に (a) の直和分解と (c) の公式が得られた.

任意の $x \in E$ について考える. まず, $x = x^+ - x^-$ と分解すれば, 上の結果より (a) の直和分解が示される. 次に, 等式 (1.1) を検証するため, x^+ と x^- の $\{h\}^{\perp\perp}$ 内の成分はそれぞれ次で与えられることに注意する:
$$\lim_{n\to\infty}(nh) \wedge x^+ \quad \text{および} \quad \lim_{m\to\infty}(mh) \wedge x^-. \tag{1.2}$$
ここで, $((nh) \wedge x)^+ = (nh) \wedge x^+$ と $((nh) \wedge x)^- = x^-$ より, $(nh) \wedge x = (nh) \wedge x^+ - x^-$ を得るから, x を $-x$ に代えて $(-mh) \vee x = x^+ - (mh) \wedge x^-$ が成り立つ. さらに, この x を $(nh) \wedge x$ でおきかえて次が得られる:
$$\begin{aligned}(-mh) \vee ((nh) \wedge x) &= ((nh) \wedge x)^+ - (mh) \wedge ((nh) \wedge x)^- \\ &= (nh) \wedge x^+ - (mh) \wedge x^-.\end{aligned}$$
両辺の極限をとって (1.2) に注意すれば, (1.1) が成り立つことが分る.

(b) については, 定理 1.10 の (b) と (c) の証明をまねればよい. 但し, 補題 1.9 の代りには, 前半で示した $x \geqq 0$ の直交分解を利用する. これで $\{h\}^{\perp}$ と $\{h\}^{\perp\perp}$ が E で σ 完備であることが分る. また, $\{h\}^{\perp\perp}$ が h から生成されることは公式 (1.1) から明らかであろう. □

§2 コンパクト凸集合の解析: Krein-Milman の定理

Euclid 空間内の有界な閉凸集合で内点を持つものを**凸体**と呼ぶ. 特に, 平面や 3 次元空間のときは, **卵形線**や**卵形体**として古くから詳しい研究があるが, 我々の関心は函数や測度といったものを構成要素とする凸集合にある. これらは一般に無限次元で, その研究には函数解析が必要となる. その最初の成果が本節で述べる Krein-Milman の定理である.

2.1 凸集合 実または複素線型空間 E の部分集合 A が, その任意の 2 点 x, y とともに全ての凸結合 $\alpha x + \beta y$ ($\alpha, \beta \geqq 0$ 且つ $\alpha + \beta = 1$) を含むとき,

§2 コンパクト凸集合の解析：Krein-Milman の定理

A を**凸集合**であると云う．特に，$x, y \in E$ で張られた凸集合，即ち x, y の凸結合の全体を x と y を結ぶ**線分**と呼び，$[x, y]$ と書く．

さて，K を Euclid 空間 $\mathbb{R}^N$ に含まれるコンパクト凸集合としよう．定義から，任意の $x_1, x_2 \in K$ を結ぶ線分 $[x_1, x_2]$ の中点 $\frac{1}{2}(x_1 + x_2)$ は K に属するが，逆に任意の点 $x \in K$ は K の 2 点 x_1, x_2 を結ぶ線分の中点として $x = \frac{1}{2}(x_1 + x_2)$ と表される．これは $x_1 = x_2 = x$ とすれば必ず可能であるが，表現がこの形しかないとき，x を K の**端点**と呼ぶ．一般に，Euclid 空間 $\mathbb{R}^N$ のコンパクト凸集合 K は必ず端点を持ち，K はその端点全体を含む $\mathbb{R}^N$ の最小の閉凸集合に一致するが，Krein-Milman の定理はこの考察を無限次元空間のコンパクト凸集合にまで押し進めたものである．

2.2 局所凸空間 まず，Krein-Milman の定理の枠組として局所凸空間を導入しよう．空でない集合 E が $\mathbb{R}$ (または $\mathbb{C}$) 上の**局所凸空間** (詳しくは，**局所凸線型位相空間**) であるとは次の条件を満たすことを云う：

(LC1)　E は $\mathbb{R}$ (または $\mathbb{C}$) 上の線型空間である．

(LC2)　E は Hausdorff 位相空間である．

(LC3)　E の代数演算は位相に関して連続である：即ち，$x_\iota \to x, y_\iota \to y$ 且つ $\lambda_\iota \to \lambda$ ならば，$x_\iota + y_\iota \to x + y$ および $\lambda_\iota x_\iota \to \lambda x$ が成り立つ．

(LC4)　E は凸集合からなる原点の基本近傍系を持つ．即ち，原点 0 の任意の近傍は 0 の近傍で凸集合であるものを含む．

無限次元の凸集合の理論が局所凸空間を必要とする理由は以下で明らかになるであろう．実際，対象の凸集合が Hilbert 空間や Banach 空間の中にあったとしても，議論を透明にするにはノルム位相よりも広い世界が必要になる．簡単のため，本章では**実係数の線型空間で自明でないもののみを考える**．

2.3 Krein-Milman の定理 A を線型空間 E の凸集合とするとき，$a \in A$ が A の**端点**であるとは，点 a を含み且つ A に含まれる線分 $[x, y]$ は $x = y = a$ を満たすものに限ることを云う．A の端点全体の集合を $\mathrm{ex}(A)$ と書く．

定理 2.1 (Krein-Milman)　K を局所凸空間 E の空でないコンパクト凸集合とする．このとき，K は集合 $\mathrm{ex}(K)$ を含む E の最小の閉凸集合である．

この定理は凸集合の函数解析的理論の最初の主要結果である．以下では Hahn-Banach の定理と超限帰納法による証明の概略を述べる．

2.4 Hahn-Banach の定理と凸集合の分離 E を (位相を考えない) 線型空間とし，$p(x)$ を E 上の**劣加法的汎函数**とする．即ち，$p(x)$ は E で定義され $(-\infty, +\infty]$ に値をとる広義実数値函数で次を満たすものとする：

$$p(x+y) \leqq p(x) + p(y) \quad (x, y \in E), \tag{2.1}$$
$$p(\alpha x) = \alpha p(x) \quad (x \in E, \alpha \geqq 0). \tag{2.2}$$

定理 2.2 (Hahn-Banach) E の線型部分空間 F 上の線型汎函数 $f_0(x)$ が全ての $x \in F$ に対して $f_0(x) \leqq p(x)$ を満たすものとする．このとき，E 上の線型汎函数 f で全ての $x \in E$ に対して $f(x) \leqq p(x)$ を満たし，且つ全ての $x \in F$ に対して $f(x) = f_0(x)$ を満たすものが存在する．

ここではこの函数解析学の基本定理は既知とし，これから凸集合の超平面による分離定理を導く．さて，E を局所凸空間とし，A を E の凸集合で原点 0 を含むものとする．任意の $x \in E$ に対し函数

$$p(x) = \inf\{\lambda > 0 : \lambda^{-1} x \in A\}$$

を集合 A の **Minkowski 汎函数**と呼ぶ．これは次の性質を持つ．

補題 2.3 (a) $p(x)$ は (2.1), (2.2) を満たす．
(b) A が E の原点の近傍ならば，$p(x)$ は E 上の連続函数である．

証明 (a) $p(x)$ の定義から簡単に分る．
(b) A 上で $p(x) \leqq 1$ であることと (2.2) から E の原点における $p(x)$ の連続性が出る．これと (2.1) より任意の点での連続性が導かれる． □

定理 2.4 A を E の空でない開凸集合とし，$a \in E \setminus A$ とする．このとき，E 上の連続な線型汎函数 f で次を満たすものが存在する：

$$f(x) < f(a) \quad (x \in A).$$

証明 必要ならば平行移動して，A は原点を含むと仮定し，A の Minkowski 汎函数を $p(x)$ とする．$a \notin A$ より，$p(a) \geqq 1$ が成り立つ．次に，a が生成す

る E の 1 次元部分空間 $\{\lambda a : \lambda \in \mathbb{R}\}$ (これを $[a]$ と記す) 上の線型汎函数 $f_0(x)$ を次式で定義する：

$$f_0(\lambda a) = \lambda \qquad (\lambda \in \mathbb{R}).$$

もし $\lambda > 0$ ならば，$\lambda^{-1}(\lambda a) = a \notin A$ であるから，$p(\lambda a) \geqq \lambda = f_0(\lambda a)$ が成り立つ．また，$\lambda \leqq 0$ ならば，$f_0(\lambda a) = \lambda \leqq 0 \leqq p(\lambda a)$ となるから，部分空間 $[a]$ 上で $f_0(x) \leqq p(x)$ が成り立つ．従って，Hahn-Banach の定理により E 上の線型汎函数 f で $[a]$ 上では f_0 と一致し，E 全体では $f(x) \leqq p(x)$ を満たすものが存在する．この f についてはまず $f(a) = f_0(a) = 1$ が成り立つ．A は開集合であるから，任意の $x \in A$ に対して $p(x) < 1$ を満たす．従って，$f(x) \leqq p(x) < 1 = f(a)$ $(x \in A)$ が得られる．最後に，$f(x)$ の連続性は不等式 $|f(x)| \leqq \max\{p(x), p(-x)\}$ と $p(x)$ の連続性から導かれる． □

2.5 支持集合と Krein-Milman の定理の証明 E の線型部分空間の平行移動として表される E の部分集合を E の**アフィン部分空間**と呼ぶ．特に，E の余次元 1 のアフィン部分空間を E の**超平面**と呼ぶ．

定理 2.5 E の部分集合 H が E の超平面であるためには E 上の線型汎函数 $f (\not\equiv 0)$ と定数 $\alpha \in \mathbb{R}$ により $H = f^{-1}(\alpha)$ と表されることが必要十分である．この f は定数倍を別として H により一意に決る．さらに，超平面 H が閉集合であるためには汎函数 f が連続であることが必要十分である．

証明 E の超平面 H が線型汎函数 f を用いて $H = f^{-1}(\alpha)$ と表されることと f の (定数倍を除いての) 一意性は線型代数より簡単に分る．また，f が連続ならば，$H = f^{-1}(\alpha)$ は直線の閉集合 $\{\alpha\}$ の連続函数による逆像として閉集合である．よって，残る問題は閉超平面 H に対応する f の連続性である．

さて，H を E の閉超平面とし，f を対応する線型汎函数とする．従って，$H_0 = f^{-1}(0)$ は H の平行移動で原点を通るものである．$a_0 \in E \setminus H_0$ を一つ固定する．仮定により H_0 は閉集合の平行移動としてまた閉集合であるから，原点の凸開近傍 U で $U = -U$, $H_0 \cap (a_0 + U) = \emptyset$ を満たすものが存在する．これから，$a_0 \notin H_0 + U$ が得られる．即ち，E の凸開集合 $H_0 + U$ は点 a_0 を

含まない.従って,定理 2.4 により,E 上の連続線型汎函数 g が存在して
$$g(x) < 1 = g(a_0) \qquad (x \in H_0 + U)$$
を満たす.特に $x \in H_0$ に対しては $g(x) = 0$ が成り立つ.超平面を表す汎函数の一意性から f は g の定数倍である.故に,f は連続である. □

任意の超平面 $H = \{x \in E : f(x) = \alpha\}$ は E を二つの半空間
$$\{x \in E : f(x) \geqq \alpha\} \quad \text{および} \quad \{x \in E : f(x) \leqq \alpha\}$$
に分けることに注意して,次の定義をおく.E の凸集合 $A \neq \emptyset$ に対し,超平面 H が A の**支持超平面**であるとは,A が H の定める半空間の一つに含まれ,さらに $A \cap H \neq \emptyset$ を満たすことを云う.また,A の空でない凸部分集合 B が A の**支持集合**であるとは,B と交わる A 内の任意の開線分が全部 B に含まれることを云う.

定理 2.6 K を E の空でないコンパクト凸集合とする.このとき,K は閉じた支持超平面を持ち,$K \cap H$ は K のコンパクトな支持集合である.

証明 $E \neq \{0\}$ より,E 上には零でない連続線型汎函数が存在する.その一つを f とすると,K はコンパクトであるから,$\alpha = \sup\{f(x) : x \in K\}$ は有限であり,$f(x_0) = \alpha$ を満たす点 $x_0 \in K$ が存在する.従って,$H = \{x \in E : f(x) = \alpha\}$ は K の閉じた支持超平面であり,$K \cap H$ は E の支持集合である. □

ここで,単純ながら支持集合の重要性を示す事実を述べておく.

補題 2.7 もし B が凸集合 A の支持集合であり,C が B の支持集合であるならば,C は A の支持集合である.特に,$\mathrm{ex}(B) \subseteq \mathrm{ex}(A)$ が成り立つ.

定理 2.1 の証明 K を E の空でないコンパクト凸集合とし,$\mathcal{F}$ を K のコンパクト支持集合の全体とする.K 自身は K の支持集合であるから,集合族 $\mathcal{F}$ は空ではない.$\mathcal{F}$ に $A \supseteq B$ を $A \leqq B$ として順序関係 $\leqq$ を導入する.このとき,$\mathcal{F}$ は $\leqq$ について**帰納的順序集合**となる.実際,$\{A_\iota\}$ を $\mathcal{F}$ の全順序部分集合とすると,各 A_ι はコンパクトであるから,共通部分 $\bigcap A_\iota$ は空ではないコンパクト凸部分集合である.この共通部分はまた K の支持集合

であるから，$\mathcal{F}$ の元である．即ち，任意の全順序部分集合は $\mathcal{F}$ の中に上限を持つ．故に，$\mathcal{F}$ は帰納的順序集合である．Zorn の補題(荷見 [B17, 52頁])により，$\mathcal{F}$ は $\leqq$ に関して極大元 ($\subset$ に関しては極小元) を持つ．A_0 を $\mathcal{F}$ の任意の極大元とすると，A_0 は唯一個の点よりなる．仮に A_0 が相異なる2点 a, b を含むとする．E は Hausdorff 空間であるから，a を含む開凸部分集合 B で b を含まぬものが存在する．定理 2.4 により E 上の連続線型汎函数 f で $f(a) \neq f(b)$ を満たすものが存在するから，$\alpha = \sup\{f(x) : x \in A_0\}$ とおけば，$A_1 = A_0 \cap \{x \in E : f(x) = \alpha\}$ は A_0 の支持集合で A_0 とは異なる．補題 2.7 により，A_1 はまた K の支持集合となるから，$A_1 \in \mathcal{F}$ となり，A_0 の極大性に反する．従って，A_0 は唯一点よりなるが，この点は補題 2.7 の後半により K の端点である．故に，$\mathrm{ex}(K)$ は空ではない．

次に，K の端点集合 $\mathrm{ex}(K)$ を含む最小の閉凸集合 (これを $\mathrm{ex}(K)$ の閉凸包と呼ぶ) を K_0 と書く．定理の結論は $K = K_0$ である．これを背理法で示すため，$K \setminus K_0 \neq \emptyset$ を仮定する．このときは，点 $a \in K \setminus K_0$ と a の開凸近傍 U で $U \cap K_0 = \emptyset$ を満たすものが存在する．$A = K_0 - U$ とおけば，A は開凸集合で原点 0 を含まぬから，定理 2.4 により E 上の連続線型汎函数 f で全ての $x \in A$ に対して $f(x) < 0$ を満たすものが存在する．従って，特に $f(x) < f(a)$ が全ての $x \in K_0$ に対して成り立つ．$\alpha = \sup\{f(x) : x \in K\}$ とおくと，任意の $x \in K_0$ に対して $f(x) < f(a) \leqq \alpha$ を得るが，これは K のコンパクト支持集合 $K_1 = K \cap \{x \in E : f(x) = \alpha\}$ が K_0 と素であることを示す．前半で示したことより，コンパクト凸集合 K_1 は端点を持つが，補題 2.7 によりそれは K の端点であるから，K_0 に属さぬ K の端点が存在する．これは K_0 の定義に反するから，$K = K_0$．これで Krein-Milman の定理の証明が終った． □

§3 コンパクト凸集合の Choquet 理論

標題の Choquet 理論は前節で述べた Krein-Milman の定理の精密化であって，函数解析の理論の中で最も美しいものの一つとされている．これは Euclid 空間の凸体に関する古典理論を局所凸空間のコンパクト凸集合に対して再現しようとするものである．

3.1 Euclid 空間の凸集合 まず，平面の有界閉凸集合 K を考察する．

(a) K に内点がなければ，K は1点のみであるか または線分であって，K の任意の点は K の両端の点の凸結合として表される．

(b) K に内点があれば，ex(K) は少なくとも3個の点を含み，K の各点は高々3個の端点の凸結合として表される．K の各点のこの表現が一意であるための必要十分条件は ex(K) が3個の点からなることである．

同様なことは高次元の凸集合に対しても正しい．

定理 3.1 K を $\mathbb{R}^N$ のコンパクト凸集合とし，K が張るアフィン部分空間の次元を $\dim K$ とすれば，任意の $x \in K$ は高々 $\dim K + 1$ 個の ex(K) の点の凸結合として表される．K の各点のこの表現が一意であるための必要十分条件は ex(K) の濃度が $\dim K + 1$ に等しいことである．

この最後の条件を満たす $\mathbb{R}^N$ のコンパクト凸集合 K を**単体**と呼ぶ．以下の目的である Choquet 理論は，局所凸空間のコンパクト凸集合 K に対し，その各点を端点集合 ex(K) 上の質量分布の重心として積分表示することと，積分表示が一意的であるための条件を与えることがその主眼である．

3.2 共軛空間 局所凸空間 E 上の連続線型汎函数の全体は函数の通常の和とスカラー倍を演算として線型空間を作る．これを E' と書き，E の**共軛空間**または**双対空間**と呼ぶ．E' の零元 0 は恒等的に零となる汎函数である．以下では，$x \in E$ と $f \in E'$ に対し，$f(x)$ の代りに $\langle x, f \rangle$ と書いて $E \times E'$ 上の双一次形式と見なす．この場合は，定理 2.4 から次が分る：

(a) 全ての $f \in E'$ に対して $\langle x, f \rangle = 0$ ならば $x = 0$,
(b) 全ての $x \in E$ に対して $\langle x, f \rangle = 0$ ならば $f = 0$.

この事実を線型空間の対 E, E' は双一次形式 $\langle x, f \rangle$ に関して**双対**をなすと云う．なお，E と E' の対称性を強調して，E' の元を x' などとも書く．この双対を使って E と E' に弱位相が次のように定義される．まず，E の中の有向点族 $\{x_\iota\}$ が $x \in E$ に位相 $\sigma(E, E')$ について収束するとは，任意の $x' \in E'$ に対して実数の有向点族 $\{\langle x_\iota, x' \rangle\}$ が $\langle x, x' \rangle$ に収束することを云う．位相 $\sigma(E, E')$ を E の**弱位相**と呼ぶ．次に，E' の中の有向点族 $\{x'_\iota\}$ が $x' \in E'$ に位相 $\sigma(E', E)$

について収束するとは，任意の $x \in E$ に対して実数の有向点族 $\{\langle x, x'_\iota \rangle\}$ が $\langle x, x' \rangle$ に収束することを云う．位相 $\sigma(E', E)$ を E' の**汎弱位相**と呼ぶ．

3.3 若干の測度論 X をコンパクト Hausdorff 空間とする．X 上の実数値連続函数全体を $C(X) = C_\mathbb{R}(X)$ とし，X 上の実数値正則 Borel 測度の全体を $M(X) = M(X, \mathbb{R})$ と書く．これらは通常の加法とスカラー倍に関して線型空間をなし，$\|f\| = \max\{|f(x)| : x \in X\}$ ($f \in C(X)$) と $\|\mu\| = \int_X |d\mu(x)|$ ($\mu \in M(X)$) をノルムとして Banach 空間となる．Riesz の表現定理により測度 $\mu \in M(X)$ を $C(X)$ 上の連続線型汎函数 $f \mapsto \mu(f) = \int_X f(x)\,d\mu(x)$ と見なせば，$M(X)$ を $C(X)$ の共軛空間と同一視できる (荷見 [B18, 定理 8.19])．$M^+(X)$ を $M(X)$ 内の非負測度の全体とすると，$M^+(X)$ は $M(X)$ の凸錐で，これから決る順序について $M(X)$ はベクトル束をなす (荷見 [B18, §33])．また，$M_1^+(X)$ を $M^+(X)$ 内の確率測度 (即ち，$\mu(X) = 1$ を満たすもの) の全体とする．なお，測度空間の汎弱位相 $\sigma(M(X), C(X))$ は**漠位相**とも呼ばれている．

測度 $\mu \in M(X)$ が X の開集合 U 上で零であるとは，任意の可測部分集合 $A \subset U$ に対し $\mu(A) = 0$ を満たすことを云う．このような性質を持つ U の全ての合併はまた同じ性質を持つから，このような U には最大のものがあるが，その補集合を μ の**台**と呼んで，$\mathrm{supp}\,\mu$ と書く．μ の台が有限集合のとき，μ を**点測度**と云う．また，$M_1^+(X)$ に属する点測度を**確率点測度**と呼ぶ．特に，台が唯一点 x である確率点測度を x における **Dirac 測度**と呼び，δ_x と記す．従って，X 上の確率点測度は X 上の Dirac 測度の凸結合である．

定理 3.2 $M(X)$ の閉単位球 $S = \{\mu \in M(X) : \|\mu\| \leqq 1\}$ は汎弱コンパクト (即ち，汎弱位相 $\sigma(M(X), C(X))$ に関してコンパクト) である．さらに，確率測度の集合 $M_1^+(X)$ は $M(X)$ の汎弱コンパクト凸集合である．もし X が距離づけ可能ならば，S 上の汎弱位相も距離づけ可能である．

この定理は Alaoglu の定理とその変形の応用である．証明などの詳細は Dunford-Schwartz [B9, 定理 V.4.2, V.5.1] などを参照されたい．

定理 3.3 $M_1^+(X)$ の端点は X 上の Dirac 測度と一致する．

証明 μ を $M_1^+(X)$ の端点とする.仮に測度 μ の台 S が少なくとも 2 点を含むならば,S を互いに素な可測部分集合 S_1, S_2 に分割し,$\mu(S_1)\mu(S_2) > 0$ とできる.μ の S_i への制限を $\mu_{|S_i}$ として,$\mu_i = \mu(S_i)^{-1}\mu_{|S_i}$ $(i = 1, 2)$ とおけば,μ は異なる $\mu_1, \mu_2 \in M_1^+(X)$ の凸結合 $\mu = \mu(S_1)\mu_1 + \mu(S_2)\mu_2$ となって,μ が $M_1^+(X)$ の端点という仮定に反する.故に,S は唯一個の点よりなるから,μ は Dirac 測度である.逆の証明は読者の演習に残す. □

系 X 上の確率点測度は $M_1^+(X)$ の中で漠位相に関して稠密である.

証明 X 上の確率点測度の全体は $M_1^+(X)$ の端点の (有限) 凸結合の全体 Σ と一致する.$M_1^+(X)$ は X 上の測度の漠位相に関してコンパクトな凸集合であるから,Krein-Milman の定理 (定理 2.1) により,Σ の漠位相に関する閉包に等しい.この系はこれを言いかえたものである. □

3.4 重心の存在 局所凸空間 E のコンパクト凸集合 K の考察を深めるために,上記の測度論の枠組を $X = K$ として適用する.問題は,K の任意の点が端点集合 $\mathrm{ex}(K)$ 上の質量分布の重心として表されるか,さらにその表現は一意であるか,である.我々はまず重心の存在と一意性を示す.

定理 3.4 任意の $\mu \in M_1^+(K)$ に対し,K 内の点 $r(\mu)$ で
$$\langle r(\mu), x' \rangle = \int_K \langle x, x' \rangle\, d\mu(x) \qquad (x' \in E') \tag{3.1}$$
を満たすものが唯一つ存在する.$r(\mu)$ を測度 μ の**合成** (または**重心**) と呼ぶ.

証明 まず,μ が Dirac 測度 δ_a $(a \in K)$ ならば,
$$\int_K \langle x, x' \rangle\, d\delta_a(x) = \langle a, x' \rangle \qquad (x' \in E') \tag{3.2}$$
であるから,$r(\delta_a) = a \in K$ が成り立つ.次に,μ が K 上の点測度ならば,$\mu = \sum_{i=1}^n \lambda_i \delta_{a_i}$ $(a_i \in K, \lambda_i > 0, \sum_{i=1}^n \lambda_i = 1)$ とおくとき,
$$r(\mu) = r\Big(\sum_{i=1}^n \lambda_i \delta_{a_i}\Big) = \sum_{i=1}^n \lambda_i r(\delta_{a_i}) = \sum_{i=1}^n \lambda_i a_i \in K$$
を得るから,$r(\mu)$ は K の点として確定する.実際,この $r(\mu)$ は式 (3.1) を満たすことが,(3.2) を使って簡単に確かめられる.

§3 コンパクト凸集合の Choquet 理論　　　　17

さて，一般の $\mu \in M_1^+(K)$ を考察しよう．定理 3.3 の系により測度 μ に漠収束する確率点測度の有向点族 $\{\mu_\iota\}$ が存在する．上で示したように，各 μ_ι に対し $r(\mu_\iota) \in K$ であり，

$$\langle r(\mu_\iota), x' \rangle = \int_K \langle x, x' \rangle d\mu_\iota(x) \qquad (x' \in E')$$

が成り立つ．K はコンパクトであるから，有向点族 $\{r(\mu_\iota)\}$ は K の中に集積点を持つ．これを x_0 とする．必要ならば，部分有向点族へ移ることにより，$\{r(\mu_\iota)\}$ は初めから x_0 に収束すると仮定してよい．よって，

$$\langle x_0, x' \rangle = \lim_\iota \langle r(\mu_\iota), x' \rangle = \lim_\iota \int_K \langle x, x' \rangle d\mu_\iota(x) = \int_K \langle x, x' \rangle d\mu(x).$$

$x' \in E'$ は任意であるから，点 x_0 は測度 μ によって一意に決る．即ち，$r(\mu) = x_0$ とおけば，これが求めるものである． $\square$

3.5　函数の凹包　任意の $x \in K$ に対し x を重心とする測度 $\mu \in M_1^+(K)$ で $\mu(\mathrm{ex}(K)) = 1$ を満たすもの（即ち，μ の台が実質的に端点集合上にあるもの）の存在を調べる．我々はそのため凸函数を利用する．K 上の広義実数値函数 f が $-\infty < f(x) \leq +\infty$ であり，さらに

$$f((1-t)x + ty) \leq (1-t)f(x) + tf(y) \qquad (0 \leq t \leq 1)$$

が全ての $x, y \in K$ に対して成り立つとき，f は K 上で凸である（または**凸函数**）と云う．K 上の連続な凸函数の全体を $\mathcal{C} = \mathcal{C}(K)$ と書く．また，$-f$ が凸のとき f は凹である（または**凹函数**）と云う．従って，$-\mathcal{C}$ は K 上の連続な凹函数の全体である．$\mathcal{A} = \mathcal{A}(K) = \mathcal{C} \cap (-\mathcal{C})$ とおく．これは K 上の連続な**アフィン函数**の全体である．任意の $f : K \to \mathbb{R}$ に対し

$$\widehat{f}(x) = \inf\{ g(x) : f \leq g,\ g \in -\mathcal{C} \}$$

と定義して，函数 f の凹包絡函数（略して，凹包）と呼ぶ．

補題 3.5　任意の $f \in C(K)$ と $x \in K$ に対し次が成り立つ：

$$\widehat{f}(x) = \sup\{ \int_K f\, d\mu : \mu \in M_1^+(K),\ r(\mu) = x \}. \tag{3.3}$$

特に，$x \in \mathrm{ex}(K)$ ならば，$f(x) = \widehat{f}(x)$ が成り立つ．

証明 任意に $f \in C(K)$ を固定して考える．まず，任意に $\mu \in M_1^+(K)$ をとり，$x = r(\mu)$ とおく．定理 3.3 の系により $M_1^+(K)$ 内の点測度からなる有向点族 $\{\mu_\iota\}$ で $r(\mu_\iota) = x$ であり，且つ μ に漠収束するものが存在する．もし $g \in -\mathcal{C}$ が $f \leqq g$ を満たすならば，

$$\int_K f\,d\mu = \lim_\iota \int_K f\,d\mu_\iota \leqq \lim_\iota \int_K g\,d\mu_\iota \leqq \liminf_\iota g(r(\mu_\iota)) = g(x).$$

従って，$\int_K f\,d\mu \leqq \widehat{f}(x)$ を得る．故に，(3.3) の右辺は左辺を越えない．

次に，逆の不等号を示すために，$E \times \mathbb{R}$ の次の部分集合を考えよう：

$$C = \left\{ \left(r(\mu), \int_K f\,d\mu\right) : \mu \in M_1^+(K) \right\}.$$

写像 $\mu \mapsto (r(\mu), \int_K f\,d\mu)$ は $M_1^+(K)$ 上のアフィン函数で漠位相について連続であるから，C はコンパクト凸集合である．そこで $x_0 \in K$ を固定し，

$$\sup\left\{ \int_K f\,d\mu : \mu \in M_1^+(K),\ r(\mu) = x_0 \right\} < \lambda_0$$

を満たす $\lambda_0 \in \mathbb{R}$ を任意にとる．(x_0, λ_0) は C に含まれないから，$E \times \mathbb{R}$ の原点の凸近傍 U を $(x_0, \lambda_0) \notin C + U$ のようにとれる．$A = C + U$ として定理 2.4 を適用すれば，全ての $(x, \lambda) \in C$ に対して

$$\varphi(x, \lambda) < \alpha < \varphi(x_0, \lambda_0)$$

を満たす $E \times \mathbb{R}$ 上の連続線型汎函数 φ と定数 α が存在する．$E \times \mathbb{R}$ の共軛空間は $E' \times \mathbb{R}$ と同一視できるから，$\varphi = (x', \alpha') \in E' \times \mathbb{R}$ と書けば，

$$\langle x, x' \rangle + \alpha' f(x) < \alpha < \langle x_0, x' \rangle + \alpha' \lambda_0 \qquad (x \in K)$$

が成り立つ．これから $\alpha' > 0$ が出るから，上式を α' で割って変形すれば

$$f(x) \leqq \frac{1}{\alpha'}\left[-\langle x, x'\rangle + \langle x_0, x'\rangle\right] + \lambda_0 \qquad (x \in K)$$

を得る．上式の右辺は連続アフィン函数 (従って，もちろん凹函数) であるから，$\widehat{f}(x)$ より小さいことはあり得ない．特に，$x = x_0$ とおけば，$\widehat{f}(x_0) \leqq \lambda_0$．故に，(3.3) の左辺は右辺を越えない． $\square$

3.6 境界集合 凹包の応用として境界集合を定義する．即ち，任意の $f \in \mathcal{C}$ に対して $K_f = \{x \in K : f(x) = \widehat{f}(x)\}$ とおき，f の**境界集合**と呼ぶ．

補題 3.6 任意の $f \in \mathcal{C}$ に対し，f の境界集合 K_f は K の G_δ 部分集合で K の端点集合 $\mathrm{ex}(K)$ を含む．

証明 補題 3.5 の後半により $\mathrm{ex}(K) \subseteq K_f$．次に，$f \leqq \widehat{f}$ であるから，$K_f = \bigcap_{n=1}^\infty \{x \in K : \widehat{f}(x) < f(x) + n^{-1}\}$ が成り立つ．$\widehat{f} - f$ は上半連続であるから，$\{x \in K : \widehat{f}(x) < f(x) + n^{-1}\}$ は K の相対開集合である．故に，K_f は G_δ 部分集合である． □

補題 3.7 $\mathrm{ex}(K) = \bigcap \{K_f : f \in \mathcal{C}\}$．

証明 前の補題により，右辺は左辺を含むから，任意の $x_0 \in K \setminus \mathrm{ex}(K)$ に対し，$f(x_0) < \widehat{f}(x_0)$ を満たす $f \in \mathcal{C}$ を作ればよい．さて，このような x_0 に対しては，相異なる K の点 x_1, x_2 で $x_0 = \frac{1}{2}(x_1 + x_2)$ を満たすものが存在する．空間 E は Hausdorff であるから，$\langle x_1, x' \rangle \neq \langle x_2, x' \rangle$ を満たす $x' \in E'$ をとって，$f(x) = \langle x, x' \rangle^2$ とおけば，$f \in \mathcal{C}$ であり，簡単な計算で $f(x_0) < \frac{1}{2}(f(x_1) + f(x_2)) \leqq \widehat{f}(x_0)$ を得る． □

系 $f \in \mathcal{C}$ が狭義の凸函数ならば，$\mathrm{ex}(K) = K_f$ が成り立つ．特に，K が距離づけ可能ならば，$\mathrm{ex}(K) = K_f$ を満たす $f \in \mathcal{C}$ が存在する．

証明 前半は補題の証明から分る．次に，K は距離づけ可能であると仮定する．このとき，$C(K)$ は可分であるから，$\mathcal{A}(K)$ も可分である．よって，$\mathcal{A}(K)$ の函数列 $\{f_i : i = 1, 2, \ldots\}$ で K の点を分離するものが存在する．そこで，$f = \sum_{i=1}^\infty 2^{-i} \|f_i\|^{-2} f_i^2$ とおく．f_i^2 は凸函数であるから，f も同様である．さらに，$\{f_i\}$ は K の点を分離するから，f は狭義の凸函数である．故に，$\mathrm{ex}(K) = K_f$ が成り立つ． □

3.7 極大測度 極大測度の概念を導入する．そのため，測度 $\mu, \nu \in M^+(K)$ $(\mu, \nu \neq 0)$ について ν が μ より**拡散的**であるとは，全ての $f \in \mathcal{C}(K)$ に対して $\mu(f) \leqq \nu(f)$ を満たすことと定義する．記号は $\mu \prec \nu$ または $\nu \succ \mu$ である．

補題 3.8 "$\prec$" は集合 $M^+(K)$ 上の順序関係である．

証明 $\mu \prec \nu$ と $\nu \prec \mu$ が $\mu, \nu \in M^+(K)$ に対して同時に成り立てば,全ての $f \in \mathcal{C}$ に対して $\mu(f) = \nu(f)$ を得るから,同じ等式が全ての $f \in \mathcal{C} - \mathcal{C}$ に対して成り立つ.$\mathcal{C} - \mathcal{C}$ は $C(K)$ の中で一様位相で稠密であるから,全ての $f \in C(K)$ に対して $\mu(f) = \nu(f)$ を満たす.故に,$\mu = \nu$. □

測度 $\mu \in M^+(K)$ が K 上の**極大測度**であるとは,$\mu \neq 0$ であり且つ $\mu \prec \nu$ を満たす全ての $\nu \in M^+(K)$ に対して $\nu = \mu$ が成り立つことを云う.この定義から,$\mu \in M^+(K)$ が K 上の極大測度ならば,任意の正数 c に対し $c\mu$ も同様であることが分る.従って,極大測度であるか否かを検証するには $\mu \in M_1^+(K)$ (即ち,$\mu(K) = 1$) を仮定してもさしつかえない.

補題 3.9 $M_1^+(K)$ は順序関係 $\prec$ について帰納的順序集合である.

証明 部分集合 $\{\mu_\iota\} \subset M_1^+(K)$ は $\prec$ について全順序であると仮定する.$M_1^+(K)$ は漠位相でコンパクトであるから,この有向族は ι が増加するとき漠収束する部分有向族を含む.これを $\mu_{\iota'} \to \mu$ と書けば,全ての $f \in \mathcal{C}$ に対し $\mu_{\iota'}(f) \to \mu(f)$ ($\iota' \to \infty$) を満たすから,任意の ι に対し $\mu_\iota(f) \leqq \mu(f)$ ($f \in \mathcal{C}$) を得る.従って,μ は順序 $\prec$ に関する $\{\mu_\iota\}$ の上限である.故に,$M_1^+(K)$ は $\prec$ に関する帰納的順序集合である. □

定理 3.10 任意の $\nu \in M_1^+(K)$ に対し,順序 $\prec$ に関する極大元 $\mu \in M_1^+(K)$ で $\nu \prec \mu$ を満たすものが存在する.特に,任意の $x_0 \in K$ に対し $x_0 = r(\mu)$ を満たす K 上の極大測度 μ が存在する.

証明 前半は補題 3.9 と Zorn の補題より明らかである.後半は,ν として点 x_0 における Dirac 測度 δ_{x_0} をとれば,$\delta_{x_0} \prec \mu$ を満たす K 上の極大測度 μ が存在する.任意の $x' \in E'$ に対し $f(x) = \langle x, x' \rangle \in \mathcal{A}(K)$ であるから,
$$\langle x_0, x' \rangle = \delta_{x_0}(f) = \mu(f) = \int_K \langle x, x' \rangle \, d\mu(x) = \langle r(\mu), x' \rangle$$
が成り立つ.故に,$x_0 = r(\mu)$. □

極大測度が端点集合上にあるかどうかを調べよう.そのため,$\mu \in M^+(K)$ に対し $C(K)$ 上の汎函数 $\widehat{\mu}$ を $\widehat{\mu}(f) = \mu(\widehat{f})$ で定義すると,次が成り立つ.

§3 コンパクト凸集合の Choquet 理論

補題 3.11 (a) 任意の $f \in C(K)$ に対して $\mu(f) \leqq \widehat{\mu}(f)$.
(b) $\widehat{\mu}$ は劣加法的 (§2.4 参照) 且つ連続である.
(c) $\nu \in M(K)$ に対し $\nu(f) \leqq \widehat{\mu}(f)$ ($\forall f \in C(K)$) が成り立つための条件は $\nu \in M^+(K)$ 且つ $\mu \prec \nu$ を満たすことである.

証明 (a) と (b) は凹包の定義から簡単に導けるから, (c) のみを証明する. まず, 任意の $f \in C(K)$ に対し $\nu(f) \leqq \widehat{\mu}(f)$ が成り立つと仮定する. もし $f \leqq 0$ ならば, $\widehat{f} \leqq 0$ であるから, $\nu(f) \leqq \widehat{\mu}(f) = \mu(\widehat{f}) \leqq 0$ となって, $\nu \geqq 0$ が分る. もし $f \in \mathcal{C}$ ならば, $-f \in -\mathcal{C}$ であるから, $\widehat{(-f)} = -f$. 従って, $\nu(-f) \leqq \widehat{\mu}(-f) = \mu(\widehat{(-f)}) = \mu(-f)$ となって $\mu(f) \leqq \nu(f)$ を得る. 故に, $\mu \prec \nu$ が成り立つ. 逆に, $\nu \in M^+(K)$ が $\mu \prec \nu$ を満たすと仮定しよう. このときは, $f \leqq g$ を満たす任意の $f \in C(K)$ と $g \in -\mathcal{C}$ に対し, $\mu(g) \geqq \nu(g) \geqq \nu(f)$ が成り立つ. このような g について下限をとれば, $\widehat{\mu}(f) \geqq \nu(f)$ が得られる. □

補題 3.12 $\mu \in M^+(K)$ が極大であることと $\mu = \widehat{\mu}$ は同等である.

証明 μ が極大であるためには $\mu \prec \nu$ を満たす $\nu \in M^+(K)$ に対して $\mu = \nu$ が成り立つことが必要十分である. 補題 3.11 によれば, これは $C(K)$ 上で $\nu \leqq \widehat{\mu}$ を満たす一次形式 ν が唯一つしかない場合に当る. $\widehat{\mu}$ は劣加法的であるから, これはまた $\widehat{\mu}$ を Minkowski 汎函数とする Hahn-Banach 拡張が一意に確定することでもある. いま, $f \in C(K)$ を任意に固定すると, 任意の $\lambda \in \mathbb{R}$ に対して $\nu(\lambda f) \leqq \widehat{\mu}(\lambda f)$ であるから, $-\widehat{\mu}(-f) \leqq \nu(f) \leqq \widehat{\mu}(f)$ が成り立つ. $\nu(f)$ は一意であるから, $-\widehat{\mu}(-f) = \widehat{\mu}(f)$ でなければならない. 従って, $\widehat{\mu}(f) = \nu(f)$ を得る. ν は線型であるから, $\widehat{\mu}$ も同様である. 故に, $\mu = \widehat{\mu}$ であるためには μ が極大であることが必要十分である. □

これだけ準備をすれば, K 上の極大測度 μ は次のように特徴づけられる.

定理 3.13 $\mu \in M_1^+(K)$ が極大であるための必要十分条件は全ての $f \in \mathcal{C}$ に対し $\mu(K_f) = 1$ を満たすことである. 但し, K_f は f の境界集合である. K が距離づけ可能ならば, この条件は $\mu(\mathrm{ex}(K)) = 1$ と同等である.

証明 もし μ が極大ならば補題 3.12 により $\mu = \widehat{\mu}$ であるから, 任意の $f \in \mathcal{C}$ に対して $\mu(f) = \widehat{\mu}(f) = \mu(\widehat{f})$ が成り立つ. ところが, $f \leqq \widehat{f}$ であるから, $\mu(K_f) = 1$ が分る. 逆に, 全ての $f \in \mathcal{C}$ に対し $\mu(K_f) = 1$ ならば, $\widehat{\mu}(f) = \mu(\widehat{f}) = \mu(f)$ が全ての $f \in \mathcal{C}$ に対して成り立つ. さて, 任意に $f, g \in \mathcal{C}$ をとる. このとき, まず $\widehat{\mu}(f-g) = \mu(\widehat{(f-g)}) \geqq \mu(f-g)$ が分る. 次に, $\widehat{(-g)} = -g$ であるから, $\widehat{\mu}(f-g) = \mu(\widehat{(f-g)}) \leqq \mu(\widehat{f + (-g)}) = \mu(\widehat{f}) + \mu(\widehat{(-g)}) = \mu(f-g)$. 即ち, $\widehat{\mu}(f-g) = \mu(f-g)$ を得る. よって, $\widehat{\mu}$ は $\mathcal{C} - \mathcal{C}$ 上で μ と一致する. $\mathcal{C} - \mathcal{C}$ は $C(K)$ で稠密であるから, $\widehat{\mu}$ の連続性より $\widehat{\mu} = \mu$ を得る. 故に, 補題 3.12 により μ は極大である. 最後の主張は補題 3.7 の系より従う. □

最後に, $M^+(K)$ 内の極大測度の全体を M とおくと, 次が成り立つことを注意しておく.

定理 3.14 M は $M^+(K)$ 内の順序イデアルである. 即ち次が成り立つ:

(a) M は凸錐である.
(b) $\mu \in M$ と $\nu \in M^+(K)$ が $\nu \leqq \mu$ を満たせば, $\nu \in M$.
(c) M はそれ自身が定義する順序に関して束をなす.

証明 (a) $\mu, \nu \in M$ とすると, 補題 3.12 より $\widehat{\mu} = \mu$ および $\widehat{\nu} = \nu$ を得るから, 任意の $f \in C(K)$ に対して $\widehat{(\mu + \nu)}(f) = (\mu + \nu)(f)$ が成り立つ. 従って, $\mu + \nu \in M$. 同様にして, 任意の $\alpha \geqq 0$ に対して $\alpha\mu \in M$ が得られる. 故に, M は凸錐である.

(b) $\nu \leqq \mu$ より, 全ての $f \in \mathcal{C}$ に対し $0 \leqq \nu(K \setminus K_f) \leqq \mu(K \setminus K_f) = 0$ が成り立つから, $\nu(K_f) = \nu(K)$ を得る. よって, 定理 3.13 により ν は極大測度である. 故に, $\nu \in M$.

(c) $M^+(K)$ は自然な順序に関して束をなすから, 任意の $\mu, \nu \in M$ に対して $\inf(\mu, \nu)$ は $M^+(K)$ の中に存在する. 従って, (b) によりこの $\inf(\mu, \nu)$ は M に属する. 即ち, 任意の $\mu, \nu \in M$ に対して M 内での最大下界 $\inf(\mu, \nu)$ は M 内での最大下界でもある. 故に, M は束である. □

3.8 Choquet の一意性定理 定理 3.10 によりコンパクト凸集合の任意の点は極大測度の合成として表されるが, Choquet 理論の締めくくりとして表現

の一意性を論じよう．そのため，直積空間 $E \times \mathbb{R}$ の中の**凸錐** $\widetilde{K}$ を

$$\widetilde{K} = \{(\lambda x, \lambda) : x \in K,\ \lambda \geqq 0\} \tag{3.4}$$

で定義する．もし $\widetilde{K}$ がそれ自身で定義する順序 (§1.1 参照) に関して束をなすとき，K を**単体**と呼ぶ．このとき，Euclid 空間の場合 (定理 3.1) の自然な拡張である次が成り立つ．これが本節の主要結果である．

定理 3.15 (Choquet) E のコンパクト凸集合 K について次は同値である：
 (a) K は単体である．
 (b) 任意の $f \in \mathcal{C} = \mathcal{C}(K)$ に対し，$\widehat{f}$ は K 上のアフィン函数である．
 (c) 写像 $f \mapsto \widehat{f}$ は $\mathcal{C}$ 上で線型である．
 (d) 全ての $x \in K$ に対し $x = r(\mu)$ を満たす極大測度 μ が一意に存在する．

証明 証明を四段階に分けて述べる．
 (a) $\Rightarrow$ (b)　任意の $f \in C(K)$ に対して，$\widetilde{K}$ 上の函数 $\varphi(f)$ を

$$\varphi(f)(\lambda x, \lambda) = \lambda f(x) \qquad (x \in K,\ \lambda \geqq 0)$$

で定義する．いま，特に $f \in \mathcal{C}$ の場合を考えれば，$\widehat{f}$ がアフィン函数であるためには，$\varphi(\widehat{f})$ が $\widetilde{K}$ 上で加法的，即ち

$$\varphi(\widehat{f})(z' + z'') = \varphi(\widehat{f})(z') + \varphi(\widehat{f})(z'') \qquad (z', z'' \in \widetilde{K}) \tag{3.5}$$

であればよいことに注意する．定理 3.3 の系で見たように，K 上の確率点測度は漠位相に関し $M_1^+(K)$ の中で稠密であるから，定義式 (3.3) より

$$\widehat{f}(x) = \sup\Big\{\sum_i \alpha_i f(x_i) : \alpha_i \geqq 0,\ \sum_i \alpha_i = 1,\ \sum_i \alpha_i x_i = x,\ x_i \in K \Big\}$$

が分る．これを $\varphi(\widehat{f})$ の定義と比較すれば，

$$\varphi(\widehat{f})(z) = \sup\Big\{\sum_i \varphi(f)(z_i) : z_i \in \widetilde{K},\ z = \sum_i z_i\Big\} \tag{3.6}$$

が得られる．従って，任意の $z', z'' \in \widetilde{K}$ に対して次が成り立つ：

$$\varphi(\widehat{f})(z' + z'') = \sup\Big\{\sum_i \varphi(f)(z_i) : z_i \in \widetilde{K},\ z' + z'' = \sum z_i \Big\}. \tag{3.7}$$

いま $\widetilde{K}$ は束であるから，定理 1.4 を右辺の $z' + z'' = \sum z_i$ に適用すれば，
$$z_i = z_i' + z_i'', \quad z' = \sum_i z_i', \quad z'' = \sum_i z_i''$$
を満たす $z_i', z_i'' \in \widetilde{K}$ が存在する．よって，次が成り立つ：
$$\varphi(\widehat{f})(z' + z'') = \sup\Bigl\{\sum_i \varphi(f)(z_i' + z_i'') : z_i', z_i'' \in \widetilde{K},$$
$$z' = \sum_i z_i' \text{ and } z'' = \sum_i z_i'\Bigr\}. \quad (3.8)$$
これらから求める等式 (3.5) が得られる．実際，まず (3.7) から
$$\varphi(\widehat{f})(z' + z'') \geqq \varphi(\widehat{f})(z') + \varphi(\widehat{f})(z'')$$
が分る．一方，f は凸函数であるから，$\varphi(f)(z_i' + z_i'') \leqq \varphi(f)(z_i') + \varphi(f)(z_i'')$ が全ての i に対して成り立つ．これを (3.8) の左辺に代入して計算すれば，逆の不等式 $\varphi(\widehat{f})(z' + z'') \leqq \varphi(\widehat{f})(z') + \varphi(\widehat{f})(z'')$ が出る．

(b) $\Rightarrow$ (c)　　$\widehat{f}$ は上半連続であるから，$\{(x, y) : x \in K, y \leqq \widehat{f}(x)\}$ は $E \times \mathbb{R}$ の閉凸集合である．もし $(x_0, y_0) \in K \times \mathbb{R}$ が $y_0 > \widehat{f}(x_0)$ を満たせば，定理 2.4 により (補題 3.5 の証明の論法を利用して)
$$\sup\{\langle x, x'\rangle + \lambda y : x \in K, y \leqq \widehat{f}(x)\} \leqq \alpha < \langle x_0, x'\rangle + \lambda y_0$$
を満たす $(x', \lambda) \in E' \times \mathbb{R}$ と実数 α が存在する．ここで，$y \to -\infty$ とすれば，$\lambda > 0$ が分るから，任意の $x \in K$ に対して $\widehat{f}(x) \leqq \lambda^{-1}(\alpha - \langle x, x'\rangle)$ が得られる．特に，$\widehat{f}(x_0) \leqq \lambda^{-1}(\alpha - \langle x_0, x'\rangle) < y_0$ が成り立つ．y_0 は $y_0 > \widehat{f}(x_0)$ ならば何でもよいから，$\widehat{f}$ は K 上の連続なアフィン函数の下限函数として表される．即ち，$\widehat{f}(x) = \inf\{g(x) : g \geqq f, g \in \mathcal{A}(K)\}$ が示された．$\mu \in M_1^+(K)$ を $x \in K$ を表す極大測度とすれば，$\mu(K_f) = 1$ より，
$$\widehat{f}(x) = \inf\{g(x) : g \geqq f, g \in \mathcal{A}\} = \inf\Bigl\{\int g\, d\mu : g \geqq f, g \in \mathcal{A}\Bigr\}$$
$$= \int \widehat{f}\, d\mu = \int f\, d\mu\,.$$
故に，対応 $f \mapsto \widehat{f}$ は線型である．

(c) ⇒ (d) $x \in K$ を任意に固定し,写像 $\mu_x : \mathcal{C} \to \mathbb{R}$ を $\mu_x(f) = \widehat{f}(x)$ で定義する.$f \mapsto \widehat{f}$ は $\mathcal{C}$ 上で線型であるから,$\mu_x(f-g) = \mu_x(f) - \mu_x(g)$ として $\mathcal{C} - \mathcal{C}$ 上に線型に拡大できる.μ_x は $\mathcal{C}$ 上で単調であるから,$\mathcal{C} - \mathcal{C}$ 上では正値であり従って連続である.また,$\mathcal{C} - \mathcal{C}$ は $C(K)$ の中で稠密であるから μ_x を $C(K)$ 上の正値線型汎函数に一意に拡大できる.故に,μ_x を K 上の測度と見なせば,$\mu_x \in M_1^+(K)$ であって $r(\mu_x) = x$ を満たす.実際,μ_x は極大で一意に決る.これを示すために,$\mu \in M_1^+(K)$ は極大で $r(\mu) = x$ を満たすと仮定すると,任意の $f \in \mathcal{C}$ に対して $\mu_x(f) = \widehat{f}(x) \geqq \mu(f)$ が成り立つ.従って,$\mu \prec \mu_x$ であるが,μ は極大であるから,$\mu = \mu_x$ を得る.故に,極大測度は唯一つしかない.

(d) ⇒ (a) M を $M^+(K)$ 内の極大測度の全体とすると,定理 3.14 により M は $M^+(K)$ 内の順序イデアルであり,M 自身が定義する順序に関して束をなす.いま,$\mu \in M$ に対し $\Phi(\mu) = (r(\mu), \|\mu\|)$ とおくと,K の各点を表現する極大測度は仮定により一意であるから,Φ は M から $\widetilde{K}$ への全単射でしかも順序を保つ.即ち,M と $\widetilde{K}$ は順序同型である.従って,$\widetilde{K}$ もそれ自身が定義する順序に関して束をなす.故に,K は単体である. □

§4 調和函数の束構造

我々は §1 ではベクトル束を,前節ではコンパクト凸集合の Choquet 理論を説明したが,本節ではこれらを正値調和函数の空間に応用する.

4.1 函数族 HP と HP′ Riemann 面 $\mathfrak{R}$ 上の実数値連続函数の全体を $C(\mathfrak{R}, \mathbb{R})$ と書く.これは函数の通常の和とスカラー倍を代数演算とし,$\mathfrak{R}$ の各コンパクト部分集合上での一様収束 (即ち,広義一様収束) を位相として局所凸空間となる.この位相を以下では τ_c と書く.$\mathfrak{R}$ は可算個のコンパクト集合の合併であるから,位相 τ_c は**距離づけ可能**である.

さて,$\mathfrak{R}$ 上の非負調和函数の全体を $HP = HP(\mathfrak{R})$ と書く.また,二つの HP 函数の差で表される函数の作る $C(\mathfrak{R}, \mathbb{R})$ の線型部分空間を $HP' = HP'(\mathfrak{R})$ と書く.HP′ の位相は $\mathfrak{R}$ 上での広義一様収束位相 τ_c とする.

定理 4.1 $\Re$ 上の実数値調和函数 u が HP' に属するための必要十分条件は，その絶対値 $|u(z)|$ が調和な優函数を持つことである．

函数族 HP は §1.1 の意味での凸錐をなす．即ち，次が成り立つ：
(a) 任意の $u, v \in \mathrm{HP}$ に対し $u + v \in \mathrm{HP}$,
(b) 任意の $u \in \mathrm{HP}$ と $\alpha \geqq 0$ に対して $\alpha u \in \mathrm{HP}$,
(c) HP は原点を通る直線を含まない．

次に，HP' の元の大小関係 $u \leqq v$ を函数の大小関係 $u(z) \leqq v(z)$ として定義する．このとき，$u \leqq v$ は $v - u \in \mathrm{HP}$ と同等であるから，函数としての大小関係は凸錐 HP によって定義される順序と一致する (§1.1 参照)．

定理 4.2 HP' の部分集合が上に (または，下に) 有界ならば，最小の上界 (または，最大の下界) を持つ．特に，任意の $u_1, u_2 \in \mathrm{HP}'$ に対して，最小の上界 $u_1 \vee u_2$ および最大の下界 $u_1 \wedge u_2$ が存在する．即ち，HP' は完備なベクトル束である．特に，HP 自身も束をなす．

証明 部分集合 $\{u_\iota\} \subset \mathrm{HP}'$ が上界 $v \in \mathrm{HP}'$ を持つ場合のみを考察する．$f(z) = \sup_\iota u_\iota(z)$ とおけば，f は劣調和で且つ $f(z) \leqq v(z)$ が成り立つ．$f(z) \leqq s(z)$ を満たす優調和函数 s の全体を $\mathcal{V}$ と書けば，$v \in \mathcal{V}$ より $\mathcal{V} \neq \emptyset$ を得る．従って，$\mathcal{V}$ は優調和函数の Perron 族 (§B.1.2 参照) であるから，$u(z) = \inf_{s \in \mathcal{V}} s(z)$ は調和函数でしかも全ての ι に対し $u_\iota(z) \leqq u(z)$ を満たす最小の調和函数である．故に，$\{u_\iota\}$ は最小の上界を持つ． □

4.2 調和函数の積分表現 単位円板上の調和函数の Poisson 積分表示式に相当するものを一般的に求めてみよう．そのため，任意の $a \in \Re$ に対し，

$$\mathrm{HP}(a) = \{u \in \mathrm{HP} : u(a) = 1\} \tag{4.1}$$

とおく．これが凸集合の Choquet 理論を応用するための舞台である．

定理 4.3 $\mathrm{HP}(a)$ は凸集合であり，位相 τ_c についてはコンパクトな距離空間である．

§4 調和函数の束構造   27

証明 HP(a) が凸集合であることと位相 τ_c に関して閉じていることは定義より明らかであるから,空間 $C(\mathcal{R},\mathbb{R})$ の中で相対コンパクトであることを示せばよい.このためには,Ascoli の定理により

(i) HP(a) は任意の点 $z_0 \in \mathcal{R}$ で同程度連続である,

(ii) 任意の点 $z_0 \in \mathcal{R}$ で $\{u(z_0) : u \in \mathrm{HP}(a)\}$ は有界集合である

の二条件を確かめればよい.まず,F を $\mathcal{R}$ のコンパクト部分集合とすると,調和函数に関する Harnack の不等式により,a と F のみに依存する定数 $C = C(a,F)$ が存在して,全ての $u \in \mathrm{HP}(a)$ に対して

$$\sup_{z \in F} u(z) \leq Cu(a) = C \tag{4.2}$$

が成り立つ.特に,F を $z_0 \in \mathcal{R}$ のコンパクトな近傍とすれば,HP(a) は F 上で一様有界な調和函数の族として F の内部の点 z_0 で同程度連続になる.即ち,(i) が成り立つ.また,(ii) も (4.2) の特別の場合である.一方,$\mathcal{R}$ 上の広義一様収束の位相 τ_c は距離づけ可能であるから,HP(a) への制限についても同様である.これが示すべきことであった.   □

同様にして,正値調和函数の空間 HP は局所コンパクト距離空間であることも証明できる.さて,HP(a) はコンパクトな凸集合であるから,§3 で述べた Choquet 理論が適用できる.実際,次が成り立つ.

定理 4.4 コンパクト凸集合 HP(a) は単体である.

証明 $K = \mathrm{HP}(a)$ とおくと,§3.8 で定義した凸錐 $\widetilde{K}$ は次の形をとる:

$$\widetilde{K} = \{(\lambda u, \lambda) : u \in K,\ \lambda \geq 0\} = \{(u, u(a)) : u \in \mathrm{HP}\}.$$

そこで,写像 $\varphi : \mathrm{HP} \to \widetilde{K}$ を $\varphi(u) = (u, u(a))$ で定義すれば,φ は全単射で和と正数倍を保つ.従って,任意の $u, v \in \mathrm{HP}$ について

$$u \leq v \iff v - u \in \mathrm{HP} \iff \varphi(v - u) \in \widetilde{K} \iff \varphi(u) \leq \varphi(v)$$

が成り立つから,φ は HP から $\widetilde{K}$ への順序同型写像である.定理 4.2 により HP は束であるから,$\widetilde{K}$ も同様である.故に,定理 3.15 の直前で述べた定義により,$K = \mathrm{HP}(a)$ は単体である.   □

この結果,Choquet の定理 (定理 3.15) が適用できて,次が得られる.

定理 4.5 任意の $a \in \mathcal{R}$ に対し,$\mathrm{HP}(a)$ の端点全体の集合を $\mathcal{E}(a)$ とおく.このとき,次が成り立つ:

(a) $\mathcal{E}(a)$ は $\mathrm{HP}(a)$ の空でない G_δ 部分集合である.

(b) 任意の $u \in \mathrm{HP}(a)$ は $\mathrm{HP}(a)$ 上の確率測度 μ で $\mu(\mathcal{E}(a)) = 1$ を満たすものの合成として表現される.即ち,$u = \int_{\mathcal{E}(a)} v\,d\mu(v)$ が成り立つ.このような測度 μ は u によって一意に決定される.特に,

$$u(z) = \int_{\mathcal{E}(a)} v(z)\,d\mu(v) \qquad (z \in \mathcal{R})\,.$$

証明 (a) 定理 4.3 により $\mathrm{HP}(a)$ は距離空間であるから,補題 3.6 と補題 3.7 の系により,その端点集合 $\mathcal{E}(a)$ は G_δ 集合である.

(b) $\mathrm{HP}(a)$ は単体であるから,定理 3.15(d) により,任意の $u \in \mathrm{HP}(a)$ は唯一の極大測度 $\mu \in M_1^+(\mathrm{HP}(a))$ によって $u = r(\mu)$ の形に表される.$\mathrm{HP}(a)$ は距離空間であるから,定理 3.13 により任意の極大測度は端点集合 $\mathcal{E}(a)$ の上にある.これが示すべきことであった. □

4.3 孤立特異点を持つ調和函数

調和函数に関する最後の話題として特異点のある調和函数を考える.これは有界型の有理型函数 f に対する $\log|f|$ を扱うための準備の意味もある.$\mathcal{R}$ の離散点列 Z に対して調和函数の集合 $\mathrm{HP}'(\mathcal{R} \setminus Z)$ を考え,これらを全ての離散的 $Z \subset \mathcal{R}$ に対して合併したものを $\mathcal{S}$ と書く.$u_1, u_2 \in \mathcal{S}$ が $\mathcal{R}$ の或る離散点列以外で一致するとき $u_1 \sim u_2$ と定義すれば,関係 $\sim$ は $\mathcal{S}$ 上の同値関係である.そこで,商空間 $\mathcal{S}/\sim$ を $\mathrm{SP}' = \mathrm{SP}'(\mathcal{R})$ と書く.このとき,各 Z に対し $\mathrm{HP}'(\mathcal{R} \setminus Z)$ は明らかに $\mathrm{SP}'(\mathcal{R})$ の部分空間である.また,任意の $u_1, u_2 \in \mathrm{SP}'(\mathcal{R})$ に対し,その和 $u_1 + u_2$ や大小関係 $u_1 \leqq u_2$ も適当な離散点列の外で定義することで,$\mathrm{SP}'(\mathcal{R})$ の元として唯一通りに定義される.なお,$u \in \mathrm{HP}'(\mathcal{R} \setminus Z)$ (Z は離散点列) について,Z の各点は u の対数的特異点であるかまたは除去可能な特異点であることを注意しておく.

定理 4.6 SP' は上記の演算に関して完備ベクトル束をなす.このベクトル束構造は各 $\mathrm{HP}'(\mathcal{R} \setminus Z)$ 上ではそれぞれのベクトル束構造と一致する.

§4 調和函数の束構造

証明 SP' の有限個の元の演算については或る $\mathrm{HP}'(\mathfrak{R}\setminus Z)$ の中での演算と見なされるから，SP' のベクトル束としての構造は各 $\mathrm{HP}'(\mathfrak{R}\setminus Z)$ 上では後者のベクトル束構造と一致する．従って，残る問題は完備性だけである．

さて，SP' が完備であることを示すために，部分集合 $\{u_\iota\}\subset \mathrm{SP}'$ が上界 $v\in\mathrm{SP}'$ を持つと仮定する．このとき，u_ι の一つをとって v' とおき，必要ならば各 u_ι を $u_\iota\vee v'$ でおきかえることにより，$v'\leqq u_\iota\leqq v$ を満たすと仮定できる．いま，$v\in\mathrm{HP}'(\mathfrak{R}\setminus Z_v)$，$v'\in\mathrm{HP}'(\mathfrak{R}\setminus Z_{v'})$ ($Z_v, Z_{v'}$ は $\mathfrak{R}$ の離散点列) とすると，各 $u_\iota\in\mathrm{HP}'(\mathfrak{R}\setminus Z_\iota)$ について $Z_v\cup Z_{v'}$ に入らぬ Z_ι の各点の近傍で u_ι は有界であるから，これらの点は u_ι の除去可能な特異点である．従って，$\{u_\iota\}\subset\mathrm{HP}'(\mathfrak{R}\setminus(Z_v\cup Z_{v'}))$ と見なされる．$\mathrm{HP}'(\mathfrak{R}\setminus(Z_v\cup Z_{v'}))$ は定理4.2により完備であるから，$\{u_\iota\}$ は $\mathrm{HP}'(\mathfrak{R}\setminus(Z_v\cup Z_{v'}))$ の中で最小の上界を持つ．ところが，SP' の束構造は各 $\mathrm{HP}'(\mathfrak{R}\setminus Z)$ 上では HP' の束構造と一致するから，$\{u_\iota\}$ は SP' の中でも最小の上界を持つ．故に，SP' は完備である． □

定理4.6により SP' は完備ベクトル束であるから，もちろん σ 完備ベクトル束であり，§1.6で述べた結果を適用できる．実際，$E=\mathrm{SP}'$ とおき，$h=1$ を $\mathfrak{R}$ 上で恒等的に1に等しい函数として，$\{h\}^\perp$ と $\{h\}^{\perp\perp}$ を考える．即ち，

$$I(\mathfrak{R})=\{1\}^\perp, \qquad Q(\mathfrak{R})=I(\mathfrak{R})^\perp=\{1\}^{\perp\perp}$$

と定義する．このとき，定理1.7, 1.10, 1.11により次が成り立つ：

定理4.7 (a) $I(\mathfrak{R})$ と $Q(\mathfrak{R})$ はベクトル束 SP' の完備な順序イデアルであり，$Q(\mathfrak{R})$ は1を生成元とする．

(b) SP' は $I(\mathfrak{R})$ と $Q(\mathfrak{R})$ の直和であり，SP' から $I(\mathfrak{R})$ および $Q(\mathfrak{R})$ への射影 $\mathrm{pr}_I, \mathrm{pr}_Q$ は正値作用素である．

空間 $I(\mathfrak{R})$ および $Q(\mathfrak{R})$ 内の函数をそれぞれ**特異函数** (または，**内函数**)，**準有界函数**と呼ぶ．また，任意の $u\in\mathrm{SP}'$ に対し，$\mathrm{pr}_I(u)$ を u の**特異成分** (または，**内成分**)，$\mathrm{pr}_Q(u)$ を u の**準有界成分**と呼ぶ．

定理4.8 任意の $u\in\mathrm{SP}'$ に対し，その準有界成分 $\mathrm{pr}_Q(u)$ の特異点は除去可能である．従って，特異成分 $\mathrm{pr}_I(u)$ と u は同じ特異点を持つ．

証明 一般性を失わずに, $u \geqq 0$ と仮定することができる. $u_n = u \wedge n$ $(n = 1, 2, \dots)$ とおけば, u_n は上に有界で, 従って $\mathcal{R}$ 上で調和である. 函数列 $\{u_n\}$ は単調増加で上からは優調和函数 u で押えられているから, 極限 $\lim_{n\to\infty} u_n$ $(= v$ とおく$)$ は $\mathcal{R}$ 上至るところ調和である. 我々は v が $\mathrm{pr}_Q(u)$ に等しいことを示そう. このため, 任意に $s \in I(\mathcal{R})$ をとると, $|u_n| \wedge |s| = u_n \wedge |s| \leqq n \wedge |s| = 0$ を得るから, $u_n \in Q(\mathcal{R})$ が成り立つ. $Q(\mathcal{R})$ は完備であるから, $v \in Q(\mathcal{R})$ を得る. 一方, $(u-v) \wedge 1 = 0$ である. これを示すために, $w = (u-v) \wedge 1$ とおくと, $w \leqq u - v \leqq u - u_n$ $(n = 1, 2, \dots)$ および $w \leqq 1$ が成り立つ. 従って, $w + u_n = w + (u \wedge n) \leqq n + 1$ となって, $w + u_n \leqq u \wedge (n+1) = u_{n+1}$ が分る. 即ち, $w \leqq u_{n+1} - u_n$ を得る. $\{u_n\}$ は収束するから, $u_{n+1} - u_n \to 0$ で, これで $w = 0$ が $\mathcal{R}$ 上で成り立つことが示された. 故に, $u - v \in I(\mathcal{R})$. 即ち, $u = (u-v) + v$ は u の $I(\mathcal{R})$ と $Q(\mathcal{R})$ への直和分解である. □

定理 4.9 任意の $u \in \mathrm{SP}'$ の準有界成分 $\mathrm{pr}_Q(u)$ は次で与えられる:
$$\mathrm{pr}_Q(u) = \lim_{m\to\infty} \lim_{n\to\infty} \left[(-m) \vee (n \wedge u) \right]. \tag{4.3}$$

証明 これは定理 1.11 の特別な場合である. □

文献ノート

§1 の (順序線型空間としての) ベクトル束については吉田 [B46, 第 XII 章] を参考にした. §2 の Krein-Milman の定理は有名で, Conway [B8, 141頁], Dunford-Schwartz [B9, 440頁], 吉田 [B46, 362頁] など, 進んだ函数解析の教科書には必ず記述がある. また, 証明に利用した Hahn-Banach の定理は函数解析の基本で入門書でも必ず載っていると思われるが, 吉田 [B46, 第 IV 章], 荷見 [B18, 第 4 章] を挙げておく. §3 で述べたコンパクト凸集合の端点による積分表現の可能性と一意性定理は最初に Choquet [24] で証明され, Bishop-de Leeuw [12] その他による改良を経て Choquet-Meyer [25] でまとめられた. この Choquet 理論については Choquet の解析学講義 [B6] の他では Alfsen [B3] が詳しい. §4 で扱った調和函数のベクトル束については, Constantinescu-Cornea [B7, 第 2 章] に基礎的な解説があり, 本書でもこれを参照した. 特異点を持つ調和函数については, 荷見 [B16], Neville [81] に記述がある.

第 II 章

乗法的解析函数

Riemann 面に代表される複連結領域上の Hardy 族理論では乗法的解析函数と呼ばれる多価解析函数が重要な役割を演ずる．これは絶対値が一価な多価解析函数であるが，本章では直線束の断面という形でこのような函数の正確な定義を与え，また基本群の指標が果たす役割を明らかにする．さらに，コンパクト縁つき Riemann 面上の全ての直線束に対し有界な正則断面を構成する．

§1 基本群とコホモロジー群の双対性

Riemann 面 $\mathcal{R}$ 上の基本群と 1 次元コホモロジー群を Čech の形式で定義し，その間の双対関係を証明する．以下では，$\mathcal{R}$ の点 O を固定し原点と呼ぶ．

1.1 基本群 原点 O に関する $\mathcal{R}$ の**基本群** $\pi_1(\mathcal{R}, O)$ は O を基点とする $\mathcal{R}$ 上の閉路のホモトピー同値類の作る乗法群であるが，以下ではこれを $\mathcal{R}$ の開被覆を経由して定義する．そのため，$\mathcal{R}$ の局所有限な開被覆 $\mathcal{U} = \{U_i\}$ と $O \in U_0$ を満たす $\mathcal{U}$ の元 U_0 の組 $(\mathcal{U}, U_0)$ (U_0 を略して単に $\mathcal{U}$ とも書く）を**基点を持つ開被覆**と呼び，このような開被覆全体の族を $\mathbb{K}_O(\mathcal{R})$ と記す．

さて，$(\mathcal{U}, U_0) \in \mathbb{K}_O(\mathcal{R})$ に対し，$\mathcal{U}$ の元の有限列 $\gamma = (U_{i_0}, \ldots, U_{i_m})$ で $U_{i_0} = U_0$ 且つ $U_{i_{r-1}} \cap U_{i_r} \neq \emptyset$ $(r = 1, \ldots, m)$ を満たすものを U_0 を基点とする $\mathcal{U}$ の**鎖**と云う．さらに，$U_{i_m} = U_0$ を満たすとき，γ は閉鎖であると云う．このような鎖に対する**単純抜き差し**とは，鎖の引き続く元の組 $U_{i_r}, U_{i_{r+1}}$ を $U_{i_r} \cap U_j \cap U_{i_{r+1}} \neq \emptyset$ を満たす $\mathcal{U}$ の元の三つ組 $U_{i_r}, U_j, U_{i_{r+1}}$ でおきかえることまたはこの逆の操作を云う．二つの鎖が有限回の単純抜き差しで移れるとき**ホモトープ**であると云う．これは同値関係であり，$(\mathcal{U}, U_0)$ の閉鎖のホモトピー同値類の全体を $\pi_1(\mathcal{U}, U_0)$ と書く．$(U_{i_0}, \ldots, U_{i_m})$ と $(\widetilde{U}_{i_0}, \ldots, \widetilde{U}_{i_n})$ が

二つの閉鎖ならば，その積 $(U_{i_0},\ldots,U_{i_m},\widetilde{U}_{i_0},\ldots,\widetilde{U}_{i_n})$ も閉鎖であり，この演算は閉鎖のホモトピー同値類の集合 $\pi_1(\mathcal{U},U_0)$ に自然に移行されて，$\pi_1(\mathcal{U},U_0)$ が群になる．即ち，$\mathcal{U}$ の基本群が得られる．

$\mathcal{R}$ の基本群 $\pi_1(\mathcal{R},O)$ は開被覆の細分を重ねたときの $\pi_1(\mathcal{U},U_0)$ の射影的極限として定義されるが，実際は極限操作なしで基本群 $\pi_1(\mathcal{R},O)$ は得られる．そのため，特別な開被覆を考えよう．$\mathcal{R}$ の開被覆 $\mathcal{U}=\{U_i:i\in I\}$ が

(FC1) $\mathcal{U}$ の元はどれも単連結である，

(FC2) $\mathcal{U}$ の任意の 3 個の元 U_1,U_2,U_3 に対し，$U_1\cup U_2\cup U_3$ が連結ならば，この合併は $\mathcal{R}$ の単連結な部分領域に含まれる

の二条件を満足するとき，この被覆は**忠実**であると云う．また，基点を持つ開被覆 $(\mathcal{U},U_0)\in\mathbb{K}_O(\mathcal{R})$ が忠実であるとは，$\mathcal{U}$ が忠実であることを云う．このような被覆の存在は定理 A.2 で示される．

以下では，$(\mathcal{U},U_0)$ を忠実な被覆とする．O を基点とする閉路を c とするとき，$(\mathcal{U},U_0)$ の閉鎖 $\gamma=(U_{i_0},\ldots,U_{i_m})$ が c を被うとは，c を有限個の引き続く部分弧 $\sigma_0,\ldots,\sigma_m$ に分割して $c=\sigma_0\ldots\sigma_m$ と表すとき，$\sigma_r\subset U_{i_r}$ $(r=0,\ldots,m)$ が成り立つことを云う．記号では，$c\subset\gamma$ と書く．この関係 $c\subset\gamma$ はホモトピー同値類を保存する．即ち，$c\subset\gamma$ 且つ $c'\subset\gamma'$ ならば，$c\cong c'$ と $\gamma\cong\gamma'$ は同等である．従って，$\pi_1(\mathcal{R},O)$ と $\pi_1(\mathcal{U},U_0)$ は標準的に同型である．また，$\pi_1(\mathcal{U},U_0)$ の指標群，即ち $\pi_1(\mathcal{U},U_0)$ から $\mathbb{T}$ への準同型の作る乗法群，を $\pi_1^*(\mathcal{U},U_0)$ と書く．このときも，$(\mathcal{U},U_0)$ が忠実ならば，$\pi_1^*(\mathcal{R},O)$ は $\pi_1^*(\mathcal{U},U_0)$ に標準的に同型である．これらの証明は定理 A.5 で与えられる．

1.2 1次元コホモロジー群 $\mathcal{U}=\{U_i\}$ を $\mathcal{R}$ の (局所有限な) 開被覆とするとき，$\mathcal{U}$ 上の $\mathbb{T}$ 係数の **1 双対輪体**（そうついりんたい） $\xi=\{\xi_{ij}\}$ とは，$U_i\cap U_j\ne\emptyset$ を満たす任意の添数の順序対 (i,j) に絶対値 1 の複素数 ξ_{ij} を対応させる函数で，

$$\xi_{ij}=\overline{\xi_{ji}} \qquad (U_i\cap U_j\ne\emptyset), \tag{1.1a}$$

$$\xi_{ij}\xi_{jk}=\xi_{ik} \qquad (U_i\cap U_j\cap U_k\ne\emptyset) \tag{1.1b}$$

を満たすものを云う．$\mathcal{U}$ 上の 1 双対輪体全体の集合を $Z^1(\mathcal{U},\mathbb{T})$ と書く．これは函数の積 $\{\xi_{ij}\}\{\eta_{ij}\}=\{\xi_{ij}\eta_{ij}\}$ について群をなす．また，$Z^1(\mathcal{U},\mathbb{T})$ の二つ

の元 $\{\xi_{ij}\}$ と $\{\eta_{ij}\}$ が**同値**であるとは,

$$\eta_{ij} = \theta_i^{-1} \xi_{ij} \theta_j \qquad (U_i \cap U_j \neq \emptyset) \tag{1.2}$$

を満たす係数族 $\{\theta_i\} \subset \mathbb{T}$ が存在することを云う.これは同値関係であり,上記の積と両立する.従って,これによる $Z^1(\mathcal{U}, \mathbb{T})$ の同値類の全体を $H^1(\mathcal{U}, \mathbb{T})$ と書けば,これは乗法群で被覆 $\mathcal{U}$ の **1 次元コホモロジー群**と呼ばれる.$H^1(\mathcal{U}, \mathbb{T})$ の元はその代表を使って $(\{U_i\}, \{\xi_{ij}\})$ とも表される.

次に,開被覆 $\mathcal{V} = \{V_{i'}\}$ を $\mathcal{U}$ の細分とし,$\mu : \mathcal{V} \to \mathcal{U}$ を付随する細分写像とする.即ち,各 $V_{i'} \in \mathcal{V}$ に対し $V_{i'} \subseteq \mu V_{i'} = U_i$(これを $i = \mu(i')$ とも書く)を満たす $U_i \in \mathcal{U}$ が存在すると仮定するとき,任意の $(\{U_i\}, \{\xi_{ij}\}) \in Z^1(\mathcal{U}, \mathbb{T})$ に対して,

$$\xi'_{i'j'} = \xi_{\mu(i')\mu(j')} \qquad (V_{i'} \cap V_{j'} \neq \emptyset)$$

と定義する.このとき,$(\{V_{i'}\}, \{\xi'_{i'j'}\})$ は $\mathcal{V}$ 上の 1 双対輪体である.しかも,$(\{U_i\}, \{\xi_{ij}\})$ を同値なものに変えれば,その像 $(\{V_{i'}\}, \{\xi'_{i'j'}\})$ も同値なものに変るから,対応 $(\{U_i\}, \{\xi_{ij}\}) \mapsto (\{V_{i'}\}, \{\xi'_{i'j'}\})$ は $H^1(\mathcal{U}, \mathbb{T})$ から $H^1(\mathcal{V}, \mathbb{T})$ への写像 μ^* を定義する.これは群の準同型で細分写像の選び方に依存しない.即ち,別の細分写像 $\nu : \mathcal{V} \to \mathcal{U}$ に対して $\nu^* = \mu^*$ が成り立つ.我々はこの共通の準同型 $H^1(\mathcal{U}, \mathbb{T}) \to H^1(\mathcal{V}, \mathbb{T})$ を $\varphi^*_{\mathcal{U}, \mathcal{V}}$ と書く.

さて,$\mathcal{R}$ の全ての局所有限な開被覆の族は $\mathcal{V}$ が $\mathcal{U}$ の細分であるとき $\mathcal{V} \prec \mathcal{U}$ または $\mathcal{U} \succ \mathcal{V}$ と定義することによって有向集合となる.上で示したように,$\mathcal{U} \succ \mathcal{V}$ に対して自然な準同型 $\varphi^*_{\mathcal{U}, \mathcal{V}} : H^1(\mathcal{U}, \mathbb{T}) \to H^1(\mathcal{V}, \mathbb{T})$ が定義されるが,$\mathcal{U} \succ \mathcal{V}$ 且つ $\mathcal{V} \succ \mathcal{W}$ のとき,$\varphi^*_{\mathcal{U}, \mathcal{W}} = \varphi^*_{\mathcal{V}, \mathcal{W}} \circ \varphi^*_{\mathcal{U}, \mathcal{V}}$ が成り立つから,コホモロジー群の族 $\{H^1(\mathcal{U}, \mathbb{T})\}$ は帰納的系となる.この帰納的極限

$$H^1(\mathcal{R}, \mathbb{T}) = \varinjlim_{\mathcal{U}} H^1(\mathcal{U}, \mathbb{T})$$

を $\mathcal{R}$ の $\mathbb{T}$ 係数 **1 次元コホモロジー群**と呼ぶ.より具体的には,次の §1.3 で示すように,開被覆 $\mathcal{U}$ が忠実ならば,標準的同型 $H(\mathcal{R}, \mathbb{T}) \cong H^1(\mathcal{U}, \mathbb{T})$ が成り立つから,極限操作は不要である.この場合,系列

$$Z^1(\mathcal{U}, \mathbb{T}) \to H^1(\mathcal{U}, \mathbb{T}) \xrightarrow{\varphi^*_{\mathcal{U}}} H^1(\mathcal{R}, \mathbb{T}) \tag{1.3}$$

の二つの写像は全射であるから,任意の $\xi \in H^1(\mathcal{R}, \mathbb{T})$ に対し,これを表す 1 双対輪体 $(\{U_i\}, \{\xi_{ij}\}) \in Z^1(\mathcal{U}, \mathbb{T})$ が存在する.これを ξ の代表と呼ぶ.

1.3 基本群とコホモロジー群の双対性
以上では,Čech の流儀で $\mathcal{R}$ の基本群と 1 次元コホモロジー群を定義したが,これらについては次が成り立つ:

定理 1.1 $\mathcal{R}$ のコホモロジー群 $H^1(\mathcal{R}, \mathbb{T})$ は $\mathcal{R}$ の基本群 $\pi_1(\mathcal{R}, O)$ の指標群 $\pi_1^*(\mathcal{R}, O)$ と標準的に同型である.

証明 開被覆 $(\mathcal{U}, U_0) \in \mathbb{K}_O(\mathcal{R})$ を任意にとり,$\mathcal{U} = \{U_i\}$ とおく.次に,各コホモロジー類 $\xi \in H^1(\mathcal{U}, \mathbb{T})$ に対し,その代表 $(\{U_i\}, \{\xi_{ij}\})$ を任意に選ぶ.それから,U_0 を基点とする $\mathcal{U}$ の任意の鎖 $(U_{i_0}, U_{i_1}, \ldots, U_{i_m})$ に対し,

$$\xi(U_{i_0}, U_{i_1}, \ldots, U_{i_m}) = \xi_{i_0 i_1} \times \xi_{i_1 i_2} \times \cdots \times \xi_{i_{m-1} i_m} \tag{1.4}$$

とおく.ξ は双対輪体であるから,$U_{i_r} \cap U_j \cap U_{i_{r+1}} \neq \emptyset$ ならば,$\xi_{i_r i_{r+1}} = \xi_{i_r j} \xi_{j i_{r+1}}$ が成り立つ.従って,(1.4) の右辺の積は前節で定義した鎖の単純抜き差しで変らない.これから方程式 (1.4) は群 $\pi_1(\mathcal{U}, U_0)$ の指標 (即ち,群 $\pi_1(\mathcal{U}, U_0)$ から絶対値 1 の複素数の乗法群 $\mathbb{T}$ への準同型) を定義することが分る.これを χ_ξ と記す.χ_ξ は ξ の代表の選び方によらない.実際,$\{\eta_{ij}\}$ を ξ の別の代表とすれば,$\eta_{ij} = \theta_i \xi_{ij} \theta_j^{-1}$ (但し,$U_i \cap U_j \neq \emptyset$) を満たす係数 $\theta_i \in \mathbb{T}$ が存在するから,任意の閉鎖 $(U_{i_0}, U_{i_1}, \ldots, U_{i_m})$ に対して $\eta(U_{i_0}, U_{i_1}, \ldots, U_{i_m}) = \xi(U_{i_0}, U_{i_1}, \ldots, U_{i_m})$ が成り立つ.即ち,対応 $\xi \mapsto \chi_\xi$ は $H^1(\mathcal{U}, \mathbb{T})$ を $\pi_1^*(\mathcal{U}, U_0)$ に写す.これを $F_\mathcal{U}$ と書く.ところが,これらの群の演算はどちらも函数の積であるから $F_\mathcal{U}$ は群の準同型である.

準同型 $F_\mathcal{U}$ は 1 対 1 である.これを示すために,まず $\{\xi_{ij}\}$ と $\{\eta_{ij}\}$ は $Z^1(\mathcal{U}, \mathbb{T})$ に属する双対輪体で $\pi_1^*(\mathcal{U}, U_0)$ の同じ元を定義すると仮定する.このとき,各 $U_i \in \mathcal{U}$ に対して,一つの鎖 $\gamma_i = (U_{i_0}, U_{i_1}, \ldots, U_{i_m}, U_i)$ (但し,$U_{i_0} = U_0$) を選ぶ.さらに,γ_i^{-1} は鎖 γ_i を逆にたどるものとして,$\theta_i = \eta(\gamma_i^{-1}) \xi(\gamma_i)$ とおく.この θ_i は γ_i の選び方に依存しない.実際,$\widetilde{\gamma}_i$ を同様な鎖とすると,$\gamma_i \widetilde{\gamma}_i^{-1}$ は閉鎖であるから,仮定により $\xi(\gamma_i \widetilde{\gamma}_i^{-1}) = \eta(\gamma_i \widetilde{\gamma}_i^{-1})$ を満たす.従って,

$$\eta(\widetilde{\gamma}_i^{-1}) \xi(\widetilde{\gamma}_i) = \eta(\gamma_i^{-1}) \eta(\gamma_i \widetilde{\gamma}_i^{-1}) \xi(\widetilde{\gamma}_i \gamma_i^{-1}) \xi(\gamma_i) = \eta(\gamma_i^{-1}) \xi(\gamma_i) \,.$$

これが示すべきことであった．これから，

$$\eta_{ij} = \eta(U_i, U_j) = \eta(U_i U_{i_m}, \ldots, U_{i_1}, U_{i_0}, U_{i_0}, U_{i_1}, \ldots, U_{i_m}, U_i, U_j)$$
$$= \eta(\gamma_i^{-1})\eta(\gamma_j) = \theta_i \xi(\gamma_i^{-1})\xi(\gamma_j)\theta_j^{-1} = \theta_i \xi_{ij} \theta_j^{-1}$$

を得るから，$\{\xi_{ij}\}$ と $\{\eta_{ij}\}$ は同値である．故に，写像 $F_\mathcal{U}$ は単射である．

次に，任意に $\chi \in \pi_1^*(\mathcal{U}, U_0)$ をとる．上と同様，各 $U_i \in \mathcal{U}$ に対し鎖 $\gamma_i = (U_{i_0}, U_{i_1}, \ldots, U_{i_m}, U_i)$ を一つ選んで固定し，$U_i \cap U_j \neq \emptyset$ を満たす全ての添数の順序対 (i,j) に対し，$\xi_{ij} = \chi(\gamma_i, U_i, U_j, \gamma_j^{-1})$ とおく．このとき ξ_{ij} は確定であり，$U_i \cap U_j \cap U_k \neq \emptyset$ ならば二つの鎖 $(\gamma_i, U_i, U_k, \gamma_k^{-1})$ と $(\gamma_i, U_i, U_j, \gamma_j^{-1}, \gamma_j, U_j, U_k, \gamma_k^{-1})$ はホモトープであるから，

$$\xi_{ij}\xi_{jk} = \chi(\gamma_i, U_i, U_j, \gamma_j^{-1})\chi(\gamma_j, U_j, U_k, \gamma_k^{-1})$$
$$= \chi(\gamma_i, U_i, U_k, \gamma_k^{-1}) = \xi_{ik}$$

を満たす．故に，$\{\xi_{ij}\}$ は $Z^1(\mathcal{U}, \mathbb{T})$ に属する双対輪体 ξ を定義する．我々の χ がこのコホモロジー類 ξ に対応する指標 χ_ξ に等しいことは構成から分るから，対応 $\xi \mapsto \chi_\xi$ は $H^1(\mathcal{U}, U_0)$ から $\pi_1^*(\mathcal{U}, U_0)$ の上への写像である．

以上で，$\mathcal{R}$ の任意の開被覆 $(\mathcal{U}, U_0) \in \mathbb{K}_O(\mathcal{R})$ に対し，群の自然な同型対応 $F_\mathcal{U} : H^1(\mathcal{U}, \mathbb{T}) \to \pi_1^*(\mathcal{U}, U_0)$ が定義されることが示された．Čech 理論の一般論としてはさらに極限操作を考えるところであるが，我々の場合には忠実な被覆を考えれば十分で，それ以上の細分は不要である．実際，もし $(\mathcal{U}, U_0)$ が忠実ならば，標準的に $\pi_1^*(\mathcal{U}, U_0) \cong \pi_1^*(\mathcal{R}, O)$ であるから，コホモロジー群についても同様で，標準的同型 $H^1(\mathcal{R}, \mathbb{T}) \cong H^1(\mathcal{U}, \mathbb{T})$ が成り立つ． □

記号節約のため，定理 1.1 により定義されたコホモロジー類 $\xi \in H^1(\mathcal{R}, \mathbb{T})$ に対応する $\pi_1(\mathcal{R}, O)$ の (乗法的) 指標 $\chi_\xi \in \pi_1^*(\mathcal{R}, O)$ を同じ ξ で表す．

1.4 加法的指標 §1.1 では，$\mathcal{R}$ 上のコホモロジー群 $H^1(\mathcal{R}, \mathbb{T})$ は基本群 $\pi_1(\mathcal{R}, O)$ の指標群 $\pi_1^*(\mathcal{R}, O)$ と標準的に同一視できることを見た．そこでは，指標を $\pi_1(\mathcal{R}, O)$ から乗法群 $\mathbb{T}$ への準同型として定義したが，それを加法群 $\mathbb{R}$ から $\mathbb{T}$ への準同型 $t \mapsto e^{2\pi i t}$ による同型対応 $\mathbb{T} \cong \mathbb{R}/\mathbb{Z}$ を利用して加法的に表してみる．一般に，$\mathbf{\Gamma}$ を任意の変換群とし，その演算を $(\gamma_1, \gamma_2) \mapsto \gamma_1 \circ \gamma_2$ と表すとき，$\mathbf{\Gamma}$ の指標とは $\mathbf{\Gamma}$ から $\mathbb{T}$ への準同型 $\chi(\gamma_1 \circ \gamma_2) = \chi(\gamma_1)\chi(\gamma_2)$ の

ことであるが，このような指標 χ に対して $\chi(\gamma) = e^{2\pi i \alpha(\gamma)}$ を満たすような Γ から加法群 $\mathbb{R}/\mathbb{Z}$ への準同型 $\alpha : \Gamma \to \mathbb{R}/\mathbb{Z}$ が一意に定まる．このような α を Γ の**加法的指標**と呼ぶ．より具体的には，α は Γ から $\mathbb{R}$ への写像で任意の $\gamma_1, \gamma_2 \in \Gamma$ に対して合同式 $\alpha(\gamma_1 \circ \gamma_2) \equiv \alpha(\gamma_1) + \alpha(\gamma_2) \mod \mathbb{Z}$ を満たすものである．我々は両方の表現を場合に応じて利用することにしたい．

§2 乗法的解析函数

Riemann 面上の調和函数 u に対し，u の共軛調和函数を $^*u$ として得られる函数 $f = \exp(u + i^*u)$ は一般に多価であるが，絶対値 $|f|$ は $\mathcal{R}$ 上で一価である．Riemann 面上の Hardy 族の解析ではこのような函数が自然に現れる．この種の函数を**乗法的**と呼ぶ．我々はこれを詳しく調べよう．

2.1 直線束とその断面 我々は Riemann 面 $\mathcal{R}$ の 1 次元コホモロジー群 $H^1(\mathcal{R}; \mathbb{T})$ の元 ξ は $\mathcal{R}$ 上の一つの**直線束** (line bundle) を定義すると云う．§1.2 の最後で述べたように，ξ は $\mathcal{R}$ の忠実な開被覆 $\mathcal{U} = \{U_i\}$ を用いて $(\{U_i\}, \{\xi_{ij}\}) \in Z(\mathcal{U}, \mathbb{T})$ の形に表される．詳しく書けば次のようになる：

(LB1) 任意の 1 双対輪体 $(\{U_i\}, \{\xi_{ij}\}) \in Z^1(\{U_i\}, \mathbb{T})$ は一つの直線束 ξ を定義する．

(LB2) 二つの 1 双対輪体 $(\{U_i\}, \{\xi_{ij}\})$ と $(\{V_{i'}\}, \{\eta_{i'j'}\})$ が同じ直線束を定義するとは，$\mathcal{U} = \{U_i\}$ と $\mathcal{V} = \{V_{i'}\}$ の共通の細分 $\mathcal{W} = \{W_{i''}\}$ が存在して，$(\{U_i\}, \{\xi_{ij}\})$ と $(\{V_{i'}\}, \{\eta_{i'j'}\})$ が $\mathcal{W}$ 上で同値になること，即ち，$\mu : \mathcal{W} \to \mathcal{U}$ と $\nu : \mathcal{W} \to \mathcal{V}$ を細分写像とするとき，係数族 $\{\theta_{i''}\} \subset \mathbb{T}$ で

$$\eta_{\nu(i'')\nu(j'')} = \theta_{i''}^{-1} \xi_{\mu(i'')\mu(j'')} \theta_{j''} \qquad (W_{i''} \cap W_{j''} \neq \emptyset) \tag{2.1}$$

を満たすものが存在することを云う．

次に，$\mathcal{R}$ 上の直線束 $\xi \in H^1(\mathcal{R}, \mathbb{T})$ の断面 f を定義する．まず，直線束 $(\{U_i\}, \{\xi_{ij}\})$ に対し，各 U_i 上で定義された函数 f_i の族 $(\{U_i\}, \{f_i\})$ で，

$$f_i(z) = \xi_{ij} f_j(z) \qquad (z \in U_i \cap U_j \neq \emptyset) \tag{2.2}$$

を満たすものを $(\{U_i\}, \{\xi_{ij}\})$ の**断面**と云う．$\xi \in H^1(\mathcal{R}, \mathbb{T})$ に対しては，ξ の十分細かい全ての代表 $(\{U_i\}, \{\xi_{ij}\})$ に対しその断面 $(\{U_i\}, \{f_i\})$ が定義され，

これらの任意の二つ $(\{U_i\},\{f_i^{(u)}\}), (\{V_{i'}\},\{f_{i'}^{(v)}\})$ が条件 (LB2) を満たす ξ の代表 $(\{U_i\},\{\xi_{ij}\}), (\{V_{i'}\},\{\eta_{i'j'}\})$ に対応するとき,

$$f_{\nu(i'')}^{(v)}(z) = \theta_{i''}^{-1} f_{\mu(i'')}^{(u)}(z) \qquad (z \in W_{i''}) \tag{2.3}$$

を満たすならば, $(\{U_i\},\{f_i^{(u)}\})$ と $(\{V_{i'}\},\{f_{i'}^{(v)}\})$ は同値であると云う. これらの同値な断面の族は $\xi \in H^1(\mathcal{R},\mathbb{T})$ の一つの**断面** f を定義すると云い, 各 $(\{U_i\},\{f_i\})$ を f の代表と呼ぶ. 直線束 ξ の断面 f の代表 $(\{U_i\},\{f_i\})$ を構成する各 f_i が U_i 上で正則 (または, 有理型) ならば, f を**正則** (または, **有理型**) 断面と呼ぶ. この性質も代表に依存しない.

定理 2.1 ξ を $\mathcal{R}$ 上の直線束とし, χ_ξ を $H^1(\mathcal{R},\mathbb{T})$ と $\pi_1^*(\mathcal{R},O)$ の標準同型による $\pi_1(\mathcal{R},O)$ の指標とする. また, f を ξ の任意の有理型断面とし, f_O を O における f の分枝とする. このとき, O を基点とする閉路 c を任意にとるとき, c に沿って f_O の解析接続が可能で, その結果得られる O における函数要素は $\chi_\xi(c) \cdot f_O$ に等しい.

証明 $(\mathcal{U}, U_0) \in \mathbb{K}_O(\mathcal{R})$ を忠実な開被覆として, ξ と f の代表をそれぞれ $(\{U_i\},\{\xi_i\}), (\{U_i\},\{f_i\})$ の形に書く. いま, c を被う $(\mathcal{U}, U_0)$ の閉鎖を $\gamma = (U_{i_0},\ldots,U_{i_m})$ とし, $f_{i_0} = f_O$ とすると, $U_{i_0} \cap U_{i_1}$ 上では $f_O = f_{i_0} = \xi_{i_0 i_1} f_{i_1}$ であるから, $\xi_{i_0 i_1} f_{i_1}$ は f_{i_0} の U_{i_1} への直接接続である. 以下同様にして, 最後の U_{i_m} 上では $\xi_{i_0 i_1}\cdots\xi_{i_{m-1} i_m} f_{i_m}$ が得られる. ところが, $f_{i_0} = f_{i_m} = f_O$ であり, 且つ $\xi_{i_0 i_1}\cdots\xi_{i_{m-1} i_m} = \xi(\gamma) = \chi_\xi(\gamma) = \chi_\xi(c)$ であるから, c に沿っての f_O の解析接続は $\chi_\xi(c) f_O$ である. $\square$

ξ の $\mathcal{R}$ 上の正則 (または, 有理型) 断面の全体を $\mathcal{H}(\mathcal{R},\xi)$ (または, $\mathcal{M}(\mathcal{R},\xi)$) と書く. 断面 $f = (\{U_i\},\{f_i\})$ の定義で函数 f_i を微分 ω_i でおきかえれば, 微分を値とする断面 ω が定義される. 即ち, 各 ω_i が (U_i 上の) 正則 (または, 有理型) 微分ならば, ω を ξ の**正則** (または, **有理型**) **微分断面**と呼ぶ.

2.2 局所有理型絶対値 f を直線束 $\xi \in H^1(\mathcal{R},\mathbb{T})$ の断面とするとき, 等式 (2.2) と (2.3) により, 任意の $z \in \mathcal{R}$ に対し, 絶対値 $|f_i(z)|$ は f の任意の代表 $(\{U_i\},\{f_i\})$ と $z \in U_i$ を満たす任意の i に対して一致する. この共通値を f の**絶対値**と呼び $|f(z)|$ と書く.

さて，$\mathcal{R}$ 上の非負の広義実数値函数 u が局所的には或る有理型函数の絶対値に等しいとき，即ち，任意の $a \in \mathcal{R}$ に対し，その近傍 U と U 上の有理型函数 f で $u = |f|$ を満たすものが存在するとき，u を**局所有理型絶対値**と云う．この定義で f が必ず正則にとれるならば，u を**局所正則絶対値**と呼ぶ．

定理 2.2 u は $\mathcal{R}$ 上の非負の広義実数値函数で，$u \not\equiv 0$ とする．このとき，u が局所有理型絶対値 (または，局所正則絶対値) であるための必要十分条件は，$\mathcal{R}$ 上の直線束 ξ とその有理型断面 (または，正則断面) f で $\mathcal{R}$ 上で $u(z) = |f(z)|$ を満たすものが存在することである．直線束 ξ は u によって一意に決る．この ξ を u の**直線束** (または，**指標**) と呼ぶ．

$\mathcal{R}$ 上の局所有理型絶対値 u に対し，$\log u$ が $\mathrm{SP}'(\mathcal{R})$ に属するならば，u を**有界型**であると云う (§I.4.3 参照)．このような u に対し，さらに $\log u$ を内成分 (または，特異成分) $\mathrm{pr}_I(\log u)$ と準有界成分 $\mathrm{pr}_Q(\log u)$ とに分解し，

$$u_I = \exp[\mathrm{pr}_I(\log u)], \qquad u_Q = \exp[\mathrm{pr}_Q(\log u)]$$

とおいて，それぞれを u の**内因数**，**外因数**と呼ぶ．また，u が u_I または u_Q に等しいとき，u を**内的**または**外的**であると云う．また，定理 I.4.8 によれば，$\mathrm{pr}_Q(\log u)$ は $\mathcal{R}$ 上到るところ調和であり，特異成分 $\mathrm{pr}_I(\log u)$ は $\log u$ が調和なところで調和であることが知られる．

2.3 乗法的解析函数 $\mathcal{R}$ 上の (多価) 有理型函数 f の絶対値 $|f|$ が $\mathcal{R}$ 上で一価函数のとき，f を**乗法的**であると云う．この場合，f は解析接続に関して最大であるとする．f が乗法的有理型函数ならば，その絶対値 $|f|$ は局所有理型絶対値であるから，定理 2.2 により $\mathcal{R}$ 上の直線束が一意に定まる．これを f の直線束と呼び，ξ_f と書く．我々は $\mathcal{R}$ の原点 O を固定して考え，全ての乗法的有理型函数 f に対し O における一価の分枝 f_O を選び，f の**主分枝**と呼ぶ．二つの乗法的有理型函数は主分枝が一致するとき同じものと見なす．定理 2.1 で見たように，f の主分枝 f_O は O を始点とする任意の閉路 c に沿って解析接続が可能でその結果 O で得られる函数要素は $\xi_f(c) f_O$ に等しい．この理由で，ξ_f を f の**指標**とも云う．$\mathfrak{M}(\mathcal{R}, \xi)$ により，ξ を指標とする乗法的有理型函数の全体の集合を表す．$\mathfrak{M}(\mathcal{R}, \xi)$ の二つの函数 f と g の和 $f + g$ を

$(f+g)_O = f_O + g_O$ により，またスカラー倍 cf を $(cf)_O = c \cdot f_O$ によって決めるとき，$\mathcal{M}(\mathcal{R}, \xi)$ は複素ベクトル空間になる．

特に，$f \not\equiv 0$ を仮定する．このとき，もし $u = |f|$ が有界型ならば，乗法的有理型函数 f は**有界型**であると云う．このような f に対しては，$\mathcal{R}$ 上の乗法的有理型函数 f_I と乗法的正則函数 f_Q で，$u_I = |f_I|, u_Q = |f_Q|$ であり，さらに原点 O における主分枝について $f_O = (f_I)_O \cdot (f_Q)_O$ を満たすものが存在する．これらは絶対値 1 の定数因子を別として一意に決る．f_I と f_Q をそれぞれ f の**内因数**，**外因数**と呼ぶ．

$\mathcal{R}$ が双曲型のとき，$\phi : \mathbb{D} \to \mathcal{R}$ を $\mathcal{R}$ の普遍被覆写像で $\phi(0) = O$ を満たすものとし，Γ を ϕ の被覆変換群とすれば，Γ はいわゆる Fuchs 群であって $\pi_1(\mathcal{R}, O)$ と標準的に同型である (定理 VIII.2.1)．いま，f を $\mathcal{R}$ 上の乗法的有理型函数とすれば，$f_O \circ \phi$ を $\mathbb{D}$ 上の指標的保型函数に一意に延長することができる (§VIII.2.3 参照)．また，この逆も正しい．第 VII 章以降ではこの後者の立場からの議論が展開される．指標的保型函数は古くて新しい話題で，近年応用面からも興味が持たれ活発な研究の対象となっている．

§3 コンパクト縁つき面上の Cauchy 核

本節ではコンパクト縁つき Riemann 面 $\bar{\mathcal{R}}$ の Cauchy 核を構成し，これを利用して $\bar{\mathcal{R}}$ 上の任意の直線束に対する正則断面を構成する．

3.1 変数とパラメータの交換法則 Cauchy 核構成の準備として，標記の古典的公式の復習からはじめる．$\mathcal{R}$ を種数 g の閉 Riemann 面とする．$\mathcal{R}$ 上の 1 輪体の列 $A_1, \ldots, A_g, B_1, \ldots, B_g$ が $\mathcal{R}$ 上の**標準基**であるとは，

(a) 交叉数は $A_j \times B_j = -B_j \times A_j = 1$ 以外は全て 0 である，

(b) $\mathcal{R}_0 = \mathcal{R} \setminus \bigcup_{j=1}^g (A_j \cup B_j)$ とおくとき，$\mathcal{R}_0$ は

$$A_1 B_1 A_1^{-1} B_1^{-1} \ldots A_g B_g A_g^{-1} B_g^{-1}$$

を正の向きの境界とする $4g$ 辺の位相的多角形である

の二条件を満たすことを云う．なお，$A_1, \ldots, A_g, B_1, \ldots, B_g$ は指定された任意有限個の点を含まず，且つ局所座標に関して滑らかなようにとれる．

さて, p, q をどの A_j, B_j 上にもない $\mathcal{R}$ 上の相異なる 2 点とする. p を q に結ぶ $\mathcal{R}_0$ 上の弧を c とし, §A.4.4 に倣って $\mathcal{R}$ 上の有理型微分 $\phi(c)$ を定義する. 従って, $\phi(c)$ は点 p, q にのみ特異点を持つ. 定理 A.15(b) により $\phi(c)$ と同じ A 周期を持つ $\phi_1 \in \Gamma_a$ が唯一つ存在する. 従って, $\phi(c) - \phi_1$ は p と q にそれぞれ留数 -1 と 1 の 1 位の極を持つ以外は正則で全ての A 周期は消滅する微分である (§A.4.4 参照). 定理 A.15 より微分 $\phi(c) - \phi_1$ は c の選び方には依存しないから, これを $\phi_{p,q}$ と書く.

定理 3.1 (変数とパラメータの交換法則) γ と γ' を $\mathcal{R}_0$ 内の交わらぬ単純弧とし, $\partial\gamma = q - p$, $\partial\gamma' = q' - p'$ とおくとき, 次が成り立つ:
$$\int_\gamma \phi_{p,q} = \int_{\gamma'} \phi_{p',q'}.$$

証明 $\mathcal{R}_0$ 上の相異なる p, q, p', q' をとり,
$$\phi = \phi_{p,q}, \quad \omega = \phi_{p',q'}, \quad \Phi = \int^z \phi$$
とおく. また, γ を p を q に結ぶ $\mathcal{R}_0$ 内の単純な弧で p', q' を通らぬものとする. このとき, Φ は $\mathcal{R}_0 \setminus \gamma$ 上で一価であるから, $\Phi\omega$ は $\mathcal{R}_0 \setminus \gamma$ 上の有理型微分で p' と q' 以外では正則である. いま, Σ_0 を $\Phi\omega$ の $\mathcal{R} \setminus \gamma$ 上での留数の総和とすると, z^+ と z^- を $z \in \gamma$ における γ の左岸と右岸の点を表すとすれば,
$$2\pi i \Sigma_0 = \int_{\partial \mathcal{R}_0} \Phi\omega + \int_\gamma (\Phi(z^+) - \Phi(z^-))\omega$$
が成り立つ. $\Phi(z^+) - \Phi(z^-) = 2\pi i$ であるから, 右辺の第二項は $2\pi i \int_\gamma \omega$ に等しい. 一方, ϕ と ω の A 周期は 0 であるから, $\int_{\partial\mathcal{R}_0} \Phi\omega = 0$ が成り立つ. よって, $\Sigma_0 = \int_\gamma \omega$. 他方, $\mathcal{R}_0 \setminus \gamma$ 内で p' を q' に結ぶ弧を γ' とすれば,
$$\Sigma_0 = \operatorname{Res}_{p'}(\Phi\omega) + \operatorname{Res}_{q'}(\Phi\omega) = \Phi(q') - \Phi(p') = \int_{\gamma'} \phi$$
となって求める等式が得られる. □

3.2 Cauchy 核の構成 我々の目的は与えられた周期を持つ多価正則函数の構成である. そのため, **Cauchy 核** $\omega(p,q)$ を導入する. $\overline{\mathcal{R}}$ はコンパクト縁つ

き Riemann 面とし，その境界 $\partial \mathcal{R}$ は空ではないと仮定する．このとき，次が成り立つ：

定理 3.2 (Behnke-Stein) $\overline{\mathcal{R}}$ 上の微分 $\omega(p,q)$ で次を満たすものが存在する：

(a) 任意に固定した $q \in \overline{\mathcal{R}}$ に対し，$p \mapsto \omega(p,q)$ は $\overline{\mathcal{R}}$ 上の有理型微分で q において唯一個の極を持つ．この極は 1 位で留数は $+1$ である．

(b) 任意の $p_0 \in \overline{\mathcal{R}}$ に対し，p_0 の座標近傍 (V,z) を固定して，$\omega(p,q) = f(z,q)\,dz$ とおく．但し，$z_0 = z(p_0)$ とする．このとき，$q \mapsto f(z_0,q)$ は $\overline{\mathcal{R}}$ 上の有理型函数で，p_0 において留数 $+1$ の 1 位の極を持つ．

微分 $\omega(p,q)$ を $\overline{\mathcal{R}}$ の **Cauchy 核**と呼ぶ．

証明 $\mathcal{R}' = \mathcal{R} \cup \partial\mathcal{R} \cup \widetilde{\mathcal{R}}$ を $\mathcal{R}$ の対称化とし，g' を $\mathcal{R}'$ の種数とする．但し，$\widetilde{\mathcal{R}}$ は $\mathcal{R}$ の $\partial\mathcal{R}$ に関する鏡像である ([B2, II, 3E] 参照)．

(第 1 段) $\mathcal{R}$ 上の Cauchy 核を定義するために，$\mathcal{R}'$ 上の零でない有理型函数 h を固定する．定理 A.18 により $\widetilde{\mathcal{R}}$ 内の g' 個の点 $a_1, \ldots, a_{g'}$ を適当にとれば，微分 dh はこれらの点では零点でも極でもなく，且つ次を満たす：

$$\dim \Omega_{\mathcal{R}'}(a_1 + \cdots + a_{g'}) = 0.$$

但し，$\Omega_{\mathcal{R}'}(\cdot)$ は Riemann 面 $\mathcal{R}'$ 上の空間 $\Omega(\cdot)$ を表す (§A.4.5)．さて，§3.1 の意味での $\mathcal{R}'$ 上の標準基を $A_1, \ldots, A_{g'}, B_1, \ldots, B_{g'}$ とする．我々は dh の全ての零点と極および全ての $a_1, \ldots, a_{g'}$ は $\mathcal{R}'_0$ の内部にあると仮定できる．また，$\{\phi_n : n = 1, \ldots, g'\}$ を $\Gamma_a(\mathcal{R}')$ の基底で

$$\int_{A_m} \phi_n = \delta_{mn} \qquad (m, n = 1, \ldots, g')$$

を満たすものとする．次に，各 a_k における座標円板を $\{V_k, z_k\}$ を一つずつ選んで固定し，各 V_k 上では ϕ_n を対応する局所座標によって $\phi_n = h_n(z_k)\,dz_k$ と表す．いま，$z_k^* = z_k(a_k)$ $(k = 1, \ldots, g')$ とおけば，定理 A.19 により $\det(h_n(z_k^*)) \neq 0$ が成り立つ．仮定により，$dh(a_k) \neq 0$ であるから，

$$\phi_n(a_k)/dh(a_k) = h_n(z_k^*) \Big/ \frac{dh}{dz_k}(z_k^*)$$

は確定し，行列
$$\left(\frac{\phi_j(a_k)}{dh(a_k)}\right)_{j,k=1,\ldots,g'}$$
は非退化である．従って，$\Gamma_a(\mathcal{R}')$ の基底 $\{\omega_n : n = 1, \ldots, g'\}$ を

$$\phi_j = \sum_{k=1}^{g'} \frac{\phi_j(a_k)}{dh(a_k)} \omega_k \qquad (j = 1, \ldots, g') \tag{3.1}$$

で定義することができる．

(第 2 段) 我々は $a_1, \ldots, a_{g'}$ とは異なる点 $q'' \in \widetilde{\mathcal{R}} \cap \mathcal{R}'_0$ を固定する．次に，相異なる 3 点 p, p', q を $\mathcal{R}'_0 \setminus \{q''\}$ よりとり，$\mathcal{R}'_0$ 内の互いに素な弧 γ', γ'' を $\partial \gamma' = p - p'$, $\partial \gamma'' = q - q''$ となるように描く．このとき，定理 3.1 により $\int_{\gamma'} \phi_{q'',q} = \int_{\gamma''} \phi_{p',p}$ が成り立つ．この公式を

$$\int_{p'}^{p} \phi_{q'',q} = \int_{q''}^{q} \phi_{p',p} \qquad (= F(p,q) \text{ とおく}) \tag{3.2}$$

の形に書けば，函数 $F(p,q)$ は q については $\mathcal{R}'_0 \setminus \gamma'$ で正則であり，p については $\mathcal{R}'_0 \setminus \gamma''$ で正則であるから，Hartogs の定理により，$F(p,q)$ は $p \neq q$, q'' 且つ $q \neq p'$ に対して，二変数の正則函数である．従って，F を p について微分すれば，$\phi_{q'',q}$ は媒介変数 q については，$q \neq p, q''$ において，局所的には正則である．

さて，p, q における局所変数をそれぞれ z, ζ として，

$$\phi_{q'',q}(p) = f(z, q'', \zeta) \, dz, \quad \int_{A_j} \partial_q \phi_{q'',q} = \left(\int_{A_j} \frac{\partial}{\partial \zeta} f(z, q'', \zeta) \, d\zeta\right) dz$$

とおくとき，(3.2) を利用して計算すれば次が分る：

$$\int_{p'}^{p} \left(\int_{A_j} \partial_q \phi_{q'',q}\right) = \int_{p'}^{p} \left(\int_{A_j} \frac{\partial}{\partial \zeta} f(z, q'', \zeta) \, d\zeta\right) dz$$
$$= \int_{A_j} \frac{\partial}{\partial \zeta} \left(\int_{p'}^{p} f(z, q'', \zeta) \, dz\right) d\zeta = \int_{A_j} \frac{\partial}{\partial \zeta} \left(\int_{p'}^{p} \phi_{q'',q}\right) d\zeta$$
$$= \int_{A_j} \frac{\partial}{\partial \zeta} \left(\int_{q''}^{\zeta} \phi_{p',p}\right) d\zeta = \int_{A_j} \phi_{p',p} = 0 \, .$$

但し,最後の等号は $\phi_{p',p}$ の A 周期が消滅することによる. p は任意であるから,全ての固定した $p \in \mathcal{R} \cap \mathcal{R}'_0$ に対し,

$$\int_{A_j} \partial_q \phi_{q'',q} = 0 \, . \tag{3.3}$$

同様の計算で次が得られる:

$$\int_{p'}^{p} \left(\int_{B_j} \partial_q \phi_{q'',q} \right) = \int_{B_j} \phi_{p',p} \, .$$

第4段で示すように,定理3.1を使って

$$\int_{B_j} \phi_{p',p} = 2\pi i \int_{p'}^{p} \phi_j \qquad (j=1,\ldots,g') \tag{3.4}$$

が示され,結局次が得られる:

$$\int_{B_j} \partial_q \phi_{q'',q} = 2\pi i \phi_j \qquad (j=1,\ldots,g') \, . \tag{3.5}$$

(第3段) 最後に

$$\omega(p,q) = \phi_{q'',q}(p) - \sum_{j=1}^{g'} \frac{\phi_{q'',q}}{dh}(a_j) \omega_j(p)$$

とおく. q'' と全ての a_j は $\widetilde{\mathcal{R}}$ の中にあるから, $\phi_{q'',q}(a_j)$ は q について $\overline{\mathcal{R}}$ 上で到るところ正則である. 一方, $\phi_{q'',q}(p)$ は $\overline{\mathcal{R}}$ 上で $p \neq q$ なる限り二変数函数として正則である. さらに, $p \mapsto \phi_{q'',q}(p)$ は q で留数1の1位の極を持つ. Cauchy 核の構成を完成させるには,固定した p に対して $q \mapsto \omega(p,q)$ が一価であることが分ればよい. これを示すために, p を $\mathcal{R}'_0$ 内に固定し,各 A_j, B_j に沿っての微分 $q \mapsto \omega(p,q)$ の周期を計算する. まず, (3.3) により A_j に沿っての周期は消滅する. また, B_j については (3.1), (3.4), (3.5) から次の計算で周期がやはり消滅する:

$$\int_{B_j} \partial_q \omega(p,q) = \int_{B_j} \partial_q \big(\phi_{q'',q}(p)\big) - \sum_{j=1}^{g'} \frac{\int_{B_j} \partial_q \phi_{q'',q}}{dh}(a_j) \omega_j(p)$$
$$= 2\pi i \left(\phi_j(p) - \sum_{j=1}^{g'} \frac{\phi_j}{dh}(a_j) \omega_j(p) \right) = 0 \, .$$

故に, $q \mapsto \omega(p,q)$ は一価函数である.

(第 4 段) 宿題の (3.4) を示そう. 一般性を失わずに, $j=1$ としてよい. まず, B_1 を $\mathcal{R}'\setminus\gamma'$ の中で少し動かして次の条件を満たす単純閉曲線 B を作る: B は A_1 と多角形 $\mathcal{R}'_0$ のどの頂点でもない 1 点 b で交わり, $B\setminus\{b\}$ は全部 $\mathcal{R}'_0$ に含まれる. このとき, (3.4) の左辺は $\int_B \phi_{p',p}$ に等しいから,

$$\int_B \phi_{p',p} = 2\pi i \int_{p'}^{p} \phi_1 \tag{3.6}$$

を示せばよい.

(3.6) を示すために, b を中心とする座標近傍 V でその閉包 Cl V が γ' および A_1 以外の全ての 1 輪体 A_j, B_j と交わらぬものをとる. 次に, A_1 の弧 A' と B の弧 B' で b を含み且つ V に含まれるものを選ぶ. 我々は B' の端点 b', b'' を $\partial B' = b' - b''$ となるように選ぶ. 従って, $B'' = B\setminus B'$ は $\partial B'' = b'' - b'$ を満たす. このときは, $B = B' + B''$ より次を得る:

$$\int_B \phi_{p',p} = \int_{B'} \phi_{p',p} + \int_{B''} \phi_{p',p}.$$

右辺の積分を個別に計算しよう. まず, 弧 B'' は $\mathcal{R}'_0$ の中にあって γ' と互いに素であるから, 定理 3.1 により

$$\int_{B''} \phi_{p',p} = \int_{\gamma'} \phi_{b',b''}.$$

B' 上の積分を計算するため, $\mathcal{R}'_0$ の代りに変形した多角形を利用する. 実際, V の中での連続変形により弧 A' を同じ端点を持つ B' とは互いに素な別の弧 A'' に変え, $A'' - A'$ が点 b'' に関して回転数 $+1$ を持つようにできる. 次に, $A'_1 = (A_1\setminus A') + A''$ とおき, 新たな多角形 $\mathcal{R}'_1$ を多角形 $\mathcal{R}'_0$ において辺 A_1 を A'_1 でおきかえたものとして定義する. V は γ' と交わらぬから, $\int_{A'_1} \phi_{p',p} = \int_{A_1} \phi_{p',p} = 0$ を得る. $\phi'_{b'',b'}$ を b' と b'' にそれぞれ留数 $+1$ と -1 の 1 位の極を持ち, 且つ $A'_1, A_2, \ldots, A_{g'}$ に沿っての全ての周期が消滅するような $\mathcal{R}'$ 上の第三種の Abel 微分とする. このときは, 定理 3.1 を多角形 $\mathcal{R}'_1$ に適用すれば, 次を得る:

$$\int_{B'} \phi_{p',p} = \int_{\gamma'} \phi'_{b'',b'}.$$

§3 コンパクト縁つき面上の Cauchy 核

従って,
$$\int_B \phi_{p',p} = \left(\int_{B'} + \int_{B''}\right) \phi_{p',p} = \int_{\gamma'} (\phi_{b',b''} + \phi'_{b'',b'}).$$
$\phi'_{b'',b'}$ の作り方より, $\phi_{b',b''} + \phi'_{b'',b'}$ は特異点を持たず, しかも $A_2, \ldots, A_{g'}$ に沿っての周期は 0 である. また, A_1 に沿っては,
$$\int_{A_1} (\phi_{b',b''} + \phi'_{b'',b'}) = \int_{A_1} \phi'_{b'',b'} = \int_{A_1} \phi'_{b'',b'} - \int_{A'_1} \phi'_{b'',b'}$$
$$= \int_{A'-A''} \phi'_{b'',b'} = 2\pi i.$$
故に, $\phi_{b',b''} + \phi'_{b'',b'} = 2\pi i \phi_1$ となって, 公式 (3.6) は正しい. □

3.3 コンパクト縁つき面上の正則断面 後での便宜のために, コンパクト縁つき面上の正則断面を構成する. このような面 $\overline{\mathfrak{R}}$ の種数を g, 境界成分を $\beta_1, \ldots, \beta_l$ $(l = 1, 2, \ldots)$ とし, A_j, B_j $(j = 1, \ldots, g)$ および C_k $(k = 1, \ldots, l-1)$ を $\overline{\mathfrak{R}}$ の内部 $\mathfrak{R}$ 内の 1 輪体の標準基底とする. 即ち, これらは $H_1(\mathfrak{R}, \mathbb{Z})$ の基底で, $A_j \times B_k = \delta_{jk}$, $A_j \times A_k = B_j \times B_k = 0$ $(j, k = 1, \ldots, g)$ を満たし, C_k は γ_k にホモローグであるとする. ここで, 各 A_j は B_j とのみ交わり, 各 C_k はそれ自身以外とは交わらぬものとする. さて, $\mathfrak{R}$ 内の弧 γ に対し
$$J_\gamma(q) = \frac{1}{2\pi i} \int_\gamma \omega(p, q)$$
と定義すると, Abel 積分 J_γ について次が成り立つ.

補題 3.3 (a) J_{A_j} は $\mathfrak{R} \setminus A_j$ 上で一価正則であり, B_j に沿って A_j を越えるとき, -1 だけ跳躍する. 即ち,
$$\int_{B_j} dJ_{A_j} = -1 \quad (j = 1, \ldots, g). \tag{3.7}$$

(b) J_{B_j} は $\mathfrak{R} \setminus B_j$ 上で一価正則であり, A_j に沿って B_j を越えるとき, $+1$ だけ跳躍する. 即ち,
$$\int_{A_j} dJ_{B_j} = 1 \quad (j = 1, \ldots, g). \tag{3.8}$$

(c) β_l 上の 1 点を β_k 上の 1 点に結ぶ弧 β'_k を, C_k とは唯一点で交わるが, 他の C_j, β'_j とは交わらぬようにとり, $J'_{C_k}(q) = J_{\beta'_k}(q)$ とおけば, J'_{C_k} は

$\mathfrak{R} \setminus \beta_k'$ 上で一価正則であり, C_k に沿って β_k' を越えるとき, -1 だけ跳躍する. 即ち,

$$\int_{C_k} dJ'_{C_k} = -1 \qquad (k = 1, \ldots, l-1). \tag{3.9}$$

証明 (a) (V, z) を A_j と B_j の交点 p_j を中心とする座標円板とし, p_j を含み且つ V に含まれる A_j および B_j の弧をそれぞれ A_j', B_j' とする. まず,

$$J_{A_j}(q) = J_{A_j'}(q) + J_{A_j \setminus A_j'}(q)$$

と分解する. $\omega(p, q)$ の性質から第二項 $J_{A_j \setminus A_j'}$ は $\overline{\mathfrak{R}} \setminus (A_j \setminus A_j')$ 上で一価且つ正則であることが分る. B_j はこの領域に含まれているから,

$$\int_{B_j} dJ_{A_j} = \int_{B_j} dJ_{A_j'} + \int_{B_j} dJ_{A_j \setminus A_j'} = \int_{B_j} dJ_{A_j'} \tag{3.10}$$

を得る. いま, 弧 B_j' を両端点を固定して連続変形し A_j' と交わらぬ弧 B_j'' を

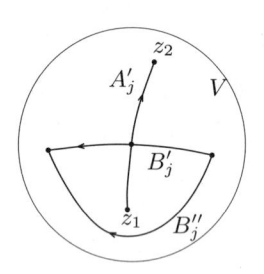

図 1: J_{A_j} の周期の計算

作り, 閉路 $B_j' - B_j''$ が A_j' の始点を正の向きに一周するようにする (図 1 参照). $J_{A_j'}$ は $\overline{\mathfrak{R}} \setminus A_j'$ 上で一価正則であるから,

$$B_j = B_j' + (B_j \setminus B_j') = (B_j' - B_j'') + \{B_j'' + (B_j \setminus B_j')\}$$

と分解して考えれば, (3.10) の最右辺は $\int_{B_j' - B_j''} dJ_{A_j'}$ に等しい. いま, V 内で点 p, q を表す局所変数を z, ζ とすれば,

$$\omega(p, q) = \frac{dz}{z - \zeta} + R(z, \zeta) \, dz$$

と表される. ここで, $R(z, \zeta)$ は二変数の正則函数である. 弧 A_j' の始点と終

点をそれぞれ z_1, z_2 とすれば，$\zeta \in V \setminus A'_j$ に対して

$$J_{A'_j}(q) = \frac{1}{2\pi i} \int_{A'_j} \omega(p,q) = \frac{1}{2\pi i}\Big(\log\frac{z_2-\zeta}{z_1-\zeta} + \mathcal{R}_1(\zeta)\Big)$$

が成り立つ．但し，$\mathcal{R}_1(\zeta)$ は V 上の正則函数である．従って，

$$\int_{B_j} dJ_{A_j} = \int_{B'_j - B''_j} dJ_{A'_j}$$
$$= \frac{1}{2\pi i}\int_{B'_j - B''_j}\Big[\Big(\frac{1}{\zeta-z_2} - \frac{1}{\zeta-z_1}\Big)d\zeta + d\mathcal{R}_1\Big] = -1.$$

故に，等式 (3.7) が成り立つ．

(b) 証明は (a) において A_j と B_j を交換し $B_j \times A_j = -1$ に注意して計算すればよい．

(c) $\gamma'_k \times C_k = 1$ であるから，(a) と同様の論法が使える． □

補題 3.3 で与えられた第一種 Abel 積分の一次結合を作れば，ホモロジー基底に対して任意に指定された周期を持つ $\overline{\mathcal{R}}$ 上の第一種 Abel 積分を作ることができる．即ち，次が成り立つ：

定理 3.4 $\overline{\mathcal{R}}$ 上の正則函数で標準基の各 1 輪体に沿って任意に指定された周期を持つものが存在する．

3.4 直線束の正則断面

定理 3.5 縁つきコンパクト Riemann 面 $\overline{\mathcal{R}}$ 上の任意の直線束 ξ は零点のない有界な正則断面を持つ．

証明 A_j $(j = 1, \ldots, 2g+l-1)$ を $\overline{\mathcal{R}}$ の 1 輪体の標準的な基の一つとする．但し，$\overline{\mathcal{R}}$ は種数が g で，l 個の境界成分を持つとする．A'_j を O を A_j 上の 1 点に結ぶ弧として，$c_j = A'_j A_j (A'_j)^{-1}$ とおくと，c_j は原点 O を始点とする閉路と見なされる．さて，直線束 ξ はコホモロジー群 $H^1(\mathcal{R}, \mathbb{T})$ の元と見なされるが，定理 1.1 により $H^1(\mathcal{R}, \mathbb{T})$ を基本群 $\pi_1(\mathcal{R}, O)$ の指標群と同一視すれば，実数 ξ_j を $\xi(c_j) = \exp(2\pi i \xi_j)$ によって定義することができる．定理 3.4 により $\overline{\mathcal{R}}$ 上の正則函数で A_j に沿っての周期が ξ_j であるものが存在する．これを

h とすると,$f = \exp(2\pi i h)$ は直線束 ξ の有界な正則断面で零点を持たぬことが分る. □

文献ノート

§1 に述べた基本群とコホモロジー群の双対性は Gunning [B15, 184–189 頁] を参照した.§3 については,定理 3.2 は楠 [B25, 補題 6.4] より引用した.また,定理 3.4 に到る議論は同じ楠 [B25, §6.4] にある.これらの具体的な証明も同書を参照されたい.証明を含む説明は荷見 [B16, §I.11] にもあるが,こちらは楠 (上掲書) からの引用である.原典は Behnke-Stein [10] (Behnke-Sommer [B4] も参照) である.

第 III 章

Martin コンパクト化

本章では双曲型 Riemann 面の Martin のコンパクト化を定義し，調和函数の Martin 積分表示，細位相，被覆写像と調和測度の関連等を説明する．コンパクト化には多様な方法があるが，本書は Martin のコンパクト化を議論の基礎におく．このコンパクト化は単位開円板に適用すれば通常の単位閉円板が得られるという意味で自然であると言えよう．

§1 コンパクト化の構成

開 Riemann 面 $\mathcal{R}$ のコンパクト化は $\mathcal{R}$ を稠密な部分集合として含むコンパクト Hausdorff 空間 $\mathcal{R}^*$ を作り出す操作であるが，ここでは Martin のコンパクト化を目指して，$\mathcal{R}$ 上の連続函数の族 Q によるいわゆる Q コンパクト化から始めよう．以下では，$\mathcal{R}$ を双曲型 Riemann 面とする．

1.1 Q コンパクト化 $\mathcal{R}$ 上の広義の実数値連続函数の族 Q を一つ固定する．さらに，C_κ を $\mathcal{R}$ 上の実数値連続函数でコンパクト台を持つものの全体とする．各 $f \in Q \cup C_\kappa$ に対して $I_f = [-\infty, +\infty]$ を広義の実数直線とし，これら全ての I_f の直積を $I^{Q \cup C_\kappa}$ と書く．即ち，$I^{Q \cup C_\kappa}$ の元 x は $Q \cup C_\kappa$ の元で番号づけられた集合 $\{x_f : f \in Q \cup C_\kappa\}$ で各 f について $x_f \in I_f$ を満たすものである．この直積集合 $I^{Q \cup C_\kappa}$ には通常の直積位相 (弱位相とも云う) を与えて位相空間とする．即ち，$I^{Q \cup C_\kappa}$ の中の有向点族 $\{x_\lambda\}$ が x に収束するとは，各 $f \in Q \cup C_\kappa$ について $(x_\lambda)_f \to x_f$ が成り立つことと定義する．各 I_f はコンパクト Hausdorff 空間であるから，Tikhonov の定理により直積 $I^{Q \cup C_\kappa}$ もまたコンパクト Hausdorff 空間である (例えば，荷見 [B17, 108 頁] 参照)．次に，各 $z \in \mathcal{R}$ に対して，$I^{Q \cup C_\kappa}$ の点 $\psi(z)$ を $(\psi(z))_f = f(z)$ $(f \in Q \cup C_\kappa)$

として定義する.即ち, $\psi(z)$ の第 f 座標は f の z における値であるとする. このとき,写像 ψ は $\mathfrak{R}$ から $I^{Q\cup C_\kappa}$ の部分空間 $\psi(\mathfrak{R})$ への位相同型写像である.実際,まず ψ は 1 対 1 である.これは C_κ の函数が $\mathfrak{R}$ の点を分離すること,即ち任意の異なる 2 点 $a, b \in \mathfrak{R}$ に対して $\varphi(a) \neq \varphi(b)$ を満たす $\varphi \in C_\kappa$ が存在することから分る.次に, $\psi : \mathfrak{R} \to \psi(\mathfrak{R})$ が位相写像であることは,$\mathfrak{R}$ 上で $z_n \to z$ であることと全ての $\varphi \in C_\kappa$ に対して $\varphi(z_n) \to \varphi(z)$ を満たすことが同等なことから導かれる.従って,$z \in \mathfrak{R}$ と $\psi(z) \in I^{Q\cup C_\kappa}$ を同一視して,$\mathfrak{R}$ を $I^{Q\cup C_\kappa}$ の部分空間と見なす.以下では,この意味で $\mathfrak{R} \subset I^{Q\cup C_\kappa}$ と考え,$\mathfrak{R}$ の $I^{Q\cup C_\kappa}$ の中での閉包を $\mathfrak{R}_Q^*$ と書く.

定理 1.1 (a) $\mathfrak{R}_Q^*$ はコンパクト Hausdorff 空間である.

(b) $\mathfrak{R}$ は $\mathfrak{R}_Q^*$ の稠密な開部分集合であり,$\mathfrak{R}$ 上に $\mathfrak{R}_Q^*$ から引き起された位相は $\mathfrak{R}$ の位相と一致する.

(c) Q の元は広義の実数値函数として $\mathfrak{R}_Q^*$ まで連続に拡大できる.

証明 (a) $\mathfrak{R}_Q^*$ はコンパクト Hausdorff 空間 $I^{Q\cup C_\kappa}$ の閉部分集合であるから,$\mathfrak{R}_Q^*$ も同様な性質を持つ.

(b) $\mathfrak{R}_Q^*$ は $\mathfrak{R}$ の閉包であるから,$\mathfrak{R}$ は $\mathfrak{R}_Q^*$ で稠密である.$\mathfrak{R}$ が $\mathfrak{R}_Q^*$ の開部分集合であることを示そう.このため,任意に $a \in \mathfrak{R}$ をとると,a を中心とする座標近傍 $\{|z| < 1\}$ に対し $U_a = \{p \in \mathfrak{R} : |z(p)| < \frac{1}{2}\}$ として,

$$\varphi_a(p) = \begin{cases} 1 - 2|z(p)| & (p \in U_a) \\ 0 & (p \notin U_a) \end{cases}$$

と定義すれば,φ_a は C_κ に属する.$W = \{x \in I^{Q\cup C_\kappa} : x_{\varphi_a} > \frac{1}{2}\}$ とおくと,W は $I^{Q\cup C_\kappa}$ の開部分集合で点 a を含む.ところが,$x \in W \cap \mathfrak{R}_Q^*$ とすれば,$p_\nu \to x$ を満たす $\mathfrak{R}$ 内の有向点族 $\{p_\nu\}$ があるから,$\varphi_a(p_\nu) = (\psi(p_\nu))_{\varphi_a} \to x_{\varphi_a} > \frac{1}{2}$ より,十分大きい ν に対しては $\varphi_a(p_\nu) > \frac{1}{4}$ が成り立つ.これから,$|z(p_\nu)| < \frac{3}{8}$ となるから,$\{p_\nu\}$ は $\mathfrak{R}$ のコンパクト集合 $\mathrm{Cl}\, U_a$ に含まれているとしてよい.従って,その極限も同様で,結局 $W \cap \mathfrak{R}_Q^* \subset \mathfrak{R}$ が成り立つ.これは任意の $\mathfrak{R}$ の点が $\mathfrak{R}_Q^*$ の内点であることを示す.故に,$\mathfrak{R}$ は $\mathfrak{R}_Q^*$ の開部分集合である.

次に $\mathfrak{R}$ の位相を考察する.そのため,$\{z_n\}$ を $\mathfrak{R}$ 内の点列とし,$z \in \mathfrak{R}$ とする.もし $\mathfrak{R}$ の位相で $z_n \to z$ ならば,任意の $f \in Q \cup C_\kappa$ に対して $f(z_n) \to f(z)$ を

満たすから,$I^{Q \cup C_\kappa}$ において $\psi(z_n) \to \psi(z)$ が成り立つ.逆に,$\psi(z_n) \to \psi(z)$ ならば,任意の $\varphi \in C_\kappa$ に対して $\varphi(z_n) \to \varphi(z)$ となるから,$\mathcal{R}$ の位相で $z_n \to z$ が成り立つ.故に,$\mathcal{R}_Q^*$ (または,$I^{Q \cup C_\kappa}$) から $\mathcal{R}$ に引き起された位相は $\mathcal{R}$ の基底空間としての位相と同一である.

(c) 直積位相の定義から,任意の $f \in Q \cup C_\kappa$ に対し,対応 $x \mapsto x_f$ は $I^{Q \cup C_\kappa}$ 上で連続である.ところが,$p \in \mathcal{R}$ に対し $(\psi(p))_f = f(p)$ であり,$\mathcal{R}$ の点 p は $I^{Q \cup C_\kappa}$ の点 $\psi(p)$ と同一視したから,$\mathcal{R}$ 上の函数 $p \mapsto f(p)$ は $I^{Q \cup C_\kappa}$ 上の連続函数 $x \mapsto x_f$ の $\mathcal{R}$ 上の部分である.故に,f は $\mathcal{R}$ の閉包 $\mathcal{R}_Q^*$ まで連続に拡大できる. □

1.2 Martin コンパクト化 Riemann 面の Martin コンパクト化を Q コンパクト化の特別な場合として定義する.Riemann 面 $\mathcal{R}$ の1点を指定して O と書き,$\mathcal{R}$ の**原点**と呼ぶ.$\mathcal{R}$ の1点 a を極とする Green 函数を $g(z, a)$ または $g_a(z)$ と書く.さて,a を $\mathcal{R}$ 上を動くパラメータと見なし,$\mathcal{R}$ 上の函数 $b \mapsto \dfrac{g(b,a)}{g(b,O)}$ ($= k(b,a)$ と書く) の全体を Q_M とおく.但し,$k(b, O) \equiv 1$ とする.このとき,$b \mapsto k(b, a)$ は $\mathcal{R}$ 上で定義され $[0, +\infty]$ に値をとる連続函数であるから,$Q = Q_M$ として $\mathcal{R}$ の Q コンパクト化が定義できる.これを $\mathcal{R}_M^*$ と書き,$\mathcal{R}$ の **Martin コンパクト化**と呼ぶ.また,$\Delta_M = \mathcal{R}_M^* \setminus \mathcal{R}$ を $\mathcal{R}$ の **Martin 理想境界** (または,単に **Martin 境界**) と呼ぶ.以下では,$\mathcal{R}_M^*, \Delta_M$ の代りに M を省略して $\mathcal{R}^*, \Delta$ と書く.

定理 1.1(c) により,任意に固定した $a \in \mathcal{R}$ に対し函数 $b \mapsto k(b, a)$ は Martin コンパクト化 $\mathcal{R}^*$ まで連続に拡大できる.この函数をやはり $k(b, a)$ で表す.また,$b \in \mathcal{R}^* \setminus \{O\}$ を固定して,$k(b, a)$ を $a \in \mathcal{R}$ の函数と見るとき,これを $k_b(a)$ とも書き,b を極とする **Martin 函数**と呼ぶ.

補題 1.2 (a) 任意の $b \in \Delta$ に対し,k_b は $\mathcal{R}$ 上の正値調和函数である.

(b) $b_1, b_2 \in \mathcal{R}^* \setminus \{O\}$ ($b_1 \neq b_2$) に対し k_{b_1} と k_{b_2} は比例しない.

(c) $(b, a) \mapsto k_b(a)$ は $(\mathcal{R}^* \setminus \{O\}) \times \mathcal{R}$ 上の連続函数である.

証明 (a) 原点 O を含む $\mathcal{R}$ の相対コンパクト部分領域 $\mathcal{R}_0, \mathcal{R}_1$ で $\operatorname{Cl}\mathcal{R}_0 \subset \mathcal{R}_1$ を満たすものを固定する.このとき,任意の $b \in \mathcal{R} \setminus \operatorname{Cl}\mathcal{R}_1$ に対し $a \mapsto g(b, a)$ は

$\mathcal{R}_1$ 上の正の調和函数であるから,Harnack の不等式により,全ての $a \in \mathrm{Cl}\,\mathcal{R}_0$ と $b \in \mathcal{R} \setminus \mathrm{Cl}\,\mathcal{R}_1$ に対して $C^{-1}g(O,b) \leqq g(a,b) \leqq Cg(O,b)$ を満たす正数 C が存在する.従って,b' が $\mathcal{R} \setminus \mathrm{Cl}\,\mathcal{R}_1$ の中を動くとき,$\mathcal{R}_1$ 上の函数 $a \mapsto k_{b'}(a) = \dfrac{g_{b'}(a)}{g_{b'}(O)}$ は $\mathrm{Cl}\,\mathcal{R}_0$ 上で一様有界な調和函数の族であるから,$\mathrm{Cl}\,\mathcal{R}_0$ 上で同程度連続である.さて,$b \in \Delta$ とこれに収束する有向点族 $\{b'_\lambda\}$ を任意に固定すると,調和函数の有向族 $\{k_{b'_\lambda}\}$ は $\mathcal{R}$ 上で k_b に各点収束する.一方,上記の考察から函数族 $\{k_{b'_\lambda}\}$ はコンパクト集合 $\mathrm{Cl}\,\mathcal{R}_0$ 上で一様収束する部分有向族を含むが,この極限は k_b に等しいから,k_b は $\mathcal{R}_0$ 上で調和である.$\mathcal{R}_0$ は任意にとれるから,k_b は $\mathcal{R}$ 上で調和である.

(b) $b_1, b_2 \in \mathcal{R}$ ならば,$k_{b_1}(b_2) \neq \infty$,$k_{b_2}(b_2) = \infty$ より $k_{b_1} \neq k_{b_2}$.次に,$b_1 \in \Delta, b_2 \in \mathcal{R}$ ならば,k_{b_1} は $\mathcal{R}$ 上の調和函数であるから,$a = b_2$ とおけば $k_{b_1}(a) \neq \infty$,$k_{b_2}(a) = \infty$ となり,$k_{b_1} \neq k_{b_2}$.最後に $b_1, b_2 \in \Delta$ とすると,Q_M が Δ の点を分離するから,$k_{b_1}(a) \neq k_{b_2}(a)$ を満たす $a \in \mathcal{R}$ が存在する.従って,$k_{b_1} \neq k_{b_2}$ が成り立つ.一方,$k_{b_1}(O) = k_{b_2}(O) = 1$ であったから,k_{b_1} と k_{b_2} は比例しない.

(c) $g_b(a)$ は $\mathcal{R} \times \mathcal{R}$ 上で連続であり,$g_b(O)$ は $\mathcal{R} \setminus \{O\}$ 上で有限且つ連続で零にはならぬから,$k_b(a)$ は $(\mathcal{R} \setminus \{O\}) \times \mathcal{R}$ 上で連続である.次に,$(b, a) \in \Delta \times \mathcal{R}$ での連続性を示すため,$V = \{|z| < 1\}$ を中心 a の座標円板とし,$\mathrm{Cl}\,V$ と O を含む $\mathcal{R}$ の相対コンパクト領域を $\mathcal{R}_0$ とすると,$b' \in \mathcal{R} \setminus \mathrm{Cl}\,\mathcal{R}_0, a' \in V$ に対し,Harnack 不等式により次が得られる:

$$\frac{-2|a'|}{1+|a'|}k_{b'}(a) + (k_{b'}(a) - k_b(a)) \leqq k_{b'}(a') - k_b(a)$$
$$\leqq \frac{2|a'|}{1-|a'|}k_{b'}(a) + (k_{b'}(a) - k_b(a)).$$

ここで,$b' \to b$ のとき $k_{b'}(a) \to k_b(a)$ である.従って,b の近傍で $k_{b'}(a)$ は有界であるから,$b' \to b$ 且つ $a' \to a$ のとき,$|a'| \to 0$ に注意すれば $k_{b'}(a') \to k_b(a)$ を得る.故に,$k_b(a)$ は $(b, a) \in \Delta \times \mathcal{R}$ で連続である. □

定理 1.3 $\mathcal{R}^*$ は距離づけ可能である.

証明 O を中心とする $\mathcal{R}$ 内の座標開円板を V_0 とし $\mathcal{R}^* \setminus V_0$ が距離づけ可能であることを示す.$\mathcal{R}$ の可算性により $\mathcal{R}$ 内の稠密な点列を $\{a_n\}$ とし,任意の

$b_1, b_2 \in \mathcal{R}^* \setminus V_0$ に対して,
$$d(b_1, b_2) = \sum_{n=1}^{\infty} \frac{1}{2^n} \left| \frac{k_{b_1}(a_n)}{1 + k_{b_1}(a_n)} - \frac{k_{b_2}(a_n)}{1 + k_{b_2}(a_n)} \right|$$
とおくと, d は $\mathcal{R}^* \setminus V_0$ 上の距離である. 実際, もし $b_1 \neq b_2$ ならば, 補題1.2(b) により $k_{b_1}(a) \neq k_{b_2}(a)$ を満たす $a \in \mathcal{R}$ が存在するから, a_n を十分 a に近くとれば, $k_{b_1}(a_n) \neq k_{b_2}(a_n)$ となり, $d(b_1, b_2) > 0$ を得る. 距離の他の性質は明らかであろう. $\mathcal{R}^* \setminus V_0$ にこの距離を与えた空間を $(\mathcal{R}^* \setminus V_0)_d$ とし, コンパクト空間 $\mathcal{R}^* \setminus V_0$ から距離空間 $(\mathcal{R}^* \setminus V_0)_d$ への恒等対応を f とする. 距離 d による位相は元の位相より弱いから, 写像 f は連続である. 即ち, f はコンパクト空間から Hausdorff 空間への連続な全単射として位相写像となるから, 元の位相による $\mathcal{R}^* \setminus V_0$ も距離づけ可能である. 故に, $\mathcal{R}^* \setminus V_0$ に座標円板 V_0 を加えた $\mathcal{R}^*$ も距離づけ可能である. □

§2 調和函数の Martin 積分表示

単位円板上の調和函数の Poisson 積分表示を $\mathcal{R}$ の場合に一般化する試みの一つが Martin の積分表示である.

2.1 ポテンシャル論からの手がかり $\mathrm{HP} = \mathrm{HP}(\mathcal{R})$ を $\mathcal{R}$ 上の非負調和函数の全体とする (§I.4.1 参照) と次が成り立つ:

定理 2.1 任意の $u \in \mathrm{HP}$ に対し, $\Delta = \Delta(\mathcal{R})$ 上の非負の測度 μ で
$$u(z) = \int_\Delta k(b, z) \, d\mu(b) \qquad (z \in \mathcal{R})$$
を満たすものが存在する.

証明 $\{\mathcal{R}_n\}_{n=1}^{\infty}$ を $\mathcal{R}$ の正則近似列 (§A.1) で $O \in \mathcal{R}_1$ を満たすものとする. $E_n = \mathrm{Cl}\,\mathcal{R}_n$ とおいて, u の E_n に関する掃散函数 $u_{E_n}^{\mathcal{R}}$ を作れば, $u_{E_n}^{\mathcal{R}}$ は Frostman のポテンシャルであって, $\mathcal{R}_n$ 上では調和函数 u に等しい (定理 B.12 参照). 従って, $\partial \mathcal{R}_n$ 上の非負の測度 ν_n で
$$u(z) = u_{E_n}^{\mathcal{R}}(z) = \int g(b, z) \, d\nu_n(b) \qquad (z \in \mathcal{R}_n)$$

を満たすものが存在する. いま, $z \in \mathcal{R}$ を固定し, $z \in \mathcal{R}_n$ を満たすような全ての n を考えると, $d\mu_n(b) = g(b, O) \, d\nu_n(b)$ とおいて, 次が得られる:
$$u(z) = \int g(b,z) \, d\nu_n(b) = \int k(b,z) \, d\mu_n(b) \qquad (z \in \mathcal{R}_n).$$
μ_n は非負の測度であり, $\int d\mu_n = \int g(b, O) \, d\nu_n(b) = u(O)$ であるから, $\{\mu_n\}$ は $\mathcal{R}^*$ 上の測度の空間の中で有界である. 定理 1.3 により $\mathcal{R}^*$ は距離づけ可能であるから, 定理 I.3.2 により $\mathcal{R}^*$ 上の測度の有界集合は汎弱位相 (または, 漠位相) に関して距離づけ可能である. よって, 適当な部分列 $\{\mu_{n_i}\}$ が $\mathcal{R}^*$ 上の非負測度 μ に漠収束する. 従って,
$$u(z) = \int k(b,z) \, d\mu(b) \qquad (z \in \mathcal{R})$$
が成り立つ. 境界 $\partial \mathcal{R}_n$ は $n \to \infty$ のとき Δ に近づくから, 測度 μ は Martin 理想境界 Δ に台を持つ. □

2.2 Choquet 理論の応用

§I.4 で示したように, $\mathcal{R}$ 上の非負調和函数の作る凸錐 $\mathrm{HP} = \mathrm{HP}(\mathcal{R})$ の底であるコンパクト凸集合
$$\mathrm{HP}(a) = \{u \in \mathrm{HP} : u(a) = 1\} \qquad (a \in \mathcal{R})$$
は Choquet の意味で単体である (定理 I.4.4). この事実を a が $\mathcal{R}$ の原点 O の場合に適用してみよう.

まず, 任意の $b \in \Delta$ に対し函数 k_b は $\mathcal{R}$ 上の正の調和函数で $k_b(O) = 1$ を満たすから, $k_b \in \mathrm{HP}(O)$ である. Δ と $\mathrm{HP}(O)$ はコンパクトな距離空間であり, 写像 $(b, z) \mapsto k(b, z)$ は $\Delta \times \mathcal{R}$ 上で連続であるから, Δ 上で $b_n \to b$ のとき k_{b_n} は $\mathcal{R}$ 上で k_b に広義一様収束する. 即ち, $j : b \mapsto k_b$ を Δ から $\mathrm{HP}(O)$ への自然な対応とすれば, これは連続であり, しかも補題 1.2(b) により単射である. 次に, $\widetilde{\Delta} = j(\Delta)$ とおくと, $\widetilde{\Delta}$ は $\mathrm{HP}(O)$ のコンパクト部分集合であり, 定理 2.1 より, 任意の $u \in \mathrm{HP}(O)$ に対し
$$u(z) = \int_\Delta k(b,z) \, d\mu(b) = \int_{\widetilde{\Delta}} v(z) \, d\widetilde{\mu}(v)$$
を満たす $\widetilde{\Delta}$ 上の確率測度 $\widetilde{\mu}$ が存在する. 実際, μ を写像 j によって $\widetilde{\Delta}$ 上に移したものを $\widetilde{\mu}$ とすればよい. これから, $\widetilde{\Delta}$ は $\mathrm{HP}(O)$ の全ての端点を含む

ことが分る．我々は $\mathrm{HP}(O)$ の端点の集合 $\mathcal{E}(O)$ を j で Δ の中に戻して Δ_1 と書き，$\mathcal{R}$ の **Martin 極小境界**と呼ぶ．また，Δ_1 の点 b を Δ の**極小点**と呼び，これに対応する調和函数 k_b を**極小調和函数**と云う．このときは定理 I.4.5 より次が得られる：

定理 2.2 (a) 集合 Δ_1 は Δ (従ってまた $\mathcal{R}^*$) の G_δ 部分集合である．
(b) 任意の $u \in \mathrm{HP}$ に対して Δ_1 上の正の測度 μ で

$$u = \int_{\Delta_1} k_b \, d\mu(b)$$

を満たすものが一意に存在する．ここで，右辺の積分は HP の位相 τ_c について収束する．特に，任意の $z \in \mathcal{R}$ に対して次が成り立つ：

$$u(z) = \int_{\Delta_1} k_b(z) \, d\mu(b).$$

系 任意の $u \in \mathrm{HP}'(\mathcal{R})$ に対して Δ_1 上の有限な Borel 測度 μ で

$$u = \int_{\Delta_1} k_b \, d\mu(b) \tag{2.1}$$

を満たすものが一意に存在する．以下では，この測度を μ_u とも書く．

証明 $u \in \mathrm{HP}'(\mathcal{R})$ を $u = u^+ - u^-$ ($u^+, u^- \in \mathrm{HP}$) と分解し，各 $u^\pm$ に前定理を適用すればよい． □

函数 $u \in \mathrm{HP}'(\mathcal{R})$ に対し (2.1) で決る測度 μ_u を u の**標準測度**と呼ぶ．特に，$\mathcal{R}$ 上で恒等的に 1 に等しい函数 (これも 1 と書く) の標準測度を $\chi = \chi_\mathcal{R}$ と書き，原点 O に対する $\mathcal{R}$ の (境界 Δ_1 上の) **調和測度**と呼ぶ．

2.3 調和函数の標準分解 §I.3.3 の最初で注意したように，$M(\Delta)$ はベクトル束をなす．一方，$M(\Delta_1)$ を Δ_1 上の有限な実 Borel 測度の全体とすると，任意の $\mu \in M(\Delta_1)$ は $\Delta \setminus \Delta_1$ 上では 0 と定義することにより $M(\Delta)$ の元と見なすことができる．従って，$M(\Delta_1)$ も測度の順序についてベクトル束をなす．定理 2.2 の系により，対応 $u \mapsto \mu_u$ は $\mathrm{HP}'(\mathcal{R})$ から $M(\Delta_1)$ への線型全単射で順序を保つから，$\mathrm{HP}'(\mathcal{R})$ で $u \perp v$ であるためには μ_u と μ_v が互いに特異で

あることが必要十分である．一方，定理 I.4.7 によりベクトル束 $\mathrm{HP}'(\mathcal{R})$ を

$$\mathrm{HP}'(\mathcal{R}) = I(\mathcal{R}) \oplus Q(\mathcal{R}), \quad \text{但し } I(\mathcal{R}) = \{1\}^\perp,\ Q(\mathcal{R}) = \{1\}^{\perp\perp}$$

と直和分解できる．我々は $u \in \mathrm{HP}'(\mathcal{R})$ については，$u \in I(\mathcal{R})$ のとき**特異**，$u \in Q(\mathcal{R})$ のとき**準有界**と呼んだ．従って，次が成り立つ．

定理 2.3 対応 $u \mapsto \mu_u$ は $\mathrm{HP}'(\mathcal{R})$ から $M(\Delta_1)$ の上への順序を保つ線型空間の同型写像である．u が準有界または特異であるためには μ_u が調和測度 χ に関して絶対連続または特異であることが必要十分である．

§3 Dirichlet 問題

本節では $\mathcal{R}$ の Martin のコンパクト化 $\mathcal{R}^*$ に関する Dirichlet 問題を定義し，$\mathcal{R}$ の Martin 境界 Δ 上の全ての実数値連続函数は可解であることを示そう．

3.1 問題の設定 $\mathcal{R}$ の Martin 境界 Δ 上の広義の実数値函数 f に対し，条件

a) s は下に有界である，

b) 任意の $b \in \Delta$ に対して $\displaystyle\liminf_{\mathcal{R} \ni z \to b} s(z) \geqq f(b)$

を満たす $\mathcal{R}$ 上の優調和函数 s の全体を $\overline{\mathsf{S}}(f)$ と書く．また，$\underline{\mathsf{S}}(f) = -\overline{\mathsf{S}}(-f)$ とおく．もし $\overline{\mathsf{S}}(f)$ と $\underline{\mathsf{S}}(f)$ が共に空でなければ，任意の $s' \in \overline{\mathsf{S}}(f)$, $s'' \in \underline{\mathsf{S}}(f)$ に対し $s' \geqq s''$ が成り立つから，$\overline{\mathsf{S}}(f)$ と $\underline{\mathsf{S}}(f)$ はそれぞれ優調和および劣調和函数の Perron 族である (§B.1.2)．従って，全ての $a \in \mathcal{R}$ に対して

$$\overline{H}[f](a) = \inf\{\, s(a) : s \in \overline{\mathsf{S}}(f)\,\}, \quad \underline{H}[f](a) = \sup\{\, s(a) : s \in \underline{\mathsf{S}}(f)\,\}$$

とおけば，これらは $\mathcal{R}$ 上の調和函数で $\underline{H}[f] \leqq \overline{H}[f]$ が成り立つ．特に，$\overline{\mathsf{S}}(f)$ と $\underline{\mathsf{S}}(f)$ が共に空ではなく，$\underline{H}[f] = \overline{H}[f]$ を満たすとき，f は**可解**であると云う．また，共通の函数を $H[f]$ (詳しくは，$H[f; \mathcal{R}]$) と書いて，Martin のコンパクト化 $\mathcal{R}^*$ 上の境界函数 f に対する **Dirichlet 問題の解**と呼ぶ．

3.2 Riesz の定理 まず，優調和函数に関する F. Riesz の定理 (定理 B.10) を書き直すことから始めよう．

§3 Dirichlet 問題

定理 3.1 u を $\mathcal{R}$ 上の正の優調和関数で $u(O) < \infty$ を満たすものとし,E を $\mathcal{R}$ の閉集合とすれば,E の $\mathcal{R}^*$ での閉包 E^* 上に台を持つ正の測度 μ で

$$u_E^{\mathcal{R}}(z) = \int k(b,z)\,d\mu(b) \qquad (z \in \mathcal{R})$$

を満たすものが存在する.ここで,μ の $\mathcal{R}$ への制限 $\mu|\mathcal{R}$ は一意的である.

証明 $\{E_n\}_{n=1}^{\infty}$ を E のコンパクト部分集合の増加列で $E = \bigcup_{n=1}^{\infty} E_n$ を満たすものとすると,$u_{E_n}^{\mathcal{R}} \leqq u_{E_{n+1}}^{\mathcal{R}} \leqq u_E^{\mathcal{R}}$ が成り立つ.そこで,$s(z) = \lim_{n\to\infty} u_{E_n}^{\mathcal{R}}(z)$ とおくと,s は非負の優調和関数で $s(z) \leqq u_E^{\mathcal{R}}(z)$ を満たす.掃散函数の性質 (定理 B.12(b)) により,E_n 上で $u_{E_n}^{\mathcal{R}} \geqq u$ q.e. (§B.3.3) であるから,E_n 上で $s \geqq u$ q.e. が成り立つ.従って E 上でも $s \geqq u$ q.e. が成り立つから,定理 B.12(c) より $u_E^{\mathcal{R}} \leqq s$ を得る.故に,

$$u_E^{\mathcal{R}} = s = \lim_{n\to\infty} u_{E_n}^{\mathcal{R}} . \tag{3.1}$$

各 $u_{E_n}^{\mathcal{R}}$ は $\mathcal{R}$ 上のポテンシャルであるから,

$$u_{E_n}^{\mathcal{R}}(a) = \int g(a,z)\,d\nu_n(z)$$

を満たす E_n 上の正測度 ν_n が存在する (定理 B.12(d)). ところが,

$$\int g(O,z)\,d\nu_n(z) = u_{E_n}^{\mathcal{R}}(O) \leqq u(O) < +\infty \tag{3.2}$$

であるから,$\nu_n(\{O\}) = 0$ を得る.従って,$d\mu_n(z) = g(O,z)\,d\nu_n(z)$ とおくと,これは E_n 上の有限な測度で $u_{E_n}^{\mathcal{R}}(a) = \int k(z,a)\,d\mu_n(z)$ を満たす.また,(3.2) より $\{\mu_n\}$ は E^* 上の測度の有界集合であるから,μ_n は E^* 上の測度 μ に漠収束するとしてよい.従って,任意の $a \in \mathcal{R}$ に対し

$$\begin{aligned}\int k(z,a)\,d\mu(z) &= \lim_{N\to\infty} \int \min\{k(z,a),N\}\,d\mu(z) \\ &= \lim_{N\to\infty}\lim_{n\to\infty} \int \min\{k(z,a),N\}\,d\mu_n(z) \\ &\leqq \lim_{n\to\infty} \int k(z,a)\,d\mu_n(z) = \lim_{n\to\infty} u_{E_n}^{\mathcal{R}}(a) = u_E^{\mathcal{R}}(a) .\end{aligned} \tag{3.3}$$

さて,$a \in \mathcal{R}$ を任意の定点とし,$K_\alpha = \{z \in \mathcal{R} : g(a,z) \geqq \alpha\}$ がコンパクトであるように $\alpha > 0$ を十分大きく選ぶ.$\min\{g_a, \alpha\}$ は $\mathcal{R}$ に対する Riesz の

分解定理 (定理 B.10) によりポテンシャルであり, ∂K_α の点を除いて調和であるから, ∂K_α に台を持つ正測度 λ_α で次を満たすものが存在する：

$$\min\{g(a,z),\alpha\} = \int g(z,b)\,d\lambda_\alpha(b).$$

上式で $z = a$ とおけば, λ_α が確率測度であることが分る. また,

$$\int u_{E_n}^{\mathcal{R}}(b)\,d\lambda_\alpha(b) = \int \left[\int k(z,b)\,d\lambda_\alpha(b)\right]d\mu_n(z) \tag{3.4}$$

が Fubini の定理から知られる. ここで,

$$\int k(z,b)\,d\lambda_\alpha(b) = \frac{\min\{g(a,z),\alpha\}}{g(z,O)}$$

は z の函数として $\mathcal{R}^*$ 全体で有限且つ連続である. (3.4) において $n \to \infty$ として (3.1) に注意すれば次を得る：

$$\begin{aligned}\int u_E^{\mathcal{R}}(b)\,d\lambda_\alpha(b) &= \int \left[\int k(z,b)\,d\lambda_\alpha(b)\right]d\mu(z) \\ &= \int \frac{\min\{g(a,z),\alpha\}}{g(z,O)}\,d\mu(z).\end{aligned} \tag{3.5}$$

$u_E^{\mathcal{R}}$ は下半連続であり, λ_α の台は $\alpha \to \infty$ のとき a に縮んでゆくから,

$$u_E^{\mathcal{R}}(a) \leq \liminf_{\alpha \to \infty} \int u_E^{\mathcal{R}}(b)\,d\lambda_\alpha(b)$$

が成り立つ. さらに積分の単調収束定理を使えば, $\alpha \to \infty$ とするとき (3.5) の最終辺は $\int k(z,a)\,d\mu(z)$ に収束する. これらの結果を (3.3) と併せれば, 求める積分表示が得られる. 最後に, $\mu|\mathcal{R}$ の一意性はポテンシャルを生成する測度は一意であること (定理 B.7 の系) から分る. □

系 $b \in \Delta_1(\mathcal{R})$ とし, E^* を $\mathcal{R}^*$ の閉部分集合で b を含まぬものとすれば, $E = E^* \cap \mathcal{R}$ とおくとき, $(k_b)_E^{\mathcal{R}}$ はポテンシャルである.

証明 定理 3.1 を使えば, $(k_b)_E^{\mathcal{R}}(a)$ は E^* に台を持つ或る正測度 μ を用いて $\int k(z,a)\,d\mu(z)$ と書ける. $\mu' = \mu|\Delta$ として $v(a) = \int k(z,a)\,d\mu'(z)$ $(a \in \mathcal{R})$ とおくと, $0 \leq v \leq (k_b)_E^{\mathcal{R}} \leq k_b$ を得る. k_b は極小であるから, $v = \alpha k_b$ を満たす定数 $0 \leq \alpha \leq 1$ が存在する. もし $\alpha \neq 0$ ならば, $\nu = \alpha^{-1}\mu'$ とおくとき, $k_b(a) = \int k(z,a)\,d\nu(z)$ を得るが, ν の台は b を含まぬから, k_b が端点である

ことに反する．故に，$\alpha = 0$ であり，従って $\mu' = 0$．これは $(k_b)_E^{\mathcal{R}}$ がポテンシャルであることを示す． □

3.3 Martin コンパクト化の可解性

$u \in \mathrm{HP}(\mathcal{R})$ の標準測度表示 (定理 2.2) を $u = \int_{\Delta_1} k_b \, d\mu(b)$ とするとき，u の掃散函数 $u_E^{\mathcal{R}}$ の積分表示を求める．

定理 3.2 もし E が $\mathcal{R}$ の閉部分集合ならば，$b \mapsto (k_b)_E^{\mathcal{R}}(a)$ は全ての固定した $a \in \mathcal{R}$ に対して可積分であって次が成り立つ：
$$u_E^{\mathcal{R}}(a) = \int_{\Delta} (k_b)_E^{\mathcal{R}}(a) \, d\mu(b). \tag{3.6}$$

証明 もし a が E の内点または $\mathcal{R} \setminus E$ の正則境界点ならば，$u_E^{\mathcal{R}}(a) = u(a)$ および $(k_b)_E^{\mathcal{R}}(a) = k_b(a)$ であるから，(3.6) が成り立つ．次に，もし $a \in \mathcal{R} \setminus E$ ならば，a を含む $\mathcal{R} \setminus E$ の成分を G とすると，定理 B.12(b) により $u_E^{\mathcal{R}}$ は G 上では u を境界値とする Dirichlet 問題の解に等しいから，
$$u_E^{\mathcal{R}}(a) = \int u(z) \, d\omega_a^G(z) = \int_{\Delta} \left[\int k_b(z) \, d\omega_a^G(z) \right] d\mu(b)$$
$$= \int_{\Delta} (k_b)_E^{\mathcal{R}}(a) \, d\mu(b)$$

が成り立つ．ここで，ω_a^G は a に対する G の調和測度である．最後に，$a \in E$ を $R \setminus E$ の非正則な境界点とすると，1点集合 $\{a\}$ は E の一つの成分であるから，$\mathcal{R}$ の Jordan 領域の列 $\{G_n : n = 1, 2, \ldots\}$ で，$a \in G_n$, $\partial G_n \subset \mathcal{R} \setminus E$, $\mathrm{Cl}\, G_{n+1} \subset G_n$ 且つ $\bigcap_{n=1}^{\infty} G_n = \{a\}$ を満たすものが存在する．ω_n を点 a に対する G_n の調和測度とすると，$(k_b)_E^{\mathcal{R}}$ の優調和性より
$$(k_b)_E^{\mathcal{R}}(a) = \lim_{n \to \infty} \int (k_b)_E^{\mathcal{R}}(z) \, d\omega_n(z).$$
よって，$b \mapsto (k_b)_E^{\mathcal{R}}(a)$ も可測である．故に，
$$u_E^{\mathcal{R}}(a) = \lim_{n \to \infty} \int u_E^{\mathcal{R}}(z) \, d\omega_n(z) = \lim_{n \to \infty} \int \left(\int_{\Delta} (k_b)_E^{\mathcal{R}}(z) \, d\mu(b) \right) d\omega_n(z)$$
$$= \int_{\Delta} \left(\lim_{n \to \infty} \int (k_b)_E^{\mathcal{R}}(z) \, d\omega_n(z) \right) d\mu(b) = \int_{\Delta} (k_b)_E^{\mathcal{R}}(a) \, d\mu(b). \quad \square$$

これだけ準備をすれば，Martin のコンパクト化に関する本節の主定理を証明することができる．

定理 3.3 Martin のコンパクト化 $\mathcal{R}^*$ は可解なコンパクト化である．即ち，境界 Δ 上の全ての実数値連続函数は可解である．さらに，$a \in \mathcal{R}$ に関する $\mathcal{R}$ の調和測度で Δ_1 上に台を持つものは $k_b(a) \, d\chi(b)$ で与えられる．

証明 f を Δ 上の任意の実数値連続函数とし，これを $\mathcal{R}^*$ 全体に連続に延長し同じ記号 f で表す．ここでは，一般性を失わずに，$0 \leq f \leq 1$ を仮定してよい．まず，各 $n = 1, 2, \ldots$ に対して，

$$A_i = \left\{ b \in \Delta_1 : \frac{i - \frac{1}{2}}{n} \leq f(b) < \frac{i + \frac{1}{2}}{n} \right\},$$

$$E_i^* = \left\{ a \in \mathcal{R}^* : f(a) \leq \frac{i-1}{n} \right\} \bigcup \left\{ a \in \mathcal{R}^* : f(a) \geq \frac{i+1}{n} \right\},$$

$$E_i = E_i^* \cap \mathcal{R},$$

$$u_i = \int_{A_i} k_b \, d\chi(b) \qquad (i = 0, \ldots, n)$$

とおく．まず，$n \geq 1$ を固定して考えることにする．f は連続であるから，各 $i = 0, \ldots, n$ に対し E_i^* は A_i と素である．従って，定理 3.1 の系により，任意の $b \in A_i$ に対し $(k_b)_{E_i}^{\mathcal{R}}$ はポテンシャルである．これから，$(u_i)_{E_i}^{\mathcal{R}}$ もポテンシャルであることが分る．実際，u_i の定義式に前定理を適用すれば，

$$(u_i)_{E_i}^{\mathcal{R}} = \int_{A_i} (k_b)_{E_i}^{\mathcal{R}} \, d\chi(b)$$

が得られる．次に $\{\mathcal{R}_m\}$ を $\mathcal{R}$ の正則近似列とすると，$s_i = (u_i)_{E_i}^{\mathcal{R}}$ として，

$$\lim_{m \to \infty} H_{s_i}^{\mathcal{R}_m}(a) = \lim_{m \to \infty} \int s_i \, d\omega_a^{\mathcal{R}_m} = \lim_{m \to \infty} \int \left(\int_{A_i} (k_b)_{E_i}^{\mathcal{R}} \, d\chi(b) \right) d\omega_a^{\mathcal{R}_m}$$

$$= \lim_{m \to \infty} \int_{A_i} \left(\int (k_b)_{E_i}^{\mathcal{R}} \, d\omega_a^{\mathcal{R}_m} \right) d\chi(b)$$

$$= \int_{A_i} \left(\lim_{m \to \infty} \int (k_b)_{E_i}^{\mathcal{R}} \, d\omega_a^{\mathcal{R}_m} \right) d\chi(b) = 0 \,.$$

即ち，s_i の最大調和劣函数は恒等的に 0 である．これが示すべきことであった．

さて，$\mathcal{R} \setminus E_i$ 上では $(i-1)/n < f < (i+1)/n$ であり，E_i 上ではほぼ到るところ $(u_i)_{E_i}^{\mathcal{R}} = u_i$ であるから，$\mathcal{R}$ 上でほぼ到るところ

$$\frac{i-1}{n}(u_i - (u_i)_{E_i}^{\mathcal{R}}) \leq f u_i \leq \frac{i+1}{n} u_i + (u_i)_{E_i}^{\mathcal{R}}$$

§3 Dirichlet 問題　　　　　　　　　　　　　　　61

が成り立つ．これらを全ての i について加えれば，$\mathfrak{R}$ 上ほぼ到るところで

$$\sum_{i=0}^{n} \frac{i-1}{n}(u_i - (u_i)_{E_i}^{\mathfrak{R}}) \leqq f \leqq \sum_{i=0}^{n} \frac{i+1}{n}u_i + \sum_{i=0}^{n} (u_i)_{E_i}^{\mathfrak{R}} .$$

従って，$\mathfrak{R}$ 上の正の優調和函数 s' を適当に選べば，任意の正数 ε に対し

$$f \leqq \sum_{i=0}^{n} \frac{i+1}{n}u_i + \sum_{i=0}^{n} (u_i)_{E_i}^{\mathfrak{R}} + \varepsilon s'$$

が $\mathfrak{R}$ 全体で成り立つ．これは右辺の函数が Dirichlet 問題に関する Perron 族 $\overline{\mathfrak{S}}(f)$ に属し，従って $\overline{H}[f]$ の $\mathfrak{R}$ 上での優函数であることを示す．ここで，ε は任意であり，$\sum_{i=0}^{n}(u_i)_{E_i}^{\mathfrak{R}}$ はポテンシャルであるから，

$$\overline{H}[f] \leqq \sum_{i=0}^{n} \frac{i+1}{n}u_i$$

が得られる．ここで $n \to \infty$ とすれば，簡単な計算で

$$\lim_{n \to \infty} \sum_{i=0}^{n} \frac{i+1}{n}u_i = \lim_{n \to \infty} \sum_{i=0}^{n} \int_{A_i} \frac{i+1}{n} k_b \, d\chi(b) = \int_{\Delta_1} k_b f(b) \, d\chi(b)$$

が分るから，

$$\overline{H}[f] \leqq \int_{\Delta_1} k_b f(b) \, d\chi(b)$$

が示された．同様の計算で次も得られる：

$$\underline{H}[f] \geqq \int_{\Delta_1} k_b f(b) \, d\chi(b) .$$

故に，f は可解であって，任意の $a \in \mathfrak{R}$ に対し

$$H[f](a) = \int_{\Delta_1} k_b(a) f(b) \, d\chi(b)$$

が成り立つ．これで全ての証明が終った．□

系　Δ_1 上の函数 f が可解であるための必要十分条件は f が調和測度 χ に関して可積分になることである．この条件の下で次が成り立つ：

$$H[f](a) = \int_{\Delta_1} k_b(a) f(b) \, d\chi(b) \qquad (a \in \mathfrak{R}) . \tag{3.7}$$

任意の $a \in \mathcal{R}$ に対し，Δ_1 上の測度 χ_a を $d\chi_a(b) = k_b(a)\,d\chi(b)$ で定義し，点 a に関する $\mathcal{R}$ の**調和測度**と呼ぶ．実際，公式 (3.7) は測度 χ_a が調和測度の特性を持つことを示している．また，正値調和函数 k_b ($b \in \Delta_1$) に Harnack の不等式を使えば，任意の $a, a' \in \mathcal{R}$ に対して a, a'（と $\mathcal{R}$）のみに依存する定数 $C > 1$ が存在して $C^{-1} d\chi_a \leqq d\chi_{a'} \leqq C d\chi_a$ を満たすことも分る．

§4 細位相

双曲型 Riemann 面の Martin 境界が Dirichlet 問題に関しては単位円板に対する単位円周の役割を演じることは既に見た通りであるが，調和函数や優調和函数の境界挙動を詳しく調べるには，Martin コンパクト化の位相だけでは不十分である．これを補うものとして我々は細位相の概念を導入する．

4.1 尖細の概念 細位相を定義するには，極小点における尖細の概念が必要となる．$\mathcal{R}$ の極小点 $b \in \Delta_1$ と $\mathcal{R}$ の閉部分集合 E に対し，掃散函数 $(k_b)_E^{\mathcal{R}}$ が k_b と異なるとき，E は点 b において**尖細**であると云う．

補題 4.1 (a) E が b で尖細ならば，$(k_b)_E^{\mathcal{R}}$ はポテンシャルである．
 (b) 閉集合 E, E' が b で尖細ならば，$E \cup E'$ も同様である．

証明 (a) Riesz の定理（定理 B.10）により $(k_b)_E^{\mathcal{R}}$ を非負の調和函数 u とポテンシャル U の和に分解すれば，k_b の極小性により $u = \alpha k_b$ を満たす実数 $0 \leqq \alpha \leqq 1$ が存在する．もし $\alpha > 0$ ならば，E 上で $(k_b)_E^{\mathcal{R}} = \alpha k_b + U \leqq \alpha (k_b)_E^{\mathcal{R}} + U$ q.e. であるから，定理 B.8 により同じ不等式が $\mathcal{R}$ 上到るところで成り立つ．これから $(k_b)_E^{\mathcal{R}} = k_b$ という矛盾を得るから，$\alpha = 0$ である．故に，$(k_b)_E^{\mathcal{R}} = U$ はポテンシャルである．
 (b) $(k_b)_{E \cup E'}^{\mathcal{R}} \leqq (k_b)_E^{\mathcal{R}} + (k_b)_{E'}^{\mathcal{R}}$ が成り立つからである． □

我々は $\mathcal{R}$ の極小点 $b \in \Delta_1$ の（$\mathcal{R}$ 内の）**細近傍**を $\mathcal{R}$ の部分集合 V で（$\mathcal{R}$ 内の閉包）$\mathrm{Cl}(\mathcal{R} \setminus V)$ が点 b において尖細であるものと定義し，b の細近傍の全体を $\mathcal{F}(b)$ と書く．集合族 $\mathcal{F}(b)$ は次の意味で集合 $\mathcal{R}$ のフィルターである:

 (i) $\mathcal{F}(b)$ は $\mathcal{R}$ の部分集合の族であって空集合を含まない，
 (ii) $\mathcal{F}(b)$ の元を部分集合として含む $\mathcal{R}$ の部分集合は $\mathcal{F}(b)$ の元である，

(iii) $\mathcal{F}(b)$ の有限個の元の共通部分は $\mathcal{F}(b)$ の元である.

ここで, 条件 (i) と (ii) は定義より明らかであり, 条件 (iii) は補題 4.1(b) より分る. 特に, V を $\mathcal{R}^*$ における b の (Martin 位相に関する) 開近傍とすれば, 定理 3.1 の系より $V \cap \mathcal{R} \in \mathcal{F}(b)$ が成り立つ. $b \in \Delta_1$ ならば, 任意の $V \in \mathcal{F}(b)$ に対し $V \cup \{b\}$ は $\mathcal{R}^*$ 上のいわゆる細位相に関する b の近傍である. 細位相の詳細については Brelot [B5] 等を参照されたい.

定理 4.2 $\mathcal{R}$ の閉部分集合 E が $b \in \Delta_1$ で尖細ならば, $\mathcal{R} \setminus E$ の成分で $\mathcal{F}(b)$ に属するものが唯一つ存在する.

証明 仮定により $(k_b)_E^{\mathcal{R}} \lneq k_b$ であるから, k_b の E に関する縮減函数 (これについては §B.3.5 を参照せよ) $R[k_b; E]$ についても $R[k_b; E] \lneq k_b$ が成り立つ. E 上では $R[k_b; E] = k_b$ であるから, $\mathcal{R} \setminus E$ 上で $R[k_b; E] \lneq k_b$ が成り立つが, $\mathcal{R} \setminus E$ 上では $R[k_b; E] = (k_b)_E^{\mathcal{R}} \; (= H_{k_b}^{\mathcal{R}\setminus E})$ であるから, $(k_b)_E^{\mathcal{R}}(a) < k_b(a)$ を満たす点 $a \in \mathcal{R} \setminus E$ が存在する. この a を含む $R \setminus E$ の成分を G とすると, G 上では

$$k_b > (k_b)_E^{\mathcal{R}} = H_{k_b}^{\mathcal{R}\setminus E} = H_{k_b}^G = (k_b)_{\mathcal{R}\setminus G}^{\mathcal{R}}$$

となって, $G \in \mathcal{F}(b)$ を得る. 故に, $\mathcal{F}(b)$ に属する $R \setminus E$ の成分が存在する.

次に, $\mathcal{F}(b)$ に属する $\mathcal{R} \setminus E$ の成分が二つあったとして, G_1, G_2 とすれば, $\mathcal{R} \setminus G_1$ と $\mathcal{R} \setminus G_2$ は b で尖細であり, $(k_b)_{\mathcal{R}\setminus G_1}$ と $(k_b)_{\mathcal{R}\setminus G_2}$ はポテンシャルであるが, $\mathcal{R} = (\mathcal{R} \setminus G_1) \cup (\mathcal{R} \setminus G_2)$ より

$$k_b = (k_b)_{\mathcal{R}}^{\mathcal{R}} = (k_b)_{\mathcal{R}\setminus G_1}^{\mathcal{R}} + (k_b)_{\mathcal{R}\setminus G_2}^{\mathcal{R}}$$

となり, k_b がポテンシャルであるという矛盾に陥る. □

4.2 細極限 $\mathcal{R}$ からコンパクト空間 X への任意の写像 f に対し,

$$f^\wedge(b) = \bigcap \{\, \mathrm{Cl}(f(D)) : D \in \mathcal{F}(b) \,\} \qquad (b \in \Delta_1)$$

と定義する. $\mathcal{F}(b)$ はフィルターであり, X はコンパクトであるから, $f^\wedge(b)$ は空ではない X の部分集合である. 実際, $\{\, \mathrm{Cl}(f(D)) : D \in \mathcal{F}(b) \,\}$ は有限交差性を持つ閉集合の族であるから, 空でない共通部分を持つことが分る (例えば, 荷見 [B17, 定理 11.11] 参照). $f^\wedge(b)$ は $\mathcal{R}$ の任意のコンパクト部分集合の外

での f の値のみで決定されるから，上の定義は $\mathcal{R}$ の或るコンパクト集合の外でのみ定義されている f に対しても意味がある．

さて，$\mathcal{D}(f)$ により $f^\wedge(b)$ が唯一点からなる $b \in \Delta_1$ の全体とする．各 $b \in \mathcal{D}(f)$ に対し $f^\wedge(b)$ が含む唯一の点を $\widehat{f}(b)$ と書き，b における f の**細極限**と呼ぶ．また，$\mathcal{D}(b)$ 上の函数 $\widehat{f}$ を f の**細境界函数**と呼ぶ．特に，f が実数値または複素数値のときは X として広義の数直線または複素球面を考えるものとする．目標は細極限の存在を保証する条件を求めることであるが，まずは基礎的な考察から始める．

補題 4.3 $\mathcal{R}$ の開集合 G に対し，細位相に関する G の触点 $b \in \Delta_1$ の全体

$$\Delta_1(G) = \{\, b \in \Delta_1 : G \in \mathcal{F}(b) \,\}$$

は Δ_1 の Borel 部分集合である．

証明 G は連結であると仮定して証明すれば十分である．もし G が複数の成分を持つときは，定理 4.2 により成分ごとに調べればよいからである．さて，$a \in G$ を任意にとって固定すると，$G \in \mathcal{F}(b)$ であるためには $(k_b)_{\mathcal{R} \setminus G}^{\mathcal{R}}(a) < k_b(a)$ であることが必要十分であるから，次の表示式が得られる：

$$\Delta_1(G) = \{\, b \in \Delta_1 : (k_b)_{\mathcal{R} \setminus G}^{\mathcal{R}}(a) < k_b(a) \,\}.$$

ところが，等式 $(k_b)_{\mathcal{R} \setminus G}^{\mathcal{R}}(a) = \int k_b(z)\,d\omega_a^G(z)$ と写像 $(b, z) \mapsto k_b(z)$ の $\Delta \times \mathcal{R}$ 上での連続性から，$b \mapsto (k_b)_{\mathcal{R} \setminus G}^{\mathcal{R}}(a)$ は Borel 可測であることが示される (Loomis [B28, 44 頁] 参照)．故に，$\Delta_1(G)$ は Borel 可測である． □

補題 4.4 X の開集合 U が $f^\wedge(b)$ $(b \in \Delta_1)$ を含めば，$f^{-1}(U) \in \mathcal{F}(b)$．

証明 仮に $f^{-1}(U) \notin \mathcal{F}(b)$ とすれば，任意の $D \in \mathcal{F}(b)$ に対して $D \not\subset f^{-1}(U)$ であるから，$\mathrm{Cl}(f(D)) \setminus U$ は空でないコンパクト集合である．$\mathcal{F}(b)$ はフィルターであるから，集合族 $\{\,\mathrm{Cl}(f(D)) \setminus U : D \in \mathcal{F}(b)\,\}$ は有限交叉性を持つ (荷見 [B17, 107 頁] 参照)．X はコンパクトであるから，次の計算で矛盾を得る：

$$f^\wedge(b) \setminus U = \bigcap\{\,\mathrm{Cl}(f(D)) : D \in \mathcal{F}(b)\,\} \setminus U$$
$$= \bigcap\{\,\mathrm{Cl}(f(D)) \setminus U : D \in \mathcal{F}(b)\,\} \neq \emptyset. \qquad \square$$

定理 4.5 f が $\mathfrak{R}$ からコンパクト距離空間 X への連続函数ならば，函数 $\widehat{f}: \mathcal{D}(f) \to X$ は可測で，従って $\mathcal{D}(f)$ は $\varDelta_1$ の Borel 部分集合である．

証明 X の任意の閉部分集合 A に対し $\widehat{f}^{-1}(A)$ が Borel 集合であることを示せばよい．我々は X の可分性により A 内で稠密な点列 $\{x_n\}$ をとるとき，

$$\widehat{f}^{-1}(A) = \bigcap_{k=1}^{\infty} \bigcup_{n=1}^{\infty} \varDelta_1(f^{-1}(B(x_n; 1/k)) \tag{4.1}$$

を示そう．ここで，$B(x; r)$ は x を中心とする半径 r の開球を表す．実際，補題 4.3 により右辺は $\varDelta_1$ の Borel 部分集合であるから，この等式を示せば十分である．まず，$b \in \widehat{f}^{-1}(A)$ とすると，任意の k に対し $d(\widehat{f}(b), x_n) < 1/k$ を満たす x_n が存在する．このとき，$\widehat{f}(b) \in B(x_n; 1/k)$ であるから，補題 4.4 により $f^{-1}(B(x_n; 1/k)) \in \mathcal{F}(b)$ または $b \in \varDelta_1(f^{-1}(B(x_n; 1/k)))$ が成り立つ．故に，(4.1) の左辺は右辺に含まれる．逆に，$b \in \varDelta_1$ が (4.1) の右辺に含まれるとすると，任意の $k \geqq 1$ に対し $b \in \varDelta_1(f^{-1}(B(x_{n(k)}; 1/k)))$ を満たす $n = n(k)$ が存在する．X はコンパクトであるから，$\{x_{n(k)}\}$ は収束するとしてよい．いま，$x_{n(k)} \to x$ とすれば，$x \in A$ である．従って，任意の $\varepsilon > 0$ に対し $B(x_{n(k)}; 1/k) \subset B(x; \varepsilon)$ を満たす k が存在する．ところが，$f^{-1}(B(x_{n(k)}; 1/k)) \in \mathcal{F}(b)$ であるから，$f^{-1}(B(x; \varepsilon)) \in \mathcal{F}(b)$ が得られ，$f^\wedge(b) \subset \mathrm{Cl}(B(x; \varepsilon))$ が成り立つ．ε は任意であるから，$f^\wedge(b) = \{x\}$．よって，$b \in \mathcal{D}(f)$ 且つ $\widehat{f}(b) = x \in A$ が分った．故に，$b \in \widehat{f}^{-1}(A)$．即ち，右辺は左辺に含まれる．これで証明が完了した． □

§5 境界挙動の解析

HP' の函数の Martin 境界での細境界値について考察する．そのため，Wiener 函数を導入する．

5.1 Wiener 函数 f を $\mathfrak{R}$ 上の広義実数値函数とする．$\overline{\mathcal{W}}(f)$ (または $\underline{\mathcal{W}}(f)$) により $\mathfrak{R}$ 上の優調和 (または劣調和) 函数 s で $\mathfrak{R}$ の或るコンパクト集合 K_s の外で $s \geqq f$ (または $s \leqq f$) を満たすものの全体を表す．もし $\overline{\mathcal{W}}(f)$ と $\underline{\mathcal{W}}(f)$ の両方が空でないならば，$\overline{h}[f]$ および $\underline{h}[f]$ を

$$\overline{h}[f](a) = \inf\{s(a) : s \in \overline{\mathcal{W}}(f)\}, \quad \underline{h}[f](a) = \sup\{s(a) : s \in \underline{\mathcal{W}}(f)\}$$

により定義する．$\overline{W}(f)$ と $\underline{W}(f)$ は Perron 族であるから，$\overline{h}[f]$ および $\underline{h}[f]$ は $\mathcal{R}$ 上の調和函数である．また，$\underline{h}[f] \leqq \overline{h}[f]$ も明らかであろう．$\overline{W}(f)$ と $\underline{W}(f)$ の両方が空でなく，しかも $\overline{h}[f] = \underline{h}[f]$ を満たすとき，f は**調和化可能**であると云う．この場合，共通の調和函数を $h[f]$ と記す．特に，f が調和化可能でさらに $|f|$ が優調和な優函数を持つとき，f を $\mathcal{R}$ 上の **Wiener 函数**と呼ぶ．$\mathcal{R}$ 上の Wiener 函数全体の集合を $W = W(\mathcal{R})$ と書く．さらに，写像 $f \mapsto h[f]$ の核，即ち $\{f \in W(\mathcal{R}) : h[f] = 0\}$ を $W_0(\mathcal{R}) = W_0$ と書き，W_0 に属する函数を **Wiener ポテンシャル**と呼ぶ．

定理 5.1 $\mathcal{R}$ 上の任意の Wiener 函数 f に対し，$h[f] \in \mathrm{HP}'(\mathcal{R})$ であり，次の性質を持つ $\mathcal{R}$ 上のポテンシャル U が存在する：

(a) $\mathcal{R}$ 上で $h[f] - U \leqq f \leqq h[f] + U$ が成り立つ．

(b) 任意の $\varepsilon > 0$ に対し $\mathcal{R}$ のコンパクト集合 K_ε が存在して，K_ε の外で $h[f] - \varepsilon U \leqq f \leqq h[f] + \varepsilon U$ が成り立つ．

逆に，$u \in \mathrm{HP}'(\mathcal{R})$ と $\mathcal{R}$ 上のポテンシャル U が $u - U \leqq f \leqq u + U$ を満たせば，f は Wiener 函数で $u = h[f]$ が成り立つ．

証明 (第 1 段) f を $\mathcal{R}$ 上の Wiener 函数とし $u = h[f]$ とおく．$|f|$ は優調和な優函数を持つから，$u \in \mathrm{HP}'(\mathcal{R})$ は容易に分る．そこで，$a^* \in \mathcal{R}$ を固定し，

$$\sum_{n=1}^{\infty} (s_n(a^*) - u(a^*)) < \infty$$

を満たすような $s_n \in \overline{W}(f)$ を選ぶ．従って，$\sum_n (s_n - u)$ は $\mathcal{R}$ 上で優調和である．$\overline{W}(f)$ の定義より，各 n に対し $\mathcal{R} \setminus K_n$ 上で $s_n \geqq f$ を満たす $\mathcal{R}$ のコンパクト集合 K_n が存在する．次に，$\mathcal{R}$ の正則近似列 $\{\mathcal{R}_n\}$ を $K_j \subset \mathcal{R}_n$ ($j = 1, \ldots, n$) を満たすように選び，

$$U_1 = \sum_{n=1}^{\infty} (s_n - u)_{\mathrm{Cl}(\mathcal{R}_n)}^{\mathcal{R}}$$

とおくと，右辺の各項は定理 B.12.(d) によりポテンシャルであるから，その収束和として U_1 自身もポテンシャルである (定理 B.10 の系を見よ)．m を任意

の正整数とすると，任意の $a \in \mathcal{R}_{m+2j} \setminus \mathcal{R}_{m+j}$ $(j = 1, 2, \ldots)$ に対して，

$$u(a) + \frac{1}{m}U_1(a) \geqq u(a) + \frac{1}{m}\sum_{n=m+2j}^{2m+2j}(s_n - u)_{\text{Cl}(\mathcal{R}_n)}^{\mathcal{R}}(a)$$
$$\geqq \frac{1}{m}\sum_{n=m+2j}^{2m+2j} s_n(a) \geqq f(a).$$

即ち，コンパクト集合 $\text{Cl}(\mathcal{R}_{m+1})$ の外で $u + \frac{1}{m}U_1 \geqq f$ が成り立つ．次に，s_0 を $|f|$ の $\mathcal{R}$ 上での優調和優関数とし，ポテンシャル $U_2 = (s_0)_{\text{Cl}(\mathcal{R}_3)}^{\mathcal{R}}$ を考える．$\text{Cl}(\mathcal{R}_2) \subset \mathcal{R}_3$ であるから，$\text{Cl}(\mathcal{R}_2)$ 上では $|f| \leqq s_0 = U_2$ を満たす．$U' = U_1 + U_2$ とおけば，U' は $\mathcal{R}$ 上で $u + U' \geqq f$ を満たすポテンシャルであり，任意の $\varepsilon > 0$ に対し或るコンパクト集合 K_ε の外で $u + \varepsilon U' \geqq f$ を満たす．また，$\mathcal{R}$ 上で $u - U'' \leqq f$ を満たし，任意の $\varepsilon > 0$ に対し或るコンパクト集合 K''_ε の外で $u - \varepsilon U'' \leqq f$ を満たすポテンシャル U'' も存在する．故に，$U = U' + U''$ とおけば，U はポテンシャルで定理の前半を満たす．

(第 2 段) f はポテンシャルであるとすると，まず $f \geqq \overline{h}[f] \geqq \underline{h}[f] \geqq 0$ が成り立つ．そこで，$s_n = f_{\mathcal{R} \setminus \mathcal{R}_n}^{\mathcal{R}}$ $(n = 1, 2, \ldots)$ とおくと，s_n は $\mathcal{R}$ 上で優調和であり，$\mathcal{R}_n$ 上では調和である．さらに，$\mathcal{R}$ 上で $s_n \leqq f$ であり，$\mathcal{R} \setminus \mathcal{R}_n$ 上で $s_n = f$ を満たす．また，$s_n \geqq s_{n+1} \geqq 0$ は明らかである．$u = \lim_{n \to \infty} s_n$ とおくと，$s_n \in \overline{W}(f)$ であるから，$u \geqq \overline{h}[f]$ が成り立つ．一方，u は $\mathcal{R}$ 上で調和であり，$u \leqq f$ を満たすから，$u \leqq 0$ でなければならない．故に，$\overline{h}[f] = \underline{h}[f] = 0$．よって，$f$ は Wiener 函数であって $h[f] = 0$ を満たす．

(第 3 段) 最後に，f は或る $u \in \text{HP}'(\mathcal{R})$ とポテンシャル U に対して $u - U \leqq f \leqq u + U$ を満たすと仮定すると，第 2 段で示したことより $f \in W(\mathcal{R})$ であって $h[f] = u$ が成り立つ． □

前定理から簡単に導かれる Wiener 函数の性質をいくつか述べておく．

定理 5.2 (a) 対応 $f \mapsto h[f]: W(\mathcal{R}) \to \text{HP}'(\mathcal{R})$ は線型である．
(b) 対応 $f \mapsto h[f]$ は束準同型である．即ち，任意の $f_1, f_2 \in W(\mathcal{R})$ に対し，$\max\{f_1, f_2\}$ および $\min\{f_1, f_2\}$ は $W(\mathcal{R})$ に属し次が成り立つ：

$$h[\max\{f_1, f_2\}] = h[f_1] \vee h[f_2], \quad h[\min\{f_1, f_2\}] = h[f_1] \wedge h[f_2].$$

(c) $f \in W(\mathfrak{R})$ が優調和函数のとき,$f = u + U$ を f の Riesz 分解 (u は調和函数,U はポテンシャル) とすれば,$u = h[f]$ が成り立つ.$h[f] = 0$ は f がポテンシャルのとき且つそのときに限って成り立つ.

(d) $f \in W(\mathfrak{R})$ に対し,$L_\alpha = \{z \in \mathfrak{R} : f(z) = \alpha\}$ ($\alpha \in \mathbb{R}$) とおけば,掃散函数 $1_{L_\alpha}^\mathfrak{R}$ は高々可算個の α 以外はポテンシャルである.

証明 (d) のみを証明する.任意に二つの実数 $\alpha_1 < \alpha_2$ をとり,
$$\alpha = \tfrac{1}{2}(\alpha_1 + \alpha_2), \quad f_1 = \max\left\{\frac{\alpha - f}{\alpha - \alpha_1}, 0\right\}, \quad f_2 = \max\left\{\frac{f - \alpha}{\alpha_2 - \alpha}, 0\right\}$$
とおく.f_1, f_2 は Wiener 函数であるから,定理 5.1 により,ポテンシャル U_1, U_2 を適当にとれば,$f_1 \leqq h[f_1] + U_1$ および $f_2 \leqq h[f_2] + U_2$ が $\mathfrak{R}$ 上で成り立つ.$f_1(z) = 1$ $(z \in L_{\alpha_1})$, $f_2(z) = 1$ $(z \in L_{\alpha_2})$ であるから,$1_{L_{\alpha_1}}^\mathfrak{R} \leqq h[f_1] + U_1$ および $1_{L_{\alpha_2}}^\mathfrak{R} \leqq h[f_2] + U_2$ が成り立ち,従って,
$$\min\{1_{L_{\alpha_1}}^\mathfrak{R}, 1_{L_{\alpha_2}}^\mathfrak{R}\} \leqq \min\{h[f_1], h[f_2]\} + U_1 + U_2. \tag{5.1}$$
ここで (b) を使えば,
$$h[\min\{h[f_1], h[f_2]\}] = h[f_1] \wedge h[f_2] = h[\min\{f_1, f_2\}] = h[0] = 0$$
を得るから,(5.1) の左辺はポテンシャルである.従って,
$$h[1_{L_{\alpha_1}}^\mathfrak{R}] \wedge h[1_{L_{\alpha_2}}^\mathfrak{R}] = h[\min\{1_{L_{\alpha_1}}^\mathfrak{R}, 1_{L_{\alpha_2}}^\mathfrak{R}\}] = 0.$$
即ち,$\{h[1_{L_\alpha}^\mathfrak{R}] : \alpha \in \mathbb{R}\}$ は互いに直交する非負調和函数族である.よって,
$$\sum_{\alpha \in \mathbb{R}} h[1_{L_\alpha}^\mathfrak{R}] = \bigvee_{\alpha \in \mathbb{R}} h[1_{L_\alpha}^\mathfrak{R}] \leqq 1.$$
故に,高々可算個の α を除いて $h[1_{L_\alpha}^\mathfrak{R}] = 0$ が成り立つ. □

5.2 細境界値の存在 我々は $\mathfrak{R}$ 上の Wiener 函数は細境界値を持つことを証明しよう.そのため,まず準備の補題から始める.

補題 5.3 G を $\mathfrak{R}$ の連結開集合とし,$F = \mathfrak{R} \setminus G$ とおく.また,A は閉集合で $1_{G \cap A}^G$ がポテンシャルになると仮定する.もし $1_F^\mathfrak{R}$ もポテンシャルならば,$1_A^\mathfrak{R}$ もポテンシャルである.

§5 境界挙動の解析

証明 $1_F^{\mathcal{R}}$ はポテンシャルであるから，$F' = \{a \in \mathcal{R} : 1_F^{\mathcal{R}}(a) \leq \frac{1}{2}\}$ とおくとき，F' は空でない閉集合である．また，$F \cap F'$ は G の非正則境界点よりなるから極集合である (定理 B.11 参照)．さて，函数 f を

$$f(z) = \begin{cases} 1_{F' \cap G \cap A}^{G}(z) & (z \in G), \\ 0 & (z \in F) \end{cases}$$

によって定義する．まず，$0 \leq f \leq 1$ は明らかで，さらに次が成り立つ：

(a) f は高々極集合上の点を除けば $\mathcal{R}$ 上で連続である．
(b) $f|G \leq 1_{G \cap A}^{G}$ であり，この右辺は G 上のポテンシャルである．

次に，U を G の非正則境界点の集合上で $+\infty$ となる $\mathcal{R}$ 上のポテンシャルとする．また，$s = 1_A^{\mathcal{R}}$ とおく．さらに，函数 s^* を

$$s^* = \begin{cases} U + s & (F \text{ 上}), \\ U + s_F^{\mathcal{R}} + \min\{s - s_F^{\mathcal{R}}, 1_{G \cap A}^{G}\} & (G \text{ 上}) \end{cases}$$

によって定義する．このとき，

(a) s^* は下半連続,
(b) s^* は G 上で優調和,
(c) $s^* \leq U + s$ であり，F 上では $U + s$ に等しい．

U の定義より，s^* は $\mathcal{R}$ 上で優調和である．さらに，s^* は f の $\mathcal{R}$ 上での優函数であるから，$\overline{h}[f] \leq s^*$ を得る．即ち，$\overline{h}[f] \leq U + s_F^{\mathcal{R}} + 1_{G \cap A}^{G}$ が G 上で成り立つ．$1_{G \cap A}^{G}$ は G 上のポテンシャルであるから，$\overline{h}[f] \leq U + s_F^{\mathcal{R}}$ が G 上で成り立つ．F 上では $\overline{h}[f] \leq s^* \leq U + s$ であり，U は G の非正則境界点で $+\infty$ であるから，F 上で $\overline{h}[f] \leq U + s_F^{\mathcal{R}}$ を満たす．従って，$\mathcal{R}$ 上で $\overline{h}[f] \leq U + s_F^{\mathcal{R}} \leq U + 1_F^{\mathcal{R}}$ を得る．U と $1_F^{\mathcal{R}}$ はポテンシャルであるから，$\overline{h}[f] = 0$．即ち，f は $\mathcal{R}$ 上の Wiener 函数であって $h[f] = 0$ を満たす．よって，定理 5.1 により f はポテンシャルを優函数とする．

以上より，$1_A^{\mathcal{R}}$ が $\mathcal{R}$ 上のポテンシャルであることを示すには，$\mathcal{R}$ 上で

$$1_A^{\mathcal{R}} \leq 2(1_F^{\mathcal{R}}) + f \quad \text{q.e.} \tag{5.2}$$

が成り立つことを示せば十分である．まずこれが $F' \cap A$ 上と F' の外で正しいことは，F' の定義と $F \cap F'$ が極集合であることから分る．また，$G \setminus A$ の

各連結成分 G' については，やはり

$$1_A^\mathcal{R} = H[1_A^\mathcal{R}; G'] \leqq H[2(1_F^\mathcal{R}) + f; G'] \leqq 2(1_F^\mathcal{R}) + f$$

となって (5.2) は正しい．これで補題の証明は終った． □

定理 5.4 G を $\mathcal{R}$ の開集合とし，$F = \mathcal{R} \setminus G$ とおく．f を $\mathcal{R}$ 上の広義実数値連続函数で，G の各連結成分への制限は Wiener 函数であるとする．もし $1_F^\mathcal{R}$ がポテンシャルならば，$\hat{f}$ は $\Delta_1(G)$ 上ほとんど到るところ存在する．これは特に F が $\mathcal{R}$ のコンパクト部分集合ならば正しい．

証明 G が複数の成分を持つときは，定理 4.2 により $\Delta_1(G)$ もそれに対応して分けて考えればよいから，G が連結であるとして証明する．

さて，$\alpha \in \mathbb{R}$ に対し，

$$L_\alpha = \{z \in \mathcal{R} : f(z) = \alpha\}$$

とおく．定理 5.2(d) を G に適用すれば，$\mathbb{R}$ で稠密な可算部分集合 S を選び，各 $\alpha \in S$ に対し $1_{G \cap L_\alpha}^G$ が G 上のポテンシャルであるようにできる．このときは，補題 5.3 により，$1_{L_\alpha}^\mathcal{R}$ は $\mathcal{R}$ 上のポテンシャルである．

次に，$A_\alpha = \{b \in \Delta_1(G) : (k_b)_{L_\alpha}^\mathcal{R} = k_b\}$ とおく．補題 4.3 の証明を見ればこれが Δ_1 の Borel 部分集合であることが分るが，さらに全ての $\alpha \in S$ に対して $\chi(A_\alpha) = 0$ が成り立つ．これを示すため，調和函数 $u = \int_{A_\alpha} k_b \, d\chi(b)$ を考える．まず，$0 \leqq u \leqq 1$ と定理 3.2 より次を得る：

$$0 \leqq u = \int_{A_\alpha} k_b \, d\chi(b) = \int_{A_\alpha} (k_b)_{L_\alpha}^\mathcal{R} \, d\chi(b) = u_{L_\alpha}^\mathcal{R} \leqq 1_{L_\alpha}^\mathcal{R}.$$

ところが，$1_{L_\alpha}^\mathcal{R}$ はポテンシャルであるから，$u = 0$ となり $\chi(A_\alpha) = 0$ は正しい．$A = \bigcup\{A_\alpha : \alpha \in S\}$ とおくと，S は可算集合であるから，$\chi(A) = 0$．

我々は全ての $b \in \Delta_1(G) \setminus A$ に対し $\hat{f}(b)$ の存在を示そう．そのため，任意に $\alpha \in S$ をとると，A_α の定義より $(k_b)_{L_\alpha}^\mathcal{R} < k_b$ が成り立つから，$\mathcal{R} \setminus L_\alpha \in \mathcal{F}(b)$ を得る．G_α により $\mathcal{R} \setminus L_\alpha$ の連結成分で $(k_b)_{\mathcal{R} \setminus G_\alpha}^\mathcal{R} < k_b$ を満たすものを表す．定理 4.2 によりこのような成分は一つしかないから，G_α は確定である．さて，値域 $f(G_\alpha)$ は連結で α を含まぬから，これは $(\alpha, +\infty]$ または $[-\infty, \alpha)$ に含まれる．従って，$f^\wedge(b)$ は $[\alpha, +\infty]$ または $[-\infty, \alpha]$ に含まれる．S は $\mathbb{R}$ で稠

密であるから,これから $f^\wedge(b)$ が唯一点からなることが分る.即ち,$b \in \mathcal{D}(f)$ である.故に,$\Delta_1(G) \setminus \mathcal{D}(f) \subseteqq A$ であり,従って $\chi(\Delta_1(G) \setminus \mathcal{D}(f)) = 0$. これが示すべきことであった. □

次は Wiener 函数 f の細境界値 $\widehat{f}$ と調和函数 $h[f]$ の関係を与える.

定理 5.5 (a) f を $\mathcal{R}$ 上の連続な広義実数値 Wiener 函数とすると,調和函数 $h[f]$ の準有界成分は $\int_{\Delta_1} k_b \widehat{f}(b)\, d\chi(b)$ で与えられる.
(b) f が $\mathcal{R}$ 上で有界連続で $\widehat{f}$ が Δ_1 上でほとんど到るところ存在し,u が $\mathcal{R}$ 上の正の準有界調和函数ならば,fu は $\mathcal{R}$ 上の Wiener 函数である.

証明 f は $\mathcal{R}$ 上の連続函数で $0 \leqq f \leqq 1$ と $\chi(\Delta_1 \setminus \mathcal{D}(f)) = 0$ を満たすとし,u は $\mathcal{R}$ 上で正の準有界調和函数とする.任意の自然数 n に対し

$$A_i = \left\{ b \in \mathcal{D}(f) : \frac{i - \frac{1}{2}}{n} \leqq \widehat{f}(b) < \frac{i + \frac{1}{2}}{n} \right\},$$
$$E_i = \left\{ a \in \mathcal{R} : f(a) \leqq \frac{i-1}{n} \right\} \cup \left\{ a \in \mathcal{R} : f(a) \geqq \frac{i+1}{n} \right\}$$

として

$$u_i = \int_{A_i} k_b \widehat{u}(b)\, d\chi(b) \qquad (i = 0, \ldots, n)$$

とおく.以下,しばらく n を固定して考えると,まず定理 3.2 により

$$(u_i)_{E_i}^{\mathcal{R}} = \int_{A_i} (k_b)_{E_i}^{\mathcal{R}} \widehat{u}(b)\, d\chi(b) \qquad (i = 0, \ldots, n)$$

が成り立つ.いま,$b \in A_i$ ならば,$\mathcal{R} \setminus E_i \in \mathcal{F}(b)$ であるから,$(k_b)_{E_i}^{\mathcal{R}}$ はポテンシャルである.従って,定理 3.3 の証明と同様にして,$(u_i)_{E_i}^{\mathcal{R}}$ もポテンシャルであることが分る.以下も定理 3.3 の証明と同様で,$\mathcal{R}$ 上で次が成り立つ:

$$\sum_{i=0}^{n} \frac{i-1}{n}(u_i - (u_i)_{E_i}^{\mathcal{R}}) \leqq fu \leqq \sum_{i=0}^{n} \frac{i+1}{n} u_i + \sum_{i=0}^{n} (u_i)_{E_i}^{\mathcal{R}} \quad \text{q.e.}$$

従って,$\mathcal{R}$ 上の正の優調和函数 s' を適当に選べば,全ての $\varepsilon > 0$ に対し

$$fu \leqq \sum_{i=0}^{n} \frac{i+1}{n} u_i + \sum_{i=0}^{n} (u_i)_{E_i}^{\mathcal{R}} + \varepsilon s'$$

が $\mathcal{R}$ 上で成り立つ. 右辺は $\overline{\mathcal{W}}(fu)$ に属し, $(u_i)_{E_i}^{\mathcal{R}}$ がポテンシャルであるから,

$$\overline{h}[fu] \leqq \sum_{i=0}^{n} \frac{i+1}{n} u_i$$

が得られる. 同様にして,

$$\sum_{i=0}^{n} \frac{i-1}{n} u_i \leqq \underline{h}[fu]$$

も示される. これらを併せて, $n \to \infty$ とすれば, fu は調和化可能で

$$h[fu] = \lim_{n\to\infty} \sum_{i=0}^{n} \frac{i+1}{n} u_i = \lim_{n\to\infty} \sum_{i=0}^{n} \int_{A_i} k_b \frac{i+1}{n} \widehat{u}(b) \, d\chi(b)$$
$$= \int k_b \widehat{f}(b) \, \widehat{u}(b) \, d\chi(b)$$

が成り立つ. 即ち, (b) と有界な f に対する (a) が示された.

一般の f について (a) を示すには $f \geqq 0$ を仮定してもよい. この場合には, $f_n = \min\{f, n\}$ ($n \geqq 1$) とおけば, $h[f]$ の準有界成分は

$$\lim_{n\to\infty} (h[f] \wedge n) = \lim_{n\to\infty} h[f_n] = \lim_{n\to\infty} \int k_b \widehat{f_n}(b) \, d\chi(b)$$
$$= \int k_b \widehat{f}(b) \, d\chi(b)$$

と表される. これで (a) も証明された. □

前定理で特に f が調和函数の場合を考えれば次が成り立つ:

定理 5.6 (a) $u \in \mathrm{HP}'(\mathcal{R})$ ならば, $\widehat{u}$ は Δ_1 上でほとんど到るところ存在し, その準有界成分 $\mathrm{pr}_Q(u)$ は次で与えられる:

$$\mathrm{pr}_Q(u) = \int_{\Delta_1} k_b \widehat{u}(b) \, d\chi(b) \, .$$

特に, u が特異ならば, Δ_1 上でほとんど到るところ $\widehat{u} = 0$ が成り立つ.

(b) u^* が Δ_1 上の χ 可積分函数ならば,

$$u = H[u^*] = \int_{\Delta_1} k_b \, u^*(b) \, d\chi(b)$$

は準有界調和函数で, Δ_1 上ほとんど到るところで $\widehat{u} = u^*$ が成り立つ.

証明 (a) $u \in \mathrm{HP}'(\mathcal{R})$ ならば, u は明らかに Wiener 函数であって, $u = h[u]$ が成り立つからである.

(b) u が準有界な調和函数であることは定理 2.3 で示した. よって, (a) により $u = \int_{\Delta_1} k_b \hat{u}(b) \, d\chi(b)$ が成り立つ. 定理 2.3 をもう一度使えば, Δ_1 上でほとんど到るところ $u^* = \hat{u}$ が成り立つ. □

§6 被覆写像

Koebe の一意化定理により双曲型 Riemann 面 $\mathcal{R}$ の普遍被覆面は単位円板 $\mathbb{D}$ に等角同型で, $\mathcal{R}$ 上の多くの問題は被覆写像を経由して $\mathbb{D}$ 上の問題に転換される. この手法は本書でもしばしば活用される. 本節では, 後章への準備もかねて被覆写像一般と Martin コンパクト化の関連を調べる.

6.1 被覆面の概念 $(\mathcal{R}, O)$ を双曲型 Riemann 面 $\mathcal{R}$ と 1 点 $O \in \mathcal{R}$ (これを $\mathcal{R}$ の原点と呼ぶ) の組とする. もう一つの組 $(\mathcal{R}', O')$ から $(\mathcal{R}, O)$ への写像 ϕ が次の三条件を満たすと仮定する:

(CV1) ϕ は $\mathcal{R}'$ から $\mathcal{R}$ の上への正則函数である,

(CV2)   任意の $a \in \mathcal{R}$ に対し a の開近傍 V を適当に選べば, $\phi^{-1}(V)$ の各成分は ϕ によって V と等角同型に対応する,

(CV3) $\phi(O') = O$.

このとき, ϕ を**被覆写像**と呼び, この条件を満たす三つ組 $(\mathcal{R}', O', \phi)$ を $(\mathcal{R}, O)$ の**被覆三つ組**と呼ぶ. $(\mathcal{R}, O)$ の被覆三つ組の中には次の意味で最強なもの $(\widetilde{\mathcal{R}}, \widetilde{O}, \widetilde{\phi})$ が存在する: $(\mathcal{R}, O)$ の任意の被覆三つ組 $(\mathcal{R}', O', \phi)$ に対し, $(\widetilde{\mathcal{R}}, \widetilde{O})$ から $(\mathcal{R}', O')$ への被覆写像 ϕ' で $\widetilde{\phi} = \phi \circ \phi'$ を満たすものが存在する. この性質を持つ面 $(\widetilde{\mathcal{R}}, \widetilde{O})$ は等角同型の意味で一意で, $(\mathcal{R}, O)$ の**普遍被覆面**と呼ばれる. Koebe の一意化定理によれば, $(\widetilde{\mathcal{R}}, \widetilde{\phi})$ は単位円板 $\mathbb{D}$ と原点 0 の組 $(\mathbb{D}, 0)$ に等角同型であることが知られている.

6.2 調和函数の対応 $(\mathcal{R}, O)$ と $(\mathcal{R}', O')$ を双曲型 Riemann 面とし, ϕ を $(\mathcal{R}', O')$ から $(\mathcal{R}, O)$ の上への被覆写像とする. また, $(\mathbb{D}, 0, \phi_{\mathcal{R}})$ と $(\mathbb{D}, 0, \phi_{\mathcal{R}'})$ をそれぞれ $(\mathcal{R}, O)$ および $(\mathcal{R}', O')$ の普遍被覆面とし, $\phi_{\mathcal{R}} = \phi \circ \phi_{\mathcal{R}'}$ を満たすと仮定する. ϕ は局所的には等角同型写像であるから, $\mathcal{R}$ 上の函数 f が正則

(調和, 優調和, 劣調和) であることは $f \circ \phi$ が $\mathcal{R}'$ 上で正則 (調和, 優調和, 劣調和) であることと同等である.

さて, $\Gamma_{\mathcal{R}}$ を普遍被覆写像 $\phi_{\mathcal{R}}$ の**被覆変換群**とする. 即ち, $\mathbb{D}$ をそれ自身に写す一次変換 (または, Möbius 変換) τ で $\phi_{\mathcal{R}} \circ \tau = \phi_{\mathcal{R}}$ を満たすもの全体が作る乗法群とする. f が $\mathcal{R}$ 上の函数ならば, $F = f \circ \phi_{\mathcal{R}}$ は $\mathbb{D}$ 上で定義され, 全ての $\tau \in \Gamma_{\mathcal{R}}$ に対して $F \circ \tau = F$ を満たすと云う意味で $\Gamma_{\mathcal{R}}$ **不変**である. 逆に, $\mathbb{D}$ 上の任意の $\Gamma_{\mathcal{R}}$ 不変な函数 F は $\mathcal{R}$ 上の函数 f によって $f \circ \phi_{\mathcal{R}}$ の形に表される. なお, 一次変換群 (特に, 不連続群) の基本事項については第 VIII 章でやや詳しく説明されるので, 必要に応じて参照されたい. 我々はまず被覆写像の基本性質を述べよう.

定理 6.1 ϕ を双曲型 Riemann 面の組 $(\mathcal{R}', O')$ から $(\mathcal{R}, O)$ への被覆写像とするとき, 次が成り立つ.

(a) $u \mapsto u \circ \phi$ は $\mathrm{HP}'(\mathcal{R})$ から $\mathrm{HP}'(\mathcal{R}')$ の中への束同型写像である. 従って, $u \in \mathrm{HP}'(\mathcal{R})$ と $u \circ \phi \in \mathrm{HP}'(\mathcal{R}')$ は同時に準有界または特異になる.

(b) s を $\mathcal{R}$ 上の正の優調和函数とする. s が $\mathcal{R}$ 上のポテンシャルならば $s \circ \phi$ も $\mathcal{R}'$ 上のポテンシャルである. 逆も成り立つ.

(c) f が $\mathcal{R}$ 上の Wiener 函数ならば $f \circ \phi$ は $\mathcal{R}'$ 上の Wiener 函数であり, $h[f] \circ \phi = h[f \circ \phi]$ が成り立つ.

証明 (第 1 段) $(\mathcal{R}', O', \phi)$ が $\mathcal{R}$ の普遍被覆面 $(\mathbb{D}, 0, \phi_{\mathcal{R}})$ の場合を考える. $u_i \in \mathrm{HP}'(\mathcal{R})$ $(i = 1, 2)$ とし, $v = (u_1 \circ \phi_{\mathcal{R}}) \vee (u_2 \circ \phi_{\mathcal{R}})$ とおくと, 任意の $\tau \in \Gamma_{\mathcal{R}}$ に対し, $v \circ \tau \geqq u_i \circ \phi_{\mathcal{R}} \circ \tau = u_i \circ \phi_{\mathcal{R}}$ $(i = 1, 2)$ が成り立つから, $v \circ \tau \geqq v$ が得られる. $\Gamma_{\mathcal{R}}$ は群であるから, τ の代りに τ^{-1} を考えれば, 逆の不等式が成り立つ. よって, $v \circ \tau = v$ が全ての $\tau \in \Gamma_{\mathcal{R}}$ に対して成り立つ. 故に, $v = u \circ \phi_{\mathcal{R}}$ を満たす $\mathcal{R}$ 上の調和函数 u が存在する. 即ち, $u \circ \phi_{\mathcal{R}} = (u_1 \circ \phi_{\mathcal{R}}) \vee (u_2 \circ \phi_{\mathcal{R}})$ が成り立つ. これから $(u_1 \vee u_2) \circ \phi_{\mathcal{R}} = (u_1 \circ \phi_{\mathcal{R}}) \vee (u_2 \circ \phi_{\mathcal{R}})$ が単純な計算で導かれるが, これは対応 $u \mapsto u \circ \phi_{\mathcal{R}}$ が $\mathrm{HP}'(\mathcal{R})$ から $\mathrm{HP}'(\mathbb{D})$ への $\Gamma_{\mathcal{R}}$ 不変な調和函数の集合への束同型であることを示している. $1 \circ \phi_{\mathcal{R}} = 1$ であるから, 調和函数 $u \in \mathrm{HP}'(\mathcal{R})$ が準有界 (または, 特異) であるためには $u \circ \phi_{\mathcal{R}}$ が同様の性質を持つことが必要十分である. これで (a) が示された.

次に, s を $\mathcal{R}$ 上の正の優調和函数とし, v を $s \circ \phi_\mathcal{R}$ の $\mathbb{D}$ 上での最大調和劣函数とする. このとき, v の $\Gamma_\mathcal{R}$ 不変性が上と同様の方法で示されるから, $v = u \circ \phi_\mathcal{R}$ を満たす $\mathcal{R}$ 上の調和函数 u が存在するが, この u は s の最大調和劣函数である. 優調和函数に関する Riesz の定理 (定理 B.10 参照) によれば, 正の優調和函数 s がポテンシャルであるためには s の最大調和劣函数が 0 になることが必要十分であるから, (b) は正しい.

最後に f を $\mathcal{R}$ 上の Wiener 函数とする. 定理 5.1 により $\mathcal{R}$ 上のポテンシャル U で $h[f] - U \leqq f \leqq h[f] + U$ を満たすものが存在するから, $h[f] \circ \phi_\mathcal{R} - U \circ \phi_\mathcal{R} \leqq f \circ \phi_\mathcal{R} \leqq h[f] \circ \phi_\mathcal{R} + U \circ \phi_\mathcal{R}$ が成り立つ. ここで, $h[f] \circ \phi_\mathcal{R} \in \mathrm{HP}'(\mathbb{D})$ であり, $U \circ \phi_\mathcal{R}$ は (b) によりポテンシャルであるから, 定理 5.1 により $f \circ \phi_\mathcal{R}$ は $\mathbb{D}$ 上の Wiener 函数であり且つ $h[f \circ \phi_\mathcal{R}] = h[f] \circ \phi_\mathcal{R}$ が成り立つ. これは (c) を示す.

(第 2 段) 一般の $\phi : (\mathcal{R}', O') \to (\mathcal{R}, O)$ を考えよう. $u_1, u_2 \in \mathrm{HP}'(\mathcal{R})$ を任意にとり $v = (u_1 \circ \phi) \vee (u_2 \circ \phi)$ とおくと, 不等式 $v \leqq (u_1 \vee u_2) \circ \phi$ に注意すれば, $\phi_\mathcal{R} = \phi \circ \phi_{\mathcal{R}'}$ と第 1 段で示したことより

$$(u_1 \vee u_2) \circ \phi_\mathcal{R} = (u_1 \vee u_2) \circ \phi \circ \phi_{\mathcal{R}'} \geqq v \circ \phi_{\mathcal{R}'}$$
$$= ((u_1 \circ \phi) \vee (u_2 \circ \phi)) \circ \phi_{\mathcal{R}'}$$
$$= (u_1 \circ \phi \circ \phi_{\mathcal{R}'}) \vee (u_2 \circ \phi \circ \phi_{\mathcal{R}'})$$
$$= (u_1 \circ \phi_\mathcal{R}) \vee (u_2 \circ \phi_\mathcal{R}) = (u_1 \vee u_2) \circ \phi_\mathcal{R}$$

が得られる. よって,

$$(u_1 \vee u_2) \circ \phi = v = (u_1 \circ \phi) \vee (u_2 \circ \phi)$$

となり (a) が成り立つ. U が $\mathcal{R}$ 上のポテンシャルであることと $U \circ \phi_\mathcal{R}$ が $\mathbb{D}$ 上のポテンシャルであることは同値であり, $\phi_\mathcal{R} = \phi \circ \phi_{\mathcal{R}'}$ であるから, $U \circ \phi_\mathcal{R}$ がポテンシャルであることは $U \circ \phi$ がポテンシャルであることとも同値である. これから (b) が分る. (c) は (a) と (b) から出る. □

6.3 調和測度の対応 §6.2 の記号を引続き使用する. 我々の問題は被覆写像による調和測度および Dirichlet 問題の解の対応である. $\mathcal{R}$ の Martin コンパクト化 $\mathcal{R}^*$ はコンパクト距離空間であるから, $\mathcal{R}^*$ 上の実数値連続函数の可

算族 C で $\mathcal{R}^*$ の点を分離するものが存在する (これについては §1.1 を見よ).
任意に $f \in C$ をとると,定理 5.5(b) により $\mathcal{R}$ への制限 $f|\mathcal{R}$ は $\mathcal{R}$ 上の連続
な Wiener 函数である. 従って, 定理 6.1(c) により $f \circ \phi$ は $\mathcal{R}'$ 上の連続な
Wiener 函数である. 定理 5.4 により細境界函数 $\widehat{f \circ \phi}$ は $\Delta_1(\mathcal{R}')$ 上でほとん
ど到るところ存在する. ここで

$$\mathcal{D}_0 = \bigcap \{ \mathcal{D}(f \circ \phi) : f \in C \}$$

とおく. C は可算であり, 各 $\mathcal{D}(f \circ \phi)$ の $\Delta_1(\mathcal{R}')$ での補集合は零集合である
から, $\mathcal{D}_0$ についても同様である. このとき $\mathcal{D}_0 \subseteq \mathcal{D}(\phi)$ が成り立つ. 但し,
$\mathcal{D}(\phi)$ は ϕ の細境界函数 $\widehat{\phi}$ の定義域である (§4.2 参照). 実際, $b' \in \mathcal{D}_0$ を任
意にとる. 各 $f \in C$ は $\mathcal{R}^*$ 上で連続であるから,

$$\phi^{\wedge}(b') \subseteq \bigcap_{f \in C} \{ b \in \mathcal{R}^* : f(b) = \widehat{f \circ \phi}(b') \}$$

を得る. ところが, C は $\mathcal{R}^*$ の点を分離するから, 右辺は唯一点しか含み得な
い. 故に, $b' \in \mathcal{D}(\phi)$ であり, 且つ任意の $f \in C$ に対して

$$f(\widehat{\phi}(b')) = \widehat{f \circ \phi}(b') \tag{6.1}$$

を満たす. 次に, $g_{\mathcal{R}}$ を $\mathcal{R}$ の Green 函数として $\mathcal{R}'$ 上の函数

$$v(z') = g_{\mathcal{R}}(O, \phi(z'))$$

を考える. 定理 6.1(b) により v は $\mathcal{R}'$ 上のポテンシャルである. 従って, 定理
5.1 により v は $\mathcal{R}'$ 上の Wiener 函数で $h[v] = 0$ を満たす. また, v は $\mathcal{R}'$ か
ら $[0, +\infty]$ への連続函数であるから, 定理 5.5(a) により, $\widehat{v}$ は存在し $\Delta_1(\mathcal{R}')$
上ほとんど到るところ 0 に等しい. そこで, $\mathcal{D}_0(\phi)$ を次で定義する:

$$\mathcal{D}_0(\phi) = \mathcal{D}(\phi) \cap \{ b' \in \mathcal{D}(v) : \widehat{v}(b') = 0 \}.$$

定理 6.2 $\mathcal{D}_0(\phi)$ は $\Delta_1(\mathcal{R}')$ の Borel 部分集合で, $\chi_{\mathcal{R}'}(\mathcal{D}_0(\phi)) = 1$ を満た
し, $\widehat{\phi}$ は $\mathcal{D}_0(\phi)$ を $\Delta(\mathcal{R})$ の中に写す.

証明 定理 4.5 により, $\mathcal{D}(\phi)$ と $\mathcal{D}(v)$ は Borel 集合であり, $\widehat{v}$ は Borel 可測であ
るから, $\mathcal{D}_0(\phi)$ は $\Delta_1(\mathcal{R}')$ の Borel 部分集合である. 我々は既に $\chi_{\mathcal{R}'}(\mathcal{D}(\phi)) =$
1 であることを知っている. 任意に $b' \in \mathcal{D}_0(\phi)$ をとる. もし $\widehat{\phi}(b') \in \mathcal{R}$ なら

ば,定数 $\alpha > 0$ と $\mathcal{R}$ 内での $\widehat{\phi}(b')$ の開近傍 V を適当に選べば,全ての $z \in V$ に対して $g_\mathcal{R}(O, z) \geqq \alpha$ を満たす.従って,任意の $z' \in \phi^{-1}(V)$ に対して $v(z') \geqq \alpha$ が成り立つ.ところが,$\phi^{-1}(V) \in \mathcal{F}(b')$ であるから,$\widehat{v}(b') \geqq \alpha > 0$ を得るが,これは矛盾である.故に,$\widehat{\phi}(b') \in \Delta(\mathcal{R})$. □

これで準備はできたので,この節の主要結果を述べよう.問題は被覆写像による調和測度および Dirichlet 問題の解の対応である.

定理 6.3 (a) $\widehat{\phi}$ は $\mathcal{D}_0(\phi)$ から $\Delta(\mathcal{R})$ への保測写像である.即ち,任意の $\chi_\mathcal{R}$ 可測集合 $A \subseteq \Delta(\mathcal{R})$ に対し $\chi_{\mathcal{R}'}(\widehat{\phi}^{-1}(A)) = \chi_\mathcal{R}(A)$ を満たす.
 (b) 任意の $f^* \in L^1(d\chi_\mathcal{R})$ に対し,$f^* \circ \widehat{\phi} \in L^1(d\chi_{\mathcal{R}'})$, $\|f^*\|_1 = \|f^* \circ \widehat{\phi}\|_1$ であり,$H[\cdot]$ を Dirichlet 問題の解作用素 (§3.1) として次が成り立つ:

$$H[f^*] \circ \phi = H[f^* \circ \widehat{\phi}]. \tag{6.2}$$

証明 証明を四段階に分けて行う.

(第1段) f^* をまず $\Delta(\mathcal{R})$ 上の任意の実数値連続関数とし,これを $\mathcal{R}^*$ 上の連続関数 f に延長し,これを上で導入した関数族 C に追加して考えれば,$\Delta_1(\mathcal{R}') \setminus \{\mathcal{D}(f \circ \phi) \cap \mathcal{D}_0(\phi)\}$ は零集合であり,$f^*(\widehat{\phi}(b')) = \widehat{f \circ \phi}(b')$ が任意の $b' \in \mathcal{D}(f \circ \phi) \cap \mathcal{D}_0(\phi)$ に対して成り立つことが分る.$f \circ \phi$ は有界な Wiener 関数であるから,$h[f \circ \phi]$ は準有界調和関数で,境界値は $\widehat{f \circ \phi}$ に等しい.従って,$h[f \circ \phi] = H[\widehat{f \circ \phi}]$ を得る.よって,定理 6.1 により,

$$H[f^*] \circ \phi = h[f] \circ \phi = h[f \circ \phi] = H[\widehat{f \circ \phi}] = H[f^* \circ \widehat{\phi}]. \tag{6.3}$$

(第2段) 次に,f^* は $\Delta(\mathcal{R})$ 上の下半連続関数で,下に有界且つ $\chi_\mathcal{R}$ 可積分であるとすると,$\Delta(\mathcal{R})$ 上の連続関数の非減少列 $f_1^* \leqq f_2^* \leqq \cdots$ で f^* に各点収束するものが存在する.$\mathcal{R}$ 上の Dirichlet 問題の解函数 $H[\cdot]$ は実数値 $\chi_\mathcal{R}$ 可積分函数の空間 $L^1(d\chi_\mathcal{R}; \mathbb{R})$ から $\mathcal{R}$ 上の準有界調和函数の空間 $Q(\mathcal{R})$ への束同型写像であるから,

$$H[f^*] = H\left[\sup_n f_n^*\right] = \bigvee_n H[f_n^*]$$

を満たす.同様にして $\mathcal{R}'$ についても,$f^* \circ \widehat{\phi} = \sup_n (f_n^* \circ \widehat{\phi})$ より,

$$H[f^* \circ \widehat{\phi}] = H\Big[\sup_n(f_n^* \circ \widehat{\phi})\Big] = \bigvee_n H[f_n^* \circ \widehat{\phi}]$$

が成り立つ.(6.3) と定理 6.1 より,

$$H[f^*] \circ \phi = \Big(\bigvee_n H[f_n^*]\Big) \circ \phi = \bigvee_n (H[f_n^*] \circ \phi) = \bigvee_n H[f_n^* \circ \widehat{\phi}]$$
$$= H\Big[\sup_n(f_n^* \circ \widehat{\phi})\Big] = H[f^* \circ \widehat{\phi}]$$

となるから,(6.2) がこの f^* に対して成り立つ.同様にして,等式 (6.2) は上に有界で上半連続な $\chi_\mathcal{R}$ 可積分函数に対しても正しい.

(第3段) f^* を $\Delta(\mathcal{R})$ 上で到るところ定義された $\chi_\mathcal{R}$ 可積分函数とする.このときは,Vitali-Carathéorory の定理 (Rudin [B38, 56 頁]) により任意の $\varepsilon > 0$ にたいし,$\Delta(\mathcal{R})$ 上の函数 g と h が存在して,$g \leqq f^* \leqq h$, g は上半連続で上に有界,h は下半連続で下に有界であり,且つ $\int (h-g) \, d\chi_\mathcal{R} < \varepsilon$ を満たすことが分る.従って,このような性質を持つ g の単調増加列 $g_1^* \leqq g_2^* \leqq \cdots$ と h の単調減少列 $h_1^* \geqq h_2^* \geqq \cdots$ で次の性質を持つものが存在する:

$$\lim_{n\to\infty} \int g_n^* \, d\chi_\mathcal{R} = \int f^* \, d\chi_\mathcal{R} = \lim_{n\to\infty} \int h_n^* \, d\chi_\mathcal{R}.$$

$\{H[g_n^*]\}$ と $\{H[h_n^*]\}$ は調和函数の単調増加および単調減少列で,$H[g_n^*] \leqq H[f^*] \leqq H[h_n^*]$ $(n = 1, 2, \dots)$ 且つ

$$H[h_n^*](O) - H[g_n^*](O) = \int (h^* - g^*) \, d\chi_\mathcal{R} \to 0 \qquad (n \to \infty)$$

を満たすから,次が成り立つ:

$$\bigvee_n H[g_n^*] = H[f^*] = \bigwedge_n H[h_n^*].$$

ここで ϕ を作用させれば,ϕ は束同型であるから,g_n^*, h_n^* に (6.2) を適用して,

$$\bigvee_n H[g_n^* \circ \widehat{\phi}] = \bigvee_n (H[g_n^*] \circ \phi) = H[f^*] \circ \phi = \bigwedge_n (H[h_n^*] \circ \phi)$$
$$= \bigwedge_n H[h_n^* \circ \widehat{\phi}]$$

が得られる．さらに，$H[g_n^* \circ \widehat{\phi}] \leq H[f^* \circ \widehat{\phi}] \leq H[h_n^* \circ \widehat{\phi}]$ $(n=1,2,\ldots)$ であるから，結局 $H[f^*] \circ \phi = H[f^* \circ \widehat{\phi}]$ が成り立つ．故に，等式 (6.2) は $\Delta(\mathfrak{R})$ 上到るところで定義された $\chi_\mathfrak{R}$ 可積分函数 f^* に対しても正しい．

(第4段) A を $\Delta(\mathfrak{R})$ の任意の可測部分集合とし，f^* を A の特性函数とする．このとき，$f^* \circ \widehat{\phi}$ は集合 $\widehat{\phi}^{-1}(A)$ の特性函数で，等式 (6.2) はこの f^* に対して正しいから，$H[f^*] \circ \phi = H[f^* \circ \widehat{\phi}]$ となり，

$$\chi_\mathfrak{R}(A) = \int f^*(b)\, d\chi_\mathfrak{R}(b) = H[f^*](O) = (H[f^*] \circ \phi)(O')$$
$$= H[f^* \circ \widehat{\phi}](O') = \int (f^* \circ \widehat{\phi})(b')\, d\chi_{\mathfrak{R}'}(b')$$
$$= \chi_{\mathfrak{R}'}(\widehat{\phi}^{-1}(A))$$

が正しいことが分る．故に，(a) が成り立つ．これから，対応 $f^* \mapsto F^* \circ \widehat{\phi}$ が $L^1(d\chi_\mathfrak{R}; \mathbb{R})$ を $L^1(d\chi_{\mathfrak{R}'}; \mathbb{R})$ の中へ等距離的に写すことと，f^* をほとんど到るところ 0 となる函数を法とする函数の同値類と見なしても等式 (6.2) が成り立つことは容易である．これで定理の証明が完了した． □

6.4 普遍被覆面の場合 普遍被覆写像 $\phi_\mathfrak{R}: \mathbb{D} \to \mathfrak{R}$ (但し，$\phi_\mathfrak{R}(0) = O$) を考察しよう．まず，被覆変換群 $\boldsymbol{\Gamma}_\mathfrak{R}$ を特定する．我々は各 $\tau \in \boldsymbol{\Gamma}_\mathfrak{R}$ に対して，単位円板 $\mathbb{D}$ 内で原点 0 を $\tau(0)$ に結ぶ弧を一つ選んで γ' と書く．このとき，$\phi_\mathfrak{R}(\gamma')$ は O を始点とする $\mathfrak{R}$ 上の 1 輪体である．γ' として他の弧をとれば，ホモトピー同値な 1 輪体を得るから，$\phi_\mathfrak{R}(\gamma')$ は $\mathfrak{R}$ の基本群 $\pi_1(\mathfrak{R}, O)$ の唯一の元を定める．これを γ_τ と書くと，写像 $\tau \mapsto \gamma_\tau$ は被覆変換群 $\boldsymbol{\Gamma}_\mathfrak{R}$ から $\mathfrak{R}$ の基本群 $\pi_1(\mathfrak{R}, O)$ の上への群の同型対応である (定理 VIII.2.1)．これらを含めて被覆変換群に関連する事柄は §VIII.2 でやや詳しく議論されるが，ここでは次の結果だけを述べておく．

定理 6.4 $0 < p \leq \infty$ とすると，対応 $f^* \mapsto f^* \circ \widehat{\phi}_\mathfrak{R}$ は $L^p(d\chi_\mathfrak{R})$ を $L^p(d\sigma)$ の $\boldsymbol{\Gamma}_\mathfrak{R}$ 不変な元からなる部分空間 $L^p(d\sigma)_{\boldsymbol{\Gamma}_\mathfrak{R}}$ の上への等距離写像である．但し，$d\sigma$ は単位円周上の正規化された Lebesgue 測度を表す．さらに，$f^* \in H^p(d\chi_\mathfrak{R})$ となるための必要十分条件は $f^* \circ \widehat{\phi} \in H^p(d\sigma)$ である．

証明 単位開円板 $\mathbb{D}$ の Martin のコンパクト化は単位閉円板であり，その Martin 境界は単位円周 $\mathbb{T}$ である．また，原点 0 に対する $\mathbb{T}$ 上の調和測度 (§2.3 参照) は正規化された Lebesgue 測度 $d\sigma(t) = d\sigma(e^{it}) = dt/2\pi$ に等しい．これだけの注意の下に証明を二段階に分けて行う．

(第 1 段) まず $p=1$ とする．もし $f^* \in L^1(d\chi_\mathcal{R})$ ならば，等式 (6.2) により $H[f^*] \circ \phi = H[f^* \circ \widehat{\phi}_\mathcal{R}]$ が成り立つ．$f^* \circ \widehat{\phi}_\mathcal{R}$ は $\mathbf{\Gamma}_\mathcal{R}$ 不変な調和関数 $H[f^*] \circ \phi_\mathcal{R}$ の細境界関数であるから，それは $\mathbb{T}$ 上の $\mathbf{\Gamma}_\mathcal{R}$ 不変な関数 (に同値) である．逆に，$u^* \in L^1(d\sigma)$ を $\mathbf{\Gamma}_\mathcal{R}$ 不変であるとする．このときは，調和関数 $H[u^*]$ は $\mathbb{D}$ 上で $\mathbf{\Gamma}_\mathcal{R}$ 不変である．$\mathbf{\Gamma}_\mathcal{R}$ と $\pi_1(\mathcal{R}, O)$ の同型対応 (定理 VIII.2.1) を利用すれば，$\mathcal{R}$ 上の調和関数 v で $v \circ \phi_\mathcal{R} = H[v^*]$ を満たすものが存在することが分る．$H[u^*]$ は準有界であるから，定理 6.1(a) により v も準有界である．よって，定理 5.6 により，$v = H[\widehat{v}]$ が成り立つ．ここで，再び (6.2) を使えば，$v \circ \phi_\mathcal{R} = H[\widehat{v}] \circ \phi_\mathcal{R} = H[\widehat{v} \circ \widehat{\phi}_\mathcal{R}]$ を得るから，$u^* = \widehat{v} \circ \widehat{\phi}_\mathcal{R}$ a.e. が成り立つ．写像 $f^* \mapsto f^* \circ \widehat{\phi}_\mathcal{R}$ が等長写像であることは定理 6.3 で示されている．

(第 2 段) 次に一般の場合 $0 < p < \infty$ を考える．$f^* \in L^p(d\chi_\mathcal{R})$ とする．このとき，第 1 段によって $|f^* \circ \widehat{\phi}_\mathcal{R}|^p = |f^*|^p \circ \widehat{\phi}_\mathcal{R}$, $|f^*|^p \in L^1(d\chi_\mathcal{R})$ 且つ $\||f^*| \circ \widehat{\phi}_\mathcal{R}\|_1 = \||f^*|^p\|_1$ であるから，$f^* \circ \widehat{\phi}_\mathcal{R} \in L^p(d\sigma)$ 且つ $\|f^* \circ \widehat{\phi}_\mathcal{R}\|_p = \|f^*\|_p$ を得る．逆に，$u^* \in L^p(d\sigma)_T$ とする．もし $u^* \geqq 0$ ならば，第 1 段により $u^{*p} = h^* \circ \widehat{\phi}_\mathcal{R}$ a.e. を満たす $h^* \in L^1(d\chi_\mathcal{R})$ が存在する．$f^* = (h^*)^{1/p}$ とおけば，$f^* \in L^p(d\chi_\mathcal{R})$ であって $f^* \circ \widehat{\phi}_\mathcal{R}$ a.e. を満たす．任意の u^* については，u^* を $L^p(d\sigma)_T$ に属する 4 個の非負の元の和として表されるから，同様の結果が成り立つ． □

文献ノート

Riemann 面のコンパクト化には様々なものがあるが，本書では Martin のコンパクト化を利用する．これは R. S. Martin によって [74] において導入されたものである．これについては Constantinescu-Cornea [B7] が詳しく，我々も主にこれを参考にした．本章の §§1–5 に述べた事柄の大部分は同書の第 6, 13, 14 章からの引用である．§6 に述べた被覆写像に関する結果は荷見 [39] で論じた事柄を [B16] で整理したものである．

第 IV 章

Hardy 族

単位円板上の Hardy 族の古典論の概略を述べた後,Riemann 面上の Hardy 族を定義する.複連結な面上では多価函数が自然に現れる.これを一般的に扱うために乗法的解析函数を導入する.

§1 単位円板上の Hardy 族

Hardy 族は単位円板上の正則函数の絶対値の平均を論じた Hardy の論文 [36] に始まった.本書もこの最も基本的な場合から話を始めることにしよう.

1.1 基本定義 複素平面内の単位開円板 $\mathbb{D}$ の Green 函数は
$$g_{\mathbb{D}}(z,a) = \log \frac{|1-\overline{a}z|}{|z-a|}$$
で与えられる.以下では,$\mathbb{D}$ の Riemann 面としての原点 O (§III.1.2) を複素平面の原点 0 とする.このとき,$\mathbb{D}$ の Martin 函数 $k_{\mathbb{D}}(b,z)$ は
$$k_{\mathbb{D}}(b,z) = \frac{g_{\mathbb{D}}(b,z)}{g_{\mathbb{D}}(b,0)} = \frac{\log \dfrac{|1-\overline{b}z|}{|z-b|}}{\log \dfrac{1}{|b|}} = \frac{\mathrm{Re}\left(\log \dfrac{1-\overline{b}z}{z-b}\right)}{\mathrm{Re}\left(\log \dfrac{1}{b}\right)}$$
で定義される.従って,任意に固定した $z \in \mathbb{D}$ に対し函数 $b \mapsto k_{\mathbb{D}}(b,z)$ は単位閉円板 $\mathrm{Cl}\,\mathbb{D}$ まで連続に延長できる.実際,次が成り立つ:
$$k_{\mathbb{D}}(e^{it},z) = \lim_{b \to e^{it}} k_{\mathbb{D}}(b,z) = \frac{1-|z|^2}{|z-e^{it}|^2} = \mathrm{Re}\left(\frac{e^{it}+z}{e^{it}-z}\right). \quad (1.1)$$

これは $\mathbb{D}$ の Martin コンパクト化が Euclid 位相を持つ単位閉円板 $\mathrm{Cl}(\mathbb{D})$ であり,従って Martin 境界 $\Delta(\mathbb{D})$ および $\Delta_1(\mathbb{D})$ は単位円周 $\mathbb{T}$ (または $\partial \mathbb{D}$) と同

一視できることを示す.特に,任意の $e^{it} \in \mathbb{T}$ に対し, e^{it} を極とする Martin 関数 $z \mapsto k_\mathbb{D}(e^{it}, z)$ は Poisson 核

$$P(r, \theta - t) = \sum_{n=-\infty}^{\infty} r^{|n|} e^{in(\theta - t)} = \frac{1 - r^2}{1 - 2r\cos(\theta - t) + r^2} \quad (z = re^{i\theta})$$

に一致する.また,$\mathbb{D}$ の原点 0 に対する調和測度 $d\chi_\mathbb{D}(e^{it})$ は正規化された Lebesgue 測度 $dt/2\pi$ に等しい.これを $d\sigma(e^{it})$ または $d\sigma(t)$ と書く.

さて,$\mathbb{D}$ 上の正則関数 $f(z)$ を考える.$0 < p < \infty$ に対し,

$$\|f\|_p = \sup_{0 \leq r < 1} \left\{ \int_\mathbb{T} |f(re^{i\theta})|^p \, d\sigma(\theta) \right\}^{1/p} < \infty \tag{1.2}$$

を満たすものの全体を $H^p(\mathbb{D})$ と書く.$H^\infty(\mathbb{D})$ は $\mathbb{D}$ 上の有界正則関数の全体とする.これらを $\mathbb{D}$ 上の **Hardy 族**と呼ぶ.また,

$$m(f) = \sup_{0 \leq r < 1} \int_\mathbb{T} \log^+ |f(re^{i\theta})| \, d\sigma(\theta) < \infty \tag{1.3}$$

を満たすとき,f を**有界型**と呼び,このような f の全体を $N(\mathbb{D})$ と書いて,**Nevanlinna 族**とも呼ぶ.但し,実数 t に対し,$t \geq 1$ ならば $\log^+ t = \log t$,$t < 1$ ならば $\log^+ t = 0$ と定義する.

一般に,正則関数 f に対し $|f(z)|^p$ および $\log^+ |f(z)|$ は劣調和であるから,f が条件 (1.2) または (1.3) を満たすことと,$|f|^p$ または $\log^+ |f|$ が $\mathbb{D}$ 上で調和優関数を持つことは同等である.この条件が成り立つとき,調和優関数の中には最小のものが存在するが,それを $\mathbf{M}(|f|^p)$ または $\mathbf{M}(\log^+ |f|)$ と書く.また,$f \in H^p(\mathbb{D})$ のときは f のノルム $\|f\|_p$ を (1.2) で定義するが,これは次のようにも表される:

$$\|f\|_p = (\mathbf{M}(|f|^p)(0))^{1/p}.$$

$f \in H^\infty(\mathbb{D})$ に対しては $\|f\|_\infty = \sup\{|f(z)| : z \in \mathbb{D}\}$ とおく.このノルム $\|f\|_p$ は $1 \leq p \leq \infty$ ならば三角不等式を満たすから,$H^p(\mathbb{D})$ はノルム空間 (実際は Banach 空間) になる (Rudin [B38, 338 頁] 参照).$0 < p < 1$ のときも $H^p(\mathbb{D})$ はベクトル空間であるが,ノルム $\|f\|_p$ は三角不等式を満足しない.また,非負の実数 s, t に対する不等式 $\log^+(s + t) \leq \log^+ s + \log^+ t + \log 2$ か

ら $N(\mathbb{D})$ がベクトル空間になることが分る.さらに,ここで定義した函数族については包含関係

$$H^\infty \subset H^p \subset H^q \subset N \quad (0 < q < p < \infty)$$

が成り立つ.我々は主に函数族 H^p を考察するが,対象を N まで拡げると議論が透明になることも多い.本書の関心は Riemann 面上の Hardy 族にあるが,その基本は単位円板の場合にあることを念のため注意しておく.

注意 1.1 Nevanlinna 族の定義として使った有界型の詳しい定義を Nevanlinna [B32] に従って述べておく.$f(z)$ を円板 $|z| < R \leqq \infty$ 上の有理型函数とする.a を任意の複素数 (∞ を含む) とするとき,任意の $0 \leqq r < R$ に対し,閉円板 $|z| \leqq r$ に含まれる f の a 点 ($f(z) = a$ の根のこと.$a = \infty$ ならば,a 点は極である) の個数を $n(r, a)$ と書く.我々はまず f の極に対する**個数函数** $N(r,f)$,**近接函数** $m(r,f)$ をそれぞれ

$$N(r,f) = N(r,\infty) = \int_0^r \frac{n(t,\infty) - n(0,\infty)}{t}\,dt + n(0,\infty) \log r, \tag{1.4}$$

$$m(r,f) = m(r,\infty) = \frac{1}{2\pi} \int_0^{2\pi} \log^+ |f(re^{i\theta})|\,d\theta \tag{1.5}$$

で定義する.$a \neq \infty$ に対しては,f の a 点に対する個数函数,近接函数をそれぞれ

$$N\left(r, \frac{1}{f-a}\right) = N(r,a) = \int_0^r \frac{n(t,a) - n(0,a)}{t}\,dt + n(0,a) \log r, \tag{1.6}$$

$$m\left(r, \frac{1}{f-a}\right) = m(r,a) = \frac{1}{2\pi} \int_0^{2\pi} \log^+ \left|\frac{1}{f(re^{i\theta}) - a}\right|\,d\theta \tag{1.7}$$

で定義する.さらに,

$$T(r,f) = T(r) = m(r,\infty) + N(r,\infty) \tag{1.8}$$

とおいて,f の**特性函数**と云う.$T(r)$ は r に関して単調増加であり,さらに $\log r$ に関して凸函数である (Nevanlinna [B32, 176 頁]).従って,極限 $T(R) = \lim_{r \to R} T(r)$ は存在するが,これが有限のとき f は**有界型**であると云う.f が正則ならば,この定義は我々の Nevanlinna 族の定義 (1.3) と一致する.

1.2 調和函数についての復習 以下本節では,単位円板上の Hardy 族および Nevanlinna 族の基本性質を説明するが,調和函数に関する若干の予備知識 (定理 III.2.2, III.2.3 の単位円板の場合と Fatou の定理 (定理 D.3)) が必要となる.読者の便宜のためにこれらを定理の形にまとめておく.

定理 1.2 (a) 任意の $u \in \mathrm{HP}'(\mathbb{D})$ に対し $\mathbb{T}$ 上の実 Borel 測度 μ_u で
$$u(z) = \int_{\mathbb{T}} P(r, \theta - t) \, d\mu_u(t) \qquad (z = re^{i\theta} \in \mathbb{D})$$
を満たすものが唯一つ存在する．この対応 $u \mapsto \mu_u$ は調和函数の空間 $\mathrm{HP}'(\mathbb{D})$ から $\mathbb{T}$ 上の実 Borel 測度の空間 $M_{\mathbb{R}}(\mathbb{T})$ への順序を保つ線型全単射で，定数函数 1 には正規化された Lebesgue 測度 $d\sigma$ が対応する．従って，u が準有界 (または，特異) であるための必要十分条件は μ_u が測度 $d\sigma$ に関して絶対連続 (または，特異) になることである．

 (b) 任意の $u \in \mathrm{HP}'(\mathbb{D})$ に対し，その非接境界値 $u^*(e^{i\theta})$ は $\mathbb{T}$ 上ほとんど到るところ存在し，$u^*(e^{i\theta}) \, d\sigma(\theta)$ は測度 μ_u の $d\sigma$ に関する絶対連続部分に等しい．実際，μ_u が $d\sigma$ に関して微分可能な全ての点 $e^{i\theta}$ において，u の非接境界値 $u^*(e^{i\theta})$ が存在し，$(d\mu_u/d\sigma)(e^{i\theta})$ に等しい．

1.3 Nevanlinna 族の基本性質 $f \in N(\mathbb{D})$ ($f \not\equiv 0$) を任意にとる．我々の目標は f を有界正則函数の商として表す Nevanlinna の定理である．

1.3.1 零点集合 まず，原点が $f(z)$ の m 位の零点であるとして $f_0(z) = f(z)/z^m$ とおけば，$f_0 \in N(\mathbb{D})$ で $f_0(0) \neq 0$ を満たす．実際，(1.3) の記号で $m(f_0) = m(f) < \infty$ が成り立つ．次に，$f_0(z)$ の零点を重複度を込めて $a_1, a_2,$ $\dots$ と書くと，Jensen の公式 (Ahlfors [B1, 184 頁]) により，任意の $0 < r < 1$ に対し
$$|f_0(0)| \prod_{|a_k| \leqq r} \frac{r}{|a_k|} = \exp\left\{\int_{\mathbb{T}} \log|f_0(re^{i\theta})| \, d\sigma(\theta)\right\}$$
$$\leqq \exp\left\{\int_{\mathbb{T}} \log^+|f_0(re^{i\theta})| \, d\sigma(\theta)\right\} \leqq e^{m(f)}$$
を得るから，無限積 $\prod_{k=1}^{\infty} |a_k|$ は収束する．これから次が分る．

定理 1.3 $f \in N(\mathbb{D})$ ($f \not\equiv 0$) の零点を重複度を込めて $\{a_k\}$ とすれば，
$$\sum_k (1 - |a_k|) < \infty. \tag{1.9}$$

逆に，条件 (1.9) を満たす $\mathbb{D}$ 内の点列 $\{a_k\}$ に対し，重複度を込めて丁度これらを零点とする $\mathbb{D}$ 上の有界正則函数が存在する．即ち，次が成り立つ：

§1 単位円板上の Hardy 族

定理 1.4 m を非負の整数，$\{a_1, a_2, \ldots\}$ を条件 (1.9) を満たす $\mathbb{D} \setminus \{0\}$ 内の点列とするとき，無限積

$$B(z) = z^m \prod_{k=1}^{\infty} \frac{|a_k|}{a_k} \frac{a_k - z}{1 - \overline{a}_k z} \tag{1.10}$$

は $\mathbb{D}$ 上で広義一様に絶対収束して次の性質を持つ：

(a) $B(z)$ は $\mathbb{D}$ 上で正則で，$|B(z)| < 1$ を満たす．
(b) $B(z)$ の原点以外の零点は重複度を込めて $\{a_k\}$ に一致する．
(c) $B(z)$ は $\mathbb{T}$ 上ほとんど到るところ絶対値 1 の非接境界値を持つ．
(d) $\displaystyle\lim_{r \to 1} \int_0^{2\pi} \log|B(re^{i\theta})| \, d\sigma(\theta) = 0$.

証明 $B(z)$ の第 n 部分積 $B_n(z)$ を次で定義する：

$$B_n(z) = z^m \prod_{k=1}^{n} u_k(z) \quad \text{但し} \quad u_k(z) = \frac{|a_k|}{a_k} \cdot \frac{a_k - z}{1 - \overline{a}_k z}.$$

このとき，B_n は閉円板 $\overline{\mathbb{D}}$ 上で正則，$\mathbb{T}$ 上では絶対値が恒等的に 1 であり，

$$\begin{aligned}
\|B_{n'}^* - B_n^*\|_2^2 &= \int_{\mathbb{T}} |B_{n'}^*(e^{it}) - B_n^*(e^{it})|^2 \, d\sigma(t) \\
&= 2 \int_{\mathbb{T}} \left(1 - \text{Re}[B_{n'}^*(e^{it})/B_n^*(e^{it})]\right) d\sigma(t) \\
&= 2 \left(1 - \text{Re}\left[\int_{\mathbb{T}} (B_{n'}^*(e^{it})/B_n^*(e^{it})) \, d\sigma(t)\right]\right) \\
&= 2(1 - \text{Re}[(B_{n'}/B_n)(0)]) \\
&= 2 \left(1 - \prod_{k=n+1}^{n'} |a_k|\right) \qquad (n < n')
\end{aligned}$$

であるから，$\|B_{n'}^* - B_n^*\|_2 \to 0 \ (n, n' \to \infty)$ が成り立つ．即ち，$\{B_n^*\}$ は Hilbert 空間 $L^2(d\sigma)$ の Cauchy 列であるから，或る $F^* \in L^2(d\sigma)$ に収束する．F^* の Poisson 積分を F とすれば，Poisson の公式

$$(B_n - F)(re^{i\theta}) = \int_{\mathbb{T}} P(r, \theta - t)(B_n^* - F^*)(e^{it}) \, d\sigma(t)$$

と Schwarz の不等式を組合せれば，

$$|B_n(z) - F(z)| \leq \frac{1 + |z|}{1 - |z|} \|B_n^* - F^*\|_2$$

が得られるから，$\mathbb{D}$ 上で広義一様に $B_n(z) \to F(z) \ (n \to \infty)$ が成り立つ．

(a) 各 B_n は $\mathbb{D}$ 上で正則であるから $B(z)$ も同様である．また，$\mathbb{D}$ 上で $|B(z)| \leqq |B_n(z)| \leqq |B_1(z)| < 1$ である．

(b) $u_k(a_k) = 0$ から $B(a_k) = 0$ は明らかである．一方，
$$|1 - u_k| = (1 - |a_k|)\left|1 + \frac{|a_k|}{a_k}\frac{z(1+|a_k|)}{1-\bar{a}_k z}\right| \leqq (1-|a_k|)\left(1 + \frac{2}{1-|z|}\right)$$
であるから，$\sum |1 - u_k(z)|$ は $\mathbb{D}$ 上で広義一様に収束する．従って，無限積 $\prod u_k(z)$ も $\mathbb{D}$ 上で広義一様に絶対収束する．特に，任意の $a \in \mathbb{D}$ に対し，$\prod_{a_k \neq a} u_k(a) \neq 0$ であるから，$B(z)$ は $z = a$ において a を零点とする因数の個数だけ重複した零点を持つ．

(c) 上記の考察から，$B(z) = F(z)$ が分る．F は $\mathbb{T}$ 上ほとんど到るところ非接境界値 F^* を持つから，B も同様で $B^* = F^*$ が成り立つ．また，$B_n^* \to F^* = B^*$ であったから，$\mathbb{T}$ 上で $|B^*(e^{i\theta})| = 1$ a.e. が得られる．

(d) Jensen の公式から $0 < r < 1$ に対し
$$\int_0^{2\pi} \log|B(re^{i\theta})|\, d\sigma(\theta) = m\log r + \log\prod_{k=1}^{\infty}|a_k| + \sum_{|a_k|<r}\log\frac{r}{|a_k|}$$
が得られるが，条件 (1.9) より右辺は $r \to 1$ のとき単調に増加して 0 に収束する．故に，左辺も $n \to \infty$ のとき 0 に収束する． □

(1.10) の形の正則函数を **Blaschke 積**と呼ぶ．$\{a_k\}$ が有限集合 ($\neq \emptyset$) のときは，これを有限 Blaschke 積と呼ぶ．この場合，定理は自明である．特に，$f \in N(\mathbb{D})$ の零点から構成される Blaschke 積を f の Blaschke 積と云う．

1.3.2 Riesz の定理と Nevanlinna の定理

定理 1.5 (F. Riesz) $f \in N(\mathbb{D})$ ($f \not\equiv 0$) の Blaschke 積を $B(z)$ として $g(z) = f(z)/B(z)$ とおけば，$g(z) \in N(\mathbb{D})$ 且つ $\log|g| \in \mathrm{HP}'(\mathbb{D})$ を満たす．さらに，$\log^+|f|$ と $\log^+|g|$ の最小調和優函数は共通で，$(\log|g|)^+$ に等しい．

証明 f は無限個の零点を持つと仮定し，定理 1.4 の証明で使った記号を利用する．番号 n を固定するとき $B_n(z)$ の零点は有限個であるから，任意の $0 < \varepsilon < 1$ に対し $1 - \varepsilon \leqq |B_n(z)| \leqq 1$ $(1-\delta \leqq |z| \leqq 1)$ を満たす $\delta > 0$ が存在する．従って，$\log^+|f|$ の最小調和優函数を u_f と書き，$g_n = f/B_n$ とおけ

ば, $1-\delta < |z| < 1$ に対して次が成り立つ:

$$\log^+|g_n(z)| = \log^+\frac{|f(z)|}{|B_n(z)|} \leq u_f(z) - \log(1-\varepsilon).$$

$\log^+|g_n(z)|$ は $\mathbb{D}$ 上で劣調和であるから, 同じ不等式が $\mathbb{D}$ 全体で成り立つ. よって, $\varepsilon \to 0$ として, $\log^+|g_n(z)| \leq u_f(z)$ $(z \in \mathbb{D})$ が得られる. さらに, $n \to \infty$ とすれば, $\mathbb{D}$ 上で広義一様に $B_n(z) \to B(z)$ であるから, $g_n(z) \to g(z)$ も同様で, $\log^+|g(z)| \leq u_f(z)$ が成り立つ. さらに, $|f(z)| \leq |g(z)|$ に注意すれば, u_f は $\log^+|g(z)|$ の最小調和優函数であることが分る. また, $\log|g| \in \mathrm{HP}'(\mathbb{D})$ は $\log|g| = u_f - (u_f - \log|g|)$ より得られる. 最後に u_f を計算する. そのため, $-\log|g|$ をベクトル束 $\mathrm{HP}'(\mathbb{D})$ の意味で正部分と負部分に分け, $u_1 = (-\log|g|)^+$, $u_2 = (-\log|g|)^-$ とおけば, $u_2 - u_1 = \log|g| \leq \log^+|g| \leq u_f$. そこで, $u_2 \leq u_f + u_1$ と書いて定理 I.1.4 の系を適用すれば, $u_2 \leq u_f$ を得る. 一方, $\log^+|g| \leq \max\{\log|g|, 0\} \leq u_2$ であるから, $u_f \leq u_2$ となる. 故に, $u_f = u_2 = (\log|g|)^+$. □

定理 1.6 (F. and R. Nevanllinna) $\mathbb{D}$ 上の正則函数が有界型であるための必要十分条件はそれが二つの有界正則函数の商として表されることである.

証明 まず, $f \in N(\mathbb{D})$ $(f \not\equiv 0)$ に対しては, f の Blaschke 積を B として $g = f/B$ とおけば, 前定理により $g \in N(\mathbb{D})$ と $\log|g| \in \mathrm{HP}'(\mathbb{D})$ が得られる. 前定理の証明を利用し, u_1 および u_2 の共軛(きょうやく)調和函数をそれぞれ $^*u_1$, $^*u_2$ として, $g_1(z) = \exp[-u_1(z) - i\,^*u_1(z)]$, $g_2(z) = \exp[-u_2(z) - i\,^*u_2(z)]$ とおけば, g_1 および g_2 は零点のない正則函数であって, $|g_1| \leq 1$, $|g_2| \leq 1$ 且つ $g(z) = \lambda g_1(z)/g_2(z)$ が成り立つ. 但し, λ は絶対値 1 の複素定数である. 故に, $f_1(z) = \lambda B(z)g_1(z)$, $f_2(z) = g_2(z)$ とおけば, f_1, f_2 は有界正則で, $f = f_1/f_2$ が得られる. 逆に, f が有界正則函数 f_1, f_2 の商であるとする. 即ち, $f = f_1/f_2$ とする. この場合, $|f_1(z)| \leq 1$, $|f_2(z)| \leq 1$ であって, f_2 には零点がないと仮定しても一般性を失わない. このときは

$$\int_{\mathbb{T}} \log^+|f(re^{i\theta})|\,d\sigma(\theta) \leq -\int_{\mathbb{T}} \log|f_2(re^{i\theta})|\,d\sigma(\theta) = -\log|f_2(0)|$$

であるから, f は条件 (1.3) を満たす. 故に, $f \in N(\mathbb{D})$ が成り立つ. □

1.4　H^p 函数の境界値　H^p 函数の境界値に関する性質を次にまとめておく.

定理 1.7　$f \in H^p(\mathbb{D})$ $(0 < p \leqq \infty)$ に対して次が成り立つ:

(a)　ほとんど全ての $e^{i\theta} \in \mathbb{T}$ に対して非接境界値 $f^*(e^{i\theta})$ が存在し, $f^* \in L^p(d\sigma)$ を満たす.

(b)　$p \geqq 1$ ならば, f は f^* の Poisson 積分で表される. 即ち,
$$f(z) = \int_{\mathbb{T}} P(r, \theta - t) f^*(e^{it}) \, d\sigma(t) . \tag{1.11}$$

(c)　$F \in L^p(d\sigma)$ が $H^p(\mathbb{D})$ の函数の境界値となる条件は次の通り:
$$\int_{\mathbb{T}} e^{imt} F(e^{it}) \, d\sigma(t) = 0 \qquad (m = 1, 2, \dots) . \tag{1.12}$$

(d)　$0 < p < \infty$ ならば, $f_r(e^{it}) = f(re^{it})$ $(0 \leqq r < 1)$ とおくとき, 有向族 $\{f_r\}$ は $r \to 1-0$ のとき $L^p(d\sigma)$ 内で f^* にノルム収束する. また, $|f(z)|^p$ の最小調和優函数は $|f^*|^p$ の Poisson 積分に等しい. 即ち,
$$\mathbf{M}(|f|^p)(z) = \int_{\mathbb{T}} P(r, \theta - t) |f^*(e^{it})|^p \, d\sigma(t) . \tag{1.13}$$
従って, $\mathbf{M}(|f|^p)$ は準有界である.

(e)　$f \not\equiv 0$ ならば, f の Blaschke 積を B として, $g = f/B$ とおけば, $g \in H^p(\mathbb{D})$ で, $\|g\|_p = \|f\|_p$ 且つ $|g^*(e^{i\theta})| = |f^*(e^{i\theta})|$ a.e. が成り立つ. さらに, $\log|f^*|$ は $\mathbb{T}$ 上で可積分である. 従って, $f^* \neq 0$ a.e. が成り立つ.

1.5　定理 1.7 の証明　まず $p = 2$ の場合を詳しく述べる. $p \neq 2$ の場合は $p = 2$ の場合から比較的簡単に導かれる.

1.5.1　$p = 2$ の場合　$f \in H^2(\mathbb{D})$ とし, $|f|^2$ の最小調和優函数を u_f と書く. 以下証明を四段に分ける.

(第 1 段)　積分公式 (1.11) を示す. 1 に収束する単調増加正数列 $\{r_n\}$ を固定し, $f_n(e^{it}) = f(r_n e^{it})$ $(n = 1, 2, \dots)$ とおく. このとき,
$$\int_{\mathbb{T}} |f_n(e^{it})|^2 \, d\sigma(t) \leqq \int_{\mathbb{T}} u_f(r_n e^{it}) \, d\sigma(t) = u_f(0) < \infty \quad (n = 1, 2, \dots)$$
であるから, $\{f_n\}$ は $L^2(d\sigma)$ の有界列である. 空間 $L^2(d\sigma)$ は可分な Hilbert 空間であるから, その閉球は弱位相に関してコンパクトな距離空間である (例えば, Dunford-Schwartz [B9, IV.4.7]). 従って, $\{f_n\}$ は収束部分列を含む.

即ち, 部分列 $\{f_{n_j} : j = 1,\ 2,\dots\}$ と $F \in L^2(d\sigma)$ を適当にとれば, 全ての $k \in L^2(d\sigma)$ に対して $j \to \infty$ として次が成り立つ:

$$\int_{\mathbb{T}} f_{n_j} \overline{k}\, d\sigma \to \int_{\mathbb{T}} F \overline{k}\, d\sigma\ .$$

特に, $k(e^{it}) = P(r, \theta - t)$ $(z = re^{i\theta} \in \mathbb{D})$ を Poisson 核にとれば,

$$f(r_{n_j} z) = \int_{\mathbb{T}} f_{n_j}(e^{it}) P(r, \theta - t)\, d\sigma(t)$$

となるから, $j \to \infty$ として次が得られる:

$$f(z) = \int_{\mathbb{T}} P(r, \theta - t) F(e^{it})\, d\sigma(t) \qquad (z = re^{i\theta})\ .$$

従って, Fatou の定理 (定理 1.2(b)) により, ほとんど全ての $e^{i\theta}$ に対して, $f(z)$ の非接境界値が存在して $F(e^{i\theta})$ に等しい. よって, このような θ に対して, $f^*(e^{i\theta}) = F(e^{i\theta})$ と定義すれば, $f^* \in L^2(d\sigma)$ であってほとんど到るところ $f(z)$ の非接境界値に等しい. 故に, $p = 2$ に対する公式 (1.11)

$$f(z) = \int_{\mathbb{T}} P(r, \theta - t) f^*(e^{it})\, d\sigma(t) \qquad (z = re^{i\theta})$$

が成り立つ. これで, (a) と (b) が示された.

(第 2 段) (c) を示そう. m を正整数として $f(z)$ の代りに $z^m f(z)$ を考えると, その非接境界値は $e^{imt} f^*(e^{it})$ であるから, (1.11) から

$$z^m f(z) = \int_{\mathbb{T}} P(r, \theta - t) e^{imt} f^*(e^{it})\, d\sigma(t) \qquad (m = 1,\ 2,\dots)$$

を得る. ここで $z = 0$ とおけば, 等式 (1.12) が $F = f^*$ として成り立つ.

逆に, $F \in L^2(d\sigma)$ が (1.12) を満たすと仮定し, F の Poisson 積分を $f(z)$ とする. 即ち, $f(z) = \int_{\mathbb{T}} P(r, \theta - t) F(e^{it})\, d\sigma(t)$ とおく. このときは, Fatou の定理により $f(z)$ は $\mathbb{T}$ のほとんど全ての点 $e^{i\theta}$ で非接境界値 $F(e^{i\theta})$ をとる. ここで, 仮定 (1.12) を使えば, 次の展開式が得られる:

$$\begin{aligned}f(z) &= \int_{\mathbb{T}} \operatorname{Re}\left\{\frac{e^{it} + z}{e^{it} - z}\right\} F(e^{it})\, d\sigma(t) = \sum_{n=0}^{\infty} c_n z^n\ ,\\ \text{但し,} \quad c_n &= \int_{\mathbb{T}} F(e^{it}) e^{-int}\, d\sigma(t) \qquad (n = 0,\ 1,\dots)\ .\end{aligned} \qquad (1.14)$$

よって,$f(z)$ は $\mathbb{D}$ 上で正則である.また,$F(e^{i\theta}) \sim \sum_{k=0}^{\infty} c_k e^{ik\theta}$ が F の Fourier 級数であることに注意して計算すれば,$\sum_{k=0}^{\infty}|c_k|^2 = \|F\|_2^2 < \infty$ が分る.一方,函数系 $\{e^{im\theta} : m \in \mathbb{Z}\}$ の直交性を利用すれば,(1.14) より

$$\int_T |f(re^{i\theta})|^2 \, d\sigma(\theta) = \sum_{n=0}^{\infty} |c_n|^2 r^{2n} \qquad (0 \leqq r < 1)$$

が得られるが,右辺は r について単調増加であるから,左辺も同様で,

$$\|f\|_2^2 = \sup_{0 \leqq r < 1} \int_T |f(re^{i\theta})|^2 \, d\sigma(\theta) = \sum_{n=0}^{\infty} |c_n|^2 = \|F\|_2^2 < \infty . \qquad (1.15)$$

よって,$f \in H^2(\mathbb{D})$ であって F がその境界函数である.故に,$f \in H^2(\mathbb{D})$ の境界函数は (1.12) で特徴づけられる.これが示すべきことであった.

(第 3 段) (d) を示そう.$f^* \sim \sum_k c_k e^{ik\theta}$ と $f_r(e^{i\theta}) = \sum_k c_k r^k e^{ik\theta}$ を利用すれば,

$$\|f^* - f_r\|_2^2 = \int_{\mathbb{T}} |f^* - f_r|^2 \, d\sigma$$
$$= \sum_k |c_k|^2 - 2\sum_k |c_k|^2 r^k + \sum_k |c_k|^2 r^{2k}$$

のように計算できるから,$r \to 1$ としてノルム収束 $\|f^* - f_r\|_2 \to 0$ が導かれる.次に,$|f|^2$ の最小調和優函数 $u_f = \mathbf{M}(|f|^2)$ を求める.まず,(1.11) において Schwarz の不等式を使えば,次の不等式が得られる:

$$|f(z)|^2 \leqq \int_{\mathbb{T}} |f^*(e^{it})|^2 P(r, \theta - t) \, d\sigma(t) \qquad (z = re^{i\theta}) . \qquad (1.16)$$

この右辺を $u(z)$ とおけば,これは $|f|^2$ の調和優函数であるから,

$$|f(z)|^2 \leqq u_f(z) \leqq u(z) \qquad (z \in \mathbb{D}) \qquad (1.17)$$

が成り立つ.u は定義式より準有界であるから,u_f も同様である.よって,u_f はその非接境界函数の Poisson 積分に等しい.公式 (1.17) で動径方向の極限をとれば,$|f^*(e^{it})|^2 \leqq u_f^*(e^{it}) \leqq u^*(e^{it}) = |f^*(e^{it})|^2$ a.e. を得るから,$u = u_f$ が成り立つ.従って,$\mathbf{M}(|f|^2)$ は $|f^*|^2$ の Poisson 積分に等しい.

(第 4 段) 最後に (e) を示す.そのため,$f \in H^2(\mathbb{D})$ は $f \not\equiv 0$ を満たすと仮定する.f の原点での零点の位数を $m \geqq 0$ とし,$f_0(z) = f(z)/z^m$ とおく.このとき,f_0 は $f_0(0) \neq 0$ を満たす $H^2(\mathbb{D})$ の元で,実際 $|f_0|^2 \leqq u_f(z)$ が成り立

つ. f_0 の零点を調べよう. $\log^+|f_0| \leqq \frac{1}{2}|f_0|^2 \leqq \frac{1}{2}u_f$ であるから, $f_0 \in N(\mathbb{D})$. 従って, f_0 の零点から (1.10) によって構成される Blaschke 積 B は収束する. 定理 1.4 の証明中の記号を利用し,

$$g_n(z) = \frac{f_0(z)}{B_n(z)} \quad (n=1,2,\dots); \quad g(z) = \frac{f_0(z)}{B(z)}$$

とおく. $B_n(z)$ は $B(z)$ に $\mathbb{D}$ 上で広義一様に収束するから, $g_n(z)$ は $g(z)$ に $\mathbb{D}$ 上で広義一様に収束する. 従って, $g(z)$ は $\mathbb{D}$ 上の零点がない正則函数で, 因数分解 $f(z) = B(z)g(z)$ が得られる.

次に, $g \in H^2(\mathbb{D})$ を示そう. n を固定して考えると, $B_n(z)$ の零点は有限個であるから, 任意の $0 < \varepsilon < 1$ に対し $\delta > 0$ を十分小さくとれば, 全ての $1-\delta \leqq |z| \leqq 1$ に対して, $1-\varepsilon \leqq |B_n(z)| \leqq 1$ が成り立つ. 従って,

$$|g_n(z)|^2 \leqq \frac{|f_0(z)|^2}{(1-\varepsilon)^2} \leqq \frac{u_f(z)}{(1-\varepsilon)^2} \qquad (1-\delta \leqq |z| < 1)$$

を得る. $|g_n(z)|^2$ は劣調和であるから, 不等式 $|g_n(z)|^2 \leqq u_f(z)/(1-\varepsilon)^2$ は $\mathbb{D}$ 全体で正しい. 従って, $\varepsilon \to 0$ として $|g_n(z)|^2 \leqq u_f(z)$ が $\mathbb{D}$ 上で成り立つ. ここで, $n \to \infty$ とすれば $|g(z)|^2 \leqq u_f(z)$ $(z \in \mathbb{D})$ が得られるから, $g \in H^2(\mathbb{D})$ であって且つ $\|g\|_2 \leqq \|f\|_2$ を得る. 一方, $|B(z)| \leqq 1$ であるから, $|f(z)| \leqq |g(z)|$ となり, $\|g\|_2 \geqq \|f\|_2$ も成り立つ. 故に, $\|g\|_2 = \|f\|_2$. さらに, 定理 1.4 (c) により, $\mathbb{T}$ 上では $|B^*(e^{i\theta})| = 1$ a.e. であったから, $|f^*(e^{i\theta})| = |B^*(e^{i\theta})||g^*(e^{i\theta})| = |g^*(e^{i\theta})|$ a.e. が成り立つ.

最後に, $\log|f|^* \in L^1(d\sigma)$ を示そう. $\mathbb{D}$ 上では $g(z) \neq 0$ であるから, $\log|g(z)|$ は $\mathbb{D}$ 上で調和である. また, $\log|g(z)| \leqq \frac{1}{2}|g(z)|^2 \leqq \frac{1}{2}u_f(z)$ より, $v = \frac{1}{2}u_f - \log|g|$ は $\mathbb{D}$ 上の非負調和函数である. よって, $\log|g|$ は非負調和函数の差として $\mathrm{HP}'(\mathbb{D})$ に属する. さらに, 定理 1.2 (b) により, $\log|f^*(e^{i\theta})|$ $(= \log|g^*(e^{i\theta})|$ a.e.) は $d\sigma$ 可積分である. これで (e) の証明が終った. □

1.5.2 $p = \infty$ の場合 $f \in H^\infty(\mathbb{D})$ を仮定する. このときは $f \in H^2(\mathbb{D})$ であるから, 非接境界値 $f^*(e^{i\theta})$ がほとんど到るところ存在して, Poisson の積分公式 (1.11) を満たす. 定義より $\mathbb{D}$ 上では $|f(z)| \leqq \|f\|_\infty$ であるから, その極限値についても $|f^*(e^{i\theta})| \leqq \|f\|_\infty$ が成り立つ. 従って, $\|f^*\|_\infty \leqq \|f\|_\infty$

を得る.逆の不等式 $\|f\|_\infty \leqq \|f^*\|_\infty$ は (1.11) より次の計算で得られる:

$$|f(z)| = \left|\int_\mathbb{T} P(r,\theta-t)f^*(e^{it})\,d\sigma(t)\right| \leqq \|f^*\|_\infty \qquad (z \in \mathbb{D}).$$

よって,$\|f\|_\infty = \|f^*\|_\infty$.残りの命題も H^2 の場合を少し修正すればよい.

1.5.3 $0 < p < \infty$ 且つ $p \neq 2$ の場合 $f \in H^p(\mathbb{D})$ は $f \not\equiv 0$ を満たすとし,$|f|^p$ の最小調和優函数を u_f と記す.このとき,

$$\log^+|f(z)| \leqq |f(z)|^p/p \leqq u_f/p$$

であるから,$f \in N(\mathbb{D})$. 従って,定理 1.6 により f を $f = f_1/f_2$ と有界正則函数 f_1, f_2 の商の形に表し,その分子と分母に上の $p = \infty$ の場合を適用すれば,非接極限 f_j^* $(j=1,2)$ が $\mathbb{T}$ 上ほとんど到るところ存在し,$\log|f_j^*| \in L^1(d\sigma)$ が成り立つ.従って,$\mathbb{T}$ 上ほとんど到るところ $f_j^* \neq 0$ が成り立つ.故に,$f^* = f_1^*/f_2^*$ も $\mathbb{T}$ 上ほとんど到るところ存在して $f^* \neq 0$ である.

次に,f の Blaschke 積を B として,$f = Bg$ と分解すれば,$p = 2$ に対する証明の第 4 段と同様にして,g は $\mathbb{D}$ 内に零点がなく,$\|g\|_p = \|f\|_p$,$\mathbf{M}(|g|^p) = u_f$ 且つ $|g^*| = |f^*|$ a.e. であることが分る.さらに,$h = g^{p/2}$ とおけば $h \in H^2(\mathbb{D})$ であるから,既に示した $p = 2$ の結果が適用できる.まず,$h^* \in L^2(d\sigma)$ であるから,$g^* = (h^*)^{2/p} \in L^p(d\sigma)$ となり,$f^* \in L^p(d\sigma)$ が得られる.次に,$u_f = \mathbf{M}(|g|^p)(z) = \mathbf{M}(|h|^2)(z)$ は $|h^*|^2$ の Poisson 積分に等しく,$|h^*|^2 = |g^*|^p = |f^*|^p$ a.e. であるから,公式 (1.13) が成り立つ.故に,$f \mapsto f^*$ は $H^p(\mathbb{D})$ から $L^p(d\sigma)$ の中への等距離写像である.

最後に $\|f_r - f^*\|_p \to 0$ $(r \to 1)$ を示す.まず,$\|h_r - h^*\|_2 \to 0$ より $\|h_r\|_2 \to \|h^*\|_2$ が出るから,$\|g_r\|_p \to \|g^*\|_p$. 次に,$f_r \to f^*$ a.e. より

$$\|f^*\|_p \leqq \liminf_{r\to 1}\|f_r\|_p \leqq \limsup_{r\to 1}\|f_r\|_p \leqq \lim_{r\to 1}\|g_r\|_p = \|g^*\|_p = \|f^*\|_p$$

が Fatou の補題から得られるから,$\|f_r\|_p \to \|f^*\|_p$. ここで任意の増加列 $r_n \to 1$ を選べば,$\|f_{r_n}\|_p \to \|f^*\|_p$ 且つ $f_{r_n} \to f^*$ a.e. であるから,次の補題 1.8 により $\|f_{r_n} - f^*\|_p \to 0$ が成り立つ.数列 $r_n \to 1$ は任意であるから,求める結果が得られる.これで定理 1.7 の証明は終った. □

補題 1.8 $\{f_n\} \subset L^p(d\sigma)$ $(0 < p < \infty)$ が $f_n \to f$ a.e. 且つ $\|f_n\|_p \to \|f\|_p < \infty$ を満たすとき，$\|f_n - f\|_p \to 0$ が成り立つ.

証明 まず，任意の可測集合 $E \subset \mathbb{T}$ に対し Fatou の補題を使えば，

$$\int_E |f|^p \, d\sigma \leq \liminf_{n \to \infty} \int_E |f_n|^p \, d\sigma \leq \limsup_{n \to \infty} \int_E |f_n|^p \, d\sigma$$
$$\leq \int_{\mathbb{T}} |f|^p \, d\sigma - \liminf_{n \to \infty} \int_{\mathbb{T} \setminus E} |f_n|^p \, d\sigma \leq \int_E |f|^p \, d\sigma.$$

即ち，$\int_E |f_n|^p \, d\sigma \to \int_E |f|^p \, d\sigma$ が成り立つ. $|f|^p$ は可積分であるから，任意の $\varepsilon > 0$ に対し $\delta > 0$ が存在して，$\sigma(E) < \delta$ を満たす任意の可測集合 $E \subset \mathbb{T}$ に対し $\int_E |f|^p \, d\sigma < \varepsilon$ が成り立つ. 従って，このような E に対しては $\int_E |f_n|^p \, d\sigma < 2\varepsilon$ が十分大きな全ての n に対して成り立つ. $f_n \to f$ a.e. であるから，積分論の Egorov の定理により可測集合 $K \subset \mathbb{T}$ が存在して，f_n は f に K 上で一様収束し且つ $\sigma(\mathbb{T} \setminus K) < \delta$ を満たす. これから，

$$\int_{\mathbb{T}} |f_n - f|^p \, d\sigma = \int_K |f_n - f|^p \, d\sigma + \int_{\mathbb{T} \setminus K} |f_n - f|^p \, d\sigma \leq (2^p \cdot 3 + 1)\varepsilon$$

が十分大きい全ての n に対して成り立つ. ε は任意であるから，$\|f_n - f\|_p \to 0$ $(n \to \infty)$ が得られた. $\square$

系1 $0 < p \leq \infty$ に対し，$f \mapsto f^*$ は $H^p(\mathbb{D})$ から $L^p(d\sigma)$ の中への等距離写像である.

系2 有界型正則函数 $f \in N(\mathbb{D})$ は $\mathbb{T}$ 上のほとんど全ての点において非接極限 $f^*(e^{i\theta})$ を持つ. もし $f \not\equiv 0$ ならば，$\log|f^*| \in L^1(d\sigma)$.

系1は証明の中ですでに確かめた. また，系2は $p \neq 2$ の場合 (92頁) の最初に述べた事実は $N(\mathbb{D})$ にも当てはまるからである.

1.6 内外因数分解 $\mathbb{D}$ 上の定数でない正則函数 $\phi(z)$ が $\mathbb{D}$ 上で $|\phi(z)| \leq 1$ であり且つ $\mathbb{T}$ 上で $|\phi^*(e^{i\theta})| = 1$ a.e. を満たすものを**内函数**と云う. 特に，内函数 ϕ が零点を持たず，且つ $\phi(0) > 0$ を満たすとき，**特異内函数**と呼ぶ.

一方，$\mathbb{T}$ 上の実数値可積分函数 k と絶対値が 1 の複素数 λ によって

$$F(z) = \lambda \exp\left\{\int_{\mathbb{T}} \frac{e^{it} + z}{e^{it} - z} k(e^{it}) \, d\sigma(t)\right\} \tag{1.18}$$

の形に表される $\mathbb{D}$ 上の正則函数 F を**外函数**と呼ぶ．外函数はその境界値の絶対値によって (絶対値 1 の定数因子を別として) 完全に決定されるという特徴を持つ．実際，$\log|F(z)|$ は可積分函数の Poisson 積分として，$k(e^{i\theta}) = \log|F^*(e^{i\theta})|$ a.e. を満たす．従って，$F^*(e^{i\theta}) \neq 0$ a.e. が成り立つ．

補題 1.9 (a) 内函数 ϕ は $\phi(z) = \lambda B(z) S(z)$ と一意に分解される．但し，λ は絶対値 1 の複素数，B は Blaschke 積，S は特異内函数である．

(b) 内函数 S が特異内函数であるための必要十分条件は $\mathbb{T}$ 上の特異測度 $\mu > 0$ によって次に形に表されることである：

$$S(z) = \exp\left\{-\int_{\mathbb{T}} \frac{e^{it}+z}{e^{it}-z} d\mu(t)\right\}. \tag{1.19}$$

証明 (a) ϕ が零点を持つ場合は，ϕ の Blaschke 積を B とすれば，定理 1.7(e) の証明中の論法により $\phi_0 = \phi/B$ は零点のない内函数となる．

(b) S を特異内函数とし，$u = -\log|S|$ とおけば，u は $\mathbb{D}$ 上の正値調和函数であるから，$\mathbb{T}$ 上の正測度 μ が存在して $u(z) = \int_{\mathbb{T}} P(r, \theta-t) d\mu(t)$ を満たす．仮定により，$u^*(e^{i\theta}) = \log|S^*(e^{i\theta})| = 0$ a.e. であるから，定理 1.2(b) により μ は Lebesgue 測度 σ に関して特異である．S が (1.19) の形になることは $S(0) > 0$ からすぐ分る．逆はこの議論を逆にたどればよい． □

補題 1.10 外函数 (1.18) は有界型である．それが $H^p(\mathbb{D})$ $(0 < p \leqq \infty)$ に属するための必要十分条件は $\exp k \in L^p(d\sigma)$ が成り立つことである．

証明 前半は (1.18) において k を正の部分 $k^+ = \max\{k, 0\}$ と負の部分 $k^- = \max\{-k, 0\}$ に分けて変形すれば，F が有界正則函数の商の形に表されることから分る．後半については，$F \in H^p(\mathbb{D})$ ならば，定理 1.7 より $F^* \in L^p(d\sigma)$ 且つ $k = \log|F^*|$ a.e. であるから，$e^k \in L^p(d\sigma)$ が成り立つ．逆に，$e^k \in L^p(d\sigma)$ ならば，Jensen の不等式 (Rudin [B38, 62 頁]) により

$$|F(z)|^p = \exp\left\{\int_{\mathbb{T}} P(r, \theta-t) \cdot pk(e^{it}) d\sigma(t)\right\}$$
$$\leqq \int_{\mathbb{T}} P(r, \theta-t) e^{pk(e^{it})} d\sigma(t)$$

を得るが，最終辺は $\mathbb{D}$ 上の調和函数であるから，$F \in H^p(\mathbb{D})$ が示された． □

さて，標題の内外因数分解は H^p 函数の最も標準的な因数分解公式である．これは Hardy 族の理論と応用の両面で非常に役立つ結果の一つである．

定理 1.11 $p>0$ に対し任意の $f\in H^p(\mathbb{D})$ ($f\not\equiv 0$) は次の形に分解される：

$$f(z)=\phi(z)h(z), \quad \phi(z)=B(z)S(z). \tag{1.20}$$

但し，B は f の Blaschke 積，S は特異内函数，h は外函数である．ここで，$|h^*(e^{i\theta})|=|f^*(e^{i\theta})|$ a.e. 且つ $\|h\|_p=\|f\|_p$ を満たす．この分解は絶対値 1 の定数因数は別として一意である．ϕ, h をそれぞれ f の**内因数**，**外因数**と呼ぶ．

証明 B を f の Blaschke 積として，$g=f/B$ とおけば，定理 1.7(e) により $g\in H^p(\mathbb{D})$ および $|g^*(e^{i\theta})|=|f^*(e^{i\theta})|$ a.e. が成り立つ．$0<p<\infty$ ならば，定理 1.7(e) の証明中と同様に $u_f=\mathbf{M}(|f|^p)$ として，$v=u_f/p-\log|g|$ とおけば，v は非負の調和函数であり，u_f は準有界であるから，$-\log|g|=v-u_f/p$ と書いてみれば，調和函数 $-\log|g|$ の標準測度の Lebesgue 測度 σ に関する特異部分は非負であることが分る．これを μ と書く．また，$|g^*|=|f^*|$ a.e. より，絶対連続部分は $-\log|f^*|d\sigma$ であるから，Poisson 表示式

$$\log|g(z)|=\int_{\mathbb{T}}P(r,\theta-t)(\log|f^*(e^{it})|d\sigma(t)-d\mu(t)) \tag{1.21}$$

が得られる．従って，λ を絶対値 1 の複素数として次が成り立つ：

$$g(z)=\exp\left\{-\int_{\mathbb{T}}\frac{e^{it}+z}{e^{it}-z}d\mu\right\}\cdot\lambda\exp\left\{\int_{\mathbb{T}}\frac{e^{it}+z}{e^{it}-z}\log|f^*(e^{it})|d\sigma(t)\right\}.$$

左辺の第一因数を $S(z)$, 第二因数を $h(z)$ とおけば求める分解の公式 (1.20) が得られる．もちろん，自明な因数は省くこととする．$p=\infty$ の場合は $H^\infty\subset H^2$ として上の議論を利用し，$\|h\|_\infty=\|f\|_\infty$ に注意すれば分る． □

系 任意の $f\in N(\mathbb{D})$ ($f\not\equiv 0$) は次の形に因数分解できる：

$$f(z)=B(z)(S_1(z)/S_2(z))h(z). \tag{1.22}$$

ここで，B は f の Blaschke 積，S_1, S_2 は特異内函数，h は外函数である．

証明 定理 1.6 により $f=f_1/f_2$ ($f_1,f_2\in H^\infty(\mathbb{D})$, f_2 は零点がない) と表し定理 1.11 を適用して分母と分子を内外因数分解してみればよい． □

外函数の例として実部 (または虚部) が正の正則関数を考察する.

定理 1.12 (F. Riesz, Herglotz) $\mathbb{D}$ 上の正則関数 f が正の実部を持つための必要十分条件は $\mathbb{T}$ 上の正測度 μ が存在して

$$f(z) = i\operatorname{Im} f(0) + \int_{\mathbb{T}} \frac{e^{it}+z}{e^{it}-z}\,d\mu(t) \tag{1.23}$$

と表されることである. この測度 μ は一意である.

証明 これは $\operatorname{Re} f$ に定理 1.2(a) を適用すればすぐ分る. □

定理 1.13 $\mathbb{D}$ 上の 0 でない正則関数 f が正の実部を持つならば, f は外函数である. この事実は実部を虚部に代えても同じである.

証明 $u(z) = \log|f(z)|$, $v(z) = \arg f(z)$ (但し, $-\pi/2 \leqq \arg f(z) \leqq \pi/2$) とおく. v は有界調和函数であるから, $v \in h^2(\mathbb{D})$ であり, その共軛調和函数として $u \in h^2(\mathbb{D})$ が分る (定理 1.16). 従って, u は $\mathbb{T}$ 上ほとんど到るところで非接境界値 $u^*(e^{it})$ を持ち, その Poisson 積分として表される. よって,

$$\log f(z) = i\arg f(0) + \int_{\mathbb{T}} \frac{e^{it}+z}{e^{it}-z} u^*(e^{it})\,d\sigma(\theta)$$

と表されるが, (1.18) と比較すれば, f が外函数であることが分る. □

1.7 共軛作用素 ここでは共軛作用素 $u \mapsto {}^*u$ の連続性を検討する. 我々は $\mathbb{D}$ 上で正則, $\overline{\mathbb{D}}$ 上で連続な函数の全体を $A(\mathbb{D})$ と書く. これは函数の通常の加法, 乗法とスカラー倍に関して環をなす. これに一様収束のノルム $\|f\| = \sup\{|f(z)| : z \in \mathbb{D}\}$ を与えたものを**円板環**と呼ぶ. また, $A(\mathbb{D})$ の元で原点で 0 となるものの全体を $A_0(\mathbb{D})$ と記す. $f \in A(\mathbb{D})$ (または, $A_0(\mathbb{D})$) に対しその円周 $\mathbb{T}$ 上の境界値 f^* の全体を $A(\mathbb{T})$ (または, $A_0(\mathbb{T})$) と書く.

補題 1.14 $\operatorname{Re} A(\mathbb{T})$ は $C_{\mathbb{R}}(\mathbb{T})$ の中で稠密である.

証明 任意の $f \in C(\mathbb{T})$ と $\varepsilon > 0$ に対し, 三角多項式 $T(\zeta) = \sum_{k=-n}^{n} c_k \zeta^k$ が存在して $|f(\zeta) - T(\zeta)| < \varepsilon$ ($\zeta \in \mathbb{T}$) が成り立つ (Rudin [B38, 91 頁] 参照). もし f が実数値のときは T の実部 $\operatorname{Re} T$ がより良い近似になるが,

$\mathrm{Re}\,T = \mathrm{Re}\bigl\{c_0 + \sum_{k=1}^n (c_k + \bar{c}_{-k})\zeta^k\bigr\}$ は (解析的) 多項式の実部であるから, $\mathrm{Re}\,T \in \mathrm{Re}\,A(\mathbb{T})$ となって, 求める結果が得られる. □

注意 1.15 補題 1.14 の証明としては Fourier 級数を経由する Fejér の方法が標準的である. 即ち, $\mathbb{T}$ 上の連続函数 f の Fourier 級数を $\sum_{n=-\infty}^\infty c_n e^{in\theta}$ とするとき, その部分和 $s_n = s_n(f) = \sum_{k=-n}^n c_k e^{ik\theta}$ の算術平均,

$$\sigma_n = \sigma_n(f) = \frac{1}{n}(s_0 + \cdots + s_{n-1}) \qquad (n = 1, 2, \ldots)$$

は f に一様収束する. もし f が実数値ならば, $c_{-k} = \overline{c_k}$ であるから, s_n は解析的多項式 $c_0 + 2\sum_{k=1}^n c_k e^{ik\theta}$ の実部に等しい. 従って, σ_n も同様で我々の命題は正しい. 詳しくは Zygmund [B47, vol. I, 89 頁] を見よ.

$A(\mathbb{D})$ 上の汎函数 ϕ を $\phi(f) = \int_{\mathbb{T}} f(e^{it})\,d\sigma(t)$ $(f \in A(\mathbb{D}))$ によって定義する. このときは, $\phi(f) = f(0)$ $(f \in A(\mathbb{D}))$ であるから, ϕ は環 $A(\mathbb{D})$ の準同型であり, $A_0(\mathbb{D})$ は ϕ の核である. 定理 1.7(d) を $A(\mathbb{T})$ の言葉で解釈すれば, $0 < p < \infty$ のときは, $H^p(d\sigma)$ は $A(\mathbb{T})$ の $L^p(d\sigma)$ 内での閉包に等しい. また, $H_0^p(\mathbb{D})$ の元の境界値の全体を $H_0^p(d\sigma)$ と書けば, $H_0^p(d\sigma)$ は $A_0(\mathbb{T})$ の $L^p(d\sigma)$ 内での閉包に等しい. また, 実数値 $L^p(d\sigma)$ を $L_{\mathbb{R}}^p(d\sigma)$ と書くことにすれば, $1 \leqq p \leqq \infty$ については補題 1.14 から次が得られる:

$$\mathrm{Re}\,H^p(d\sigma) = L_{\mathbb{R}}^p(d\sigma), \quad \mathrm{Re}\,H_0^p(d\sigma) = \Bigl\{f \in L_{\mathbb{R}}^p(d\sigma) : \int_{\mathbb{T}} f\,d\sigma = 0\Bigr\}.$$

特に, $u \in L_{\mathbb{R}}^2(d\sigma)$ に対し, u の**共軛函数** ${}^*u$ を $u + i{}^*u \in H^2(d\sigma)$ および $\int_{\mathbb{T}} {}^*u\,d\sigma = 0$ を満たす ${}^*u \in L_{\mathbb{R}}^2(d\sigma)$ として定義する. これは u によって一意に決る. 実際, 二つあったとして ${}^*u_1, {}^*u_2$ とすれば, ${}^*u_1 - {}^*u_2$ は実数値のみをとる正則函数として $\mathbb{D}$ 全体に延長できるから, 定数でなければならないが, この定数は条件 $\int_{\mathbb{T}} {}^*u_1\,d\sigma = \int_{\mathbb{T}} {}^*u_2\,d\sigma = 0$ から 0 である.

定理 1.16 任意の $u \in L_{\mathbb{R}}^2(d\sigma)$ $(= \mathrm{Re}\,H^2(d\sigma))$ に対し

$$\|{}^*u\|_2^2 = \|u\|_2^2 - \Bigl(\int u\,d\sigma\Bigr)^2$$

が成り立つ. 特に, 共軛作用素は $\mathrm{Re}\,H_0^2(d\sigma)$ の等距離自己同型である.

証明 $u \in \operatorname{Re} H^2(d\sigma)$ とすると, $^*u$ の定義から次が得られる:

$$\left(\int u\,d\sigma\right)^2 = \left(\int (u+i\,{}^*u)\,d\sigma\right)^2 = \int (u+i\,{}^*u)^2\,d\sigma$$
$$= \int u^2\,d\sigma + 2i\int u\,{}^*u\,d\sigma - \int ({}^*u)^2\,d\sigma\,.$$

最初の辺は実数であるから最終辺も同様で求める等式が成り立つ. □

さらに, $\operatorname{Re} A(\mathbb{T})$ ならば $^*u \in \operatorname{Re} A_0(\mathbb{T})$ であるが, 次のきれいな結果は Bochner [18] による M. Riesz の結果の拡張である. 証明も同じ論文により, 定数 c_{2k} の計算は Gamelin [B12, 99頁] を参考にした.

定理 1.17 (M. Riesz-Bochner) 全ての $1 < p < \infty$ に対し, p のみに依存する定数 c_p で次を満たすものが存在する:

$$\|{}^*u\|_p \leqq c_p\|u\|_p \qquad (u \in \operatorname{Re} A(\mathbb{T}))\,. \tag{1.24}$$

証明 (Bochner) まず, $p = 2k$ を 2 以上の偶数とする. $u \in \operatorname{Re} A(\mathbb{T})$ に対して, $\int (u+i\,{}^*u)^{2k}\,d\sigma = \left(\int (u+i\,{}^*u)\,d\sigma\right)^{2k} = \left(\int u\,d\sigma\right)^{2k}$ であるから,

$$\int ({}^*u)^{2k}\,d\sigma - \binom{2k}{2}\int ({}^*u)^{2k-2}u^2\,d\sigma + \binom{2k}{4}\int ({}^*u)^{2k-4}u^4\,d\sigma + \cdots$$
$$+ (-1)^k \int u^{2k}\,d\sigma = (-1)^k \left(\int u\,d\sigma\right)^{2k}$$

が成り立つ. Hölder の不等式より, $|\int u\,d\sigma| \leqq \|u\|_{2k}$ および

$$\left|\int ({}^*u)^{2k-2j}u^{2j}\,d\sigma\right| \leqq \|{}^*u\|_{2k}^{2k-2j}\|u\|_{2k}^{2j} \qquad (j=1,\ldots,k)$$

を得るから, $Y = \|{}^*u\|_{2k}/\|u\|_{2k}$ とおけば,

$$Y^{2k} - \binom{2k}{2}Y^{2k-2} - \binom{2k}{4}Y^{2k-4} - \cdots - \binom{2k}{2k-2}Y^2 - 1 \leqq 1$$

を満たす. 従って,

$$2Y^{2k} \leqq \sum_{j=0}^{k}\binom{2k}{2j}Y^{2j} + 1 \leqq \sum_{j=0}^{2k}\binom{2k}{j}Y^j + 1 \leqq (1+Y)^{2k} + 1\,.$$

これから $Y \leqq 2(2^{1/2k} - 1)^{-1}$ を得るから,

$$c_{2k} \leqq 2(2^{1/2k} - 1)^{-1}\,.$$

次に,$2k<p<2k+2$ に対しては,M. Riesz の凸性定理により c_p の存在が知られる (Dunford-Schwartz [B9, 525 頁]). 最後に,$1<p<2$ に対しては,等式 $\int {}^*u\cdot v\,d\sigma=-\int u\cdot {}^*v\,d\sigma$ を使って $2<p<\infty$ の場合に転換し,ノルムの双対関係を使えば,$c_p=c_q$ (但し,$p^{-1}+q^{-1}=1$) が得られる. □

1.8 調和 Hardy 族 $h^p(\mathbb{D})$ $1\leqq p<\infty$ に対し,$\mathbb{D}$ 上の複素数値調和函数 $f(z)$ で $|f(z)|^p$ が $\mathbb{D}$ 上で調和優函数を持つものの全体を $h^p(\mathbb{D})$ とし,有界な複素数値調和函数の全体を $h^\infty(\mathbb{D})$ とすると,次が成り立つ:

定理 1.18 $1\leqq p\leqq \infty$ として $f\in h^p(\mathbb{D})$ とすると,f は $\mathbb{T}$ 上ほとんど到るところで非接境界値 $f^*(e^{it})$ を持ち,$f^*\in L^p(d\sigma)$ を満たす.さらに,

(a) $1<p\leqq \infty$ ならば,f は準有界で f^* の Poisson 積分として表され,$\|f\|_p=\|f^*\|_p$ が成り立つ.

(b) $p=1$ ならば,f^* の Poisson 積分は f の準有界成分 $\mathrm{pr}_Q(f)$ に等しく,$\|\mathrm{pr}_Q(f)\|_1=\|f^*\|_1$ が成り立つ.

(c) 対応 $f\mapsto f^*$ は $1<p\leqq\infty$ ならば $h^p(\mathbb{D})$ から $L^p(d\sigma)$ の上への,$p=1$ ならば $h_Q^1(\mathbb{D})$ から $L^1(d\sigma)$ の上への,それぞれ等距離同型である.

証明 $1\leqq p<\infty$ を仮定して証明すれば十分である.さて,1 に収束する数列 $0<r_1<r_2<\cdots<1$ を固定し,$f_n(e^{it})=f(r_ne^{it})\ (n=1,2,\dots)$ とおく.このとき,u を $|f|^p$ の調和優函数とすれば,
$$\int_{\mathbb{T}}|f_n(e^{it})|^p\,d\sigma(t)\leqq \int_{\mathbb{T}}u(r_ne^{it})\,d\sigma(t)=u(0)$$
が成り立つ.従って,$\{f_n\}$ は $L^p(d\sigma)$ の有界列である.もし $1<p<\infty$ ならば,$L^p(d\sigma)$ は回帰的 Banach 空間であるから,必要ならば部分列に移ることにより $\{f_n\}$ は $L^p(d\sigma)$ の中で弱収束するとしてよい.$f^*\in L^p(d\sigma)$ をその極限とし,$k(e^{it})=P(r,\theta-t)$ を $z=re^{i\theta}\in\mathbb{D}$ に対する Poisson 核とすれば,
$$f(r_nz)=\int_{\mathbb{T}}f_n(e^{it})P(r,\theta-t)\,d\sigma(t)\to\int_{\mathbb{T}}f^*(e^{it})P(r,\theta-t)\,d\sigma(t)$$
となるから,$f(r_nz)\to f(z)$ より
$$f(z)=\int_{\mathbb{T}}f^*(e^{it})P(r,\theta-t)\,d\sigma(t) \tag{1.25}$$

を得るから,Fatou の定理により $\mathbb{T}$ 上ほとんど到るところ f の非接境界値が存在して f^* に等しい.また,(1.25) に Hölder の不等式を適用すれば,

$$|f(z)|^p \leqq \int_{\mathbb{T}} |f^*(e^{it})|^p P(r, \theta - t) \, d\sigma(t)$$

が成り立つ.定理 1.7 の証明中の論法 (90 頁の (1.16) 以下参照) により,右辺は $|f|^p$ の最小調和優函数に等しい.故に,$\|f\|_p = \|f^*\|_p$ が成り立つ.

次に,$p = 1$ とする.このときは,$\{f_n \, d\sigma : n = 1, 2, \ldots\}$ は $\mathbb{T}$ 上の有限 Borel 測度の空間 $M(\mathbb{T})$ の中で有界である.定理 I.3.2 で注意したように,$M(\mathbb{T})$ の閉球は汎弱位相 $\sigma(M(\mathbb{T}), C(\mathbb{T}))$ に関してコンパクト且つ距離づけ可能であるから,部分列 $\{f_{n_j} \, d\sigma : j = 1, 2, \ldots\}$ と有限 Borel 測度 $d\nu \in M(\mathbb{T})$ が存在して,全ての $k \in C(\mathbb{T})$ に対して

$$\int_{\mathbb{T}} k(e^{it}) f_{n_j}(e^{it}) \, d\sigma(t) \to \int_{\mathbb{T}} k(e^{it}) \, d\nu(t)$$

を満たす.上と同じように,$k(e^{it}) = P(r, \theta - t)$ を Poisson 核とすれば,

$$f(z) = \int_{\mathbb{T}} P(r, \theta - t) \, d\nu(t)$$

が得られる.ここで,また Fatou の定理を使えば,$f^* \, d\sigma$ は $d\nu$ の絶対連続部分を表すことが分る.従って,

$$\mathrm{pr}_Q(f) = \int_{\mathbb{T}} f^*(e^{it}) P(r, \theta - t) \, d\sigma(t)$$

および $\|\mathrm{pr}_Q(f)\|_1 = \|f^*\|_1$ が結論される. □

次は,M. Riesz-Bochner の定理 (定理 1.17) の変形である.

定理 1.19 任意の実数値 $u \in L^p_{\mathbb{R}}(d\sigma)$ $(1 < p < \infty)$ に対し,実数値 $v \in L^p_{\mathbb{R}}(d\sigma)$ で次を満たすものが一意に存在する:

$$u + iv \in H^p(d\sigma), \quad \int_{\mathbb{T}} v \, d\sigma = 0. \tag{1.26}$$

さらに,$\|v\|_p \leqq c_p \|u\|_p$ が成り立つ.但し,c_p は定理 1.17 の定数である.

証明 補題 1.14 により $\operatorname{Re} A(\mathbb{T})$ は $C_{\mathbb{R}}(\mathbb{T})$ の中で一様ノルムに関して稠密であり,$C_{\mathbb{R}}(\mathbb{T})$ は $L^p_{\mathbb{R}}(d\sigma)$ の中でノルム稠密であるから,$\operatorname{Re} A(\mathbb{T})$ は $L^p_{\mathbb{R}}(d\sigma)$ の中でノルム稠密である.いま,任意の $u \in L^p_{\mathbb{R}}(d\sigma)$ に対し,u にノルム収

束する $\operatorname{Re} A(\mathbb{T})$ 内の点列 $\{u_n\}$ をとる. 各 n に対し $^*u_n \in \operatorname{Re} A_0(\mathbb{T})$ で, $u_n + i\,{}^*u_n \in A(\mathbb{T})$ を満たすものが一意に存在するが, 定理 1.17 により任意の m, n に対し $\|^*u_m - {}^*u_n\|_p \leq c_p \|u_m - u_n\|_p$ を得るから, 列 $\{^*u_n\}$ は $L^p_{\mathbb{R}}(d\sigma)$ 内の Cauchy 列である. その極限を v とすれば, $u_n + i\,{}^*u_n \to u + iv$ より, $u + iv \in H^p(d\sigma)$ および $\int_{\mathbb{T}} v\, d\sigma = \lim_n \int_{\mathbb{T}} {}^*u_n\, d\sigma = 0$ が分る. さらに, 各 u_n に対して定理 1.17 を使えば, 次の計算から最後の不等式が出る:

$$\|v\|_p = \lim_n \|^*u_n\|_p \leq c_p \lim_n \|u_n\|_p = c_p \|u\|_p\,. \qquad \square$$

§2 上半平面上の Hardy 族

本節は上半平面 $\mathbb{H}_+$ 上の Hardy 族を取り扱う. 上半平面は等角的には単位円板と変らないが, 距離に関わるところで本質的な差が現れる. 応用上も非常に重要であるが, 紙幅にも限りがあるため, 第 X 章で論ずる Denjoy 領域と関連する事項を中心として述べたい.

2.1 単位円板からの変換　上半平面 $\mathbb{H}_+ = \{\operatorname{Im} z > 0\}$ 上の Hardy 族を考えるには, 単位円板 $\mathbb{D} = \{|\zeta| < 1\}$ からの等角写像

$$z = \phi(\zeta) = i\frac{1-\zeta}{1+\zeta} \quad \text{または} \quad \zeta = \phi^{-1}(z) = \frac{i-z}{i+z} \tag{2.1}$$

を通して翻訳するのが分りやすい. この場合, 境界対応を $e^{i\theta} \mapsto t$ とすれば,

$$d\sigma(\theta) = \frac{1}{\pi} \frac{dt}{1+t^2} \tag{2.2}$$

が成り立つ. さらに, Herglotz 核と Poisson 核は次のように変換される:

$$\frac{e^{i\theta}+\zeta}{e^{i\theta}-\zeta} d\sigma(\theta) = \frac{1}{\pi i}\left[\frac{1}{t-z} - \frac{t}{1+t^2}\right]dt\,, \tag{2.3}$$

$$\operatorname{Re}\left[\frac{e^{i\theta}+\zeta}{e^{i\theta}-\zeta}\right] d\sigma(\theta) = \frac{1}{\pi}\frac{y\,dt}{|t-z|^2}\,. \tag{2.4}$$

2.2 Hardy 族と Nevanlinna 族　上半平面 $\mathbb{H}_+$ 上では, 各 $0 < p < \infty$ に対し二種類の Hardy 族 $\mathfrak{H}^p(\mathbb{H}_+)$ と $H^p(\mathbb{H}_+)$ を考えることができる. $F(z)$ を $\mathbb{H}_+$ 上の正則函数とする. このとき, $F \in \mathfrak{H}^p(\mathbb{H}_+)$ であるとは, $|F(z)|^p$ が $\mathbb{H}_+$

上で調和優函数を持つことを云う. また, $F \in H^p(\mathbb{H}_+)$ であるとは,

$$\sup_{y>0} \int_{\mathbb{R}} |F(x+iy)|^p \, dx < \infty \tag{2.5}$$

を満たすことを云う. $\mathfrak{H}^\infty(\mathbb{H}_+)$ と $H^\infty(\mathbb{H}_+)$ はどちらも $\mathbb{H}_+$ 上の有界正則函数の全体とする. また, $\log^+ |F(z)|$ が $\mathbb{H}_+$ 上で調和優函数を持つとき, F は Nevanlinna 族 $N(\mathbb{H}_+)$ に属すると云う. この定義より, $F \in \mathfrak{H}^p(\mathbb{H})$ と $F \circ \phi \in H^p(\mathbb{D})$ は同値であり, $F \in N(\mathbb{H}_+)$ と $F \circ \phi \in N(\mathbb{D})$ も同値である. 従って, $\mathfrak{H}^p(\mathbb{H}_+)$ や $N(\mathbb{H}_+)$ の主な性質は $H^p(\mathbb{D})$ や $N(\mathbb{D})$ から導かれる. また, $H^p(\mathbb{H}_+)$ に対応する $\mathbb{D}$ 上の概念はないが, 次により $H^p(\mathbb{H}_+) \subseteq \mathfrak{H}^p(\mathbb{H}_+) \subseteq N(\mathbb{H}_+)$ が分る.

定理 2.1 (Flett and Kuran) $\mathbb{H}_+$ 上の非負の劣調和函数 $G(z)$ が $\mathbb{H}_+$ 上で調和優函数を持つための必要十分条件は次を満たすことである:

$$\sup_{y>0} \int_{\mathbb{R}} \frac{G(x+iy)}{x^2+(y+1)^2} \, dx < \infty . \tag{2.6}$$

証明は Kuran [68], Rosenblum-Rovnyak [B36, 89 頁] を見られたい.

2.3 内函数と外函数 $\mathbb{H}_+$ 上の函数 $F \in N(\mathbb{H}_+)$ に対して $f(\zeta) = F(\phi(\zeta))$ とおくと, $f \in N(\mathbb{D})$ である. 我々は F が内函数, 外函数, Blaschke 積または特異内函数であるとは, f が $\mathbb{D}$ 上の函数として対応する性質を持っていることとして定義する. この定義により, $F \in N(\mathbb{H}_+)$ の内外因数分解ができる. この応用を一つ述べよう.

補題 2.2 $F \in N(\mathbb{H}_+)$ は外函数であるとする. このとき, $0 < p < \infty$ に対し $F \in \mathfrak{H}^p(\mathbb{H}_+)$ であるための必要十分条件は F の非接境界函数 $F^*(x) = F(x+i0)$ が次を満たすことである:

$$\int_{\mathbb{R}} \frac{|F^*(x)|^p}{1+x^2} \, dx < \infty . \tag{2.7}$$

証明 仮定により, $f(\zeta) = F(\phi(\zeta))$ は $N(\mathbb{D})$ に属する外函数である. 従って, 補題 1.10 により, $f \in H^p(\mathbb{D})$ であるためにはその非接境界函数 f^* が $L^p(d\sigma)$ に属することが必要十分である. よって, 求める結果は $F^*(x) = f^*(\phi^{-1}(x))$ と測度の対応 (2.2) から簡単に分る. □

2.4 Herglotz 函数 上半平面 $\mathbb{H}_+$ 上の正則函数 F が正の虚部を持つとき，**Herglotz 函数**と呼ぶ．次に Herglotz 函数の基本性質を若干述べておく．

定理 2.3 $F(z)$ を $\mathbb{H}_+$ 上の Herglotz 函数とする．このとき，次が成り立つ：

(a) F は外函数である．

(b) F はほとんど全ての $x \in \mathbb{R}$ に対し有限な非接極限 $F(x+i0)$ を持つ．

(c) F の非接極限については，$F(x+i0) \neq 0$ a.e. が成り立つ．

(d) $\mathbb{R}$ 上の非負の測度 τ で

$$\int_\mathbb{R} \frac{d\tau(x)}{1+x^2} < \infty$$

を満たすものが存在して，Nevanlinna (または，Riesz-Herglotz) 表現

$$F(z) = \alpha + \beta \cdot z + \int_{-\infty}^\infty \left[\frac{1}{t-z} - \frac{t}{1+t^2}\right] d\tau(t) \quad (z \in \mathbb{H}_+) \tag{2.8}$$

が成り立つ．但し，定数は次で与えられる：

$$\alpha = \operatorname{Re}(F(i)), \quad \beta = \lim_{y \to +\infty} F(iy)/(iy) \geqq 0.$$

逆に，(2.8) を満たす函数は Herglotz 函数である．これらの定数と測度は一意で，$\alpha = \beta = 0$ ならば，$d\tau(x) \neq 0$ である．測度 $d\tau$ を F の **Nevanlinna 測度**と呼ぶ．

(e) $x_1, x_2 \in \mathbb{R}$ $(x_1 < x_2)$ ならば，測度 $d\tau$ に対する **Stieltjes の反転公式**

$$\tfrac{1}{2}\tau(\{x_1\}) + \tfrac{1}{2}\tau(\{x_2\}) + \tau((x_1, x_2)) = \frac{1}{\pi} \lim_{\varepsilon \downarrow 0} \int_{x_1}^{x_2} \operatorname{Im} F(t+i\varepsilon) \, dt \tag{2.9}$$

が成り立つ．

(f) 測度 $d\tau$ の Lebesgue 測度 dx に関する絶対連続部分 $d\tau_{ac}$ は

$$d\tau_{ac}(x) = \frac{1}{\pi} \operatorname{Im} F(x+i0) \, dx. \tag{2.10}$$

証明 $f(\zeta) = F(\phi(\zeta))$ とおく．定義により，$F(z)$ は正の虚部を持つから，$f(\zeta)$ は $\mathbb{D}$ 上の函数として正の虚部を持つ．

(a) 定理 1.13 により $f(\zeta)$ は外函数である．従って，$F(z)$ も同様である．

(b) (a) により f は $\mathbb{D}$ 上の外函数であるから，定理 1.7 の系 2 により $\partial \mathbb{D}$ 上ほとんど到るところ非接極限を持つ．従って，F についても同様である．

(c) これも f の性質から導かれる.

(d) $-if(\zeta)$ は正の実部を持つから,定理 1.12 により
$$-if(\zeta) = -i\operatorname{Re} f(0) + \int_{\mathbb{T}} \frac{e^{i\theta}+\zeta}{e^{i\theta}-\zeta}\, d\mu(e^{i\theta})$$
を満たす $\mathbb{T}$ 上の正測度 μ が存在するから,これを (2.1) を利用して翻訳すればよい.即ち,$\alpha = \operatorname{Re} F(i)$, $\beta = \mu(\{-1\})$, $d\tau(t) = d\mu(e^{i\theta})$ ($t \in \mathbb{R}$) として求める公式が得られる.

(e) 公式 (2.8) において両辺の虚部をとれば,
$$\operatorname{Im} F(z) = \beta y + \int_{-\infty}^{\infty} \frac{y}{(t-x)^2 + y^2}\, d\tau(t) \qquad (2.11)$$
を得るから,Stieltjes の反転公式 (定理 D.4 参照) を使えばよい.

(f) (2.11) に Fatou の定理 (定理 D.2) を応用すればよい. □

Herglotz 函数 F に対し,その対数 $\log F$ も Herglotz 函数である.実際,
$$0 < \operatorname{Im}[\log F(z)] = \arg F(z) < \pi \qquad (z \in \mathbb{H}_+) \qquad (2.12)$$
から,$\operatorname{Im}[\log F(z)]$ は $\mathbb{H}_+$ 上の有界調和函数として,その非接境界函数の Poisson 積分として表される.従って,次が成り立つ:

定理 2.4 $F(z)$ が Herglotz 函数ならば,$0 \leqq m(x) \leqq 1$ a.e. を満たす函数 $m \in L^\infty(\mathbb{R})$ が一意に存在して
$$\log F(z) = \log|F(i)| + \int_{-\infty}^{\infty} \left[\frac{1}{t-z} - \frac{t}{1+t^2}\right] m(t)\, dt \quad (z \in \mathbb{H}_+) \quad (2.13)$$
が成り立つ.また,この逆も正しい.この場合,$m(x)$ の具体形は次の通り:
$$m(x) = \frac{1}{\pi}\lim_{\varepsilon \downarrow 0} \operatorname{Im}[\log F(x+i\varepsilon)] \qquad (\text{a.e. } x \in \mathbb{R}). \qquad (2.14)$$

2.5 Nevanlinna 函数の積表現 E を実軸 $\mathbb{R}$ の真部分閉集合とするとき,領域 $\mathcal{D} = \mathbb{C} \setminus E$ 上の有理型函数 F で上半平面と下半平面を保存するものを **Nevanlinna 函数** と呼ぶ.以下では,E は有界で 1 次元 Lebesgue 測度 $|E| > 0$ を満たすとし,F は $\mathcal{D}$ 上の正則な Nevanllinna 函数を考える.即ち,F は $\mathcal{D}$ 上で正則で $\operatorname{Im} F(z)/\operatorname{Im} z > 0$ ($\operatorname{Im} z \neq 0$) を満たすとする.ここで,仮定 $|E| > 0$ は必要ではないが,もし $|E| = 0$ ならば以下で見るように本書の主たる興味からは外れた函数しか得られないことと,本書で特に Nevanlinna

函数が活躍する第 IX 章で扱う集合族 (RPW) に対しては，必ず $|E| > 0$ が成り立つからである．さらに，

$$F(x+i0) = \lim_{\varepsilon \downarrow 0} F(x+i\varepsilon) \in i\mathbb{R} \qquad (\text{a.e. } x \in E) \tag{2.15}$$

を仮定する．この仮定は Green 函数を考察するとき自然に現れる性質でもある．E は有界閉集合であるから，$-\infty < b_0 < a_0 < \infty$ として

$$E = [b_0, a_0] \setminus \bigcup_{j \geqq 1} (a_j, b_j) \tag{2.16}$$

と表せる．ここで，(a_j, b_j) $(j = 1, 2, \ldots)$ は互いに素な $[b_0, a_0]$ 内の開区間で E のギャップとも呼ばれる．さて，F は $\mathbb{H}_+$ 上の Herglotz 函数であるから，定理 2.3, 2.4 を満たす．$F(z)$ の性質から，F は各ギャップ (a_j, b_j) および $(-\infty, b_0)$ と (a_0, ∞) の上では実数値をとり，狭義の単調増加である．従って，$F(x)$ は各ギャップ (a_j, b_j) 上で高々 1 個の零点を持つ．それを x_j $(a_j \leqq x_j \leqq b_j)$ とおく．話を簡単にするため，$F(z) \to 0$ $(z \to \infty)$ を仮定する．このとき，条件 (2.15) を考えに入れれば，表示式 (2.13) は $m(t)$ を

$$m(t) = \begin{cases} 1 & (a_j < t < x_j, a_0 < t < \infty), \\ 0 & (-\infty < t < b_0, x_j < t < b_j), \\ \frac{1}{2} & (t \in E) \end{cases}$$

として $\mathcal{D}$ 全体で成り立つ．ギャップ (a_j, b_j) 上に F の零点がないときは，$x_j = a_j$ ($F(x) > 0$ のとき) または $x_i = b_j$ ($F(x) < 0$ のとき) とする．これだけ準備すれば，(2.13) を具体的に計算できる．まず，E 上の計算から始める．この場合は，$[b_0, a_0]$ 上の積分からギャップ上の積分を引く形で計算するのが簡単である．E 上では $m(t) \equiv \frac{1}{2}$ であるから，計算は次の通り：

$$\begin{aligned}\int_E &= \tfrac{1}{2}\left(\int_{b_0}^{a_0} - \sum_{j \geqq 1} \int_{a_j}^{b_j}\right)\left[\frac{1}{t-z} - \frac{t}{1+t^2}\right] dt \\ &= \tfrac{1}{2} \log \frac{a_0 - z}{b_0 - z} - \tfrac{1}{2} \log \frac{1+a_0^2}{1+b_0^2} - \tfrac{1}{2} \sum_{j \geqq 1} \left\{\log \frac{b_j - z}{a_j - z} - \log \frac{1+b_j^2}{1+a_j^2}\right\}.\end{aligned}$$

次に，各ギャップ上では

$$\int_{a_j}^{b_j} = \int_{a_j}^{x_j}\left[\frac{1}{t-z} - \frac{t}{1+t^2}\right] dt = \log \frac{x_j - z}{a_j - z} - \tfrac{1}{2} \log \frac{1+x_j^2}{1+a_j^2}$$

となる．また，$(-\infty, b_0)$ 上では $F(x)$ は正数値であるから，積分へのここからの寄与はない．さらに，(a_0, ∞) については広義積分のように計算すれば，

$$\int_{a_0}^{\infty} = \int_{a_0}^{\infty}\left[\frac{1}{t-z} - \frac{t}{1+t^2}\right]dt = \lim_{M\to\infty}\int_{a_0}^{M}\left[\frac{1}{t-z} - \frac{t}{1+t^2}\right]dt$$
$$= \log\frac{1}{a_0-z} - \tfrac{1}{2}\log\frac{1}{1+a_0^2}$$

が分る．最後に，これらの計算をまとめると，主要部 (z を含む部分) は．

$$\tfrac{1}{2}\log\frac{a_0-z}{b_0-z} - \tfrac{1}{2}\sum_{j\geqq 1}\log\frac{b_j-z}{a_j-z} + \sum_{j\geqq 1}\log\frac{x_j-z}{a_j-z} + \log\frac{1}{a_0-z}$$
$$= \log\frac{-1}{z-a_0}\Bigl(\frac{z-a_0}{z-b_0}\Bigr)^{1/2} + \sum_{j\geqq 1}\log\Bigl(\frac{z-x_j}{z-a_j}\Bigr)\Bigl(\frac{z-b_j}{z-a_j}\Bigr)^{-1/2}$$

となるから，C を正の定数として次の積表現が得られる：

$$F(z) = -C\frac{1}{\sqrt{(z-a_0)(z-b_0)}}\prod_{j\geqq 1}\frac{z-x_j}{\sqrt{(z-a_j)(z-b_j)}}. \tag{2.17}$$

これを定理としてまとめておく．

定理 2.5 $E \subset \mathbb{R}$ は有界閉集合で $|E| > 0$ を満たし，(2.16) で表されるとする．$F(z)$ は $\mathcal{D} = \mathbb{C}\setminus E$ 上の正則な Nevanlinna 函数で，無限遠点で 0 となり且つ条件 (2.15) を満たすと仮定する．このとき，$x_j \in [a_j, b_j]$ $(j \geqq 1)$ が存在して $F(z)$ は (2.17) の形に積表現される．但し，C は正の定数であり，$C = 1$ は $F(z) \sim -1/z$ $(z \to \infty)$ と同等である．逆に，$\mathcal{D}$ 上の函数 $F(z)$ が (2.17) の形を持てば，F は Nevanlinna 函数で (2.15) を満たす．

§3 双曲型 Riemann 面上の Hardy 族

本節では Riemann 面上の Hardy 族についてその基本的なところを説明する．複連結領域一般の性質として自然に多価函数が現れるが，我々の関心は乗法的解析函数と呼ばれる多価解析函数にある．

3.1 H^p と h^p の境界挙動 $\mathcal{R}$ を双曲型 Riemann 面とし，その 1 点 O を固定して原点と呼ぶ (§III.1.2 参照)．$0 < p < \infty$ に対し，$\mathcal{R}$ 上の正則函数 f

で $|f|^p$ が調和優函数を持つものの全体を $H^p(\mathcal{R})$ と書く. また, $H^\infty(\mathcal{R})$ は $\mathcal{R}$ 上の有界な正則函数の全体とする. 各 $f \in H^p(\mathcal{R})$ に対し次の定義をおく:

$$\|f\|_p = \begin{cases} [\mathbf{M}(|f|^p)(O)]^{1/p} & (0 < p < \infty), \\ \sup\{|f(z)| : z \in \mathcal{R}\} & (p = \infty). \end{cases} \tag{3.1}$$

但し, 右辺の $\mathbf{M}(\ )$ は $\mathcal{R}$ 上での最小調和優函数を表す. $0 < p \leqq \infty$ に対し $H^p(\mathcal{R})$ は複素ベクトル空間であり, $H^\infty(\mathcal{R})$ は複素数体上の多元環である.

一方, $1 \leqq p < \infty$ に対し, $h^p(\mathcal{R})$ を $\mathcal{R}$ 上の複素数値調和函数 f で $|f|^p$ が調和優函数を持つものの全体とし, $h^\infty(\mathcal{R})$ を $\mathcal{R}$ 上の有界な複素数値調和函数の全体とする. また, 複素数値調和函数 f が**準有界**であるとはその実部 $\mathrm{Re}\,f$ と虚部 $\mathrm{Im}\,f$ が準有界であることと定義し, $h^1_Q(\mathcal{R})$ により $h^1(\mathcal{R})$ の準有界な元全体の集合を表す. (3.1) による汎函数 $\|\cdot\|_p$ は $h^p(\mathcal{R})$ に対しても定義できる. $1 \leqq p \leqq \infty$ に対し $H^p(\mathcal{R}) \subseteq h^p(\mathcal{R})$ は定義から自明である. さて, 普遍被覆写像 $\phi_\mathcal{R} : \mathbb{D} \to \mathcal{R}$ で $\phi_\mathcal{R}(0) = O$ を満たすものをとり, 定理 III.6.1 と定理 III.6.3 を適用すれば, 定理 1.7 および定理 1.18 よりそれぞれ次が導かれる:

定理 3.1 (a) $f \in H^p(\mathcal{R})$ ($0 < p < \infty$) に対し, その細境界値 $\widehat{f}(b)$ は Δ_1 上ほとんど到るところ存在し, $\widehat{f} \in L^p(d\chi)$ が成り立つ. $|f|^p$ の最小調和優函数は $|\widehat{f}|^p$ の Poisson 積分 $H[|\widehat{f}|^p]$ に等しく, 従って準有界である. もし $f \not\equiv 0$ ならば, $\log|\widehat{f}|$ は Δ_1 上で可積分である.

(b) 写像 $f \mapsto \widehat{f}$ は $H^p(\mathcal{R})$ から $L^p(d\chi)$ の中への単射で $\|f\|_p = \|\widehat{f}\|_p$ を満たす. もし $1 \leqq p \leqq \infty$ ならば, 汎函数 $\|\cdot\|_p$ はノルムであり, これによって $H^p(\mathcal{R})$ は Banach 空間となる.

定理 3.2 $1 \leqq p \leqq \infty$ とすると, 全ての $f \in h^p(\mathcal{R})$ に対し, f の細境界函数 $\widehat{f}$ は Δ_1 上ほとんど到るところで定義され, $L^p(d\chi)$ に属する. さらに, $S : f \mapsto \widehat{f}$ は $h^p(\mathcal{R})$ から $L^p(d\chi)$ の中への線型写像であって次を満たす:

(a) $1 < p \leqq \infty$ ならば, $h^p(\mathcal{R})$ 上では等距離的な全射であり, 全ての $f \in h^p(\mathcal{R})$ に対し $f = H[\widehat{f}]$ が成り立つ.

(b) $h^1(\mathcal{R})$ 上では縮小写像であり, $h^1_Q(\mathcal{R})$ 上では等距離的な全射である.

(c) $1 \leqq p \leqq \infty$ ならば, S は $H^p(\mathcal{R})$ 上では等距離的な単射である.

3.2 乗法的正則函数に関する結果

定理 3.3 u を $\mathcal{R}$ 上の局所正則絶対値 (§II.2.2 参照) とし,u は有界または或る $1 \leqq p < \infty$ に対し u^p が調和優函数を持つとすれば,次が成り立つ:

(a) $p \neq \infty$ ならば,$\mathbf{M}(u^p)$ は準有界である.

(b) u は有界型である.即ち,$\log u \in \mathrm{SP}'(\mathcal{R})$ を満たす.

(c) $(\log u) \vee 0$ は準有界である.

(d) u の内成分 $u_I = \exp(\mathrm{pr}_I(\log u))$ は有界な局所正則絶対値であり,$\|u_I\|_\infty = 1$ を満たす.

証明 定理 III.6.1 によれば,$\mathcal{R} = \mathbb{D}$ のときを証明すれば十分である.また,$p < \infty$ を仮定してよい.命題 (a), (b), (c) は §1.4 で述べたことから明らかであるから,(d) のみを示す.まず $-\log u$ は優調和であって,準有界な調和劣函数 h を持つことに注意する.例えば,$h = -\mathbf{M}(u^p)/p$ とすればよい.従って,$-\log u - h$ は非負となり,$\mathrm{SP}'(\mathbb{D})$ に属する.定理 I.4.7 を使えば,これを内部部分と準有界部分に直交分解することができる.即ち,$-\log u - h = v_1 + v_2$ $(v_1 \in I(\mathbb{D}), v_2 \in Q(\mathbb{D}))$ と書ける.射影は正値作用素であるから,$v_1 \geqq 0, v_2 \geqq 0$ を満たす.h は準有界であるから,$\mathrm{pr}_I(\log u) = -v_1 \leqq 0$ を得る.v_1 は内部的であるから,$\inf\{v_1(z) : z \in \mathbb{D}\} = 0$ が成り立つ.故に,$u_I = \exp(-v_1) \leqq 1$ 且つ $\sup_{z \in \mathbb{D}} u_I(z) = 1$. □

$u \in \mathrm{SP}'(\mathcal{R})$ に対して $\widehat{u}$ を計算してみよう.

定理 3.4 $v \in \mathrm{SP}'(\mathcal{R})$ ならば,$\widehat{v}$ は Δ_1 上でほとんど到るところ存在して,$\widehat{v} = \widehat{v_q}$ a.e. が成り立つ.但し,$v_q = \mathrm{pr}_Q(v)$ は v の準有界部分である.

証明 $\mathrm{SP}'(\mathcal{R})$ は定理 I.4.6 によりベクトル束であるから,まず $v = v^+ - v^-$ と分解して考えれば,v は非負であるとしてよい.§I.4.3 に従って,v を内成分 $v_i = \mathrm{pr}_I(v)$ と準有界成分 $v_q = \mathrm{pr}_Q(v)$ に直交分解する.即ち,$v = v_i + v_q$.いま,$v \geqq 0$ であるから,定理 I.4.7 により $v_i \geqq 0$ 且つ $v_q \geqq 0$ を満たす.定理 I.4.8 により,v_q は $\mathcal{R}$ 上到るところ調和であり,v_i の特異点は離散集合である.$a \in \mathcal{R}$ を v_i の特異点とする.v_i には対数的特異点しかないから,a を

中心とする座標円板 $|z| < 1$ を適当に選べば, $v_i(z) = c\log|z| + h(z)$ (但し, $h(z)$ は調和函数) の形に書ける. v_i は非負であるから, $c \geqq 0$ であり, 従って v_i は a の近傍で優調和である. a は任意であったから, v_i は $\mathfrak{R}$ 上で優調和である. 従って, Riesz の定理 (定理 B.10) により v_i は $\mathfrak{R}$ 上の非負の調和函数 h_s とポテンシャル h_p の和に表される. 即ち, $v_i = h_s + h_p$. v_i は内成分であるから, h_s は特異調和函数である. 定理 III.5.4 により, $\widehat{h_s}$ と $\widehat{h_p}$ は $\varDelta_1$ 上でほとんど到るところ存在するが, h_s と h_p には準有界成分はないから, 定理 III.5.5 により $\widehat{h_s} = \widehat{h_p} = 0$ a.e. を得る. 一方, 定理 III.5.4 により $\widehat{v_q}$ も $\varDelta_1$ 上でほとんど到るところ存在する. 故に, $\widehat{v} = \widehat{v_b}$ a.e. が成り立つ. □

系 u が有界型の局所有理型絶対値ならば, $\widehat{u}$ は $\varDelta_1$ 上でほとんど到るところ存在し, $\varDelta_1$ 上でほとんど到るところ $\widehat{u_I} = 1$ および $\widehat{u} = \widehat{u_Q}$ が成り立つ. 但し, $u_I = \exp(\mathrm{pr}_I(\log u))$, $u_Q = \exp(\mathrm{pr}_Q(\log u))$ とする.

証明 $v = \log u$ とおく. このとき, u についての仮定により $v \in \mathrm{SP}'$ であるから, 前定理により $\widehat{v}$ は $\varDelta_1$ 上でほとんど到るところ存在して, $\widehat{v_q}$ に等しい. 但し, $v_q = \mathrm{pr}_Q(v)$ とする. よって, $\widehat{u} = \exp\widehat{v} = \exp\widehat{v_q} = \widehat{u_Q}$ が得られる. これから, $\widehat{u_I} = 1$ a.e. は明らかであろう. □

最後に, 公約内因数について述べよう. そのため, 有界な内的局所正則絶対値を考察する. まず. このような u は $u \leqq 1$ を満たすことに注意する. 実際, $v = \log u$ とおくとき, §I.4.3 の記号を使えば $v \in \mathrm{SP}'(\mathfrak{R})$ であるから, $v = v^+ - v^-$ と分解できる. 仮定により u は有界であるから, v は上に有界である. 従って, v^+ は有界な調和函数となるが, $v (\in I(\mathfrak{R}))$ には準有界な成分はないから, $v^+ = 0$ を得る. 故に, $u = \exp(-v_-) \leqq 1$ が成り立つ. 次に, 二つの有界な内的局所正則絶対値 u_1, u_2 において, u_1 が u_2 を割切るとは $u_2/u_1 \leqq 1$ が成り立つことを云う. u_2/u_1 はもちろん有界な内的局所正則絶対値である. さて, $\mathcal{J}$ を有界型局所正則絶対値の族で, $\mathcal{J}$ の各元 u の内因数 u_I は有界であると仮定する. このとき, $\mathcal{A} = \{\log u_I : u \in \mathcal{J}\}$ は $I(\mathfrak{R})$ の部分集合で, 定数函数 0 を上界とすることが分る. 定理 I.4.7 により $I(\mathfrak{R})$ は $\mathrm{SP}'(\mathfrak{R})$ の完備な順序イデアルであるから, $\mathcal{A}$ は $\mathrm{SP}'(\mathfrak{R})$ の中で最小の上界を持つ. こ

れを v_0 とすれば, $v \in I(\mathfrak{R})$ 且つ $v_0 \leqq 0$ が成り立つ. ここで, $u_0 = \exp v_0$ とおくと, u_0 は $\mathfrak{R}$ 上の内的局所正則絶対値であって, 次の二性質を持つ.

(a)　u_0 は $\mathcal{J}$ の各元 u の内因数 u_I を割切る.

(b)　もし u_1 が $\mathfrak{R}$ 上の内的局所正則絶対値であって, $\mathcal{J}$ の各元 u の内因数 u_I を割切るならば, u_1 は u_0 を割切る.

これらの二性質を持つ u_0 は一意に決る. これを $\mathcal{J}$ の**最大公約内因数**と呼ぶ. もし性質 (a) のみを持つときは, 単に $\mathcal{J}$ の**公約内因数**と呼ぶ.

3.3 Cauchy-Read の定理　縁つきコンパクト Riemann 面上の H^p 函数の境界函数の特徴づけは Read [91] によって与えられ, Cauchy-Read の定理として知られている. 次章で応用するため, 縁つきコンパクト Riemann 面に関連する話題の一つとして証明なしで述べる. 証明は §IX.2.4 で与えられる.

定理 3.5 (Cauchy-Read)　G を $\mathfrak{R}$ の正則な部分領域とし, $1 \leqq p \leqq \infty$ に対し $L^p(\partial G)$ は ∂G の弧長に関する L^p 空間とする. このとき,

(a)　全ての $f \in H^p(G)$ はほとんど全ての境界点 $b \in \partial G$ において非接境界値 $f^*(b)$ を持ち, $f^* \in L^p(\partial G)$ を満たす. さらに, $\mathrm{Cl}\, G$ の近傍で定義された任意の正則微分 ω に対して $\int_{\partial G} f^* \omega = 0$ が成り立つ.

(b)　$u \in L^p(\partial G)$ ($1 \leqq p \leqq \infty$) は $\mathrm{Cl}\, G$ の近傍で定義された任意の正則微分 ω に対して, $\int_{\partial G} u\omega = 0$ を満たすとする. このとき, $f \in H^p(G)$ で ∂G 上でほとんど到るところ $f^* = u$ を満たすものが唯一存在する.

§4　β 位相

$\mathfrak{R}$ 上の有界調和函数の空間 $h^\infty(\mathfrak{R})$ 上のいわゆる β 位相を考察する.

4.1　位相の定義　空間 $h^\infty(\mathfrak{R})$ には二種類の自然な位相がある. 第一は

$$\|h\|_\infty = \sup\{|h(z)| : z \in \mathfrak{R}\} \tag{4.1}$$

で定義される一様ノルム位相である. 第二は本節の主題で β 位相と呼ばれる. これは Buck [21] が $H^\infty(\mathbb{D})$ に対して導入し, Rubel-Shields [95] が発展させたものである. これを定義するために, $C_0(\mathfrak{R})$ を $\mathfrak{R}$ 上の複素数値連続函数 f

で無限遠で消滅するもの全体の空間とする. ここで, f が無限遠で消滅すると は, 任意の $\varepsilon > 0$ について $\{z \in \mathcal{R} : |f(z)| \geqq \varepsilon\}$ がコンパクトであることを 云う. 空間 $C_0(\mathcal{R})$ は函数の通常の加法とスカラー倍および $\mathcal{R}$ 上の一様ノルム に関して Banach 空間をなす.

さて, 任意の $f \in C_0(\mathcal{R})$ に対し $h^\infty(\mathcal{R})$ 上の半ノルム $\|\cdot\|_f$ を
$$\|h\|_f = \|fh\|_\infty$$
によって定義する. この半ノルムの全体 $\{\|\cdot\|_f : f \in C_0(\mathcal{R})\}$ は $h^\infty(\mathcal{R})$ に局 所凸位相を定義する. これが $h^\infty(\mathcal{R})$ の**厳密位相** β である. この位相を持つ空 間 $h^\infty(\mathcal{R})$ を $h^\infty_\beta(\mathcal{R})$ と書く.

4.2 $h^\infty_\beta(\mathcal{R})$ の基本性質 $h^\infty_\beta(\mathcal{R})$ の双対空間を定義しよう. $M_b(\mathcal{R})$ を $\mathcal{R}$ 上の複素数値の有界 Borel 測度全体の空間とする. この空間は測度の通常の和 とスカラー倍および全変動ノルム $\|\mu\| = \int_\mathcal{R} |d\mu|$ に関して Banach 空間をなす. 我々は各 $\mu \in M_b(\mathcal{R})$ と $\mathcal{R}$ 上の任意の複素数値有界連続函数 h に対し, 内積
$$\langle h, \mu \rangle = \int_\mathcal{R} h(z)\, d\mu(z) \tag{4.2}$$
を導入する. このとき, $|\langle h, \mu \rangle| \leqq \|h\|_\infty \|\mu\|$ が成り立つ. 従って, もちろん $h \mapsto \langle h, \mu \rangle$ は $C_0(\mathcal{R})$ 上の連続な線型汎函数を定義するが, 逆に, Banach 空間 $C_0(\mathcal{R})$ 上の任意の連続な線型汎函数は, 空間 $M_b(\mathcal{R})$ の元 μ により (4.2) の形 に表される. これが Riesz の表現定理である (Rudin [B38, 130 頁]).

補題 4.1 任意の $\mu \in M_b(\mathcal{R})$ に対し, $F_\mu : h \to \langle h, \mu \rangle$ は $h^\infty_\beta(\mathcal{R})$ 上の連続な 線型汎函数である. この逆も正しい.

証明 $\mu \in M_b(\mathcal{R})$ を任意にとる. $\{K_n : n = 1, 2, \ldots\}$ を $\mathcal{R}$ のコンパクト 部分集合の列で $K_n \subset \operatorname{Int} K_{n+1}$, $|\mu|(\mathcal{R} \setminus \operatorname{Int} K_n) < 4^{-n}$ $(n = 1, 2, \ldots)$ 且 つ $\mathcal{R} = \bigcup_n K_n$ を満たすものとする. 次に, Urysohn の補題を使って, $\mathcal{R}$ 上で $0 \leqq f_n(z) \leqq 1$ を満たす連続函数 f_n で, K_n 上で 1, $\mathcal{R} \setminus \operatorname{Int} K_{n+1}$ 上で 0 と なるものを作る (荷見 [B17, 117 頁] 参照). このとき,
$$f(z) = \sum_{n=1}^\infty 2^{-k} f_k(z)$$

とおけば, $f \in C_0(\mathcal{R})$ である. 実際, f は連続であり, $K_{n+1} \setminus K_n$ 上では $2^{-n} \leqq f \leqq 2^{-n+1}$ $(n=0,1,\dots)$ が成り立つからである. 但し, $K_0 = \emptyset$ とする. そこで, $\mathcal{R}$ 上の測度 μ' を $d\mu' = f^{-1} d\mu$ で定義する. このとき,

$$|\mu'|(\mathcal{R}) = \sum_{n=0}^{\infty} |\mu'|(K_{n+1} \setminus K_n) \leqq |\mu|(K_1) + \sum_{k=1}^{\infty} 2^n 4^{-n} < \infty$$

であるから, $\mu' \in M_b(\mathcal{R})$. 従って, 全ての $h \in h^\infty(\mathcal{R})$ に対して

$$|F_\mu(h)| = |\langle h, \mu \rangle| = \left| \int_{\mathcal{R}} f(z) h(z) \, d\mu'(z) \right| \leqq \|\mu'\| \|h\|_f$$

を得るから, F_μ は β 連続である.

逆に, F を $h^\infty(\mathcal{R})$ 上の β 連続な線型汎函数とすると, $f \in C_0(\mathcal{R})$ を適当にとるとき, 全ての $h \in h^\infty(\mathcal{R})$ に対して $|F(h)| \leqq \|h\|_f$ が成り立つ. 従って, $C_0(\mathcal{R})$ の線型部分空間 $fh^\infty(\mathcal{R})$ 上の線型汎函数 F_1 を $F_1(fh) = F(h)$ によって定義することができる. このとき,

$$|F_1(fh)| = |F(h)| \leqq \|h\|_f = \|fh\|_\infty$$

であるから, F_1 は $C_0(\mathcal{R})$ のノルムについて連続である. Hahn-Banach の定理 (定理 I.2.2) を $p(h) = \|h\|_\infty$ $(h \in C_0(\mathcal{R}))$ として適用すると, F_1 を $C_0(\mathcal{R})$ 全体の連続線型汎函数 F_2 に延長できるから, Riesz の表現定理により

$$F_2(h) = \int_{\mathcal{R}} h(z) \, d\mu''(z) \qquad (h \in C_0(\mathcal{R}))$$

を満たす $\mu'' \in M_b(\mathcal{R})$ が存在する. 従って,

$$F(h) = F_1(fh) = F_2(fh) = \int_{\mathcal{R}} f(z) h(z) \, d\mu''(z) \qquad (h \in h^\infty(\mathcal{R}))$$

が得られる. そこで, $d\mu = f d\mu''$ と定義すれば, $\mu \in M_b(\mathcal{R})$ であり, 且つ $F(h) = \langle h, \mu \rangle$ が成り立つ. □

系 $h_\beta^\infty(\mathcal{R})$ の双対空間は $M_b(\mathcal{R})$ の商空間と同型である.

補題 4.2 任意の $h \in h^\infty(\mathcal{R})$ に対し, $F_h : \mu \to \langle h, \mu \rangle$ はノルム空間 $M_b(\mathcal{R})$ 上の連続な線型汎函数である. しかも, $\|F_h\| = \|h\|_\infty$ が成り立つ. 従って, $h \mapsto F_h$ はノルム空間 $h^\infty(\mathcal{R})$ から $M_b'(\mathcal{R})$ の中への等距離埋め込みである.

証明 不等式 $|F_h(\mu)| \leq \|h\|_\infty \|\mu\|$ より F_h の連続性と $\|F_h\| \leq \|h\|_\infty$ が分る. また, $\mu = \delta_z$ を $z \in \mathcal{R}$ における Dirac 測度とすれば, $F_h(\delta_z) = h(z)$ であるから, 逆の不等式 $\|h\|_\infty \leq \|F_h\|$ も正しい. □

補題 4.3 $h^\infty(\mathcal{R})$ の部分集合が β 位相で有界なるための必要十分条件はそれがノルム有界なことである. 従って, これは弱位相 $\sigma(h^\infty(\mathcal{R}), M_b(\mathcal{R}))$ について有界であることとも同値である.

証明 $A \subset h^\infty(\mathcal{R})$ が β 位相について有界であるとする. このとき, $h_\beta^\infty(\mathcal{R})$ の任意の連続な線型汎函数は A 上で有界になるから, 補題 4.1 に注意すれば, 任意の $\mu \in M_b(\mathcal{R})$ に対し $\{|F_h(\mu)| : h \in A\} = \{|\langle h, \mu \rangle| : h \in A\}$ は有界である. 実際, A は $M_b(\mathcal{R})$ の双対空間の部分集合として汎弱有界であるから, 一様有界性の原理 (荷見 [B18, 30 頁]) により $\{F_h : h \in A\}$ は $M_b'(\mathcal{R})$ で (ノルム) 有界である. 補題 4.2 により $\|F_h\| = \|h\|_\infty$ であるから, A は $h^\infty(\mathcal{R})$ でノルム有界である. 最後に, ノルム有界ならば β 位相で有界になることは, β 位相がノルム位相より弱いから明らかである. □

補題 4.4 $h^\infty(\mathcal{R})$ の閉単位球 $B = \{h \in h^\infty(\mathcal{R}) : \|h\|_\infty \leq 1\}$ は弱位相 $\sigma(h^\infty(\mathcal{R}), M_b(\mathcal{R}))$ についてコンパクトである.

証明 $\{h_\lambda\}$ を B 内の任意の有向点族とする. このとき, h_λ の細境界函数 $\widehat{h}_\lambda$ よりなる有向点族は $L^\infty(d\chi)$ の閉単位球 B_1 に含まれる. ところが, $L^\infty(d\chi)$ は $L^1(d\chi)$ の双対空間であるから, Alaoglu の定理により B_1 は汎弱位相 $\sigma(L^\infty(d\chi), L^1(d\chi))$ についてコンパクトである. 従って, $\{h_\lambda\}$ の部分有向点族 $\{h_{\lambda'}\}$ と $h^* \in B_1$ が存在して, 任意の $f^* \in L^1(d\chi)$ に対して

$$\int_{\Delta_1} (\widehat{h}_{\lambda'} - h^*) f^* \, d\chi \to 0$$

が成り立つ. 定理 3.2(a) により, 写像 $h \mapsto \widehat{h}$ は $h^\infty(\mathcal{R})$ から $L^\infty(d\chi)$ への等距離的な全単射であるから, $h \in h^\infty(\mathcal{R})$ が一意に存在して $\|h\|_\infty \leq 1$ 且つ $\widehat{h} = h^*$ a.e. が成り立つ. さて, 任意に $\mu \in M_b(\mathcal{R})$ をとって

$$f^*(b) = \int_\mathcal{R} k_b(z) \, d\mu(z)$$

とおけば, f^* は $L^1(d\chi)$ に属する. 実際,

$$\int_{\Delta_1} |f^*(b)|\, d\chi(b) \leq \int_{\Delta_1} \left[\int_{\mathcal{R}} k_b(z)\, |d\mu(z)|\right] d\chi(b)$$
$$= \int_{\mathcal{R}} \left[\int_{\Delta_1} k_b(z)\, d\chi(b)\right] |d\mu(z)| = \int_{\mathcal{R}} |d\mu(z)| = \|\mu\| < \infty\,.$$

従って,

$$\int_{\mathcal{R}} (h_{\lambda'}(z) - h(z))\, d\mu(z) = \int_{\mathcal{R}} \left[\int_{\Delta_1} (\widehat{h}_{\lambda'}(b) - \widehat{h}(b)) k_b(z)\, d\chi(b)\right] d\mu(z)$$
$$= \int_{\Delta_1} (\widehat{h}_{\lambda'}(b) - \widehat{h}(b)) f^*(b)\, d\chi(b)$$
$$= \int_{\Delta_1} (\widehat{h}_{\lambda'}(b) - h^*(b)) f^*(b)\, d\chi(b) \to 0\,.$$

これは部分有向点族 $\{h_{\lambda'}\}$ が位相 $\sigma(h^\infty(\mathcal{R}), M_b(\mathcal{R}))$ に関して h に収束することを示す. 故に, B は $\sigma(h^\infty(\mathcal{R}), M_b(\mathcal{R}))$ コンパクトである. □

4.3 $h_\beta^\infty(\mathcal{R})$ の双対空間としての $L^1(d\chi)$ $h^\infty(\mathcal{R})$ の β 位相に関する双対空間の別の特徴づけを与えよう.

定理 4.5 $h^\infty(\mathcal{R})$ 上の線型汎函数 F が β 連続であるための必要十分条件は

$$F(h) = \int_{\Delta_1} \widehat{h}(b) f^*(b)\, d\chi(b) \qquad (h \in h^\infty(\mathcal{R})) \tag{4.3}$$

を満たす $f^* \in L^1(d\chi)$ が存在することである. 対応 $F \mapsto f^*$ は $h^\infty(\mathcal{R})$ の β 双対 $h_\beta^\infty(\mathcal{R})'$ から $L^1(d\chi)$ への全単射である.

証明 F を $h^\infty(\mathcal{R})$ 上の β 連続な線型汎函数とすると, 補題 4.1 により, $F(h) = \int_{\mathcal{R}} h(z)\, d\mu(z)$ $(h \in h^\infty(\mathcal{R}))$ を満たす $\mu \in M_b(\mathcal{R})$ が存在する. 定理 3.2(a) により $h \in h^\infty(\mathcal{R})$ に対し $h = H[\widehat{h}]$ が成り立つから, $f^*(b) = \int_{\mathcal{R}} k_b(z)\, d\mu(z)$ とおけば, 補題 4.4 の証明で示したように, $f^* \in L^1(d\chi)$ であって

$$F(h) = \int_{\mathcal{R}} h(z)\, d\mu(z) = \int_{\mathcal{R}} \left(\int_{\Delta_1} \widehat{h}(b) k_b(z)\, d\chi(b)\right) d\mu(z)$$
$$= \int_{\Delta_1} \widehat{h}(b) \left(\int_{\mathcal{R}} k_b(z)\, d\mu(z)\right) d\chi(b)$$

が Fubini の定理を使って得られる. 故に, (4.3) が成り立つ.

逆に, $f^* \in L^1(d\chi)$ とし, $h^\infty(\mathfrak{R})$ 上の汎函数 F を (4.3) で定義する. F の β 連続性を証明するためには, F の核 $\ker(F) = \{h \in h^\infty(\mathfrak{R}) : F(h) = 0\}$ が β 閉集合であることを示せば十分である. 補題 4.1 の系により $h_\beta^\infty(\mathfrak{R})$ の双対空間は $M_b(\mathfrak{R})$ の商空間であるから, $\ker(F)$ が β 閉集合であるためにはそれが $\sigma(h^\infty(\mathfrak{R}), M_b(\mathfrak{R}))$ 位相で閉じていることが必要十分である. 補題 4.2 の証明で見たように, $h^\infty(\mathfrak{R})$ を Banach 空間 $M_b(\mathfrak{R})$ の双対空間 $M_b'(\mathfrak{R})$ の部分空間と同一視すれば, $\ker(F)$ が $M_b'(\mathfrak{R})$ の $\sigma(M_b'(\mathfrak{R}), M_b(\mathfrak{R}))$ 閉部分空間であることを示せば十分である. Krein-Šmulian の定理によれば, これは $M_b'(\mathfrak{R})$ の閉単位球 B' と $\ker(F)$ の共通部分が $\sigma(M_b'(\mathfrak{R}), M_b(\mathfrak{R}))$ に関してコンパクトであることが必要十分である (Dunford-Schwartz [B9, 429 頁]). B をノルム空間 $h^\infty(\mathfrak{R})$ の閉単位球とすれば, 補題 4.2 より

$$\ker(F) \cap B' = \{h \in \ker(F) : \|h\|_\infty \leqq 1\} = \ker(F) \cap B$$

であるから, $\ker(F) \cap B$ が位相 $\sigma(h^\infty(\mathfrak{R}), M_b(\mathfrak{R}))$ についてコンパクトであることを示せばよい. ところが, 補題 4.4 により B は $\sigma(h^\infty(\mathfrak{R}), M_b(\mathfrak{R}))$ コンパクトであるから, $\ker(F) \cap B$ が $\sigma(h^\infty(\mathfrak{R}), M_b(\mathfrak{R}))$ 閉集合であることを示せばよい. このため, $\ker(F) \cap B$ 内の有向点族 $\{h_\lambda : \lambda \in \Lambda\}$ が B 内の点 k に $\sigma(h^\infty(\mathfrak{R}), M_b(\mathfrak{R}))$ 位相で収束したと仮定する. 細境界函数からなる有向点族 $\{\widehat{h}_\lambda : \lambda \in \Lambda\}$ を考えれば, これは $L^\infty(d\chi)$ の閉単位球 B_1 内にあり, この閉単位球は $\sigma(L^\infty(d\chi), L^1(d\chi))$ コンパクトであるから, $\{h_\lambda\}$ の部分点族 $\{h_{\lambda'}\}$ と $h^* \in B_1$ を適当にとれば, 汎弱位相 $\sigma(L^\infty(d\chi), L^1(d\chi))$ で $\{\widehat{h}_{\lambda'}\}$ は h^* に収束する. 特に,

$$\int_{\Delta_1} (\widehat{h}_{\lambda'} - h^*) f^* \, d\chi \to 0$$

が成り立つ. $h_{\lambda'} \in \ker(F)$ であるから,

$$\int_{\Delta_1} \widehat{h}_{\lambda'} f^* \, d\chi = F(h_{\lambda'}) = 0$$

で, 従って, $\int_{\Delta_1} h^* f^* \, d\chi = 0$ を満たす. もし $h_0 \in h^\infty(\mathfrak{R})$ を $\widehat{h}_0 = h^*$ a.e. で定義すれば, $\{\widehat{h}_{\lambda'}\}$ は $\widehat{h}_0$ に汎弱位相 $\sigma(L^\infty(d\chi), L^1(d\chi))$ で収束する. 前半で述べたように, 任意の $\mu \in M_b(\mathfrak{R})$ に対して $f^*(b) = \int_{\mathfrak{R}} k_b(z) \, d\mu(z)$ によっ

て $f^* \in L^1(d\chi)$ を定義すれば,

$$\int_{\mathcal{R}} (h_{\lambda'}(z) - h_0(z)) \, d\mu(z) = \int_{\mathcal{R}} \left[\int_{\Delta_1} (\widehat{h}_{\lambda'}(b) - \widehat{h}_0(b)) k_b(z) \, d\chi(b) \right] d\mu(z)$$
$$= \int_{\Delta_1} (\widehat{h}_{\lambda'}(b) - \widehat{h}_0(b)) f^*(b) \, d\chi(b)$$
$$= \int_{\Delta_1} (\widehat{h}_{\lambda'}(b) - h^*(b)) f^*(b) \, d\chi(b) \to 0.$$

これは $\{h_{\lambda'}\}$ が h_0 に弱位相 $\sigma(h^\infty(\mathcal{R}), M_b(\mathcal{R}))$ で収束することを示している. 故に, $k = h_0 \in h^\infty(\mathcal{R})$ を得る. よって,

$$F(k) = F(h_0) = \int_{\Delta_1} \widehat{h}_0 f^* \, d\chi = \int_{\Delta_1} h^* f^* \, d\chi = 0$$

となるから, $k \in \ker(F)$. 故に, $\ker(F) \cap B$ は $\sigma(h^\infty(\mathcal{R}), M_b(\mathcal{R}))$ 閉集合である. これで F の β 連続性の証明は終った.

最後に, (4.3) で与えられる写像 $F \mapsto f^*$ が1対1であることは, 定理 3.2 により $\{\widehat{h} : h \in h^\infty(\mathcal{R})\}$ が $L^\infty(d\chi)$ に一致することから分る. □

系 $h^\infty(\mathcal{R})$ の部分空間が β 閉であるためには写像 $h \mapsto \widehat{h}$ による像が $L^\infty(d\chi)$ の中で汎弱位相 $\sigma(L^\infty(d\chi), L^1(d\chi))$ で閉じていることが必要十分である.

文献ノート

§1 では単位円板上の Hardy 族の基本について最小限を述べた. 優れた教科書が多いので必要に応じて参照されたい. 著者が参考にしたものとして, Gamelin [B12], Hoffman [B21], Helson [B20], Koosis [B22], 竹之内・阪井・貴志・神保 [B42], 和田 [B44] を挙げておく.

§2 では, 上半平面上の Hardy 族について, 特に Herglotz 函数と Nevanlinna 函数に重点を置き, Koosis [B22], Rosenblum-Rovnyak [B36], Krein-Nudelman [B24] などを参考にして述べた. 定理 2.3 は Gesztesy-Yuditskii [34] を参考にした. §3 について言えば, §3.1 は荷見 [39] と Neville [81] からの引用である. §3.2 の調和優函数に関する結果は Heins [B19] と Parreau [84] によった. §4 の主題である有界調和函数の空間 h^∞ の β 位相は Rubel-Shields [95] による.

なお, 本章で参考にしたのは大体以上であるが, 最近の事情については Rosenblum-Rovnyak [B36] などで補っていただきたい.

第 V 章

Parreau-Widom 型 Riemann 面

本章では，Parreau-Widom 型 Riemann 面を定義し，Widom の基本定理を詳しく説明する．また，一般の Parreau-Widom 型 Riemann 面はポテンシャル論の意味で正則な同種の面から離散点集合を除いたものとして得られることを示す．これ故 Widom の定義は Parreau が 1958 年の論文で導入した概念と本質は同じである．Parreau-Widom 型と呼ぶ根拠はここにある．

§1 定義と基本性質

Parreau-Widom 型 Riemann 面を Widom [115] に従って定義し，その基本性質を述べる．

1.1 基本定義 $\mathcal{R}$ を双曲型 Riemann 面とし，$g_a(z) = g(a,z)$ を $a \in \mathcal{R}$ を極とする $\mathcal{R}$ の Green 函数とする．また，1 点 $O \in \mathcal{R}$ を固定し，$\mathcal{R}$ の原点と呼ぶ．任意の $\alpha > 0$ と任意の点 $a \in \mathcal{R}$ に対して，

$$\mathcal{R}(\alpha, a) = \{z \in \mathcal{R} : g(a, z) > \alpha\} \tag{1.1}$$

と定義する．Green 函数の性質 (定理 B.6) と調和函数の最大値原理により，$\mathcal{R}(\alpha, a)$ は $\mathcal{R}$ の連結領域であって $\mathcal{R}\setminus\mathcal{R}(\alpha, a)$ にはコンパクトな成分がないから，$\mathcal{R}(\alpha, a)$ に含まれる特異 1 鎖が $\mathcal{R}$ で零ホモローグであるためにはそれが $\mathcal{R}(\alpha, a)$ 内で零ホモローグであることが必要十分である．従って，もし $\alpha > \alpha' > 0$ ならば，特異ホモロジー群について

$$H_1(\mathcal{R}(\alpha, a)) \subseteq H_1(\mathcal{R}(\alpha', a)) \subseteq H_1(\mathcal{R})$$

が成り立つ (定理 A.3(a))．$B(\alpha, a)$ を領域 $\mathcal{R}(\alpha, a)$ の 1 次元 Betti 数，即ち，1 次元特異ホモロジー群 $H_1(\mathcal{R}(\alpha, a))$ の生成元の個数とする．点 a を固定す

るとき，$B(\alpha,a)$ は α の単調減少函数であり，十分大きな全ての α に対して $\mathcal{R}(\alpha,a)$ は円板に等角同値になるから $B(\alpha,a)=0$ となる．

さて，Riemann 面 $\mathcal{R}$ が **Parreau-Widom 型**であるとは，条件

$$\int_0^\infty B(\alpha,a)\,d\alpha < +\infty \tag{W}$$

を満たす $a \in \mathcal{R}$ が存在することを云う．この条件を **Widom 条件**と呼ぶ．以下では，Parreau-Widom 型 Riemann 面を略して **PW 面**とも呼ぶ．

補題 1.1 条件 (W) は点 a の選び方に依存しない．

証明 $\mathcal{R}$ の相異なる任意の 2 点 a, a' に対し，V, V' をそれぞれ a, a' を中心とする座標円板で，閉包が互いに素であるものとし，$G = \mathcal{R} \setminus (\mathrm{Cl}(V \cup V'))$ とおく．G の境界 ∂G はコンパクトで a と a' を含まないから，

$$A^{-1}g(a',z) \leqq g(a,z) \leqq A g(a',z) \qquad (z \in \partial G) \tag{1.2}$$

を満たす正数 A が存在する．さらに，Green 函数の性質 (定理 B.6) により，$g_a = H_{g_a}^G$ および $g_{a'} = H_{g_{a'}}^G$ が G 上で成り立つから，不等式 (1.2) は全ての $z \in G$ に対して正しい．そこで，$g(a,z)$ と $g(a',z)$ の ∂G 上での最小値を α_0 とすれば，$0 < \alpha < \alpha_0$ に対し $\mathcal{R}(\alpha,a) \subseteq \mathcal{R}(A^{-1}\alpha, a') \subseteq \mathcal{R}(A^{-2}\alpha, a)$ を得るから，$B(\alpha,a) \leqq B(A^{-1}\alpha, a') \leqq B(A^{-2}\alpha, a)$ が成り立つ．積分して，

$$A^{-1}\int_0^{\alpha_0} B(\alpha,a)\,d\alpha \leqq \int_0^{\alpha_0/A} B(\alpha,a')\,d\alpha \leqq A \int_0^{\alpha_0/A^2} B(\alpha,a)\,d\alpha.$$

故に，$\int_0^\infty B(\alpha,a)\,d\alpha$ と $\int_0^\infty B(\alpha,a')\,d\alpha$ は同時に収束または発散する．□

1.2 Parreau 条件 Riemann 面 $\mathcal{R}$ が**ポテンシャル論の意味で正則** (または，略して単に**正則**) であるとは，全ての $\alpha > 0$ に対し $\mathcal{R}(\alpha,a)$ が相対コンパクトとなる $a \in \mathcal{R}$ が存在することを云う．この性質も点 a のとり方によらない．次に，Green 函数の複素微分 $\delta g_a(z) = \delta g(a,z)$ を

$$\delta g(a,z) = \left(\frac{\partial g_a}{\partial x} - i \frac{\partial g_a}{\partial y}\right) dz = 2 \frac{\partial g_a}{\partial z}\,dz \tag{1.3}$$

で定義する．$\delta g(a,z)$ は $\mathcal{R}$ 上の有理型微分であって，a で留数 -1 の 1 位の極を持つ他は $\mathcal{R}$ 上で正則である．微分 $\delta g(a,\cdot)$ が $w \in \mathcal{R}$ $(w \neq a)$ で m 位の

零点を持つとき,点 w を Green 函数 $g_a = g(a,\cdot)$ の**臨界点**と呼び,m をこの臨界点の**重複度**と呼ぶ.$g(a,\cdot)$ の臨界点の全体を重複度を込めて並べた集合を $Z(a;\mathcal{R})$ と表す.我々はまず次を示そう.

定理 1.2 $\mathcal{R}$ が正則ならば,全ての $a \in \mathcal{R}$ に対して次が成り立つ:
$$\int_0^\infty B(\alpha,a)\,d\alpha = \sum \{g(a,w) : w \in Z(a;\mathcal{R})\}. \tag{1.4}$$

従って,正則な Riemann 面 $\mathcal{R}$ が Parreau-Widom 型であるためには次の **Parreau 条件**を満たす $a \in \mathcal{R}$ が存在することが必要十分である:
$$\sum \{g(a,w) : w \in Z(a;\mathcal{R})\} < \infty. \tag{P}$$

証明 g_a の臨界点は離散集合をなすから,0 に収束する狭義の単調減少数列 $\{\alpha_1, \alpha_2, \ldots\}$ であって,各等高線 $\{z \in \mathcal{R} : g_a(z) = \alpha_n\}$ は g_a の臨界点を含まぬようにできる.そこで $\mathcal{R}_n = \mathcal{R}(\alpha_n, a)$ とおくと,$\mathcal{R}$ は正則であるから,各 $\overline{\mathcal{R}}_n = \text{Cl}\,\mathcal{R}_n$ は縁つき Riemann 面であり,その Green 函数で a に極を持つもの $g_n(a,z)$ は $g(a,z) - \alpha_n$ に等しい.$g_n(a,z)$ の調和共軛函数を $^*g_n(a,z)$ とおく.これは必ずしも一価函数ではないが,微分 $d(g_n(a,z) + i\,^*g_n(a,z))$ は一価であり,$\overline{\mathcal{R}}_n$ の対称化上の有理型微分に一意に拡大される.これを τ と書けば,Riemann-Roch の定理より $\deg(\tau) = 2q_n - 2$ である (§A.4.5 参照).但し,q_n は $\overline{\mathcal{R}}_n$ の対称化の種数である.もし $g_n(a,z)$ の $\mathcal{R}_n$ での臨界点の重複度を込めた個数を N_n とすれば,τ は $2N_n$ 個の零点と 2 個の極を持つから,$\deg(\tau) = 2N_n - 2$ が分る.一方,q_n は $\mathcal{R}_n$ の 1 次元 Betti 数 $B(\alpha_n, a)$ に等しいから,$B(\alpha_n, a) = q_n = N_n$ $(n = 1, 2, \ldots)$.よって,部分積分により
$$\int_{\alpha_n}^\infty B(\alpha,a)\,d\alpha = -\alpha_n B(\alpha_n,a) - \int_{\alpha_n}^\infty \alpha\,dB(\alpha,a)$$
$$= -\alpha_n B(\alpha_n,a) + \sum\{g_a(w) : w \in Z(a;\mathcal{R}),\ g_a(w) > \alpha_n\}$$

を得る.従って,$\sum g(a,w) < \infty$ ならば,$\int_0^\infty B(\alpha,a)\,d\alpha < \infty$ が成り立つ.逆に $\int_0^\infty B(\alpha,a)\,d\alpha < \infty$ ならば,$B(\alpha,a)$ は単調減少であるから,
$$\alpha_n B(\alpha_n,a) \leqq \int_0^{\alpha_n} B(\alpha,a)\,d\alpha \to 0 \qquad (n \to \infty)$$
となり,上の計算から $\sum g(a,w) < \infty$.これで等式 (1.4) が示された. □

実際，定理 2.2 で示すように，任意の PW 面は Parreau 条件 (P) を満たす正則な Riemann 面から離散点集合を除いて得られる．よって，一般の PW 面は正則な PW 面と本質的には変らないので，条件 (W) と条件 (P) は本質的には同等である．Parreau-Widom 面と呼ぶ理由である．

1.3 Widom の基本定理 Riemann 面 $\mathcal{R}$ 上の任意の (平坦なユニタリ) 直線束 $\xi \in H^1(\mathcal{R}, \mathbb{T})$ に対し，ξ の正則断面全体の空間を $\mathcal{H}(\mathcal{R}, \xi)$ と書く (§II.2.1 参照)．もし $f \in \mathcal{H}(\mathcal{R}, \xi)$ ならば，絶対値 $|f|$ は $\mathcal{R}$ 上の局所正則絶対値であるから，任意の正数 p に対し $|f|^p$ は $\mathcal{R}$ で劣調和である．我々は

$$\|f\|_p = \|f\|_{p,O} = \begin{cases} \left[\mathbf{M}(|f|^p)(O)\right]^{1/p} & (0 < p < \infty), \\ \sup\{|f(z)| : z \in \mathcal{R}\} & (p = \infty) \end{cases}$$

と定義する．ここで，$\mathbf{M}(\ )$ は $\mathcal{R}$ 上での最小調和優函数を表す．このとき，全ての $0 < p \leqq \infty$ に対して，

$$\mathcal{H}^p(\mathcal{R}, \xi) = \{\, f \in \mathcal{H}(\mathcal{R}, \xi) : \|f\|_p < \infty \,\}$$

とおく．$1 \leqq p \leqq \infty$ ならば，$\mathcal{H}^p(\mathcal{R}, \xi)$ は函数の和とスカラー倍を §II.2.3 に従って定義するとき，ノルム $\|\cdot\|_p$ について Banach 空間となる．

PW 面を最初に論じたのは Parreau [85] であるが，この面に関する最も本質的な重要性を示したのは Widom [115] で次の基本的結果を示した:

定理 1.3 (Widom) Riemann 面 $\mathcal{R}$ について，次は同値である．

(a) $\mathcal{R}$ は Parreau-Widom 型である．
(b) 任意の直線束 $\xi \in H^1(\mathcal{R}, \mathbb{T})$ に対して $\mathcal{H}^\infty(\mathcal{R}, \xi) \neq \{0\}$．
(c) 任意の直線束 $\xi \in H^1(\mathcal{R}, \mathbb{T})$ に対して $\mathcal{H}^1(\mathcal{R}, \xi) \neq \{0\}$．

本章の大半は Widom のこの基本定理の証明に当てられる．我々は §3 で (a) $\Rightarrow$ (b)，§4 で (c) $\Rightarrow$ (a) を示す．もちろん，(b) $\Rightarrow$ (c) は明らかである．

注意 1.4 Widom の原論文 [115] では，基本定理 1.3 の命題 (b) は直線束に限らず $\mathcal{R}$ 上の全ての平坦なユニタリベクトル束に対して成り立つことが証明されている．ベクトル値函数は取扱わない本書での応用には上記の形で十分であろう．

§2 Parreau-Widom 型 Riemann 面の正則化

本節では任意の PW 面は正則な PW 面に埋込むことができることを示す.

2.1 正則化の構成 $\mathcal{R}$ を双曲型 Riemann 面とし §1.1 の記号を用いる.

補題 2.1 全ての $\alpha > 0$ に対し $B(\alpha, a) < \infty$ を満たす $a \in \mathcal{R}$ が存在するならば, 正則な Riemann 面 $\mathcal{R}^\dagger$ とその離散部分集合 Σ で次を満たすものが等角同型の意味で一意に存在する:

(a) $\mathcal{R}^\dagger$ は 1 次元 Betti 数について $\mathcal{R}$ と同様の性質を持つ.

(b) $\mathcal{R}$ は $\mathcal{R}^\dagger \setminus \Sigma$ と等角同型である.

証明 証明に入る前に, 補題の条件は点 a の選び方によらぬことを注意しておく. さて, 以下では一意性は省略し, (a), (b) のみを二段階に分けて示す.

(第 1 段) $\mathcal{R}$ 自身の 1 次元 Betti 数が有限ならば, $\mathcal{R}$ の有限個の開部分集合 $V_1, \ldots, V_m$ で次の性質を持つものが存在する:

1) $\mathrm{Cl}(V_i)$ は互いに素な非コンパクト部分集合であり, V_i の境界 ∂V_i は解析的単純閉曲線 J_i である.

2) V_i から円環 $\{w \in \mathbb{C} : r_i < |w| < 1\}$ $(0 \leq r_i < 1)$ の上への等角同型写像 h_i で, $\mathrm{Cl}\, V_i$ から $\{w \in \mathbb{C} : r_i < |w| \leq 1\}$ の上への位相同型写像に延長され, 且つ J_i を単位円周に写すものが存在する.

3) $\mathcal{R} \setminus (\bigcup_{i=1}^m V_i)$ はコンパクト縁つき Riemann 面である.

もし全ての i に対し $r_i > 0$ ならば, $\mathcal{R}$ 自身が正則であるから, いくつかの r_i は 0 とする. 話を単純にするため, $r_1 = \cdots = r_s = 0$ $(s \geq 1)$ とし, $r_i > 0$ $(s+1 \leq i \leq m)$ とする. このときは, s 個の元からなる集合 $B = \{b_1, \ldots, b_s\}$ をとって集合の直和 $\mathcal{R}^\dagger = \mathcal{R} \cup B$ を作り, これに Riemann 面の構造を次のように導入する. まず, 任意の $p \in \mathcal{R}$ に対しては, $\mathcal{R}$ の座標円板で p を含むもの U_p を任意に割当てる. b_i $(1 \leq i \leq s)$ に対しては, $U_{b_i} = V_i \cup \{b_i\}$ とおき, $h_i^* : U_{b_i} \to \mathbb{D}$ を $h_i^*(z) = h_i(z)$ $(z \in V_i)$, $h_i^*(b_i) = 0$ によって定義し, (U_{b_i}, h_i^*) を b_i を中心とする座標円板と見なす. 構成から, これらの座標円板により $\mathcal{R}^\dagger$ に等角構造が定義され, この構造が $\mathcal{R}$ 上では $\mathcal{R}$ の元の等角構造と一致する. 孔あき円板 $\{0 < |w| < 1\}$ 上の有界な調和関数は全円板 $\{|w| < 1\}$

上の調和函数に一意に延長されるから, $a \in \mathcal{R}$ を極とする $\mathcal{R}$ の Green 函数 $g(a, z)$ は $\mathcal{R}^\dagger \setminus \{a\}$ 上の調和函数 $g^\dagger(a, z)$ に延長され, $\mathcal{R}^\dagger$ の Green 函数になる. 故に, $\mathcal{R}^\dagger$ は正則である.

(第2段) 一般の場合を示すため, 1点 $a \in \mathcal{R}$ を固定し, 任意の $\alpha > 0$ に対して $\mathcal{R}_\alpha = \mathcal{R}(\alpha, a)$ とおく. $\mathcal{R}_\alpha$ の 1 次元 Betti 数 $B(\alpha, a)$ は有限であるから, 第1段により $\mathcal{R}_\alpha$ に有限個の点を添加して正則な面 $\mathcal{R}_\alpha^\dagger$ を構成できる. この場合, $\mathcal{R}_\alpha^\dagger$ の Green 函数 $g_\alpha(a, z)$ は $g(a, z) - \alpha$ を連続性によって $\mathcal{R}_\alpha^\dagger$ まで延長したものに等しい. 従って, $0 < \beta < \alpha$ ならば, $\mathcal{R}_\alpha^\dagger$ を $\mathcal{R}_\beta^\dagger$ の部分領域
$$\{z \in \mathcal{R}_\beta^\dagger : g_\beta(a, z) > \alpha - \beta\}$$
と自然に同一視できる. この同一視により Riemann 面の族 $\{\mathcal{R}_\alpha^\dagger : \alpha > 0\}$ の合併 $\mathcal{R}^\dagger = \bigcup \{\mathcal{R}_\alpha^\dagger : \alpha > 0\}$ が定義できる. さらに, 各 $\mathcal{R}_\alpha^\dagger$ の Riemann 面の構造を上の同一視によって $\mathcal{R}^\dagger$ に移せば, $\mathcal{R}^\dagger$ は $\mathcal{R}$ を部分領域とする正則 Riemann 面になり, その Green 函数 $g^\dagger(a, z)$ は $g(a, z)$ を連続性により $\mathcal{R}^\dagger$ に延長したものに等しい. □

さて, $\mathcal{R}$ が条件 (W) を満たすと仮定しよう. 1 次元 Betti 数 $B(a, \alpha)$ ($0 < \alpha < \infty$) は α に関して単調減少であるから, $B(a, \alpha)$ は全ての $\alpha > 0$ に対して有限である. 従って, 補題 2.1 により, 正則な Riemann 面 $\mathcal{R}^\dagger$ とその離散部分集合 Σ で $\mathcal{R} = \mathcal{R}^\dagger \setminus \Sigma$ となるものが存在する. いま, $a \in \mathcal{R}$ に極を持つ $\mathcal{R}^\dagger$ の Green 函数を $g_a^\dagger$ とし, $g_a^\dagger$ の $\mathcal{R}^\dagger$ における臨界点の (重複度を込めた) 集合を $Z(a; \mathcal{R}^\dagger)$ と書く. また, $\mathcal{R}^\dagger(a, \alpha) = \{z \in \mathcal{R}^\dagger : g_a^\dagger(z) > \alpha\}$ の 1 次元 Betti 数を $B^\dagger(a, \alpha)$ と書けば, 全ての $\alpha > 0$ に対して $B^\dagger(a, \alpha) < \infty$ であって, 次が成り立つ:

定理 2.2 $\mathcal{R}$ が PW 面ならば, 任意の $a \in \mathcal{R}$ に対し,
$$\begin{aligned}\int_0^\infty B(\alpha, a)\, d\alpha &= \int_0^\infty B^\dagger(\alpha, a)\, d\alpha + \sum_{w \in \Sigma} g^\dagger(a, w) \\ &= \sum_{w \in Z(a; \mathcal{R}^\dagger)} g^\dagger(a, w) + \sum_{w \in \Sigma} g^\dagger(a, w).\end{aligned} \quad (2.1)$$

特に, 一般の PW 面 $\mathcal{R}$ は Parreau 条件を満たす正則 Riemann 面 $\mathcal{R}^\dagger$ から離散集合 Σ を除いてできる領域と等角同値である.

証明 $\Sigma = \{w_1, w_2, \dots\}$ とし, $\mathcal{R}_n = \mathcal{R}^\dagger \setminus \{w_1, \dots, w_n\}$ $(n = 1, 2, \dots)$ と定義する. $\mathcal{R}_n = \mathcal{R}_{n-1} \setminus \{w_n\}$ であるから, $B_n(\alpha, a)$ は $\alpha > g^\dagger(a, w_n)$ ならば $B_{n-1}(\alpha, a)$ に等しく, $\alpha < g^\dagger(a, w_n)$ ならば $B_{n-1}(\alpha, a) + 1$ に等しいから,

$$\int_0^\infty B_n(\alpha, a)\, d\alpha = \int_0^\infty B_{n-1}(\alpha, a)\, d\alpha + g^\dagger(a, w_n)$$
$$= \int_0^\infty B^\dagger(\alpha, a)\, d\alpha + \sum_{k=1}^n g^\dagger(a, w_k) .$$

ここで $n \to \infty$ とすれば, $B_n(\alpha, a)$ は単調に $B(\alpha, a)$ に収束するから, 求める結果が得られる. □

2.2 Martin のコンパクト化と正則化

定理 2.3 補題 2.1 の仮定の下で, $\mathcal{R}$ の Martin 境界を $\Delta(\mathcal{R})$ として

$$\Sigma = \{\, b \in \Delta(\mathcal{R}) : \limsup_{\mathcal{R} \ni z \to b} g(a, z) > 0 \,\}$$

とおき, $\mathcal{R}^\dagger = \mathcal{R} \cup \Sigma$ に $\mathcal{R}$ の Martin コンパクト化 $\mathcal{R}^*$ の位相を与えれば, これを底空間とする Riemann 面の構造で次の性質を満たすものが一意に定まる.

(a) $\mathcal{R}^\dagger$ は正則な面であり, $\mathcal{R}$ 上に元の Riemann 面の構造を引き起す.

(b) 任意の $b \in \Sigma$ に対し, b の $\mathcal{R}^*$ における近傍 V で $V \cap \Delta(\mathcal{R}) = \{b\}$ を満たすものが存在し, $V \cap \mathcal{R}$ 上の任意の有界調和函数は点 b まで連続的に拡張されて, $\mathcal{R}^\dagger$ の等角構造についての調和函数になる.

(c) $\mathcal{R}^\dagger$ の $a \in \mathcal{R}$ に極を持つ Green 函数 $g^\dagger(a, z)$ は $\mathcal{R}$ の Green 函数 $g(a, z)$ を $\mathcal{R}^*$ の位相に関する連続性により Σ の各点に延長することにより得られる. また, $O \in \mathcal{R}$ を原点とする $\mathcal{R}^\dagger$ の Martin 函数 $k^\dagger(b, z)$ は $\mathcal{R}$ の同じ原点 O に関する Martin 函数 $k(b, z)$ より同様にして得られる.

(d) $\mathcal{R}^\dagger$ の Martin のコンパクト化は $\mathcal{R}^*$ と同一視できる. 境界については次が成り立つ:$\Delta_1(\mathcal{R}) = \Delta_1(\mathcal{R}^\dagger) \cup \Sigma$.

(e) Riemann 面 $\mathcal{R}^\dagger$ の原点 O に対する調和測度で $\Delta_1(\mathcal{R}^\dagger)$ に台を持つもの $d\chi^\dagger$ は $\mathcal{R}$ の同じ原点 O に対する調和測度で $\Delta_1(\mathcal{R})$ に台を持つもの $d\chi$ を $\Delta_1(\mathcal{R}^\dagger)$ に制限したものに等しい.

(f) $\mathcal{R}$ が PW 面ならば, $\mathcal{R}^\dagger$ も同様である.

証明 補題 2.1 により $\mathcal{R}$ は正則 Riemann 面 $\mathcal{R}^\dagger$ から離散部分集合 Σ を除いて得られるが,これが定理の条件を満たすことを示す.まず,性質 (a) と (b) は補題 2.1 の証明から明らかであるから,残りの性質を証明する.

(c) 任意に固定した $z \in \mathcal{R}$ に対し,z を極とする $\mathcal{R}$ の Green 函数 $z' \mapsto g(z', z)$ は連続性により $\mathcal{R}^\dagger$ の Green 函数 $z' \mapsto g^\dagger(z', z)$ に延長される.従って,Martin 函数の定義より,任意に固定した $z \in \mathcal{R}$ に対し,$\mathcal{R}^\dagger$ 上の Martin 函数 $b \mapsto k^\dagger(b, z)$ は $\mathcal{R}$ 上の函数 $b \mapsto k(b, z)$ を Σ の各点まで連続性により延長したものに等しい.

(d) 任意に固定した $z \in \mathcal{R}$ に対し,$\mathcal{R}^\dagger$ 上の函数 $b \mapsto k^\dagger(b, z)$ は $\mathcal{R}^\dagger$ の Martin のコンパクト化 (これを $\mathcal{R}^\sharp$ とおく) 上の連続函数に延長される.従って,$\mathcal{R}$ 上の函数 $b \mapsto k(b, z)$ も $\mathcal{R}^\sharp$ 上の連続函数に延長される.函数族 $b \mapsto k^\dagger(b, z^\dagger)$ $(z^\dagger \in \mathcal{R}^\dagger)$ は $\mathcal{R}^\sharp$ の点を分離し,しかも $\mathcal{R}$ は $\mathcal{R}^\dagger$ の中で稠密であるから,$\mathcal{R}^\sharp$ 上の函数族 $b \mapsto k^\dagger(b, z)$ $(z \in \mathcal{R})$ も $\mathcal{R}^\sharp$ の点を分離する.故に,$\mathcal{R}^\sharp$ は $\mathcal{R}$ の Martin のコンパクト化と同一視される.即ち,$\mathcal{R}^* = \mathcal{R}^\sharp$.$\mathcal{R}^\dagger$ は正則であるから,$b \in \Delta(\mathcal{R})$ が Σ に属するための条件は

$$\lim_{\mathcal{R} \ni z \to b} g(a, z) = g^\dagger(a, b) > 0$$

である.従って,$\Sigma = \Delta(\mathcal{R}) \setminus \Delta(\mathcal{R}^\dagger)$ が成り立つ.もし $b \in \Sigma$ ならば,函数 $z \mapsto k(b, z)$ は函数 $z \mapsto g^\dagger(b, z)$ の定数倍に等しいから,$\mathcal{R}$ 上の極小調和函数である.従って,$\Sigma \subseteq \Delta_1(\mathcal{R})$ となり,$\Delta_1(\mathcal{R}) = \Delta_1(\mathcal{R}^\dagger) \cup \Sigma$ が得られた.

(e) これは上の考察から明らかである.

(f) $a \in \mathcal{R}$ とすると,任意の $\alpha > 0$ に対して $B^\dagger(\alpha, a) \leqq B(\alpha, a)$ であるから,$\int_0^\infty B^\dagger(\alpha, a)\, d\alpha \leqq \int_0^\infty B(\alpha, a)\, d\alpha$ が成り立つ.故に,$\mathcal{R}$ が条件 (W) を満たせば $\mathcal{R}^\dagger$ も同様である. □

§3 Widom の定理の証明 (I)

本節では Widom の定理 (定理 1.3) の (a) $\Rightarrow$ (b) を証明する.我々はまず正則部分領域の場合を証明し,これを正則近似列によって一般に拡張する.

3.1 正則部分領域上の解析 G を $\mathcal{R}$ の正則な部分領域とし,$\xi \in H^1(\mathcal{R}, \mathbb{T})$ を $\mathcal{R}$ 上の直線束とする (§II.2.1 参照).$\Gamma\mathcal{M}(\mathrm{Cl}(G), \xi)$ を G の閉包の或る近

傍上での ξ の微分断面の全体とする. C を有限個の互いに素な解析曲線の合併で $G \setminus C$ が単連結になるものとする. 今, $\xi|G$ を ξ の G への制限とすれば, $\mathcal{H}(G, \xi|G)$ の各元は $G \setminus C$ 上で一価函数となるような代表を持つ. 特に, $\mathcal{H}^p(G, \xi|G)$ のこのような代表の全体を $\widetilde{\mathcal{H}}^p(G, \xi|G)$ と書く. G の境界 ∂G は有限個の解析曲線からなるから, 全ての $\widetilde{f} \in \widetilde{\mathcal{H}}^p(G, \xi|G)$ は ∂G のほとんど到るところで非接境界値を持つ. これも同じ記号 $\widetilde{f}$ で表す.

補題 3.1 $\omega \in \Gamma\mathcal{M}(\mathrm{Cl}(G), \xi)$ は 1 点 $a \in G \setminus C$ で唯一の極を持つ零点のない微分で, 極 a は 1 位で留数の絶対値は 1 であるとする. $1 \leq p < \infty$ を任意にとり, p' を p の共軛指数, 即ち $p' = p/(p-1)$ とする. このとき, 任意の直線束 $\eta \in H^1(\mathfrak{R}, \mathbb{T})$ に対して, 次が成り立つ:

$$\inf\{\|\widetilde{f}\|_{p',\omega} : \widetilde{f} \in \widetilde{\mathcal{H}}^{p'}(G, \eta|G), |\widetilde{f}(a)| = 1\}$$
$$= \sup\{|\widetilde{h}(a)| : \widetilde{h} \in \widetilde{\mathcal{H}}^p(G, \xi^{-1}\eta^{-1}|G), \|\widetilde{h}\|_{p,\omega} = 1\}. \quad (3.1)$$

但し, 指数 $^{-1}$ は群 $H^1(\mathfrak{R}, \mathbb{T})$ の逆元を表し, $\|\cdot\|_{q,\omega}$ は次の意味とする:

$$\|\widetilde{f}\|_{q,\omega} = \begin{cases} \left(\dfrac{1}{2\pi} \displaystyle\int_{\partial G} |\widetilde{f}|^q |\omega|\right)^{1/q} & (1 \leq q < \infty), \\ \sup\{|\widetilde{f}(z)| : z \in G\} & (q = \infty). \end{cases}$$

注意 ノルム $\|\cdot\|_{q,\omega}$ は ∂G の近傍で定義された ω に対して定義できる.

証明 任意に $\widetilde{h} \in \widetilde{\mathcal{H}}^p(G, \xi^{-1}\eta^{-1}|G)$ をとる. $h \in \mathcal{H}^p(G, \xi^{-1}\eta^{-1}|G)$ を対応する断面とすると, $|h(z)|$ は G 上の劣調和函数であるから, a に対する領域 G の調和測度を ω_a^G とおけば, 次が成り立つ:

$$|\widetilde{h}(a)| = |h(a)| \leq \int_{\partial G} |h(z)| \, d\omega_a^G(z) \leq \max_{\zeta \in \partial G} \frac{\omega_a^G(\zeta)}{|\omega(\zeta)|} \int_{\partial G} |h| \, |\omega|.$$

ω は ∂G 上で 0 にならないから, $\max_{\zeta \in \partial G} \omega_a^G(\zeta)/|\omega(\zeta)| < \infty$ を得る. 従って, $\widetilde{\mathcal{H}}^p(G, \xi^{-1}\eta^{-1}|G)$ 上の線型汎函数 $\varepsilon_a : \widetilde{h} \mapsto \widetilde{h}(a)$ はノルム $\|\cdot\|_{p,\omega}$ について連続であることが Hölder の不等式から分る. 汎函数 ε_a のノルムは

$$\|\varepsilon_a\| = \sup\{|\widetilde{h}(a)| : \widetilde{h} \in \widetilde{\mathcal{H}}^p(G, \xi^{-1}\eta^{-1}|G), \|\widetilde{h}\|_{p,\omega} \leq 1\}$$

であるが, これは丁度 (3.1) の右辺に等しい. 我々は $\widetilde{h} \in \widetilde{\mathcal{H}}^p(G, \xi^{-1}\eta^{-1}|G)$ をその ∂G 上の境界値と同一視することにより, $L^p(\partial G, |\omega|/2\pi)$ の部分空間と

見なすことにすれば,Hahn-Banach の定理により,$F \in L^{p'}(\partial G, |\omega|/2\pi)$ が存在して,$\|F\|_{p'} = \|\varepsilon_a\|$ 且つ次を満たす:

$$\widetilde{h}(a) = \frac{1}{2\pi i}\int_{\partial G} F\widetilde{h}|\omega| \qquad (\widetilde{h} \in \widetilde{\mathcal{H}}^p(G, \xi^{-1}\eta^{-1}|G)). \tag{3.2}$$

次に,Cl G を含む正則な部分領域に定理 II.3.5 (47 頁) を適用すれば,Cl G の或る近傍上では零にならぬ正則断面 $k \in \mathcal{H}^\infty(G, \eta^{-1}|G)$ をとることができる.定理 II.3.2 により Cl G の近傍上で定義された有理型微分で点 a 以外では正則であり,a で留数 $+1$ の 1 位の極を持つようなものを作り,ψ と書く.また,$\widetilde{\omega}$ は ω の $G \setminus C$ 上の一価の分枝とする.この場合,$\widetilde{\omega}$ の点 a における留数は $+1$ であると仮定してよい.ω には零点がないから,

$$\frac{\widetilde{k}\psi}{\widetilde{\omega}} \in \widetilde{\mathcal{H}}^\infty(G, \xi^{-1}\eta^{-1}|G) \subseteq \widetilde{\mathcal{H}}^p(G, \xi^{-1}\eta^{-1}|G)$$

を得る.従って,(3.2) により,

$$\widetilde{k}(a) = \frac{1}{2\pi i}\int_{\partial G} F\widetilde{k}\psi\frac{|\omega|}{\widetilde{\omega}}. \tag{3.3}$$

α を Cl G の近傍上の正則微分とすれば,$\alpha + \psi$ は ψ と同じ性質を持つから,(3.3) は ψ を $\alpha + \psi$ に代えても成り立つ.従って,

$$\int_{\partial G} F\widetilde{k}\alpha \frac{|\omega|}{\widetilde{\omega}} = 0.$$

これは Cl G の近傍上の任意の正則微分 α に対して正しいから,Cauchy-Read の定理 (定理 IV.3.5(b)) により $F\widetilde{k}|\omega|/\widetilde{\omega}$ は或る $f_0 \in H^{p'}(G)$ の境界関数 f_0^* に等しい.さらに,ψ についての仮定から

$$f_0(a) = \frac{1}{2\pi i}\int_{\partial G} f_0^*\psi = \frac{1}{2\pi i}\int_{\partial G} F\widetilde{k}|\omega|\psi/\widetilde{\omega} = \widetilde{k}(a)$$

が得られる.ここで $f = f_0/k$ とおけば,$f \in \mathcal{H}^{p'}(G, \eta|G)$ であり,∂G 上でほとんど到るところ $|f| = |F|$, 且つ $|f(a)| = 1$ を満たす.よって,

$$\inf\{\|\widetilde{f}\|_{p',\omega} : \widetilde{f} \in \mathcal{H}^{p'}(G, \eta|G),\ |f(a)| = 1\} \leq \|F\|_{p'} = \|\varepsilon_a\|$$

を得る.故に,(3.1) の左辺は右辺を超えない.

逆に，$\widetilde{f} \in \widetilde{\mathcal{H}}^{p'}(G, \eta|G)$ が $|f(a)| = 1$ を満たし，$\widetilde{h} \in \widetilde{\mathcal{H}}^p(G, \xi^{-1}\eta^{-1}|G)$ が $\|\widetilde{h}\|_{p,\omega} = 1$ を満たすならば，$\widetilde{f}\widetilde{h}\widetilde{\omega}$ は G 上の一価の微分に延長できるから，

$$|\widetilde{h}(a)| = \left|\frac{1}{2\pi i}\int_{\partial G} \widetilde{f}\widetilde{h}\widetilde{\omega}\right| \leqq \|\widetilde{f}\|_{p',\omega}\|\widetilde{h}\|_{p,\omega} = \|\widetilde{f}\|_{p',\omega}\,.$$

これは逆向きの不等式を示すから，等式 (3.1) の証明が終った． $\square$

次に，定理 1.3(b) を $\mathcal{R}$ の任意の正則部分領域 G に対して示そう．そのため，$a \in G$ を固定し，a を極とする G の Green 函数を $g(z,a)$ とし，${}^*g(z,a)$ を $g(z,a)$ の共軛調和函数とする．さらに，G 上の直線束 $\xi \in H^1(G, \mathbb{T})$ をとり，$f \in \mathcal{H}^p(G, \xi)$ に対して，次の定義をおく：

$$\|f\|_{p,a} = \begin{cases} \left(-\dfrac{1}{2\pi}\displaystyle\int_{\partial G} |f(\zeta)|^p\, d^*g(\zeta,a)\right)^{1/p} & (1 \leqq p < \infty), \\ \sup\{\,|f(z)| : z \in G\,\} & (p = \infty). \end{cases}$$

定理 3.2 任意の p $(1 \leqq p \leqq \infty)$ に対し次が成り立つ：

$$\sup_\xi \Big[\inf\{\,\|h\|_{p,a} : h \in \mathcal{H}^p(G,\xi),\ |h(a)| = 1\,\}\Big]$$
$$= \exp\Big[\sum\{\,g(a,w) : w \in Z(a,G)\,\}\Big]. \quad (3.4)$$

証明 まず，微分 $dg(\,\cdot\,,a) + i\,d^*g(\,\cdot\,,a)$ を考えよう．これは有理型で，a に留数 1 の 1 位の極を持ち，$Z(a;G)$ に示された通りの重複度の零点を持つ．いま，$Z(a;G) = \{\,w_j : 1 \leqq j \leqq l\,\}$ を重複度を込めた数え上げとし，各 j に対し，

$$A_j(z) = \exp\Big[g(z,w_j) + i\int_a^z d^*g(\,\cdot\,,w_j)\Big]$$

とおく．A_j は多価函数であるが，絶対値は一価函数であるから，G 上の直線束を決定する．それを ξ_j と書き，$\xi = \prod_{j=1}^l \xi_j$ とおく．ここで，

$$\omega' = \Bigg(\prod_{j=1}^l A_j\Bigg)[dg(\,\cdot\,,a) + i\,d^*g(\,\cdot\,,a)]$$

とおくと，$\omega' \in \Gamma\mathcal{M}(\mathrm{Cl}(G), \xi)$ を得る．さらに，ω' は $\mathrm{Cl}(G)$ 上に零点を持たず，a に唯一つの 1 位の極を持つ．さらに，a における留数の絶対値は

$$\left|\prod_{j=1}^l A_j(a)\right| = \exp\Big[\sum_{j=1}^l g(a,w_j)\Big]$$

である.これを r として,$\omega = r^{-1}\omega'$ とおくと,ω は補題 3.1 の仮定を満たす.また,∂G に沿っては $|\omega'| = -d^*g(\,\cdot\,,a)$ であるから,$q \neq \infty$ ならば

$$\|f\|_{q,a} = \|\widetilde{f}\|_{q,\omega'} = r^{1/q}\|\widetilde{f}\|_{q,\omega}$$

が成り立つ.$1 < p < \infty$ とし,$p' = p/(p-1)$ とおけば,補題 3.1 により,

$$\begin{aligned}
&\inf\{\,\|f\|_{p',a} : f \in \mathcal{H}^{p'}(G,\eta),\ |f(a)| = 1\,\} \\
&= r^{1/p'} \inf\{\,\|\widetilde{f}\|_{p',\omega} : \widetilde{f} \in \widetilde{\mathcal{H}}^{p'}(G,\eta),\ |\widetilde{f}(a)| = 1\,\} \\
&= r^{1/p'} \sup\{\,|\widetilde{h}(a)| : \widetilde{h} \in \widetilde{\mathcal{H}}^{p}(G,\xi^{-1}\eta^{-1}),\ \|\widetilde{h}\|_{p,\omega} = 1\,\} \\
&= r^{1/p'} \sup\{\,|h(a)| : h \in \mathcal{H}^{p}(G,\xi^{-1}\eta^{-1}),\ \|h\|_{p,a} = r^{1/p}\,\} \\
&= \sup\{\,|h(a)| : h \in \mathcal{H}^{p}(G,\xi^{-1}\eta^{-1}),\ \|h\|_{p,a} = r\,\}
\end{aligned}$$

が G 上の任意の直線束 η に対して成り立つ.$p = 1$ についても計算は同様で,G 上の任意の直線束 η と任意の p $(1 \leqq p < \infty)$ に対して

$$\begin{aligned}
&\inf\{\,\|f\|_{p',a} : f \in \mathcal{H}^{p'}(G,\eta),\ |f(a)| = 1\,\} \\
&\qquad = \sup\{\,|h(a)| : h \in \mathcal{H}^{p}(G,\xi^{-1}\eta^{-1}),\ \|h\|_{p,a} = r\,\} \quad (3.5)
\end{aligned}$$

が得られる.$|h|$ は劣調和であるから,$|h(a)| \leqq \|h\|_{p,a}$ であり,従って (3.5) で与えられる値は高々 r である.(3.5) において $\eta = \xi^{-1}$ とおけば,$\xi^{-1}\eta^{-1} = 1$ は $H^1(G,\mathbb{T})$ の単位元であるから,$h \equiv r$ とおくことができて,$h(a) = r = \|h\|_{p,a}$ を得る.よって,(3.5) の右辺はこの η において r に達する.故に,

$$\sup_{\eta}\left[\inf\{\,\|f\|_{p',a} : f \in \mathcal{H}^{p'}(G,\eta),\ |f(a)| = 1\,\}\right] = r\,.$$

ここで,p' の代りに p と書けば,定理が $1 < p \leqq \infty$ に対して成り立つことが分る.最後に $p = 1$ の場合は,$\xi^{-1}\eta^{-1} = \eta_1$ とおけば,(3.5) によって,

$$\begin{aligned}
&\sup\{\,|h(a)| : h \in \mathcal{H}^{1}(G,\eta_1),\ \|h\|_{1,a} = 1\,\} \\
&= r^{-1} \sup\{\,|h(a)| : h \in \mathcal{H}^{1}(G,\eta_1),\ \|h\|_{1,a} = r\,\} \\
&= r^{-1} \inf\{\,\|f\|_{p',a} : f \in \mathcal{H}^{p'}(G,\eta_1^{-1}\xi^{-1}),\ |f(a)| = 1\,\} \geqq r^{-1}\,.
\end{aligned}$$

最終辺の値 r^{-1} は $\eta_1 = \xi^{-1}$ と $f \equiv 1$ のときにとられるから,

$$\inf_{\eta}\left[\sup\{\,|h(a)| : h \in \mathcal{H}^{1}(G,\eta),\ \|h\|_{1,a} = 1\,\}\right] = r^{-1}\,.$$

これは次の求める等式と同等であるから，証明は完成する：
$$\sup_{\eta}\Big[\inf\{\,\|h\|_{1,a}:h\in\mathcal{H}^1(G,\eta),\,|h(a)|=1\,\}\Big]=r\,.\qquad\square$$

3.2 必要性の証明 準備はできたので定理 1.3 の (a) $\Rightarrow$ (b) を示そう．

定理 3.3 任意の双曲型 Riemann 面 $\mathcal{R}$ と任意の $1\leqq p\leqq\infty$ に対して
$$\sup_{\xi}\Big[\inf\{\,\|h\|_{p,a}:h\in\mathcal{H}^p(\mathcal{R},\xi),\,|h(a)|=1\,\}\Big]=\exp\Big[\int_0^{\infty}B(\alpha,a)\,d\alpha\Big]\,.$$
但し，左辺の ξ は $H^1(\mathcal{R},\mathbb{T})$ の上を動き，$\|\cdot\|_{p,a}$ は次の意味とする：
$$\|f\|_{p,a}=\begin{cases}\{(\mathbf{M}(|f|^p))(a)\}^{1/p} & (p<\infty)\,,\\ \sup\{\,|f(z)|:z\in\mathcal{R}\,\} & (p=\infty)\,.\end{cases}$$

証明 $\mathcal{R}$ の標準近似列 (§A.1.3 参照) $\{\mathcal{R}_n:n=1,2,\dots\}$ で $a\in\mathcal{R}_1$ を満たすものを固定し，a を極とする $\mathcal{R}_n$ の Green 函数を $g_n(a,z)$ として，
$$\mathcal{R}_n(\alpha,a)=\{\,z\in\mathcal{R}_n:g_n(a,z)>\alpha\,\}$$
とおく．また，$B(\alpha,a)$ を領域 $\mathcal{R}_n(\alpha,a)$ の 1 次元 Betti 数とする．

まず，$1\leqq p<\infty$ の場合を考える．このときは，
$$\begin{aligned}M(\xi,a)&=\inf\{\,\|f\|_{p,a}:f\in\mathcal{H}^p(\mathcal{R},\xi),\,|f(a)|=1\,\}\,,\\ M(a)&=\sup\{\,M(\xi,a):\xi\in H^1(\mathcal{R},\mathbb{T})\,\}\end{aligned}$$
とおき，さらにこの定義において $\mathcal{R}$ を $\mathcal{R}_n$ でおきかえたものを $M_n(\xi,a)$ および $M_n(a)$ として，次を示す：
$$M(a)=\lim_{n\to\infty}M_n(a)\,. \tag{3.6}$$
まず $\xi\in H^1(\mathcal{R}_{n+1},\mathbb{T})$ を任意にとると，$\xi|\mathcal{R}_n\in H^1(\mathcal{R}_n,\mathbb{T})$ であるから，
$$M_n(\xi|\mathcal{R}_n,a)\leqq M_{n+1}(\xi,a)\leqq M_{n+1}(a)$$
が成り立つ．$\mathcal{R}_n$ は標準領域であるから，直線束の定義 (§II.2.1) を参照すれば，定理 A.8 と定理 II.1.1 により $\mathcal{R}_n$ 上の任意の直線束は $\mathcal{R}$ 上の直線束の $\mathcal{R}_n$ への制限として得られる．換言すれば，制限写像 $\xi\mapsto\xi|\mathcal{R}_n$ は $H^1(\mathcal{R};\mathbb{T})$ (また

は，$H^1(\mathcal{R}_{n+1};\mathbb{T}))$ から $H^1(\mathcal{R}_n;\mathbb{T})$ への全射である．従って，上の不等式から $M_n(a) \leqq M_{n+1}(a) \leqq M(a)$ が得られるから，

$$\lim_{n\to\infty} M_n(a) \leqq M(a).$$

逆の不等式を得るには $\lim_{n\to\infty} M_n(a) < \infty$ を仮定してよい．さて，任意に $\xi \in H^1(\mathcal{R};\mathbb{T})$ を選ぶ．§II.2.1 で述べたように，直線束 ξ は $\mathcal{R}$ の開被覆 $\{U'_\alpha\}$ を用いて $(\{U'_\alpha\},\{\xi_{\alpha\beta}\})$ の形で与えられる．$\mathcal{R}$ は可分であるから，$\{U'_\alpha\}$ は可算族であり，また U'_α と空でない $U'_\alpha \cap \mathcal{R}_n$ は全て単連結であると仮定できる．次に，被覆 $\{U'_\alpha\}$ の細分 $\{U_\alpha\}$ で各 α に対し $\mathrm{Cl}(U_\alpha)$ が U'_α のコンパクト部分集合になるように選ぶ．このときは，$M_n(\xi|\mathcal{R}_n,a)$ の定義から，全ての $n \geqq 1$ に対し，$f_n \in \mathcal{H}^p(\mathcal{R}_n,\xi|\mathcal{R}_n)$ を適当にとれば，$|f_n(a)| = 1$ 且つ $\|f_n\|_{p,a} \leqq M_n(\xi|\mathcal{R}_n,a) + n^{-1}$ を満たすようにとれる．$\{f_{n\alpha}\}_\alpha$ を $\mathcal{R}_n$ の被覆 $\{U'_\alpha \cap \mathcal{R}_n\}_\alpha$ と $\xi|\mathcal{R}_n$ の代表 $(\{\xi_{\alpha\beta}\},\{U'_\alpha \cap \mathcal{R}_n\}_\alpha)$ に関する断面 f_n の代表とする (36 頁参照)．空でない $U'_\alpha \cap \mathcal{R}_n$ はどれも単連結であるから，$f_{n\alpha}$ は $U'_\alpha \cap \mathcal{R}_n$ 上の一価正則函数を表す．そこで，u_n を $|f_n|^p$ の $\mathcal{R}_n$ 上での最小調和優函数とすれば，

$$\|f_n\|^p_{p,a} = -\frac{1}{2\pi} \int_{\partial \mathcal{R}_n} |f_n(\zeta)|^p \, d^*g_n(\zeta,a) = u_n(a).$$

さて，任意にコンパクト集合 $K \subset \mathcal{R}$ をとる．これに対し $K \subset \mathcal{R}_n$ となる n を考えると，Harnack の不等式により，K に依存する定数 $C > 0$ で $\mathcal{R}_n$ 上の全ての正の調和函数 v に対し $\sup_{z \in K} v(z) \leqq Cv(a)$ を満たすものが存在する．しかもこの定数 C は K を含む全ての $\mathcal{R}_n$ に対して共通にとれることも分る．この事実を u_j $(j \geqq n)$ に適用すれば，全ての $z \in K$ に対して

$$|f_j(z)| \leqq u_j(z)^{1/p} \leqq C^{1/p} u_j(a)^{1/p} = C^{1/p} \|f_j\|_{p,a}$$
$$\leqq C^{1/p}\Big(M_j(\xi|\mathcal{R}_j,a) + j^{-1}\Big) \leqq C^{1/p}\Big(\lim_{l\to\infty} M_l(a) + 1\Big) < \infty$$

が得られる．よって，$\{|f_j(z)| : j \geqq n\}$ は $\mathcal{R}_n$ の任意のコンパクト部分集合上で一様に有界である．各 α に対し，$\mathrm{Cl}(U_\alpha)$ はコンパクトであるから，対角線論法を用いて部分列 $\{f_{n(k)} : k \geqq 1\}$ を選び，函数列 $\{f_{n(k),\alpha} : k \geqq 1\}$ が $\mathrm{Cl}(U_\alpha)$ 上で一様収束するようにできる．そこで，部分列 $\{f_{n(k),\alpha} : k \geqq 1\}$ の極限を f_α と書けば，$\{f_\alpha\}$ は $\mathcal{H}^p(\mathcal{R},\xi)$ に属する正則な断面 f で $|f(a)| = 1$

§3 Widom の定理の証明 (I)

を満たすものを定義する．念のため，$|f|^p$ が調和優函数を持つことを示しておく．まず最初に，$\mathcal{R}$ の任意のコンパクト集合上で一様に $|f_{n(k)}| \to |f(z)|$ であることに注意する．次に，番号 m を任意に固定すると，任意の $\varepsilon > 0$ に対し番号 k_0 を適当に選べば，$n(k_0) > m$ 且つ全ての $k \geqq k_0$ に対して

$$\left||f(z)|^p - |f_{n(k)}(z)|^p\right| < \varepsilon \qquad (z \in \partial \mathcal{R}_m)$$

が成り立つ．これから次の評価が得られる：

$$-\frac{1}{2\pi} \int_{\partial \mathcal{R}_m} |f(\zeta)|^p \, d^*g_m(\zeta, a) \leqq -\frac{1}{2\pi} \int_{\partial \mathcal{R}_m} |f_{n(k)}(\zeta)|^p \, d^*g_m(\zeta, a) + \varepsilon$$

$$\leqq -\frac{1}{2\pi} \int_{\partial \mathcal{R}_{n(k)}} |f_{n(k)}(\zeta)|^p \, d^*g_{n(k)}(\zeta, a) + \varepsilon = \|f_{n(k)}\|_{p,a}^p + \varepsilon$$

$$\leqq \left(M_{n(k)}(\xi | \mathcal{R}_{n(k)}, a) + \frac{1}{n(k)}\right)^p + \varepsilon \leqq \left(M_{n(k)}(a) + \frac{1}{n(k)}\right)^p + \varepsilon .$$

ε と $n(k)$ は任意であったから，$\varepsilon \to 0$ 且つ $n(k) \to \infty$ とすれば，

$$-\frac{1}{2\pi} \int_{\partial \mathcal{R}_m} |f(\zeta)|^p \, d^*g_m(\zeta, a) \leqq \lim_{n \to \infty} M_n(a)^p \qquad (3.7)$$

が成り立つ．最後に，m を動かし，$m = 1, 2, \ldots$ に対し

$$v_m(z) = -\frac{1}{2\pi} \int_{\partial \mathcal{R}_m} |f(\zeta)|^p \, d^*g_m(\zeta, z) \qquad (z \in \mathcal{R}_m)$$

とおく．$|f|^p$ は劣調和であるから，

$$|f(z)|^p \leqq v_m(z) \leqq v_{m+1}(z) \qquad (z \in \mathcal{R}_m)$$

であり，(3.7) より $v_m(a) \leqq \lim_n M_n(a)^p < \infty$ が全ての m に対して成り立つ．函数列 $\{v_m(z)\}$ の極限を $v(z)$ とすれば，Harnack の定理により $v(z)$ は $\mathcal{R}$ 上で調和であり，$v(a) \leqq \lim_n M_n(a)^p$ 且つ $|f(z)|^p \leqq v(z)$ $(z \in \mathcal{R})$ を満たす．故に，$f \in \mathcal{H}^p(\mathcal{R}, \xi), |f(a)| = 1$ 且つ

$$\|f\|_{p,a} \leqq v(a)^{1/p} \leqq \lim_n M_n(a)$$

が成り立つ．これから $M(\xi, a) \leqq \lim_n M_n(a)$ が分るが，ξ は任意であったから，$M(a) \leqq \lim_n M_n(a)$ を得る．これで等式 (3.6) が示された．

等式 (3.6) が示されたから，我々の結論は定理 3.2 から極限操作によって得られる．これを見るために，どの $g_n(a, \cdot)$ の臨界値とも異なる正数 α をとる．このとき，各 $\mathcal{R}_n(\alpha, a)$ は $\mathcal{R}$ の正則な部分領域である．$\partial \mathcal{R}_n$ 上では

$g_n(a,z) = 0 < g_{n+1}(a,z)$ であるから,Cl$\mathcal{R}_n$ 上で $g_{n+1}(a,z) - g_n(a,z) > 0$ が成り立つ.従って,Cl$[\mathcal{R}_n(\alpha,a)] \subseteq \mathcal{R}_{n+1}(\alpha,a)$ が得られるから,$\mathcal{R}_n(\alpha,a)$ は $\mathcal{R}_{n+1}(\alpha,a)$ の正則な部分領域である.よって,自然な写像

$$H_1(\mathcal{R}_n(\alpha,a)) \to H_1(\mathcal{R}_{n+1}(\alpha,a))$$

は単射である.これから,$B_n(\alpha,a) \leqq B_{n+1}(\alpha,a)$ を得る.$\mathcal{R}_n$ は $\mathcal{R}$ の正則な部分領域であったから,同様にして $B_n(\alpha,a) \leqq B(\alpha,a)$ が成り立つ.一方,$g_n(a,z)$ $(n \geqq 1)$ は単調に増加して $g(a,z)$ に収束するから,

$$\mathcal{R}(\alpha,a) = \bigcup_{n=1}^{\infty} \mathcal{R}_n(\alpha,a)$$

が分る.従って,

$$B(\alpha,a) = \lim_{n\to\infty} B_n(\alpha,a) \tag{3.8}$$

を得る.実際,$C_1, \ldots, C_k$ $(k \leqq B(\alpha,a))$ を $H_1(\mathcal{R}(\alpha,a))$ の元を表す独立な 1 輪体とし,これらを全部含むような $\mathcal{R}_{n'}(\alpha,a)$ を考える.これらの 1 輪体は $\mathcal{R}_{n'}(\alpha,a)$ でも独立であるから,$B_{n'}(\alpha,a) \geqq k$ が得られる.従って,(3.8) が成り立つ.各 $g_n(a,\cdot)$ の臨界点は高々有限個であるから,等式 (3.8) が成り立たぬ $\alpha > 0$ は多くとも可算個である.

最後に,(3.6), (3.8), 定理 1.2, 3.2 と Lebesgue の単調収束定理により

$$\begin{aligned}
M(a) &= \lim_{n\to\infty} M_n(a) \\
&= \lim_{n\to\infty} \exp\Big[\sum\{g_n(a,w) : w \in Z(a,\mathcal{R}_n)\}\Big] \\
&= \lim_{n\to\infty} \exp\Big[\int_0^\infty B_n(\alpha,a)\,d\alpha\Big] = \exp\Big[\int_0^\infty B(\alpha,a)\,d\alpha\Big]
\end{aligned}$$

が得られる.但し,$Z(a,\mathcal{R}_n)$ は a を極とする $\mathcal{R}_n$ の Green 函数 $g_n(a,z)$ の臨界点を重複度を込めて並べた集合である.

これで定理の $1 \leqq p < \infty$ の場合が証明された.$p = \infty$ の場合も同様であるが,調和優函数の議論が不要なだけ易しい. □

§4 Widom の定理の証明 (II)

Widom の定理 (定理 1.3) の十分性の部分 (c) $\Rightarrow$ (a) を証明する.

4.1 若干の準備

$\mathcal{R}'$ は $\mathcal{R}$ の領域でその $\mathcal{R}$ 内の境界 $\partial\mathcal{R}'$ は有限個の互いに素な解析的 Jordan 閉曲線よりなり，$\text{Cl}\,\mathcal{R}'$ はコンパクトではないとする．以下では，領域 $\mathcal{R}'$ の境界 $\partial\mathcal{R}'$ に $\mathcal{R}'$ に関して負の向きをつけたものを α' と記す．もしこのような領域 $\mathcal{R}'$ 上に定数ではない有界調和函数で $\partial\mathcal{R}'$ 上で恒等的に 0 となるものが存在するならば，部分領域 $\mathcal{R}'$ を**双曲的**であると云う．

補題 4.1 $\partial\mathcal{R}'$ を含む $\mathcal{R}$ の正則領域 G に対し，函数 u の集合 $\mathcal{U}$ を

(a) u は $G\cap\mathcal{R}'$ 上で調和，$\text{Cl}(G\cap\mathcal{R}')$ 上で非負且つ連続，

(b) α' 上で $u=0$, 且つ $\int_{\alpha'} {}^*du \leqq 1$

で定義する．このとき，任意のコンパクト集合 $K\subset G\cap\text{Cl}(\mathcal{R}')$ に対し，K のみに依存する定数 $C>0$ で次を満たすものが存在する：

$$\sup_{u\in\mathcal{U}}\sup_{z\in K} u(z) \leqq C.$$

証明 $\mathcal{R}$ の正則領域 G' で $\partial\mathcal{R}'\subseteqq G'\subseteqq \text{Cl}\,G'\subset G$ を満たすものを任意にとり，$\beta'=\beta(G')\cap\mathcal{R}'$ とおく．今，α' 上で 0, β' 上で 1 を境界値とする $G'\cap\mathcal{R}'$ に対する Dirichlet 問題の解を h と書く．h の (局所) 共軛調和函数 ${}^*h$ は α' に沿って増加するから，$\int_{\alpha'} {}^*dh > 0$ が成り立つ．$G'\cap\mathcal{R}'$ 内の点 a を任意に固定すると，Harnack の不等式により，$G\cap\mathcal{R}'$ 上の任意の正の調和函数 v に対し次を満たす定数 $c>0$ が存在する：

$$c^{-1}\max_{z\in\beta'} v(z) \leqq v(a) \leqq c\min_{z\in\beta'} v(z). \tag{4.1}$$

さて，任意に $u\in\mathcal{U}$ をとる．もし $G\cap\mathcal{R}'$ 内の 1 点で $u=0$ となれば，u は恒等的に 0 となるから問題はない．従って，$G\cap\mathcal{R}'$ 上で到るところ $u>0$ であるとする．(4.1) の後半の不等式より，β' 上の到るところで

$$u(a)h(z) \leqq cu(z) \tag{4.2}$$

が成り立つ．また，α' 上では $u(z)=h(z)=0$ である．調和函数の最大値の原理により，不等式 (4.2) は $\text{Cl}(G'\cap\mathcal{R}')$ 上で到るところ成り立つ．従って，

$$0 \leqq u(a)\int_{\alpha'} {}^*dh \leqq c\int_{\alpha'} {}^*du \leqq c$$

となるから，$u(a) \leqq c(\int_{\alpha'} {}^*dh)^{-1}$ を得る．次に，不等式 (4.1) の前半より，
$$\max_{z \in \beta'} u(z) \leqq cu(a) \leqq c^2 \Big(\int_{\alpha'} {}^*dh\Big)^{-1}.$$
故に，最大値の原理により $\mathrm{Cl}(G' \cap \mathcal{R}')$ 上で u は定数 $c^2 \Big(\int_{\alpha'} {}^*dh\Big)^{-1}$ を超えない．$u \in \mathcal{U}$ は任意であったからこれで証明は終った． $\square$

補題 4.2 (a) $\mathrm{Cl}(\mathcal{R}')$ 上に次を満たす正の調和函数 u が存在する：
$$\int_{\alpha'} {}^*du > 0.$$

 (b) $\mathcal{R}'$ が双曲的ならば，$\mathrm{Cl}(\mathcal{R}')$ 上の正の有界調和函数 v, v' が存在して，$dv, dv' \in \Gamma_{h0}(\mathrm{Cl}(\mathcal{R}'))$ (定理 C.4) および次を満たす：
$$\int_{\alpha'} {}^*dv > 0, \qquad \int_{\alpha'} {}^*dv' < 0.$$

証明 (a) $G_1 \Subset G_2 \Subset \cdots$ を $\mathcal{R}$ の正則近似列で，$\partial \mathcal{R}' \subset G_1$ を満たすものとし，$\beta'_n = \beta(G_n) \cap \mathcal{R}'$ $(n = 1, 2, \ldots)$ とおく．v_n を領域 $\mathcal{R}' \cap G_n$ に対する Dirichlet 問題の解で境界値
$$v_n(z) = \begin{cases} 0 & (z \in \alpha'), \\ 1 & (z \in \beta'_n) \end{cases}$$
に対応するものとする．このとき，v_n は $\mathrm{Cl}(\mathcal{R}' \cap G_n)$ 上で調和であり，α' を過る v_n の流量 d_n (即ち $\int_{\alpha'} {}^*dv_n$) は正である．$u_n = v_n/d_n$ とおく．従って，u_n は正で，α' 上では 0 であり，α' を過る流量は 1 に等しい．補題 4.1 により，函数列 $\{u_n\}$ は $\mathrm{Cl}(\mathcal{R}')$ の任意のコンパクト部分集合上で一様に有界である．従って，$\mathrm{Cl}(\mathcal{R}')$ 上で広義一様収束する部分列 $\{u_{n(k)}\}$ を含むことが対角線論法で分る．この極限を u と書けば，$\int_{\alpha'} {}^*du = \lim \int_{\alpha'} {}^*du_{n(k)} = 1$.

 (b) $\mathcal{R}'$ は双曲的であるから，$\mathcal{R}'$ 上の定数でない有界調和函数 w で α' 上で恒等的に 0 となるものが存在する．この場合，$\mathcal{R}'$ 上の 1 点 a で $w(a) > 0$ であり，且つ $w < 1$ を満たすとしてよい．さて，(a) の証明中で構成した函数列 $\{v_n\}$ は単調減少で w より大きいから，その極限 v は
$$0 \leqq v \leqq 1 \quad \text{および} \quad v(a) \geqq w(a) > 0$$

を満たす. 故に, $\int_{\alpha'} {}^*dv > 0$ を得る. $dv \in \Gamma_{h0}(\mathrm{Cl}(\mathcal{R}'))$ を示すには, まず v は α' 上で 0 であるから, $\mathrm{Cl}(\mathcal{R}')$ 上で調和であることに注意する. 次に,

$$\|dv_n\|^2_{\mathcal{R}'\cap G_n} = D_{\mathcal{R}'\cap G_n}(v_n) = \int_{\beta_n'} v_n {}^*dv_n = \int_{\beta_n'} {}^*dv_n = \int_{\alpha'} {}^*dv_n$$

であるから, 極限に移れば,

$$\|dv\|^2_{\mathcal{R}'} = \lim_{n\to\infty} \|dv_n\|^2_{\mathcal{R}'\cap G_n} = \lim_{n\to\infty} \int_{\alpha'} {}^*dv_n = \int_{\alpha'} {}^*dv < \infty.$$

よって, $dv \in \Gamma_h(\mathrm{Cl}(\mathcal{R}'))$. さらに, 任意の $dh \in \Gamma_e^1(\mathrm{Cl}(\mathcal{R}'))$ に対して,

$$\begin{aligned}(dv, {}^*dh)_{\mathcal{R}'} &= \lim_{n\to\infty} (dv_n, {}^*dh)_{\mathcal{R}'\cap G_n} \\ &= \lim_{n\to\infty} \left\{ \int_{\beta_n'} \overline{h}\, dv_n - \int_{\alpha'} \overline{h}\, dv_n \right\} = 0.\end{aligned}$$

v は α' 上で定数 ($=0$) であるから, これを

$$(dv, {}^*dh)_{\mathcal{R}'} = 0 = -\int_{\alpha'} \overline{h}\, dv$$

と書きなおすことができる. 故に, $dv \in \Gamma_{h0}(\mathrm{Cl}(\mathcal{R}'))$ が示された. v' については $v' = 1 - v$ とおけばよい. □

定理 4.3 G を $\mathcal{R}$ の標準領域とし, $P(G) = \{\beta_1(G), \ldots, \beta_l(G)\}$ を G の境界 $\beta(G)$ の成分の全体とする. このとき, $\sum_{j=1}^l a_j \equiv 0 \pmod{2\pi}$ を満たす実数列 $a_1, \ldots, a_l$ に対し, $\mathcal{R}$ 上の非負調和函数 u で全ての j に対し

$$\int_{\beta_j(G)} {}^*du \equiv a_j \pmod{2\pi} \tag{4.3}$$

を満たすものが存在する. さらに, 全ての可能な $\{a_j\}$ に対し u を適当に選べば, 任意に固定した $a \in \mathcal{R}$ に対する函数値の集合 $\{u(a)\}$ を有界にできる.

証明 もし $l = 1$ ならば, $u \equiv 0$ が定理の条件を満たすから, $l > 1$ を仮定する. さて, $\mathcal{R} \setminus \mathrm{Cl}\,G$ の連結成分のうち $\beta_j(G)$ を相対境界とするものを $\mathcal{R}_j$ と書けば, $\mathcal{R} \setminus \mathrm{Cl}\,G = \bigcup_j \mathcal{R}_j$ 且つ $\partial \mathcal{R}_j = \beta_j(G)$ ($1 \leqq j \leqq l$) を得る. $\mathcal{R}$ は双曲型であるから, $\mathcal{R}_j$ の中の少なくとも一つは双曲的である. ここでは, $\mathcal{R}_1$ が双曲的であるとすると, 補題 4.2(b) により, $\mathrm{Cl}\,\mathcal{R}_1$ 上の非負調和函数 u_1 で $\int_{\beta_1(G)} {}^*du_1 = -1$ を満たすものが存在する. また, $2 \leqq j \leqq l$ に対しては, 同

じ補題の (a) により $\operatorname{Cl}\mathcal{R}_j$ 上の正の調和函数 u_j で $\int_{\beta_j(G)} {}^*du_j = 1$ を満たすものが存在する.そこで, $2 \leqq j \leqq l$ に対し $\mathcal{R} \setminus G$ 上の函数 s_j を

$$s_j(z) = \begin{cases} u_1(z) & (z \in \operatorname{Cl}\mathcal{R}_1) \\ u_j(z) & (z \in \operatorname{Cl}\mathcal{R}_j) \\ 0 & (z \in \operatorname{Cl}\mathcal{R}_i, i \neq 1, j) \end{cases}$$

と定義する.このときは, $\int_{\beta(G)} {}^*ds_j = 0$ であるから,主函数の存在定理 (定理 C.1) を $W = \mathcal{R} \setminus \operatorname{Cl} G$, $s = s_j$, $L = (Q)L_1$ (Q は標準分割 (§C.3)) として適用することができる.従って, $2 \leqq j \leqq l$ に対し, $\mathcal{R}$ 上の調和函数 p_j で

$$p_j - s_j = L((p_j - s_j)|\partial G)$$

を満たすものが存在する. $L((p_j - s_j)|\partial G)$ は $\mathcal{R} \setminus G$ 上で有界であり, s_j は $\mathcal{R} \setminus G$ 上で非負であるから, p_j は $\mathcal{R}$ 上で下に有界である.よって,必要ならば定数を加えることにより, p_j は $\mathcal{R}$ 上で正であるとしてよい.さらに, s_j についての仮定により,次が成り立つ:

$$\int_{\beta_j(G)} {}^*dp_k = \int_{\beta_j(G)} {}^*ds_k = \begin{cases} -1 & (j = 1), \\ 1 & (j = k), \\ 0 & (j \neq 1, k), \end{cases} \quad (k = 2, \ldots, l).$$

最後に, b_j を実数で $0 \leqq b_j < 2\pi$ 且つ $b_j \equiv a_j \pmod{2\pi}$ を満たすものとして $u = \sum_{k=2}^{l} b_k p_k$ とおけば, u は非負であり, $j \neq 1$ ならば

$$\int_{\beta_j(G)} {}^*du = \sum_{k=2}^{l} \int_{\beta_j(G)} b_k {}^*dp_k = b_j \equiv a_j \pmod{2\pi}$$

であり, $j = 1$ ならば

$$\int_{\beta_1(G)} {}^*du = \sum_{k=2}^{l} \int_{\beta_1(G)} b_k {}^*dp_k = \sum_{k=2}^{l} b_j \equiv \sum_{k=2}^{l} a_j \equiv a_1 \pmod{2\pi}$$

を満たす.さらに,任意の $a \in \mathcal{R}$ に対しては,次の計算から有界性が分る:

$$u(a) = \sum_{k=2}^{l} b_k p_k(a) \leqq 2\pi \sum_{k=2}^{l} p_k(a). \qquad \square$$

§4 Widom の定理の証明 (II)

4.2 修正 Green 函数
ここでは修正された Green 函数を構成する.

定理 4.4 次の条件を満たす $\mathcal{R}$ 上の函数 $g_0(\cdot,\zeta)$ $(\zeta \in \mathcal{R})$ が存在する:

(a) $u = g_0(\cdot,\zeta) - g(\cdot,\zeta)$ は $\mathcal{R}$ 上の非負の調和函数であり, $du \in \Gamma_{h0}$ を満たす. 但し, $g(\cdot,\zeta)$ は $\zeta \in \mathcal{R}$ に極を持つ $\mathcal{R}$ の Green 函数である.

(b) ζ を含む任意の標準領域 G に対し, $\{\beta_1(G),\ldots,\beta_l(G)\}$ を $\beta(G)$ の成分とすれば, $\int_{\beta_j(G)} {}^*dg_0(\cdot,\zeta) \equiv 0 \pmod{2\pi}$ $(1 \leqq j \leqq l)$.

(c) $g_0(z,\zeta)$ は z を固定し, ζ を z を含まぬコンパクト集合上を動かしたとき有界である.

証明 G を $\mathcal{R}$ の標準領域とし, $\mathcal{R} \setminus \mathrm{Cl}\, G$ の成分を $P(G) = \{\mathcal{R}_1,\ldots,\mathcal{R}_l\}$ とおき, $\partial \mathcal{R}_j$ に $\mathcal{R}_j$ に関して負の向きをつけたものを $\beta_j(G)$ とする. さて, $P(G)$ の中で双曲的であるものを $\mathcal{R}_1, \ldots, \mathcal{R}_{l'}$ とし, 他はそうでないとする. $\mathcal{R}$ は双曲型であるから, $l' \geqq 1$ である. $1 \leqq j \leqq l'$ に対しては, 補題 4.2 により, $\mathrm{Cl}\,\mathcal{R}_j$ 上の正の有界調和函数 u_j で, $du_j \in \Gamma_{h0}(\mathrm{Cl}(\mathcal{R}_j))$ を満たし, 且つ $\int_{\beta_1(G)} {}^*du_1 = -1$, $\int_{\beta_j(G)} {}^*du_j = 1$ $(2 \leqq j \leqq l')$ であるものが存在する. また, $\zeta \in G$ を任意に固定し,

$$a_j = a_j(\zeta) = -\int_{\beta_j(G)} {}^*dg(\cdot,\zeta) \qquad (1 \leqq j \leqq l) \tag{4.4}$$

とおくと, 次が成り立つ:

(i) $a_j > 0$ $(1 \leqq j \leqq l')$, $a_j = 0$ $(l'+1 \leqq j \leqq l)$

(ii) $\sum_{j=1}^{l} a_j = 2\pi$.

これらの検証は後に回して, $g_0(\cdot,\zeta)$ を定義しよう. まず $l' = 1$ ならば, $g_0(\cdot,\zeta) = g(\cdot,\zeta)$ とおけばよい. 実際, (a) は自明, (b) は上の (i), (ii) の特別な場合であり, (c) は Green 函数の性質から簡単に分る. 次に, $l' > 1$ のときは, 各 $2 \leqq j \leqq l'$ に対し, 特異性函数 s_j を

$$s_j = \begin{cases} u_1 & (\mathrm{Cl}\,\mathcal{R}_1 \text{ 上}), \\ u_j & (\mathrm{Cl}\,\mathcal{R}_j \text{ 上}), \\ 0 & (\mathrm{Cl}\,\mathcal{R}_i\ (i \neq 1,\ j) \text{ 上}) \end{cases}$$

と定義すると,
$$\int_{\beta(G)} {}^*ds_j = \int_{\beta_j(G)} {}^*du_j + \int_{\beta_1(G)} {}^*du_1 = 0$$
であるから,主函数の存在定理 (定理 C.1) が適用できる.従って,$\mathcal{R}$ 上の調和函数 p_j で $\mathcal{R} \setminus G$ 上で $p_j - s_j = L((p_j - s_j)|\partial G)$ を満たすものが存在する.s_j は ∂G 上まで調和であるから,定理 C.4 により $L((p_j - s_j)|\partial G)$ は有界で,$d(L(p_j - s_j)|\partial G)$ は $\Gamma_{h0}(\mathcal{R} \setminus G)$ に属する.さらに,s_j は有界で $ds_j \in \Gamma_{h0}(\mathcal{R} \setminus G)$ を満たすから,$2 \leqq j \leqq l'$ に対し,p_j は有界であり,$dp_j \in \Gamma_{h0}(\mathcal{R})$ を満たす.必要ならば定数を加えることにより,p_j は $\mathcal{R}$ 上で正としてよい.定理 C.4(b) に述べた作用素 L の性質より,
$$\int_{\beta_k(G)} {}^*dp_j = \int_{\beta_k(G)} {}^*ds_j = \begin{cases} -1 & (k=1), \\ 1 & (k=j), \\ 0 & (k \neq 1, j) \end{cases} \tag{4.5}$$
が得られる.また,$l'+1 \leqq j \leqq l$ に対しては,$p_j \equiv 0$ と定義する.

これだけの準備の下で,
$$g_0(\cdot, \zeta) = \sum_{j=2}^{l} a_j(\zeta) p_j + g(\cdot, \zeta) \tag{4.6}$$
とおく.まず,性質 (a) は明らかである.性質 (b) も成り立つことは,(4.4) と (4.5) を使った簡単な計算で次が得られることから分る:
$$\int_{\beta_k(G)} {}^*dg_0(\cdot, \zeta) = \begin{cases} -2\pi & (k=1), \\ 0 & (k>1). \end{cases}$$

最後に (i),(ii) を確かめよう.まず,任意の $1 \leqq j \leqq l$ に対し,f_j を $g(\cdot, \zeta)$ の $\beta_j(G)$ への制限とする.このときは $f_j > 0$ であり,Green 函数の基本性質 (定理 B.6(G2)) から $\mathrm{Cl}(\mathcal{R}_j)$ 上では $g(\cdot, \zeta) = H[f_j; \mathcal{R}_j] \, (= H_{f_j}^{\mathcal{R}_j})$ が成り立つ.さて,$G_1 \Subset G_2 \Subset \ldots$ を $\mathcal{R}$ の正則近似列で $\mathrm{Cl}(G) \subset G_1$ を満たすものとし,$G_{nj} = G_n \cap \mathcal{R}_j$,$\beta_j(G_n) = \beta(G_n) \cap \mathcal{R}_j$ とおく.従って,$\partial G_{nj} = \beta_j(G_n) - \beta_j(G)$.さらに,$g_n$ (または,ψ_n) を G_{nj} 上の Dirichlet 問題の解で境界値は $\beta_j(G)$ 上で f_j (または,1),$\beta_j(G_n)$ 上で 0 となるものとする.このとき,g_n とその導函数は $\mathrm{Cl}(\mathcal{R}_j)$ 上で $g(\cdot, \zeta)$ とその対応する導函数

§4 Widom の定理の証明 (II)

にそれぞれ広義一様に収束する．従って，Green の公式を利用すれば，
$$\int_{\beta_j(G)} {}^*dg_n = \int_{\beta_j(G)} \psi_n {}^*dg_n - \int_{\beta_j(G_n)} \psi_n {}^*dg_n$$
$$= \int_{\beta_j(G)} g_n {}^*d\psi_n - \int_{\beta_j(G_n)} g_n {}^*d\psi_n = \int_{\beta_j(G)} f_j {}^*d\psi_n .$$

ここで $n \to \infty$ とすれば，$\psi = H[1;\mathcal{R}_j]$ として $\int_{\beta_j(G)} {}^*dg = \int_{\beta_j(G)} f_j {}^*d\psi$ を得る．$0 \leqq \psi \leqq 1$ であるから，$\beta_j(G)$ に沿っては ${}^*d\psi \leqq 0$ が成り立つ．さらに，$\beta_j(G)$ の或る成分上で ${}^*d\psi < 0$ が成り立つためには $\mathcal{R}_j$ が双曲型成分を含むことが必要十分である．$f_j > 0$ であるから，$\int_{\beta_j(G)} {}^*dg < 0$ であるためにも同様の条件が必要十分である．これで (i) が確かめられた．(ii) は Green 函数の局所表示 (定理 B.6) からすぐ分る． □

4.3 Green 函数の性質 (続き) 修正 Green 函数の議論を続けよう．

補題 4.5 (V, z) を $\mathcal{R}$ の座標円板とし，この中では局所座標を $\mathcal{R}$ の点と同一視する．ζ_0, ζ_0' を V 内の相異なる点とし，ζ_0 を ζ_0' に結ぶ V 内の弧を c とする．このとき，c と交わらぬ任意の 1 輪体 γ に対し次が成り立つ：
$$\int_\gamma {}^*d(g(\cdot, \zeta_0') - g(\cdot, \zeta_0)) = -2\pi \int_c \sigma(\gamma) .$$
ここで，$\sigma(\gamma) \in \Gamma_{h0}$ は γ に対応する再生微分 (定理 A.14 参照) である．

証明 ここでは §A.4.4 (368 頁) の記号を使う．ζ_0, ζ_0' および c を含むように V 内の円板 $\{|z| < r_1\}$ ($0 < r_1 < 1$) をとり，さらに $r_1 < r_2 < 1$ とする．さて，函数 $v(z)$ および $s(z)$ をそれぞれ $\log[(z-\zeta_0)/(z-\zeta_0')]$ および $\arg[(z-\zeta_0)/(z-\zeta_0')]$ の円環 $r_1 \leqq |z| < 1$ 上での一価の分枝とし，$e(z)$ を $\mathcal{R}$ 上の実数値 C^2 級函数で $\{|z| < r_1\}$ 上で $\equiv 1$, $\mathcal{R} \setminus \{|z| < r_2\}$ 上で $\equiv 0$ として，$\mathcal{R}$ 上の微分 Θ を次で定義する：
$$\Theta = \begin{cases} \left(\dfrac{1}{z-\zeta_0} - \dfrac{1}{z-\zeta_0'}\right) dz & (|z| \leqq r_1) , \\ d(ev) & (r_1 < |z| < 1) , \\ 0 & (V \text{ の外}) . \end{cases} \qquad (4.7)$$

さらに，$w(z) = \log|(z-\zeta_0)/(z-\zeta_0')|$ ($|z| \leqq 1$), $k(z) = g(z, \zeta_0') - g(z, \zeta_0)$ とおいて，次のように計算する．

まず, $h = k - w$ ($|z| < 1$) とおくと, これは調和であるから,

$$\begin{aligned}dk + i{}^*dk &= dw + i{}^*dw + d(h + i{}^*h) \\ &= \left(\frac{1}{z-\zeta_0} - \frac{1}{z-\zeta_0'}\right)dz + d(h+i{}^*h)\end{aligned}$$

が $|z| < 1$ で成り立つ. また, $d((1-e)k) \in \Gamma_{e0}(\mathcal{R})$ に注意すれば,

$$\begin{aligned}d(k-ew) &= d\{(1-e)k\} + d\{e(k-w)\} \\ &= d\{(1-e)k\} + d(eh) \in \Gamma_{e0}(\mathcal{R})\end{aligned}$$

を得る. 従って, ${}^*d(k-ew) \in {}^*\Gamma_{e0}$ である. 一方,

$$dk + i{}^*dk - \Theta = \begin{cases} d(h+i{}^*h) & (|z| \leqq r_1), \\ d\{(1-e)v\} + d(h+i{}^*h) & (r_1 < |z| < 1), \\ dk + i{}^*dk & (|z| \geqq r_2) \end{cases}$$

であるから, $dk + i{}^*dk - \Theta \in \Gamma_c$ が分る.

さて, γ を c と交わらぬ 1 輪体とし, γ に対する再生微分を $\sigma = \sigma(\gamma)$ と書く. 即ち, σ は実数値の調和微分 ($\in \Gamma_{h0}(\mathcal{R})$) で任意の閉微分 $\omega \in \Gamma_c$ に対して $\int_\gamma \omega = (\omega, {}^*\sigma)$ を満たすものとする. ホモローグな路に対する再生微分は一致するから, γ は V の外にあると仮定できる. $dk - d(ev)$ は $\mathcal{R} \setminus \{|z| < r_1\}$ 上で完全であるから, 次が得られる:

$$\begin{aligned}\int_\gamma {}^*dk &= -i \int_\gamma dk + i{}^*dk - d(ev) = -i \int_\gamma dk + i{}^*dk - \Theta \\ &= -i(dk + i{}^*dk - \Theta, {}^*\sigma).\end{aligned}$$

最後の等号は $dk + i{}^*dk - \Theta \in \Gamma_c$ による. また, Θ の定義から

$$\begin{aligned}dk + i{}^*dk - \Theta &= dk + i{}^*dk - d(ev) \\ &= d(k-ew) + i{}^*d(k-ew) - is\,de + iw\,{}^*de\end{aligned}$$

を示すことができる. 既に注意したように,

$$d(k-ew) + i{}^*d(k-ew) \in \Gamma_{e0} + {}^*\Gamma_{e0}$$

であるが, ${}^*\Gamma_{h0} \perp (\Gamma_{e0} + {}^*\Gamma_{e0})$ (定理 A.12) であるから,

$$(d(k-ew) + i{}^*d(k-ew), {}^*\sigma) = 0$$

§4 Widom の定理の証明 (II)   141

となる．従って，

$$\int_\gamma {}^*dk = -i(-i\,s\,de + i\,w\,{}^*de, {}^*\sigma) = \iint_{r_1<|z|<1}(s\,de - w\,{}^*de)\wedge\sigma$$
$$= -\int_{|z|=r_1} w\,\sigma^* - \int_{|z|=r_1} s\,\sigma$$
$$\quad -\iint_{r_1<|z|<1} e\,dw\wedge\sigma^* - \iint_{r_1<|z|<1} e\,ds\wedge\sigma.$$

これをさらに計算するために，次の純虚数の項を加える：

$$-i\int_{|z|=r_1} s\,\sigma^* + i\int_{|z|=r_1} w\,\sigma - i\iint_{r_1<|z|<1} e\,ds\wedge\sigma^* + i\iint_{r_1<|z|<1} e\,dw\wedge\sigma.$$

結果は次の通りである：

$$-\int_{|z|=r_1} v\,\sigma^* + i\int_{|z|=r_1} v\,\sigma - \iint_{r_1<|z|<1} e\,dv\wedge\sigma^* + i\iint_{r_1<|z|<1} e\,dv\wedge\sigma$$
$$= i\int_{|z|=r_1} v\,(\sigma + i\,\sigma^*) + i\iint_{r_1<|z|<1} e\,dv\wedge(\sigma + i\,\sigma^*)$$
$$= i\int_{|z|=r_1} v\,da = -i\int_{|z|=r_1} a(z)\left(\frac{1}{z-\zeta_0} - \frac{1}{z-\zeta_0'}\right)dz$$
$$= -2\pi\int_{\zeta_0}^{\zeta_0'} da = -2\pi\int_c (\sigma + i\,\sigma^*).$$

但し，a は $V = \{|z|<1\}$ 上の正則函数で $da = \sigma + i\,\sigma^*$ を満たすものとする．上式の実部をとれば，求める結果が得られる．   □

定理 4.6 G を $\mathfrak{R}$ の標準領域，$\{\beta_1(G),\ldots,\beta_l(G)\}$ を $\beta(G)$ の成分，(V,z) を G 内の座標円板とするとき，補題 4.5 の条件の下で次が成り立つ：

$$\int_\gamma {}^*d(g_0(\,\cdot\,,\zeta_0') - g_0(\,\cdot\,,\zeta_0)) = -2\pi\int_c\left\{\sigma(\gamma) - \sum_{j=2}^l K_{j,\gamma}\sigma(\beta_j(G))\right\}.$$

但し，$K_{j,\gamma}$ は j と γ に依存するが点 ζ_0, ζ_0' には依存しない定数である．

証明 $k_0 = g_0(\,\cdot\,,\zeta_0') - g_0(\,\cdot\,,\zeta_0)$ とおくと，(4.6) より

$$k_0 = k + \sum_{j=2}^l (a_j(\zeta_0') - a_j(\zeta_0))p_j$$

を得る.但し,p_j は $\mathcal{R}$ 上の調和函数で $dp_j \in \Gamma_{he}^1(\mathcal{R})$ を満たし,$a_j(\zeta)$ は式 (4.4) で定義されたものである.従って,補題 4.5 により

$$a_j(\zeta_0') - a_j(\zeta_0) = -\int_{\beta_j(G)} {}^*dk = 2\pi \int_c \sigma(\beta_j(G))$$

が成り立つ.これから,$\mathcal{R} \setminus \{|z| < r_1\}$ 内の任意の 1 輪体 γ に対し

$$\int_\gamma {}^*dk_0 = \int_\gamma {}^*dk + \sum_{j=2}^l (a_j(\zeta_0') - a_j(\zeta_0)) \int_\gamma {}^*dp_j$$
$$= -2\pi \int_c \left\{ \sigma(\gamma) - \sum_{j=2}^l \left(\int_\gamma {}^*dp_j\right) \sigma(\beta_j(G)) \right\}. \qquad \square$$

4.4 十分性の証明 定理 1.3 の (c) $\Rightarrow$ (a) を背理法で証明する.そのため,$\mathcal{R}$ は双曲型であるが PW 型ではないと仮定する,即ち,

$$\int_0^\infty B(\alpha, a)\, d\alpha = \infty$$

が或る (従って,全ての) $a \in \mathcal{R}$ に対して成り立つと仮定する.

さて,$\mathcal{R}$ 上の任意の直線束 ξ に対して

$$m(\xi, a) = \sup\{\, |f(a)| : f \in \mathcal{H}^1(\mathcal{R}, \xi),\ \|f\|_{1,a} \leqq 1 \,\}$$

とおき,さらに

$$m(a) = \inf\{\, m(\xi, a) : \xi \in H^1(\mathcal{R}; \mathbb{T}) \,\}$$

と定義する.このときは,$\int_0^\infty B(\alpha, a)\, d\alpha = \infty$ であるから,定理 3.3 により

$$m(a) = \exp\left\{ -\int_0^\infty B(\alpha, a)\, d\alpha \right\} = 0$$

が成り立つ.示すべきことは,或る直線束 ξ に対して $m(\xi, a) = 0$ となることで,我々は証明を四段階に分ける.

(第 1 段) G_0 を $\mathcal{R}$ の標準領域 (§A.1.3 参照) で $\mathcal{R}$ の原点 O を含むものとし,$\{\mathcal{R}_1, \ldots, \mathcal{R}_l\}$ を $\mathcal{R} \setminus \mathrm{Cl}(G_0)$ の連結成分の全体とする.各 $1 \leqq j \leqq l$ に対し $\mathcal{R}_j$ の境界輪郭に G_0 に関して正の向きを付けたものを $\alpha_j\ (= \beta_j(G_0))$ と書く.このとき,$\mathrm{Cl}(G_0)$ のホモロジー基底は $\alpha_1, \ldots, \alpha_{l-1}$ といくつかの非分割輪体 $\gamma_1, \ldots, \gamma_N$ からなる.

補題 4.7 V を局所円板で $\mathrm{Cl}(V) \subset G_0$ を満たし,全ての γ_n は V の外にあるとする.このとき,任意の実数 $b_1,\ldots,b_N$ に対し V 内の点 $\zeta_1,\ldots,\zeta_{N'}$ を適当にとれば,全ての $1 \leqq n \leqq N$ に対して

$$\sum_{k=1}^{N'} \int_{\gamma_n} {}^*dg_0(\,\cdot\,,\zeta_k) \equiv b_n \pmod{2\pi}$$

が成り立つ.但し,個数 N' は数 b_n の選び方には依存しない.

証明 $\sigma_n = \sigma(\gamma_n)$ $(1 \leqq n \leqq N)$ および $\tau_j = \sigma(\alpha_j)$ $(2 \leqq j \leqq l)$ をそれぞれ γ_n および α_j $(=\beta_j(G_0))$ の再生微分 (定理 A.14 参照) とする.まず,これらは一次独立であることに注意する.V の中心を ζ_0 と書き,

$$w_n(\zeta) = \int_{\zeta_0}^{\zeta} \sigma_n, \quad w'_j(\zeta) = \int_{\zeta_0}^{\zeta} \tau_j \qquad (1 \leqq n \leqq N, 2 \leqq j \leqq l)$$

とおけば,$w_1,\ldots,w_N, w'_2,\ldots,w'_l$ は V 上で調和であって,$dw_n = \sigma_n$ と $dw'_j = \tau_j$ を満たす.さて,V 上の局所座標 $z = x + iy$ を y が $w_1,\ldots,w_N$, $w'_2,\ldots,w'_l$ および定数函数 1 と一次独立であるように選ぶ.調和函数の空間は無限次元であるからこれは常に可能である.この $z = x + iy$ を使って,

$$\sigma_n = dw_n = u_n\,dx + v_n\,dy, \quad \tau_j = dw'_n = u'_j\,dx + v'_j\,dy$$

と表すとき,$u_1,\ldots,u_N, u'_2,\ldots,u'_l$ は V 上で一次独立であることを示そう.仮に,V 上で恒等的に $\sum_{n=1}^N c_n u_n + \sum_{j=2}^l c'_j u'_j = 0$ を満たす定数 $c_1,\ldots,c_N$, $c'_2,\ldots,c'_l$ があったとすれば,V 上で恒等的に

$$\frac{\partial}{\partial x}\left(\sum_{n=1}^N c_n w_n + \sum_{j=2}^l c'_j w'_j\right) = \sum_{n=1}^N c_n u_n + \sum_{j=2}^l c'_j u'_j = 0$$

が成り立つ.括弧の中は調和函数であるから,y による二階の偏導函数も恒等的に 0 である.従って,y の一次函数となり,次のように表される:

$$\sum_{n=1}^N c_n w_n + \sum_{j=2}^l c'_j w'_j = \alpha y + \beta \qquad (\alpha, \beta \text{ は定数}).$$

y の選び方から,$\alpha = 0$.両辺を微分すれば,

$$\sum_{n=1}^N c_n \sigma_n + \sum_{j=2}^l c'_j \tau_j = 0$$

となって目的の式 $c_1 = \cdots = c_N = c_2' = \cdots = c_l' = 0$ が得られた. 従って,

$$u_n^\sharp = u_n - \sum_{j=2}^{l} K_{j,\gamma_n} u_j' \qquad (1 \leq n \leq N)$$

は V 上で一次独立である. これから, $\zeta_1', \ldots, \zeta_N' \in V$ を帰納的に選んで

$$\Delta(\zeta_1', \ldots, \zeta_N') = \begin{vmatrix} u_1^\sharp(\zeta_1') & \cdots & u_1^\sharp(\zeta_N') \\ \vdots & & \vdots \\ u_N^\sharp(\zeta_1') & \cdots & u_N^\sharp(\zeta_N') \end{vmatrix} \neq 0$$

が成り立つようにできる. そこで, $\sigma_n^\sharp = \sigma_n - \sum_{j=2}^{l} K_{j,\gamma_n} \tau_j$ とおき, $\mathbb{R}^N$ の原点 0 の近傍 $U = \{(x_1, \ldots, x_N) : |x_n| < r \ (1 \leq n \leq N)\}$ で写像

$$\Phi(x_1, \ldots, x_N) = \left(\sum_{k=1}^{N} \int_{\zeta_k'}^{\zeta_k' + x_k} \sigma_1^\sharp, \ldots, \sum_{k=1}^{N} \int_{\zeta_k'}^{\zeta_k' + x_k} \sigma_N^\sharp \right)$$

を定義する. 但し, $r > 0$ は積分変数の範囲が V から外れぬよう十分小さくとる. Φ の 0 における Jacobi 行列式は $\Delta(\zeta_1', \ldots, \zeta_N') \neq 0$ であるから, $\Phi(U)$ は $\mathbb{R}^N$ の開集合を含む. そこで $M > 0$ を十分大きな整数とすれば, $(2\pi M)\Phi(U)$ は一辺が 2π の N 次元立方体を含む. 一方, 定理 4.6 により

$$M \left(\sum_{k=1}^{N} \int_{\gamma_1} {}^*dg_0(\cdot, \zeta_k' + x_k), \ldots, \sum_{k=1}^{N} \int_{\gamma_N} {}^*dg_0(\cdot, \zeta_k' + x_k) \right)$$
$$= M \left(\sum_{k=1}^{N} \int_{\gamma_1} {}^*dg_0(\cdot, \zeta_k'), \ldots, \sum_{k=1}^{N} \int_{\gamma_N} {}^*dg_0(\cdot, \zeta_k') \right)$$
$$\qquad\qquad - 2\pi M \Phi(x_1, \ldots, x_N)$$

が得られる. M の定義からこの右辺は $(x_1, \ldots, x_N)$ が U を動くとき一辺が 2π の或る N 次元立方体を覆う. 故に, 任意の $(b_1, \ldots, b_N) \in \mathbb{R}^N$ に対し,

$$M \sum_{k=1}^{N} \int_{\gamma_n} {}^*dg_0(\cdot, \zeta_k' + x_k) \equiv b_n \pmod{2\pi} \qquad (1 \leq n \leq N)$$

を満たす $(x_1, \ldots, x_N) \in U$ が存在する. そこで, $\zeta_n' + x_n \ (1 \leq n \leq N)$ をそれぞれ M 回繰返したものを $\zeta_1, \ldots, \zeta_{MN}$ とすれば, 目的の式が得られる:

$$\sum_{k=1}^{MN} \int_{\gamma_n} {}^*dg_0(\cdot, \zeta_k) \equiv b_n \pmod{2\pi} \qquad (1 \leq n \leq N) . \qquad \square$$

注意 4.8 補題 4.7 の証明中で述べた $u_1, \ldots, u_N, u'_2, \ldots, u'_l$ の一次独立に関する原論文 (Widom [115, Lemma 6]) の詳しい解釈は林実樹廣に負う. 実際, この一次独立性は局所座標に依存する事実である.

(第 2 段) 前段と同様の記号を用いると, 次が成り立つ：

定理 4.9 $a \in G_0$ を固定する. このとき, 定数 $m > 0$ を適当にとれば, G_0 上の任意の直線束 ξ'_0 に対し, ξ'_0 の $\mathcal{R}$ 上への延長 ξ と $f \in \mathcal{H}^\infty(\mathcal{R}, \xi)$ で $\|f\|_\infty \leq 1$ と $|f(a)| \geq m$ を満たすものが存在する.

証明 直線束 ξ'_0 は $\overline{G_0} = \mathrm{Cl}(G_0)$ の基本群 $\pi_1(\overline{G_0})$ の指標 θ に自然に対応する (定理 II.1.1 参照). $\alpha_1, \ldots, \alpha_{l-1}$ および $\gamma_1, \ldots, \gamma_N$ はホモロジー群 $H_1(\overline{G_0}, \mathbb{Z})$ を生成するから, これらの路は O を始点とするように変形しておけば, $\pi_1(\overline{G_0})/[\pi_1(\overline{G_0})]$ $(\cong H_1(\overline{G_0}, \mathbb{Z}))$ を生成する. θ は $\pi_1(\overline{G_0})$ の交換子群 $[\pi_1(\overline{G_0})]$ 上では恒等的に 1 であるから, θ は $\alpha_1, \ldots, \alpha_{l-1}$ および $\gamma_1, \ldots, \gamma_N$ における値によって決定する. さて, a_j, b_n を実数として,

$$\theta(\alpha_j) = \exp(-2\pi i a_j) \quad (j = 1, \ldots, l-1),$$
$$\theta(\gamma_n) = \exp(-2\pi i b_n) \quad (n = 1, \ldots, N)$$

とおく. $\sum_{j=1}^{l} \alpha_j$ は G_0 を囲むから, $\sum_{j=1}^{l} a_j \equiv 0 \pmod{2\pi}$ を満たす. 定理 4.3 により, $\mathcal{R}$ 上の非負調和函数 u で

$$\int_{\alpha_j} {}^* du \equiv a_j \pmod{2\pi} \quad (j = 1, \ldots, l)$$

且つ $u(a) \leq C < \infty$ を満たすものが存在する. 但し, C は点 a のみに依存し, $\{a_j\}$ には依存しない. 次に, 補題 4.7 を利用すれば, $G_0 \setminus \{a\}$ 内の固定したコンパクト部分集合 K から有限個の点 $\zeta_1, \ldots, \zeta_{N'}$ を選んで

$$\sum_{k=1}^{N'} \int_{\gamma_n} {}^* dg_n(\cdot, \zeta_k) \equiv b_n - \int_{\gamma_n} {}^* du \pmod{2\pi} \quad (n = 1, \ldots, N)$$

を成り立たすことができる. そこで, $v = u + \sum_{k=1}^{N'} g_0(\cdot, \zeta_k)$ とおき, v の共軛調和函数を ${}^* v$ として $f = e^{-2\pi(v + i {}^* v)}$ とおくと, f は $\mathcal{R}$ 上で (多価) 正則で, $|f| = e^{-2\pi v} \leq 1$ は一価函数である. 従って, f は $\mathcal{R}$ 上の乗法的正則函数であり, §II.2.3 で述べたように, 直線束 ξ_f を定義する. もちろん $f \in \mathcal{H}^\infty(\mathcal{R}, \xi_f)$

である. ξ_f を $\pi_1(\mathcal{R}, O)$ の指標と見なして計算しよう. まず, g_0 の定義 (定理 4.4) により, $j = 1, \ldots, l$ に対して $\int_{\alpha_j} {}^*dg_0(\cdot, \zeta) \equiv 0 \pmod{2\pi}$ が任意の $\zeta \in G_0$ に対して成り立つから, $-\int_{\alpha_j} {}^*dv = -a_j \pmod{2\pi}$ を得る. 従って,

$$\xi_f(\alpha_j) = \exp\left[-2\pi i \int_{\alpha_j} {}^*dv\right] = \exp[-2\pi i a_j] = \theta(\alpha_j).$$

また全ての $n = 1, \ldots, N$ に対して

$$-\int_{\gamma_n} {}^*dv = -\int_{\gamma_n} {}^*du - \sum_{k=1}^{N'} \int_{\gamma_n} {}^*dg_0(\cdot, \zeta_k) \equiv -b_n \pmod{2\pi}$$

が成り立つから,

$$\xi_f(\gamma_n) = \exp\left[-2\pi i \int_{\gamma_n} {}^*dv\right] = \exp[-2\pi i b_n] = \theta(\gamma_n).$$

故に, $\xi_f | G_0 = \xi'_0$ が分った. 最後に, $|f(a)|$ を評価すると, 定義から

$$|f(a)| = \exp[-2\pi v(a)] = \exp\left\{-2\pi\left[u(a) + \sum_{k=1}^{N'} g_0(a, \zeta_k)\right]\right\} \geqq m > 0$$

が得られる. ここで, m は補題 4.1 で決る定数 C により,

$$m = \exp\left\{-2\pi\left[C + N' \sup_{\zeta \in K} g_0(a, \zeta)\right]\right\}$$

で与えられるものである. □

(第 3 段) $\mathcal{R}$ 上の任意の直線束 ξ に対し, その $\overline{G_0}$ への制限を $\rho_0(\xi)$ と書く.

定理 4.10 $m(a) = 0$ を仮定すれば, $\overline{G_0}$ 上の任意の直線束 ξ_0 に対し,

$$\inf\{m(\xi, a) : \rho_0(\xi) = \xi_0\} = 0$$

が成り立つ.

証明 $m(a) = 0$ であるから, 任意の正数 ε に対し $\mathcal{R}$ 上の直線束 ξ' で $m(\xi', a) < \varepsilon$ を満たすものが存在する. $\xi'_0 = \rho_0(\xi')^{-1} \xi_0$ とおいて前定理を適用すれば, ξ'_0 の $\mathcal{R}$ への延長 ξ'' とその横断面 $f_0 \in \mathcal{H}^\infty(\mathcal{R}, \xi''^{-1})$ で

$$\|f_0\|_\infty \leqq 1, \qquad |f_0(a)| \geqq m > 0$$

を満たすものが存在する.但し,m は ξ_0' に無関係な定数である.ここで,$\xi = \xi'\xi''$ とおく.まず,$\rho(\xi) = \rho(\xi')\rho(\xi'') = \xi_0$.もし $h \in \mathcal{H}^1(\mathcal{R},\xi)$ が $\|h\|_{1,a} \leq 1$ を満たせば,

$$f_0 h \in \mathcal{H}^1(\mathcal{R}, \xi\xi''^{-1}) = \mathcal{H}^1(\mathcal{R},\xi') \quad \text{且つ} \quad \|f_0 h\|_{1,a} \leq 1$$

であるから,$|(f_0 h)(a)| \leq m(\xi',a) < \varepsilon$ を得る.$|f_0(a)| \geq m > 0$ であるから,$|h(a)| \leq m^{-1}\varepsilon$.$h$ は任意であるから,$m(\xi',a) \leq m^{-1}\varepsilon$ が成り立つ.最後に,ε は任意であるから,求める結果が得られた. □

(第 4 段) 十分性の証明を完成するために,$m(a) = 0$ を満たす $a \in \mathcal{R}$ が存在すると仮定する.従って,全ての $a \in \mathcal{R}$ に対して $m(a) = 0$ が成り立つ.我々は相対コンパクトな開集合 $V \subset \mathcal{R}$ と V の稠密な可算部分集合 S をとって固定する.次に,$\mathcal{R}$ の標準近似列 $\{G_n : n \geq 1\}$ で $\mathrm{Cl}(V) \subset G_1$ を満たすものをとる.以下では,$\mathcal{R}$ 上の直線束の G_n への制限 (作用素) を ρ_n と書き,$j \leq k$ に対し G_k 上の直線束の G_j への制限を ρ_{jk} と書く.最後に,G_n 上の任意の直線束 ξ_n と任意の $a \in G_n$ に対して,

$$m_n(\xi_n, a) = \sup\{|f(a)| : f \in \mathcal{H}^1(G_n,\xi_n),\ \|f\|_{1,a} \leq 1\}$$

とおく.さて,G_j 上の直線束 ξ_j を任意に固定し,$b \in G_j$ を任意にとって,

$$\widetilde{m}_n = \inf\{m_n(\xi_n,b) : \xi_n \in H^1(G_n,\mathbb{T}),\ \rho_{jn}(\xi_n) = \xi_j\} \quad (n \geq j),$$
$$\widetilde{m} = \inf\{m(\xi,b) : \xi \in H^1(\mathcal{R},\mathbb{T}),\ \rho_j(\xi) = \xi_j\}$$

と定義する.このとき,次が成り立つ:

$$\lim_{n \to \infty} \widetilde{m}_n = \widetilde{m}. \tag{4.8}$$

これは (3.6) と同様な方法で証明される.まず,$\xi_{n+1} \in H^1(G_{n+1},\mathbb{T})$ が $\rho_{j,n+1}(\xi_{n+1}) = \xi_j$ を満たせば,$\rho_{n,n+1}(\xi_{n+1}) \in H^1(G_n,\mathbb{T})$ であり,従って,

$$m_n(\rho_{n,n+1}(\xi_{n+1}),b) \geq m_{n+1}(\xi_{n+1},b) \geq \widetilde{m}_{n+1}$$

が得られる.G_j は標準領域であるから,G_j 上の全ての直線束は $\mathcal{R}$ 上の直線束に延長できる.よって,

$$\widetilde{m}_n \geq \widetilde{m}_{n+1} \geq \widetilde{m} \qquad (n \geq 1)$$

が成り立つ. 故に, $\lim_{n\to\infty} \tilde{m}_n \geqq \tilde{m}$.

次に, 逆向きの不等式を示そう. そのためには, $\tilde{m} < \infty$ を仮定してよい. 従って, $\xi \in H^1(\mathcal{R}, \mathbb{T})$ で $\rho_j(\xi) = \xi_j$ と $m(\xi, b) < \infty$ を満たすものが存在する. 前と同様に ξ を可算開被覆 $\{V'_\alpha\}$ によって $(\{\xi_{\alpha\beta}\}, \{V'_\alpha\})$ と表すことにする. しかも, V'_α および空でない $V'_\alpha \cap G_n$ は単連結であるとしてよい. $m_n(\rho_n(\xi), b)$ の定義より, $f_n \in \mathcal{H}^1(G_n, \rho_n(\xi))$ を適当にとれば, $\|f_n\|_{1,b} \leqq 1$ および $|f_n(b)| \geqq m_n(\rho_n(\xi), b) - 1/n$ が成り立つようにできる. G_n の開被覆 $\{V'_\alpha \cap G_n\}_\alpha$ と $\rho_n(\xi)$ の表現 $(\{\xi_{\alpha\beta}\}, \{V'_\alpha \cap G_n\}_\alpha)$ に関する横断面 f_n の表現を $\{f_{n\alpha}\}_\alpha$ とする. さらに, $\{V_\alpha\}$ を被覆 $\{V'_\alpha\}$ の細分であって, 各 α に対して $\mathrm{Cl}(V_\alpha)$ が V'_α のコンパクト部分集合であるようなものをとる. $\|f_n\|_{1,b} \leqq 1$ であるから, G_n 上の調和函数 h_n で $|f_n| \leqq h_n$ および $h_n(b) \leqq 1$ を満たすものが存在する. ここで任意に α をとる. もし G_n が $\mathrm{Cl}(V_\alpha)$ を含むならば, h_n は $\mathrm{Cl}(V_\alpha)$ 上では n に依存しない定数 C_α で押さえられることが Harnack の不等式からわかる. よって, $f_{n\alpha}$ $(n \geqq n_\alpha)$ は各 α に対し V_α 上で一様に有界である. 従って, 部分列 $\{n_k : k \geqq 1\}$ を適当にとれば, 各 α に対し $\{f_{n_k \alpha}\}_k$ および $\{h_{n_k}\}_k$ は各 V_α 上で一様収束する. そこで, 直線束 ξ の横断面 $f = \{f_\alpha\}$ と函数 h を

$$f_\alpha = \lim_{k\to\infty} f_{n_k \alpha}, \quad h = \lim_{k\to\infty} h_{n_k}$$

によって定義することができる. このとき, $|f| \leqq h$ であるから, $f \in \mathcal{H}^1(\mathcal{R}, \xi)$ 且つ $\|f\|_{1,b} \leqq h(b) = \lim_{k\to\infty} h_{n_k}(b) \leqq 1$ が得られる. 最後に,

$$|f(b)| = \lim_{k\to\infty} |f_{n_k}(b)| \geqq \limsup_{k\to\infty} \{m_{n_k}(\rho_{n_k}(\xi), a) - n_k^{-1}\}$$
$$\geqq \limsup_{k\to\infty} \tilde{m}_{n_k} = \lim_{n\to\infty} \tilde{m}_n.$$

ξ は任意であるから, $\tilde{m} \geqq \lim_{n\to\infty} \tilde{m}_n$ となり, (4.8) の証明が終った.

さて, 定理 4.10 により, 任意の $\xi_j \in H^1(G_j, \mathbb{T})$ と $b \in G_j$ に対し $\tilde{m} = 0$ が成り立つ. 従って, (4.8) より次も成り立つ:

$$\lim_{n\to\infty} \left[\inf\{m_n(\xi_n, b) : \xi_n \in H^1(G_n, \mathbb{T}), \rho_{jn}(\xi_n) = \xi_j\}\right] = 0. \tag{4.9}$$

いま, S の各点を無限回繰返し並べてできる点列を $\{b_j\}$ とする. (4.9) を使えば, 番号列 $n_1 < n_2 < \cdots$ と G_{n_j} 上の直線束 ξ_{n_j} を
$$\rho_{n_j,n_{j+1}}(\xi_{n_{j+1}}) = \xi_{n_j} \quad \text{且つ} \quad m_{n_j}(\xi_{n_j}, b_j) < j^{-1}$$
を満たすようにとることができる. このとき, $\mathcal{R}$ 上の直線束 ξ で, 全ての j に対して $\rho_{n_j}(\xi) = \xi_{n_j}$ を満たすものが唯一つ存在する. 従って, $m(\xi, b_j) \leqq m_{n_j}(\xi_{n_j}, b_j) < j^{-1}$ が成り立つ. $b \in S$ を任意にとると, $\{b_j\}$ の定義により, 無限に多くの j に対して $b_j = b$ を満たす. よって, $m(\xi, b) = 0$ が全ての $b \in S$ に対して正しい. これは任意の $f \in \mathcal{H}^1(\mathcal{R}, \xi)$ が全ての $b \in S$ で消滅することを意味する. 従って, $\mathcal{R}$ 上で $f \equiv 0$ が成り立つ. 故に, $\mathcal{H}^1(\mathcal{R}, \xi) = \{0\}$. これで十分性の証明が終った. □

§5 二三の帰結と注意

最初に定理 3.3 を次のように言いかえておく.

定理 5.1 $\mathcal{R}$ を PW 面とすると, $1 \leqq p \leqq \infty$ を満たす任意の p に対し
$$\inf_{\xi}\Big[\sup\{|f(a)| : f \in \mathcal{H}^p(\mathcal{R}, \xi),\ \|f\|_{p,a} = 1\}\Big]$$
$$= \exp\left(-\int_0^{\infty} B(\alpha, a)\,d\alpha\right) > 0$$
が成り立つ. ここで, ξ は $\mathcal{R}$ 上の全ての直線束の上を亘る. もし $\mathcal{R}$ が正則な面ならば, 上の値は次に等しい:
$$\exp\Big[-\sum\{g(a,w) : w \in Z(a, \mathcal{R})\}\Big].$$

この結果は全ての $a \in \mathcal{R}$ に対して成り立つから, 次を得る.

系 $\mathcal{R}$ が PW 面ならば, 任意の直線束 $\xi \in H^1(\mathcal{R}, \mathbb{T})$ に対して $\mathcal{H}^{\infty}(\mathcal{R}, \xi)$ には共通の零点がない.

定理 5.2 PW 面 $\mathcal{R}$ は次を満たす:

(a) $H^{\infty}(\mathcal{R})$ は $\mathcal{R}$ の点を分離する. 即ち, 任意の相異なる $a, b \in \mathcal{R}$ に対し $f(a) \neq f(b)$ を満たす $f \in H^{\infty}(\mathcal{R})$ が存在する.

(b) 任意の $a \in \mathcal{R}$ に対し, a で単純な零点を持つ $f \in H^{\infty}(\mathcal{R})$ が存在する.

証明 (a) $\mathcal{R}$ 上の乗法的有界正則函数 $z \mapsto \exp[-g(a,z) - i^*g(a,z)]$ が定義する $\mathcal{R}$ 上の直線束を ξ と書く. 次に, 定理 5.1 の系により $h \in \mathcal{H}^\infty(\mathcal{R}, \xi^{-1})$ を $|h(b)| \neq 0$ のように選ぶ. さらに, $h(z)\exp[-g(a,z) - i^*g(a,z)]$ の函数要素を一つ選び, それを $\mathcal{R}$ 全体に解析接続して得られる函数を f とおけば, $f \in H^\infty(\mathcal{R})$ であって, $f(a) = 0$ 且つ $f(b) \neq 0$ が成り立つ.

(b) $h \in \mathcal{H}^\infty(\mathcal{R}, \xi^{-1})$ で $h(a) \neq 0$ を満たすものをとると, 上と同様にして $h(z)\exp[-g(a,z) - i^*g(a,z)]$ から作られる f は $H^\infty(\mathcal{R})$ の元であって a で単純な零点を持つ. □

最後に Widom 条件に関する注意 (Widom [115, 324 頁]) を述べておく:

定理 5.3 Widom 条件 (W) は理想境界の性質である. 即ち, G_0 を $\mathcal{R}$ の任意の正則領域とし, $\mathcal{R} \setminus \mathrm{Cl}\, G_0$ の成分を $\mathcal{R}_1, \ldots, \mathcal{R}_l$ とすれば, $\mathcal{R}$ が Widom 条件 (W) を満たすためには全ての $\mathcal{R}_j$ が (W) を満たすことが必要十分である.

証明 $a \in G_0$ と $a_j \in \mathcal{R}_j$ ($j = 1, \ldots, l$) を任意にとって固定する. 次に, G_1 を $\mathcal{R}$ の標準領域で $\mathrm{Cl}\, G_0$ と $a_1, \ldots, a_l$ を含むものとする. また, $g_j(a_j, z)$ を a_j を極とする $\mathcal{R}_j$ の Green 函数とする. このとき, 十分大きい $A > 1$ をとれば, 各 $j = 1, \ldots, l$ に対し $\partial G_1 \cap \mathcal{R}_j$ 上で $A^{-1}g(a,z) \leq g_j(a_j,z) \leq Ag(a,z)$ となるから, Green 函数の性質 (定理 B.6(G2)) により次が成り立つ:

$$A^{-1}g(a,z) \leq g_j(a_j,z) \leq Ag(a,z) \qquad (z \in \mathcal{R}_j \setminus G_1). \tag{5.1}$$

以下では, $g(z,a), g_1(z,a_1), \ldots, g_l(z,a_l)$ の ∂G_1 上での最小値を α_0 とおく. まず, $0 < \alpha < \alpha_0$ とする. このときは, (5.1) より

$$\partial G_1 \cap \mathcal{R}_j \subset \mathcal{R}(\alpha,a) \cap (\mathcal{R}_j \setminus G_1) \subseteq \mathcal{R}_j(A^{-1}\alpha, a_j) \qquad (j = 1, \ldots, l)$$

が分る. 但し, $\mathcal{R}_j(\alpha, a) = \{z \in \mathcal{R}_j : g_j(z, a_j) > \alpha\}$ と定義する. また, $\partial G_1 \subset \mathcal{R}(\alpha, a)$ であるから, 優調和函数の最小値の原理 ([B7, 定理 1.2] 参照) により $G_1 \subset \mathcal{R}(\alpha, a)$ が成り立つ. よって,

$$\mathcal{R}(\alpha, a) \subseteq G_1 \cup \bigcup_{j=1}^{l} \mathcal{R}_j(A^{-1}\alpha, a_j) \tag{5.2}$$

が得られる．G_1 は標準領域であるから，補集合の各成分 $\mathcal{R}_j \setminus G_1$ の境界は唯 1 個の輪郭である．従って，$\mathcal{R}$ 内の任意の 1 輪体はホモロジーの意味で G_1 内の 1 輪体と $\mathcal{R}_j \setminus \mathrm{Cl}\, G_1$ $(j=1,\ldots,l)$ 内の 1 輪体の和に分解される．よって，G_1 と $\mathcal{R}_j(\alpha, a_j)$ の 1 次元 Betti 数をそれぞれ $B(G_1)$, $B_j(\alpha, a_j)$ として

$$B(\alpha, a) \leqq B(G_1) + \sum_{j=1}^{l} B_j(A^{-1}\alpha, a_j) \qquad (0 < \alpha < \alpha_0) \qquad (5.3)$$

が (5.2) から分る．一方，(5.1) と α_0 の定義より

$$\partial G_1 \cap \mathcal{R}_j \subset \mathcal{R}_j(\alpha, a_j) \setminus G_1 \subseteq \mathcal{R}(A^{-1}\alpha, a)$$

となるから，$G_1 \subset \mathcal{R}(\alpha, a) \subset \mathcal{R}(A^{-1}\alpha, a)$ に注意して

$$\mathcal{R}_j(\alpha, a_j) \subseteq (\mathcal{R}_j(\alpha, a_j) \setminus G_1) \cup G_1 \subseteq \mathcal{R}(A^{-1}\alpha, a)$$

を得る．よって，全ての $j = 1, \ldots, l$ に対して次が成り立つ：

$$B_j(\alpha, a_j) \leqq B(A^{-1}\alpha, a) \qquad (0 < \alpha < \alpha_0). \qquad (5.4)$$

(5.3) と (5.4) を α について積分し，$B(\alpha, a)$ と $B_j(\alpha, a_j)$ は単調減少で十分大きい α に対して 0 になることに注意すれば，定理の結論が得られる． □

文献ノート

本章の主題である Parreau-Widom 型 Riemann 面は本書全体の主題でもある．本章は Widom [115] に従ってこの Riemann 面の族を定義し，Widom の基本定理を解説した．本章の結果のほとんどはこの素晴らしい論文からのものである．より詳しく言えば，この概念を最初に導入したのは 1958 年の Parreau の論文 [85] で，そこでは本書で Parreau 条件と呼ぶ条件 (P) (119 頁参照) を満たす正則な Riemann 面を論じている．それとは多分に独立に別の動機から 1971 年に Widom [115] は条件 (W) を定義として Riemann 面の族を定義し基本定理 (定理 1.3) を確立した．Parreau 条件 (P) と Widom 条件 (W) が本質的に同じであることは荷見 [40, 定理 3] による．実際，論文 [40] は Parreau の結果を知らず書かれたが，研究 [41] を学会で発表した後で倉持善治郎先生から Parreau 論文 [85] との関連をご教示いただいた．その結果，Parreau と Widom の両者に等しく敬意を払うのが妥当であると判断した．"Parreau-Widom 型" の名称はその当時の同僚だった林実樹廣の発案による．

さて，§1 において，Parreau-Widom 型の定義と基本定理 (定理 1.3) を含む全ての結果は Widom [115] による．実際，Widom [115] は定理 1.3 が直線束に限らず一般のユニタリベクトル束に対して証明している．また，Riemann 面 $\mathcal{R}$ が正則のとき，
$$\int_0^\infty B(\alpha, z)\, d\alpha = \sum \{ g(z, w) : w \in Z(a; \mathcal{R}) \} \qquad (z \in \mathcal{R} \setminus Z(a; \mathcal{R}))$$
を示した．これは条件 (W) から条件 (P) が出ることを意味する．

§2 は逆に条件 (P) から条件 (W) を出す問題で，荷見 [40] による．補題 2.1 の事実は PW 面に対してその後 Jones-Marshall [64, Lemma 2.11] で再発見されている．なお，後者では Stout の定理 (Stout [109]) の援用により証明が短縮されているが，Martin のコンパクト化 (定理 2.3) や Betti 数の計算 (定理 2.2) は述べられていない．

§3 と §4 は主定理の証明で全て Widom [115] による．後半では Sario の主作用素を利用するので，その概略を付録で説明した．これについては，Ahlfors-Sario [B2] または中井 [B30] に詳しい解説があるので，必要に応じて見ていただきたい．

PW 面は有限連結領域に似た感覚で扱える無限連結な面である．Lárusson [69] によれば，無限連結な Riemann 面上の Hardy 族については PW 面の族だけが例外的で，他ではほとんど何も分ってはいないそうである．もっとも，氏が関心を持つ Shafarevich 予想に関わる Riemann 面は Parreau-Widom 型ではないそうであるから，PW 性のない Riemann 面上での Hardy 族の理論は次の課題であろう (Lárusson [69, 定理 5.1])．

第 VI 章

Green 線

単位円板上の有界調和函数はほとんど全ての動径方向の極限を持ち，その極限函数から Poisson 積分によって復元される．これは有名な Fatou の定理であるが，PW 面ではこの結果はそのまま成り立つ．この方向の最初の主要結果は Parreau [85] が 1958 年に発見した．PW 面もこの論文が最初である．Parreau の結果を Widom の定理と結びつけると，Green 線と Martin 境界の関連を問う Brelot-Choquet 問題が PW 面に対しては完全に解かれる．

§1 Green 線に基づく Dirichlet 問題

Green 線を定義し，これに基づく Dirichlet 問題を論ずる．

1.1 Green 線 $\mathcal{R}$ を正則な双曲型 Riemann 面とし，$g(a,z)$ を a を極とするその Green 函数とする．$a \in \mathcal{R}$ を固定し，函数 $r(z) = r(a;z)$ と $\theta(z) = \theta(a;z)$ をそれぞれ次の方程式によって定義する：

$$\frac{dr(z)}{r(z)} = -dg(a,z) \quad \text{および} \quad d\theta(z) = -{}^*dg(a,z) . \tag{1.1}$$

以下では，$r(z)$ により第一の方程式の特殊解 $r(z) = \exp(-g(a,z))$ を表す．

さて，点 $a \in \mathcal{R}$ を始点とする開弧であって，条件

$$d\theta(z) \neq 0 \quad \text{且つ} \quad \theta(z) = 一定$$

に関して極大であるものを点 a を始点とする **Green 線**と呼ぶ．a を始点とする Green 線の全体を $\mathbb{G}(\mathcal{R},a)$ または $\mathbb{G}(a)$ と表す．十分大きな α に対して閉領域 $\mathrm{Cl}(\mathcal{R}(\alpha,a)) = \{z \in \mathcal{R} : g(a,z) \geqq \alpha\}$ は閉円板 $\overline{\mathbb{D}}$ と写像

$$z \mapsto e^{\alpha} r(z) \exp(i\theta(z))$$

により等角同値であり，この写像により $\mathbb{G}(a)$ の Green 線は単位円板の動径と 1 対 1 に対応する．即ち，各 Green 線 $l \in \mathbb{G}(a)$ は $\{z\} = l \cap \partial \mathcal{R}(\alpha, a)$ が $\theta(z) \equiv \theta \pmod{2\pi}$ を満たす $\theta \in [0, 2\pi)$ により $l = l_\theta$ と一意にパラメータ表示できる．これを利用して，$\mathbb{G}(a)$ 上の測度 dm_a を

$$dm_a(l_\theta) = dm_a(\theta) = d\theta/2\pi$$

によって定義し，$\mathbb{G}(a)$ 上の (始点 a の) **Green 測度**と呼ぶ．次に，$\mathbb{G}(a)$ 内の Green 線でその $\mathcal{R}$ 内での閉包がコンパクトであるものの全体を $\mathbb{E}_0(\mathcal{R}, a) = \mathbb{E}_0(a)$ と書く．$\mathcal{R}$ は仮定により正則であるから，$\mathbb{E}_0(a)$ はその終点が $g(a, z)$ の臨界点になる Green 線 $l \in \mathbb{G}(a)$ の全体である．従って，$\mathbb{E}_0(a)$ は可算集合である．これに対し，Green 線 $l \in \mathbb{G}(a)$ が**正則**であるとは，l 上での $g(a, z)$ の (z に関する) 下限が 0 になることを云う．a を始点とする正則 Green 線の全体を $\mathbb{L}(\mathcal{R}, a) = \mathbb{L}(a)$ で表す．このとき，$\mathbb{G}(a) = \mathbb{L}(a) \cup \mathbb{E}_0(a)$ が成り立つ．

点 a と $\mathbb{G}(a)$ 内の Green 線 l 全体の合併を中心 a の **Green 星状領域**と呼び，$\mathbb{G}'(\mathcal{R}, a)$ (または，$\mathbb{G}'(a)$) と書く．領域 $\mathbb{G}'(a)$ は単連結で，函数 $z \mapsto r(z)e^{i\theta(z)}$ をこの領域の大域的な座標と見なすことができる．以下では，$l \in \mathbb{G}(a)$ 上の点 z で $g(a, z) = \alpha$ を満たすものを $z(l; \alpha)$ と書く．

1.2 Dirichlet 問題の定義　Green 線の集合 $\mathbb{G}(a)$ 上の Dirichlet 問題を定義する．f を集合 $\mathbb{L}(a)$ 上で定義された広義の実数値函数とするとき，$\mathcal{R}$ 上の優調和函数 s で条件

a)　s は下に有界である，

b)　$\mathbb{L}(a)$ 上で $\liminf_{\alpha \to 0} s(z(l; \alpha)) \geq f(l)$ $(dm_a \text{ a.e.})$ が成り立つ

を満たすものの全体を $\bar{\mathbb{S}}(f; \mathbb{G}(a))$ とし，$\underline{\mathbb{S}}(f; \mathbb{G}(a)) = -\bar{\mathbb{S}}(-f; \mathbb{G}(a))$ とおく．$\bar{\mathbb{S}}(f; \mathbb{G}(a))$ および $\underline{\mathbb{S}}(f; \mathbb{G}(a))$ が空でないとき，全ての $z \in \mathcal{R}$ に対して

$$\bar{G}[f; \mathbb{G}(a)](z) = \inf_{s \in \bar{\mathbb{S}}(f; \mathbb{G}(a))} s(z), \quad \underline{G}[f; \mathbb{G}(a)](z) = \sup_{s \in \underline{\mathbb{S}}(f; \mathbb{G}(a))} s(z)$$

と定義する．任意の $s' \in \bar{\mathbb{S}}(f; \mathbb{G}(a))$ と $s'' \in \underline{\mathbb{S}}(f; \mathbb{G}(a))$ に対して $s' \geq s''$ が成り立つから，$\bar{\mathbb{S}}(f; \mathbb{G}(a))$ および $\underline{\mathbb{S}}(f; \mathbb{G}(a))$ はそれぞれ優調和函数および劣調和函数の Perron 族である (§B.1.2 参照)．従って，$\bar{G}[f; \mathbb{G}(a)]$ および $\underline{G}[f; \mathbb{G}(a)]$ は

$\mathcal{R}$ 上の調和函数であり, $\underline{G}[f;\mathbb{G}(a)] \leqq \overline{G}[f;\mathbb{G}(a)]$ が成り立つ. もし $\overline{\mathcal{S}}(f;\mathbb{G}(a))$ と $\underline{\mathcal{S}}(f;\mathbb{G}(a))$ が共に空でなく, 且つ $\underline{G}[f;\mathbb{G}(a)] = \overline{G}[f;\mathbb{G}(a)]$ ならば, f は**可解**であると云う. この場合, 共通の函数を $G[f] = G[f;\mathbb{G}(a)]$ と書き, **境界函数 $f(l)$ に対する Green 線の空間 $\mathbb{G}(a)$ 上の Dirichlet 問題の解**と呼ぶ. この解 $G[f;\mathbb{G}(a)]$ は $\mathrm{HP}'(\mathcal{R})$ (§I.4.1 参照) に属する.

1.3 可解性の条件 $\mathbb{G}(a)$ 上の Dirichlet 問題の可解性にも通常の場合と同様な判定条件がある. まず次から始めよう.

定理 1.1 $\mathbb{L}(a)$ 上の広義の実数値函数 f が可解であるための必要十分条件は $\mathcal{R}$ 上の調和函数 u と正の優調和函数 s で全ての $\varepsilon > 0$ に対して

$$u + \varepsilon s \in \overline{\mathcal{S}}(f;\mathbb{G}(a)) \quad \text{および} \quad u - \varepsilon s \in \underline{\mathcal{S}}(f;\mathbb{G}(a)) \tag{1.2}$$

を満たすものが存在することである. この u は $u = G[f;\mathbb{G}(a)]$ を満たす.

証明 f が可解で対応する解が $u = G[f;\mathbb{G}(a)]$ ならば, 任意に指定された点 $a^* \in \mathcal{R}$ に対し $\overline{\mathcal{S}}(f;\mathbb{G}(a))$ 内の函数列 $\{s_n' : n = 1, 2, \ldots\}$ で,

$$\sum_{n=1}^{\infty}(s_n'(a^*) - u(a^*)) < \infty$$

を満たすものが存在する. 従って, その和 $s' = \sum_{n=1}^{\infty}(s_n' - u)$ は $\mathcal{R}$ 上の正の優調和函数である. いま, 任意に固定した整数 $m \geq 1$ に対して,

$$u(z) + \frac{1}{m}s'(z) \geq u(z) + \frac{1}{m}\sum_{n=1}^{m}(s_n' - u)(z) = \frac{1}{m}\sum_{n=1}^{m}s_n'(z) \qquad (z \in \mathcal{R})$$

が成り立つから, $u + m^{-1}s' \in \overline{\mathcal{S}}(f;\mathbb{G}(a))$ が分る. 同様に, 全ての整数 $m \geq 1$ に対して $u - m^{-1}s'' \in \underline{\mathcal{S}}(f;\mathbb{G}(a))$ を満たす $\mathcal{R}$ 上の正の優調和函数 s'' が存在する. 故に, 優調和函数 $s = s' + s''$ は (1.2) の条件を満たす.

逆に, (1.2) を満たす調和函数 u と優調和函数 s が存在すれば,

$$u = \lim_{\varepsilon \to 0}(u + \varepsilon s) \geq \overline{G}[f;\mathbb{G}(a)] \geq \underline{G}[f;\mathbb{G}(a)] \geq \lim_{\varepsilon \to 0}(u - \varepsilon s) = u$$

が s が有限な全ての点で成り立つが, s が無限大になるのは極集合の上に限るから, 調和函数 $\overline{G}[f;\mathbb{G}(a)]$ と $\underline{G}[f;\mathbb{G}(a)]$ はほとんど到るところ一致し, 従って到るところ一致する. 故に, f は可解で, $u = G[f;\mathbb{G}(a)]$ を得る. □

系 (a) f_1, f_2 が $\mathbb{L}(a)$ 上で可解ならば, $f_1 + f_2, \alpha f_1$ ($\alpha \in \mathbb{R}$), $\max\{f_1, f_2\}$ および $\min\{f_1, f_2\}$ は可解で次を満たす:

$$G[f_1 + f_2] = G[f_1] + G[f_2], \quad G[\alpha f_1] = \alpha G[f_1]$$
$$G[\max\{f_1, f_2\}] = G[f_1] \vee G[f_2], \quad G[\min\{f_1, f_2\}] = G[f_1] \wedge G[f_2].$$

(b) $\mathbb{L}(a)$ 上の可解な函数の単調列 $\{f_n\}$ の極限 f が可解ならば $\{G[f_n]\}$ は収束する. この逆も成り立つ. このとき, $G[f] = \lim_{n \to \infty} G[f_n]$ が成り立つ.

可解性の問題をさらに調べるために, $\alpha_1 > \alpha_2 > \cdots \to 0$ を $g(a, z) = \alpha_n$ が $g(a, \cdot)$ の臨界点を通らぬように選び, $\mathcal{R}_n = \mathcal{R}(\alpha_n, a)$ ($n = 1, 2, \ldots$) とおく (定義は §V.1.1). $\mathcal{R}$ は正則であるから, $\{\mathcal{R}_n\}$ は $\mathcal{R}$ の正則近似列である. 我々はこれを **a を中心とする正則近似列** と呼ぶ. 各 n に対し a を極とする $\mathcal{R}_n$ の Green 函数 $g_n(a, z)$ は $g(a, z) - \alpha_n$ に等しいから, f が $\partial \mathcal{R}_n$ 上の広義実数値函数で弧長測度に関して可積分ならば, f を境界値とする $\mathcal{R}_n$ に対する Dirichlet 問題の解 u は次を満たす:

$$u(a) = -\frac{1}{2\pi} \int_{\partial \mathcal{R}_n} f(z) \,^* dg_n(a, z) = -\frac{1}{2\pi} \int_{\partial \mathcal{R}_n} f(z) \,^* dg(a, z)$$
$$= \frac{1}{2\pi} \int_0^{2\pi} f(z(l_\theta; \alpha_n)) \, d\theta = \int_{\mathbb{L}(a)} f(z(l; \alpha_n)) \, dm_a(l). \tag{1.3}$$

補題 1.2 下に有界な優調和函数 s に対し

$$\underline{s}_{(\alpha_n)}(l) = \liminf_{n \to \infty} s(z(l; \alpha_n)), \quad \underline{s}(l) = \liminf_{\alpha \to 0} s(z(l; \alpha))$$

とおけば, s の最大調和劣函数 u は次を満たす:

$$u(a) \geq \int_{\mathbb{L}(a)} \underline{s}_{(\alpha_n)}(l) \, dm_a(l) \geq \int_{\mathbb{L}(a)} \underline{s}(l) \, dm_a(l).$$

証明 s の $\mathcal{R}_n$ 上での最大調和劣函数を u_n とすれば, $\mathcal{R}_n$ 上で $u_n \geq u_{n+1} \geq \cdots \geq u$ 且つ $u_n \to u$ が成り立つ. $u_n = H[s; \mathcal{R}_n]$ であるから (1.3) より次の計算で求める不等式が得られる:

$$u(a) = \lim_{n \to \infty} u_n(a) = \lim_{n \to \infty} \int_{\mathbb{L}(a)} s(z(l; \alpha_n)) \, dm_a(l)$$
$$\geq \int_{\mathbb{L}(a)} \underline{s}_{(\alpha_n)}(l) \, dm_a(l) \geq \int_{\mathbb{L}(a)} \underline{s}(l) \, dm_a(l). \quad \square$$

定理 1.3 $\mathbb{L}(a)$ 上の広義実数値函数 $f(l)$ に対し，函数族 $\overline{S}(f;\mathbb{G}(a))$ および $\underline{S}(f;\mathbb{G}(a))$ が空でないものとすると，次が成り立つ：

$$\overline{G}[f;\mathbb{G}(a)](a) \geqq \overline{\int}_{\mathbb{L}(a)} f(l)\,dm_a(l) \geqq \underline{\int}_{\mathbb{L}(a)} f(l)\,dm_a(l) \geqq \underline{G}[f;\mathbb{G}(a)](a).$$

但し，$\overline{\int}$ および $\underline{\int}$ はそれぞれ測度 dm_a に関する上積分および下積分を表す．

証明 $s \in \overline{S}(f;\mathbb{G}(a))$ を任意にとり，u を s の最大調和劣函数とすれば，

$$u(a) \geqq \int_{\mathbb{L}(a)} \underline{s}(l)\,dm_a(l) \geqq \overline{\int}_{\mathbb{L}(a)} f(l)\,dm_a(l)$$

が補題 1.2 から分る．s は任意であるから，次が成り立つ：

$$\overline{G}[f;\mathbb{G}(a)](a) \geqq \overline{\int}_{\mathbb{L}(a)} f(l)\,dm_a(l).$$

最後の不等号も同様である．残りは積分の定義から明らかである． □

系 $\mathbb{L}(a)$ 上の広義実数値函数 $f(l)$ が可解ならば，f は dm_a 可積分であって次が成り立つ：

$$G[f;\mathbb{G}(a)](a) = \int_{\mathbb{L}(a)} f(l)\,dm_a(l).$$

なお，定理 2.4 の系で示すように，$\mathcal{R}$ が PW 面ならば，$\mathbb{L}(a)$ 上の全ての dm_a 可積分函数は可解である．

§2 Parreau-Widom 型 Riemann 面上の Green 線

$\mathcal{R}$ が PW 面 ならば Green 線の理論は極て透明になる．以下，本章では簡単のため $\mathcal{R}$ を正則な PW 面として議論を進める．

2.1 Green 星状領域 まず，$\mathcal{R}$ 上の 1 点 a を固定し，§1.1 の記号を使う．我々は Green 星状領域 $\mathbb{G}'(a)$ を大域的座標函数 $w = \Phi(z) = r(z)e^{i\theta(z)}$ によって複素 w 平面の単位円板 $\mathbb{D}_w$ 内の領域 $D = D(a)$ 上に等角且つ単葉に写す．但し，$r(z) = r(a;z)$，$\theta(z) = \theta(a;z)$ とする．我々は Ω_0 により $l_\theta \in \mathbb{E}_0(a)$ を満たす $\theta \in [0,2\pi)$ の全体を表すことにする．$\mathcal{R}$ は正則であるから，$\mathbb{G}(a) = \mathbb{L}(a) \cup \mathbb{E}_0(a)$ であり，従って次が成り立つ：

$$D = \mathbb{D}_w \setminus \bigcup \{S_\theta : \theta \in \Omega_0\}. \tag{2.1}$$

但し, S_θ は l_θ の終点 $z(\theta)$ が定める $\mathbb{D}$ の截線 $\{re^{i\theta} : r(z(\theta)) \leqq r \leqq 1\}$ を表す. 各 $z(\theta)$ は $g(a,z)$ の臨界点であったから, 定理 V.1.2 より

$$\sum \{1 - \exp(-g(a,w)) : w \in Z(a;\mathcal{R})\} < \infty$$

を得る. $r(z) = \exp(-g(a,z))$ であるから, 截線 S_θ の全長は有限である. 実際, 領域 D を長さ有限な境界を持つ Jordan 領域と見ることができる. 即ち, 各截線 S_θ を二つの辺 S_θ^- および S_θ^+ の合併と見なす. ここで, $w \in S_\theta$ が S_θ^- (または, S_θ^+) に属するとは, w が $\mathrm{Im}(w'w^{-1}) < 0$ (または, $\mathrm{Im}(w'w^{-1}) > 0$) を満たす $w' \in D$ の極限となることであり, S_θ^- と S_θ^+ の共通点は S_θ の頂点 $\exp(-g(a,z(\theta))) + i\theta$ のみである (図 1 (b) 参照). そうすれば, 領域 D は長さ有限の (広義の) Jordan 曲線

$$L = \bigcup \{S_\theta^+ \cup S_\theta^- : \theta \in \Omega_0\} \cup \{e^{i\theta} : \theta \in [0, 2\pi) \setminus \Omega_0\} \quad (2.2)$$

を境界とする Jordan 領域と見なされる. 一方, 複素 ζ 平面の単位円板 $\mathbb{D}_\zeta$ を D に写す Riemann の写像函数を Ψ とすれば, 次が成り立つ.

定理 2.1 (a) Ψ は単位閉円板 $\mathrm{Cl}(\mathbb{D}_\zeta)$ まで連続に延長できる.

(b) $\Psi'(\zeta)$ は Hardy 族 $H^1(\mathbb{D}_\zeta)$ に属し, その動径方向の極限は, Ψ の $\mathrm{Cl}(\mathbb{D}_\zeta)$ への連続延長を同じ記号 Ψ で表すとき, 次を満たす:

$$\frac{\partial \Psi}{\partial \zeta}(e^{it}) = \lim_{t' \to t} \frac{\Psi(e^{it'}) - \Psi(e^{it})}{e^{it'} - e^{it}} \quad \text{(a.e.)}.$$

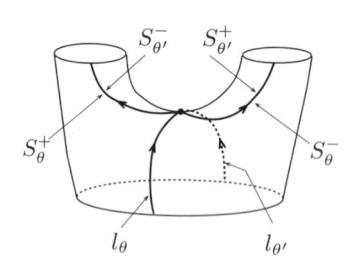

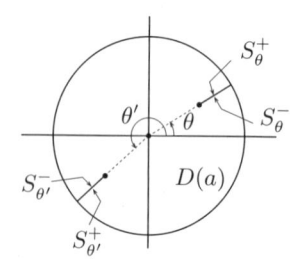

(a) 臨界点付近の Green 線 　　(b) $D = D(a)$ の截線

図 1: 臨界点における Green 線と截線 (位数 2 の場合)

証明 (a) 領域 D は Jordan 曲線 L で囲まれた単連結領域であるから，Carathéodory の定理 (例えば, Garnett-Marshall [B14, Theorem I.3.1] または辻 [B43, Theorem IX.2] 参照) により Ψ は $\partial \mathbb{D}_\zeta$ まで連続に延長され, $\mathrm{Cl}\,\mathbb{D}_\zeta$ から $\mathrm{Cl}\,D = D \cup L$ への位相同型写像となる.

(b) ∂D は長さ有限であるから，函数 $\Psi|\partial \mathbb{D}_\zeta$ は連続且つ有界変動である. 従って, $\partial \mathbb{D}_\zeta$ 上で $d\mu(e^{it}) = (ie^{it})^{-1}\,d\Psi(e^{it})$ として,

$$u(z) = \frac{1}{2\pi} \int_0^{2\pi} \mathrm{Re}\left(\frac{e^{it}+z}{e^{it}-z}\right) d\mu(e^{it})$$

とおく. このとき, 次が成り立つ:

$$\int_{\partial \mathbb{D}_\zeta} e^{it}\,d\mu(e^{it}) = i^{-1}\int_{\partial \mathbb{D}_\zeta} d\Psi(e^{it}) = 0,$$

$$\int_{\partial \mathbb{D}_\zeta} e^{nit}\,d\mu(e^{it}) = i^{-1}\int_{\partial \mathbb{D}_\zeta} e^{(n-1)it}\,d\Psi(e^{it})$$

$$= (n-1)\int_{\partial \mathbb{D}_\zeta} \Psi(e^{it})e^{(n-1)it}\,dt = 0 \quad (n = 2, 3, \ldots).$$

F. and M. Riesz の定理 (定理 D.6) によれば, この結果は $d\mu$ が弧長測度 dt に関して絶対連続であることを示す. 従って, $d\mu(e^{it}) = f(e^{it})\,dt$ とおけば, $f(e^{it}) = \dfrac{\partial \Psi}{\partial \zeta}(e^{it})$ a.e. であるから, Fatou の定理 (定理 D.3) により $u(\zeta)$ の動径方向極限はほとんど到るところ $\dfrac{\partial \Psi}{\partial \zeta}$ に等しい. 一方, 上で見たように $d\mu$ は e^{nit} ($n \geq 1$) に直交するから,

$$\int_{\partial \mathbb{D}_\zeta} \frac{e^{-it}+\overline{\zeta}}{e^{-it}-\overline{\zeta}}\,d\mu(e^{it}) = \int_{\partial \mathbb{D}_\zeta} d\mu(e^{it})$$

が得られる. 従って, 次の計算で求める結果が得られる:

$$u(\zeta) = \frac{1}{2\pi}\int_{\partial \mathbb{D}_\zeta} \frac{1}{2}\left(\frac{e^{it}+\zeta}{e^{it}-\zeta} + \frac{e^{-it}+\overline{\zeta}}{e^{-it}-\overline{\zeta}}\right) d\mu(e^{it})$$

$$= \frac{1}{4\pi}\int_{\partial \mathbb{D}_\zeta} \left(\frac{e^{it}+\zeta}{e^{it}-\zeta} + 1\right) d\mu(e^{it}) = \frac{1}{2\pi}\int_{\partial \mathbb{D}_\zeta} \frac{e^{it}}{e^{it}-\zeta}\,d\mu(e^{it})$$

$$= \frac{1}{2\pi i}\int_{\partial \mathbb{D}_\zeta} \frac{1}{e^{it}-\zeta}\,d\Psi(e^{it}) = \frac{1}{2\pi i}\int_{\partial \mathbb{D}_\zeta} \frac{\Psi(e^{it})}{(e^{it}-\zeta)^2}\,d(e^{it})$$

$$= \Psi'(\zeta). \qquad \square$$

この結果を Fatou の定理 (定理 D.3) と併せれば, 次が知られる:

系 $\partial\Psi/\partial\zeta$ が $\zeta_0 \in \partial\mathbb{D}_\zeta$ で存在すれば, ζ が ζ_0 を頂点とする任意の Stolz 角領域内から ζ_0 に近づくとき $\Psi(\zeta)$ は $(\partial\Psi/\partial\zeta)(\zeta_0)$ に収束する.

さらに詳しく調べるため, 多少制限した Stolz 角領域を用意する. 即ち, $\zeta_0 \in \partial\mathbb{D}$, $0 < \alpha < \frac{\pi}{2}$, $0 < \rho < 1$ に対し, **Stolz 角領域** $S(\zeta_0; \alpha, \rho)$ を
$$S(\zeta_0; \alpha, \rho) = \{z \in \mathbb{D} : |\arg(1 - z\overline{\zeta_0})| < \alpha, |\arg(z\overline{\zeta_0})| < \pi/2 - \alpha, \rho < |z| < 1\}$$
で定義する. このとき, 次が成り立つ:

定理 2.2 (a) $(\partial\Psi/\partial\zeta)(\zeta_0)$ (但し, $\zeta_0 = \Psi^{-1}(\exp(i\theta_0))$) はほとんど全ての方向 $\theta_0 \in [0, 2\pi) \setminus \Omega_0$ に対して存在し, 0 ではない.

(b) $\theta_0 \in [0, 2\pi) \setminus \Omega_0$ は (a) の条件を満たすとし, $w_0 = \exp(i\theta_0) = \Psi(\zeta_0)$ とおく. このとき, ∂D と $\partial\mathbb{D}_w$ は w_0 において同じ接線を持つ. 従って, 任意の α $(0 < \alpha < \frac{\pi}{2})$ に対し領域 D は $S(w_0; \alpha, \rho)$ の形の Stolz 角領域を含む. 但し, ρ は w_0 と α に依存する. Stolz 角領域 $S(w_0; \alpha, \rho)$ は写像 Ψ^{-1} により $\mathbb{D}_\zeta$ 内の頂点 ζ_0, 頂角 2α の曲線状 Stolz 角領域に写される.

証明 (a) 定理 2.1 により, $\partial\Psi/\partial\zeta$ はほとんど到るところ存在し, その Poisson 積分は Ψ' に等しい. Ψ' は $H^1(\mathbb{D}_\zeta)$ に属し恒等的には 0 ではないから, その境界関数 $\partial\Psi/\partial\zeta$ の零点は零集合をなす. 即ち, (a) が成り立つ.

(b) $\theta_0 \in [0, 2\pi) \setminus \Omega_0$ は (a) の条件を満たすと仮定する. ζ_0 を始点とする $\mathbb{D}_\zeta$ 内の滑らかな曲線 c で, ζ_0 で非接方向の接線を持つものを引く. 従って, c は ζ_0 を頂点とする或る Stolz 角領域に含まれる. さて, ζ_1, ζ_2 を c 上の ζ_0 以外の 2 点とすると, $\Psi(\zeta_1) - \Psi(\zeta_2) = \int_{\zeta_2}^{\zeta_1} \Psi'(\zeta) \, d\zeta$ が成り立つ. ここで, 右辺は c に沿っての積分を表す. ζ_1 を固定し ζ_2 を c に沿って ζ_0 に近づけると, $\Psi(\zeta_2) \to \Psi(\zeta_0)$ であるから, 次が得られる:
$$\Psi(\zeta_1) - \Psi(\zeta_0) = \int_{\zeta_0}^{\zeta_1} \Psi'(\zeta) \, d\zeta .$$
ζ が c に沿って ζ_0 に近づくとき, 定理 2.1 の系により $\Psi'(\zeta)$ は $(\partial\Psi/\partial\zeta)(\zeta_0)$ に収束するから, Ψ の ζ_0 における c 方向の微係数は $(\partial\Psi/\partial\zeta)(\zeta_0)$ に等しい. これは ζ_0 における c の接線が写像 $\zeta \mapsto \Psi(\zeta)$ により $\arg[(\partial\Psi/\partial\zeta)(\zeta_0)]$ だけ回転されることを示す. 従って, ζ_0 より $\partial\mathbb{D}_\zeta$ に対して非接線方向に引いた

§2 PW 面上の Green 線

2本の曲線 c_1, c_2 のなす角は Ψ によって保存される. $(\partial\Psi/\partial\zeta)(\zeta_0) \neq 0$ であるから, ∂D は $w_0 = \Psi(\zeta_0)$ において接線を持ち, それは w_0 における $\partial \mathbb{D}_w$ への接線に一致する. これから (b) の主張が示される. □

2.2 Green 線に沿った極限 $\mathfrak{R}$ 上で定義されコンパクト空間 X に値をとる函数を u とする. 任意の正則 Green 線 $l \in \mathbb{L}(a)$ に対して

$$u^\vee(l) = \bigcap_{\alpha>0} \mathrm{Cl}[u(\{z(l;\beta) : 0 < \beta < \alpha\})]$$

とおく. もし $u^\vee(l)$ が唯一個の点からなるならば, この点を u の Green 線 l に沿った**動径方向極限**と呼び, $\tilde{u}(l)$ と記す. このとき次が成り立つ.

定理 2.3 $a \in \mathfrak{R}$ とし, u を Green 星状領域 $\mathbb{G}'(a)$ 上の正の調和函数とする. このとき, ほとんど全ての $l \in \mathbb{L}(a)$ に対し極限 $\tilde{u}(l)$ が存在して有限であり, 函数 $l \mapsto \tilde{u}(l)$ は $\mathbb{L}(a)$ 上で dm_a 可測である. もし u が有界正則で, $\tilde{u}(l)$ が dm_a 測度が正の集合上で 0 ならば, u は恒等的に 0 である.

証明 まず, u を $\mathbb{G}'(a)$ 上の有界正則函数とし, Φ と Ψ は既に定義した写像として $v = u \circ \Phi^{-1} \circ \Psi$ とおく. このとき, v は $\mathbb{D}_\zeta$ 上の有界正則函数であるから, Fatou の定理により, $\partial \mathbb{D}_\zeta$ 上のほとんど全ての点 ζ_0 に対し, ζ_0 を頂点とする $\mathbb{D}_\zeta$ 内の Stolz 角領域を通って ζ が ζ_0 に近づくとき, $v(\zeta)$ は有限の極限値を持つ. この性質を持つ $\zeta_0 \in \mathbb{D}_\zeta$ の全体を E とおく. 写像 $\Psi : \partial \mathbb{D}_\zeta \to \partial D$ は零集合を保存するから, ほとんど全ての $\theta_0 \in [0, 2\pi) \setminus \Omega_0$ (Ω_0 の定義は §2.1 を見よ) に対し, $\Psi^{-1}(\exp(i\theta_0))$ ($= \zeta_0$) は E に属する. 今, θ_0 はこの性質を持つとすると, 写像 $\Psi^{-1} \circ \Phi$ による Green 線 l_{θ_0} の像は E 内の点 ζ_0 に頂点を持つ任意の Stolz 角領域に含まれるから, $\tilde{u}(l_{\theta_0})$ は存在する. 故に, ほとんど全ての $l \in \mathbb{L}(a)$ に対して $\tilde{u}(l)$ が存在する. もし $u \not\equiv 0$ ならば, $\mathbb{D}_\zeta$ 上で $v \not\equiv 0$ であるから, その動径方向極限は零集合上でのみ 0 になり得る. 故に, ほとんど全ての $l \in \mathbb{L}(a)$ に対して $\tilde{u}(l) \neq 0$ が成り立つ. また, v の境界函数は可測であるから, これを Ψ で戻した $\theta \mapsto \tilde{u}(l_\theta)$ も可測である.

次に, u を $\mathbb{G}'(a)$ 上の正の調和函数とする. $\mathbb{G}'(a)$ は単連結であるから, u の共軛調和函数 $*u$ は一価で条件 $*u(a) = 0$ の下で一意に決る. いま, $h(z) =$

$\exp(-u(z)-i^{*}u(z))$ とおけば,$h(z)$ は $\mathbb{G}'(a)$ 上で有界正則であるから,前段により $\check{h}(l)$ はほとんど全ての $l \in \mathbb{L}(a)$ に対して存在して,可測である.$h \circ \Phi^{-1} \circ \Psi \neq 0$ であるから,ほとんど全ての $l \in \mathbb{L}(a)$ に対して $\check{h}(l) \neq 0$ であり,$u(z) = -\log|h(z)|$ よりほとんど全ての $l \in \mathbb{L}(a)$ に対して $\check{u}(l) = -\log|\check{h}(l)|$ も存在して有限且つ可測である. □

定理 2.4 $\mathbb{L}(a)$ 上の任意の有界可測函数 $f(l)$ は可解であり,ほとんど全ての $l \in \mathbb{L}(a)$ に対して動径方向極限 $\check{G}[f;\mathbb{G}(a)](l)$ が存在して $f(l)$ に等しい.

証明 $\mathcal{R}$ の正則近似列 $\{\mathcal{R}_n\}$ を $\mathcal{R}_n = \mathcal{R}(\alpha_n, a)$ によって定義する (§1.3 参照).各 n に対し,$\mathcal{R}_n$ の境界上の函数 f_n を $f_n(z(l;\alpha_n)) = f(l)$ $(l \in \mathbb{L}(a))$ によって定義し,境界値 f_n に関する $\mathcal{R}_n$ の Dirichlet 問題を考察する.$\mathcal{R}_n$ は解析的な境界を持つコンパクト縁つき Riemann 面であり,f_n は $\partial \mathcal{R}_n$ 上の有界可測函数であるから,f_n を境界値とする通常の Dirichlet 問題は解 $u_n = H[f_n; \mathcal{R}_n]$ を持ち,その非接境界値はほとんど到るところ f_n に等しい.ところが,正則 Green 線 $l \in \mathbb{L}(a)$ は $\partial \mathcal{R}_n$ と直交するから,u_n の $l \in \mathbb{L}(a)$ に沿っての極限もほとんど到るところ存在して $f_n(z(l;\alpha_n))$ に等しい.一方,任意の n に対し,$\{u_{n+1}, u_{n+2}, \dots\}$ は $\text{Cl}(\mathcal{R}_n)$ 上一様に有界で且つ同程度連続な函数族であるから,必要ならば部分列に移ることにより,$\{u_n\}$ は $\mathcal{R}$ 上で或る調和函数 u に広義一様収束すると仮定してよい.

§2.1 で定義した Green 星状領域 $\mathbb{G}'(a)$ から $D = D(a)$ の上への等角写像 Φ を利用しよう.我々は $\mathcal{R}'_n = \mathbb{G}'(a) \cap \mathcal{R}_n$ とおき,$z \in \mathcal{R}'_n$ に対して $\Phi_n(z) = \rho_n \Phi(z)$ (但し,$\rho_n = \exp \alpha_n$) と定義する.さらに,Φ_n の像を D_n とおく.即ち,$D_n = (\rho_n D) \cap \mathbb{D}_w$. このとき,次が成り立つ:

$$D_1 \supseteq D_2 \supseteq \cdots \supseteq D_n \supseteq \cdots \supseteq D.$$

ここで $D = D(a)$ に関する Dirichlet 問題を解く.このため,v_n を $u_n \circ \Phi_n^{-1}$ の領域 D への制限とする.u_n は $\mathcal{R}_n$ 上で連続であるから,v_n は D の境界 L ((2.2) 参照) の $\mathbb{D}$ 内の部分まで連続拡大される.その値を f_n^* と書く.また,$l = l_\theta \in \mathbb{L}(a)$ は Φ_n によって $D_n (\supseteq D)$ の動径に写されるから,$v_n(re^{i\theta})$ の動径方向の極限はほとんど全ての $\theta \in [0, 2\pi) \setminus \Omega_0$ に対して存在して $f(l_\theta)$ に

等しい.従って, $f_n^*(e^{i\theta}) = f(l_\theta)$ $(\theta \in [0, 2\pi) \setminus \Omega_0)$ とおけば, v_n の ∂D_n 上での非接境界値はほとんど到るところ存在して f_n^* に等しい.故に, v_n は境界函数 f_n^* に対する D 上の Dirichlet 問題の解である.次に, $\theta \in \Omega_0$ とする.もし $w \in S_\theta^-$ (または, S_θ^+) ならば, $\mathcal{R}$ の点 $z_n(w)$ で

(a) $f_n^*(w) = u_n(z_n(w))$,

(b) $z_j \to z_n(w)$ 且つ $\varPhi_n(z_j) \to w$ を満たす点列 $\{z_j\} \subset \mathcal{R}'_n$ が存在する

の二条件を満足するものが存在する.点 $z_n(w)$ は連続性により一意に決定する.また, このような w に対し, 点列 $\{z_n(w) : n = 1, 2, \ldots\}$ は $\mathcal{R}$ のコンパクト部分集合に含まれ, $\mathcal{R}$ の 1 点 $z_0(w)$ に収束する.実際, $w' \in D$ を $w' \to w$ となるように選べば, $\varPhi^{-1}(\rho_n^{-1} w') \to z_0(w)$ が成り立つ.よって, $w \in S_\theta^-$ (または, S_θ^+) ならば, $f_n^*(w) = u_n(z_n(w)) \to u(z_0(w))$ を得る.この結果, L 上の函数列 $\{f_n^*\}$ は次で定義される函数 f^* に各点収束する:

$$f^*(w) = \begin{cases} f(l_\theta) & (w = e^{i\theta}, l_\theta \in \mathbb{L}(a)), \\ u(z_0(w)) & (w \in S_\theta^+ \cup S_\theta^-). \end{cases} \tag{2.3}$$

さて, 任意の $w \in D$ に対し, $d\omega_w$ により L に台を持つ D に関する w の調和測度を表すことにすれば, 各 n に対して

$$(u_n \circ \varPhi_n^{-1})(w) = v_n(w) = \int_L f_n^* \, d\omega_w$$

が成り立つから, $n \to \infty$ として Lebesgue の収束定理を適用すれば,

$$(u \circ \varPhi^{-1})(w) = \int_L f^* \, d\omega_w$$

を得る.即ち, $u \circ \varPhi^{-1}$ は f^* を境界値とする D 上の Dirichlet 問題の解である.定理 2.2 で示したように, ほとんど全ての $\theta \in [0, 2\pi) \setminus \Omega_0$ に対し, 円板 $\mathbb{D}_w$ の動径 $\{re^{i\theta} : 0 \leq r < 1\}$ は $\partial D (= L)$ に直交する.よって, Fatou の定理により, $(u \circ \varPhi^{-1})(re^{i\theta}) \to f^*(e^{i\theta}) = f(l_\theta)$ $(r \nearrow 1)$ がほとんど全ての $\theta \in [0, 2\pi) \setminus \Omega_0$ に対して成り立つが, これは

$$\lim_{\alpha \to 0} u(z(l; \alpha)) = f(l) \qquad (\text{a.e. } l \in \mathbb{L}(a))$$

が成り立つことと同等である.これが示すべきことであった. □

系 $\mathbb{L}(a)$ 上の任意の dm_a 可積分函数は可解である.

§3 Green 線と Martin 境界

本節では Green 線の Martin 境界への収束とこれに関連する問題を検討する.

3.1 Green 線の収束と Brelot-Choquet 問題
双曲型 Riemann 面 $\mathcal{R}$ の Martin のコンパクト化を $\mathcal{R}^*$ とし，$\Delta = \mathcal{R}^* \setminus \mathcal{R}$ を Martin 境界，Δ_1 を Martin 極小境界とする (§III.1.2 参照). さて，$a \in \mathcal{R}$ を固定し，正則な Green 線 $l \in \mathbb{L}(a)$ を考えよう. まず，l の $\mathcal{R}^*$ での端 $e(l)$ を次で定義する:

$$e(l) = e(l; \mathcal{R}^*) = \mathrm{Cl}(l; \mathcal{R}^*) \setminus (l \cup \{a\}) .$$

但し，$\mathrm{Cl}(l; \mathcal{R}^*)$ は l の $\mathcal{R}^*$ の中での閉包である. $\mathcal{R}^*$ はコンパクトであるから，$\alpha \to 0$ のとき $z(l; \alpha)$ の集積点が存在するがそれは $\mathcal{R}$ の中にはないから，$e(l)$ は Δ の空でない部分集合である. もし $e(l)$ が一点集合ならば, Green 線 l はこの点に**収束する**と云う. 即ち，正則 Green 線 $l \in \mathbb{L}(a)$ が**収束する**とは，l 上の点 $z(l; \alpha)$ が $\alpha \to 0$ のとき Martin のコンパクト化 $\mathcal{R}^*$ の中で収束することを云う. 我々は $\mathbb{L}(a)$ に属する収束 Green 線の全体を $\mathbb{L}_c(a) = \mathbb{L}_c(\mathcal{R}; a)$ と記す. さらに，各 $l \in \mathbb{L}_c(a)$ に対し l の (Δ 内の) 極限を b_l と書き，この対応を π_Δ とする.

さて, Green 線の収束に関しては **Brelot-Choquet 問題**がよく知られている. これを Riemann 面の場合に当てはめれば次のようになる.

Brelot-Choquet の問題 $\mathcal{R}$ を双曲型 Riemann 面とするとき,

(BC1) ほとんど全ての正則 Green 線は Martin 境界 Δ の中に収束するか？

(BC2) Green 測度は Martin 測度とどんな関係にあるか？

以下本節では PW 面に対するこの問題の肯定的な解答を述べる.

3.2 PW 面の Green 線
まず，a 以外の $a' \in \mathcal{R}$ をとり，

$$P(a, a'; z) = \frac{\delta g(a', z)}{\delta g(a, z)} \qquad (z \in \mathcal{R})$$

とおく. 但し，$\delta g(a, z) = 2 \frac{\partial}{\partial z} g(a, z) \, dz$ である. このとき，$P(a, a'; z)$ は有理型函数である. $a \neq a'$ であるから，この函数の極は集合 $Z(a; \mathcal{R}) \cup \{a'\}$ の中にある. $\mathcal{R}$ は正則 PW 面であるから, $\sum \{g(a, w) : w \in Z(a; \mathcal{R})\} < \infty$ が成

り立つ (§V.1.2 参照). ここで,

$$s^{(a)}(z) = \sum \{g(z,w) : w \in Z(a;\mathcal{R})\} \tag{3.1}$$

とおく. Harnack の不等式により, 右辺の級数は $\mathcal{R} \setminus Z(a;\mathcal{R})$ で広義一様に収束するから, $\mathcal{R} \setminus Z(a;\mathcal{R})$ で有限且つ連続である. 実際, $s^{(a)}(z)$ は広義実数値函数として $\mathcal{R}$ 上で連続な正の優調和函数であるが, さらにポテンシャルである (定理 B.10 の系). そこで, $g^{(a)}(z) = \exp(-s^{(a)}(z))$ として,

$$u(a,a';z) = g^{(a)}(z)\exp(-g(a',z)) \tag{3.2}$$

とおき, さらに $s(z) = s^{(a)}(z) + g(a',z)$ と定義する. これもポテンシャルである. 我々は $\mathcal{R}$ の開被覆 $\{U_i\}$ で次の性質を持つものを作る:

(i) 各 U_i は単連結である,
(ii) $U_i \cap U_j \neq \emptyset$ ならば $U_i \cup U_j$ は $s(z)$ の特異点を一個以上は含まぬ座標円板に含まれる.

次に, 各 U_i に $s(z) + i\,{}^*s_i(z)\ (z \in U_i)$ の形の函数を対応させる. 但し, ${}^*s_i$ は $s|U_i$ の共軛調和函数である. 即ち, U_i が s の特異点を含まぬときは, ${}^*s_i$ は U_i 上の s の普通の共軛調和函数とし, U_i が s の重複度 m の臨界点 w を含むときは, $s(z) = -m\log|z-w| + u(z)$ を満たす U_i 上の調和函数を u として, ${}^*s_i(z) = -m\arg(z-w) + {}^*u(z)$ とする. ここで, ${}^*u$ は U_i 上の u の共軛調和函数である. これらを用いて

$$f_i(z) = \exp\left(-\{s(z) + i\,{}^*s_i(z)\}\right) \qquad (z \in U_i)$$

と定義する. 明らかに, 各 f_i は U_i 上の正則函数である. また, $U_i \cap U_j \neq \emptyset$ を満たす任意の i,j に対し, $f_i(z)f_j(z)^{-1}$ は $U_i \cap U_j$ 上で絶対値 1 の或る定数 ξ_{ij} に等しい. これは $U_i \cup U_j$ が単連結集合に含まれることから分る. 従って, $(\{U_i\},\{\xi_{ij}\})$ は $\mathcal{R}$ 上の直線束を定義する. これを $\xi_{a,a'}$ と書く. 上の構成から, $(\{U_i\},\{f_i\})$ は $\xi_{a,a'}$ の正則横断面であるが, これを $f^{(a,a')}$ と書く. 各 i に対して $|f_i| \leq 1$ であるから, $f^{(a,a')}$ は $\mathcal{H}^\infty(\mathcal{R},\xi_{a,a'})$ に属する. 一方, Widom の定理 (定理 V.1.3) により $\mathcal{H}^\infty(\mathcal{R},\xi_{a,a'}^{-1}) \neq \{0\}$ であるから, $\mathcal{H}^\infty(\mathcal{R},\xi_{a,a'}^{-1})$ の零でない元でノルムが 1 以下のものが存在する. その一つを $h^{(a,a')}$ とし, この元の被覆 $\{U_i\}$ に付随する代表を $(\{U_i\},\{h_i\})$ と書くと, $(\{U_i\},\{f_ih_i\})$ は

$\mathcal{R}$ 上の自明でない一価正則函数を定義する. これを $F(a, a'; z)$ と書けば, 我々が必要とする次が分る:

$$|F(a, a'; z)| \leqq u(a, a'; z) \qquad (z \in \mathcal{R}). \tag{3.3}$$

さて, §1.3 と同様に, $\mathcal{R}$ の正則近似列 $\mathcal{R}_n = \mathcal{R}(\alpha_n, a)$ $(n = 1, 2, \dots)$ を導入する. ここで, $a' \in \mathcal{R}_1$ と仮定することができる. $g_n(a', z)$ を a' を極とする $\mathcal{R}_n$ の Green 函数とする. $g_a - \alpha_n$ は a を極とする $\mathcal{R}_n$ の Green 函数であるから, Harnack の不等式により

$$0 < \frac{\delta g_n(a', z)}{\delta g(a, z)} < c \qquad (z \in \partial \mathcal{R}_n)$$

を満たす定数 c が存在する. 実際, $\partial \mathcal{R}_n$ に沿っての微分 $-(2\pi i)^{-1} \delta g_n(a', z)$ と $-(2\pi i)^{-1} \delta g(a, z)$ はそれぞれ点 a' と a に対する $\mathcal{R}_n$ の調和測度を表すからである. $\mathcal{R}$ 上では $u(a, a'; z) \leqq 1$ であるから, $\partial \mathcal{R}_n$ 上では次を満たす:

$$0 \leqq u(a, a'; z) \frac{\delta g_n(a', z)}{\delta g(a, z)} \leqq c. \tag{3.4}$$

また, 定義式 (3.2) より $u(a, a'; z)$ は有理型函数 $\delta g_n(a', z)/\delta g(a, z)$ の全ての極で同じ位数の零点を持つ. 従って, (3.3) より函数

$$F(a, a'; z) \cdot \frac{\delta g_n(a', z)}{\delta g(a, z)}$$

は $\mathcal{R}_n$ 上正則でその境界まで連続であり, (3.4) より

$$\left| F(a, a'; z) \frac{\delta g_n(a', z)}{\delta g(a, z)} \right| \leqq c \qquad (z \in \mathrm{Cl}(\mathcal{R}_n))$$

が成り立つ. $\delta g_n(a', z)$ は $\delta g(a', z)$ に $\mathcal{R}$ で広義一様収束するから,

$$|F(a, a'; z) P(a, a'; z)| \leqq c \qquad (z \in \mathcal{R})$$

を得る. $F(a, a'; z)$ と $F(a, a'; z) P(a, a'; z)$ は $\mathcal{R}$ 上の有界正則函数であるから, これらの函数の実部と虚部は $\mathcal{R}$ 上の有界調和函数である. 定理 2.3 により $F(a, a'; z)$ と $F(a, a'; z) P(a, a'; z)$ はほとんど全ての Green 線 $l \in \mathbb{L}(a)$ に沿って 0 ではない極限を持つ. 故に, $P(a, a'; z)$ はほとんど全ての $l \in \mathbb{L}(a)$ に対して有限で 0 ではない動径方向極限 $\widetilde{P}(a, a'; l)$ を持つ.

以上で Brelot-Choquet の第一の問題 (BC1), 即ち Green 線の収束問題, への解答の準備は整った.

定理 3.1 PW 面 $\mathfrak{R}$ に対し Brelot-Choquet 問題 (BC1) は肯定的である．即ち，任意の点 $a \in \mathfrak{R}$ に対し，a を始点とする収束 Green 線の全体 $\mathbb{L}_c(a)$ は $\mathbb{L}(a)$ の Green 測度 1 の可測部分集合である．

証明 一般性を失わずに，$\mathfrak{R}$ は正則であると仮定できる．さて，a と異なる任意の $a' \in \mathfrak{R}$ をとる．既に見たように，$P(a,a';z)$ はほとんど全ての $l \in \mathbb{L}(a)$ に対して有限で 0 でない動径方向極限 $\check{P}(a,a';l)$ を持つ．我々は $\check{P}(a,a';l)$ が存在するような $l \in \mathbb{L}(a)$ を任意にとって考える．この l 上の任意の点 z において局所座標 $z = x+iy$ を $dx = dg(a,z)$ 且つ $dy = {}^*dg(a,z)$ を満たすように選ぶ．このとき，l に沿っては $\delta g(a,z) = (\partial_x g(a,z))\,dx = dx$ および $\delta g(a',z) = (\partial_x g(a',z) + i\,\partial_x {}^*g(a',z))\,dx$ が成り立つ．但し，${}^*g(a',z)$ は $g(a',z)$ の調和共軛で付加定数を別として一意に決る．l に沿ってはさらに $x = g(a,z)$ 且つ $y = y_0 =$ 一定 を仮定してよい．従って，l 上では

$$\mathrm{Re}(P(a,a';z)) = \frac{\frac{d}{dx}g(a', x+iy_0)}{\frac{d}{dx}g(a, x+iy_0)} \qquad (z \in l) \tag{3.5}$$

が成り立つ．$\check{P}(a,a';l)$ は存在するから，(3.5) の左辺は $x \to 0$ のとき極限を持つ．$\mathfrak{R}$ は仮定により正則であるから，$g(a,x+iy_0)$ と $g(a',x+iy_0)$ は $x \to 0$ のとき共に 0 に収束する．よって，l'Hospital の公式を使えば

$$\mathrm{Re}(\check{P}(a,a';l)) = \lim_{x \to 0} \frac{\frac{d}{dx}g(a', x+iy_0)}{\frac{d}{dx}g(a, x+iy_0)} = \lim_{x \to 0} \frac{g(a', x+iy_0)}{g(a, x+iy_0)} \tag{3.6}$$

を得る．いま，$b \in e(l)$ とすると，l 上の点列 $\{z_n\}$ で $z_n \to b\ (n \to \infty)$ を満たすものが存在するが，上で導入した座標を使って $z_n = x_n + iy_0$ と書けば，$x_n \to 0$ を満たすから，(3.6) の最終辺は $k_b(a')/k_b(a)$ に等しい．$b \in e(l)$ は任意であったから，商 $k_b(a')/k_b(a)$ は b の函数として $e(l)$ 上で定数である．

証明を完成するために，$\mathfrak{R} \setminus \{a\}$ の稠密な可算集合 A を一つ固定する．このとき，$\mathbb{L}(a)$ の可測部分集合 $\mathcal{A}$ で

(a)　$m_a(\mathcal{A}) = 1$,
(b)　各 $a' \in A$ と $l \in \mathcal{A}$ に対し $\check{P}(a,a';l)$ は存在して有限である

の二条件を満たすものが存在する．よって，もし $b, b' \in e(l)$ ならば，全ての $a' \in A$ に対し $k_b(a')/k_b(a) = k_{b'}(a')/k_{b'}(a)$ が成り立つ．Martin 函数 k_b

($b \in \Delta$) は $\mathcal{R}$ 上で連続であるから,$\mathcal{A}$ の $\mathcal{R}$ の中での稠密性から,k_b と $k_{b'}$ は比例することが分かった.補題 III.1.2(b) を参照すれば,これから $b = b'$ が得られる.故に,全ての $l \in \mathcal{A}$ に対して l の端 $e(l)$ は唯一つの点からなる.これが示すべきことであった. □

3.3 Green 測度と Martin 測度

Brelot-Choquet の第二の問題 (BC2) を考えよう.これは Green 測度と Martin 境界上の調和測度の関係を求めるものであるが,PW 条件の下では結果は簡明である.

定理 3.2 $a \in \mathcal{R}$ を固定する.このとき,次が成り立つ:

(a) $\mathbb{L}_c(a)$ から Δ への写像 $\pi_\Delta : l \mapsto b_l$ は可測である.実際,任意の $f \in L^1(d\chi)$ に対し,函数 $f \circ \pi_\Delta$ は $\mathbb{L}_c(a)$ 上で dm_a に関してほとんど到るところ定義され,可解で且つ $H[f] = G[f \circ \pi_\Delta; \mathbb{G}(a)]$ が成り立つ.特に,$f \circ \pi_\Delta$ は dm_a 可積分で次を満たす:
$$\int_\Delta f(b) k_b(a) \, d\chi(b) = \int_{\mathbb{L}(a)} f(b_l) \, dm_a(l) \,.$$

(b) もし u が $\mathcal{R}$ 上の正の調和函数ならば,ほとんど全ての $l \in \mathbb{L}(a)$ に対して $\widehat{u}(b_l) = \widetilde{u}(l)$ が成り立つ.同様なことは任意の有界型の有理型函数 u に対して正しい.但し,u が有界型とは $\log|u| \in \mathrm{SP}'(\mathcal{R})$ を満たすことを云う.

(c) ほとんど全ての $b \in \Delta_1$ に対し $\widehat{P}(O, a; b) = k_b(a)$ が成り立つ.

(d) 集合 $\mathbb{L}_c(a)$ から Green 零集合を除いて (a) の写像 π_Δ が単射であるようにできる.

(e) 写像 π_Δ は測度空間 $(\mathbb{L}_c(a), dm_a)$ と $(\Delta, d\chi_a)$ の同型対応である.但し,$d\chi_a(b) = k_b(a) \, d\chi(b)$ とする.

証明 (a) §3.2 で利用した正数列 $\{\alpha_n\}$ を一つとる.写像 π_Δ は連続函数 $l \mapsto z(l; \alpha_n)$ の $n \to \infty$ に対する極限であるから,π_Δ は可測である.次に,f を Δ 上の $d\chi$ 可積分函数とする.$g = f \circ \pi_\Delta$ とおく.§1.2 と §III.3.1 で与えた Dirichlet 問題の定義を比較すれば,$\overline{\mathcal{S}}(f) \subseteq \overline{\mathcal{S}}(g; \mathbb{G}(a))$ であり,従って $\overline{H}[f] \geq \overline{G}[g; \mathbb{G}(a)]$ が成り立つ.同様に,$\underline{H}[f] \leq \underline{G}[g; \mathbb{G}(a)]$ も正しい.f は $d\chi$ 可積分であるから,定理 III.3.3 の系により Martin のコンパクト化に関す

る Dirichlet 問題について可解である. 即ち, $\overline{H}[f] = \underline{H}[f]$ および

$$H[f](a) = \int_{\Delta_1} f(b) k_b(a) \, d\chi(b)$$

が成り立つ. 従って, $\overline{G}[g; \mathbb{G}(a)] = \underline{G}[g; \mathbb{G}(a)] = H[f]$ を得るが, これは g が $\mathbb{G}(a)$ 上の Dirichlet 問題について可解であることを示す. よって, 定理 1.3 の系により f は dm_a 可積分であって且つ次を満たす:

$$G[g; \mathbb{G}(a)](a) = \int_{\mathbb{L}(a)} g(l) \, dm_a(l) \, .$$

(b) まず, u を正の特異調和函数とする. 即ち, §I.4.3 の記号で書けば $u \in$ HP($\mathcal{R}$) $\cap$ $I(\mathcal{R})$ であるとする. このとき, 定理 III.5.6 により Δ_1 上で $\widehat{u} = 0$ ($d\chi$ a.e.) が成り立つ. 一方, 定理 2.3 により動径方向の極限 $\breve{u}(l)$ は $\mathbb{L}(a)$ 上ほとんど到るところ存在し, 非負の dm_a 可測函数を表す. 我々は $\mathbb{L}(a)$ 上で $\breve{u}(l) = 0$ (dm_a a.e.) が成り立つことを背理法で示す. そのため, 正数 δ と正の dm_a 測度を持つ可測集合 $\mathcal{B} \subset \mathbb{L}(a)$ を適当に選べば, $l \in \mathcal{B}$ に対し $\breve{u}(l) \geqq \delta$ が成り立つと仮定する. このとき, $\mathcal{B}$ の特性函数 $\mathrm{ch}_\mathcal{B}$ は dm_a 可積分であるから, 定理 2.4 の系により $\mathrm{ch}_\mathcal{B}$ は $\mathbb{L}(a)$ 上の可解函数である. 仮定から $\breve{u}(l) \geqq \delta \, \mathrm{ch}_\mathcal{B}(l)$ がほとんど全ての $l \in \mathbb{L}(a)$ に対して成り立つから, $\mathcal{R}$ 上で $u(z) \geqq G[\delta \, \mathrm{ch}_\mathcal{B}; \mathbb{G}(a)](z)$ を得る. ところが, $G[\delta \, \mathrm{ch}_\mathcal{B}; \mathbb{G}(a)]$ は準有界で且つ > 0 であるから, u は特異ではあり得ないことになって矛盾である. 一方, 性質 (a) より $A \subseteq \Delta$ が $d\chi$ 零集合ならば, $\pi_\Delta^{-1}(A)$ も dm_a 零集合である. 故に, ほとんど全ての $l \in \mathbb{L}_c(a)$ に対して $\breve{u}(l) = \widehat{u}(b_l) = 0$ である.

次に, u は準有界で且つ正とする. Δ_1 上の函数 f をもし $\widehat{u}(b)$ が存在すれば $f(b) = \widehat{u}(b)$, 存在しなければ $f(b) = 0$ と定義する. このとき, f は Δ 上の $d\chi$ 可測函数である. そこで $g(l) = f(b_l)$ ($l \in \mathbb{L}_c(a)$) とおくと, 上の性質 (a) と定理 III.5.6 により $u = H[f] = G[g; \mathbb{G}(a)]$ が成り立つ. 定理 1.1 の類似は Martin コンパクト化に対する Dirichlet 問題についても正しいから, $\mathcal{R}$ 上の正の優調和函数 s が存在して, 任意の $\varepsilon > 0$ に対して $u + \varepsilon s \in \overline{\mathcal{S}}(f)$ 且つ $u - \varepsilon s \in \underline{\mathcal{S}}(f)$ を満たす. 既に, $\overline{\mathcal{S}}(f) \subseteq \overline{\mathcal{S}}(g; \mathbb{G}(a))$ は知っているから,

$$\liminf_{\alpha \to 0}(u + \varepsilon s)(z(l; \alpha)) \geqq g(l) = f(b_l) \qquad (l \in \mathbb{L}_c(a))$$

が得られた. 定理 2.3 により動径方向極限 $\check{u}(l)$ は $\mathbb{L}(a)$ 上で dm_a 零集合を除いて存在する. $\check{u}(l)$ が存在するような $l \in \mathbb{L}_c(a)$ に対しては

$$\check{u}(l) + \varepsilon \liminf_{\alpha \to 0} s(z(l;\alpha)) \geqq f(b_l)$$

であり, 補題 1.2 により $\liminf_{\alpha \to 0} s(z(l;\alpha))$ はほとんど到るところ有限である. よって, $\mathbb{L}_c(a)$ 上で $\check{u}(l) \geqq f(b_l)$ (dm_a a.e.) が成り立つ. この逆の不等式は $u - \varepsilon s \in \underline{S}(f)$ から得られるから, 結局 $\check{u}(l) = f(b_l) = \hat{u}(b_l)$ がほとんど全ての $l \in \mathbb{L}_c(a)$ に対して成り立つ. 最後に, 有界型の有理型函数 u は有界正則函数の商として表されることが Widom の定理 (定理 V.1.3) から分る (補題 VII.2.1 参照). 故に, 上記の考察から求める結果が導かれる.

(c) 定理 3.1 の証明中で

$$\operatorname{Re}(\check{P}(O,a;l)) = \frac{k(b_l,a)}{k(b_l,O)} = k(b_l,a) \qquad (l \in \mathbb{L}_c(a)) \tag{3.7}$$

を示した. $P(O,a;z)$ は有界正則函数の商で表されるから, (b) によって

$$\check{P}(O,a;l) = \hat{P}(O,a;b_l) \qquad (\text{a.e. } l \in \mathbb{L}_c(a)) \tag{3.8}$$

が成り立つ. 命題 (a) は特に $\pi_\Delta(\mathbb{L}_c(a))$ の Δ 内での補集合は $d\chi$ 零集合であることを示しているから, (3.7) と (3.8) より

$$\operatorname{Re}(\hat{P}(O,a;b)) = k(b,a) \qquad (\text{a.e. } b \in \Delta_1) \tag{3.9}$$

を得る. ここで O と a の役割を交換すれば, 次が分る:

$$\operatorname{Re}(1/\hat{P}(O,a;b)) = \operatorname{Re}(\hat{P}(a,O;b)) = 1/k(b,a) \quad (\text{a.e. } b \in \Delta_1). \tag{3.10}$$

$b \in \Delta_1$ が (3.9) と (3.10) を満たすとき, $\hat{P}(O,a;b)$ は実数であって $k(b,a)$ に等しい. 故に, $\hat{P}(O,a;b) = k(b,a)$ (a.e. $b \in \Delta_1$) が成り立つ.

(d) f を $\mathbb{L}(a)$ 上の有界可測函数とすると, 定理 2.4 により可解であって

$$\check{G}[f;\mathbb{G}(a)](l) = f(l) \qquad (\text{a.e. } l \in \mathbb{L}_c(a)) \tag{3.11}$$

が成り立つ. 命題 (c) によれば,

$$\hat{G}[f;\mathbb{G}(a)](b_l) = f(l) \qquad (\text{a.e. } l \in \mathbb{L}_c(a))$$

が分る.特に,函数 $f_0(l) = \theta$ $(l = l_\theta, 0 \leqq \theta < 2\pi)$ を考えると,

$$\widehat{G}[f_0; \mathbb{G}(a)](b_l) = \theta \qquad (\text{a.e. } l = l_\theta) \tag{3.12}$$

が得られる.$\mathbb{L}'_c(a)$ により (3.12) を満たす $l \in \mathbb{L}_c(a)$ の全体を表すことにすると,$\mathbb{L}'_c(a)$ の $\mathbb{L}_c(a)$ 内での補集合は dm_a 零集合であって,$\mathbb{L}'_c(a)$ 上で対応 $\pi : l \to b_l$ は明らかに 1 対 1 である.

(e) これは命題 (a) と (d) からすぐ分る. □

定理 3.3 PW 面 $\mathcal{R}$ 上の有界型の局所有理型絶対値 u に対し,$\widehat{u}(b)$ は Δ_1 上ほとんど到るところ存在する.また,ほとんど全ての $l \in \mathbb{L}_c(a)$ に対して $\check{u}(l)$ は存在し $\widehat{u}(b_l) = \check{u}(l)$ が成り立つ.

証明 $v = \log u$ とおけば,仮定により $v \in \text{SP}'(\mathcal{R})$ であるから,v を正部分と負部分に分けて考えることにより,$v \geqq 0$ として証明すれば十分である.

まず,§IV.3.2 におけると同様に,$v_i = \text{pr}_I(v)$, $v_q = \text{pr}_Q(v)$, $u_I = \exp(v_i)$, $u_Q = \exp(v_q)$ とおけば,定理 IV.3.4 の系により,Δ_1 上でほとんど到るところ $\widehat{u}_I = 1$ および $\widehat{u} = \widehat{u}_Q$ が成り立つ.定理 I.4.8 により v_q は調和函数であるから,定理 3.2(b) により,ほとんど全ての $l \in \mathbb{L}_c(a)$ に対して

$$\check{v}_q(l) = \widehat{v}_q(b_l) \tag{3.13}$$

が成り立つ.次に,$h = \exp(-v)$ とおく.$v \geqq 0$ であるから,h は有界な局所正則絶対値である.h が定める $\mathcal{R}$ 上の直線束を η とすると,$\mathcal{R}$ は PW 面であるから,Widom の定理により η^{-1} を直線束とする局所正則絶対値 k で $0 \leqq k \leqq 1$ を満たすものが存在する.$w = -\log k$ とおくと,$w \in \text{SP}'(\mathcal{R})$ は非負であるから,$w_i = \text{pr}_I(-\log k)$ および $w_q = \text{pr}_Q(-\log k)$ も非負であり,上と同様にしてほとんど全ての $l \in \mathbb{L}_c(\mathcal{R})$ に対して次が得られる:

$$\check{w}_q(l) = \widehat{w}_q(b_l). \tag{3.14}$$

h と k に対応する直線束は互いに逆であるから,$hk = |f|$ を満たす $f \in H^\infty(\mathcal{R})$ が存在する.この場合にも定理 3.2(b) により,

$$\check{f}(l) = \widehat{f}(b_l) \qquad (\text{a.e. } l \in \mathbb{L}_c(\mathcal{R})) \tag{3.15}$$

が成り立つ．よって，極限 $\lim_{\alpha\to +0} h(z(l;\alpha))k((l;\alpha))$ がほとんど全ての $l \in \mathbb{L}_c(\mathcal{R})$ に対して存在し，定理 IV.3.4 の系により次の値に等しい：

$$|\check{f}(l)| = |\widehat{f}(b_l)| = \widehat{h}(b_l)\widehat{k}(b_l) = \exp(-\widehat{v}_q(b_l))\exp(-\widehat{w}_q(b_l))\,. \qquad (3.16)$$

さて，$|f| = hk = \exp(-v_i - v_q - w_i - w_q)$ と $v_i \geqq 0, w_i \geqq 0$ より，

$$|f(z)|\exp(v_q(z) + w_q(z)) = \exp(-v_i(z) - w_i(z)) \leqq \exp(-v_i(z)) \leqq 1$$

が成り立つ．この両辺に $z = z(l;\alpha)$ を代入して $\alpha \to +0$ とすれば，ほとんど全ての $l \in \mathbb{L}_c(\mathcal{R})$ に対して (3.13), (3.14), (3.15), (3.16) より次が得られる：

$$1 = |\check{f}(l)|\exp(\check{v}_q(l) + \check{w}_q(l)) \leqq \exp(-\limsup_{\alpha\to +0} v_i(z(l;\alpha))) \leqq 1\,.$$

$v_i \geqq 0$ であるから，この不等式よりほとんど全ての $l \in \mathbb{L}_c(\mathcal{R})$ に対し $\check{v}_i(l)$ が 0 に等しいことも分る．定理 IV.3.4 により $\widehat{v}_i = 0$ a.e. が成り立つから，ほとんど全ての $l \in \mathbb{L}_c(\mathcal{R})$ に対して $\check{v}_i(l) = \widehat{v}_i(b_l) = 0$ を満たす．これらをまとめれば，$\check{u}(l) = \widehat{u}_Q(b_l) = \widehat{u}(b_l)$ (a.e. $l \in \mathbb{L}_c(\mathcal{R})$) が成り立つことが示された．□

文献ノート

§1 の Green 線とそれに対応する Dirichlet 問題の一般論は，Brelot-Choquet [20] に従ったが，Sario-Nakai [B40, 199–209 頁] も参考にした.

§2 は Parreau [85] によるが，Hasumi [39, 40] でも部分的には再発見されている.

§3 の主題である Brelot-Choquet の問題は Brelot [19, §14] にある．この節の結果は Hasumi [39, 40] で得られたものである．但し，定理 3.2(d) は Hayashi [56] による．なお，本書では省略した PW 面上の Stolz 領域については Hasumi [41] で論じられた．荷見 [47] には Green 線による基本領域についての簡単な注意がある．また，Niimura [82] は PW 面上の集積値を研究している．

第 VII 章

Cauchy 定理

本章では Cauchy の積分定理とその逆を考察する．古典的な意味ではその成立は自明に近いが，対象とする Riemann 面に最も適した強い定理を得ようとすると，精密な議論が必要になる．本章ではまず PW 面に対して我々が「逆 Cauchy 定理」と呼ぶものを証明する．実際，逆 Cauchy 定理の成立は PW 面を特徴づけることが知られている．それに対し我々が「順 Cauchy 定理」(略して (DCT)) と呼ぶ Cauchy の積分定理の強い形の成立は Beurling 型の不変部分空間定理の成立と同等で PW 面の非常に有用な部分族を規定することを見るであろう．本章では，本質的でない煩雑さを避けるため，特に断らぬ限り，Riemann 面 $\mathfrak{R}$ は**正則な PW 面**であると仮定する．

§1 逆 Cauchy 定理

Cauchy の積分定理の或る種の逆を考えるところから話を始めよう．

1.1 有限連結領域の場合 有限個の互いに素な解析的 Jordan 閉曲線で囲まれた平面領域 D を考える．D 内の点 a を極とする D の Green 函数を $g(z,a)$ とすれば，D 上で調和で $\mathrm{Cl}\,D$ 上で連続な函数 u に対して公式

$$u(a) = -\frac{1}{2\pi}\int_{\partial D} u(\zeta)\frac{\partial g(\zeta,a)}{\partial n_\zeta}\,ds_\zeta \tag{1.1}$$

が Green の定理から導かれる．ここで，ds_ζ は D の境界 ∂D 上の線素であり，n_ζ は ∂D の外向き法線である．この周知の公式の別の表現を求めるために，$g(z,a)$ の共軛調和函数を ${}^*g(z,a)$ とすれば，$g(z,a)+i\,{}^*g(z,a)$ は $D\setminus\{a\}$ 上の多価正則函数であるが，Cauchy-Riemann の方程式によりその導函数を $K(z,a)$ と書けば，$K(z,a)$ は $D\setminus\{a\}$ 上で一価正則で，点 a で 1 位の極を持つ．D の境界は仮定によって解析的であるから，$K(z,a)$ は D の境界 ∂D ま

で正則である．いま，$\zeta \in \partial D$ における局所座標 $\zeta = \xi + i\eta$ を適当にとって ξ 軸の正の方向を ∂D の外向き法線に一致させると，

$$K(\zeta, a) = \frac{\partial}{\partial \xi}\bigl(g(\zeta,a) + i^*g(\zeta,a)\bigr) = \frac{\partial g(\zeta,a)}{\partial n_\zeta}$$

が分る．また，∂D に沿っては $d\zeta = i\,ds_\zeta$ である．よって，(1.1) から，

$$u(a) = \frac{1}{2\pi i}\int_{\partial D} u(\zeta) K(\zeta, a)\,d\zeta \tag{1.2}$$

が得られる．定義から $K(z, a)$ は $g(z, a)$ の各臨界点でその重複度だけの位数の零点を持つ．従って，この零点で打ち消せる程度の極を持つ有理型函数 u に対しても等式 (1.2) は成り立つはずで，これが我々が期待する複連結領域上の Cauchy の積分定理である．

次に，逆の問題を考える．そのため，$a \in D$ を固定し，点 a に関する D の調和測度を $d\chi_a$ と書く．上の記号で書けば，次の通りである：

$$d\chi_a(\zeta) = -\frac{1}{2\pi}\frac{\partial g(\zeta,a)}{\partial n_\zeta}\,ds_\zeta = \frac{1}{2\pi i}K(\zeta, a)\,d\zeta\,.$$

さて，$u(\zeta), h(\zeta)$ が共に D 上正則，Cl D 上で連続，且つ $h(a) = 0$ ならば，

$$\int_{\partial D} u(\zeta) h(\zeta)\,d\chi_a(\zeta) = u(a)h(a) = 0$$

が成り立つ．しかし，∂D 上の連続函数 (または，$d\chi_a$ 可積分函数) u が上記の性質を持つ全ての h に直交するとき，即ち $\int_{\partial D} u(\zeta) h(\zeta)\,d\chi_a(\zeta) = 0$ を満たすとき，u は D 上の正則函数の境界値になるかと言えば，これは D が単連結でない限り無理で，それは $K(z, a)$ の零点の影響である．正しい表現は次で Cauchy-Read の定理 (定理 IV.3.5 参照) の特別の場合に当る．

定理 1.1　$u \in L^1(d\chi_a)$ は Cl D 上の有理型函数 h で $hK(\cdot, a)$ は D 上で正則，$h(a) = 0$ 且つ ∂D の近傍で有界であるものと必ず直交するならば，u は D 上の正則函数 (実際，$H^1(D)$ の元) の境界値である．

本章の第一の主題はこの定理の PW 面へ拡張である．実際，この命題は全ての PW 面に対して無条件で成立する．さらに，本書では立ち入らないが，十分に一般性のある付加条件の下でこの「逆 Cauchy 定理」は PW 面を特徴づけることが知られている．

1.2 逆 Cauchy 定理 我々は任意に固定した $a \in \mathcal{R}$ に対し，$\mathcal{R}$ の Green 函数 $g(\,\cdot\,,a)$ の臨界点の重複度を込めた集合を $Z(a;\mathcal{R})$ として

$$s^{(a)}(z) = \sum \{g(z,w) : w \in Z(a;\mathcal{R})\}, \quad g^{(a)}(z) = \exp\{-s^{(a)}(z)\} \quad (1.3)$$

とおく (§VI.3.2 参照). このとき，次が成り立つ:

定理 1.2 (逆 Cauchy 定理) $\mathcal{R}$ を正則な PW 面とし，$a \in \mathcal{R}$ を固定する. $u \in L^1(d\chi)$ が，$\mathcal{R}$ 上の有理型函数 h で $|h(z)|g^{(a)}(z)$ は $\mathcal{R}$ 上で有界で且つ $h(a) = 0$ であるものに対し必ず

$$\int_{\Delta_1} \widehat{h}(b)u(b)k_b(a)\,d\chi(b) = 0$$

を満たすならば，Δ_1 上で $\widehat{f} = u$ a.e. を満たす $f \in H^1(\mathcal{R})$ が存在する.

1.3 定理 1.2 の証明 まず準備を三つの補題に分けて述べる.

補題 1.3 Δ_1 上でほとんど到るところ $\widehat{g}^{(a)}(b) = 1$.

証明 §VI.3.2 で示したように，函数 $s^{(a)}(z)$ は広義実数値函数として $\mathcal{R}$ 上で連続なポテンシャルであるから，$s^{(a)}$ は $\mathcal{R}$ 上の Wiener 函数であり，定理 III.5.1 より $h[s^{(a)}] = 0$ が成り立つ. 従って，定理 III.5.5 により，Δ_1 上で $\widehat{s}^{(a)}(b) = 0$ ($d\chi$ a.e.). 故に，求める結果は明らかである. □

次に，§VI.3.2 で導入した函数 $P(a,a';z) = \dfrac{\delta g(z,a')}{\delta g(z,a)}$ ($z \in \mathcal{R}$) を考察する.

補題 1.4 $V = \{|\zeta| < 1\}$ を $\mathcal{R}$ の座標円板とし，1 点 $a \in \mathcal{R}$ を固定する. このとき，全ての $\zeta',\zeta'' \in V' = \frac{1}{4}V$ と全ての $z \in \mathcal{R} \setminus \mathrm{Cl}(V)$ に対して不等式

$$|P(a,\zeta';z) - P(a,\zeta'';z)|g^{(a)}(z) \leqq C|\zeta' - \zeta''|$$

を満たす定数 C が存在する.

証明 $\mathcal{R}_n = \mathcal{R}(\alpha_n, a)$ ($n = 1, 2, \ldots$) を §VI.1.3 で導入した点 a を中心とする $\mathcal{R}$ の正則近似列とする. ここでは，さらに $\mathrm{Cl}(V) \subset \mathcal{R}_1$ も仮定する. $\zeta',\zeta'' \in V'$ に対し，$g_n(z,\zeta')$ と $g_n(z,\zeta'')$ をそれぞれ ζ' と ζ'' を極とする $\mathcal{R}_n$

の Green 函数とする. このとき, $\mathcal{R}_n$ 上の任意の実数値準有界調和函数 h に対し次が成り立つ:

$$h(\zeta') - h(\zeta'') = -\frac{1}{2\pi i}\int_{\partial \mathcal{R}_n} h(z)\left\{\frac{\delta g_n(z,\zeta')}{\delta g(z,a)} - \frac{\delta g_n(z,\zeta'')}{\delta g(z,a)}\right\}\delta g(z,a). \quad (1.4)$$

さて, $h^+ = h \vee 0$, $h^- = (-h) \vee 0$ とおく. これらは $\mathcal{R}_n$ 上の正の準有界調和函数であり, $|\zeta' - \zeta''| = r\ (<\frac{1}{2})$ として Harnack の不等式を適用すれば, $(3-4r)/(3+4r) \leqq h^+(\zeta')/h^+(\zeta'') \leqq (3+4r)/(3-4r)$ が得られるから,

$$|h^+(\zeta') - h^+(\zeta'')| \leqq 4h^+(\zeta'')$$

が成り立つ. 函数 h^- についても同様である. 従って,

$$\begin{aligned}|h(\zeta') - h(\zeta'')| &\leqq |h^+(\zeta') - h^+(\zeta'')| + |h^-(\zeta') - h^-(\zeta'')|\\ &\leqq 4(|h^+(\zeta'')| + |h^-(\zeta'')|)\\ &= 4\cdot\frac{-1}{2\pi i}\int_{\partial\mathcal{R}_n}|h(z)|\frac{\delta g_n(z,\zeta'')}{\delta g(z,a)}\delta g(z,a)\\ &\leqq 4\lambda\cdot\frac{-1}{2\pi i}\int_{\partial\mathcal{R}_n}|h(z)|\delta g(z,a). \end{aligned} \quad (1.5)$$

但し, λ は $a, V, \mathcal{R}$ のみに依存する定数である. (1.4) と (1.5) を併せれば,

$$\left|\frac{\delta g_n(z,\zeta')}{\delta g(z,a)} - \frac{\delta g_n(z,\zeta'')}{\delta g(z,a)}\right| \leqq 4\lambda \quad (z \in \partial\mathcal{R}_n)$$

が得られる. ここで, $v(z) = g^{(a)}(z)\exp(-g(z,\zeta') - g(z,\zeta''))$ とおくと, $\mathcal{R}$ 上で $v \leqq 1$ を満たすから, 特に,

$$\left|\frac{\delta g_n(z,\zeta')}{\delta g(z,a)} - \frac{\delta g_n(z,\zeta'')}{\delta g(z,a)}\right|\cdot v(z) \leqq 4\lambda \quad (z \in \partial\mathcal{R}_n) \quad (1.6)$$

が成り立つ. 上式の左辺は $\mathrm{Cl}(\mathcal{R}_n)$ 上の乗法的正則函数の絶対値であるから, 不等号は $\mathcal{R}_n$ 全体で正しい. n は任意であるから, $n \to \infty$ とすれば,

$$|P(a,\zeta';z) - P(a,\zeta'';z)|\cdot v(z) \leqq 4\lambda \quad (z \in \mathcal{R}).$$

$\mathrm{Cl}(V')$ は V のコンパクト部分集合であるから, 函数族 $\exp(g(z,\zeta') + g(z,\zeta''))$ ($\zeta', \zeta'' \in V'$) は $\mathcal{R} \setminus \mathrm{Cl}(V)$ 上では一様有界である. 故に, 補題の条件を満たす定数 C が存在する. □

補題 1.5 $a \in \mathcal{R}$ を固定し，V は $\mathrm{Cl}(V) \subset \mathcal{R} \setminus Z(a;\mathcal{R})$ を満たす $\mathcal{R}$ 内の座標近傍とする．このとき，$\frac{1}{4}V = \{\zeta \in V : |\zeta| < \frac{1}{4}\}$ に含まれる長さのある任意の閉曲線 J に対して

$$P_J(z) = \int_J P(a,\zeta;z)\,d\zeta \qquad (z \in \mathcal{R} \setminus \{Z(a;\mathcal{R}) \cup \mathrm{Cl}(V)\})$$

と定義すると，次が成り立つ：

(a) P_J は $\mathcal{R} \setminus \{Z(a;\mathcal{R}) \cup \mathrm{Cl}(V)\}$ 上で正則であり，$\mathcal{R} \setminus Z(a;\mathcal{R})$ まで解析接続できる，

(b) $P_J(a) = 0$,

(c) P_J は (重複度を込めて) $Z(a;\mathcal{R})$ 内に極を持つ有理型函数で，$|P_J|g^{(a)}$ は $\mathcal{R}$ 上で有界である，

(d) $\widehat{P}_J(b)$ は Δ_1 上ほとんど到るところ存在して次を満たす：

$$\widehat{P}_J(b) = \int_J k_b(\zeta)/k_b(a)\,d\zeta \qquad (\text{a.e. } \Delta_1). \tag{1.7}$$

証明 (a) $P(a,\zeta;z)$ の極は $\{\zeta\} \cup Z(a;\mathcal{R})$ に含まれているから，函数 P_J は $\mathcal{R} \setminus \bigl(Z(a;\mathcal{R}) \cup \mathrm{Cl}(\frac{1}{4}V)\bigr)$ で正則である．また，$\zeta,\zeta' \in V$ ならば，

$$g(\zeta,\zeta') = -\log|\zeta-\zeta'| + h(\zeta,\zeta') \qquad (\zeta \neq \zeta')$$

が成り立つ．ここで，$h(\zeta,\zeta')$ は ζ,ζ' について対称で，ζ' に関して調和であり，$\zeta'=\zeta$ に除去可能な特異点を持つ．従って，

$$\delta_{\zeta'}g(\zeta,\zeta') = (\zeta-\zeta')^{-1}d\zeta' + \delta_{\zeta'}h(\zeta,\zeta')$$

を得る．ここで，$\delta_{\zeta'}h(\zeta,\zeta')$ は $\zeta' \in V$ に関して正則な微分である．$\zeta' \in V$ を $\frac{1}{4} < |\zeta'| < 1$ とすれば，次が成り立つ：

$$\int_J P(a,\zeta;\zeta')\,d\zeta = \int_J \frac{\delta_{\zeta'}h(\zeta,\zeta')}{\delta_{\zeta'}g(a,\zeta')}\,d\zeta.$$

この右辺は V 全体で正則であるから，P_J は V 全体に解析接続できる．

(b) $\delta g(z,a)$ が a に極を持つことから $P_J(a) = 0$ は明らかである．

(c) まず P_J の極は重複度を込めて $Z(a;\mathcal{R})$ に含まれることに注意する．積分路 J はコンパクトであるから，§VI.3.2 の議論を参照すれば，$a, J, \mathcal{R}$ のみ

に依存する定数 c が存在して次を満たす:

$$|P_J(z)|g^{(a)}(z) \leqq c \qquad (z \in \mathcal{R}). \tag{1.8}$$

実際, §VI.3.2 の議論から分る不等式 $|f^{(a,a')}(z)P(a,a';z)| \leqq c(a,a')$ (但し, $c(a,a')$ は a, a' のみに依存する定数) より $|P(a,\zeta;z)|g^{(a)}(z) \leqq c(\zeta,a)e^{g(\zeta,z)}$ が成り立つ. ここで $c(\zeta, a)$ は a を固定し ζ が J の上を動くとき有界である. 一方, $J \subset \frac{1}{4}V$ であるから, ζ と z がそれぞれ J と $\mathcal{R} \setminus \frac{1}{2}V$ 上を動くとき, $g(\zeta, z)$ は上に有界 (例えば, $\leqq c'$ とする) である. よって,

$$|P_J(z)|g^{(a)}(z) \leqq \max\{c(\zeta,a) : \zeta \in J\} \cdot \text{length}(J) \cdot e^{c'}$$

が $\frac{1}{2}V$ の外で成り立つ. 一方, P_J は $\text{Cl}(V)$ 上で正則であるから, 有界である. 故に, (1.8) が示された.

(d) 不等式 (1.8) により P_J は有界型の有理型函数であるから, Δ_1 上ほとんど到るところで $\widehat{P}_J$ が存在する. 等式 (1.7) を示すため, $\gamma : [0,1] \to J$ を J のパラメータ表示とする. 任意に固定した $z \in \mathcal{R} \setminus \{Z(a;\mathcal{R}) \cup \text{Cl}(V)\}$ に対し, $a' \mapsto P(a, a'; z)$ は J 上で連続であるから, この z に対し

$$P_J(z) = \lim_{n \to \infty} \sum_{j=1}^{n} P(a, \zeta_{n,j}; z)(\zeta_{n,j} - \zeta_{n,j-1}) \qquad (\text{但し, } \zeta_{n,j} = \gamma(j/n))$$

が成り立つ. そこで, Δ_1 の可測部分集合 Δ' を $\chi(\Delta_1 \setminus \Delta') = 0$ を満たし且つ $b \in \Delta'$ に対しては $\widehat{g}^{(a)}(b) = 1$ と $\widehat{P}(a, \zeta_{n,j}; b) = k_b(\zeta_{n,j})/k_b(a)$ を満たすものとする. このような Δ' の存在は定理 VI.3.2 と補題 1.3 より分る.

さて, $b \in \Delta'$ を任意に固定すると, 任意の $0 < \varepsilon < 1$ と任意の n に対し, 開集合 $D_n \in \mathcal{F}(b)$ (§III.4.1 参照) を適当にとれば, $D_n \subset \mathcal{R} \setminus \text{Cl}(V)$ 且つ

$$\left|g^{(a)}(z)P(a, \zeta_{n,j}; z) - k_b(\zeta_{n,j})/k_b(a)\right| < \varepsilon \qquad (z \in D_n, j = 1, \ldots, n)$$

を満たすことが細極限の定義から分る. これから, 任意の $z \in D_n$ に対し

$$\left|\sum_{j=1}^{n} g^{(a)}(z) P(a, \zeta_{n,j}; z)(\zeta_{n,j} - \zeta_{n,j-1}) - \sum_{j=1}^{n} \frac{k_b(\zeta_{n,j})}{k_b(a)} (\zeta_{n,j} - \zeta_{n,j-1}) \right|$$
$$\leqq \varepsilon \, \text{length}(J)$$

が得られる. 次に, n_0 を十分大きく選び, 全ての $n \geqq n_0$ と $j = 1, \ldots, n$ に対し, $\gamma([(j-1)/n, j/n])$ が半径 ε の円板に含まれるようにし, $J_{n,j} =$

$\gamma([(j-1)/n, j/n])$ とおく. そこで, $n \geq n_0$ として $z \in D_n$ を任意に固定する. 全ての $\zeta \in J_{n,j}$ に対し $|\zeta - \zeta_{n,j}| < \varepsilon$ であるから, 補題 1.4 により

$$\left| \int_J g^{(a)}(z) P(a, \zeta; z) \, d\zeta - \sum_{j=1}^n g^{(a)}(z) P(a, \zeta_{n,j}; z)(\zeta_{n,j} - \zeta_{n,j-1}) \right|$$
$$\leq \sum_{j=1}^n \left| \int_{J_{n,j}} \left\{ g^{(a)}(z) P(a, \zeta; z) - g^{(a)}(z) P(a, \zeta_{n,j}; z) \right\} d\zeta \right|$$
$$\leq C\varepsilon \cdot \text{length}(J)$$

を得る. 但し, C は a と V のみに依存する定数である. 一方, $a' \mapsto k_b(a')$ は $\mathcal{R}$ 上で連続であるから, 十分に大きな n_1 をとれば, $n \geq n_1$ に対して

$$\left| \sum_{k=1}^n \frac{k_b(\zeta_{n,j})}{k_b(a)}(\zeta_{n,j} - \zeta_{n,j-1}) - \int_J \frac{k_b(\zeta)}{k_b(a)} d\zeta \right| < \varepsilon$$

を満たす. 故に, $n \geq \max\{n_0, n_1\}$ ならば, $z \in D_n$ に対し

$$\left| g^{(a)}(z) P_J(z) - \int_J \frac{k_b(\zeta)}{k_b(a)} d\zeta \right| \leq \varepsilon \cdot \text{length}(J) + C\varepsilon \cdot \text{length}(J) + \varepsilon$$

が成り立つ. ε は任意であったから, これは函数 $g^{(a)} P_J$ が Δ_1 のほとんど全ての点で細境界値 $\int_J (k_b(\zeta)/k_b(a)) \, d\zeta$ を持つことを示している. 補題 1.4 により $\widehat{g}^{(a)} = 1$ (a.e. Δ_1) であるから, (1.7) は正しい. □

これだけ準備ができれば定理 1.2 の証明は簡単である. 即ち, 次の通り:

定理 1.2 の証明 $u \in L^1(d\chi)$ は定理の条件を満たすものとして

$$f(z) = \int_{\Delta_1} u(b) k_b(z) \, d\chi(b) \qquad (z \in \mathcal{R})$$

とおく. 定理 III.5.6 により f は $\mathcal{R}$ 上の準有界調和函数であり, Δ_1 上ほとんど到るところで $\widehat{f} = u$ を満たす. f が正則であることを示すために, $\mathcal{R} \setminus Z(a; \mathcal{R})$ に含まれる任意の座標円板 V をとる. J を $\{z \in V : |z| < \frac{1}{4}\}$ 内の長さのある任意の閉曲線とすれば, 補題 1.5 と Fubini の定理により

$$\int_J f(z) \, dz = \int_{\Delta_1} \left[\int_J \frac{k_b(z)}{k_b(a)} \, dz \right] u(b) k_b(a) \, d\chi(b)$$
$$= \int_{\Delta_1} \widehat{P}_J(b) u(b) k_b(a) \, d\chi(b) = 0$$

が得られる．最後の等号は定理の仮定による．J は任意であるから，Morera の定理により f は $\mathcal{R} \setminus Z(a;\mathcal{R})$ で正則である．ところが，$f(z)$ は $\mathcal{R}$ 上で連続であるから，$Z(a;\mathcal{R})$ の各点は f の除去可能な特異点となる．故に，f は $\mathcal{R}$ 全体で正則である．また，$|f|$ が $\mathcal{R}$ 上で調和な優函数を持つことは定義から分るから，$f \in H^1(\mathcal{R})$ が示された． □

1.4 $H^\infty(d\chi)$ の極大性 逆 Cauchy 定理の応用のとして，単位円板に対しては有名な H^∞ の汎弱極大性定理を拡張することができる．

定理 1.6 $\mathcal{R}$ が PW 面ならば $H^\infty(d\chi)$ は $L^\infty(d\chi)$ の極大な汎弱閉部分環である．

証明 $f^* \in L^\infty(d\chi) \setminus H^\infty(d\chi)$ を任意に選び，$H^\infty(d\chi)$ と函数 f^* から生成された $L^\infty(d\chi)$ の汎弱閉部分環を C と書く．$s^* \in L^1(d\chi)$ を C に直交すると仮定する．我々の目的は $s^* = 0$ を示すことである．このため，$a \in \mathcal{R}$ を任意に固定し，u を $\mathcal{R}$ 上の有理型函数で $|u|g^{(a)}$ が $\mathcal{R}$ 上で有界であるようなものとする．$\mathcal{R}$ は PW 面であるから，0 ではない $B \in H^\infty(\mathcal{R})$ で $|B(z)| \leq g^{(a)}(z)$ を $\mathcal{R}$ 上で満たすものが存在する．§3.2 で見たように，$g^{(a)}$ は $\mathcal{R}$ 上の局所正則絶対値であるから，$g^{(a)}$ の直線束を $\xi^{(a)}$ とするとき，$S^{(a)} \in \mathcal{H}^\infty(\mathcal{R}, \xi^{(a)})$ で $g^{(a)} = |S^{(a)}|$ を満たすものが存在する．従って，$\mathcal{H}^\infty(\mathcal{R}, (\xi^{(a)})^{-1})$ の零でない元を適当に選んで $S^{(a)}$ に掛けたものを B とすればよい．よって，Bu は $\mathcal{R}$ 上の有界正則函数である．C は $H^\infty(\mathcal{R})$ の元との積について閉じているから，

$$\int_{\Delta_1} \widehat{B}(b)\widehat{u}(b)(f^*(b))^n s^*(b) \, d\chi(b) = 0 \qquad (n = 1, 2, \dots)$$

が成り立つ．逆 Cauchy 定理によれば，各 n に対して，$h_n \in H^1(\mathcal{R})$ が存在して，$h_n(a) = 0$ 且つ $\widehat{h}_n = \widehat{B}(f^*)^n s^*$ a.e. が Δ_1 上で成り立つ．いま，$\phi_\mathcal{R} : \mathbb{D} \to \mathcal{R}$ を $\mathcal{R}$ の普遍被覆写像で，$h_n \circ \phi_\mathcal{R}(0) = a$ を満たすものとすると，$h_n \circ \phi_\mathcal{R} \in H^1(\mathbb{D})$, $h_n \circ \phi_\mathcal{R}(0) = 0$ であり，定理 III.6.3(b) により，

$$(h_n \circ \phi_\mathcal{R})\widehat{} = ((\widehat{B}s^*) \circ \widehat{\phi}_\mathcal{R})(f^* \circ \widehat{\phi}_\mathcal{R})^n \quad \text{a.e.}$$

が $\partial \mathbb{D}$ 上で成り立つ．よって，$(\widehat{B}s^*) \circ \widehat{\phi}_\mathcal{R}$ は $H^\infty(d\sigma)$ と $f^* \circ \widehat{\phi}_\mathcal{R}$ から生成された $L^\infty(d\sigma)$ の汎弱閉部分環 C' に直交する．$f^* \notin H^\infty(d\chi)$ であるから，定

理 III.6.4 により $f^* \circ \widehat{\phi}_{\mathcal{R}} \notin H^\infty(d\sigma)$ が分る．$H^\infty(d\sigma)$ は $L^\infty(d\sigma)$ の極大汎弱閉部分環であるから，$C' = L^\infty(d\sigma)$ となり，従って $(\widehat{B}s^*) \circ \widehat{\phi}_{\mathcal{R}} = 0$ a.e. これから $\widehat{B}s^* = 0$ を得る．ところが，$\widehat{B} \neq 0$ a.e. であるから，$s^* = 0$ が結論される．これが示すべきことであった． □

§2 順 Cauchy 定理

PW 面 $\mathcal{R}$ 上で Cauchy の積分公式に当るものを考えよう．正確な表現は以下で与えるが，これは前節の逆 Cauchy 定理とは違ってかなり微妙で，精密な議論が必要である．本章の後半はこの問題の検討に当てられる．

2.1 命題の設定 まず，§1.1 で説明した有限連結領域の場合から類推される命題を述べる．我々はこの命題を**順 Cauchy 定理** (Direct Cauchy Theorem 略して (DCT)) と呼ぶ．また，この命題は点 $a \in \mathcal{R}$ に依存する形をしているため (実際は無関係なのであるが)，とりあえず (DCT_a) と書く．即ち，$a \in \mathcal{R}$ を任意に固定して次の命題を考える：

(DCT_a) $\mathcal{R}$ 上の有理型函数 f に対し，$|f|g^{(a)}$ が $\mathcal{R}$ 上で調和な優函数を持てば，Δ_1 上ほとんど到るところで $\widehat{f}$ が存在して次が成り立つ：

$$f(a) = \int_{\Delta_1} \widehat{f}(b)\, d\chi_a(b). \tag{2.1}$$

但し，$g^{(a)}$ は (1.3) で定義された局所正則絶対値であり，χ_a は a に関する $\mathcal{R}$ の調和測度で，$d\chi_a(b) = k_b(a)\, d\chi(b)$ を満たすものである (§III.3.3 参照)．ここではまず (DCT_a) の条件下で $\widehat{f}$ が存在することを示そう．

補題 2.1 PW 面 $\mathcal{R}$ 上の有理型函数 f が有界型 (§II.2.2 参照) ならば，f は二つの有界正則函数の商として表される．

証明 $f \not\equiv 0$ として証明すれば十分である．まず，f が有界型ならば，§II.2.2 の定義により $\log|f| \in \mathrm{SP}'(\mathcal{R})$ が成り立つ．従って，非負の $u_1, u_2 \in \mathrm{SP}'(\mathcal{R})$ で $\log|f| = u_2 - u_1$ を満たすものが存在する．よって，

$$f = c \cdot \frac{\exp(-u_1 - i\,{}^*u_1)}{\exp(-u_2 - i\,{}^*u_2)}$$

と表される. ここで, c は絶対値 1 の定数である. 函数 f は一価函数であるから, $\exp(-u_1-i^*u_1)$ と $\exp(-u_2-i^*u_2)$ は同じ直線束 (これを ξ_0 と書く) を生成する. $\mathcal{R}$ は PW 面であるから, $\mathcal{H}^\infty(\mathcal{R},\xi_0)$ は自明でない元を含む. その一つを h として $f_1=ch\cdot\exp(-u_1-i^*u_1)$, $f_2=h\cdot\exp(-u_2-i^*u_2)$ とおけば, $f_1,f_2\in H^\infty(\mathcal{R})$ で $f=f_1/f_2$ が成り立つ. □

補題 2.2 f は PW 面 $\mathcal{R}$ 上の有理型函数で $|f|g^{(a)}$ が調和優函数を持つならば, $\widehat{f}$ は Δ_1 上ほとんど到るところ存在し, $L^1(d\chi)$ に属する.

証明 仮定から f は有界型である. 補題 2.1 により, f は有界正則函数の商として表される. 即ち, 有界正則函数 f_1,f_2 によって $f=f_1/f_2$ と表される. 定理 III.5.6 により f_1 と f_2 は Δ_1 上ほとんど到るところ細境界値を持つから, $\widehat{f}$ は Δ_1 上でほとんど到るところ存在する. 補題 1.3 により Δ_1 上で $\widehat{g}^{(a)}=1$ a.e. であるから, $|f|g^{(a)}$ の調和優函数を u とすれば, $|\widehat{f}|\leqq\widehat{u}$ a.e. が成り立つ. 定理 III.5.6 により $\widehat{u}$ は可積分であるから, $\widehat{f}$ も同様である. □

この結果, PW 面では (DCT_a) の条件の下で (2.1) の右辺は確定するから, 残る問題は等号の真偽だけである. 我々は §3 でこの問題が Beurling 型の不変部分空間定理の成立との同等性を証明し, さらに精密な結果を §4 で述べる.

2.2 弱い形の順 Cauchy 定理 本題に入る前に, 準備として弱い形の順 Cauchy 定理を証明しその応用を述べる.

補題 2.3 $\mathcal{R}$ を正則な双曲型 Riemann 面とし, $a\in\mathcal{R}$ を任意に固定する. いま, $\mathcal{R}_n=\mathcal{R}(\alpha_n,a)$ $(n=1,2,\dots)$ を a を中心とする $\mathcal{R}$ の正則近似列とする (§VI.1.3 参照). F は $\mathcal{R}$ 上の連続な Wiener 函数で, $|F|$ は準有界な調和優函数 u を持つものとする. このとき, 次が成り立つ:

$$-\lim_{n\to\infty}\frac{1}{2\pi i}\int_{\partial\mathcal{R}_n}F(z)\,\delta g(a,z)=\int_{\Delta_1}\widehat{F}(b)\,d\chi_a(b)\,. \tag{2.2}$$

証明 F は非負であると仮定してよい. 定理 III.5.4 と定理 III.4.5 により $\widehat{F}$ は Δ_1 上でほとんど到るところ存在し, 可測函数を表す. $0\leqq F\leqq u$ であるから, Δ_1 上で $0\leqq\widehat{F}\leqq\widehat{u}$ a.e. を得る. u は準有界であるから, $\widehat{u}$ は可積分である. 従って, $\widehat{F}$ も同様である.

次に，(2.2) の収束を示そう．そのため，まず F が有界であると仮定する．このとき，$h[F]$ は有界であるから，準有界でもある．従って，定理 III.5.5 より

$$h[F] = \int_{\Delta_1} \widehat{F}(b) k_b \, d\chi(b) \tag{2.3}$$

が得られる．また，定理 III.5.1 により，$\mathcal{R}$ 上のポテンシャル U を適当に選べば，任意の $\varepsilon > 0$ に対し $\mathcal{R}$ の或るコンパクト集合 K_ε の外で

$$h[F] - \varepsilon U \leqq F \leqq h[F] + \varepsilon U \tag{2.4}$$

が成り立つ．F は $\mathcal{R}$ 上到るところ有限であるから，定理 III.5.1 の証明から分るように，$U(a) < \infty$ を仮定してよい．さて，$\varepsilon > 0$ を任意にとるとき，n を十分大きくとって $K_\varepsilon \subset \mathcal{R}_n$ が成り立つようにし，不等式 (2.4) の各辺を $-\frac{1}{2\pi i} \delta g(a, z)$ の $\partial \mathcal{R}_n$ への制限 (これを $d\mu_n$ と書く) で積分する．このとき，U は優調和函数であるから次が成り立つ:

$$\left| \int_{\partial \mathcal{R}_n} (F(z) - h[F](z)) \, d\mu_n(z) \right| \leqq \int_{\partial \mathcal{R}_n} \varepsilon U(z) \, d\mu_n(z) \leqq \varepsilon U(a) .$$

次に，$h[F]$ に関する $\partial \mathcal{R}_n$ 上の Poisson 積分表示式に (2.3) を組み合せれば，

$$\int_{\partial \mathcal{R}_n} h[F](z) \, d\mu_n(z) = h[F](a) = \int_{\Delta_1} \widehat{F}(b) \, d\chi_a(b)$$

となるから，上の不等式の左辺に代入すれば，次が分る:

$$\left| \int_{\partial \mathcal{R}_n} F(z) \, d\mu_n(z) - \int_{\Delta_1} \widehat{F}(b) \, d\chi_a(b) \right| \leqq \varepsilon U(a) .$$

$U(a)$ は有限であったから，$\varepsilon \to 0$ として等式 (2.2) が得られる．

一般の場合を考えると，定理 III.5.2(b) により，$F_m = \min\{F, m\}$ $(m \geqq 1)$ は Wiener 函数で $h[F_m] = h[F] \wedge m$ を満たすから，Δ_1 上で $\widehat{F}_m = \min\{\widehat{F}, m\}$ a.e. が成り立つ．上で示したことから，任意の $m \geqq 1$ と任意の $\varepsilon > 0$ に対し正整数 $n_0 = n_0(m, \varepsilon)$ を適当にとれば，全ての $n \geqq n_0$ に対して

$$\left| \int_{\partial \mathcal{R}_n} F_m(z) \, d\mu_n(z) - \int_{\Delta_1} \widehat{F}_m(b) \, d\chi_a(b) \right| \leqq \varepsilon$$

が得られる．$\widehat{F}$ は可積分で且つ $\widehat{F}_m \to \widehat{F}$ a.e. であるから，任意の $\varepsilon > 0$ に対し番号 $m_0 = m_0(\varepsilon)$ を適当にとれば，全ての $m \geqq m_0$ に対して

$$\int_{\Delta_1} \widehat{F}(b)\, d\chi_a(b) < \int_{\Delta_1} \widehat{F}_m(b)\, d\chi_a(b) + \varepsilon$$

が成り立つ．一方，$0 \leqq F \leqq u$ であるから，$u_m = \min\{u, m\}$ とおけば，$0 \leqq F - F_m \leqq u - u_m$ $(m \geqq 1)$ を得る．従って，

$$0 \leqq \int_{\partial \mathcal{R}_n} (F(z) - F_m(z))\, d\mu_n(z) \leqq \int_{\partial \mathcal{R}_n} (u(z) - u_m(z))\, d\mu_n(z)$$
$$\leqq u(a) - (u \wedge m)(a).$$

ここで，$m \geqq m_0(\varepsilon)$ 且つ $n \geqq n_0(m, \varepsilon)$ とすれば，

$$\left| \int_{\Delta_1} \widehat{F}(b)\, d\chi_a(b) - \int_{\partial \mathcal{R}_n} F(z)\, d\mu_n(z) \right| \leqq 2\varepsilon + u(a) - (u \wedge m)(a).$$

u は準有界であったから，$m \to +\infty$ のとき $(u \wedge m)(a) \to u(a)$ $(m \to +\infty)$ が成り立つ．これから求める結果が導かれる． □

定理 2.4 $\mathcal{R}$ を正則な双曲型 Riemann 面とし，$a \in \mathcal{R}$ を任意に固定する．$w_1, \ldots, w_n$ を $Z(a; \mathcal{R})$ の (重複度を込めた) 任意の有限部分集合とし，

$$q_n(z) = \exp\left(-\sum_{j=1}^n g(w_j, z) \right)$$

とおく．もし f が $\mathcal{R}$ 上の有理型函数で，$|f|q_n$ が $\mathcal{R}$ 上で調和優函数を持つならば，$\widehat{f}$ は Δ_1 上でほとんど到るところ存在して可積分であり，次を満たす：

$$f(a) = \int_{\Delta_1} \widehat{f}(b)\, d\chi_a(b). \tag{2.5}$$

証明 $|f|q_n$ は局所正則絶対値で調和優函数を持つから，定理 IV.3.3 により $|f|q_n$ の最小調和優函数 $u = \mathbf{M}(|f|q_n)$ は準有界である．$\mathcal{R}$ は正則であるから，正数 c と $\mathcal{R}$ のコンパクト部分集合 K を適当にとれば，Int K は $\{w_1, \ldots, w_n\}$ を含み且つ $\mathcal{R} \setminus K$ 上では $q_n(z) \geqq c$ が成り立つようにできる．従って，$\mathcal{R} \setminus K$ 上では $|f| \leqq c^{-1}u$ が得られる．一方，$\mathcal{R} \setminus K$ 上では，Re f と Im f は調和であり，その絶対値は準有界な調和優函数 $c^{-1}u$ を持つから，どちらも準有界である．従って，Re f と Im f は $\mathcal{R} \setminus K$ 上の Wiener 函数である．そこで，

$\operatorname{Re} f$ を K 上で変更して $\mathcal{R}$ 上の実数値連続函数 f_1 を作り $\mathcal{R}$ 上で $|f_1| \leqq c^{-1}u$ を満たすようにする．また，$\operatorname{Im} f$ から同様にして函数 f_2 を作る．ここで，定理 III.5.4 を $G = \mathcal{R} \setminus K$ として適用すれば，$\Delta_1 \setminus \mathcal{D}(\operatorname{Re} f)$ と $\Delta_1 \setminus \mathcal{D}(\operatorname{Im} f)$ は零集合であることが分る．従って，f_1/u と f_2/u は $\mathcal{R}$ 上の有界な連続函数で $\Delta_1 \setminus \mathcal{D}(f_j/u)$ $(j = 1, 2)$ は零集合である．定理 III.5.5 を参照すれば，$f_j = (f_j/u) \cdot u$ $(j = 1, 2)$ は Wiener 函数であることが分る．$|f_j| \leqq c^{-1}u$ であったから，補題 2.3 により次を得る：

$$-\lim_{n\to\infty} \frac{1}{2\pi i} \int_{\partial \mathcal{R}_n} f(z)\,\delta g(a, z) = -\lim_{n\to\infty} \frac{1}{2\pi i} \int_{\partial \mathcal{R}_n} (f_1 + if_2)(z)\,\delta g(a, z)$$
$$= \int_{\Delta_1} (\widehat{f_1} + i\widehat{f_2})(b)\,d\chi_a(b) = \int_{\Delta_1} \widehat{f}(b)\,d\chi_a(b).$$

もし n を十分大きくして $\mathcal{R}_n$ が K を含むようにすれば，$f(z)\,\delta g(a, z)$ は閉領域 $\operatorname{Cl} \mathcal{R}_n$ 上の有理型微分であって，点 a に唯一の極を持ち，その留数は $-2\pi i f(a)$ に等しい．故に，公式 (2.5) は正しい． □

2.3 PW 面への応用
弱い順 Cauchy 定理を PW 面に適用すると，(DCT) の考察に役立つ性質を得ることができる．これを説明しよう．

2.3.1 公約内因数の計算

補題 2.5 η は PW 面 $\mathcal{R}$ 上の直線束で $\mathcal{H}^\infty(\mathcal{R}, \eta)$ には定数でない公約内因数はないとする (§IV.3.1)．このとき，$\mathcal{H}^\infty(\mathcal{R}, \eta^{-1})$ も同様である．

証明 Q_0 を $\mathcal{H}^\infty(\mathcal{R}, \eta^{-1})$ の最大公約内因数とし，その直線束を η_0 と書くと，$\mathcal{H}^\infty(\mathcal{R}, \eta^{-1}) = Q_0 \mathcal{H}^\infty(\mathcal{R}, \eta^{-1}\eta_0^{-1})$ であり，$\mathcal{H}^\infty(\mathcal{R}, \eta^{-1}\eta_0^{-1})$ には定数でない公約内因数が存在しない．また，

$$\mathcal{H}^\infty(\mathcal{R}, \eta_0) \mathcal{H}^\infty(\mathcal{R}, \eta^{-1}\eta_0^{-1}) \subseteq \mathcal{H}^\infty(\mathcal{R}, \eta^{-1})$$

であるから，$\mathcal{H}^\infty(\mathcal{R}, \eta_0)$ の任意の元の内因数は Q_0 で割り切れなければならない．ところが，$\mathcal{H}^\infty(\mathcal{R}, \eta_0)$ は Q_0 を含むから，$\mathcal{H}^\infty(\mathcal{R}, \eta_0) = Q_0 H^\infty(\mathcal{R})$ が成り立つ．数学的帰納法により $\mathcal{H}^\infty(\mathcal{R}, \eta_0^k) = Q_0^k H^\infty(\mathcal{R})$ $(k = 1, 2, \ldots)$ が得られる．定理 V.5.1 により，$k = 1, 2, \ldots$ に対して

$$|Q_0(a)|^k \geqq \exp\left(-\int_0^\infty B(\alpha, a)\,d\alpha\right) > 0$$

が成り立つ.一方, $|Q_0| \leqq 1$ であるから, $|Q_0(a)| = 1$. 故に, Q_0 は定数函数である. これが示すべきことであった. □

正則な PW 面 $\mathcal{R}$ の 1 点 a を任意に固定し, $\{w_1, w_2, \dots\}$ を $g(\cdot, a)$ の臨界点の重複度を込めた集合 $Z(a; \mathcal{R})$ の一つの数え上げとして,

$$s_n^{(a)}(z) = \sum_{j=1}^n g(z, w_j), \quad g_n^{(a)}(z) = \exp(-s_n^{(a)}(z)) \quad (2.6)$$

とおく. 但し, $^*s_n^{(a)}$ は $s_n^{(a)}$ の共軛調和函数で特異点の近傍では §VI.3.2 に述べたように定義されるものとする. また, $s^{(a)}$ は (1.3) で与えられたものとして, 次のようにおく:

$$S_n^{(a)}(z) = \exp(-s_n^{(a)}(z) - i\,{}^*s_n^{(a)}(z)) \quad (n \geqq 1), \quad (2.7)$$
$$S^{(a)}(z) = \exp(-s^{(a)}(z) - i\,{}^*s^{(a)}(z)). \quad (2.8)$$

$\mathcal{R}$ は PW 面であるから, $s^{(a)}(z)$ は臨界点以外の $\mathcal{R}$ で収束し, $\mathcal{R}$ 上のポテンシャルを表す. 従って, $g^{(a)}(z)$ は $\mathcal{R}$ 上の内的な局所正則絶対値 (§II.2.2 参照) であり, これに対応する乗法的有理型函数が $S^{(a)}$ である. また, $S_n^{(a)}$ および $S^{(a)}$ の定義する直線束をそれぞれ $\xi_n^{(a)}$ および $\xi^{(a)}$ で表す. さらに, $\widetilde{S}_n^{(a)} = (S_n^{(a)})^{-1} S^{(a)}$ とし, その直線束を $\widetilde{\xi}_n = \widetilde{\xi}_n^{(a)}$ と書き,

$$J_n = J_n(a) = \widetilde{S}_n^{(a)} \mathcal{H}^\infty(\mathcal{R}, \widetilde{\xi}_n^{-1}) \quad (n \geqq 1)$$

とおく. このとき, $J_n(a) \subseteq J_{n+1}(a)$ $(n = 1, 2, \dots)$ であり, 次が成り立つ:

補題 2.6 $\bigcup_{n=1}^\infty J_n$ には定数でない公約内因数が存在しない.

証明 まず $\mathcal{H}^\infty(\mathcal{R}, \widetilde{\xi}_n)$ を考察する. Q を $\mathcal{H}^\infty(\mathcal{R}, \widetilde{\xi}_n)$ の公約内因数とすると, Q は $\widetilde{S}_n^{(a)}$ を割り切る. もし Q が定数ではないとすると, それは或る $w_j \in Z(a; \mathcal{R})$ $(j > n)$ で 0 となるから, $\mathcal{H}^\infty(\mathcal{R}, \widetilde{\xi}_n)$ は共通の零点を持つことになり, 定理 V.5.1 の系に反する. 従って, $\mathcal{H}^\infty(\mathcal{R}, \widetilde{\xi}_n)$ には定数でない公約内因数はない. 補題 2.5 により $\mathcal{H}^\infty(\mathcal{R}, \widetilde{\xi}_n^{-1})$ にも定数でない公約内因数はないから, $J_n(a)$ の最大公約内因数は $S_n^{(a)}$ である. ところが, $\{S_n^{(a)} : n \geqq 1\}$ の公約内因数は定数のみであるから, 求める結果が得られる. □

§2 順 Cauchy 定理

2.3.2 $H^\infty(d\chi)$ の直交補空間 次の記号を追加する：

$$S'_n(z) = S_n^{(a)}(z)^{-1}\,\mathfrak{G}(z,a) \qquad (n \geqq 1)\,, \tag{2.9}$$
$$S'(z) = S^{(a)}(z)^{-1}\,\mathfrak{G}(z,a)\,. \tag{2.10}$$

但し，$\mathfrak{G}(z,a)$ は a を極とする $\mathcal{R}$ の**複素 Green 函数**である．即ち，

$$\mathfrak{G}(z,a) = \mathfrak{G}_a(z) = \exp\bigl(-g(z,a) - i\,{}^*g(z,a)\bigr)\,. \tag{2.11}$$

これは a を零点とする内的な乗法的正則函数である．我々は $\mathfrak{G}_a$, S'_n および S' が定義する直線束をそれぞれ $\eta^{(a)}$, ξ'_n および ξ' と書く．さらに，

$$K_n(a) = K_n = S'_n \mathcal{H}^1(\mathcal{R}, \xi'^{-1}_n) \quad (n = 1, 2, \dots)\,,$$
$$K'(a) = K' = S' \mathcal{H}^1(\mathcal{R}, \xi'^{-1})$$

とおく．J_n（または，K_n, K'）の元の細境界函数の全体の集合を $\widehat{J}_n$（または，$\widehat{K}_n$, $\widehat{K}'$）と書く．境界値の存在は定理 III.5.6 で示されている．さらに，$\widehat{J} = \widehat{J}(a)$（または，$\widehat{K} = \widehat{K}(a)$）により $\bigcup_{n=1}^\infty \widehat{J}_n$ の $L^\infty(d\chi_a)$ の中での汎弱閉包（または，$\bigcup_{n=1}^\infty \widehat{K}_n$ の $L^1(d\chi_a)$ の中での閉包）を表すことにする．

定理 2.7 PW 面 $\mathcal{R}$ に対し次が成り立つ：

(a) $\widehat{K} = H^\infty(d\chi_a)^\perp$，
(b) $\widehat{J} = (\widehat{K}')^\perp$．

証明 (a) $f \in K_n$ ならば，f は $\mathcal{R}$ 上で有理型で，$f(a) = 0$ を満たし，さらに $|f(z)|\exp\bigl(-\sum_{j=1}^n g(z,w_j)\bigr)$ は調和優函数を持つから，定理 2.4 により

$$\int_{\Delta_1} \widehat{f}(b)\widehat{h}(b)\,d\chi_a(b) = f(a)h(a) = 0 \qquad (\forall\, h \in H^\infty(\mathcal{R}))$$

が成り立つ．よって，全ての n に対して $\widehat{K}_n \subseteq H^\infty(d\chi_a)^\perp$ を満たすから，$\widehat{K} \subseteq H^\infty(d\chi_a)^\perp$ が示された．

逆の包含関係を示すために，任意に $f^* \in \widehat{K}^\perp\ (\subseteq L^\infty(d\chi_a))$ をとると，全ての n に対し $K'J_n \subseteq K_n$ であるから，任意の $h \in K'$ と $k \in J_n$ に対して

$$\int_{\Delta_1} f^* \widehat{hk}\,d\chi_a = 0$$

が成り立つ．即ち，$f^*\widehat{k} \perp K'$．これは特に $f^*\widehat{k}$ が逆 Cauchy 定理 (定理 1.2) の条件を満たすことを示しているから，$u \in H^1(\mathfrak{R})$ が存在して $f^*\widehat{k} = \widehat{u}$ a.e. が成り立つ．このときは，$\widehat{u} \in H^1(d\chi_a) \cap L^\infty(d\chi_a) = H^\infty(d\chi_a)$ であるから，$u \in H^\infty(\mathfrak{R})$ であることになる．さて，もし $k \neq 0$ ならば，$\widehat{k} \neq 0$ a.e. であるから，$f^* = \widehat{u}/\widehat{k}$ a.e. を得る．即ち，f^* は $\mathfrak{R}$ 上の有界型の有理型函数の境界函数に (ほとんど至るところ) 等しい．ところが，有界型の有理型函数はその境界函数 (の a.e. 同値類) で一意に決るから，f^* を境界値とする $\mathfrak{R}$ 上の有界型の有理型函数が唯一つ存在する．それを f と書く．このとき，補題 2.1 により $f = f_1/f_2$ を満たす $f_1, f_2 \in H^\infty(\mathfrak{R})$ が存在する．従って，任意の $k \in \bigcup_{n=1}^\infty J_n$ に対して $kf_1/f_2 \in H^\infty(\mathfrak{R})$ が成り立つ．補題 2.6 により $\bigcup_{n=1}^\infty J_n(a)$ には定数以外には共通な内因数がないから，f_2 の内因数は必ず f_1 の内因数である．よって，$f = f_1/f_2 \in H^\infty(\mathfrak{R})$ を得るから，$f^* = \widehat{f} \in H^\infty(d\chi_a)$．故に，$\widehat{K}^\perp \subseteq H^\infty(d\chi_a)$．ところが，$\widehat{K}$ は $L^1(d\chi_a)$ の閉部分空間であるから，$\widehat{K} = \widehat{K}^{\perp\perp} \supseteq H^\infty(d\chi_a)^\perp$．これを前半と併せれば，求める結果が得られる．

(b) 任意に $f \in K'$ をとる．従って，f は $\mathfrak{R}$ 上で有理型で，$f(a) = 0$ 且つ $|f|g^{(a)}$ は $\mathfrak{R}$ 上で調和優函数を持つ．もし $u \in J_n$ ならば，fu は $\mathfrak{R}$ 上で有理型であり，$(fu)(a) = 0$ 且つ $|(fu)(z)| \exp\bigl(-\sum_{j=1}^n g(z, w_j)\bigr)$ は調和優函数を持つ．従って，定理 2.4 (弱い順 Cauchy 定理) を利用すれば，

$$\int_{\Delta_1} \widehat{f}\widehat{u}\, d\chi_a = (fu)(a) = 0\,.$$

よって，$\widehat{f} \in \widehat{J}_n^\perp$ であり，n は任意であったから，$\widehat{f} \in \widehat{J}^\perp$．故に，$\widehat{K}' \subseteq \widehat{J}^\perp$．

次に，$f^* \in \widehat{J}^\perp\, (\subseteq L^1(d\chi_a))$ とする．J_n は $H^\infty(\mathfrak{R})$ のイデアルであるから，$h \in J_n$ 且つ $u \in H^\infty(\mathfrak{R})$ のときは $hu \in J_n$ となるから，$\int_{\Delta_1} f^*\widehat{h}\widehat{u}\, d\chi_a = 0$ が成り立つ．即ち，$f^*\widehat{h} \in H^\infty(d\chi_a)^\perp = \widehat{K}$．この最後の等号は (a) による．全ての n に対して $K_n \subseteq K'$ であり，$\widehat{K}'$ は $L^1(d\chi_a)$ の閉集合であるから，$\widehat{K} \subseteq \widehat{K}'$ が成り立つ．従って，$f^*\widehat{h} = \widehat{S'}\widehat{u}$ を満たす $u \in \mathcal{H}^1(\mathfrak{R}, \xi'^{-1})$ が存在する．但し，ξ' は $S'(z)$ の定義する直線束である．(a) の証明中の議論を利用すれば，これから $u/h \in \mathcal{H}^1(\mathfrak{R}, \xi'^{-1})$ が出るから，$f^* \in \widehat{K}'$ が分る．よって，$\widehat{J}^\perp \subseteq \widehat{K}'$ を得る．故に，$\widehat{J}^\perp = \widehat{K}'$．両辺の直交補空間に移れば，これは $\widehat{J} = \widehat{K}'^{-1}$ と同値である． □

定理 2.8 正則な PW 面 $\Re$ に対し,次は同値である:

(a) (DCT_a) が成り立つ.
(b) $H^\infty(d\chi_a)^\perp = \widehat{K}'(a)$.

証明 (a) $\Rightarrow$ (b) $f \in K'(a), h \in H^\infty(d\chi_a)$ とすると, f は $\Re$ 上の有理型函数で,$|fh|g^{(a)}$ は $\Re$ 上で調和優函数を持ち,且つ $f(a) = 0$ が成り立つ.仮定により $\Re$ は (DCT_a) を満たすから,

$$\int_{\Delta_1} \widehat{f}(b)\widehat{h}(b)\, d\chi_a(b) = f(a)h(a) = 0\,.$$

これは $\widehat{K}'(a) \subseteq H^\infty(d\chi_a)^\perp$ を示す.次に,$u \in \widehat{K}'(a)^\perp \ (\subseteq L^\infty(d\chi_a))$ を仮定すると,任意の $h \in K'(a)$ に対し $\int_{\Delta_1} u\widehat{h}\, d\chi_a = 0$ であるから,u は逆 Cauchy 定理 (定理 1.2) の条件を満たす.よって,$u = \widehat{f}$ a.e. を満たす $f \in H^1(\Re)$ が存在する.これから,$\widehat{f} \in H^1(d\chi_a) \cap L^\infty(d\chi_a) = H^\infty(d\chi_a)$ を得る.即ち,$\widehat{K}'(a)^\perp \subseteq H^\infty(d\chi_a)$. $\widehat{K}'(a)$ は $L^1(d\chi_a)$ の閉部分空間であるから,$\widehat{K}'(a) = \widehat{K}'(a)^{\perp\perp} \supseteq H^\infty(d\chi_a)^\perp$ を得る.故に,$H^\infty(d\chi_a)^\perp = \widehat{K}'(a)$.

(b) $\Rightarrow$ (a) f を $\Re$ 上の有理型函数で $|f|g^{(a)}$ は $\Re$ で調和優函数を持つと仮定する.このとき,$f_1 = f - f(a)$ とおけば,$|f_1|g^{(a)}$ は調和優函数を持ち,且つ $f_1(a) = 0$ を満たす.これは $f_1 \in K'(a)$ を示すから,(b) により $\widehat{f_1} \in H^\infty(d\chi_a)^\perp$ が分る.特に,$\widehat{f_1}$ は 1 と直交するから,$\int_{\Delta_1} \widehat{f_1}\, d\chi_a = 0$ が成り立つ.故に,$f(a) = \int_{\Delta_1} \widehat{f}\, d\chi_a$. 即ち,$(\text{DCT}_a)$ が成り立つ. □

§3 不変部分空間

順 Cauchy 定理と密接な関連のある不変部分空間の基本を解説しよう.

3.1 基本定義 $\Re$ を双曲型 Riemann 面とする. $\Re$ の Martin 境界 Δ_1 上の L^p 空間 $L^p(d\chi)$ の部分空間 $H^p(d\chi)$ を次で定義する:

$$H^p(d\chi) = \{\, \widehat{f} \in L^p(d\chi) : f \in H^p(\Re) \,\}\,.$$

但し,$H^p(\Re)$ は §IV.3.1 で定義した.$H^p(d\chi)$ は対応 $f \mapsto \widehat{f}$ により $H^p(\Re)$ と等距離同型である.また,次の記号を用いる:

$$H_0^p(\Re) = \{\, f \in H^p(\Re) : f(O) = 0 \,\},\quad H_0^p(d\chi) = \{\, \widehat{f} : f \in H_0^p(\Re) \,\}\,.$$

さて，$L^p(d\chi)$ の閉 ($p=\infty$ のときは，汎弱閉) 部分空間 $\mathcal{M}$ が

$$H^\infty(d\chi)\mathcal{M} \subseteq \mathcal{M}$$

を満たすとき，$L^p(d\chi)$ の**不変部分空間**であると云う．さらに，$H_0^\infty(d\chi)\mathcal{M}$ が $\mathcal{M}$ の中で稠密であるか否かで，**二重不変**または**単純不変**であると云う．

3.2 単位円板の場合 この場合，閉部分空間 $\mathcal{M} \subseteq L^p(d\sigma)$ が二重不変とは $e^{i\theta}\mathcal{M} \subseteq \mathcal{M}$ 且つ $e^{-i\theta}\mathcal{M} \subseteq \mathcal{M}$ を満たすこと，単純不変とは $e^{i\theta}\mathcal{M} \subsetneq \mathcal{M}$ を満たすことである．ここでは二三の基本的な結果を証明なしで述べておく．

補題 3.1 閉部分空間 $\mathcal{M} \subseteq L^p(d\sigma)$ が $e^{i\theta}\mathcal{M} \subseteq \mathcal{M}$ を満足するならば，任意の $h \in H^\infty(d\sigma)$ に対して $h\mathcal{M} \subseteq \mathcal{M}$ が成り立つ．

補題 3.2 (a) $\mathcal{M}$ が $L^p(d\sigma)$ の不変部分空間で $0 < p < \infty$ ならば，任意の $p < q \leq \infty$ に対し，$\mathcal{M} \cap L^q(d\sigma)$ は $L^q(d\sigma)$ の不変部分空間であり，$\mathcal{M}$ は $L^p(d\sigma)$ の中での $\mathcal{M} \cap L^q(d\sigma)$ の閉包に等しい．

(b) $\mathcal{M}$ が $L^p(d\sigma)$ $(0 < p \leq \infty)$ の不変部分空間ならば，任意の $0 < q < p$ に対し，$\mathcal{M}$ の $L^q(d\sigma)$ 閉包 $\mathcal{N}$ は $L^q(d\sigma)$ の不変部分空間であり，$\mathcal{M} = \mathcal{N} \cap L^p(d\sigma)$ が成り立つ．

定理 3.3 (Wiener) $\mathcal{M} \subseteq L^p(d\sigma)$ $(1 \leq p \leq \infty)$ が二重不変ならば，$\mathcal{M} = \text{ch}_S L^p(d\sigma)$ を満たす $\partial \mathbb{D}$ の可測部分集合 S が存在する．但し，ch_S は集合 S の特性函数を表す．この逆も成り立つ．集合 S は 1 次元 Lebesgue 零集合を除いて一意である．

定理 3.4 (Beurling) $\mathcal{M} \subseteq L^p(d\sigma)$ $(1 \leq p \leq \infty)$ が単純不変ならば，$\mathcal{M} = qH^p(d\sigma)$ を満たす $q \in L^\infty(d\sigma)$ で $|q| = 1$ (a.e. $\partial \mathbb{D}$) を満たすものが絶対値 1 の定数因子を除いて一意に存在する．この逆も成り立つ．

これらの結果については，竹之内他 [B42], 和田 [B44], Hoffman [B21] を見られたい．不変部分空間の理論において，二重不変の場合は比較的単純であり，精緻な議論を必要とするのは単純不変の場合である．後者は有名な Beurling の論文 (Beurling [11]) を端緒として Helson-Lowdenslager [61, 62] など優れた研究がある．定理 3.4 については Srinivasan [106] の証明が特に簡潔である．

3.3 Riemann 面の場合—予備的な議論 $\mathcal{R}$ を双曲型 Riemann 面とし，その上の1点 O を指定して原点と呼ぶ．$\phi = \phi_{\mathcal{R}} : \mathbb{D} \to R$ を $\mathcal{R}$ の普遍被覆写像で，$\phi(0) = O$ を満たすものとし，$\Gamma = \Gamma_{\mathcal{R}}$ を ϕ に付随する被覆変換群とする (§III.6.2, §III.6.4, §VIII.2 参照)．

さて，$L^p(d\chi)$ の部分空間 $\mathcal{M}$ に対し $\mathcal{M} \circ \widehat{\phi}_{\mathcal{R}} = \{ f \circ \widehat{\phi}_{\mathcal{R}} : f \in \mathcal{M} \}$ は $L^p(d\sigma)$ の Γ 不変な元全体 $L^p(d\sigma)_\Gamma$ の部分空間であるが，これから生成された $L^p(d\sigma)$ の不変部分空間を $\{\mathcal{M}\}_p$ と書く．即ち，$\{\mathcal{M}\}_p$ は $H^\infty(d\sigma)(\mathcal{M} \circ \widehat{\phi}_{\mathcal{R}})$ の線型包 (有限一次結合の全体) の $L^p(d\sigma)$ での閉包 ($p = \infty$ のときは，汎弱閉包) である．我々は $\{\mathcal{M}\}_p$ を通して単位円板上の結果を Riemann 面へ移行する．まず仮定なしで得られることを述べる．

補題 3.5 $\mathcal{M}$ が $L^p(d\chi)$ の二重不変部分空間ならば，$\{\mathcal{M}\}_p$ は $L^p(d\sigma)$ の二重不変部分空間である．

証明 まず，$1 \leq p < \infty$ の場合を考えると，写像 $f^* \to f^* \circ \widehat{\phi}_{\mathcal{R}}$ は $L^p(d\chi)$ から $L^p(d\sigma)$ への等距離作用であり，$H_0^\infty(d\chi)\mathcal{M}$ は $\mathcal{M}$ で稠密であるから，$H_0^\infty(d\sigma)_\Gamma(\mathcal{M} \circ \widehat{\phi}_{\mathcal{R}})$ は $\mathcal{M} \circ \widehat{\phi}_{\mathcal{R}}$ で稠密である．従って，$\mathcal{M} \circ \widehat{\phi}_{\mathcal{R}}$ は $e^{i\theta}\{\mathcal{M}\}_p$ に含まれる．$e^{i\theta}\{\mathcal{M}\}_p$ は不変部分空間であるから，$\{\mathcal{M}\}_p$ を含む．よって，$e^{i\theta}\{\mathcal{M}\}_p = \{\mathcal{M}\}_p$ を得る．故に，$\{\mathcal{M}\}_p$ は二重不変部分空間である．

次に，$p = \infty$ を仮定する．定義により $H_0^\infty(d\chi)\mathcal{M}$ は $\mathcal{M}$ の中で汎弱位相 $\sigma(L^\infty(d\chi), L^1(d\chi))$ について稠密である．一方，$H_0^\infty(d\chi)\mathcal{M}$ の線型包は $\mathcal{M}$ の L^2 閉包 $[\mathcal{M}]_2$ の中で L^2 ノルム位相について稠密である．実際，$H_0^\infty(d\chi)\mathcal{M}$ は $\mathcal{M}$ の中で $\sigma(L^2(d\chi), L^2(d\chi))$ 稠密であることに注意する．従って，線型包 $\mathrm{lin}(H_0^\infty(d\chi)\mathcal{M})$ も $\mathcal{M}$ の中で $\sigma(L^2(d\chi), L^2(d\chi))$ 稠密である．ところが，凸集合については L^2 のノルム位相の閉包と弱位相の閉包は一致するから，$\mathcal{M} \subseteq [\mathrm{lin}(H_0^\infty(d\chi)\mathcal{M})]_2$ が分る (Dunford-Schwartz [B9, 422頁] 参照)．普遍被覆面 $\mathbb{D}$ へ移って定理 III.6.3 を利用すれば，

$$\mathcal{M} \circ \widehat{\phi}_{\mathcal{R}} \subseteq [\mathrm{lin}(H_0^\infty(d\sigma)(\mathcal{M} \circ \widehat{\phi}_{\mathcal{R}}))]_2$$

が成り立つ．この右辺は $L^2(d\chi)$ の不変部分空間であるから，

$$\{\mathcal{M}\}_\infty \subseteq \{\mathcal{M}\}_2 \subseteq [\mathrm{lin}(H_0^\infty(d\sigma)\{\mathcal{M}\}_2)]_2 = e^{i\theta}\{\mathcal{M}\}_2$$

が得られる. よって, $\{\mathcal{M}\}_2$ は二重不変であって, $\{\mathcal{M}\}_\infty$ の L^2 閉包に等しい. ところが, 補題 3.2 により, $\{\mathcal{M}\}_\infty = \{\mathcal{M}\}_2 \cap L^\infty(d\sigma)$ であるから, $\{\mathcal{M}\}_\infty$ が二重不変でなければならない. □

3.4 二重不変部分空間 比較的簡単な二重不変部分空間から始めよう.

定理 3.6 $L^p(d\chi)$ $(1 \leqq p \leqq \infty)$ の閉部分空間 $\mathcal{M}$ が二重不変であるための必要十分条件は Δ_1 の可測部分集合 Σ が存在して

$$\mathcal{M} = \mathrm{ch}_\Sigma L^p(d\chi)$$

が成り立つことである. 但し, ch_Σ は集合 Σ の特性函数である.

証明 $\mathcal{M} \neq \{0\}$ を仮定して考える. また, $p = \infty$ のときは汎弱位相で考えることとする. まず, $\mathcal{M}$ は二重不変であると仮定する. このときは, 補題 3.5 により $\{\mathcal{M}\}_p$ は $L^p(d\sigma)$ の二重不変部分空間であるから, 定理 3.3 により

$$\{\mathcal{M}\}_p = \mathrm{ch}_S L^p(d\sigma) \tag{3.1}$$

となる $\partial \mathbb{D}$ の可測部分集合 S が存在する. $\{\mathcal{M}\}_p$ は Γ 不変であるから, S も同様であると仮定してよい. 従って, $\mathrm{ch}_\Sigma \circ \widehat{\phi}_\mathcal{R} = \mathrm{ch}_S$ a.e. を満たす Δ_1 の可測部分集合 Σ が存在する. (3.1) に注意すれば, 任意の $f \in \mathcal{M}$ に対して,

$$((1 - \mathrm{ch}_\Sigma)f) \circ \widehat{\phi}_\mathcal{R} = (1 - \mathrm{ch}_S)(f \circ \widehat{\phi}_\mathcal{R}) = 0 \quad \text{a.e.}$$

が分るから, $\mathcal{M} \subseteq \mathrm{ch}_\Sigma L^p(d\chi)$ が得られる.

逆の包含関係を示すために, $s^* \in L^{p'}(d\chi)$ を $\mathcal{M}$ に直交する任意の元とする. また, 任意の $B \in S^{(O)}\mathcal{H}^\infty(\mathcal{R}, (\xi^{(O)})^{-1})$ をとる ($S^{(O)}$ については (2.8) を見よ). もし u が $\mathcal{R}$ 上の有理型函数で $|u|g^{(O)}$ が有界ならば, $Bu \in H^\infty(\mathcal{R})$ であるから, 任意の $f^* \in \mathcal{M}$ に対して $\widehat{B}\widehat{u}f^* \in \mathcal{M}$ が成り立つ. 従って,

$$\int_{\Delta_1} \widehat{B}\widehat{u}f^* s^* \, d\chi = 0 \tag{3.2}$$

となって逆 Cauchy 定理 (定理 1.2) の仮定が満たされる. よって, Δ_1 上でほとんど到るところ $\widehat{k} = \widehat{B}f^* s^*$ を満たす $k \in H^1(\mathcal{R})$ が存在する. 特に, $u \equiv 1$ とおけば,

$$k(O) = \int_{\Delta_1} \widehat{k} \, d\chi = 0 \tag{3.3}$$

が成り立つ．一方，定理 III.6.3(b) により次が分る：

$$H[(\widehat{B}f^*s^*)\circ\widehat{\phi}_{\mathcal{R}}] = H[\widehat{B}f^*s^*]\circ\phi_{\mathcal{R}} = k\circ\phi_{\mathcal{R}} \in H^1(\mathbb{D}).$$

よって，任意の $v \in H^\infty(\mathbb{D})$ に対して，(3.3) と定理 III.6.3 により

$$\int_{\mathbb{T}} v(e^{i\theta})((\widehat{B}f^*s^*)\circ\widehat{\phi}_{\mathcal{R}})(e^{i\theta})\,d\sigma(\theta) = v(0)(k\circ\phi_{\mathcal{R}})(0)$$
$$= v(0)k(O) = 0$$

を得る．ここで，$v\cdot(f^*\circ\widehat{\phi}_{\mathcal{R}})$ について L^p 極限をとれば，

$$\int_{\mathbb{T}}((\widehat{B}s^*)\circ\widehat{\phi}_{\mathcal{R}})(e^{i\theta})f_1(e^{i\theta})\,d\sigma(\theta) = 0$$

が全ての $f_1 \in \{\mathcal{M}\}_p$ に対して成り立つことが分る．$\{\mathcal{M}\}_p = \mathrm{ch}_S L^p(d\sigma)$ であるから，S 上で $(\widehat{B}s^*)\circ\widehat{\phi}_{\mathcal{R}} = 0$ a.e. となり，従って Σ 上で $\widehat{B}s^* = 0$ a.e. となる．$B \neq 0$ より $\widehat{B} \neq 0$ a.e. を得るから，$s^* = 0$ a.e. が成り立つ．即ち，$s^* \perp \mathrm{ch}_\Sigma L^p(d\chi)$ を得る．故に，$\mathrm{ch}_\Sigma L^p(d\chi) \subseteq \mathcal{M}$. □

3.5 単純不変部分空間 一般の PW 面においては単純不変部分空間に関する Beurling 型の定理 (定理 3.4) に相当する結果は必ずしも成り立たない．実際，Beurling 型定理の成立と順 Cauchy 定理 (DCT) の成立とは同等な条件である．これを示すことが当面の目標である．

結果を述べるためにはさらに定義が必要である．まず，$\partial\mathbb{D}$ 上の可測函数 Q が **m 函数**であるとは，全ての $\tau \in \mathbf{\Gamma}$ に対し $Q\circ\tau = \xi(\tau)Q$ a.e. を満たす $\mathbf{\Gamma}$ の (乗法的) 指標 $\xi \in \mathbf{\Gamma}^*$ が存在することを云う．Q の指標を ξ_Q とも書く．さらに，指標 ξ を持つ m 函数 Q が $|Q| = 1$ a.e. を満たすとき，指標 ξ を持つ **i 函数**と呼ぶ．なお，加法的指標については §II.1.4 を参照されたい．また，$1 \leqq p \leqq \infty$ と任意の指標 $\xi \in \mathbf{\Gamma}^*$ に対し，

$$H^p(\mathbb{D},\xi) = \{f \in H^p(\mathbb{D}) : f\circ\tau = \xi(\tau)f \quad (\forall\tau\in\mathbf{\Gamma})\},$$
$$H^p(d\sigma,\xi) = \{f \in H^p(d\sigma) : f\circ\tau = \xi(\tau)f \text{ a.e.} \quad (\forall\tau\in\mathbf{\Gamma})\}$$

とおく．さらに，Q を $\partial\mathbb{D}$ 上の i 函数として次の記号を用いる：

$$H^p(d\chi,Q) = \{f \in L^p(d\chi) : f\circ\widehat{\phi}_{\mathcal{R}} \in Q\cdot H^p(d\sigma,\xi_Q^{-1})\}.$$

さて，$\mathcal{M}$ を $L^p(d\chi)$ の単純不変部分空間とする．このとき，定理 3.6 の証明から，$\{\mathcal{M}\}_p$ は $L^p(d\sigma)$ の単純不変部分空間である．従って，Beurling の定理 (定理 3.4) により，次を満たす $Q \in L^\infty(d\sigma)$ が存在する：

$$\{\mathcal{M}\}_p = QH^p(d\sigma) \qquad (|Q| = 1 \ d\sigma \text{ a.e.}). \tag{3.4}$$

$\{\mathcal{M}\}_p$ は $\mathbf{\Gamma}$ 不変であり，Q は絶対値 1 の定数因数を除いて一意であるから，$Q \circ \gamma = \xi(\gamma) Q$ a.e. $(\gamma \in \mathbf{\Gamma})$ を満たす $\mathbf{\Gamma}$ の指標 $\xi = \xi_Q$ が存在する．即ち，Q は i 函数である．

補題 3.7 $\mathcal{M} \subseteq L^p(d\chi)$ $(1 \leq p \leq \infty)$ が単純不変部分空間のとき，i 函数 Q を $\{\mathcal{M}\}_p = QH^p(d\sigma)$ で定義すれば，

$$\mathcal{J} = \{ h \in \mathcal{H}^p(\mathcal{R}, \xi_Q^{-1}) : Q(\widehat{h} \circ \widehat{\phi}_\mathcal{R}) \in \mathcal{M} \circ \widehat{\phi}_\mathcal{R} \}$$

には自明ではない共通内因数は存在しない．

証明 被覆写像 $\phi_\mathcal{R} : \mathbb{D} \to \mathcal{R}$ の性質 (定理 III.6.1 参照) に注意すれば，$\mathcal{J}$ に自明でない共通内因数があれば，$\mathcal{J} \circ \widehat{\phi}_\mathcal{R}$ も同様であることが分る．もし Q_1 を $\mathcal{J} \circ \widehat{\phi}_\mathcal{R}$ の自明でない共通内因数とすれば，次を得る：

$$\mathcal{M} \circ \widehat{\phi}_\mathcal{R} \subseteq Q(\mathcal{J} \circ \widehat{\phi}_\mathcal{R}) \subseteq (QQ_1) H^p(d\sigma, \xi_Q^{-1}\xi_{Q_1}^{-1}) \subseteq (QQ_1) H^p(d\sigma).$$

最右辺は不変であるから，$\{\mathcal{M}\}_p \subseteq (QQ_1) H^p(d\sigma) \subsetneq QH^p(d\sigma)$ となり，Q の定義に反する．よって，$\mathcal{J}$ には自明でない共通内因数は存在しない． □

さて，我々は条件 (DCT_a) を仮定すれば $L^p(d\chi)$ の全ての単純不変部分空間は Beurling 型になることを示そう．即ち，次の結果が成り立つ：

定理 3.8 条件 (DCT_O) が成り立つと仮定する．このとき，$\mathcal{M}$ が $L^p(d\chi)$ $(1 \leq p \leq \infty)$ の単純不変部分空間ならば，

$$\mathcal{M} = H^p(d\chi, Q) \tag{3.5}$$

を満たす i 函数 Q が絶対値 1 の定数因数を別として一意に存在する．

証明 $\mathcal{M}$ を $L^p(d\chi)$ $(1 \leq p \leq \infty)$ の単純不変部分空間とする．このとき，$\{\mathcal{M}\}_p$ は $L^p(d\sigma)$ の単純不変部分空間であるから，$\{\mathcal{M}\}_p = QH^p(d\sigma)$ を満たす i 函数 $Q \in L^\infty(d\sigma)$ が存在する．Q の指標を $\xi = \xi_Q$ と書く．

まず, $f^* \in \mathcal{M}$ ならば, $f^* \circ \widehat{\phi_\mathcal{R}} = Qh$ $(h \in H^p(d\sigma))$ と表されるが, Qh は Γ 不変であるから, $h \in H^p(d\sigma, \xi^{-1})$. 故に, $\mathcal{M} \subseteq H^p(d\chi, Q)$ を得る. 次に, 逆の包含関係を示すため, 零でない $s^* \in \mathcal{M}^\perp$ を任意に固定する. 不変性部分空間の定義より $H^\infty(d\chi)\mathcal{M} \subseteq \mathcal{M}$ であるから, s^* は $H^\infty(d\chi)\mathcal{M}$ にも直交する. 従って, $f^* \in \mathcal{M}$ ならば, $s^* f^* \in H^\infty(d\chi)^\perp$ であるから, 定理 2.8 により $s^* f^* = \widehat{k}$ a.e. を満たす有理型函数 $k \in K'(O)$ が存在する. また, $f^* \circ \widehat{\phi_\mathcal{R}} = QF$ を満たす $F \in \mathcal{J} \circ \widehat{\phi_\mathcal{R}} \subseteq H^p(d\sigma, \xi^{-1})$ が存在する. $f^* \neq 0$ とすれば, F, k も同様である. 以下これを仮定する. そこで, 任意に $F_0 \in H^p(d\sigma, \xi^{-1})$ を固定すると, 上の記号を使って,

$$(s^* \circ \widehat{\phi_\mathcal{R}})QF_0 = (s^* \circ \widehat{\phi_\mathcal{R}})(f^* \circ \widehat{\phi_\mathcal{R}})\frac{F_0}{F} = (\widehat{k} \circ \widehat{\phi_\mathcal{R}})\frac{F_0}{F}$$

が得られる. F_0/F の分母と分子は同じ指標 ξ^{-1} を持つから, その商は Γ 不変な有界型の有理型函数である. 従って, 上式の最右辺は $\mathcal{R}$ 上の有界型の有理型函数 u によって $\widehat{u} \circ \widehat{\phi_\mathcal{R}}$ と表される. 即ち,

$$u \circ \phi_\mathcal{R} = (k \circ \phi_\mathcal{R})\frac{F_0}{F}.$$

この u は f^* の選び方に依存しないから, $u \circ \phi_\mathcal{R}$ も $F \in \mathcal{J} \circ \widehat{\phi_\mathcal{R}}$ に依存しない. ここで, §2.3.2 で導入した $S'(z)$ および $K'(a)$ を $a = O$ として適用すると, $k \in K'(O) = S'\mathcal{H}^1(\mathcal{R}, \xi'^{-1})$ より, $k_1 \in \mathcal{H}^1(\mathcal{R}, \xi'^{-1})$ が存在して $k = S'k_1$ が成り立つ. この等式は分枝の選び方に注意が必要であるが, $|k| = |S'||k_1|$ と書けば, 正確な等式となる. この分解を使って u の内因数を調べる. そのため, §I.4.3 で定義した内成分を計算すると次を得る:

$$\begin{aligned}\operatorname{pr}_I[\log(|u||S'|^{-1})] \circ \phi_\mathcal{R} &= \operatorname{pr}_I[\log(|u||S'|^{-1}) \circ \phi_\mathcal{R}] \\ &= \operatorname{pr}_I[\log(|k_1 \circ \phi_\mathcal{R}||F_0|)] - \operatorname{pr}_I[\log|F|] \\ &\leqq -\operatorname{pr}_I[\log|F|] \qquad (\forall\, F \in \mathcal{J} \circ \phi_\mathcal{R}).\end{aligned}$$

補題 3.7 より $\mathcal{J} \circ \phi_\mathcal{R}$ には自明でない共通内因数がないから, 最終辺の下限は 0 となり, $|u||S'|^{-1}$ は $\mathcal{R}$ 上で調和優函数を持つ. それを v と書けば,

$$|u|g^{(O)}(z) \leqq v(z)e^{-g(O,z)}.$$

これは，u が有理型函数 で，$u(O) = 0$ であり，且つ $|u|g^{(O)}$ は調和優函数を持つことを示している．我々は (DCT_O) を仮定しているから，

$$\int_{\Delta_1} \widehat{u}(b)\, d\chi(b) = u(O) = 0$$

を得る．従って，被覆写像が保測変換であることから，

$$\int_{\mathbb{T}} (s^* \circ \widehat{\phi}_{\mathcal{R}}) QF_0 \, d\sigma = \int_{\mathbb{T}} \widehat{u} \circ \widehat{\phi}_{\mathcal{R}} \, d\sigma = 0$$

が成り立つ．QF_0 は $QH^p(d\sigma, \xi^{-1})$ の全ての元を亙るから，再び $\mathcal{R}$ へ戻れば，全ての $f^* \in H^p(d\chi, Q)$ に対して

$$\int_{\Delta_1} s^*(b) f^*(b) \, d\chi(b) = 0 \ .$$

故に，$H^p(d\chi, Q) \subseteq \mathcal{M}$. これで定理の証明が終った． □

$H^p(\mathcal{R})$ の不変部分空間については前定理から次が得られる：

定理 3.9 条件 (DCT_O) を仮定し，$1 \leq p \leq \infty$ に対し，$\mathcal{M} (\neq \{0\})$ を $H^p(\mathcal{R})$ の閉線型部分空間とする（$p = \infty$ のときは β 位相で閉とする）．このとき，$\mathcal{M}$ が $H^p(\mathcal{R})$ の $H^\infty(\mathcal{R})$ 部分加群であるための必要十分条件は有界な内的局所正則絶対値 I が存在して次が成り立つことである：

$$\mathcal{M} = \{f \in H^p(\mathcal{R}) : (|f|/I)^p \text{ は調和優函数を持つ}\} \quad (1 \leq p < \infty), \quad (3.6)$$
$$\mathcal{M} = \{f \in H^\infty(\mathcal{R}) : |f|/I \text{ は有界である}\} \quad (p = \infty) . \quad (3.7)$$

証明 (a) まず (3.6) または (3.7) で与えられる $\mathcal{M}$ が $H^p(\mathcal{R})$ の閉じた $H^\infty(\mathcal{R})$ 部分加群であることを示す．部分加群の方は簡単であるから，閉集合であることを証明する．そのため，$\phi = \phi_{\mathcal{R}} : \mathbb{D} \to \mathcal{R}$ を普遍被覆写像で $\phi(0) = O$ を満たすものとし，$\boldsymbol{\Gamma}$ をその被覆変換群とする．また，q を $\mathbb{D}$ 上の内函数で $I \circ \phi = |q|$ を満たすものとする．このとき，$\mathcal{M} \circ \phi = \{f \circ \phi : f \in \mathcal{M}\}$ は $qH^p(\mathbb{D})$ の部分空間である．そこでまず $qH^p(\mathbb{D})$ が $H^p(\mathbb{D})$ の閉集合（$p = \infty$ のときは β 閉集合）であることに注意する．実際，定理 IV.1.7 の系 1 により境界函数への対応 $f \mapsto f^*$ は H^p 上では等距離的であり，さらに $|q^*| = 1$ a.e. である．従って，$1 \leq p < \infty$ ならば $q^* H^p(d\sigma)$ が $H^p(d\sigma)$ のノルム閉集合である．また，$p = \infty$ のときは，定理 IV.4.5 により $H^\infty(d\sigma)$ の β 位相に

§3 不変部分空間

よる双対空間は $L^1(d\sigma)$ (の商空間) であることに注意すれば, $q^*H^\infty(d\sigma)$ が $\sigma(L^\infty, L^1)$ 閉集合であることが導かれる. よって, $\mathbb{D}$ へ戻れば, $qH^\infty(\mathbb{D})$ が β 閉集合であることが分る.

さて, $1 \leqq p < \infty$ を仮定する. 点列 $\{f_n\} \subset \mathcal{M}$ が $f \in H^p(\mathcal{R})$ に収束するとする. 定理 III.6.4 により $\widehat{\phi}$ は $L^p(d\chi)$ から $L^p(d\sigma)_\Gamma$ への等距離変換であるから, $f \mapsto f \circ \phi$ は H^p のノルムを保つ. 従って, $H^p(\mathbb{D})$ の中で $f_n \circ \phi \to f \circ \phi$ が成り立つ. $qH^p(\mathbb{D})$ は $H^p(\mathbb{D})$ の閉部分空間であるから, $f \circ \phi \in qH^p(\mathbb{D})$ を得る. 即ち, $(|f \circ \phi|/|q|)^p$ は調和優函数を持ち, 且つ Γ 不変である. よって, $(|f \circ \phi|/|q|)^p$ の最小調和優函数は Γ 不変である. 故に, $(|f|/I)^p$ も調和優函数を持つ. $p = \infty$ のときも, 論法は同様である.

(b) 逆に, $\mathcal{M} \neq \{0\}$ が $H^p(\mathcal{R})$ の閉じた $H^\infty(\mathcal{R})$ 部分加群であるとする. 但し, $p = \infty$ のときは β 位相で閉じているとする. $\mathcal{M}_0 = \{\widehat{f} : f \in \mathcal{M}\}$ とおけば, $\mathcal{M}_0$ は $H^p(d\chi)$ の閉じた $H^\infty(d\chi)$ 部分加群である ($p = \infty$ のときは汎弱閉である) ことが定理 IV.3.2 ($p = \infty$ のときは定理 IV.4.5 の系) より分る. 従って, $\{\mathcal{M}_0\}_p$ は $H^p(d\sigma)$ の自明でない不変部分空間であるから, Beurling の定理により $\{\mathcal{M}_0\}_p = QH^p(d\sigma)$ を満たす i 函数 Q が存在する. 実際, 定理 3.8 により $\mathcal{M}_0 = H^p(\mathcal{R}, Q)$ が成り立つ. Q の指標を ξ とする. $Q \in \{\mathcal{M}_0\}_p \subseteq H^p(d\sigma)$ であるから, $\mathbb{D}$ 上の内函数 q で $Q = q^*$ a.e. を満たすものが存在する. このとき, q は指標 ξ に対する指標的保型函数であるから, 任意の $\gamma \in \Gamma$ に対して $q(\gamma(z)) = \xi(\gamma)q(z)$ を満たす. 従って, $|q|$ は Γ 不変である (定理 II.2.1, VIII.2.1 および §VIII.2.3 参照). 故に, $\mathcal{R}$ 上の局所正則絶対値 I で $I \circ \phi = |q|$ を満たすものが存在する.

さて, 等式 (3.6) を示そう. そのため, $1 \leqq p < \infty$ を仮定する. $f \in \mathcal{M}$ ならば, $h_f \in H^p(\mathbb{D}, \xi^{-1})$ が存在して $\widehat{f} \circ \widehat{\phi} = Qh_f^* = q^*h_f^*$ a.e. を満たすから, $f \circ \phi = qh_f$ を得る. 従って, $(|f|/I)^p \circ \phi = |h_f|^p$ は調和優函数を持つが, $|h_f|^p$ は Γ 不変であるから, その最小調和優函数も同様でこれを $\mathcal{R}$ に引戻せば, $(|f|/I)^p$ の調和優函数を得る. 故に, (3.6) の右辺は左辺を含む. 逆に, $f \in H^p(\mathcal{R})$ に対し, $(|f|/I)^p$ が調和優函数を持つならば, $(|f \circ \phi|/|q|)^p$ は $\mathbb{D}$ 上で調和優函数を持つから, $(f \circ \phi)/q$ は $H^p(\mathbb{D})$ に属する. 実際, $(f \circ \phi)/q \in H^p(\mathbb{D}, \xi^{-1})$ であるから, 境界値に移って $\widehat{f} \circ \widehat{\phi} \in QH^p(d\sigma, \xi^{-1})$ を得る. よって, $\widehat{f} \in H^p(d\chi, Q) = \mathcal{M}_0$

となり, $f \in \mathcal{M}$. 故に, (3.6) の左辺は右辺を含む. 等式 (3.7) の証明もほぼ同様である. □

3.6 (DCT_a) 条件への応用 これまでの議論から条件 (DCT_a) は点 a に依存しないことが分る. 即ち, 次が成り立つ:

定理 3.10 正則な PW 面 $\mathcal{R}$ に対して次は同等である:

(a) (DCT_a) が或る $a \in \mathcal{R}$ に対して成り立つ.

(b) (DCT_a) が全ての $a \in \mathcal{R}$ に対して成り立つ.

(c) $H^\infty(\mathcal{R})$ のイデアルが β 位相で閉じているための必要十分条件はそれが (3.7) の形をとることである.

証明 (a) $\Rightarrow$ (c) これは既に定理 3.9 の中で示した. また, (b) $\Rightarrow$ (a) は自明である. よって, 残るのは (c) $\Rightarrow$ (b) のみである.

(c) $\Rightarrow$ (b) 任意に $a \in \mathcal{R}$ を選んで固定する. $K(a) \subseteq K'(a)$ であり, 且つ $\widehat{K}(a)$ の $(L^\infty(d\chi_a), L^1(d\chi_a))$ に関する直交補空間は定理 2.7(a) により $H^\infty(d\chi_a)$ であるから, $\widehat{K'}(a)$ の直交補空間は $H^\infty(d\chi_a)$ に含まれる. いま,

$$\mathcal{M} = \left\{ h \in H^\infty(\mathcal{R}) : \int_{\Delta_1} \widehat{h}(b)\widehat{f}(b)\, d\chi_a(b) = 0 \quad (\forall f \in K'(a)) \right\}$$

とおく. $\widehat{K'}(a)^\perp$ は $L^\infty(d\chi_a)$ で汎弱閉であるから, 定理 IV.4.5 の系により $\mathcal{M}$ は $H^\infty(\mathcal{R})$ の β 閉部分空間である. さらに, $K'(a)$ は $H^\infty(\mathcal{R})$ の函数による掛け算で閉じているから, $\mathcal{M}$ は $H^\infty(\mathcal{R})$ のイデアルである. 条件 (c) により有界且つ内的な局所正則絶対値 I が存在して $\mathcal{M}$ は (3.7) の形を持つ.

このとき, $J_n(a) \subseteq \mathcal{M}$ ($n = 1, 2, \ldots$) が成り立つ. ここで, $J_n(a)$ は §2.3 で定義したものである. 実際, $h \in J_n(a)$ ならば, $|h|g_n^{(a)}/g^{(a)}$ は $\mathcal{R}$ 上で有界である. 従って, 任意の $f \in K'(a)$ に対して

$$|fh|\exp\left(-\sum_{j=1}^n g(\cdot, z_j)\right) \leq |f|g^{(a)} \cdot |h|g_n^{(a)}/g^{(a)}$$

が成り立つ, この右辺は調和優函数を持つから, 弱い順 Cauchy 定理 (定理 2.4) により $\widehat{f}\widehat{h}$ は χ_a 可積分であり且つ $\int_{\Delta_1} \widehat{f}\widehat{h}\, d\chi_a = f(a)h(a) = 0$ を満たす. 故に, $h \in \mathcal{M}$.

補題 2.6 により $\bigcup_{n=1}^{\infty} J_n(a)$ には定数でない公約内因数が存在しないから，$I=1$ でなければならない．よって，$\mathcal{M} = H^{\infty}(\mathcal{R})$ を得る．即ち，$\widehat{K'}(a)^{\perp} = H^{\infty}(d\chi_a)$．これから (DCT_a) が導かれることは定理 2.8 で示した． □

最後に，(DCT) は Beurling 型定理のための必要条件であることを示す．

定理 3.11 $\mathcal{R}$ は正則な PW 面とする．もし $L^p(d\chi)$ ($1 \leq p \leq \infty$) の全ての単純不変部分空間が $H^p(d\chi, Q)$ (Q は或る i 函数) の形に書けるならば，$\mathcal{R}$ は (DCT) を満たす．

証明 定理 2.8 の証明中で示したように，$H^{\infty}(d\chi)^{\perp} \subseteq \widehat{K'}(O)$ が成り立つから，$f^* \in H^{\infty}(d\chi)^{\perp}$ ならば，$f^* = \widehat{u}$ を満たす $u \in K'(O)$ が存在する．従って，$u(O) = 0$ 且つ $|u|g^{(O)}$ は調和優函数を持つ．ここで，$\mathbb{D}$ 上の内函数 $Q^{(O)}$ を $S^{(O)} \circ \phi_{\mathcal{R}} = Q^{(O)}$ によって定義する．これから，$h = u \circ \phi_{\mathcal{R}}$ とおけば，h は $\mathbb{D}$ 上の有理型函数であって，$|h||Q^{(O)}|$ は調和優函数を持ち，且つ $h(0) = 0$ を満たす．即ち，

$$H^{\infty}(d\chi)^{\perp} \subseteq H^1(d\chi, B/Q^{(O)})$$

が成り立つ．但し，B は Blashke 積

$$B(\zeta) = \prod_{\gamma \in \Gamma} e^{-i\delta(\gamma)} \gamma(\zeta) \qquad (\delta(\gamma) = \arg \gamma(0), \delta(\iota) = 1)$$

である．従って，$\exp(-g(O, \phi_{\mathcal{R}}(\zeta)) = |B(\zeta)|$ が成り立つ．また，$\mathbb{D}$ 上の内函数 $Q_n^{(O)}$ を $S_n^{(O)} \circ \phi_{\mathcal{R}} = Q_n^{(O)}$ によって定義すると，弱い順 Cauchy 定理 (定理 2.4) により $H^1(d\chi, B/Q_n^{(O)}) \subseteq H^{\infty}(d\chi)^{\perp}$ が分る．

一方，$H^{\infty}(d\chi)^{\perp}$ は $L^1(d\chi)$ の単純不変部分空間であるから，仮定により $\mathbb{T}$ 上の i 函数 Q で $H^{\infty}(d\chi)^{\perp} = H^1(d\chi, Q)$ を満たすものが存在する．よって，

$$H^1(d\chi, B/Q_n^{(O)}) \subseteq H^1(d\chi, Q) \subseteq H^1(d\chi, B/Q^{(O)}) \qquad (n \geq 1)$$

が示された．また，第二の包含関係から $Q = Q_1 B/Q^{(O)}$ を満たす $\mathbb{D}$ 上の内函数 Q_1 が存在する．ここで両辺の絶対値をとれば，$\mathbb{D}$ 上で

$$\left| \frac{B}{Q_n^{(O)}} \right| \leq |Q_1| \cdot \left| \frac{B}{Q^{(O)}} \right| \qquad (n \geq 1)$$

が成り立つから,$n \to \infty$ とすれば $|Q_1| \equiv 1$ が導かれる.故に,Q_1 は定数函数であり,これまでの考察をまとめれば,次の等式が得られる:
$$H^\infty(d\chi)^\perp = H^1(d\chi, Q) = H^1(d\chi, B/Q^{(O)}) = \widehat{K}'(O).$$
よって,定理 2.8 より (DCT_O) が成り立つことが証明された. □

定理 3.12 正則な PW 面 $\mathcal{R}$ について,定理 2.8 の条件 (a) と (b) は次の条件とも同等である:

(c) $L^p(d\chi)$ $(1 \leqq p \leqq \infty)$ の全ての単純不変部分空間は $H^p(d\chi, Q)$ (Q は $\mathbb{T}$ 上の i 函数) の形に書ける.

証明 定理 2.8, 3.8, 3.11 より得られる. □

§4 函数 $m^p(\xi, a)$ の連続性と (DCT)

Widom の基本定理の証明では指標的極値問題のノルム $m(\xi, a)$ が重要な役割を演じた (§V.4.4 参照).順 Cauchy 定理の成立はこの種のノルムとも深い関連を持つ.

4.1 指標的極値問題と (DCT) $\mathcal{R}$ を正則な PW 面とする.任意の指標 $\xi \in \pi_1^*(\mathcal{R}, O)$ に対し,
$$m^p(\xi, a) = \sup\{|f(a)| : f \in \mathcal{H}^p(\mathcal{R}, \xi),\ \|f\|_{p,a} \leqq 1\}$$
と定義する.定理 V.3.3 により任意の双曲型 Riemann 面 $\mathcal{R}$ に対して,
$$m(a) = \inf\{m^p(\xi, a) : \xi \in \pi_1^*(\mathcal{R}, O)\} = \exp\left(-\int_0^\infty B(\alpha, a)\,d\alpha\right)$$
が成り立つから,特に,PW 面 $\mathcal{R}$ に対しては $m(a) > 0$ が得られる.我々の関心は $\pi_1^*(\mathcal{R}, O)$ 上の函数 $\xi \mapsto m^p(\xi, a)$ の連続性である.以下では,$s^{(a)}(z)$,$g^{(a)}(z)$,$\xi^{(a)}$ 等は §2.3.1 の通りとすると,次が成り立つ:

定理 4.1 正則な PW 面 $\mathcal{R}$ が (DCT) を満たすための必要十分条件は
$$m^1(\xi^{(a)}, a) = g^{(a)}(a). \tag{4.1}$$

§4 函数 $m^p(\xi,a)$ の連続性と (DCT)

証明 (a) まず条件 (DCT) が成り立つと仮定し, $a \in \mathcal{R}$ を任意に選ぶ. $h \in \mathcal{H}^1(\mathcal{R},\xi^{(a)})$ を $\|h\|_{1,a} \leq 1$ を満たすようにとり, $f = h/S^{(a)}$ とおくと, f は $\mathcal{R}$ 上の有理型函数であって $|f|g^{(a)}$ は調和優函数を持つ. $u(z) = |h(z)|$ とおけば, u は局所正則絶対値であって, u の最小調和優函数 $\mathbf{M}(u)$ は $H[\widehat{u}]$ に等しく, Δ_1 上でほとんど到るところ $|\widehat{f}| = \widehat{u}/\widehat{g}^{(a)}$ が成り立つ. いま (DCT_a) は正しいから,
$$f(a) = \int_{\Delta_1} \widehat{f}(b)\,d\chi_a(b)$$
が成り立つ. 従って,
$$|f(a)| \leq \int_{\Delta_1} |\widehat{f}(b)|\,d\chi(b) = \int_{\Delta_1} |\widehat{u}(b)|\,d\chi(b)$$
$$= \|h\|_{1,a} \leq 1$$
を得るから, $|h(a)| = |f(a)|g^{(a)}(a) \leq g^{(a)}(a)$ が分る. h は任意であったから, $m^1(\xi^{(a)},a) \leq g^{(a)}(a)$ が示された. 一方, 函数 $S^{(a)}$ は $\mathcal{H}^1(\mathcal{R},\xi^{(a)})$ に属し, $\|S^{(a)}\|_{1,a} \leq \|S^{(a)}\|_\infty \leq 1$ および $|S^{(a)}(a)| = g^{(a)}(a)$ を満たすから, $m^1(\xi^{(a)},a) \geq g^{(a)}(a)$ を得る. 故に, $m^1(\xi^{(a)},a) = g^{(a)}(a)$ が成り立つ.

(b) 逆に, (4.1) が或る $a \in \mathcal{R}$ に対して成り立つと仮定する. 我々は領域 $\mathcal{R} \setminus Z(a;\mathcal{R})$ 上の函数 h で $|h|$ は $\mathcal{R}$ 上で調和優函数を持ち, 且つ $h/g^{(a)}$ は $\mathcal{R}$ 上の有理型函数に延長できるものの全体を B と書く. 即ち,
$$B = \exp(i\,{}^*s^{(a)})\mathcal{H}^1(\mathcal{R},\xi^{(a)}).$$
$h \in B$ を任意にとると, $h/g^{(a)}$ は $\mathcal{R}$ 上の有理型函数に延長できるから, それを k とおく. このとき, $|k|g^{(a)} = |h|$ は $\mathcal{R}$ 上で調和優函数を持つから, 補題 2.2 により Δ_1 上でほとんど到るところで細境界値 $\widehat{k}$ が存在し, $k \in L^1(d\chi)$ を満たす. また, 補題 1.3 により $\widehat{g}^{(a)} = 1$ a.e. であるから, $\widehat{h}$ もほとんど到るところ存在し, $\widehat{h} = \widehat{k}$ a.e. が成り立つ. いま, B のノルム $\|\cdot\|_B$ を
$$\|h\|_B = \int_{\Delta_1} |\widehat{h}(b)|\,d\chi_a(b)$$
で定義すれば, 空間 B は $L^1(d\chi_a)$ の部分空間と見なせる. そこで B 上の線型汎函数 L を $L(h) = h(a)/g^{(a)}(a)$ によって定義すると, $h \in B$ に対して
$$|h(a)| = |h(a)\exp[-i\,({}^*s^{(a)})(a)]| \leq \|h\|_B \cdot m^1(\xi^{(a)},a)$$

が成り立つ．実際，$h\exp(i^*s^{(a)}) = kS^{(a)} \in \mathcal{H}^1(\mathcal{R}, \xi^{(a)})$ 且つ

$$\|h\exp(-i^*s^{(a)})\|_{1,a} = \|kS^{(a)}\|_{1,a} = \int_{\Delta_1} |\widehat{kS}^{(a)}|\,d\chi_a$$
$$= \int_{\Delta_1} |\widehat{h}|\,d\chi_a = \|h\|_B$$

であるから，$m^1(\xi^{(a)}, a)$ の定義を思い出せばよい．ここで等式 (4.1) を使えば，$|L(h)| = |h(a)|/g^{(a)}(a) \leq \|h\|_B$ を得るから，Hahn-Banach の定理により L を $L^1(d\chi_a)$ までノルムを変えずに拡大すれば，$w \in L^\infty(d\chi_a)$ で $\|w\|_\infty = \|L\| \leq 1$ 且つ $h \in B$ に対し

$$L(h) = \int_{\Delta_1} \widehat{h}(b) w(b)\, d\chi_a(b)$$

を満たすものが存在する．特に，$h = g^{(a)}$ とすれば，

$$1 = L(g^{(a)}) = \int_{\Delta_1} w(b)\, d\chi_a(b) = \int_{\Delta_1} |w(b)|\, d\chi_a(b) \leq 1$$

となるから，$w(b) = 1$ a.e. を得る．よって，

$$L(h) = \int_{\Delta_1} \widehat{h}(b)\, d\chi_a(b) \qquad (h \in B). \tag{4.2}$$

さて，$\mathcal{R}$ 上の有理型函数 f で $|f|g^{(a)}$ は調和優函数を持つとすると，$fg^{(a)} \in B$ であるから，(4.2) より次の (DCT) 等式が得られる：

$$f(a) = L(fg^{(a)}) = \int_{\Delta_1} \widehat{f}(b)\widehat{g}^{(a)}(b)\, d\chi_a(b) = \int_{\Delta_1} \widehat{f}(b)\, d\chi_a(b). \qquad \square$$

4.2 極値ノルム $m^p(\xi, O)$ の不等式 §VI.1.3 で導入した $\mathcal{R}$ の正則近似列 $\mathcal{R}_n = \mathcal{R}(\alpha_n, O)$ $(n = 1, 2, \dots)$ を考える．我々は $\mathcal{R}_n$ の Green 函数を $g_n(a, z)$ と書き，局所正則絶対値

$$u_n^{(O)}(z) = \exp(-\sum\{g_n(w, z) : w \in Z(O, \mathcal{R}_n)\})$$

の指標を η_n とする．$g_n(O, z) = g(O, z) - \alpha_n$ であるから，$Z(O; \mathcal{R}_n) = Z(O; \mathcal{R}) \cap \mathcal{R}_n$ が成り立つ．我々は乗法的正則函数 $B \in \mathcal{H}^\infty(\mathcal{R}, \xi^{(O)})$ (または，$B_n \in H^\infty(\mathcal{R}_n, \eta_n)$) を $B_O(O) > 0$ 且つ $|B(z)| = g^{(O)}(z)$ (または，$(B_n)_O(O) > 0$ 且つ $|B_n(z)| = u_n^{(O)}(z)$) と選ぶ．但し，B_O などは原点 O における B の主分枝 (§II.2.3 参照) を表すこととする．任意に固定した $a \in \mathcal{R}$ に対し，$g_n(a, z)$ は $\mathcal{R} \setminus \{a\}$ 上で広義一様に $g(a, z)$ に収束するから，必要な

§4 函数 $m^p(\xi,a)$ の連続性と (DCT)

らば部分列に移ることにより，$B_n(z)$ は $B(z)$ に $\mathcal{R}$ 上で広義一様に収束するとしてよい．従って，任意に固定した $\gamma \in \pi_1(\mathcal{R},O)$ に対し，$\eta_n(\gamma) \to \xi^{(O)}(\gamma)$ $(n \to \infty)$ が分る．

補題 4.2 $1 \leqq p \leqq \infty$ のとき，任意の $\xi \in \pi_1^*(\mathcal{R},O)$ に対して

$$g^{(O)}(O) \leqq m^{p'}(\xi,O)m^p(\xi^{-1}\xi^{(O)},O) \leqq m^1(\xi^{(O)},O)$$

が成り立つ．但し，$p' = p/(p-1)$ とする．

証明 任意の $\xi \in H^1(\mathcal{R};\mathbb{T})$ に対し，その $\mathcal{R}_n$ への制限を $\xi|_n$ と書けば，

$$m^{p'}(\xi,O) = \lim_{n\to\infty} m^{p'}(\xi|_n,O) \tag{4.3}$$

が正規族の論法を使って確かめられる．次に，(V.3.5) を利用すれば，

$$\|h\|_{p,n}^p = -\frac{1}{2\pi}\int_{\partial\mathcal{R}_n}|h|^p\,d^*g_n(\cdot,O)$$

とするとき，$r_n = u_n^{(O)}(O)$ として

$$\inf\{\,\|f\|_{p'} : f \in \mathcal{H}^{p'}(\mathcal{R}_n,\xi|_n),\ |f(O)|=1\,\}$$
$$= \sup\{\,|h(O)| : h \in \mathcal{H}^p(\mathcal{R}_n,\xi|_n^{-1}\eta_n),\ \|h\|_{p,n} = r_n^{-1}\,\}$$

が分る．これから，次が得られる：

$$m^{p'}(\xi|_n,O)m^p(\xi|_n^{-1}\eta_n,O) = r_n. \tag{4.4}$$

次に，$n \to \infty$ のときの $m^p(\xi|_n^{-1}\eta_n,O)$ の極限を求めよう．このため，$h_n \in \mathcal{H}^p(\mathcal{R}_n,\xi|_n^{-1}\eta_n)$ を $\|h_n\|_{p,n} = 1$ 且つ $|h_n(O)| \geqq \frac{n-1}{n}m^p(\xi|_n^{-1}\eta_n,O)$ を満たすようにとる．$\mathcal{R}$ は PW 面であり，$\pi_1(\mathcal{R}_n,O)$ の指標は $\pi_1(\mathcal{R},O)$ の指標の $\mathcal{R}_n$ への制限であるから，

$$m^p(\xi|_n^{-1}\eta_n,O) \geqq \inf\{\,m^p(\xi',O) : \xi' \in \pi_1^*(\mathcal{R},O)\,\} = m^p(O) > 0.$$

従って，$|h_n(O)| \geqq \frac{n-1}{n}m^p(O)$ $(n \geqq 1)$ が成り立つ．定理 V.3.3 の証明の中で示したように，$\{|h_n(z)|\}$ は $\mathcal{R}$ の任意のコンパクト集合上で一様有界である．従って，必要ならば部分列に移ることにより，$\{h_n(z)\}$ が $\mathcal{R}$ 上で広義一様に或る乗法的正則函数 $h(z)$ に収束すると仮定できる．構成法から，$h \in \mathcal{H}^p(\mathcal{R},\xi^{-1}\xi^{(O)})$,

$\|h\|_p \leqq 1$ 且つ $|h(O)| \geqq m^p(O)$ であるから,

$$m^p(\xi^{-1}\xi^{(O)}, O) \geqq \limsup_{n\to\infty} m^p(\xi|_n^{-1}\eta_n, O). \tag{4.5}$$

(4.3), (4.4), (4.5) より次を得る：

$$m^{p'}(\xi, O)m^p(\xi^{-1}\xi^{(O)}, O) \geqq \limsup_{n\to\infty} r_n. \tag{4.6}$$

求める不等式を示すため, まず (4.6) の右辺が $g^{(O)}(O)$ を超えることを示そう. $g_n(O, z) = g(O, z) - \alpha_n$ であるから,

$$\begin{aligned}-\log r_n &= \sum\{g(O, w) - \alpha_n : w \in Z(O, \mathcal{R}_n)\} \\ &\leqq \sum\{g(O, w) - \alpha_{n+1} : w \in Z(O, \mathcal{R}_n)\} \\ &\quad + \sum\{g(O, w) - \alpha_{n+1} : w \in Z(O, \mathcal{R}_{n+1}) \setminus \mathcal{R}_n\} \\ &= -\log r_{n+1} \leqq -\log g^{(O)}(O).\end{aligned}$$

これから, $\lim \log r_n$ の存在が分る. しかも, 任意に m を固定するとき,

$$\sum\{g(O, w) - \alpha_n : w \in Z(O, \mathcal{R}_m)\} \leqq -\lim_{k\to\infty}\log r_k \leqq -\log g^{(O)}(O)$$

が任意の $n \geqq m$ に対して成り立つ. ここで, $n \to \infty$ とし, 次に $m \to \infty$ とすれば, $r_k \to g^{(O)}(O)$ が知られる. これが示すべきことであった.

最後に (4.6) の左辺が $m^1(\mathcal{R}, \xi^{(O)})$ を超えないことは包含関係

$$\mathcal{H}^{p'}(\mathcal{R}, \xi)\mathcal{H}^p(\mathcal{R}, \xi^{-1}\xi^{(O)}) \subseteq \mathcal{H}^1(\mathcal{R}, \xi^{(O)})$$

から簡単に導かれる. □

4.3 $m^p(\xi, O)$ の連続性 汎函数 $\xi \mapsto m^p(\xi, O)$ ($1 \leqq \xi \leqq \infty$) の $\pi_1^*(\mathcal{R}, O)$ 上での連続性を調べよう. $\pi_1(\mathcal{R}, O)$ は可算離散群であるから, その指標群 $\pi_1^*(\mathcal{R}, O)$ はコンパクト距離空間である. 我々は最初に正則な PW 面に対しては条件 (DCT) から, 任意の $\xi \in \pi_1^*(\mathcal{R}, O)$ と任意の $1 \leqq p \leqq \infty$ に対して

$$m^{p'}(\xi, O)m^p(\xi^{-1}\xi^{(O)}, O) = m^1(\xi^{(O)}, O) \tag{4.7}$$

が成り立つことに注意する. 但し, $p' = p/(p-1)$ である. これは定理 4.1 と補題 4.2 からすぐ分る.

補題 4.3 もし公式 (4.7) が全ての $\xi \in \pi_1^*(\mathcal{R}, O)$ に対して成り立つならば，各 $1 \leq p \leq \infty$ に対し汎函数 $\xi \mapsto m^p(\xi, O)$ は $\pi_1^*(\mathcal{R}, O)$ 上で連続である．

証明 $\{\xi_n\} \subset \pi_1^*(\mathcal{R}, O)$ を恒等指標 Id に収束する任意の点列とする．まず，$m^\infty(\xi_n, O) \leq 1$ であるから，(4.7) より $m^1(\xi_n^{-1}\xi^{(O)}, O) \geq m^1(\xi^{(O)}, O)$ が成り立つ．従って，

$$\liminf_{n \to \infty} m^1(\xi_n^{-1}\xi^{(O)}, O) \geq m^1(\xi^{(O)}, O) .$$

次に，逆の不等式

$$\limsup_{n \to \infty} m^1(\xi_n^{-1}\xi^{(O)}, O) \leq m^1(\xi^{(O)}, O) .$$

を示そう．もしこれが成り立たぬとして矛盾を導き出そう．そのため，必要ならば部分列に移ることにして，$m^1(\xi_n^{-1}\xi^{(O)}, O) > m^1(\xi^{(O)}, O) + \varepsilon \ (n \geq 1)$ が或る $\varepsilon > 0$ に対して成り立つと仮定する．このときは，$f_n \in \mathcal{H}^1(\mathcal{R}, \xi_n^{-1}\xi^{(O)})$ を $\|f_n\|_1 = 1$ 且つ $|f_n(O)| > m^1(\xi^{(O)}, O) + \varepsilon/2 \ (n \geq 1)$ が成り立つように選ぶことができる．必要ならばさらに部分列に移って，$\{f_n\}$ は $\mathcal{R}$ 上で広義一様に或る乗法的正則函数 f に収束すると仮定できる．以上の定義から，$f \in \mathcal{H}^1(\mathcal{R}, \xi^{(O)})$, $\|f\|_1 \leq 1$ 且つ $|f(O)| \geq m^1(\xi^{(O)}, O) + \varepsilon/2$ が得られるが，これは明らかに矛盾であるから，逆の不等式は正しい．故に，

$$\lim_{\xi \to \mathrm{Id}} m^1(\xi^{-1}\xi^{(O)}, O) = m^1(\xi^{(O)}, O)$$

が示された．これを (4.7) と組み合せれば，次の連続性等式が得られる：

$$\lim_{\xi \to \mathrm{Id}} m^\infty(\xi, O) = 1 = m^\infty(\mathrm{Id}, O) \tag{4.8}$$

さて，任意の $1 \leq p \leq \infty$ をとると，任意の $\xi, \eta \in \pi_1^*(\mathcal{R}, O)$ に対して $\mathcal{H}^p(\mathcal{R}, \eta)\mathcal{H}^\infty(\mathcal{R}, \eta^{-1}\xi) \subseteq \mathcal{H}^p(\mathcal{R}, \xi)$ であるから，

$$m^p(\eta, O)m^\infty(\eta^{-1}\xi, O) \leq m^p(\xi, O)$$

が成り立つ．ここで，$\xi \to \eta$ として等式 (4.8) を使えば，

$$\liminf_{\xi \to \eta} m^p(\xi, O) \geq m^p(\eta, O)$$

が分る. ξ と η の役割を交換して考えれば, 逆の不等式

$$\limsup_{\xi \to \eta} m^p(\xi, O) \leqq m^p(\eta, O)$$

が得られる. 故に, $m^p(\xi, O)$ は ξ について $\pi_1^*(\mathcal{R}, O)$ 上で連続である. □

補題 4.4 正則な PW 面 $\mathcal{R}$ において, 函数 $\xi \mapsto m^1(\xi, O)$ が ξ について連続ならば, (DCT) が成り立つ.

証明 我々は $a = O$ として §2.3.1 で導入した局所正則絶対値 $g_n^{(O)}(z)$ と対応する乗法的正則函数 $S_n^{(O)}(z)$ およびその指標 (または, 直線束) $\xi_n^{(O)}$ を利用する. まず, $\|S_n^{(O)}\|_p \leqq \|S_n^{(O)}\|_\infty = 1$ であるから,

$$g_n^{(O)}(O) = |S_n^{(O)}(O)| \leqq m^p(\xi_n^{(O)}, O) \tag{4.9}$$

が全ての $1 \leqq p \leqq \infty$ に対して成り立つ.

次に, $p\ (1 \leqq p \leqq \infty)$ を固定し, 任意に $f \in \mathcal{H}^p(\mathcal{R}, \xi_n^{(O)})$ をとる. 主分枝の商 $f_O/(S_n^{(O)})_O$ は $\mathcal{R}$ 上の有理型函数に一意に延長される. それを h_f と記す. 定義から, $|h_f|g^{(O)}$ は $|f|$ に等しいから, 調和優函数を持ち, 従って弱 Cauchy 定理 (定理 2.4) により, $\widehat{h}_f \in L^1(d\chi)$ 且つ $h_f(O) = \int_{\Delta_1} \widehat{h}_f\, d\chi$ が成り立つ. $|h_f(O)| = |f(O)|/|S_n^{(O)}(O)|$ 且つ $\|\widehat{h}_f\|_1 = \|f\|_1 \leqq \|f\|_p$ より,

$$|f(O)| \leqq |S_n^{(O)}(O)| \int_{\Delta_1} |\widehat{h}_f|\, d\chi = |S_n^{(O)}(O)| \cdot \|\widehat{h}_f\|_1$$
$$= |S_n^{(O)}(O)| \cdot \|f\|_1 \leqq |S_n^{(O)}(O)| \cdot \|f\|_p$$

が成り立つ. $f \in \mathcal{H}^p(R, \xi_n^{(O)})$ は任意であったから,

$$m^p(\xi_n^{(O)}, O) \leqq |S_n^{(O)}(O)| = g^{(O)}(O)$$

が得る. これを (4.9) と併せれば, 等式

$$m^p(\xi_n^{(O)}, O) = g_n^{(O)}(O)$$

が全ての $1 \leqq p \leqq \infty$ に対して成り立つことが示された.

級数 $s^{(O)}(z) = \sum_{j=1}^\infty g(w_j, z)$ は $\mathcal{R} \setminus Z(O; R)$ 上で広義一様に収束するから, $\{S_n^{(O)}\}$ は §4.2 で定義した函数 B に $\mathcal{R}$ 上で広義一様に収束する. 従って,

$\{\xi_n^{(O)}\}$ は $\xi^{(O)}$ に収束する．もし $m^1(\xi,O)$ が ξ について連続ならば，
$$m^1(\xi^{(O)},O) = \lim_{n\to\infty} m^1(\xi_n^{(O)},O) = \exp(-s^{(O)}(O)) = g^{(O)}(O).$$
定理 4.1 により，$\mathcal{R}$ は (DCT) を満たすことが分る． □

以上の考察をまとめれば次の結果が得られる．

定理 4.5 (林実樹廣) $\mathcal{R}$ を正則な PW 面とし，O をその原点とする．このとき，次は同値である：

(a) (DCT) が成り立つ．

(b) $H_0^\infty(d\chi)^\perp = H^1(d\chi, 1/Q^{(O)})$.

(c) $L^p(d\chi)$ $(1 \leqq p \leqq \infty)$ の単純不変部分空間 $\mathcal{M}$ に対し，$\mathcal{M} = H^p(d\chi, Q)$ を満たす $\mathbb{T}$ 上の i 函数 Q が存在する．

(d) $m^1(\xi^{(O)},O) = g^{(O)}(O)$ が成り立つ．但し，$\xi^{(O)}$ は局所正則絶対値 $g^{(O)}(z) = \exp\left[-\sum\{g(w,z): w \in Z(O;\mathcal{R})\}\right]$ の指標である．

(e) 全ての $\xi \in \pi_1(\mathcal{R},O)$ に対し次が成り立つ：
$$m^\infty(\xi,O)m^1(\xi^{-1}\xi^{(O)},O) = m^1(\xi^{(O)},O).$$

(f) $\xi \mapsto m^1(\xi,O)$ は $\pi_1^*(\mathcal{R},O)$ 上で連続である．

(g) 各 $1 \leqq p \leqq \infty$ に対し，$\xi \mapsto m^p(\xi,O)$ は $\pi_1^*(\mathcal{R},O)$ 上で連続である．

文献ノート

§1 で論じた逆 Cauchy 定理は荷見 [39] による．この結果の別のコンパクト化 (林一道によるコンパクト化) による表現が Neville [81] によって得られている．荷見 [40] で示唆したように Wiener のコンパクト化による表現も可能である．コンパクト縁つき面の場合，逆 Cauchy 定理は Read [91] や Royden [92] の結果と同等である．定理 1.2 は一般の PW 面に対して成り立つ (荷見 [B16, 定理 VII.1C] 参照).

逆 Cauchy 定理は或る意味で PW 面を特徴づける．実際，双曲型 Riemann 面 $\mathcal{R}$ について，林 [54] は次を示した：有界正則函数の環 $H^\infty(\mathcal{R})$ が §III.1.1 の意味で $\mathcal{R}$ の点を分離し，且つ次の条件が成り立てば，$\mathcal{R}$ は PW 面である．

(ICT) $\mathcal{R}$ 上の内部型局所正則絶対値 q で逆 Cauchy 定理を満たすものが存在する．即ち，$q(O) \neq 0$ であり，$u \in L^1(d\chi)$ が $\mathcal{R}$ 上の有理型函数 h で

$h(O) = 0$ 且つ $|h|q$ は $\mathcal{R}$ 上で有界なるものに対し
$$\int_{\Delta_1} \widehat{h}(b) u(b) \, d\chi(b) = 0$$
を満たすならば, $u = \widehat{f}$ ($d\chi$ a.e.) となる $f \in H^1(\mathcal{R})$ が存在する
詳しい解説は荷見 [B16, 第 IX 章] にも含まれているので参照されたい.

§2 で論じた順 Cauchy 定理 (DCT) は一般の PW 面ではその最も強い形では成立しない. 荷見 [39] ではかなり強い制限を課している. 弱い形 (定理 2.4) も同じ論文にあり, PW などの制限なしで正しい. §2.3 に述べた応用は林 [56] による. 荷見 [44] では $H^\infty(d\chi)$ の $L^\infty(d\chi)$ の中での汎弱極大性を与えた. この結果の単位円板の場合は, Hoffmann と Singer によって予想されたが, 証明は未完成に終り, 後に Gleason-Whitney [35] により完成されたという歴史がある. Srinivasan による最も簡潔な証明を含む解説が Helson [B20, 27 頁] にある.

§3 で述べた不変部分空間については多くの文献があるが, 本文中では詳しく論じる余裕がなかったので, 1970 年代までについては総合報告 [37,42] を見られたい. 二重不変部分空間については, 定理 3.4 は有名で Wiener によるとの伝承がある. 抽象的な一般定理が Srinivasan [107], 荷見・Srinivasan [50], 的場・中村 [75] にある. また, Riemann 面の場合は荷見 [39] によった. 一方, 単純不変部分空間については, Beurling [11] が原点で, H^2 の不変部分空間を分類し, Helson-Lowdenslager [61,62], Lax [71,72] と続く流れに発展した. この方向では, Helson [B20] と Hoffman [B21] が発展期の状況をよく反映している. また, 函数環の枠組みでの深い研究は Gamelin [B12] が詳しい. なお, $C(\mathbb{T})$ の場合には荷見・Srinivasan [51] の結果がある. 複連結領域上の H^p または境界上の L^p については, 円環の場合が Sarason [99], コンパクト縁つき面に関しては, Forelli [31], Voichick [110,111], 荷見 [38] などがある. なお, 関連する研究に Hitt [63], Royden [93] がある. 無限連結の場合は, 或る種の平面領域を Neville [79,80] が研究し, 続いて Riemann 面の場合 [81] に拡張した. 同様の結果は荷見 [39] にも含まれているが. いずれも主定理 (定理 3.8) より強い制限の下で証明された. 現在の表現と (DCT) 条件への応用 (§3.6) は林 [56] による.

§4 はほとんどが林の研究 [53,56] に基づくものである. さらに, 林 [54] には興味ある発展が含まれている. なお, $m^\infty(\xi; O)$ については Pranger [89] が研究している.

第 VIII 章

Widom 群

双曲型 Riemann 面 $\mathcal{R}$ はその普遍被覆面である単位円板 $\mathbb{D}$ の被覆変換群 $\Gamma_{\mathcal{R}}$ による商空間として表現される．従って，$\mathcal{R}$ の特徴は Fuchs 群 $\Gamma_{\mathcal{R}}$ によって記述されるはずであるが，Parreau-Widom 面の場合はどうか．この問題は不連続群の立場からの手段を可能にするものとして重要である．本章ではこれに関する Pommerenke の理論を解説する．

§1 一次変換群

複素球面の等角自己同型の群を考察するための基礎事項を述べる．

1.1 一次変換とその行列
複素変数 z の函数
$$z' = \gamma(z) = \frac{az+b}{cz+d} \qquad (ad-bc=1) \tag{1.1}$$
を複素球面 $\overline{\mathbb{C}}$ の変換と考え，**一次変換** (または **Möbius 変換**) と呼ぶ．係数 a, b, c, d は複素数である．γ の係数をそのまま並べて作った行列
$$S(\gamma) = \begin{pmatrix} a & b \\ c & d \end{pmatrix}$$
を γ の行列と呼ぶ．行列 $S(\gamma)$ は ± 1 の因数を別として一意である．従って，行列 $S(\gamma)$ の跡 (トレース) の二乗 $\mathrm{tr}^2 S(\gamma) = (a+d)^2$ は γ のみで決る量で，これを $\mathrm{tr}^2 \gamma$ と表す．特に，恒等変換 $z'=z$ も一次変換でこれを ι と書く．対応する行列は単位行列 I (または，$-I$) である．即ち，
$$S(\iota) = \pm I = \pm \begin{pmatrix} 1 & 0 \\ 0 & 1 \end{pmatrix}. \tag{1.2}$$

一次変換の全体を Möb と書く．これは変換の合成を積の演算として群を作る．対応する行列について見れば，± 1 の符号を別として，変換の積には行列

209

の積が対応し,逆変換には逆行列が対応する.即ち,$S(\gamma_1 \circ \gamma_2) = S(\gamma_1)S(\gamma_2)$, $S(\gamma^{-1}) = S(\gamma)^{-1}$. 従って,群の同型の意味で

$$\text{Möb} \cong SL(2,\mathbb{C})/\{I, -I\}$$

が成り立つ.ここで,$SL(2,\mathbb{C})$ は行列式が 1 の複素 2 次行列全体の (乗法) 群である.$SL(2,\mathbb{C})$ は複素 4 次元空間 $\mathbb{C}^4$ の部分集合としての位相が与えられるから,上の関係式により Möb にも同様な位相が定義される.

1.2 固定点による分類 一次変換 $z' = \gamma(z)$ に対し $\gamma(z) = z$ を満たす z を γ の**固定点**と云う.γ が恒等変換でなければ,その固定点は方程式

$$cz^2 - (a-d)z - b = 0 \tag{1.3}$$

の根であり,これを利用して γ を分類できる.

1.2.1 固定点が 2 個の場合 γ の固定点を ξ_1, ξ_2 ($\xi_1 \neq \xi_2$) とし,簡単のため共に有限であると仮定する.これらをそれぞれ $0, \infty$ に移す一次変換

$$w = \varphi(z) = \frac{z - \xi_1}{z - \xi_2}$$

により変数 w に移れば,新しい一次変換 $\tilde{\gamma}$ は $\varphi \circ \gamma = \tilde{\gamma} \circ \varphi$ を満たす.いま,

$$w' = \tilde{\gamma}(w) = \frac{a'w + b'}{c'w + d'} \qquad (a'd' - b'c' = 1)$$

と書けば,$\tilde{\gamma}$ の固定点は $0, \infty$ であるから,$b' = c' = 0$, $a'd' = 1$. ここで $K = a'/d'$ とおいて関係式 $\varphi \circ \gamma = \tilde{\gamma} \circ \varphi$ を書き換えれば,

$$\frac{\gamma(z) - \xi_1}{\gamma(z) - \xi_2} = K \frac{z - \xi_1}{z - \xi_2} \tag{1.4}$$

が得られる.もし ξ_1, ξ_2 の順序を変えれば乗数 K は逆数になるから,和 $K + K^{-1}$ は一定である.$a'd' = 1$ に注意して計算すれば,次が成り立つ:

$$K + \frac{1}{K} = \text{tr}^2 \gamma - 2. \tag{1.5}$$

これを利用して変換 γ を分類しよう.即ち,極形式を用いて

$$K = Ae^{i\theta} \qquad (A = |K|, \theta = \arg K) \tag{1.6}$$

と表せば,次の通りである.まず,$A \neq 1$, $\theta \equiv 0 \pmod{2\pi}$ の場合,γ は固定点を中心とする伸縮で,**双曲的**であると云う.跡を使えば,この条件は $\text{tr}^2 \gamma > 4$

と表される．次に，$A = 1, \theta \not\equiv 0 \pmod{2\pi}$ の場合，γ は固定点を中心とする回転で，**楕円的**であると云う．これは $0 \leq \mathrm{tr}^2 \gamma < 4$ と同等である．最後に，$A \neq 1, \theta \not\equiv 0 \pmod{2\pi}$ の場合，γ は伸縮と回転の混合で，**斜行的**と呼ばれる．跡を使えば，$\mathrm{tr}^2 \gamma \notin [0, \infty]$ が条件である．

1.2.2 固定点が1個の場合 固定点を ξ とする．もし $\xi = \infty$ ならば，

$$\gamma(z) = z + b \qquad (b \neq 0)$$

である．$\xi \neq \infty$ ならば，$w = \varphi(z) = 1/(z-\xi)$ として，$\tilde{\gamma} = \varphi \circ \gamma \circ \varphi^{-1}$ とおくと，固定点は ∞ に移るから，$\tilde{\gamma}(w) = w + b'\ (b' \neq 0)$ となり，

$$\frac{1}{\gamma(z) - \xi} = \frac{1}{z - \xi} + b'. \tag{1.7}$$

行列 $S(\tilde{\gamma})$ については $a' = d' = \pm 1, c' = 0$ であるから，

$$\mathrm{tr}^2 \gamma = \mathrm{tr}^2 \tilde{\gamma} = (a' + d')^2 = 4 \tag{1.8}$$

を得る．逆に，$\mathrm{tr}^2 \gamma = 4$ ならば，方程式 (1.3) の判別式は 0 であるから，固定点は1個である．このような γ を**放物的**であると云う．

1.3 不連続群 Möb の部分群を一般に一次変換群と云う．これを $\boldsymbol{\Gamma}$ と書く．$\overline{\mathbb{C}}$ の点 z, ζ が或る $\gamma \in \boldsymbol{\Gamma}$ によって $\zeta = \gamma z$ と表されるとき，ζ は z に $\boldsymbol{\Gamma}$ に関して**合同** (略して，$\boldsymbol{\Gamma}$ 合同または単に合同) であると云う．合同は同値関係であるから，$\overline{\mathbb{C}}$ またはその部分集合をこの関係で類別して商集合を作ることができる．我々は任意の $z \in \overline{\mathbb{C}}$ に対し

$$\boldsymbol{\Gamma}_z = \{\gamma \in \boldsymbol{\Gamma} : \gamma(z) = z\}$$

とおいて，z の ($\boldsymbol{\Gamma}$ に関する) **固定群**と呼ぶ．

一次変換群 $\boldsymbol{\Gamma}$ が点 $z \in \overline{\mathbb{C}}$ において**不連続**であるとは，

(DC1)　z の固定群 $\boldsymbol{\Gamma}_z$ は有限である，

(DC2)　次の性質を持つ z の近傍 U が存在する：

$$\begin{aligned} \gamma(U) = U & \quad (\gamma \in \boldsymbol{\Gamma}_z), \\ \gamma(U) \cap U = \emptyset & \quad (\gamma \in \boldsymbol{\Gamma} \setminus \boldsymbol{\Gamma}_z) \end{aligned} \tag{1.9}$$

の二条件が成り立つことを云う.我々は

$$\Omega = \Omega(\mathbf{\Gamma}) = \{\, z \in \overline{\mathbb{C}} : \mathbf{\Gamma} \text{ は } z \text{ で不連続}\,\}$$

とおいて,これを $\mathbf{\Gamma}$ の**不連続領域**と呼ぶ.もし $\Omega \neq \emptyset$ ならば,$\mathbf{\Gamma}$ を**不連続群**と呼ぶ.さらに,Ω の補集合を $\mathbf{\Gamma}$ の**極限集合**と呼び Λ と記す.即ち,

$$\Lambda = \Lambda(\mathbf{\Gamma}) = \overline{\mathbb{C}} \setminus \Omega(\mathbf{\Gamma}).$$

以下,本章で扱う一次変換群は不連続群とし,記号 $\mathbf{\Gamma}$ で表すことにする.

定理 1.1 不連続領域 Ω は開集合である.また,不連続領域 Ω は $\mathbf{\Gamma}$ によって不変である.即ち,任意の $\gamma \in \mathbf{\Gamma}$ に対して $\gamma(\Omega) = \Omega$ が成り立つ.

証明 不連続点に十分近い点はまた不連続点になること,および不連続点の $\mathbf{\Gamma}$ の元による像はまた不連続点になることから分る. □

定理 1.2 不連続群 $\mathbf{\Gamma}$ は Möb の離散部分集合で.従って可算群である.

証明 もし離散的でなければ,$S(\gamma_n) \to I \ (n \to \infty)$ を満たす変換の列 $\{\gamma_n\} \subset \mathbf{\Gamma}$ が存在する.従って,任意の $z \in \mathbb{C}$ に対し,$\gamma_n(z) \to \iota(z) = z \ (n \to \infty)$ となるから,不連続性の条件 (DC2) から $\Omega(\mathbf{\Gamma})$ は $\mathbb{C}$ の点を含まないことになるが,$\Omega(\mathbf{\Gamma})$ は開集合であるから,結局空集合となって矛盾である.後半は $\mathbb{C}^4$ の離散部分集合は高々可算であることによる. □

極限集合の大きさについては結果だけを述べておく.

定理 1.3 極限集合 Λ の濃度 $\operatorname{card} \Lambda$ は $0, 1, 2, \infty$ のいずれかである.もし $\operatorname{card} \Lambda = \infty$ ならば,Λ は完全集合である. (Lehner [B26, 第 III 章])

1.4 Fuchs 群 $\mathbf{\Gamma}$ を $\operatorname{card} \Lambda = \infty$ を満たす不連続群とする.もし $\overline{\mathbb{C}}$ 内の円 C でその内部 (および外部) が $\mathbf{\Gamma}$ によって不変であるものが存在するならば,$\mathbf{\Gamma}$ を **Fuchs 群**と呼び,円 C を $\mathbf{\Gamma}$ の**主円**と呼ぶ.Möb の中で共軛な群に移れば主円を任意に選べるから,一般性を失わずに単位円 $\mathbb{T} = \{\, z \in \mathbb{C} : |z| = 1 \,\}$ を主円に選ぶことができる.以下では Fuchs 群 $\mathbf{\Gamma}$ の元は単位円 $\mathbb{T}$ を主円とし,単位円板 $\mathbb{D} = \{\, z \in \mathbb{C} : |z| < 1 \,\}$ をそれ自身に写すと仮定する.鏡像の原

理により，このような変換 $\gamma(z)$ は $\gamma(z)\overline{\gamma(1/\bar{z})} = 1$ を満たすから，

$$\gamma(z) = e^{i\vartheta}\frac{a-z}{1-\bar{a}z} \qquad (0 \leqq \vartheta < 2\pi, |a| < 1) \tag{1.10}$$

の形に表される．この形では変換の行列式は 1 ではないが，これも普通である．定理 1.2 により $\mathbf{\Gamma}$ の行列は離散集合をなすから，$\{a\}$ が $\mathbb{D}$ の中に集積することはない．以下では，議論を簡単にするために，**$\mathbf{\Gamma}$ は楕円的元を含まないこと**を仮定する．従って，$\gamma \neq \iota$ ならば，$a \neq 0$ であるから，無限遠点 ∞ は $\mathbf{\Gamma}$ の単位元以外の固定点にはならない．

定理 1.4 Fuchs 群 $\mathbf{\Gamma}$ の不連続領域 $\Omega(\mathbf{\Gamma})$ は単位円板 $\mathbb{D}$ を含む．

証明 $\mathbf{\Gamma}$ の元を

$$\gamma_0(z) = \iota(z) = z, \quad \gamma_k(z) = e^{i\vartheta_k}\frac{a_k - z}{1 - \bar{a}_k z} \qquad (k = 1, 2, \ldots)$$

とおくと，$|a_k| \to 1 \ (k \to \infty)$ が成り立つから，函数列 $\{|\gamma_k(z)|\}$ は $\mathbb{D}$ 上で広義一様に 1 に近づく．これから，全ての $z \in \mathbb{D}$ が不連続性の条件 (DC1), (DC2) を満たすことは簡単に分る． $\square$

系 $\mathbf{\Gamma}$ が Fuchs 群ならば，$\Lambda(\mathbf{\Gamma}) \subset \partial\mathbb{D}$.

証明 定理の証明と同様にして $\mathbb{D}$ の外部 $\overline{\mathbb{C}} \setminus \overline{\mathbb{D}}$ も $\mathbf{\Gamma}$ の不連続領域に含まれることが示される．故に，$\Lambda(\mathbf{\Gamma}) \subset \overline{\mathbb{C}} \setminus (\mathbb{D} \cup (\overline{\mathbb{C}} \setminus \overline{\mathbb{D}})) = \partial\mathbb{D}$. $\square$

注意 1.5 Fuchs 群 $\mathbf{\Gamma}$ の極限集合は $\partial\mathbb{D}$ に一致するかまたは全疎である．前者のとき**第一種**，後者のとき**第二種**の Fuchs 群と云う．　　　　(Lehner [B26, 第 III 章])

1.5　等距離円と限界円　Fuchs 群 $\mathbf{\Gamma}$ の任意の元 γ に対し方程式

$$|\gamma'(z)| = 1 \tag{1.11}$$

は変換 γ が長さを変えない点の軌跡を表す．これを求めるため，$\gamma(z)$ を (1.1) の形に表せば，$\gamma'(z) = (cz+d)^{-2}$ を得る．従って，$c \neq 0$ を仮定すれば，(1.11) は $|cz+d| = 1$ で表される円を表す．これを変換 γ の**等距離円**と呼び，C_γ で表す．C_γ の γ による像を考えると，これは逆変換 γ^{-1} が長さを変えない点の全体であるから，γ^{-1} の等距離円 $C_{\gamma^{-1}}$ に等しい．また，γ と γ^{-1} では伸縮が逆であるから，円 C_γ の内部，外部および周は γ によりそれぞれ逆変換

γ^{-1} の等距離円 $C_{\gamma^{-1}}$ の外部, 内部および周に写される. 一方, 変換 $\gamma\,(\neq\iota)$ を (1.10) の形に書けば, $|z-(1/\bar{a})|^2=|a|^{-2}-1\,(0<|a|<1)$ となるから, 円 C_γ は単位円 $\mathbb{T}$ に直交する.

一方, $\mathbb{T}$ に内接する円も有用である. $\mathbb{T}$ 上の点 ζ を通る円周 (または, その内部) で ζ 以外は円板 $\mathbb{D}$ に含まれるものを ζ における**限界円** (oricycle) と呼ぶ. 限界円は普通は円周を指すが, 内部を指すこともある.

注意 1.6 Fuchs 群 Γ の主円を実軸 $\mathbb{R}$ とし, Γ は上半平面 $\mathbb{H}_+$ に作用するものとするのも有力な選択である. この場合, $\gamma\in\Gamma$ は次で特徴づけられる:
$$\gamma(z)=\frac{az+b}{cz+d}\qquad (a,b,c,d\in\mathbb{R},\ ad-bc=1). \tag{1.12}$$
また, 無限遠点 ∞ における限界円は実軸に平行な直線 $\operatorname{Im}z=\alpha\,(\alpha>0)$ である.

1.6 基本領域

Fuchs 群 Γ に対し, $\mathbb{D}$ の開部分集合 F で

(a) $z,\zeta\in F$ が Γ に関して合同ならば $z=\zeta$ である,

(b) 任意の $\zeta\in\mathbb{D}$ に対し, ζ と Γ 合同な点 $z\in\operatorname{Cl}F\cap\mathbb{D}$ が存在する,

(c) F の境界 ∂F は (2 次元) Lebesgue 測度 0 である

を満たすものを Γ に関する $\mathbb{D}$ 内の**基本領域**と云う. 基本領域の標準的な構成法を述べよう. まず $\mathbb{D}$ 上の**擬双曲距離** $[a,b]_\mathbb{D}$ を次で定義する:
$$[a,b]_\mathbb{D}=\left|\frac{a-b}{1-a\bar{b}}\right|\qquad (a,b\in\mathbb{D}). \tag{1.13}$$
これは $\mathbb{D}$ の一次変換によって不変であり, 次の強い三角不等式を満たす.

補題 1.7 $\mathbb{D}$ 内の 3 点 a,b,c に対し, 次が成り立つ:
$$[a,c]_\mathbb{D}\leq\frac{[a,b]_\mathbb{D}+[b,c]_\mathbb{D}}{1+[a,b]_\mathbb{D}[b,c]_\mathbb{D}}\leq[a,b]_\mathbb{D}+[b,c]_\mathbb{D}. \tag{1.14}$$

さて, Γ は可算群であるから, $\Gamma=\{\gamma_0=\iota,\ \gamma_1,\ \gamma_2,\ldots\}$ とおき,
$$F_0=\{z\in\mathbb{D}:[z,0]_\mathbb{D}<[z,\gamma_\nu(0)]_\mathbb{D}\quad(\nu=1,2,\ldots)\} \tag{1.15}$$
と定義する. 以下で示すように, F_0 は Γ の基本領域であるが, これを Γ の**正規基本領域**と呼ぶ. これは次のようにも表される:
$$F_0=\{z\in\mathbb{D}:|\gamma'(z)|<1\quad(\gamma\in\Gamma,\gamma\neq\iota)\}. \tag{1.16}$$

定理 1.8 $F_n = \gamma_n(F_0)$ $(n = 1, 2, \ldots)$ とおけば，これらは $\mathbf{\Gamma}$ の基本領域で，次の性質を持つ：

(a) $F_0, F_1, F_2, \ldots$ は互いに素で $\mathbb{D} = \cup_n \overline{F}_n$ を満たす．従って，$\mathbb{D}$ の任意の点は $\overline{F}_0$ の或る点と合同である．但し，$\overline{F}_n$ は F_n の $\mathbb{D}$ での閉包を表す．

(b) F_0 の $\mathbb{D}$ 内での境界 ∂F_0 は $\mathbb{T}$ の直交円の弧の高々可算個の合併である．他の F_n についても同様である．

証明 (第 1 段) 任意の相異なる $z, \zeta \in F_0$ は $\mathbf{\Gamma}$ 合同でないことを示す．もし仮に $\zeta = \gamma(z)$ を満たす $\gamma \in \mathbf{\Gamma}$ が存在するならば，まず $\gamma \neq \iota$ である．一次変換は擬双曲距離を変えないから，F_0 の定義 (1.15) より

$$[\zeta, \gamma(0)]_{\mathbb{D}} = [z, 0]_{\mathbb{D}} < [z, \gamma^{-1}(0)]_{\mathbb{D}} = [\gamma(z), 0]_{\mathbb{D}} = [\zeta, 0]_{\mathbb{D}}$$

となって，矛盾である．他の F_n についても同様である．

(第 2 段) F_n は互いに素である．仮に或る $m \neq n$ に対して $F_m \cap F_n \neq \emptyset$ であったとすれば，$\gamma_n^{-1}\gamma_m(F_0) \cap F_0 \neq \emptyset$ が成り立つ．この共通部分から任意に z をとれば，$\gamma_n^{-1}\gamma_m(\zeta) = z$ を満たす $\zeta \in F_0$ が存在するが，第 1 段により $z = \zeta$ を得るから，z は $\gamma_n^{-1}\gamma_m$ の固定点である．共通部分は開集合であるから，このような固定点は 3 個以上あることになり，$\gamma_n^{-1}\gamma_m = \iota$ を得る．即ち $\gamma_m = \gamma_n$ となって矛盾である．

(第 3 段) $\mathbb{D} = \cup_n \overline{F}_n$ を示そう．任意の $z \in \mathbb{D}$ に対し，$|\gamma_n(z)|$ を最小にする番号の一つを m とすると，$|\gamma_m(z)| \leq |\gamma_n(z)|$ $(n \neq m)$ が成り立つ．擬双曲距離を使ってこれを書き換えれば，

$$\begin{aligned}[\gamma_m(z), 0]_{\mathbb{D}} = |\gamma_m(z)| &\leq |\gamma_n(z)| = [\gamma_n(z), 0]_{\mathbb{D}} \\ &= [\gamma_m(z), (\gamma_m\gamma_n^{-1})(0)]_{\mathbb{D}} \quad (n \neq m)\end{aligned}$$

を得るから，$\gamma_m(z) \in \overline{F}_0$．従って，$\gamma_\nu = \gamma_m^{-1}$ とすれば，$z \in \overline{F}_\nu$．

(第 4 段) F_0 の $\mathbb{D}$ 内の境界が $\mathbb{T}$ の直交円の弧からなることは定理の前で既に述べた．この境界の 2 次元測度が 0 であることは明らかである． □

§1.5 で述べたように，$|\gamma'(z)| < 1$ は γ の等距離円 C_γ の外部を表すから，$z \in \mathbb{D}$ が F_0 に属するためには，z が全ての $\gamma \in \mathbf{\Gamma}, \gamma \neq \iota$ の等距離円の外にあることが必要十分である．また，等距離円は単位円 $\mathbb{T}$ に直交しているから，

正規基本領域 F_0 は原点 0 に関して星状(せいじょう)である (任意の $z \in F_0$ に対し, 線分 $[0, z]$ は F_0 に含まれる) ことが知られる.

注意 1.9 Γ の基本領域 F の合同な境界点を同一視して作る Riemann 面を $\mathcal{R}_\Gamma$ と書き, Γ に付随した **Riemann 面**と呼ぶ. これは Γ に関して合同な $\mathbb{D}$ の点を同一視して作った商集合 $\mathbb{D}/\Gamma$ から作られる Riemann 面と同じものである.

§2 被覆変換群としての Fuchs 群

2.1 被覆変換群 双曲型 Riemann 面 $\mathcal{R}$ を考える. 一意化定理により単位円板 $\mathbb{D}$ をその普遍被覆面と見なし, $\phi = \phi_\mathcal{R} : \mathbb{D} \to R$ を局所的に等角同型な被覆写像とし, $\Gamma = \Gamma_\mathcal{R}$ を ϕ の被覆変換群とすると, 次が成り立つ.

定理 2.1 (a) 単位元以外の $\tau \in \Gamma$ の固定点は $\mathbb{D}$ には存在しない.

(b) Γ は $\mathcal{R}$ の基本群 $\pi_1(\mathcal{R})$ と標準的に同型であり, $\mathcal{R}$ は $\mathbb{D}$ の Γ による商空間 $\mathbb{D}/\Gamma$ と等角同型である.

(c) Γ は不連続群で, その不連続領域は $\mathbb{D}$ を含む.

証明 (a) $\phi(0) = O$ とおき, $\mathcal{R}$ の基本群は点 O を基点とする閉曲線のホモトピー類として定義されているとして $\pi_1(\mathcal{R}, O)$ と書く. さて, $\sigma \in \pi_1(\mathcal{R}, O)$ を任意に固定し, O を基点とする閉曲線で σ を代表するものを c_σ と書く. このとき, 任意の $z \in \mathbb{D}$ に対し, $\mathbb{D}$ 内で原点 0 を z に結ぶ弧を $\tilde{c}$ とし, $p = \phi(z)$, $c = \phi(\tilde{c})$ とおけば, c はホモトピー同値の意味で z によって一意に決る. そこで, 閉曲線 $c^{-1} c_\sigma c$ を z を始点とする $\mathbb{D}$ 上の弧に持ち上げ, その終点を z_1 として $\tau_\sigma(z) = z_1$ とおけば, τ_σ は $\mathbb{D}$ の等角自己同型を与える. 実際, 対応 $\tau_\sigma : z \mapsto z_1$ とその逆 $\tau_{\sigma^{-1}} : z_1 \mapsto z$ がいずれも $\mathbb{D}$ 上で定義されて正則であり, 従って 1 対 1 になるからである. さらに, 構成法から $\phi(z) = p = \phi(z_1)$ であるから, $\phi \circ \tau_\sigma = \phi$ が成り立つ. 故に, τ_σ は被覆変換である. この場合, もし σ が単位元でなければ, 閉曲線 $c^{-1} c_\sigma c$ は零ホモトープではないから, この曲線の z を始点とする持ち上げは閉曲線ではない. 従って, $\tau_\sigma(z) = z_1 \neq z$. 故に, $\mathbb{D}$ 内には τ_σ の不動点が存在しない. 即ち, (a) が成り立つ.

(b) τ を被覆変換とし, $\mathbb{D}$ 内で原点 0 を $\tau(0)$ に結ぶ弧 $\tilde{c}_\tau$ を ϕ で $\mathcal{R}$ に射影してできる閉曲線を c_τ とおけば, c_τ のホモトピー類は τ のみで決る. こ

れを $\sigma = \sigma_\tau$ と書けば，この $\sigma \in \pi_1(\mathcal{R}, O)$ から上の手続きで作られる被覆変換 τ_σ は元の τ に等しいことが分る．即ち，対応 $\sigma \in \pi_1(\mathcal{R}, O) \mapsto \tau_\sigma \in \Gamma$ と $\tau \in \Gamma \mapsto \sigma_\tau \in \pi_1(\mathcal{R}, O)$ は互いに逆の群の準同型であるから，$\pi_1(\mathcal{R}, O) \cong \Gamma$ が示された．$\phi : \mathbb{D} \to \mathcal{R}$ は局所的等角同型であるから，$\mathbb{D}/\Gamma \to \mathcal{R}$ も同様である．これが同型であることは，$\phi(\widetilde{O}) = O$ を満たす任意の $\widetilde{O} \in \mathbb{D}$ に対し $\tau(0) = \widetilde{O}$ を満たす $\tau \in \Gamma$ が作れることから分る．これで (b) が示された．

(c) 最後に (c) を示すために，任意に $z_0 \in \mathbb{D}$ をとる．ϕ は局所的には等角同型であるから，z_0 の或る近傍 U 上で ϕ は単射となる．このとき，単位元以外の $\tau \in \Gamma$ に対して $\tau(U) \cap U = \emptyset$ が成り立つ．仮に $\tau(U) \cap U \neq \emptyset$ とすれば，この共通部分は開集合であり τ の不動点は 2 個以下であるから，$z, z' \in U$ で $z \neq z'$ 且つ $z' = \tau(z)$ を満たすものが存在する．ところが，$\phi(z') = \phi(z)$ となって，$\phi|U$ が単射であることに反する．故に，$\mathbb{D} \subset \Omega(\Gamma)$． □

系 (a) 被覆変換群 Γ は楕円的変換と斜行的変換を含まない．

(b) Fuchs 群 Γ が楕円的変換を含まないと仮定すると，Γ は Riemann 面 $\mathbb{D}/\Gamma$ の被覆変換群に同型である．

証明 (a) のみを示す．$\tau \in \Gamma$ ($\tau \neq \iota$) が楕円的または斜行的とすると，τ は $\overline{\mathbb{C}}$ に 2 個の不動点 ξ_1, ξ_2 を持つが，定理の (a) によりこれらは $\mathbb{D}$ 内にはない．さらに，$\tau(z)\overline{\tau(1/\overline{z})} = 1$ に注意すれば，$\overline{\mathbb{C}} \setminus \overline{\mathbb{D}}$ にも含まれないから，$\xi_1, \xi_2 \in \mathbb{T}$ を得る．一次変換 $z \mapsto w$ により，ξ_1, ξ_2 をそれぞれ 0 と ∞ へ移せば，単位円周 $\mathbb{T}$ は原点 0 を通る直線 L に移り，$\mathbb{D}$ はその片側の半平面に移る．さらに，§1.2 で述べたように，変換 τ は変数 w に関しては，定数倍 $w \mapsto Kw$ に変る．$K = Ae^{i\vartheta}$ ((1.6) 参照) と極形式で表せば，$A \neq 0$ 且つ $\vartheta \not\equiv 0 \pmod{2\pi}$ であるから，L で分けられた半平面が τ 不変ではあり得ないという矛盾に陥る． □

この系により，**以下で扱う Fuchs 群は楕円的変換を含まぬと仮定する．**

2.2 Green 函数 我々は $q \in \mathcal{R}$ を極とする $\mathcal{R}$ の Green 函数を $g(p, q)$ と書く．また，$\mathcal{R}$ の**複素 Green 函数**を

$$\mathfrak{G}_q(p) = \mathfrak{G}(p, q) = \exp\{-g(p, q) - i\,{}^*g(p, q)\} \tag{2.1}$$

で定義する．これは $\mathcal{R}$ 上の有界な乗法的正則函数で，q が唯一の零点である．$\phi(a) = q$ とすれば，$\mathfrak{G}_q \circ \phi$ の零点は $\mathbf{\Gamma}(a) = \{\gamma(a) : \gamma \in \mathbf{\Gamma}\}$ に等しいから，定理 IV.1.3 と IV.1.4 から $\sum \{1 - |\gamma(a)| : \gamma \in \mathbf{\Gamma}\} < \infty$ となるが，これはまた $\mathbf{\Gamma}(a)$ を零点とする Blaschke 積の収束条件でもある．

§1.4 の記号に戻り，$\mathbb{D}$ の等角自己同型からなる Fuchs 群 $\mathbf{\Gamma}$ が

$$\sum_{\gamma \in \mathbf{\Gamma}} (1 - |\gamma(0)|^2) = \sum_{\gamma \in \mathbf{\Gamma}} |\gamma'(0)| < \infty \tag{2.2}$$

を満たすとき，$\mathbf{\Gamma}$ を**収束型**であると云う．この条件は $\mathbb{D}$ 内の点の選び方に無関係で，次の条件と同等である：或る（従って，全ての）$z \in \mathbb{D}$ に対して，

$$\sum_{\gamma \in \mathbf{\Gamma}} (1 - |\gamma(z)|^2) = (1 - |z|^2) \sum_{\gamma \in \mathbf{\Gamma}} |\gamma'(z)| < \infty . \tag{2.3}$$

条件 (2.2) と (2.3) が同等であることは次の不等式から明らかであろう：

$$\frac{(1-|z|^2)(1-|\gamma(0)|^2)}{4} \leqq 1 - |\gamma(z)|^2 = (1-|z|^2)|\gamma'(z)| \leqq \frac{2(1-|\gamma(0)|^2)}{1-|z|} .$$

$\mathbf{\Gamma}$ が収束型のとき，$\mathbf{\Gamma}$ の **Green 函数** $\mathfrak{g}(z)$ を Blaschke 積

$$\mathfrak{g}(z) = \prod_{\gamma \in \mathbf{\Gamma}} e^{-i\vartheta(\gamma)} \gamma(z) , \quad \vartheta(\gamma) = \arg \gamma(0) \tag{2.4}$$

(但し，$\vartheta(\iota) = 0$) で定義する．一般に，任意の定点 $a \in \mathbb{D}$ に関する $\mathbf{\Gamma}$ の **Green 函数** $\mathfrak{g}(z,a)$ を次で定義する：

$$\mathfrak{g}(z,a) = \prod_{\gamma \in \mathbf{\Gamma}} \left[e^{-i\vartheta(\gamma)} \frac{\gamma(z) - a}{1 - \bar{a}\gamma(z)} \right] , \quad \vartheta(\gamma) = \arg \frac{\gamma(0) - a}{1 - \bar{a}\gamma(0)} . \tag{2.5}$$

$\mathfrak{g}(z,a)$ も一種の Blaschke 積で，$\mathbb{D}$ 上で広義一様に絶対収束する．さらに，

$$\mathfrak{g}(0,a) > 0 , \quad |\mathfrak{g}(z,a)| < 1 \quad \text{および} \quad |\mathfrak{g}(z,a)| = |\mathfrak{g}(a,z)| \quad (z, a \in \mathbb{D})$$

を満たす．特に，$\mathfrak{g}(z,0) = \mathfrak{g}(z)$ である．

定理 2.2 (Myrberg) Fuchs 群 $\mathbf{\Gamma}$ について次は同値である．

 (a) $\mathbf{\Gamma}$ は収束型である．

 (b) $\mathbf{\Gamma}$ は Green 函数 $\mathfrak{g}(z)$ を持つ．

 (c) $\mathbf{\Gamma}$ に付随する Riemann 面 $\mathcal{R}_{\mathbf{\Gamma}} = \mathbb{D}/\mathbf{\Gamma}$ は Green 函数を持つ．実際，$g(q,p) = -\log|\mathfrak{g}(a,z)|$ (但し，$q = \pi(a)$, $p = \pi(z)$) が成り立つ．

証明 Γ が収束型であるための条件 (2.2) は $\{\gamma(0) : \gamma \in \Gamma\}$ を零点とする Blaschke 積の収束条件と同じものであるから，(a) ⇔ (b) が分る.

(b) ⇒ (c) を示すため，$U(z) = -\log|\mathfrak{g}(z, a)|$ とおく．この函数は Γ によって不変であるから，$\mathcal{R}_\Gamma$ 上の一価函数を定義する．z, a を $\mathcal{R}_\Gamma$ 上の局所変数と見なせば，$U(z)$ は a を極とする $\mathcal{R}_\Gamma$ の Green 函数 $g(z, a)$ に等しい．実際，$\Gamma = \{\gamma_0 = \iota, \gamma_1, \gamma_2, \dots\}$ とおくと，

$$U(z) = -\lim_{n \to \infty} \sum_{k=0}^{n} \log\left|\frac{\gamma_k(z) - a}{1 - \bar{a}\gamma_k(z)}\right| = \lim_{n \to \infty} \sum_{k=0}^{n} \log\frac{|1 - \bar{a}\gamma_k(z)|}{|\gamma_k(z) - a|}$$
$$= \log\left|\frac{1 - \bar{a}z}{z - a}\right| + \sum_{k=1}^{\infty} \log\left|\frac{1 - \bar{a}\gamma_k(z)}{\gamma_k(z) - a}\right|.$$

この最終辺は $\mathbb{D}$ 上のポテンシャルの収束和であるから，和自身も $\mathbb{D}$ 上のポテンシャルである (定理 B.10 の系参照). 従って，$\mathcal{R}_\Gamma$ 上の函数と考えた $U(z)$ も $\mathcal{R}_\Gamma$ 上のポテンシャルである．ところが，U は点 a で $-\log|z - a|$ の特異性を持つから，U は a を極とする $\mathcal{R}_\Gamma$ の Green 函数である．

最後に，(c) ⇒ (a) は，定理の前で説明したので省略する． □

2.3 保型函数と Poincaré 級数　$\mathbb{D}$ 上の函数 f が任意の $\gamma \in \Gamma$ に対して $f \circ \gamma = f$ を満たすとき，f を **Γ 不変である**または (**Γ に関して**) **保型的である**と云う．$\mathcal{R}$ 上の問題を普遍被覆写像 $\phi: \mathbb{D} \to \mathcal{R}$ によって $\mathbb{D}$ 上の問題に転換することが非常に有効であることは本書でも何回も見てきたが，Γ を ϕ の被覆変換群とするとき，$\mathcal{R}$ 上の函数 h から $f = h \circ \phi$ により (h を $\mathbb{D}$ に**持ち上げて**) 作られる函数 f の特徴がこの Γ 不変性 (または，Γ 保型性) である．従って，与えられた Fuchs 群 Γ に関する保型函数の構成は重要な課題となるが，これを解決する極て巧妙な方法が Poincaré による**テータ Fuchs 級数**である．普通 Poincaré 級数と呼ばれるこの級数は本書でも重要な役割を演じるので，その基本を説明しておこう．

まず，群 Γ から絶対値 1 の複素数の乗法群 $\mathbb{T}$ への準同型を Γ の (乗法的) 指標と云うが，これは **Γ の加法的指標** α によって $\gamma \mapsto e^{2\pi i \alpha(\gamma)}$ ($\gamma \in \Gamma$) の形で表される (§II.1.4 参照). 我々は Γ の加法的指標全体の加法群を Γ^* と書き，Γ の**指標群**と呼ぶ.

実数 s に対し,$\mathbb{D}$ 上の正則函数の族 $\rho(s,\gamma,z)$ $(\gamma \in \mathbf{\Gamma}, z \in \mathbb{D})$ が条件

$$|\rho(s,\gamma,z)| = |\gamma'(z)|^s \qquad (z \in \mathbb{D}, \gamma \in \mathbf{\Gamma}), \tag{2.6}$$
$$\rho(s,\varphi \circ \gamma, z) = \rho(s,\varphi,\gamma(z))\rho(s,\gamma,z) \qquad (z \in \mathbb{D}, \gamma,\varphi \in \mathbf{\Gamma}) \tag{2.7}$$

を満たすとき,$\mathbf{\Gamma}$ に対する $-2s$ 次元の**保型因子**と云う.特に s が整数のときは,$\rho(s,\gamma,z) = e^{2\pi i \alpha(\gamma)}(\gamma'(z))^s$(但し,$\alpha \in \mathbf{\Gamma}^*$)の形のものに限る.

次に,$\mathbb{D}$ 上の正則または有理型函数 $f(z)$ が方程式

$$f(\gamma(z))\rho(s,\gamma,z) = f(z) \qquad (\gamma \in \mathbf{\Gamma}, z \in \mathbb{D}) \tag{2.8}$$

を満たすとき,$f(z)$ を $\rho(s,\gamma,z)$ を保型因子とする $-2s$ 次元の**保型函数**と云う.特に,0 次元の保型因子は $\mathbf{\Gamma}$ の乗法的指標と見なすことができるから,対応する保型函数を**指標的保型函数**と呼ぶ.即ち,このような f に対しては

$$f(\gamma(z)) = e^{2\pi i \alpha(\gamma)} f(z) \qquad (\gamma \in \mathbf{\Gamma}) \tag{2.9}$$

を満たす指標 $\alpha \in \mathbf{\Gamma}^*$ が存在するが,このためには $|f(\gamma(z))| \equiv |f(z)|$ が全ての $\gamma \in \mathbf{\Gamma}$ に対して成り立つことが必要十分である.§2.2 で定義した $\mathbf{\Gamma}$ の Green 函数 $\mathfrak{g}(z,a)$ がこの具体例である.古典的には,保型函数と云えば単位指標 $\alpha(\gamma) \equiv 0$ に対する指標的保型函数,即ち $\mathbf{\Gamma}$ 不変な函数を指す.

既に述べたように保型函数の構成には Poincaré 級数を利用するのが標準的である.ここでは,任意の整数 m に対し $\{(\gamma')^m : \gamma \in \mathbf{\Gamma}\}$ を保型因子とする Poincaré 級数を作ろう.$H(z)$ を $\mathbf{\Gamma}$ の極限集合 Λ 上に極を持たぬ有理函数とするとき,$H(z)$ の **Poincaré 級数** を

$$\Theta H(z) = \sum_{\gamma \in \mathbf{\Gamma}} (\gamma'(z))^m H(\gamma(z)) \tag{2.10}$$

で定義する.

定理 2.3 $\mathbf{\Gamma}$ は収束型 Fuchs 群,$H(z)$ は $\mathbf{\Gamma}$ の極限集合 Λ 上に極を持たぬ有理函数とし,$H(z)$ の極の全体を P とすると,任意の整数 $m \geqq 1$ に対して Poincaré 級数 (2.10) は $\mathbb{D} \setminus \mathbf{\Gamma}(P)$ 上で広義一様絶対収束し,$\{(\gamma')^m\}$ を保型因子とする保型函数を定義する.

ここでは少し強い事実を証明するため,次の補題から始める.

補題 2.4 $\mathcal{D}$ を不連続領域 $\Omega(\mathbf{\Gamma})$ の成分で $\mathbb{D}$ を含むものとすると,級数

$$\rho(z) = \sum_{\gamma \in \mathbf{\Gamma}} |\gamma'(z)| \tag{2.11}$$

は $\mathcal{D} \setminus \mathrm{Cl}\{\mathbf{\Gamma}(\infty)\}$ 上で広義一様収束する.

証明 $S \subset \mathcal{D} \setminus \mathrm{Cl}\{\mathbf{\Gamma}(\infty)\}$ を任意のコンパクト部分集合とすれば,(1.10) で与えられる $\gamma \in \mathbf{\Gamma}$ $(\gamma \neq \iota)$ に対しては,$\delta = \mathrm{dist}(S, \mathbf{\Gamma}(\infty))$ として,

$$|\gamma'(z)| = \frac{1-|a|^2}{|1-\overline{a}z|^2} = \frac{1-|a|^2}{|a|^2|z-\gamma^{-1}(\infty)|^2} \leq \frac{1-|\gamma(0)|^2}{|\gamma(0)|^2\delta^2} \quad (z \in S)$$

を得るから,収束型の条件 (2.2) により (2.11) は S 上で一様収束する. □

定理 2.3 の証明 級数 (2.10) が $\mathcal{D} \setminus (\mathrm{Cl}\{\mathbf{\Gamma}(\infty)\} \cup \mathrm{Cl}\{\mathbf{\Gamma}(P)\})$ 上で広義一様収束することを示そう.そのため,S_1 を $\mathcal{D} \setminus (\mathrm{Cl}\{\mathbf{\Gamma}(\infty)\} \cup \mathrm{Cl}\{\mathbf{\Gamma}(P)\})$ の任意のコンパクト部分集合とすると,$\mathbf{\Gamma}(\infty)$ の集積点は $\Lambda = \Lambda(\mathbf{\Gamma})$ と一致し,$\mathbf{\Gamma}(P)$ の集積点も Λ に含まれるから

$$\mathrm{dist}(S_1, \mathbf{\Gamma}(\infty) \cup \mathbf{\Gamma}(P) \cup \Lambda) = \mathrm{dist}(S_1, \mathrm{Cl}\{\mathbf{\Gamma}(\infty)\} \cup \mathrm{Cl}\{\mathbf{\Gamma}(P)\}) > 0$$

が成り立つ.従って,

$$\mathrm{Cl}\,\mathbf{\Gamma}(S_1) \cap P = \emptyset \tag{2.12}$$

を得る.もしこれが成り立たぬとすれば,点列 $\gamma_n \in \mathbf{\Gamma}$, $z_n \in S_1$ と $w \in P$ で $\gamma_n(z_n) \to w \in P$ を満たすものが存在する.$\{\gamma_n\}$ には相異なるものが無数現れるから,全てが相異なるとしてよい.従って,さらに $\gamma_n(\infty)$ $(n=1,2,\ldots)$ は Λ に収束するとしてよい.$w \in P$ は Λ の外にあるから,十分大きい全ての n に対して,$|\gamma_n(\infty) - w| \geq \delta' > 0$ を満たす δ' が存在する.$b_n = \gamma_n(0)$ とおけば,$\overline{b}_n^{-1} = \gamma_n(\infty)$ であるから,

$$|(\gamma_n^{-1})'(z)| = \frac{1-|b_n|^2}{|1-\overline{b}_n z|^2} \leq \frac{4}{\delta'^2|\gamma_n(0)|^2} \quad (|z-w| < \delta'/2)$$

が成り立つ.これから

$$|z_n - \gamma_n^{-1}(w)| = |\gamma_n^{-1}(\gamma_n(z_n)) - \gamma_n^{-1}(w)| \to 0$$

が分るが,これは $\mathrm{dist}(S_1, \mathrm{Cl}\{\mathbf{\Gamma}(P)\}) > 0$ に反する.故に,(2.12) が成り立つ.

(2.12) により,$\sup_{z\in S_1}|H(z)|\leqq B<\infty$ とすれば,
$$|\Theta H(z)|\leqq \sum_{\gamma\in\boldsymbol{\Gamma}}|H(\gamma(z))||\gamma'(z)|^m \leqq B\sum_{\gamma\in\boldsymbol{\Gamma}}|\gamma'(z)|^m \qquad (z\in S_1).$$
級数 (2.11) は S_1 上で一様収束するから,この級数も同様である.なお,$\Theta H(z)$ の保型因子の計算は単純であるから省略する. □

系 $\boldsymbol{\Gamma}$ が収束型ならば,$\boldsymbol{\Gamma}$ の Green 函数 $\mathfrak{g}(z)$ について次が成り立つ:
$$\frac{\mathfrak{g}'(z)}{\mathfrak{g}(z)}=\sum_{\gamma\in\boldsymbol{\Gamma}}\frac{\gamma'(z)}{\gamma(z)} \qquad (z\in\mathbb{D}\setminus\boldsymbol{\Gamma}(0)). \tag{2.13}$$
この右辺は $\mathcal{D}\setminus(\boldsymbol{\Gamma}(0)\cup\boldsymbol{\Gamma}(\infty))$ 上で広義一様絶対収束する.

証明 右辺は $H(z)=z^{-1}$ に対する Poincaré 級数であるから,定理 2.3 (の証明) により,$\mathcal{D}\setminus(\boldsymbol{\Gamma}(0)\cup\boldsymbol{\Gamma}(\infty))$ 上で広義一様絶対収束する.$\mathfrak{g}$ が有限積ならば,具体的に計算すれば (2.13) が正しいことが分る.無限積の場合は,Blaschke 積も $\mathbb{D}$ 上で広義一様収束するから,両辺の極限は等しい. □

2.4 穿孔と放物的固定点
Riemann 面 $\mathcal{R}$ の開集合 U が点抜き円板 $\{0<|\zeta|<1\}$ と等角同型であって,その中心は $\mathcal{R}$ に含まれぬとき,$\mathcal{R}$ は**穿孔** (puncture) を持つと云う.§V.2.2 で述べたように,正則化により穿孔は避けて通れるから,議論が少し細かくなるが,穿孔を Fuchs 群の立場から考察してみよう.

補題 2.5 一次変換 $A(z)=(az+b)(cz+d)^{-1}$ $(ad-bc=1)$ と $T(z)=z+1$ から生成された群は $0<|c|<1$ ならば離散的ではない.

証明 $A_0=A$, $A_{n+1}=A_n T A_n^{-1}$ $(n\geqq 1)$ から行列計算により,
$$A_0=\begin{pmatrix}a & b \\ c & d\end{pmatrix},\ A_1=\begin{pmatrix}a & b \\ c & d\end{pmatrix}\begin{pmatrix}1 & 1 \\ 0 & 1\end{pmatrix}\begin{pmatrix}d & -b \\ -c & a\end{pmatrix}=\begin{pmatrix}1-ac & a^2 \\ -c^2 & 1+ac\end{pmatrix},$$
$$A_n=\begin{pmatrix}a_n & b_n \\ c_n & d_n\end{pmatrix}\Longrightarrow A_{n+1}=\begin{pmatrix}1-a_n c_n & a_n^2 \\ -c_n^2 & 1+a_n c_n\end{pmatrix} \qquad (n\geqq 0)$$
が分る.ここで,$0<|c|<1$ を仮定すると,まず $c_n=-c^{2^n}\to 0$ $(n\to\infty)$ が成り立つ.次に,$|a|<K$ 且つ $(1-|c|)^{-1}<K$ となる K に対し $|a_n|<K$ を仮定すると,$|a_{n+1}|\leqq 1+|a_n||c_n|\leqq 1+K|c|<K$ であるから,全ての n に対し $|a_n|<K$ を満たす.従って,$c_n\to 0$ $(n\to\infty)$ より $a_n c_n\to 0$ 且つ $a_{n+1}=1-a_n c_n\to 1$ $(n\to\infty)$.故に,$A_n\neq T$ 且つ $A_n\to T$ が成り立つ. □

定理 2.6 (Shimizu) Γ を上半平面 $\mathbb{H}_+$ に作用する Fuchs 群とし，移動作用素 $T(z) = z+1$ を含むとする．もし $A \in \Gamma$ が $m = n = 0$ を除く全ての $m, n \in \mathbb{Z}$ に対して $A^m \neq T^n$ を満たすとき，次が成り立つ：

$$A(\{z \in \mathbb{C} : \mathrm{Im}\, z > 1\}) \cap \{z \in \mathbb{C} : \mathrm{Im}\, z > 1\} = \emptyset.$$

証明 $A(z) = (az+b)(cz+d)^{-1}$ $(a, b, c, d \in \mathbb{R}, ad-bc = 1)$ とおく．A と T は離散群 Γ に含まれているから，補題 2.5 により $|c| \geq 1$．そこで，円 $C = A\{z \in \mathbb{C} : \mathrm{Im}\, z = 1\}$ を考察する．$A(\infty) = a/c \neq \infty$ であるから，C は a/c で実軸に接する有限な円で，

$$\sup_{x \in \mathbb{R}} \left| \frac{a(x+i) + b}{c(x+i) + d} - \frac{a}{c} \right| = \frac{1}{c^2} \leq 1$$

を満たす．ところが，$\{\mathrm{Im}\, z > 1\}$ の A による像は円 C の中に入るから，$\{\mathrm{Im}\, z > 1\}$ と共通点はない．これが示すべきことであった． $\square$

定理 2.7 Γ は楕円元を持たぬ Fuchs 群で $\mathfrak{R} = \mathbb{D}/\Gamma$ とする．もし Γ が放物元を含むならば，$\mathfrak{R}$ は穿孔を持つ．$\mathfrak{R}$ の穿孔は Γ の放物元の共軛類と 1 対 1 に対応する．

証明 放物的固定点から穿孔を構成する前半のみを示す．Γ の放物元を τ とし，ξ をその固定点とする．$\xi \in \partial \mathbb{D}$ であるから，$\mathbb{D}$ を上半平面 $\mathbb{H}_+$ に変換し，$\xi = \infty$ と仮定できる．∞ の固定群 Γ_∞ は $\gamma(z) = z+b$ (b は実数) の形の元を含むが，この b の中には最小の正数がある．それを β として $T_\beta(z) = z + \beta$ とおくと，これが Γ_∞ を生成する．実際，Γ_∞ が T_β^n 以外の元 A を含むとすれば，A は双曲的である．しかも，全ての $m, n \in \mathbb{Z}$ ($m = n = 0$ は除く) に対し $A^m \neq T_\beta^n$ が成り立つ．仮に $A^m = T_\beta^n$ を満たす m, n ($\neq 0$) があったとすれば，∞ 以外の A の固定点を ζ' とするとき，$\zeta' = A^m(\zeta') = T_\beta^n(\zeta') = \zeta' + n\beta$ となって矛盾である．従って，定理 2.6 により

$$A(\{z \in \mathbb{C} : \mathrm{Im}\, z > \beta\}) \cap \{z \in \mathbb{C} : \mathrm{Im}\, z > \beta\} = \emptyset \tag{2.14}$$

を得る．一方，$A(z) = (az+b)(cz+d)^{-1}$ $(a, b, c, d \in \mathbb{R}, ad-bc = 1)$ とおけば，$A(\infty) = \infty$ より $c = 0$ となり (2.14) とは両立しないから，このような元 A は存在しない．よって，Γ_∞ は T_β を生成元とする巡回群である．

次に，$A \in \Gamma \setminus \Gamma_\infty$ については，全ての $m, n \in \mathbb{Z}$ ($m = n = 0$ は除く) に対し $A^m \neq T_\beta^n$ が成り立つから，定理 2.6 により (2.14) が成り立つ．従って，半平面 $U_\beta = \{z \in \mathbb{C} : \mathrm{Im}\, z > \beta\}$ 上での Γ の作用は部分群 Γ_∞ の作用と同じである．即ち，$z_1, z_2 \in U_\beta$ が Γ に関して合同であるための必要十分条件は $z_1 \equiv z_2 \pmod{\beta}$ であり，$e^{2\pi i z_1/\beta} = e^{2\pi i z_2/\beta}$ とも表される．従って，これは U_β/Γ に対応する Riemann 面

$\mathcal{R} = \mathbb{D}/\mathbf{\Gamma}$ の部分が U_β の $z \mapsto \zeta = e^{2\pi i z/\beta}$ による像, 即ち $\{0 < |\zeta| < \beta\}$, に等角同型であることを示す. 故に, $\mathbf{\Gamma}$ の放物的固定点は $\mathcal{R}$ の穿孔を定義する. □

§3 Widom 群の解析

本節では PW 面を Fuchs 群で特徴づける Pommerenke 理論 [87] を述べる.

3.1 Widom 群の定義と特徴 $\mathbf{\Gamma}$ を楕円的元を含まぬ収束型 Fuchs 群とする. Pommerenke [87] はこれを $\mathbf{\Gamma}$ の Green 函数 $\mathfrak{g}(z)$ (§2.2 参照) の導函数 $\mathfrak{g}'(z)$ によって分類した. まず, $\mathfrak{g}(z)$ の角微係数 (§D.4) $\mathfrak{g}'(\zeta)$ が $\mathbb{T}$ の測度正の部分集合上で存在するならば, $\mathbf{\Gamma}$ を**到達可能型**であると云う. 次に, $\mathfrak{g}'(\zeta)$ が $\mathbb{T}$ のほとんど全ての点で存在するならば, $\mathbf{\Gamma}$ を**完全到達可能型**であると云う. さらに, $\mathfrak{g}'(z)$ が $\mathbb{D}$ 上で有界型 (§IV.1.1) ならば, $\mathbf{\Gamma}$ を **Widom 型**と呼ぶ. この分類で我々が興味を持つのは Widom 型で, 目標は第 V 章で述べた PW 面の再現である. まず,

$$\rho(z) = \sum_{\gamma \in \mathbf{\Gamma}} |\gamma'(z)| \qquad (z \in \overline{\mathbb{D}}) \tag{3.1}$$

とおく. $\iota \in \mathbf{\Gamma}$ であるから, $\rho(z) > 1$ が成り立つ. さらに, (2.13) により $\mathbf{\Gamma}$ の Green 函数 $\mathfrak{g}(z)$ は次を満たす:

$$|\mathfrak{g}'(z)| = \left| \mathfrak{g}(z) \sum_{\gamma \in \mathbf{\Gamma}} \frac{\gamma'(z)}{\gamma(z)} \right| \leqq \rho(z) \qquad (z \in \mathbb{D}). \tag{3.2}$$

定理 3.1 (Pommerenke) Fuchs 群 $\mathbf{\Gamma}$ に関する次の条件は同値である.

(a) $\mathbf{\Gamma}$ は Widom 型である. 即ち, $\mathfrak{g}'(z)$ は有界型である.

(b) $\int_{\mathbb{T}} \log \rho(z) \, |dz| < \infty$.

(c) 指標的保型函数 $\theta_{\mathfrak{g}}(z)$ で $\theta_{\mathfrak{g}}(0) \neq 0$ 且つ

$$|\theta_{\mathfrak{g}}(z)| \leqq \frac{|\mathfrak{g}'(z)|}{\rho(z)} \leqq 1 \qquad (z \in \mathbb{D}) \tag{3.3}$$

を満たすものが存在する.

もし条件 (a) が成り立つならば, $\theta_{\mathfrak{g}}(z)$ は $\mathfrak{g}'(z)$ の内因数でよい. 即ち,

$$\mathfrak{g}'(z) = \theta_{\mathfrak{g}}(z) \exp\left[\frac{1}{2\pi} \int_{\mathbb{T}} \frac{\zeta + z}{\zeta - z} \log \rho(\zeta) \, |d\zeta| \right] \qquad (z \in \mathbb{D}). \tag{3.4}$$

§3 Widom 群の解析

証明の準備として，Blaschke 積に関する結果から始める．

補題 3.2 (Frostman) 任意の $\zeta \in \mathbb{T}$ で次が成り立つ：

$$|\mathfrak{g}'(\zeta)| = \sum_{\gamma \in \Gamma} |\gamma'(\zeta)| = \rho(\zeta). \tag{3.5}$$

もし ζ で角微係数 $\mathfrak{g}'(\zeta)$ が存在せぬときは，$|\mathfrak{g}'(\zeta)| = +\infty$ として成り立つ．

証明 $\Gamma = \{\gamma_0 = \iota, \gamma_1, \gamma_2, \ldots\}$ として，$f_n(z) = \prod_{k=0}^{n} [e^{-i\vartheta(\gamma_k)} \gamma_k(z)]$ と定義すれば，$|f_n(z)| < 1$ であり，$\mathbb{D}$ 上で広義一様に $f_n(z) \to \mathfrak{g}(z)$ が成り立つ．Ahern-Clark の考察 (定理 D.8 の系 2) により，全ての $\zeta \in \mathbb{T}$ に対して $|f_n'(\zeta)| \to |\mathfrak{g}'(\zeta)|$ を得るが，定理 D.8 の系 1 により $|f_n'(\zeta)| = \sum_{k=0}^{n} |\gamma_k'(\zeta)|$ であるから，$n \to \infty$ として (3.5) が得られる． □

定理 3.1 の証明 三段階に分けて証明する．

(第 1 段) (a) を仮定し，(b) と (c) を示す．$\mathfrak{g}'$ は有界型であるからほとんど全ての $\zeta \in \mathbb{T}$ で角微係数 $\mathfrak{g}'(\zeta)$ が存在する．補題 3.2 より $|\mathfrak{g}'(\zeta)| = \rho(\zeta)$ であるから，$\rho(\zeta) > 1$ に注意すれば $\log^+ |\mathfrak{g}'(\zeta)| = \log \rho(\zeta)$ が成り立つ．故に，(b) が成り立つ．次に (c) を示すため，$\mathfrak{g}'(z)$ を内外因数分解する (定理 IV.1.11 の系 (95 頁) 参照)．補題 3.2 により $|\mathfrak{g}'(\zeta)| = \rho(\zeta)$ a.e. であるから，$\mathfrak{g}'(z)$ の外因数を $w(z)$，内因数を $\theta_\mathfrak{g}(z)$ と書けば，

$$w(z) = \exp\left[\frac{1}{2\pi} \int_\mathbb{T} \frac{\zeta+z}{\zeta-z} \log \rho(\zeta) |d\zeta|\right], \quad \theta_\mathfrak{g}(z) = \frac{\mathfrak{g}'(z)}{w(z)} \tag{3.6}$$

を得る．この第一式から，

$$|w(\gamma(z))| = |w(z)| |\gamma'(z)|^{-1} \quad (\gamma \in \Gamma) \tag{3.7}$$

が導かれる．実際，まず (3.6) の第一式を次のように変形する：

$$\log |w(z)| = \frac{1}{2\pi} \int_\mathbb{T} \frac{1-|z|^2}{|\zeta-z|^2} \log \rho(\zeta) |d\zeta|. \tag{3.8}$$

さらに，任意の $\gamma \in \Gamma$ に対し $\rho(\zeta) = \rho(\gamma(\zeta)) \cdot |\gamma'(\zeta)|$ と周知の等式

$$\frac{1-|\gamma(z)|^2}{|\gamma(\zeta)-\gamma(z)|^2} \cdot |\gamma'(\zeta)| = \frac{1-|z|^2}{|\zeta-z|^2} \tag{3.9}$$

が成り立つことを利用して次のように変形すればよい：

$$\begin{aligned}\log|w(z)| &= \frac{1}{2\pi}\int_{\mathbb{T}}\frac{1-|z|^2}{|\zeta-z|^2}[\log\rho(\gamma(\zeta))+\log|\gamma'(\zeta)|]\,|d\zeta| \\ &= \frac{1}{2\pi}\int_{\mathbb{T}}\frac{1-|\gamma(z)|^2}{|\gamma(\zeta)-\gamma(z)|^2}\,|\gamma'(\zeta)|[\log\rho(\gamma(\zeta))+\log|\gamma'(\zeta)|]\,|d\zeta| \\ &= \log|w(\gamma(z))|+\log|\gamma'(z)| = \log|w(\gamma(z))\gamma'(z)|\,.\end{aligned}$$

$\mathfrak{g}(z)$ は指標的保型函数であるから，$\mathfrak{g}(\gamma(z)) = e^{2\pi i\alpha(\gamma)}\mathfrak{g}(z)$ $(z\in\mathbb{D})$ を満たす指標 $\alpha\in\Gamma^*$ が存在する．従って，これを微分して得られる式

$$|\mathfrak{g}'(\gamma(z))| = |\mathfrak{g}'(z)||\gamma'(z)|^{-1} \qquad (\gamma\in\Gamma) \tag{3.10}$$

と (3.7) より $|\theta_{\mathfrak{g}}(\gamma(z))| = |\theta_{\mathfrak{g}}(z)|$．故に，$\theta_{\mathfrak{g}}(z)$ も指標的保型函数である．

次に，$\Gamma = \{\gamma_0=\iota,\gamma_1,\gamma_2,\dots\}$ として，

$$v_n(z) = \log\sum_{k=0}^{n}|\gamma'_k(z)| \qquad (n=1,2,\dots)$$

とおく．$v_n(z)$ の Laplace 導函数を計算すると，

$$\Delta v_n = 4\partial\bar\partial\log\sum_{k=0}^{n}|\gamma'_k(z)| = -e^{-2v_n}\left|\sum_{0}^{n}|\gamma'_k|\frac{\gamma''_k}{\gamma'_k}\right|^2 + e^{-v_n}\sum_{0}^{n}\frac{|\gamma''_k|^2}{|\gamma'_k|}$$

となるが，Schwarz の不等式により

$$\left|\sum_{0}^{n}|\gamma'_k|\frac{\gamma''_k}{\gamma'_k}\right| \leqq \sum_{0}^{n}|\gamma'_k|^{1/2}\frac{|\gamma''_k|}{|\gamma'_k|^{1/2}} \leqq \left(\sum_{k=0}^{n}|\gamma'_k|\right)^{1/2}\left(\sum_{0}^{n}\frac{|\gamma''_k|^2}{|\gamma'_k|}\right)^{1/2}$$

と変形してみれば，Δv_n の計算式の最終辺については

$$e^{-2v_n}\left|\sum_{0}^{n}|\gamma'_k|\frac{\gamma''_k}{\gamma'_k}\right|^2 \leqq e^{-2v_n}\cdot e^{v_n}\sum_{0}^{n}\frac{|\gamma''_k|^2}{|\gamma'_k|} = e^{-v_n}\sum_{0}^{n}\frac{|\gamma''_k|^2}{|\gamma'_k|}$$

が得られるから，$\Delta v_n \geqq 0$ が成り立つ．よって，v_n は劣調和であるから，

$$v_n(z) \leqq \frac{1}{2\pi}\int_{\mathbb{T}}\frac{1-|z|^2}{|\zeta-z|^2}v_n(\zeta)\,|d\zeta| \leqq \log|w(z)|\,.$$

ここで $n\to\infty$ とすれば，$\log\rho \leqq \log|w|$．従って，$\rho\leqq|w|$ となり，

$$|\theta_{\mathfrak{g}}| = \frac{|\mathfrak{g}'|}{|w|} \leqq \frac{|\mathfrak{g}'|}{\rho} \leqq 1\,.$$

故に，(c) が成り立つ．

(第2段) (b) を仮定する．$\gamma \in \boldsymbol{\Gamma}$ を (1.10) の形に書いてみれば，$z \in \mathbb{T}$ と $0 \leqq r < 1$ に対して $|\gamma'(rz)| \leqq 4|\gamma'(z)|$ が成り立つことが分る．従って，(3.1) から $\rho(rz) \leqq 4\rho(z)$ が出るから，$|\mathfrak{g}'(z)| \leqq \rho(z)$ に注意すれば，

$$\frac{1}{2\pi}\int_{\mathbb{T}} \log^+|\mathfrak{g}'(rz)|\,|dz| \leqq \log 4 + \frac{1}{2\pi}\int_{\mathbb{T}} \log\rho(z)\,|dz| < \infty \qquad (0 \leqq r < 1)$$

を得る．故に，$\mathfrak{g}'(z)$ は有界型である．即ち，(a) が成り立つ．この部分の論法は Ahern-Clark [1, 118頁] による．これで (b) $\Rightarrow$ (c) も示された．

(第3段) (c) を仮定すると，

$$|\theta_{\mathfrak{g}}(z)| \leqq 1 \quad \text{且つ} \quad \left|\frac{\theta_{\mathfrak{g}}(z)}{\mathfrak{g}'(z)}\right| \leqq \frac{1}{\rho(z)} \leqq 1$$

であるから，$\mathfrak{g}'(z)$ は二つの有界正則函数の商として表される．故に，$\mathfrak{g}'(z)$ は有界型である．即ち，(a) が成り立つ． $\square$

3.2 Poincaré 級数の応用 Poincaé 級数を利用して指標的保型函数の空間への射影を定義しよう．

補題 3.3 Widom 群 $\boldsymbol{\Gamma}$ の任意の指標 $\alpha \in \boldsymbol{\Gamma}^*$ に対し，

$$P^\alpha f(\zeta) = \frac{\mathfrak{g}(\zeta)}{\mathfrak{g}'(\zeta)} \sum_{\gamma \in \boldsymbol{\Gamma}} e^{-2\pi i\alpha(\gamma)} f(\gamma(\zeta)) \frac{\gamma'(\zeta)}{\gamma(\zeta)} \qquad (\zeta \in \mathbb{T}) \tag{3.11}$$

は全ての $1 \leqq p \leqq \infty$ に対し $L^p(d\sigma)$ から $L^p(d\sigma,\alpha)$ へのノルム1の射影である．但し，$L^p(d\sigma,\alpha)$ は加法的指標 α に対する指標的保型函数 (§2.3 参照) からなる $L^p(d\sigma)$ の部分空間である：

$$L^p(d\sigma,\alpha) = \{f \in L^p(d\sigma) : f(\gamma(\zeta)) = e^{2\pi i\alpha(\gamma)}f(\zeta) \quad (d\sigma \text{ a.e.})\}.$$

証明 $1 < p < \infty$ の場合のみ証明する．まず，Hölder の不等式と (3.5) により

$$|P^\alpha f(\zeta)|^p \leqq \left(\sum_{\gamma \in \boldsymbol{\Gamma}} |f(\gamma(\zeta))| \frac{|\gamma'(\zeta)|}{|\mathfrak{g}'(\zeta)|}\right)^p \leqq \sum_{\gamma \in \boldsymbol{\Gamma}} |f(\gamma(\zeta))|^p \frac{|\gamma'(\zeta)|}{\rho(\zeta)}$$

が成り立つ．ここで，$\rho(\zeta) = \rho(\gamma(\zeta))|\gamma'(\zeta)|$ $(\gamma \in \boldsymbol{\Gamma})$ に注意すれば，

$$\int_{\mathbb{T}} |f(\gamma(\zeta))|^p \frac{|\gamma'(\zeta)|}{\rho(\zeta)}\,|d\zeta| = \int_{\mathbb{T}} \frac{|f(\gamma(\zeta))|^p}{\rho(\gamma(\zeta))}\,|d\zeta| = \int_{\mathbb{T}} \frac{|f(\zeta)|^p}{\rho(\zeta)} \cdot |(\gamma^{-1})'(\zeta)|\,|d\zeta|$$

を得るから，もう一度 (3.5) を使えば，

$$\begin{aligned}\|P^\alpha f\|_p^p &\leqq \sum_{\gamma\in\Gamma}\int_{\mathbb{T}}\frac{|f(\zeta)|^p}{\rho(\zeta)}\cdot|(\gamma^{-1})'(\zeta)|\,d\sigma(\zeta)\\ &=\int_{\mathbb{T}}\frac{|f(\zeta)|^p}{\rho(\zeta)}\cdot\sum_{\gamma\in\Gamma}|(\gamma^{-1})'(\zeta)|\,d\sigma(\zeta)\\ &=\int_{\mathbb{T}}|f(\zeta)|^p\,d\sigma(\zeta)=\|f\|_p^p\,.\end{aligned}$$

故に，$P^\alpha(f)\in L^p$ 且つ $\|P^\alpha f\|_p\leqq\|f\|_p$ が成り立つ．また，$\varphi\in\Gamma^*$ に対し

$$\begin{aligned}(P^\alpha f)(\varphi(\zeta)) &= \frac{\mathfrak{g}(\varphi(\zeta))}{\mathfrak{g}'(\varphi(\zeta))}\sum_{\gamma\in\Gamma}e^{-2\pi i\alpha(\gamma)}f(\gamma\circ\varphi(\zeta))\frac{\gamma'(\varphi(\zeta))}{\gamma(\varphi(\zeta))}\\ &= \frac{\mathfrak{g}(\zeta)}{\mathfrak{g}'(\zeta)}\sum_{\gamma\in\Gamma}e^{2\pi i\alpha(\varphi)}e^{-2\pi i\alpha(\gamma)}f(\gamma(\zeta))\frac{\gamma'(\zeta)}{\gamma(\zeta)}\\ &= e^{2\pi i\alpha(\varphi)}(P^\alpha f)(\zeta)\end{aligned}$$

であるから，$P^\alpha f\in L^p(d\sigma,\alpha)$ が示された．もし $f\in L^p(d\sigma,\alpha)$ ならば，$P^\alpha f=f$ であることは等式 (3.5) を利用した計算で分る． □

定理 3.4 (Pommerenke) Γ を Widom 群とし，$\theta_\mathfrak{g}$ を $\mathfrak{g}'$ の内因数とする．また，Γ の指標 $\alpha\in\Gamma^*$ と $1\leqq p\leqq\infty$ を任意に固定する．このとき，$h\in H^p(\mathbb{D})$ に対し $f=P^\alpha(\theta_\mathfrak{g}h)$, 即ち

$$f(z)=\frac{\mathfrak{g}(z)}{\mathfrak{g}'(z)}\sum_{j=0}^{\infty}e^{-2\pi i\alpha(\gamma_j)}\theta_\mathfrak{g}(\gamma_j(z))h(\gamma_j(z))\frac{\gamma_j'(z)}{\gamma_j(z)} \tag{3.12}$$

と定義すれば，$f(z)\in H^p(\mathbb{D},\alpha)$ が成り立つ．さらに

$$\|f\|_p\leqq\|h\|_p \quad\text{且つ}\quad f(0)=\theta_\mathfrak{g}(0)h(0) \tag{3.13}$$

を満たす．特に，$h(0)\neq 0$ ならば，f は恒等的に 0 とはならない．

証明 $p=1$ または $p=\infty$ の場合は単純であるから，$1<p<\infty$ を仮定する．まず，$f\in H^p(\mathbb{D})$ を示す．(3.12) の右辺の第 n 部分和を f_n と書く．$\theta_\mathfrak{g}$ は $\mathfrak{g}'$ の内因数であり，各 γ_j は $\mathfrak{g}$ の因数であるから，f_n は $\mathbb{D}$ 上で正則である．また，$\theta_\mathfrak{g}$ は指標的保型函数であるから，Hölder の不等式と (3.3) により

補題 3.3 の証明と類似の計算で
$$|f_n(z)|^p \leq \frac{|\theta_{\mathfrak{g}}(z)|}{|\mathfrak{g}'(z)|} \sum_{j=0}^{n} |h(\gamma_j(z))|^p |\gamma_j'(z)| \leq \sum_{j=0}^{n} |h(\gamma_j(z))|^p |\gamma_j'(z)|/\rho(z)$$
が示される.両辺の $\mathbb{T}$ 上での非接極限をとれば,
$$|f_n^*(\zeta)|^p \leq \sum_{j=0}^{n} |h^*(\gamma_j(\zeta))|^p |\gamma_j'(\zeta)|/\rho(\zeta) \quad \text{a.e.}$$
が得られる.ここで,$\rho(\zeta) = \rho(\gamma(\zeta))|\gamma'(\zeta)|$ ($\gamma \in \mathbf{\Gamma}$) に注意すれば,
$$\int_{\mathbb{T}} |h^*(\gamma(\zeta))|^p \frac{|\gamma'(\zeta)|}{\rho(\zeta)} |d\zeta| = \int_{\mathbb{T}} \frac{|h^*(\zeta)|^p}{\rho(\zeta)} \cdot |(\gamma^{-1})'(\zeta)| |d\zeta|$$
となる.従って,
$$\|f_n\|_p^p = \int_{\mathbb{T}} |f_n^*(\zeta)|^p \, d\sigma(\zeta) \leq \sum_{j=0}^{n} \int_{\mathbb{T}} \frac{|h^*(\zeta)|^p}{\rho(\zeta)} \cdot |(\gamma_j^{-1})'(\zeta)| \, d\sigma(\zeta)$$
$$\leq \int_{\mathbb{T}} \frac{|h^*(\zeta)|^p}{\rho(\zeta)} \cdot \sum_{j=0}^{n} |(\gamma_j^{-1})'(\zeta)| \, d\sigma(\zeta)$$
$$\leq \int_{\mathbb{T}} |h^*(\zeta)|^p \, d\sigma(\zeta) = \|h\|_p^p < \infty$$
であるから,$f_n \in H^p(\mathbb{D})$ 且つ $\|f_n\|_p \leq \|h\|_p$ が分った.この計算で同時に
$$\sum_{j=0}^{\infty} \int_{\mathbb{T}} \frac{|h^*(\zeta)|^p}{\rho(\zeta)} \cdot |(\gamma_j^{-1})'(\zeta)| \, d\sigma(\zeta) = \int_{\mathbb{T}} |h^*(\zeta)|^p \, d\sigma(\zeta) < \infty$$
も示されたから,特に $n > m$ ならば,
$$\|f_n - f_m\|_p^p \leq \sum_{j=m+1}^{n} \int_{\mathbb{T}} \frac{|h^*(\zeta)|^p}{\rho(\zeta)} \cdot |(\gamma_j^{-1})'(\zeta)| \, d\sigma(\zeta) \to 0 \quad (m, n \to \infty).$$
故に,函数列 $\{f_n(z)\}$ は $H^p(\mathbb{D})$ の Cauchy 列である.従って,$H^p(\mathbb{D})$ で収束するが,$\{f_n\}$ は f を定義する級数の部分列であったから,$\mathbb{D}$ 上で広義一様に $f_n(z) \to f(z)$ であり,$H^p(d\sigma)$ 内で $f_n^* \to f^*$ が成り立つ.また,$\|f_n\|_p \leq \|h\|_p$ ($n = 1, 2, \ldots$) より $\|f\|_p \leq \|h\|_p$ も正しい.さらに,$f^* = P^\alpha(\theta_{\mathfrak{g}}^* h^*)$ であるから,補題 3.3 により $f^* \in L^p(d\sigma, \alpha) \cap H^p(d\sigma) = H^p(d\sigma, \alpha)$ が分る.従って,$f \in H^p(\mathbb{D}, \alpha)$ が成り立つ.

最後に,$\mathfrak{g}(0)/\gamma_j(0)$ は $j \neq 0$ に対しては 0,$j = 0$ については $\mathfrak{g}'(0)$ に等しいから,$f(0) = \theta_{\mathfrak{g}}(0) h(0)$ が成り立つ. $\square$

3.3 Widom の定理との関連 Widom 群と第 V 章で説明した PW 面との関連について述べる．Fuchs 群 Γ の Green 函数 $\mathfrak{g}(z)$ は指標的保型函数であるから，開集合 $\{z \in \mathbb{D} : |\mathfrak{g}(z)| < r\}$ $(0 < r < 1)$ は Γ で不変である．$G(r)$ をこの集合の 0 の連結成分とし，$\Gamma(r) = \{\gamma \in \Gamma : \gamma(G(r)) = G(r)\}$ を $G(r)$ の固定部分群とする．

定理 3.5 (Pommerenke) 収束型 Fuchs 群 Γ について次は同値である：

(a) Γ は Widom 型である．

(b) $G(r)/\Gamma(r)$ の 1 次元 Betti 数 $b(r)$ は次を満たす：
$$\int_0^1 b(r) r^{-1}\, dr < \infty\,.$$

(c) $\partial G(r) \cap \partial \mathbb{D}$ は高々有限個の放物的固定点の合同類よりなり，さらに
$$\prod_k |\mathfrak{g}(z_k)| > 0$$
を満たす．但し，$\{z_k\}$ は $\mathfrak{g}'(z)$ の $\mathbb{D}$ 内での非合同な零点と $\partial \mathbb{D}$ 上での非合同な放物的固定点の完全代表系を重複度を考慮して並べたものである．

もし Γ が放物元を含まぬときは条件 (c) は次と同等である：

(c′) $\mathfrak{g}'(z)$ の $\mathbb{D}$ 内での非合同な零点の完全代表系を重複度を考慮して並べたものを $\{z_k\}$ とすれば，$\prod_k |\mathfrak{g}(z_k)| > 0$ を満たす．

もし Γ が Widom 群ならば，$\mathfrak{g}'(z)$ の内因数は次で与えられる：
$$\theta_{\mathfrak{g}}(z) = \prod_k \mathfrak{g}(z, z_k)\,. \tag{3.14}$$

さらに，もし Γ が放物元を含まぬとき，即ち $\mathbb{D}/\Gamma$ が正則のときは，$\mathfrak{g}'(z)$ の内因数 $\theta_{\mathfrak{g}}$ は Blaschke 積である．

3.4 定理 3.5 の証明 以下では，簡単のため，Fuchs 群 Γ は放物元を含まぬことを仮定する．一般の場合の証明は Pommerenke [87, 422–426 頁] を参照されたい．準備として，Widom の結果の一部分 (定理 V.3.3) を形を変えて述べる．

補題 3.6 (Widom)　楕円的元を含まぬ Fuchs 群 に対して
$$\exp\left[\int_0^1 b(r)r^{-1}\,dr\right] = \sup_\alpha \left[\inf\{\,\|h\|_\infty : h \in H^\infty(\mathbb{D},\alpha),\ |h(0)| = 1\,\}\right]$$
が成り立つ．ここで α は $\mathbf{\Gamma}$ の全ての指標を動く．

証明　$\mathbf{\Gamma}$ は楕円的元を含まないから，$\mathbb{D}$ は $\mathcal{R} = \mathbb{D}/\mathbf{\Gamma}$ の普遍被覆面で，商写像は普遍被覆写像 ϕ と見なされる．また，$\mathbf{\Gamma}$ は ϕ の被覆変換群である．さて，$O = \phi(0)$ を極とする $\mathcal{R}$ の Green 函数を $g(O,p)$ と書けば，$g(O,\phi(z)) = -\log|\mathfrak{g}(z)|$ $(z \in \mathbb{D})$ が成り立つ．但し，$\mathfrak{g}(z)$ は原点 0 に関する $\mathbf{\Gamma}$ の Green 函数である（§2.2 参照）．任意の $0 < r < 1$ に対し $\kappa = -\log r$ とおけば，
$$R(\kappa, O) = \{\, p \in R : g(p,O) > \kappa \,\} = \{\, \phi(z) : |\mathfrak{g}(z)| < r \,\}$$
であるから，$\mathcal{R}$ の領域 $\mathcal{R}(\kappa, O)$ は $G(r)/\mathbf{\Gamma}(r)$ と等角同型である．1 次元 Betti 数を比較すれば，これから $B(\kappa, O) = b(r)$ が得られる．よって，$\int_0^1 b(r)r^{-1}\,dr = \int_0^\infty B(\kappa, O)\,d\kappa$．故に，求める結果は定理 V.3.3 より直ちに得られる．□

系　楕円的元を含まぬ Fuchs 群 $\mathbf{\Gamma}$ に対し，Riemann 面 $\mathcal{R} = \mathbb{D}/\mathbf{\Gamma}$ が PW 面であるための必要十分条件は次が成り立つことである：
$$\int_0^1 b(r)\,r^{-1}\,dr < \infty\,. \tag{3.15}$$

準備はできたので，定理 3.5 の証明を述べよう：

(a) $\Rightarrow$ (b) の証明　定理 3.4 において，$h(z) \equiv 1$ とおけば，$f \in H^\infty(\mathbb{D},\alpha)$ であって，$|f(z)| \leq 1$ および $f(0) = \theta_{\mathfrak{g}}(0)$ を満たす．故に，補題 3.6 より $\exp \int_0^1 b(r)r^{-1}\,dr \leq \theta_{\mathfrak{g}}(0)^{-1} < \infty$ 即ち，命題 (b) が成り立つ．□

(b) $\Rightarrow$ (c′) の証明　次に (b) を仮定する．補題 3.6 の系より $\mathcal{R} = \mathbb{D}/\mathbf{\Gamma}$ は PW 面である．我々の仮定により $\mathbf{\Gamma}$ は放物元を含まぬから，$\mathcal{R}$ は正則である．従って，$Z(0;\mathbf{\Gamma})$ を $\mathfrak{g}'(z)$ の零点の $\mathbf{\Gamma}$ に関する同値類の重複度を考慮した代表元の集合とすると，
$$\sum_{w \in Z(0;\mathbf{\Gamma})} \log \frac{1}{|\mathfrak{g}(w)|} = \sum_{q \in Z(O;R)} g(O,q) = \int_0^\infty B(\kappa, O)\,d\kappa < \infty$$
を得る．故に，$\prod_{w \in Z(0;\mathbf{\Gamma})} |\mathfrak{g}(w)| > 0$．□

証明を完成させるため，$w_r(z)$ を $\mathbb{D}$ から単連結領域 $G(r)$ の上への等角同型写像で，$w_r(0) = 0$ と $w_r'(0) > 0$ を満たすものとして，

$$\Phi(r) = \{ \varphi = w_r^{-1} \circ \gamma \circ w_r : \gamma \in \Gamma(r) \} \tag{3.16}$$

とおく．このとき次が成り立つ：

補題 3.7 $\Phi(r)$ は $\mathbb{D}$ に働く Fuchs 群である．

証明 もし或る $\gamma \in \Gamma$ に対し $\gamma(G(r)) \cap G(r) \neq \emptyset$ ならば，$\gamma(G(r)) \cap G(r)$ は連結であるから $G(r)$ に含まれることになって $\gamma(G(r)) \subseteq G(r)$ が成り立つ．従って，任意の $\gamma \in \Gamma$ に対し $\gamma(G(r)) = G(r)$ または $\gamma(G(r)) \cap G(r) = \emptyset$ のいずれかが成り立つ．$\gamma \in \Gamma(r)$ は $G(r) \to G(r)$ なる等角同型写像であるから，$\varphi : \mathbb{D} \to \mathbb{D}$ も同様であり，従って一次変換である．また，Γ は不連続点を持つから $\Phi(r)$ も同様である． □

補題 3.8 群 $\Phi(r)$ の原点 0 に関する Green 函数を $\mathfrak{g}_r(z)$ とすれば，$\mathfrak{g}_r(z) = r^{-1}\mathfrak{g}(w_r(z))$ が成り立つ．

証明 まず $B_r(z) = r^{-1}\mathfrak{g}(w_r(z))$ とおくと，$\mathfrak{g}(z)$ の指標を v_g として，

$$\begin{aligned} B_r(\varphi(z)) &= r^{-1}\mathfrak{g}(w_r \circ \varphi(z)) = r^{-1}\mathfrak{g}(\gamma \circ w_r(z)) \\ &= r^{-1}v_g(\gamma)\mathfrak{g}(w_r(z)) = v_g(\gamma)B_r(z) \quad (\varphi \in \Phi(r)) \end{aligned}$$

が成り立つから，$B_r(z)$ は $\mathfrak{g}(z)$ と同じ指標を持つ指標的保型函数である．$G(r)$ 上では $|\mathfrak{g}(z)| < r$ であるから，$\mathbb{D}$ 上では $|B_r(z)| < 1$ が成り立つ．$\mathfrak{g}(z)$ の $G(r)$ 上での零点は $\Gamma(r)(0)$ であるから，$B_r(z)$ の零点は $\Phi(r)(0)$ である．これは Blaschke 積 $\mathfrak{g}_r(z)$ の零点と同じであるから，$q(z) = B_r(z)/\mathfrak{g}_r(z)$ とおくとき，$0 < |q(z)| \leqq 1$ を得る．0 を含む円板 $U_0 \subset G(r)$ を十分小さくとれば，円板 $\gamma(U_0)$ ($\gamma \in \Gamma$) は互いに素で，これらの円板の外では $|\mathfrak{g}(z)| > \varepsilon > 0$ が成り立つような正数 ε が存在する．特に $G(r)$ の中で考えれば，$\gamma(U_0)$ ($\gamma \in \Gamma(r)$) は互いに素で，その外では $|\mathfrak{g}(z)| > \varepsilon$ が成り立つ．$U_1 = w_r^{-1}(U_0)$ とおくと，$\varphi(U_1)$ ($\varphi \in \Phi(r)$) は互いに素であり，その外では $|\mathfrak{g}(w_r(\zeta))| > \varepsilon$ が成り立つ．

従って，$\zeta \in \mathbb{D} \setminus \bigcup_{\varphi \in \Phi(r)} \varphi(U_1)$ では，
$$|q(\zeta)| = \left|\frac{B_r(\zeta)}{\mathfrak{g}_r(\zeta)}\right| > r^{-1}\varepsilon.$$
また，$\mathrm{Cl}\,U_1$ 上では $|q(\zeta)|$ は 0 にならない連続函数であるから，その最小値は正である．さらに，$|q(\zeta)|$ は $\Phi(r)$ 不変であるから，
$$|q(\zeta)| > \varepsilon' > 0 \qquad (\zeta \in \mathbb{D}) \tag{3.17}$$
を満たす正数 ε' が存在する．

一方，$\phi \circ w_r$ は $\mathfrak{R}(\log(1/r), O)$ の普遍被覆写像であるから，Martin 境界上の調和測度を保存する．これから，$\partial\mathbb{D}$ 上で $|\mathfrak{g}(w_r(\zeta))| = e^{-g(\phi \circ w_r(\zeta), O)} = r$ (a.e.) を得るから，$|q(\zeta)| = 1$ a.e. が分る．よって，$q(\zeta)$ は有界な内函数である．さらに，(3.17) を満たすから，$|q(\zeta)| \equiv 1$ でなければならない．従って，$q(\zeta) \equiv 1$ を得る． □

(c′) ⇒ (a) の証明 (c′) より
$$\prod_k \mathfrak{g}(0, z_k) = \prod_k |\mathfrak{g}(z_k)| > 0 \tag{3.18}$$
が成り立つ．z_k の選び方より，
$$\widetilde{\mathfrak{g}}(z) = \prod_k \mathfrak{g}(z, z_k), \quad h(z) = \frac{\widetilde{\mathfrak{g}}(z)}{\mathfrak{g}'(z)} \tag{3.19}$$
とおくと，(3.18) よりこれらは $\mathbb{D}$ 上で正則である．実際，Blaschke 積の収束の証明 (定理 IV.1.4 参照) と同様にして無限積 $\widetilde{\mathfrak{g}}(z)$ の収束が示される．また，$\mathfrak{g}'(z)$ の零点は $\mathfrak{g}(z)$ の臨界点であるが，これは重複度を込めて $\widetilde{\mathfrak{g}}(z)$ の零点に含まれているから，$h(z)$ も正則である．

さて，劣調和函数
$$\rho_r(z) = \left|\frac{rh(w_r(z))}{w_r'(z)}\right| \sum_{\varphi \in \Phi(r)} |\varphi'(z)| \tag{3.20}$$
を考察する．我々の Fuchs 群 $\Phi(r)$ の正規基本領域を $F(r)$ とすると，$\rho_r(z)$ は $\Phi(r)$ 不変であるから，劣調和函数 $\rho_r(z)$ は $F(r)$ の自由辺上で最大値に達

する．実際，そこでは補題 3.8 と (3.19) より

$$\rho_r(z) = \left| \frac{r\,h(w_r(z))}{w_r'(z)} \right| |\mathfrak{g}_r'(z)| = |h(w_r(z))\mathfrak{g}'(w_r(z))| = |\widetilde{\mathfrak{g}}(w_r(z))| \leqq 1$$

を得る．故に，$z \in \mathbb{D}$ に対して $\rho_r(z) < 1$ である．従って，(3.20) より

$$\sum_{\varphi \in \Phi(r)} |\varphi'(z)| \leqq \left| \frac{w_r'(z)}{rh(w_r(z))} \right| \quad (z \in \mathbb{D}). \tag{3.21}$$

ここで $z \in \mathbb{D}$ を固定して $r \to 1-0$ とする．(3.21) の左辺の各項は非負であり，$w_r(z) \to z$ 且つ $w_r'(z) \to 1$ であるから，(3.16) と (3.19) から次を得る：

$$\rho(z) = \sum_{\gamma \in \Gamma} |\gamma'(z)| \leqq \frac{1}{|h(z)|} = \left| \frac{\mathfrak{g}'(z)}{\widetilde{\mathfrak{g}}(z)} \right| \quad (z \in \mathbb{D}). \tag{3.22}$$

即ち，定理 3.1 の条件 (c) が成り立つ．故に，Γ は Widom 型である． □

(3.14) の証明 $\mathfrak{g}'(z)$ の内因数 $\theta_\mathfrak{g}(z)$ は最も一般に考えて次の形に書かれる：

$$\theta_\mathfrak{g}(z) = \mathfrak{g}_0(z) \exp\left(-\frac{1}{2\pi} \int_{\partial \mathbb{D}} \frac{\zeta+z}{\zeta-z} \, d\mu(\zeta) \right). \tag{3.23}$$

但し，$\mathfrak{g}_0(z)$ は Blaschke 積で $\mathfrak{g}_0(0) > 0$ を満たし，μ は非負の特異測度である．(2.5) と (3.19) より，零点 $z_k \in \mathbb{D}$ から $\theta_\mathfrak{g}(z)$ への貢献は $\mathfrak{g}_0(z)$ に等しいことが分る．従って，$|\theta_\mathfrak{g}(z)| \leqq |\widetilde{\mathfrak{g}}(z)|$ が得られる．

一方，(3.22) により $0 < \tau < 1$ に対し次を得る：

$$\log\left|\frac{\widetilde{\mathfrak{g}}(0)}{\theta_\mathfrak{g}(0)}\right| = \frac{1}{2\pi\tau} \int_{|z|=\tau} \log\left|\frac{\widetilde{\mathfrak{g}}}{\theta_\mathfrak{g}}\right| |dz| \leqq \frac{1}{2\pi\tau} \int_{|z|=\tau} \log\left|\frac{\mathfrak{g}'}{\theta_\mathfrak{g}\rho}\right| |dz|.$$

$\mathfrak{g}'(z)$ の表示式 (3.4) を使えば，最右辺の積分は次のように変形される：

$$\int_{|z|=\tau} \log\left|\frac{\mathfrak{g}'}{\theta_\mathfrak{g}\rho}\right| |dz| =$$
$$= \int_{\partial\mathbb{D}} \left\{ \int_{\partial\mathbb{D}} \operatorname{Re}\left[\frac{\zeta+\tau z}{\zeta-\tau z}\right] \log \rho(\zeta) |d\zeta| - \log \rho(\tau z) \right\} |dz|$$
$$= \int_{\partial\mathbb{D}} \log \rho(\zeta) |d\zeta| - \int_{\partial\mathbb{D}} \log \rho(\tau z) |dz|.$$

ところが，$\rho(\tau z) \leqq 4\rho(z)$ $(z \in \partial\mathbb{D})$ であるから，Lebesgue の収束定理により最終辺は $\tau \to 1-0$ のとき 0 に収束する．これから $|\widetilde{\mathfrak{g}}(0)/\theta_\mathfrak{g}(0)| \leqq 1$ が得られる．よって，上で示した $|\theta_\mathfrak{g}(z)| \leqq |\widetilde{\mathfrak{g}}(z)|$ と併せて考えれば，$|\theta_\mathfrak{g}(z)| = |\widetilde{\mathfrak{g}}(z)|$ が

分る．さらに，$\theta_{\mathfrak{g}}(0) > 0$ と $\widetilde{\mathfrak{g}}(0) > 0$ に注意すれば，求める結論 $\theta_{\mathfrak{g}}(z) = \widetilde{\mathfrak{g}}(z)$ が得られる．特に，$\theta_{\mathfrak{g}}(z)$ は Blaschke 積である． □

3.5 Widom 群における (DCT) 条件 Γ を Widom 群とする．このとき，Riemann 面 $\mathcal{R}_\Gamma = \mathbb{D}/\Gamma$ は PW 面であるから，順 Cauchy 定理の条件 (DCT) が考えられる (§VII.2.1 参照)．これを群 Γ の言葉で表してみよう．

(DCT$_\Gamma$) $-\nu$ を $\mathfrak{g}'(z)$ の内因数 $\theta_{\mathfrak{g}}(z)$ の指標とする．このとき，任意の $f \in H^1(-\nu)$ に対して次が成り立つ：

$$\int_\mathbb{T} \frac{f(z)}{\theta_{\mathfrak{g}}(z)} d\sigma(z) = \frac{f(0)}{\theta_{\mathfrak{g}}(0)}. \tag{3.24}$$

定理 3.9 Widom 群 Γ が (DCT$_\Gamma$) を満たすための必要十分条件は Riemann 面 $\mathcal{R}_\Gamma = \mathbb{D}/\Gamma$ が条件 (DCT) を満たすことである．

証明 簡単のため，Γ は放物元を含まぬとして証明する．まず，Γ が (DCT$_\Gamma$) を満たすと仮定する．h は $\mathcal{R}_\Gamma$ 上の有理型函数で，$|h(z)|g^{(O)}(z)$ は調和優函数を持つとする．但し，

$$g^{(O)}(z) = \exp\Big[-\sum\{g(z,w) : w \in Z(O, \mathcal{R}_\Gamma)\}\Big]$$

は §VII.1.2 の記号である．以下では，$z \in \mathbb{D}$ に対応する $\mathcal{R}_\Gamma$ 上の点も同じ z で表すことにすれば，定理 2.2 の証明の中で見たように $g(z,w) = -\log|\mathfrak{g}(z,w)|$ が成り立つから，$g^{(O)} \circ \phi = |\prod\{\mathfrak{g}(z,w) : \mathfrak{g}'(w) = 0\}| = |\theta_{\mathfrak{g}}|$ を得る．従って，$(h \circ \phi)\theta_{\mathfrak{g}} \in H^1(-\nu)$．これから，(DCT$_\Gamma$) によって

$$h(O) = h \circ \phi(0) = \frac{(h \circ \phi)(0) \cdot \theta_{\mathfrak{g}}(0)}{\theta_{\mathfrak{g}}(0)} = \int_\mathbb{T} \frac{(h \circ \phi)(z) \cdot \theta_{\mathfrak{g}}(z)}{\theta_{\mathfrak{g}}(z)} d\sigma(z)$$
$$= \int_\mathbb{T} (h \circ \phi)(z) d\sigma(z) = \int_{\Delta_1} \widehat{h}(b) d\chi(b)$$

となって，(DCT) が成り立つ．

逆に，$\mathcal{R}_\Gamma$ は (DCT) を満たすと仮定し，$\mathbb{D}$ 上の正則函数 $f(z)$ が $H^1(-\nu)$ に属するとする．このとき，$f(z)/\theta_{\mathfrak{g}}(z)$ は Γ 不変な有理型函数であるから，$\mathcal{R}_\Gamma$ 上の有理型函数 h で $h \circ \phi = f/\theta_{\mathfrak{g}}$ を満たすものが存在する．従って，$|hg^{(O)}| \circ \phi = |f|$ は $\mathbb{D}$ 上で調和優函数を持つから，$|h|g^{(O)}$ は $\mathcal{R}_\Gamma$ 上で調和優

函数を持つ. (DCT) により Δ_1 上ほとんど到るところ $\widehat{h}$ が存在して
$$h(O) = \int_{\Delta_1} \widehat{h}(b)\, d\chi(b)$$
が成り立つ. これを普遍被覆面 $\mathbb{D}$ に持ち上げれば,
$$\frac{f(0)}{\theta_{\mathfrak{g}}(0)} = \int_{\mathbb{T}} \frac{f(z)}{\theta_{\mathfrak{g}}(z)}\, d\sigma(z)$$
となって Γ が (DCT_{Γ}) を満たすことが示された. □

文献ノート

§1 は一次変換群の基本で. Ford [B11], Lehner [B26], 辻 [B43] 等を参考にした. §2 も古典的で, Kra [B23] も参照した. §2.4 は Kra [B23] より引用した. §3 が本章の主要部で, PW 型 Riemann 面をその被覆変換群である Fuchs 群で特徴づける Pommerenke 理論を原論文 [87] に従って解説した. この論文には, §3.1 の最初に述べた収束型 Fuchs 群の分類における他の型や, 放物的固定点についての詳しい議論がある. なお, §3.5 で扱った Widom 群における (DCT) 条件は Sodin-Yuditskii [105] が与えた群論的条件を参考にした. また, この条件を満たす群の性質としては林 [55] も参照せよ.

なお, 最近研究が盛んな指標保型的 Hardy 空間については, Alpay-Mboup [8], Kupin-Yuditskii [67], Yuditskii [116] を参考までに挙げておく.

第 IX 章

Forelli の条件つき平均作用素

Riemann 面上の函数解析をその普遍被覆面と Fuchs 群の考察から研究するにあたって特に有効な手段が Forelli の条件つき平均作用素である．本章では，Pommerenke の Poincaré 級数による具体的表現とその応用として，Cauchy-Read の定理の Earle-Marden の証明，Carleson の等質集合に関するコロナ定理に関する Jones-Marshall の考察等を述べる．

§1 コンパクト縁つき Riemann 面の Fuchs 群

一般の Riemann 面は正則近似列を経由して考察することとし，まずコンパクト縁つき面を定義する Fuchs 群の検討から始める．

1.1 基本事項 Riemann 面 $\mathcal{R}$ はより大きな Riemann 面に含まれ，境界 $\partial \mathcal{R}$ が互いに素な n 個の解析曲線 C_j よりなるコンパクト縁つき Riemann 面の内部であるとする．§VIII.2 で見たように，$\mathcal{R}$ の普遍被覆面を $\mathbb{D}$ と同一視し，$\phi = \phi_{\mathcal{R}} : \mathbb{D} \to \mathcal{R}$ を局所的に等角同型な被覆写像とすると，被覆変換群 $\mathbf{\Gamma} = \mathbf{\Gamma}_{\mathcal{R}}$ は一次変換からなる有限生成自由群であって，$\mathcal{R}$ は $\mathbf{\Gamma}$ の軌道の空間 $\mathbb{D}/\mathbf{\Gamma}$ と同一視される．境界成分は解析曲線であるから，F_0 を $\mathbf{\Gamma}$ の正規基本領域とするとき，ϕ は F_0 の各自由辺 I_j まで (端点も含めて) 解析接続され，I_j を対応する $\partial \mathcal{R}$ の成分 C_j に写す．従って，F_0 の $\mathbb{C}$ の中での境界 ∂F_0 は $\mathbf{\Gamma}$ の極限点を含まぬから，∂F_0 は有限個の辺 ($\mathbf{\Gamma}$ の元の等距離円の弧) と有限個の自由辺 ($\partial \mathbb{D}$ の弧) よりなる．よって，∂F_0 の辺を定義する $\mathbf{\Gamma}$ の元以外の $\mathbf{\Gamma} \setminus \{\iota\}$ の元を γ とするとき，$\gamma(\mathrm{Cl}\, F_0) \cap \mathrm{Cl}\, F_0 = \emptyset$ が成り立つ．

定理 VIII.1.4 の系により $\mathbf{\Gamma}$ の極限集合 $\Lambda = \Lambda(\mathbf{\Gamma})$ は $\partial \mathbb{D}$ に含まれるが，上の考察から $\mathbf{\Gamma}$ の不連続領域 $\Omega(\mathbf{\Gamma}) = \overline{\mathbb{C}} \setminus \Lambda$ (以下では，$\widehat{\mathbb{D}}$ とも記す) は連結で，

軌道空間 $\widehat{\mathbb{D}}/\mathbf{\Gamma}$ は $\mathcal{R}$ の対称化 $\widehat{\mathcal{R}}$ と同一視され，拡張された $\phi: \widehat{\mathbb{D}} \to \widehat{\mathbb{D}}/\mathbf{\Gamma} = \widehat{\mathcal{R}}$ は正則である．また，$\phi^{-1}(\partial\mathcal{R}) = \partial\mathbb{D} \setminus \Lambda$ が成り立つ．実際，$\mathbf{\Gamma} \setminus \{\iota\}$ の全ての元の等距離円の外部を F_0' と書けば，F_0' は F_0 の対称化であって，境界 $\partial F_0'$ は F_0 の辺とその対称化からなり，F_0 の自由辺 (端点は除く) は F_0' の内部に含まれる．我々は F_0 の自由辺 (端点の一つを含む) の合併を $\mathfrak{I}$ と書く．このとき，$\mathfrak{I}$ の各区間は ϕ により $\partial\mathcal{R}$ の各成分に 1 対 1 に写され，

$$\gamma(\mathfrak{I}) \cap \varphi(\mathfrak{I}) = \emptyset \quad (\gamma, \varphi \in \mathbf{\Gamma},\ \gamma \neq \varphi), \tag{1.1}$$

$$\mathbf{\Gamma}(\mathfrak{I}) = \partial\mathbb{D} \setminus \Lambda \tag{1.2}$$

が成り立つ．我々の $\mathcal{R}$ は明らかに正則な PW 面であるから，その被覆変換群 $\mathbf{\Gamma}$ は有限生成な Widom 群で放物元を含まない．従って，§VIII.3 に述べた一般論よりも精密な考察ができるので，改めて詳しく述べることにした．

まず，定理 III.6.3 を $\mathcal{R}' = \mathbb{D}$, $d\chi_{\mathcal{R}'} = d\sigma$ として適用すれば，ϕ は $\partial\mathcal{R}$ 上の調和測度と $\partial\mathbb{D}$ 上の正規化された Lebesgue 測度 σ の等距離変換である．この一つの応用が次である．

定理 1.1 極限集合 Λ の 1 次元 Lebesgue 測度は 0 である．

証明 定理 III.6.3 を $\mathcal{R}' = \mathbb{D}$ に適用すれば，$\sigma(\partial\mathbb{D} \setminus \Lambda) = \sigma(\phi^{-1}(\partial\mathcal{R})) = \chi_{\mathcal{R}}(\partial\mathcal{R}) = 1$ を得る．故に，$\sigma(\Lambda) = 0$. □

定理 1.2 $\partial\mathbb{D}$ 上の可積分函数 $f(z)$ が $\mathbf{\Gamma}$ 不変 (即ち，全ての $\gamma \in \mathbf{\Gamma}$ に対して $f(\gamma(z)) = f(z)$ a.e.) ならば，次が成り立つ：

$$\int_{\partial\mathbb{D}} f(z)\,|dz| = \int_{\mathfrak{I}} f(z)\rho(z)\,|dz|. \tag{1.3}$$

但し，密度函数 ρ は次で与えられる：

$$\rho(\zeta) = \sum_{\gamma \in \mathbf{\Gamma}} |\gamma'(\zeta)|. \tag{1.4}$$

証明 $f(z)$ が $\partial\mathbb{D}$ 上で可積分ならば，(1.1), (1.2) から公式

$$\int_{\partial\mathbb{D}} f(z)\,|dz| = \sum_{\gamma \in \mathbf{\Gamma}} \int_{\gamma(\mathfrak{I})} f(z) = \int_{\mathfrak{I}} \left(\sum_{\gamma \in \mathbf{\Gamma}} f(\gamma(\zeta))|\gamma'(\zeta)|\right) |d\zeta| \tag{1.5}$$

が導かれる．特に，$f(z)$ が $\mathbf{\Gamma}$ 不変の場合が (1.3) である． □

特に，(1.3) で $f(z) = 1$ とすれば，$\int_{\mathfrak{J}} \rho(z) |dz| = 2\pi$ であるから，$\partial \mathbb{D}$ 上で $\rho < \infty$ a.e. であるが，さらに強い結果も正しい．実際，$\mathfrak{R}$ は Green 函数を持つから，Fuchs 群 Γ は収束型である．従って，補題 VIII.2.4 により級数 (1.4) は $\widehat{\mathbb{D}} \setminus \mathrm{Cl}\,\Gamma(\infty)$ 上で広義一様収束する．よって，特に次が成り立つ．

定理 1.3 級数 (1.4) は $\mathrm{Cl}\,F_0$ の近傍で一様収束する．特に，$\rho(z)$ は $\mathfrak{J}$ 上で有界且つ連続である．

普遍被覆写像 ϕ により $\mathfrak{R}$ または $\widehat{\mathfrak{R}}$ 上の函数 f または微分 $\beta = h(z)\,dz$ を $\mathbb{D}$ または $\widehat{\mathbb{D}}$ 上の函数で次の性質を満たすものと同一視するのが便利である：

$$f(\gamma(z)) = f(z) \qquad (\gamma \in \Gamma)\,, \tag{1.6}$$
$$h(\gamma(z))\gamma'(z) = h(z) \qquad (\gamma \in \Gamma)\,. \tag{1.7}$$

ここで，(1.6) は f が Γ 不変または**保型的**ということであり，(1.7) は $h(z)$ が §VIII.2.3 で定義した -2 次元の保型函数を意味する．対称化 $\widehat{\mathfrak{R}}$ に対しては，**対合** j ($\widehat{\mathfrak{R}}$ の自己同型写像 j で $j \circ j = \mathrm{Id}$ を満たすもの) が $\widehat{\mathbb{D}}$ の逆等角対合 $j(z) = 1/\bar{z}$ を用いて自然に定義される．さらに，この j からは $\widehat{\mathfrak{R}}$ 上の有理型函数または有理型微分の対合 j^* が $\widehat{\mathbb{D}}$ を経由して次のように定義される：

$$j^*(f)(z) = \bar{f} \circ j\,, \tag{1.8}$$
$$j^*(h(z)\,dz) = -z^{-2}\bar{h}(1/\bar{z})\,dz = \bar{h}(jz)\,d(1/z)\,. \tag{1.9}$$

特に，$j^*f = f$ または $j^*\beta = \beta$ を満たすとき**対称**であると云う．定義から，f が対称であるための条件は f が $\mathfrak{J}$ 上で実数値であること，β が対称であるための条件は β が $\mathfrak{J}$ 上で実微分であることが分る．さらに，任意の微分 β に対し，$\beta_1 = \frac{1}{2}(\beta + j^*\beta)$ および $\beta_2 = (1/2i)(\beta - j^*\beta)$ とおけば，β_1 と β_2 は対称で $\beta = \beta_1 + i\beta_2$ を満たす．

1.2 Green 函数と Poincaré 級数 Γ の原点に関する Green 函数 $\mathfrak{g}(z)$ を (VIII.2.4) によって定義する．即ち，

$$\mathfrak{g}(z) = \prod_{\gamma \in \Gamma} e^{-i\vartheta(\gamma)}\gamma(z)\,, \quad \vartheta(\gamma) = \arg(\gamma(0)) \tag{1.10}$$

(但し，$\vartheta(\iota) = 0$) とおく．定理 VIII.2.3 の証明をまねれば，Green 函数 $\mathfrak{g}(z)$ は $\bar{F}_0 = \mathrm{Cl}\,F_0$ の近傍で一様絶対収束することが分る．従って，$\mathfrak{g}(z)$ は $\bar{F}_0$ の

近傍で正則であり，$\mathfrak{g}'(z)$ も同様である．無限積 (1.10) を対数微分すれば，

$$\mathfrak{g}'(z) = \sum_{\gamma \in \mathbf{\Gamma}} \frac{\gamma'(z)}{\gamma(z)} \mathfrak{g}(z)$$

を得るが，この右辺も $\overline{F}_0$ の近傍で一様絶対収束する．いま，$\mathbf{\Gamma}$ の元を (VIII.1.10) の形に書いてみれば，$\partial\mathbb{D}$ 上では $z\gamma'(z)/\gamma(z) = |\gamma'(z)| > 0$ が示される．従って，$z \in \overline{F}_0 \cap \partial\mathbb{D}$ ならば次の等式が得られる：

$$z \frac{\mathfrak{g}'(z)}{\mathfrak{g}(z)} = \sum_{\gamma \in \mathbf{\Gamma}} z \frac{\gamma'(z)}{\gamma(z)} = \sum_{\gamma \in \mathbf{\Gamma}} \left|\frac{\gamma'(z)}{\gamma(z)}\right| = \rho(z) . \qquad (1.11)$$

さて，§VIII.2.3 で述べたように，$\mathfrak{R}$ 上の問題を普遍被覆面である $\mathbb{D}$ へ持上げて論ずるとき，Poincaré 級数が極めて有用である．我々は，$\mathbb{D}, \widehat{\mathbb{D}}$ または $\partial\mathbb{D}$ 上の任意の函数 $f(z)$ に対し $f(z)$ の Poincaré 級数 Θf を次で定義する：

$$\Theta f(z) = \sum_{\gamma \in \mathbf{\Gamma}} f(\gamma(z))\gamma'(z) . \qquad (1.12)$$

このままでは形式的な級数に過ぎないが，$f(z)$ を適当に制限すればこの右辺は級数は収束してさまざまな性質を持つ．例えば次が成り立つ：

定理 1.4 $H(z)$ が $\mathbf{\Gamma}$ の極限集合 Λ 上に極を持たぬ有理函数ならば，Poincaré 級数 $\Theta H(z)\,dz$ は $\widehat{\mathfrak{R}}$ 上の有理型微分である．

定理 VIII.2.3 によれば，$H(z)$ の極の全体を P とするとき，Poincaré 級数 $\Theta H(z)$ は $\widehat{\mathbb{D}} \setminus (\mathrm{Cl}\{\mathbf{\Gamma}(\infty)\} \cup \mathrm{Cl}\{\mathbf{\Gamma}(P)\})$ 上で広義一様に絶対収束する．従って，$\Theta H(z)\,dz$ は $\mathbf{\Gamma}$ 不変な $\widehat{\mathbb{D}}$ 上の有理型微分となり，$\widehat{\mathfrak{R}}$ 上の有理型微分を定義する．特に，$H(z) = 1/z$ の場合を α と書く．即ち，

$$\alpha = \Theta\left(\frac{1}{z}\right) dz = \sum_{\gamma \in \mathbf{\Gamma}} \frac{\gamma'(z)}{\gamma(z)} dz = \frac{\mathfrak{g}'(z)}{\mathfrak{g}(z)} dz . \qquad (1.13)$$

この微分は $\widehat{\mathfrak{R}}$ 上の微分として $\phi(0)$ および $\phi(\infty)$ で単純な極を持つ以外は正則である．$\widehat{\mathfrak{R}}$ の種数を $\widehat{g}$ とすれば，Riemann-Roch の定理 (特に，(A.14) 参照) により $\deg \alpha = 2\widehat{g} - 2$ であるから，α は $\widehat{\mathfrak{R}}$ 上に $2\widehat{g}$ 個の単純な零点を持つ．従って，$\mathfrak{R}$ 上に $\widehat{g}$ 個の単純な零点を持つ．(1.11) を参照すれば，次を得る：

$$\alpha = \rho(z) \frac{dz}{z} = i\rho(z)|dz| \qquad (z \in \mathfrak{I}) . \qquad (1.14)$$

§2 条件つき平均作用素

本節では Forelli の条件つき平均作用素を Earle-Marden [26] に従って導入し，その基本性質を調べ，Hardy 族理論に応用する．

2.1 基本定義 $\mathbb{D}, \widehat{\mathbb{D}}$ または $\partial\mathbb{D} (= \mathbb{T})$ 上の函数 f に対して，作用素 E を

$$(Ef)(z) = \sum_{\gamma \in \Gamma} \frac{f(\gamma(z))\gamma'(z)}{\gamma(z)} \cdot \frac{\mathfrak{g}(z)}{\mathfrak{g}'(z)} \quad (2.1)$$
$$= \Theta(f/z)/\Theta(1/z)$$

と定義し，**条件つき平均**作用素と呼ぶ．特に，$\partial\mathbb{D}$ 上では，§1.2 で見たように，$|\gamma'(z)| = z\gamma'(z)/\gamma(z) > 0$ 且つ $z\mathfrak{g}'(z)/\mathfrak{g}(z) = \rho(z)$ であるから，

$$(Ef)(z) = \sum f(\gamma(z))|\gamma'(z)|/\rho(z) \quad (z \in \partial\mathbb{D}). \quad (2.2)$$

これは E が §VIII.3.2 で定義した射影作用素 P^α において α が恒等指標 (即ち，$\alpha(\gamma) \equiv 0$) の場合にあたる．従って，補題 VIII.3.3 により E は全ての $1 \leq p \leq \infty$ に対し $L^p(d\sigma)$ から Γ 不変な元の部分空間 $L^p_\Gamma(d\sigma)$ へのノルム 1 の線型射影である．即ち，E は Forelli [31] の意味での条件つき平均作用素である．特徴としては，$1 \leq p < \infty, p^{-1} + p'^{-1} = 1$ ならば，(2.2) より

$$E(fg) = fE(g) \quad (f \in L^p_\Gamma(d\sigma), g \in L^{p'}(d\sigma))$$

が成り立つから，(1.5) と (1.3) を利用して計算すれば，次が得られる：

$$\int_{\partial\mathbb{D}} fg\,d\sigma = \int_{\partial\mathbb{D}} fE(g)\,d\sigma \quad (f \in L^p_\Gamma(d\sigma), g \in L^{p'}(d\sigma)). \quad (2.3)$$

従って，さらに $f \in L^p(d\sigma)$ としても次が成り立つ：

$$\int_{\partial\mathbb{D}} fE(g)\,d\sigma = \int_{\partial\mathbb{D}} E(f)g\,d\sigma \quad (f \in L^p(d\sigma), g \in L^{p'}(d\sigma)). \quad (2.4)$$

次に，作用素 E の基本性質をまとめておく．

定理 2.1 (a) Ef はもし存在すれば Γ 不変である．
(b) f が Λ 上に極がない有理函数ならば，Ef は $\widehat{\mathfrak{R}}$ 上で有理型である．
(c) f 自身が Γ 不変ならば，$Ef = f$ が成り立つ．
(d) f が $\mathbb{D}$ 上の有界正則函数ならば，Ef は微分 α ((1.13) 参照) の零点でのみ極を持つ $\mathfrak{R}$ 上の有理型函数である．

証明 (a) と (c) は単純であり，(b) は定理 1.4 と同じであるから省略する．よって，(d) のみを示す．いま，$|f(z)| \leqq M$ とすれば，(2.1) より

$$|(Ef)(z)| \leqq \sum_{\gamma \in \Gamma} \frac{|f(\gamma(z))||\gamma'(z)|}{|\gamma(z)|} \cdot \frac{|\mathfrak{g}(z)|}{|\mathfrak{g}'(z)|} \leqq M \sum_{\gamma \in \Gamma} \frac{|\gamma'(z)|}{|\gamma(z)|} \cdot \frac{|\mathfrak{g}(z)|}{|\mathfrak{g}'(z)|}$$
$$= \frac{M}{|\mathfrak{g}'(z)|} \sum_{\gamma \in \Gamma} \frac{|\gamma'(z)||\mathfrak{g}(z)|}{|\gamma(z)|} \leqq \frac{M}{|\mathfrak{g}'(z)|} \cdot \rho(z)$$

が得られる．定理 1.3 により $\rho(z)$ は $\overline{F}_0$ 上で一様収束するから，級数 (2.1) は $\overline{F}_0 \cap \mathbb{D}$ 上で $\mathfrak{g}'(z)$ の零点を除いて広義一様に収束する．故に，$(Ef)(z)$ は $\mathcal{R}$ 上で微分 α の零点のみに極を持つ有理型函数である． $\square$

2.2 微分の空間 $\mathcal{A}(\mathcal{R})$ β を $\mathcal{R}$ 上の正則な微分とし，写像 ϕ により $\mathbb{D}$ に持上げたものを，$f(z)\,dz$ と書く．このとき，§1.1 でも注意したように，$f(z)$ は $\{\gamma'(z) : \gamma \in \Gamma\}$ を保型因子とする -2 次元の保型函数である．我々は特に $\mathcal{R}$ 上で正則で且つ $\overline{\mathcal{R}}$ 上で連続な微分の全体を $\mathcal{A}(\mathcal{R})$ と書く．

補題 2.2 任意の $\beta \in \mathcal{A}(\mathcal{R})$ に対応する $f(z)$ は $\mathbb{D}$ 上の 2 次元 Lebesgue 測度に関して可積分である．従って，任意の $z \in \mathbb{D}$ に対して次を満たす：

$$f(z) = -\frac{1}{2\pi i} \iint_{\mathbb{D}} f(\zeta)(1-\overline{\zeta}z)^{-2}\,d\zeta \wedge d\overline{\zeta}\,. \tag{2.5}$$

証明 F_0 を Γ の正規基本領域とすれば，次が成り立つ：

$$\iint_{\mathbb{D}} |f(\zeta)|\,|d\zeta \wedge d\overline{\zeta}| = \sum_{\gamma \in \Gamma} \iint_{\gamma(F_0)} |f(\zeta)|\,|d\zeta \wedge d\overline{\zeta}|$$
$$= \sum_{\gamma \in \Gamma} \iint_{F_0} |f(\gamma(z))||\gamma'(z)|^2\,|dz \wedge d\overline{z}|$$
$$= \iint_{F_0} |f(z)|\rho(z)\,|dz \wedge d\overline{z}|\,.$$

$|f(z)|\rho(z)$ は $\overline{F}_0$ 上で連続であるから，$\overline{F}_0$ 上で有界である．これから最終辺は有限となり，$f(z)$ は $\mathbb{D}$ 上で可積分であることが示された．

また，(2.5) は Bergman 核の再生公式としてよく知られているが，簡単に証明を述べておく．まず，任意の $a \in \mathbb{D}$ に対して $\varphi(z) = (a-z)/(1-\overline{a}z)$ とおくと，$f(\varphi(z))\varphi'(z)$ も $\mathbb{D}$ 上で正則且つ可積分であるから，極座標に直してか

ら (調和函数の) 平均値の定理を使えば，次が得られる：

$$f(\varphi(0))\varphi'(0) = -\frac{1}{2\pi i}\iint_{\mathbb{D}} f(\varphi(\zeta))\varphi'(\zeta)\,d\zeta \wedge d\overline{\zeta}. \tag{2.6}$$

いま，$t = \varphi(\zeta)$ とすれば，$\zeta = \varphi(t)$ であるから，(2.6) から次のように計算して求める公式が $z = a$ として得られる：

$$\begin{aligned}
f(a)(|a|^2 - 1) &= -\frac{1}{2\pi i}\iint_{\mathbb{D}} f(\varphi(\zeta))\frac{|a|^2-1}{(1-\overline{a}\zeta)^2}\,d\zeta \wedge d\overline{\zeta} \\
&= -\frac{1}{2\pi i}\iint_{\mathbb{D}} f(t)\,dt \wedge \left(\frac{|a|^2-1}{(1-\overline{a}t)^2}dt\right)^{-}. \qquad \square
\end{aligned}$$

さて，$\mathcal{A}(\mathcal{R})$ の内積を Dirichlet 積分で定義する：

$$(\beta_1, \beta_2) = \iint_{\mathcal{R}} \beta_1 \wedge \overline{{}^*\beta_2} = i\iint_{\mathcal{R}} \beta_1 \wedge \overline{\beta_2} \qquad (\beta_1, \beta_2 \in \mathcal{A}(\mathcal{R})).$$

このとき，$\mathcal{R}$ 上の任意の 1 輪体 C に対し，C に沿っての周期 $\int_C \beta$ を表現する正則微分 $\psi(C)$ が存在する．実際，以下の補題 2.3 で見るように，

$$2\pi \int_C \beta = (\beta, \psi(C)) \qquad (\beta \in \mathcal{A}(\mathcal{R}))$$

を満たす $\psi(C) \in \mathcal{A}(\mathcal{R})$ が一意に存在する．

$\mathcal{R}$ の対称化 $\widehat{\mathcal{R}}$ の種数を $\widehat{g}$ とすると，$\boldsymbol{\Gamma}$ は階数 $\widehat{g}$ の自由群である．$\boldsymbol{\Gamma}$ の生成元の集合 $\{\gamma_j : 1 \leqq j \leqq \widehat{g}\}$ を一つ選んで固定し，

$$h_j(z) = z\overline{\zeta}_j/(1-\overline{\zeta}_j z), \quad \zeta_j = \gamma_j(0) \qquad (1 \leqq j \leqq \widehat{g}) \tag{2.7}$$

とおく．次に，$\mathbb{D}$ 上で 0 から $\zeta_j = \gamma_j(0)$ に到る有向線分を $\mathcal{R}$ に射影してできる 1 輪体を C_j とし，それに付随する正則微分を $\psi(C_j)$ と書く．即ち，

$$2\pi \int_{C_j} \beta = (\beta, \psi(C_j)) \qquad (\beta \in \mathcal{A}(\mathcal{R}))$$

と定義する．1 輪体 C_j のホモトピー類は ζ_j のみで決るから，微分 $\psi(C_j)$ も同様であるが，これを条件つき平均作用素で表現することができる．

補題 2.3 (a) $(Eh_j)\alpha$ は $\widehat{\mathcal{R}}$ 上の正則微分である．
(b) $\psi(C_j) = (Eh_j)\alpha$ $(1 \leqq j \leqq \widehat{g})$.

証明 (a) まず, $(Eh_j)\alpha$ が $\widehat{\mathcal{R}}$ 上の正則微分であることを示そう. 定義より

$$(Eh_j)\alpha = \Theta\left(\frac{\overline{\zeta_j}}{1-\overline{\zeta_j}z}\right)dz \tag{2.8}$$

である. ところが, $|\zeta_j| = |\gamma_j(0)| < 1$ であるから, $h_j(z)/z$ は $\Lambda(\mathbf{\Gamma})(\subset\mathbb{T})$ には極がない有理関数である. 従って, 定理 1.4 により $(Eh_j)\alpha$ は $\widehat{\mathcal{R}}$ 上の有理型微分である. $\gamma_j(\infty) = 1/\overline{\zeta_j}$ であるから, $(Eh_j)\alpha$ の一般項

$$\frac{\overline{\zeta_j}}{1-\overline{\zeta_j}\gamma(z)}\gamma'(z)$$

を見れば, $(Eh_j)\alpha$ の極は $\gamma(z) = 1/\overline{\zeta_j} = \gamma_j(\infty)$, 即ち $\phi(\infty)\,(=\phi(1/\overline{\zeta_j}))$ のみで起り得る. しかし,

$$\Theta\left(\frac{\overline{\zeta_j}}{1-\overline{\zeta_j}z}\right) = \overline{\zeta_j}\left\{\frac{1}{1-\overline{\zeta_j}z} + \frac{(\gamma_j^{-1})'(z)}{1-\overline{\zeta_j}(\gamma_j^{-1})(z)}\right\} + f(z)$$

($f(z)$ は $1/\overline{\zeta_j}$ で正則) と変形してみれば, この式が $1/\overline{\zeta_j}$ の近傍で正則になることが分る. 従って, $(Eh_j)\alpha$ は $\widehat{\mathcal{R}}$ 上到るところ正則であることが示された. 故に, $\overline{\mathcal{R}}$ に制限してみれば, $(Eh_j)\alpha \in \mathcal{A}(\mathcal{R})$ が得られる.

(b) 任意に $\beta = f(z)\,dz \in \mathcal{A}(\mathcal{R})$ をとる. $f(z)$ に対する公式 (2.5) の両辺を 0 から ζ_j まで積分して変形すれば, $\zeta = \xi + i\eta$ として,

$$\int_0^{\zeta_j} f(z)\,dz = \frac{1}{\pi}\iint_{\mathbb{D}} f(\zeta)\zeta_j(1-\overline{\zeta}\zeta_j)^{-1}\,d\xi d\eta$$
$$= \sum_{\gamma\in\mathbf{\Gamma}}\iint_{\gamma(F_0)} f(\zeta)\zeta_j(1-\overline{\zeta}\zeta_j)^{-1}\,d\xi d\eta$$
$$= \sum_{\gamma\in\mathbf{\Gamma}}\iint_{F_0} f(\gamma(\zeta))\zeta_j(1-\overline{\gamma(\zeta)}\zeta_j)^{-1}|\gamma'(\zeta)|^2\,d\xi d\eta$$
$$= \iint_{F_0} f(z)\overline{\Theta}(\overline{\zeta_j}(1-\overline{\zeta_j}z)^{-1})(z)\,dxdy$$
$$= \tfrac{1}{2}(\beta, Eh_j\alpha)$$

が得られる. $\beta\in\mathcal{A}(\mathcal{R})$ は任意であったから, 求める等式が示された. □

2.3 部分空間 $\mathcal{N}$ 補題 2.3 で導入された函数 $Eh_j\,(1\leqq j\leqq\hat{g})$ で張られたベクトル空間を $\mathcal{N}$ と書けば, 次が成り立つ.

定理 2.4 (a) $\mathcal{N}$ の次元は $\hat{g}$ である.
 (b) $\mathcal{N}$ は $f\alpha$ が $\widehat{\mathcal{R}}$ 上で正則微分になるような $\widehat{\mathcal{R}}$ 上の有理型函数 f の全体である. 従って, 空間 $\mathcal{N}$ は Γ の生成元の選び方には依存しない.
 (c) $\mathcal{N}$ は $\partial \mathcal{R}$ 上で実数値をとる函数からなる基底を持つ.

証明 (a) $\widehat{\mathcal{R}}$ の種数は $\hat{g}$ であったから, $\widehat{\mathcal{R}}$ 上の正則微分の空間は $\hat{g}$ 次元である. もし $\psi(C_j)$ $(1 \leq j \leq \hat{g})$ が一次従属ならば, $\widehat{\mathcal{R}}$ 上の零でない正則微分で $\mathcal{R}$ 上で完全なものが存在するが, これは不可能である ([B2, 296頁] 参照).
 (b) 補題 2.3(a) により, $\mathcal{N}$ は $f\alpha$ が $\widehat{\mathcal{R}}$ 上で正則となるような函数 f の作るベクトル空間 $M(-(\alpha))$ の部分空間である. ところが, $\widehat{\mathcal{R}}$ 上の正則微分 β は $\beta = (\beta/\alpha)\alpha$ と書けるから, $\beta/\alpha \in M(-(\alpha))$ となり, $\dim M(-(\alpha)) = \hat{g}$ が分る. 従って, $\mathcal{N} = M(-(\alpha))$.
 (c) $\widehat{\mathcal{R}}$ 上の正則微分の基底 $\{\beta_j\}$ で各々が対称であるようなものをとる. これは §1.1 の最後の注意から分る. 一方, (1.14) から分るように, $i\alpha$ は $\mathcal{I}$ 上で実であるから, 対称である. 従って, $i\beta_j/\alpha$ も対称である. 即ち, $\partial \mathcal{R}$ 上で実である. 故に, 実数値をとる函数からなる基底が存在する. □

系 $f \in \mathcal{N}$ が $\mathcal{R}$ 上で正則ならば, $f \equiv 0$.

証明 $f = \sum c_j(Eh_j)$ とおく. もし f が $\mathcal{R}$ 上で正則ならば, $df \in \mathcal{A}(\mathcal{R})$ で且つ完全である. よって,
$$0 = 2\pi \sum \bar{c}_j \int_{C_j} df = (df, f\alpha) = i \iint_{\mathcal{R}} df \wedge \overline{f\alpha} = i \int_{\partial \mathcal{R}} |f|^2 \bar{\alpha}.$$
(1.14) から分るように $i\bar{\alpha}$ は $\partial \mathcal{R}$ 上で正である. これから f は $\partial \mathcal{R}$ 上で到るところ 0 となる. 故に, f は $\mathcal{R}$ 上到るところ消滅する. □

定理 2.5 f が $\mathcal{R}$ 上で有理型で, $f\alpha$ が $\mathcal{R}$ で正則ならば, $f - h$ が $\mathcal{R}$ 上で正則となる $h \in \mathcal{N}$ が一意に存在する.

証明 $\mathcal{P}$ をこのような函数 f の主部の作る空間とする. α は $\mathcal{R}$ で丁度 $\hat{g}$ 個の零点を持つから, $\dim \mathcal{P} = \hat{g}$ である. 定理 2.4 とその系より, 自然な射影 $\mathcal{N} \to \mathcal{P}$ は全単射である. これから結果は明らかである. □

2.4　$H^p(\mathcal{R})$ への応用　§IV.3 で述べた Riemann 面上の Hardy 族の定義はコンパクト縁つき面にも当てはまるが,Fuchs 群 $\mathbf{\Gamma}$ を $\phi = \phi_\mathcal{R} : \mathbb{D} \to \mathcal{R}$ の被覆変換群と見なすときは,$f \in H^p(\mathcal{R})$ と $f \circ \phi$ が $\mathbf{\Gamma}$ 不変 (または保型的) な $H^p(\mathbb{D})$ の元であることは同等である.我々は f と $f \circ \phi$ を同一視し,$H^p(\mathcal{R})$ を $\mathbf{\Gamma}$ 不変な $H^p(\mathbb{D})$ の元からなる部分空間 $H^p_{\mathbf{\Gamma}}(\mathbb{D})$ と見なすことができる.また,各 $f \in H^p(\mathbb{D})$ をその $\partial\mathbb{D}$ 上での非接境界値 f^* と同一視することにより,$H^p(\mathbb{D})$ を $L^p(d\sigma)$ の部分空間 $H^p(d\sigma)$ と見なすこともできる.従って,$H^p(\mathcal{R})$ を $H^p(d\sigma)$ の $\mathbf{\Gamma}$ 不変な元からなる部分空間 $H^p_{\mathbf{\Gamma}}(d\sigma)$ と同一視する.よって,$H^p(\mathcal{R}) = H^p_{\mathbf{\Gamma}}(\mathbb{D}) = H^p_{\mathbf{\Gamma}}(d\sigma) = L^p_{\mathbf{\Gamma}}(d\sigma) \cap H^p(\mathbb{D})$ という同一視が可能になる.

定理 2.6　$EH^p(\mathbb{D}) = H^p(\mathcal{R}) \oplus \mathcal{N}$ $(1 \leq p \leq \infty)$.

証明　E は $H^p(\mathcal{R})$ を動かさぬから,$H^p(\mathcal{R}) \subset EH^p(\mathbb{D})$.式 (2.7) で定義した函数 h_j は全ての $H^p(\mathbb{D})$ $(p \geq 1)$ に属するから,$\mathcal{N} \subset EH^p(\mathbb{D})$ である.定理 2.4 の系により $H^p(\mathcal{R}) \cap \mathcal{N} = \{0\}$ である.さらに,$\mathcal{N}$ は有限次元であるから,$H^p(\mathcal{R}) \oplus \mathcal{N}$ は $L^p_{\mathbf{\Gamma}}$ で閉で,自然な射影 $H^p(\mathcal{R}) \oplus \mathcal{N} \to H^p(\mathcal{R})$ は連続である.故に,$H^p(\mathcal{R}) \oplus \mathcal{N} \subset EH^p(\mathbb{D})$ が示された.

次に,$f \in H^\infty(\mathbb{D})$ とする.Ef は $\mathcal{R}$ 上で有理型で α の零点でのみその位数以内の極を持つ.よって,定理 2.5 により,$Ef - h \in H^\infty(\mathcal{R})$ を満たす $h \in \mathcal{N}$ が存在する.故に,$EH^\infty(\mathbb{D}) \subseteq H^\infty(\mathcal{R}) \oplus \mathcal{N}$.

最後に $f \in H^p(\mathbb{D})$ $(p < \infty)$ とする.$f_r(z) = f(rz)$ $(r < 1)$ とおくと,L^p 内で $f_r \to f$ であるから,定理 2.1 の前の注意により $L^p_{\mathbf{\Gamma}}$ 内で $Ef_r \to Ef$ が成り立つ.しかし,$Ef_r \in H^\infty(\mathcal{R}) + \mathcal{N} \subset H^p(\mathcal{R}) + \mathcal{N}$ であり,$H^p(\mathcal{R}) + \mathcal{N}$ は閉であるから,$EH^p(\mathbb{D}) \subset H^p(\mathcal{R}) + \mathcal{N}$ を得る.　□

定理 2.7　$L^p_{\mathbf{\Gamma}} = H^p_0(\mathcal{R}) \oplus \overline{H^p(\mathcal{R})} \oplus \mathcal{N}$ $(1 < p < \infty)$.

証明　古典的結果より,$L^p = H^p_0 \oplus \overline{H^p(\mathbb{D})}$ $(1 < p < \infty)$.$f \in L^p_{\mathbf{\Gamma}}$ を $f = g + \overline{h}$ $(g \in H^p_0, h \in H^p(\mathbb{D}))$ と書いて,E を施せば,$f = Ef = Eg + \overline{Eh}$ を得るから,定理 2.6 と定理 2.4 $(\overline{\mathcal{N}} = \mathcal{N})$ を適用すればよい.　□

これだけの準備ができれば,Cauchy-Read の定理 (定理 IV.3.5) の証明は簡単である.ここでは Earle-Marden [26] に従い,次の形で証明する.

定理 2.8 $f \in L_{\Gamma}^p$ が $H^1(\mathcal{R})$ に属するための必要十分条件は

$$\int_{\partial \mathcal{R}} f\beta = 0 \qquad (\beta \in \mathcal{A}(\mathcal{R})). \tag{2.9}$$

証明 $f \in H^1(\mathcal{R})$ が $\overline{\mathcal{R}}$ 上で連続ならば, (2.9) は Stokes の定理からすぐ分る. 任意の $f \in H^1(\mathcal{R})$ に対しては, $r < 1$ に対し Ef_r は $\partial \mathcal{R}$ 上で連続である. Q を $H^1(\mathcal{R}) \oplus \mathcal{N}$ から $H^1(\mathcal{R})$ への (連続な) 射影とすれば, QEf_r は $H^1(\mathcal{R})$ に属し, 且つ $\overline{\mathcal{R}}$ 上で連続である. 実際, 定理 2.4 により, $\mathcal{N}$ の函数は $\partial \mathcal{R}$ 上で連続であるから, Ef_r から $\mathcal{N}$ の函数を引いた QEf_r も $\partial \mathcal{R}$ 上で連続である. 従って, $\int_{\partial \mathcal{R}}(Ef_r)\beta = 0$ が成り立つ. $Ef_r \to QEf = f$ $(r \to 1)$ であるから, (2.9) が成り立つ.

逆に, $f \in L_{\Gamma}^1$ が (2.9) を満たすとすると, 全ての $n \geq 0$ に対し,

$$\begin{aligned}
0 &= \int_{\partial \mathcal{R}} f(z) \Theta(z^n) \, dz = \int_{\partial \mathcal{R}} f(z) E(z^{n+1}) \, \alpha \\
&= 2\pi i \int_{\mathfrak{J}} f(z) E(z^{n+1}) \rho(z) \, d\sigma = 2\pi i \int_{\partial \mathbb{D}} f(z) z^{n+1} \, d\sigma.
\end{aligned}$$

定理 IV.1.7(c) により $f \in H^1(\mathbb{D})$ を得るから, $f \in H^1(\mathbb{D}) \cap L_{\Gamma}^1 = H^1(\mathcal{R})$. □

§3 コロナ問題

本節では Jones-Marshall [64] に従って Riemann 面上のコロナ問題に関する Forelli 作用素の方法を述べる. 特に, 等質集合の補集合として得られる Denjoy 領域に対する Carleson のコロナ定理の証明に応用する.

3.1 問題の設定 $\mathcal{R}$ を Riemann 面とし, $H^\infty(\mathcal{R})$ を $\mathcal{R}$ 上の有界正則函数全体のなす環とする (§IV.3.1). 以下では, **$H^\infty(\mathcal{R})$ は $\mathcal{R}$ の点を分離すると仮定する**. 即ち, 任意の相異なる $p, q \in \mathcal{R}$ に対し $f(p) \neq f(q)$ を満たす $f \in H^\infty(\mathcal{R})$ が存在するとする. $\mathfrak{M} = \mathfrak{M}(H^\infty(\mathcal{R}))$ を $H^\infty(\mathcal{R})$ の極大イデアル空間, 即ち, 環 $H^\infty(\mathcal{R})$ から $\mathbb{C}$ への準同型写像 ϕ で $\phi(1) = 1$ を満たすもの全体の集合に $H^\infty(\mathcal{R})$ に関する弱位相を与えたものとする. このように定義された位相空間 $\mathfrak{M}$ を環 $H^\infty(\mathcal{R})$ の**極大イデアル空間**と呼ぶ. $H^\infty(\mathcal{R})$ は単位元を持つから, Banach 環の一般論により $\mathfrak{M}$ はコンパクト Hausdorff 空間である. 詳しくは, Hoffman [B21, 158 頁以下], 竹之内他 [B42, 62 頁] 等を参照されたい.

さて、$\mathcal{R}$ の各点 p は汎函数 $\varepsilon_p : f \mapsto f(p)$ によって $H^\infty(\mathcal{R})$ の複素準同型、即ち $\mathfrak{M}$ の元を定義する。$H^\infty(\mathcal{R})$ の各元は $\mathcal{R}$ 上で連続であるから、対応 $p \mapsto \varepsilon_p$ は $\mathcal{R}$ から $\mathfrak{M}$ の中への連続な写像である。また、$H^\infty(\mathcal{R})$ は $\mathcal{R}$ の点を分離するから、写像 $\varepsilon : p \mapsto \varepsilon_p$ は単射で、p と ε_p を同一視することにより、$\mathcal{R}$ を $\mathfrak{M}$ の部分集合と見なすことができる。$H^\infty(\mathbb{D})$ の理論と対比して考えれば、自然に浮かぶ疑問は次である：

(A) $\mathcal{R}$ から $\mathfrak{M}$ への埋め込み $\varepsilon : p \mapsto \varepsilon_p$ は開部分集合への位相同型か？

(B) $\mathcal{R}$ は $\mathfrak{M}$ の中で稠密か？

問題 (A) は PW 面については Stanton [108] の肯定的解答があるが、本書では立ち入らない。問題 (B) が本章の第二の主題でコロナ問題と呼ばれる。より具体的には次の通り：

コロナ問題 $f_1, \ldots, f_n \in H^\infty(\mathcal{R})$ と正数 $\delta > 0$ が全ての $p \in R$ に対して $1 \geqq \max_j |f_j(p)| \geqq \delta$ を満たすとき、
$$f_1 g_1 + \cdots + f_n g_n = 1$$
を満たす $g_1, \ldots, g_n \in H^\infty(\mathcal{R})$ は存在するか？

ここで、$f_1, \ldots, f_n$ を**コロナデータ**、$g_1, \ldots, g_n$ を対応する**コロナ解**、$\max_j \|g_j\|_\infty$ を**コロナ解の限界**と呼ぶ。これは 1941 年に角谷静夫が単位円板 $\mathbb{D}$ に対して提起した有名な問題で、1962 年に Carleson [22] によって肯定的に解決されその後の多くの研究の源となった。本書ではこの Carleson の結果を証明なしで利用する。

3.2 基本の定義 $\phi = \phi_\mathcal{R} : \mathbb{D} \to \mathcal{R}$ を普遍被覆写像とし、$\mathbf{\Gamma} = \mathbf{\Gamma}_\mathcal{R}$ を対応する被覆変換群とする。我々はさらに $\mathcal{R}$ は §V.1.2 の意味で正則であると仮定する。我々はこの条件の下で $\mathcal{R}$ を $\mathcal{R}(\alpha, \phi(0)) = \{z \in \mathcal{R} : g(\phi(0), z) > \alpha\}$ $(\alpha > 0)$ で近似する。$g(\phi(0), z)$ の臨界点は高々可算個であるから、近似に用いる $\alpha > 0$ は等高線 $g(\phi(0), z) = \alpha$ が臨界点を避けるように選ぶことができる。従って、$\mathcal{R}(\alpha, \phi(0))$ は有限個の互いに交わらぬ解析的 Jordan 曲線を境界とするコンパクト縁つき Riemann 面 (の内部) である。また、$\phi(0)$ を極とする領域 $\mathcal{R}(\phi(0), \alpha)$ の Green 函数は $g(\phi(0), z) - \alpha$ に等しい。

以下本節では，上記の $\mathcal{R}(\alpha,\phi(0))$ を改めて $\mathcal{R}$ と書く．即ち，$\mathcal{R}$ は §1.1 の意味でのコンパクト縁つき Riemann 面の内部である．この場合，§1 で述べたように，Γ の正規基本領域 F_0 (§VIII.1.6 参照) は有限個の $\partial \mathbb{D}$ の直交円の弧 (F_0 の辺と呼ぶ) と有限個の $\partial \mathbb{D}$ の弧 (F_0 の自由辺と呼ぶ) よりなる．

3.3 コロナ条件と臨界点 Green 函数 $g(\phi(0),z)$ の臨界点の全体を並べて $\{w_m\}$ とし，各 m に対して $\phi(z_{m,0})=w_m$ を満たす 1 点 $z_{m,0}\in\overline{F}_0$ を選び，$\Gamma=\{\gamma_0=\iota,\gamma_1,\gamma_2,\dots\}$ として $z_{m,k}=\gamma_k(z_{m,0})$ ($k=1,2,\dots$) とおく．

補題 3.1 $f\in H^\infty(\mathbb{D})$ が全ての m,k に対し $f(z_{m,k})=f(z_{m,0})$ を満たせば，$E(f)\in H^\infty_\Gamma$ 且つ $\|E(f)\|_\infty\leqq\|f\|_\infty$ が成り立つ．

証明 $E(1)=1$ であるから，(2.1) により
$$E(f)=f+\sum_{\gamma\in\Gamma}(f\circ\gamma-f)\frac{\gamma'}{\gamma}\cdot\frac{\mathfrak{g}}{\mathfrak{g}'}.$$
仮定により $\mathfrak{g}'$ の零点 (§1.2 の最後の注意を見れば，これらは単純であることが分る) においては $f\circ\gamma-f=0$ であり，$\mathfrak{g}'$ は $\overline{F}_0$ の近傍で正則であるから，$E(f)$ は F_0 上で有界正則である．$E(f)$ は Γ 不変であるから，$E(f)\in H^\infty_\Gamma$ を満たす．$z\in\partial\mathbb{D}$ ならば，$z\gamma'(z)/\gamma(z)>0$ であるから，(1.11) (240 頁) に注意すれば，$z\in\partial F_0\cap\partial\mathbb{D}$ に対して次が得られる：
$$|E(f)(z)|\leqq\|f\|_\infty\sum_{\gamma\in\Gamma}\left|\frac{\gamma'}{\gamma}\right|\left|\frac{\mathfrak{g}}{\mathfrak{g}'}\right|=\|f\|_\infty.$$
定理 1.1 により $\partial\mathbb{D}$ 上のほとんど全ての点は $\partial F_0\cap\partial\mathbb{D}$ の点と Γ に関して合同であり，$E(f)$ は Γ 不変であるから，$\|E(f)\|_\infty\leqq\|f\|_\infty$ が知られる． □

補題 3.2 次を仮定する：

(i) $1\geqq\max_{1\leqq j\leqq n}|f_j(z)|\geqq\delta$ ($z\in\mathcal{R}$),

(ii) $g_j\in H^\infty(\mathbb{D}), \|g_j\|\leqq M$,

(iii) $g_j\circ\gamma(z)=g_j(z)$ ($z\in\{z_{m,k}\}, \gamma\in\Gamma$),

(iv) $\sum_{j=1}^n f_j(\phi(z))g_j(z)=1$ ($z\in\{z_{m,k}\}$).

このとき，$\{f_j\}$ に対応するコロナ解 $\{h_j\}\in H^\infty(\mathcal{R})$ で $\max_j\|h_j\|_\infty$ が n,δ と M のみに依存する定数以下であるものが存在する．

証明 B を $\{z_{m,k}\}$ で消滅する Blaschke 積とすると, $\sum (f_j \circ \phi) g_j - 1 = Bh$ を満たす $h \in H^\infty(\mathbb{D})$ が存在する. この等式の両辺に作用素 E を施せば,

$$\sum (f_j \circ \phi) E(g_j) - 1 = E(Bh) \tag{3.1}$$

が得られる. 一方, Carleson の $\mathbb{D}$ 上のコロナ定理により, $\sum (f \circ \phi) H_j = 1$ を満たす $H_j \in H^\infty(\mathbb{D})$ が存在して, $\|H_j\|_\infty$ は δ と n のみに依存する定数で押さえられるが, この等式の両辺に Bh を掛けてから作用素 E を施せば,

$$\sum (f \circ \phi) E(BhH_j) = E(Bh) \tag{3.2}$$

を得る. これらから,

$$\sum (f_j \circ \phi) E(g_j - BhH_j) = 1.$$

補題 3.1 より, $E(g_j - BhH_j) \in H^\infty_\Gamma$ 且つ $\|E(g_j - BhH_j)\| \leq \|g_j - BhH_j\|$ で, この右辺は n, δ, M に依存する定数で押さえられる. 故に, $h_j \circ \phi = E(g_j - BhH_j)$ とおけば, 証明は完了する. □

この補題を使えば, $\mathcal{R}$ 上のコロナ定理は簡単に証明できる. 実際, $\mathcal{R}$ の Green 函数 $g(\phi(0), p)$ の臨界点は有限個であるから, これを $w_1, \ldots, w_s$ とし, $\{z_{j,m}\} = \phi^{-1}(w_j)$ $(j = 1, \ldots, s)$ とおく. さて, $f_1, \ldots, f_n$ を $\mathcal{R}$ 上のコロナデータとするとき, 各 w_j に対して $|f_k(w_j)| \geq \delta$ を満たす k が存在するから, $\{1, \ldots, s\}$ を互いに素な n 個の部分集合 $J_1, \ldots, J_n$ (空集合があってもよい) に分割し, $j \in J_k \Rightarrow |f_k(w_j)| \geq \delta$ が成り立つようにできる. 次に, $u_j \in H^\infty(\mathcal{R})$ $(j = 1, \ldots, s)$ を $u_j(w_k) = \delta_{jk}$ を満たすように選び,

$$g_k(z) = \sum_{j \in J_k} \frac{1}{f_k(w_j)} u_j(z) \quad (J_k = \emptyset \text{ ならば}, \ g_k(z) \equiv 0)$$

と定義すれば, $\sum_k f_k(w_j) g_k(w_j) = 1$ $(j = 1, \ldots, s)$ が成り立つ. 故に, g_k を被覆写像 $\phi_\mathcal{R}$ で $\mathbb{D}$ へ持ち上げたものをやはり g_k と書けば, $\{g_k\}$ は定数 M に関する曖昧さを別とすれば, 補題 3.2 の条件を満たすことが分かった.

3.4 内挿列—定数 M の検討 コロナ問題の議論では内挿列が重要な役割を演ずる. $\mathbb{D}$ 内の点列 $\{z_1, z_2, \ldots\}$ が $H^\infty(\mathbb{D})$ の**内挿列**であるとは, 任意の有界複素数列 $\{c_m\}$ に対し $f(z_m) = c_m$ $(m = 1, 2, \ldots)$ を満たす $f \in H^\infty(\mathbb{D})$

が存在することを云う．この条件は点列 $\{z_m\}$ への制限写像 $f \mapsto f|\{z_m\}$ が $H^\infty(\mathbb{D})$ から有界複素数列の空間 l^∞ への全単射であることと同値である．従って，閉グラフ定理(荷見 [B18, 定理 4.19]) によりこの写像は有界である．即ち，

$$M = \sup_{\|\{c_m\}\|_\infty \leqq 1} \inf\{\|f\|_\infty : f \in H^\infty(\mathbb{D}),\ f(z_m) = c_m\ (\forall m)\} \quad (3.3)$$

は有限である．この M を点列 $\{z_m\}$ の**内挿定数**と呼べば，次が成り立つ：

定理 3.3 $\{z_{m,k}\}$ は $H^\infty(\mathbb{D})$ に対する内挿定数 M の内挿列であると仮定する．このとき，コンパクト縁つき Riemann 面 $\mathcal{R}$ 上のコロナ定理はノルムが n, δ, と M のみに依存する解を持つ．

証明 $f_1, \ldots, f_n \in H^\infty(\mathcal{R})$ を $\mathcal{R}$ 上のコロナデータとする．即ち，$0 < \delta \leqq \max_j |f_j(p)| \leqq 1$ を満たすとする．このとき，$\{f_j \circ \phi\}$ は $\mathbb{D}$ 上のコロナデータであるから，Carleson の定理により $H_1, \ldots, H_n \in H^\infty(\mathbb{D})$ で

$$(f_1 \circ \phi)H_1 + \cdots + (f_n \circ \phi)H_n = 1 \quad \text{且つ} \quad \max_j \|H_j\|_\infty \leqq M'$$

を満たすものが存在する．但し，M' は δ と n のみに依存する定数である．仮定により $\{z_{m,k}\}$ は内挿定数 M の内挿列であるから，各 j に対し $g_j \in H^\infty(\mathbb{D})$ を適当に選べば，$\|g_j\| \leqq MM'$ 且つ $g_j(z_{m,k}) = H_j(z_{m,0})$ が全ての m, k に対して成り立つようにできる．従って，$\{g_j\}$ は補題 3.2 の条件 (ii), (iii), (iv) を満たす．但し，(ii) の定数 M は MM' でおきかえるものとする．故に，補題 3.2 によって求める結論が得られる． □

以下では，条件 (3.3) と同等な $\{z_m\}$ の具体的性質が必要になる．我々は

$$\eta = \eta(\{z_m\}) = \inf_m \prod_{k:\ k \neq m} [z_k, z_m]_\mathbb{D} \quad (3.4)$$

とおく．ここで $[z,w]_\mathbb{D}$ は $\mathbb{D}$ 上の擬双曲距離 (§VIII.1.13 参照) である．これについては次の Carleson の定理が有名である．

定理 3.4 (Carleson) $\mathbb{D}$ 内の点列 $\{z_m\}$ に対し内挿定数 M と定数 η は

$$\eta^{-1} \leqq M \leqq C\eta^{-1}\bigl(1 + \log(1/\eta)\bigr) \quad (3.5)$$

を満たす．但し，C は絶対定数である． (Garnett [B13, p. 287])

さて，$\mathbb{D}$ 上の一次変換からなる Fuchs 群 Γ については次が成り立つ：

補題 3.5 Γ が収束型ならば，全ての $a \in \mathbb{D}$ に対して $\Gamma(a)$ は (Γ 不変な) 内挿列である．特に，Γ の Green 函数 $\mathfrak{g}(z)$ (§VIII.2.2) は内挿的 Blaschke 積である．逆に，Γ 不変な内挿列が存在すれば，Γ は収束型である．

証明 Γ が収束型ならば，Γ の Green 函数 $\mathfrak{g}(z)$ は存在する．原点は $\mathfrak{g}(z)$ の 1 位の零点であるから，$\mathfrak{g}'(0) \neq 0$ が成り立つ．従って，

$$\eta(\{\gamma(0)\}) = \inf_{\tau \in \Gamma} \prod_{\gamma \in \Gamma: \gamma \neq \tau} [\gamma(0), \tau(0)]_{\mathbb{D}} = \inf_{\tau \in \Gamma} \prod_{\gamma \in \Gamma: \gamma \neq \tau} [\tau^{-1}\gamma(0), 0]_{\mathbb{D}}$$
$$= \prod_{\gamma \in \Gamma: \gamma \neq \iota} |\gamma(0)| = |\mathfrak{g}'(0)| > 0$$

となるから，$\{\gamma(0)\}$ は内挿列である．次に，任意の $a \in \mathbb{D}, a \neq 0$ に対しては，$\varphi(a) = 0$ を満たす $\mathbb{D}$ の一次変換 $\varphi(z)$ をとる．このとき，Fuchs 群 $\varphi \Gamma \varphi^{-1}$ はまた収束型であるから，上の議論により $\{(\varphi \circ \gamma \circ \varphi^{-1})(0) : \gamma \in \Gamma\}$ は内挿列である．従って，$\{(\varphi \circ \gamma)(a) : \gamma \in \Gamma\}$ は内挿列であり，その φ^{-1} による像として $\Gamma(a) = \{\gamma(a)\}$ も内挿列である．

逆に，$\{z_m\}$ を Γ 不変な内挿列とする．任意に $z_0 \in \{z_m\}$ をとると，点列 $\{\gamma(z_0) : \gamma \in \Gamma\}$ は内挿列であるから，$f \in H^\infty(\mathbb{D})$ で $f(\gamma(z_0)) = 1$ ($\gamma = \iota$)，$= 0$ ($\gamma \neq \iota$) を満たすものが存在する．このとき，$h(z) = (z - z_0)f(z)$ は $\Gamma(z_0)$ を零点とするから，これらを零点とする Blaschke 積は収束する．故に，§VIII.2.2 で述べたように Γ は収束型である． □

補題 3.6 $\mathcal{R}$ を正則な (双曲型) Riemann 面，Γ をその被覆変換群とする．$\{z_m\}$ を $\mathbb{D}$ 内の Γ 不変な点列とし，$\{p_j\} = \phi\{z_m\}$ を対応する $\mathcal{R}$ 内の点列とする．このとき，$\{z_m\}$ が $H^\infty(\mathbb{D})$ に対する内挿列であるためには $\mathcal{R}$ が次の性質を満たす Green 函数 $g(p, q)$ を持つことが必要十分である：

(IS1) 全ての j に対して $\{q \in \mathcal{R} : g(q, p_j) > \alpha\}$ が単連結であるような定数 $\alpha > 0$ が存在する．

(IS2) 全ての j に対して次を満たす定数 $N < \infty$ が存在する：
$$\sum_{k: k \neq j} g(p_k, p_j) \leqq N .$$

証明 (必要性) $\{z_m\}$ は内挿列であるとする．従って，次を仮定する：
$$\eta = \eta(\{z_m\}) = \inf_m \prod_{k:\,k\neq m}[z_k,z_m]_{\mathbb{D}} > 0 \,. \tag{3.6}$$

補題 3.5 により $\boldsymbol{\Gamma}$ は収束型であるから，$\mathfrak{R}$ は Green 函数を持つ．これを $g(p,q)$ とする．性質 (IS1), (IS2) を示すため，$z^* \in \{z_m\}$ を一つ選び，そこでの内挿条件を評価する．以下，証明を三段階に分ける．

(第 1 段) まず，$z^* = 0$ を仮定する．このときは，
$$\{z_{1,m}\} = \{\gamma(0) : \gamma \in \boldsymbol{\Gamma}\} \setminus \{0\}\,,\ \{z_{2,m}\} = \{z_m\} \setminus \{\{z_{1,m}\} \cup \{0\}\} \tag{3.7}$$
とおき，条件 (3.6) を
$$\prod_m |z_{1,m}| \prod_m |z_{2,m}| = \prod_{m:\,z_m\neq 0}|z_m| = \prod_{m:\,z_m\neq 0}[z_m, z^*]_{\mathbb{D}} \geqq \eta$$
の形にして利用する．$\{p_j\} = \phi\{z_m\}$ であったから，全ての m に対して $\phi(z_{1,m}) = \phi(0)$ であり，$\phi\{z_{2,m}\} = \{p_j : p_j \neq \phi(0)\}$ を満たす．Myrberg の定理 (定理 VIII.2.2) の証明で示したように，
$$g(p,\phi(0)) = -\log|\mathfrak{g}(z)| = -\log \prod_{\gamma\in\boldsymbol{\Gamma}}|\gamma(z)| \qquad (p = \phi(z),\, z\in\mathbb{D})$$
であるから，(IS2) については評価
$$\sum_{k:\,p_k\neq\phi(0)} g(p_k,\phi(0)) = -\log\prod_m|z_{2,m}| \leqq \log\frac{1}{\eta}$$
が得られる．次に，(IS1) については $\{p : g(p,\phi(0)) > \alpha\}$ が単連結になるような α の下限を α_0 とおくとき，第 3 段で示すように次が成り立つ：
$$\alpha_0 \leqq 2\log(2/\eta) \,. \tag{3.8}$$

(第 2 段) 次に，$z^* \neq 0$ の場合は，z^* を原点 0 に写す $\mathbb{D}$ の一次変換
$$\varphi(z) = \frac{z^* - z}{1 - \overline{z^*}z}$$
を利用して，新しい点列 $\{w_m\}$ (但し $w_m = \varphi(z_m)$) と一次変換群
$$\boldsymbol{\Gamma}^\sharp = \varphi\boldsymbol{\Gamma}\varphi^{-1} = \{\gamma^\sharp = \varphi\circ\gamma\circ\varphi^{-1} : \gamma\in\boldsymbol{\Gamma}\}$$

を構成する.このとき,$\phi^\sharp = \phi \circ \varphi^{-1}$ とおけば,$\phi^\sharp : \mathbb{D} \to \mathcal{R}$ は被覆写像で $\mathbf{\Gamma}^\sharp$ はこれに付随する被覆変換群である.$\{w_m\}$ は $\mathbf{\Gamma}^\sharp$ 不変で,$\{p_j\} = \phi\{z_m\} = \phi^\sharp\{w_m\}$ が成り立つ.Green 函数については,$w = \varphi(z)$, $b = \varphi(a)$ として

$$g(\phi(z), \phi(a)) = -\log \prod_{\gamma \in \mathbf{\Gamma}} [z, \gamma(a)]_\mathbb{D} = -\log \prod_{\gamma^\sharp \in \mathbf{\Gamma}^\sharp} [\varphi(z), \gamma^\sharp(b)]_\mathbb{D}$$
$$= g(\phi^\sharp(w), \phi^\sharp(b))$$

であるから,$\mathbb{D}/\mathbf{\Gamma}$ と $\mathbb{D}/\mathbf{\Gamma}^\sharp$ は同じ Riemann 面の違った表現である.また,

$$\eta^\sharp = \inf_m \prod_{j : j \neq m} [w_j, w_m]_\mathbb{D} = \inf_m \prod_{j : j \neq m} [z_j, z_m]_\mathbb{D} = \eta$$

が擬双曲距離の φ 不変性から分る.さて,$\varphi(z^*) = 0$ より,$\{w_m\}$ は 0 を含み,$\phi(z^*) = \phi^\sharp(0)$ を満たすから,$\{z_m\}$ の z^* における内挿条件の評価は $\{w_m\}$ の 0 における評価に等しい.よって,第 1 段より次を得る:

  (a) $\{p : g(p, \phi_\mathcal{R}(z^*)) > \alpha\}$ は $\alpha > 2\log(2/\eta)$ のとき単連結である.
  (b) $\sum \{g(p_j, \phi_\mathcal{R}(z^*)) : p_j \neq \phi_\mathcal{R}(z^*)\} \leqq \log(1/\eta)$.

(第 3 段) 第 1 段の仮定 $z^* = 0$ に戻り,領域 $\{p : g(p, \phi(0)) > \alpha\}$ が単連結になるような α の下限 α_0 を評価する.そのため,$A = -\log \prod_m |z_{1,m}|$ とし,$D = \{z : |z| < \frac{1}{2} e^{-A}\}$ とおく.このとき,D は正規基本領域 F_0 (の内部) に含まれる.実際,$z \in D$ ならば,任意の $\tau \in \mathbf{\Gamma}$, $\tau \neq \iota$ に対して

$$[z, \tau(0)]_\mathbb{D} \geqq [0, \tau(0)]_\mathbb{D} - [0, z]_\mathbb{D} = |\tau(0)| - |z| > \tfrac{1}{2}|\tau(0)| > [z, 0]_\mathbb{D}$$

を得るからである.さらに,Schwarz の補題 (Nehari [B31, 167 頁] 参照) より,$\mathbb{D}$ 上で正則な $f(z)$ が $|f(z)| < 1$ 且つ $f(0) \neq 0$ を満たすとき,

$$\frac{|f(0)| - |z|}{1 - |f(0)||z|} \leq |f(z)| \leq \frac{|f(0)| + |z|}{1 + |f(0)||z|}$$

が成り立つ.$f(z) = \mathfrak{g}(z)/z$ として $|f(0)| = |\mathfrak{g}'(0)| = e^{-A}$ に注意すれば,

$$|\mathfrak{g}(z)| \geqq \tfrac{1}{4} e^{-2A} \qquad (|z| = \tfrac{1}{2} e^{-A})$$

が得られる.D は $\mathbf{\Gamma}$ 同値な点を含まない単連結領域であるから,その ϕ による像 $\phi(D)$ も単連結である.従って,$\{p : g(p, \phi(0)) > 2A + \log 4\}$ は $\phi(D)$ に含まれる領域であって (最大値の原理により) コンパクトな補集合を持ちえないから,これも単連結である.故に,$\alpha_0 \leqq 2A + \log 4$.

一方，$e^{-A} = |\mathfrak{g}'(0)| = \prod_m |z_{1,m}| \geq \eta$ であるから，$2A + \log 4 \leq 2\log(2/\eta)$ となって $\alpha_0 \leq 2\log(2/\eta)$ を得る．これが示すべきことであった．

（十分性）$\mathfrak{R}$ は条件 (IS1), (IS2) を満たす Green 函数を持つと仮定し，$\{z_m\}$ が $H^\infty(\mathbb{D})$ の内挿列であることを示す．我々は必要性の第 2 段で示したように，$\{z_m\}$ は原点 0 （以下では z^* とも書く）を含むとして，0 における内挿条件を評価しよう．

さて，α_0 を (IS1) を満たす α の下限とし，$\alpha > \alpha_0$ に対して $\mathcal{D}_\alpha = \{p : g(p, \phi(0)) > \alpha\}$ とおけば，$\mathcal{D}_\alpha$ は単連結である．次に，$\phi^{-1}(\mathcal{D}_\alpha)$ の 0 を含む成分を V_α と書けば，V_α は次の性質を持つ：

(V1) V_α は Γ 同値な点を含まない．従って，$\gamma(0)$ ($\gamma \neq \iota$) を含まない．実際，もし $a, b \in V_\alpha$ ($\neq$) が Γ 同値ならば，a と b を V_α 内の曲線 l で結ぶとき，$\phi(l)$ は $\phi(a)$ を基点とする閉曲線となり，単連結集合 $\mathcal{D}_\alpha$ 内で 1 点 $\phi(a)$ に連続変形できるが，V_α 内では a, b は動かないから，矛盾である．

(V2) $\phi : V_\alpha \to \mathcal{D}_\alpha$ は位相同型で，$\mathrm{Cl}\, V_\alpha$ は $\mathbb{D}$ 内のコンパクト集合である．実際，ϕ は (V1) により単射であるが，任意の $p \in \mathcal{D}_\alpha$ を $\phi(0)$ と $\mathcal{D}_\alpha$ 内で結ぶ曲線は 0 を始点とする V_α 内の曲線に持上げられることから，$\phi : V_\alpha \to \mathcal{D}_\alpha$ は全単射であることが分る．一方，ϕ は局所位相同型であるから，$\phi : V_\alpha \to \mathcal{D}_\alpha$ は位相同型である．さらに，$\alpha > \alpha' > \alpha_0$ として，$V_{\alpha'}$ 内で $\phi : \mathrm{Cl}\, V_\alpha \to \mathrm{Cl}\, \mathcal{D}_\alpha$ を考えれば，$\mathrm{Cl}\, \mathcal{D}_\alpha$ はコンパクトであるから，$\mathrm{Cl}\, V_\alpha$ も同様である．

さて，Γ の Green 函数 $\mathfrak{g}(z)$ の零点は $\{\gamma(0) : \gamma \in \Gamma\}$ であるから，(V1) で示したように各 V_α は原点に 1 位の零点を持つ以外は $\mathfrak{g}(z)$ の零点を含まない．従って，$z/\mathfrak{g}(z)$ は $\mathrm{Cl}\, V_\alpha$ 上で有界且つ正則である．もし $z \in \partial V_\alpha$ ならば，$\phi(z) \in \partial \mathcal{D}_\alpha$ より $|\mathfrak{g}(z)| = e^{-g(\phi(z), \phi(0))} = e^{-\alpha}$ であるから，最大値の原理により V_α 上で $|z/\mathfrak{g}(z)| \leq e^\alpha$ が分る．特に $z = 0$ として $|\mathfrak{g}'(0)| \geq e^{-\alpha}$ を得るが，$\alpha > \alpha_0$ は任意であるから，$|\mathfrak{g}'(0)| \geq e^{-\alpha_0}$ が示された．

これだけ準備すれば，$\eta(\{z_m\})$ を評価できる．まず，(3.7) のように，$\{z_m\}$ を $\{z_{1,m}\}$ と $\{z_{2,m}\}$ に分割する．このとき，上の評価より

$$\prod_m |z_{1,m}| = \prod_{\gamma \in \Gamma : \gamma \neq \iota} |\gamma(0)| = |\mathfrak{g}'(0)| \geq e^{-\alpha_0}$$

が得られる．一方, (IS2) より
$$\prod_m |z_{2,m}| = \exp[-\sum_{p_j \neq \phi(0)} g(p_j, \phi(0))] > e^{-N}$$
であるから，両者をまとめれば次が成り立つ：
$$\prod_{z_m \neq z^*}[z_m, z^*]_{\mathbb{D}} = \prod_{z_m \neq z^*}|z_m| = \prod_m |z_{1,m}| \cdot \prod_m |z_{2,m}| > e^{-\alpha_0 - N}.$$
十分性の証明の最初で注意したように，この評価は z^* が 0 でないときにも当てはまるから，次が成り立つ：
$$\eta(\{z_m\}) = \inf_k \prod_{m \neq k}[z_m, z_k]_{\mathbb{D}} > e^{-\alpha_0 - N}. \tag{3.9}$$
故に，Carleson の定理 (定理 3.4) から $\{z_m\}$ は内挿列である． □

定理 3.7 $g(\phi(0), p)$ の臨界点に対して条件 (IS1), (IS2) が成り立つならば，コロナ定理には n, δ, α, N のみに依存する限界を持つ解が存在する．

証明 $\{w_m\}$ を $g(\phi(0), \cdot)$ の臨界点とし，各 m に対し $\{z_{m,k}\} = \phi^{-1}(w_m)$ とおく．さて，$f_j \in H^\infty(\mathfrak{R})$ $(j=1,\ldots,n)$ をコロナデータとするとき，各 m に対し $|f_j(w_m)| > \delta$ を満たす j を一つ選んで固定し，$j(m)$ と書く．次に，数列 $\{c(j,m,k)\}$ $(j=1,\ldots,n)$ を次で定義する：
$$c(j,m,k) = \begin{cases} 1/f_{j(m)}(w_m) & (j = j(m)), \\ 0 & (j \neq j(m)). \end{cases}$$
$j(m)$ の選び方からこの数列は有界で $\|\{c(j,m,k)\}\|_\infty \leqq 1/\delta$ を満たす．点列 $\{z_{m,k}\}$ は内挿列で $\eta = \eta(\{z_{m,k}\}) \geqq e^{-\alpha - N}$ を満たすから，各 $1 \leqq j \leqq n$ に対して，$g_j \in H^\infty(\mathbb{D})$ を
$$g_j(z_{m,k}) = c(j,m,k), \quad \|g_j\| \leq M/\delta$$
を満たすようにとれる．ここで $M \leqq e^{\alpha+N}(1+\alpha+N)$ である ((3.9) と (3.4) 参照)．このとき，g_j は $\{z_{m,k}\}$ 上で Γ 不変であって
$$\sum_{j=1}^n f_j(\phi(z_{m,k}))g_j(z_{m,k}) = \sum_{j=1}^n f_j(w_m)c(j,m,k) = 1$$
を満たす．故に，求める結論は補題 3.2 から導かれる． □

§4 等質 Denjoy 領域のコロナ定理

本節では，Forelli の作用素の応用として等質集合を境界とする Denjoy 領域 (即ち，**等質 Deyjoy 領域**) に対する Carleson [23] のコロナ定理を証明する．

4.1 基本概念と Carleson の定理

Riemann 球面 $\overline{\mathbb{C}}$ の連結開集合 $\mathcal{R}$ でその補集合 $E = \overline{\mathbb{C}} \setminus \mathcal{R}$ が $E \subset \mathbb{R} \cup \{\infty\}$ を満たすとき，$\mathcal{R}$ を **Denjoy 領域**と呼ぶ．また，このような $E \subset \mathbb{R}$ が**等質**であるとは，正数 $c > 0$ が存在して

$$|(x-r, x+r) \cap E| \geq cr \qquad (\forall r > 0, \forall x \in E) \tag{4.1}$$

が成り立つことを云う．この定義で，r の範囲を $0 < r < 1$ に変えれば，有界な等質集合が定義できる．等質集合は適当な反転で有界な等質集合に移れるから，等角的には有界非有界の差はない．本節の目的は次である：

定理 4.1 (Carleson) 任意の等質閉集合 $E \subset \mathbb{R} \cup \{\infty\}$ に対し，Denjoy 領域 $\mathcal{R} = \overline{\mathbb{C}} \setminus E$ 上でコロナ定理が成立し，限界が等質性の定数 c とコロナデータに関する n, δ のみに依存するコロナ解が存在する．

以下では Jones-Marshall [64] による証明を述べるが，副産物として等質 Denjoy 領域が PW 面であることが分る．

4.2 定理 4.1 の証明

$E \subset \mathbb{R}$ を (4.1) を満たす等質閉集合とし，$\mathcal{R} = \mathbb{C} \setminus E$ とおく．一般性を失わずに，$0 \in \mathcal{R}$ であり，普遍被覆写像 $\phi: \mathbb{D} \to \mathcal{R}$ は $\phi(0) = 0$ を満たすと仮定できる．$\mathcal{R} \cap \mathbb{R}$ は直線上の開集合であるから高々可算個の開区間 (半直線を含む) からなる．これを $\{L_j\}$ とおき，$0 \in L_0$ を仮定する．

我々はまず $\{L_j\}$ が有限個の場合を証明すればよいことに注意する．実際，

$$E_m = \mathbb{R} \setminus \Big(\bigcup_{j=0}^{m} L_j\Big) \qquad (m = 0, 1, \dots)$$

とおけば，E_m も $\mathbb{R}$ 上の等質閉集合で E と同じ定数 c による等質性の条件 (4.1) を満たす．もし各 $m \geq 0$ に対し，領域 $\mathcal{R}_m = \mathbb{C} \setminus E_m$ 上で定理 4.1 が証明されれば，一様な限界を持つコロナ解が各 $\mathcal{R}_m$ 上で得られ，これらの解は正規族をなすから，極限をとって $\mathcal{R}$ 上の求めるコロナ解が得られる．このため，以下では $\partial \mathcal{R} = E$ **は有限個の閉区間** (半直線を含む) **からなる**と仮定する．

補題 4.2 函数 $g(\zeta,0)$ は各 L_j ($j \neq 0$) 内に丁度 1 個の臨界点を持ち，これらが臨界点の全てである．　　　　　　　　　　　　(Walsh [B45, 249 頁])

ここで必要な有限連結の場合は偏角の原理を使って簡単に証明できる．

補題 4.3 各区間 L_j ($j = 0, \ldots, l-1$) より 1 点 p_j を任意に選ぶとき，(4.1) の c のみに依存する定数 α と N で条件 (IS1) と (IS2) が成立する．

証明 (第 1 段) まず条件 (IS1) を示す．そのため，p_j に最も近い境界点を a_j として，$|p_j - a_j| = d_j$ とおき，次の記号を用いる：
$$\mathcal{D}_j = \{\zeta : |\zeta - p_j| \leqq \tfrac{1}{2} d_j\}, \quad E_j = \{x \in \mathbb{R} : |x - p_j| \leqq 2 d_j\} \cap \partial \mathcal{R}.$$
このとき，$\mathcal{D}_j \subset \mathcal{R}$ であり，(4.1) により次が成り立つ：
$$|E_j| \geqq |[a_j - d_j, a_j + d_j] \cap \partial \mathcal{R}| \geqq c d_j. \tag{4.2}$$
さて，p_j を極とする Green 函数を評価するために，$g(z) = g(p_j + d_j/z, p_j)$ とおく．これは $p \mapsto z = \phi(p) = d_j/(p - p_j)$ による $\mathcal{R}$ の像 (これを $\mathcal{R}'$ と書く) の ∞ を極とする Green 函数である．E_j の ϕ による像を E_j' とし，∞ を極とする $\overline{\mathbb{C}} \setminus E_j'$ の Green 函数を $g_1(z)$ とすれば，$\overline{\mathbb{C}} \setminus E_j'$ は $\mathcal{R}'$ を含むから，$g(z) \leqq g_1(z)$ が成り立つ．g_1 を具体的に書けば，E_j' の平衡分布を μ として次のように表される (定理 B.13 参照)：
$$g_1(z) = \log(1/\operatorname{Cap}(E_j')) - \int_{E_j'} \log \frac{1}{|z-a|} \, d\mu(a). \tag{4.3}$$
さて，E_j は $d_j \leqq |p - p_j| \leqq 2d_j$ の範囲にあるから，像 E_j' は $\tfrac{1}{2} \leqq |z| \leqq 1$ に含まれる．また，その 1 次元測度は $d_j^{-1} \sim (4d_j)^{-1}$ 倍の範囲で伸縮するから，(4.2) より $|E_j'| \geqq \tfrac{1}{4} c$ を得る．これから，対数容量の性質を使って
$$\operatorname{Cap}(E_j') \geqq \tfrac{1}{4} |E_j'| \geqq \tfrac{1}{16} c$$
が示される (定理 B.16 参照)．よって，$|z| = 2$ ならば，(4.3) より
$$g_1(z) \leqq \log \frac{16}{c} - \int_{E_j'} \log \tfrac{1}{3} \, d\mu(a) = \log \frac{16}{c} + \log 3 = \log \frac{48}{c}.$$
g に戻れば，$p \in \partial \mathcal{D}_j$ に対し，$g(p, p_j) \leqq \log 48/c$ が示された．故に，$\alpha = \alpha(c) = \log 48/c$ とおけば，$\{p \in \mathcal{R} : g(p, p_j) > \alpha\}$ は単連結である．

(第 2 段) 条件 (IS2) を証明しよう. Borel 集合 $A \subset \partial \mathcal{R}$ に対し, $w(\zeta, A)$ を集合 A に対する $\mathcal{R}$ の調和測度, 即ち $\mathcal{R}$ 上の Dirichlet 問題の解で境界値が A 上でほとんど到るところ 1, $E \setminus A$ 上でほとんど到るところ 0 に対応するものとする. いま, Borel 集合 $F_j \subset \partial \mathcal{R}$ を次のようにとれると仮定する:

$$F_j \subset I_j \equiv \{x \in \mathbb{R} : |x - p_j| \leq 2d_j\}, \quad |F_j| \geq \frac{c}{2}d_j, \tag{4.4}$$

$$\Big\|\sum_j \mathrm{ch}_{F_j}\Big\|_{L^\infty} \leq C(c). \tag{4.5}$$

但し, $C(c)$ は c のみによる定数で後で決める. そこで, 上半平面 $\eta > 0$ 上の有界調和函数で $\mathbb{R}$ 上で非接境界値 $\mathrm{ch}_{F_j}(x)$ を持つものを $f_j(\zeta)$ とする. 即ち,

$$f_j(\zeta) = \frac{1}{\pi} \int_{-\infty}^{\infty} \frac{\eta}{(x-\xi)^2 + \eta^2} \mathrm{ch}_{F_j}(x)\, dx \tag{4.6}$$

と定義する. このとき, $f_j(p_j + id_j) \geq (5\pi d_j)^{-1}|F_j| \geq (10\pi)^{-1}c$ が (4.4) から分る. 最大値の原理により, $w(p_j + id_j, F_j) \geq f_j(p_j + id_j)$ を得るから, 円板 $\{\zeta : |\zeta - p_j| < d_j\}$ 上で Harnack の不等式を使えば, 次が成り立つ:

$$w(\zeta, F_j) \geq \tfrac{1}{3} w(p_j + id_j, F_j) \geq \frac{c}{30\pi} \quad (\zeta \in \mathcal{D}_j).$$

これを第 1 段の不等式 $g(\zeta, p_j) \leq \alpha(c)$ $(\zeta \in \partial \mathcal{D}_j)$ と併せれば, 最大値の原理により, $g(\zeta, p_j) \leq (30\pi/c)\alpha(c) w(\zeta, F_j)$ が全ての $\zeta \notin \mathcal{D}_j$ に対して成り立つ. 特に, $k \neq j$ ならば, $p_k \notin \mathcal{D}_j$ であるから, $g(p_k, p_j) \leq (30\pi/c)\alpha(c) w(p_k, F_j)$ が得られた. よって, p_j を固定し, $dw_j(x)$ を p_j に関する $\mathcal{R}$ の調和測度とすると, これは確率測度であるから, 上の不等式と仮定 (4.5) より次のように計算して条件 (IS2) が示される:

$$\begin{aligned}
\sum_{k: k \neq j} g(p_k, p_j) &= \sum_{k: k \neq j} g(p_j, p_k) \leq \frac{30\pi}{c}\alpha(c) \sum_{k: k \neq j} w(p_j, F_k) \\
&= C'(c) \sum_{k: k \neq j} \int \mathrm{ch}_{F_k}(x)\, dw_j(x) \\
&\leq C'(c) \Big\|\sum_k \mathrm{ch}_{F_k}\Big\|_{L^\infty} \leq C'(c) C(c).
\end{aligned}$$

(第 3 段) 証明の仕上げとして, 条件 (4.4), (4.5) を満たす F_j を作る. そのため, $\widetilde{F}_j = I_j \cap \partial \mathcal{R}$ とおき,

$$b_j(x) = \sum_{k:\, d_k \leq d_j} \mathrm{ch}_{\widetilde{F}_k}(x)\, \mathrm{ch}_{I_j}(x)$$

と定義する. 区間 $J_k = \{ x \in \mathbb{R} : |x - p_k| \leq d_k \}$ は互いに素であるから, 仮定 (4.1) から得られる不等式 $|\widetilde{F}_j| \geq cd_j$ に注意すれば,

$$\begin{aligned}
\int b_j(x)\, dx &= \sum_{k:\, d_k \leq d_j} |\widetilde{F}_k \cap I_j| \leq \sum_k \{\, |\widetilde{F}_k| : |p_k - p_j| \leq 4d_j,\ d_k \leq d_j \,\} \\
&\leq 2 \sum_k \{\, |J_k| : |p_k - p_j| \leq 4d_j,\ d_k \leq d_j \,\} \\
&\leq 2|\{\, x : |x - p_j| \leq 5d_j \,\}| \leq 20 d_j\,.
\end{aligned}$$

ここで, $K_j = \{ x : b_j(x) \geq 40/c \}$ とおくと, Chebyshev の不等式により $|K_j| \leq \frac{1}{2} cd_j$ が分る. よって, $F_j = \widetilde{F}_j \setminus K_j$ とおけば, $F_j \subset I_j$ 且つ $|F_j| \geq |\widetilde{F}_j| - |K_j| \geq cd_j - \frac{1}{2}cd_j = \frac{1}{2}cd_j$ となる. 故に, (4.4) が成り立つ.

最後に, 条件 (4.5) を示すため, $\sum \mathrm{ch}_{F_j}(x) \geq n \geq 40/c$ を満たす $x \in \partial \mathcal{R}$ と正整数 n があったと仮定すると, $l - 1 \geq n$ であるから, 必要ならば番号を付けかえて $x \in F_1 \cap \cdots \cap F_n$ 且つ $d_1 \leq \cdots \leq d_n$ を仮定できる. 従って, b_n の定義から $b_n(x) \geq n \geq 40/c$ となるが, これは $x \in F_n$ に反する. 故に, $C(c) = 40/c$ として条件 (4.5) が成り立つ. □

定理 4.1 の証明 $\mathbb{R} \cap \mathcal{R} = \{L_0, \ldots, L_{l-1}\}$ は有限個の成分を持つとして証明する. $g(\zeta, 0)$ の臨界点は各 L_j ($j \neq 0$) 内に 1 個ずつある. それを $p_j \in L_j$ とする. このとき, 補題 4.3 により $\{p_j\}$ は等質性の定数 c のみに依存する定数 α と N によって条件 (IS1) および (IS2) を満たすから, 定理 3.7 により, コロナ問題には n, δ, c のみで決る限界を持つ解が存在する. □

4.3 Denjoy 領域の PW 性
等質 Denjoy 領域の PW 性を証明しておく.

補題 4.4 等質 Denjoy 領域 $\mathcal{R}$ はポテンシャル論の意味で正則である.

証明 上の記号を使って $\mathcal{R} = \overline{\mathbb{C}} \setminus E$ とおき, c を E に対する等質性の定数とする. 必要ならば等角変換することにより, 有限な $a \in E$ が正則境界点である

ことを示せばよい. さて, $0 < \lambda < \frac{1}{4}c$ を一つ固定し,
$$A_n = E \cap \{x \in \mathbb{R} : \lambda^{n+1} \leqq |x-a| \leqq \lambda^n\} \qquad (n=1, 2, \dots)$$
とおく. まず, 条件 (4.1) および $2\lambda < \frac{1}{2}c$ より次が得られる:
$$\begin{aligned}|A_n| &= |\{E \cap (a-\lambda^n, a+\lambda^n)\} \setminus \{E \cap (a-\lambda^{n+1}, a+\lambda^{n+1})\}| \\ &\geqq c\lambda^n - 2\lambda^{n+1} \geqq \tfrac{1}{2}c\lambda^n.\end{aligned}$$
$A_n \subset \mathbb{R}$ であるから, 定理 B.16 により $\mathrm{Cap}(A_n) \geqq \frac{1}{4}|A_n| \geqq \frac{1}{8}c\lambda^n$ $(n \geqq 1)$ が成り立つ. 従って, $0 < \lambda < 1$ に注意して次を得る:
$$\begin{aligned}\sum_{n=1}^{\infty} \frac{n}{\gamma(A_n)} &= \sum_{n=1}^{\infty} \frac{n}{\log 1/\mathrm{Cap}(A_n)} \geqq \sum_{n=1}^{\infty} \frac{n}{\log(8/c\lambda^n)} \\ &= \sum_{n=1}^{\infty} \frac{n}{n\log 1/\lambda + \log 8/c} = +\infty.\end{aligned}$$
故に, Wiener の判定法 (定理 B.19) により a は正則な境界点である. □

定理 4.5 等質閉集合 $E \subset \overline{\mathbb{R}}$ に対し $\mathcal{R} = \overline{\mathbb{C}} \setminus E$ は正則な PW 面である.

証明 E は有界であるとして証明する. $\mathcal{R} \cap \overline{\mathbb{R}} = \bigcup_{j=0}^{\infty} L_j$ を成分への分解とし, $0 \in L_0$ を仮定する. さて, α は正数で $g(z,0) = \alpha$ は $g(z,0)$ の臨界点を通らぬものとして, 正則領域 $\mathcal{R}(\alpha, 0) = \{z \in \mathcal{R} : g(z,0) > \alpha\}$ を考察する. 領域 $\mathcal{R}$ は実軸について対称であるから, $g(z,0)$ も同様である. 従って, 領域 $\mathcal{R}(\alpha, 0)$ は有限個の互いに素な (実軸対称な) 解析的閉曲線を境界とする. $\mathcal{R}(\alpha, 0) \cap \overline{\mathbb{R}}$ の成分を $\{L_0^{(\alpha)}, \dots, L_{m_\alpha}^{(\alpha)}\}$ とおく. 必要ならば番号を付け替えて, $L_j^{(\alpha)} \subset L_j$ $(j=0, \dots, m_\alpha)$ を満たすと仮定してよい.

さて, $\mathcal{R}(\alpha, 0)$ の Green 函数で 0 を極とするものを $g_\alpha(z, 0)$ とおけば, $g_\alpha(z,0) = g(z,0) - \alpha$ が成り立つから, $g(z,0)$ の臨界点で $\mathcal{R}(\alpha, 0)$ の中にあるものは, $g_\alpha(z,0)$ の臨界点と一致する. ところが, 補題 4.2 により, $g_\alpha(z,0)$ の臨界点は区間 $L_j^{(\alpha)}$ $(j=1, \dots, m_\alpha)$ 内に一つずつあり, それ以外にはないから, $g(z,0)$ の $\mathcal{R}(\alpha, 0)$ 内の臨界点も同様である. $\alpha > 0$ は任意に小さくとれるから, これから $g(z,0)$ の臨界点は各 L_j $(j=1, 2, \dots)$ 内に一つずつありそれ以外にはないことが分る. 我々はこれらを c_j $(\in L_j)$ と書く. $\mathcal{R}$ は補題 4.4 に

より正則であるから，PW 面であるためには Parreau 条件 $\sum_{j\geqq 1} g(c_j,0) < \infty$ が成り立つことが必要十分である．

これを示すため，$E^{(\alpha)} = \mathbb{R} \setminus \cup_{n=0}^{m_\alpha} L_j$ として $\mathcal{R}^{(\alpha)} = \overline{\mathbb{C}} \setminus E^{(\alpha)}$ とおき，0 を極とする $\mathcal{R}^{(\alpha)}$ の Green 函数を $g^{(\alpha)}(z,0)$ とする．このとき，$\mathcal{R}(\alpha,0) \subseteq \mathcal{R}^{(\alpha)}$ であるから，$g_\alpha(z,0) \leqq g^{(\alpha)}(z,0)$ が成り立つ．一方，$E^{(\alpha)}$ は等質集合で E と同じ等質性の定数 c を持つから，補題 4.3 により c のみに依存する定数 $N(c)$ が存在して，次が成り立つ：
$$\sum_{j=1}^{m_\alpha} g_\alpha(c_j,0) \leqq \sum_{j=1}^{m_\alpha} g^{(\alpha)}(c_j,0) \leqq N(c) .$$
いま，番号 M を固定すれば，$M \leqq m_\alpha$ のとき $\sum_{j=1}^{M} g(c_j,0) \leqq N(c) + M\alpha$ を得る．ここで，$\alpha \to 0$ としてから $M \to \infty$ とすれば，Parreau 条件として $\sum_{j=1}^{\infty} g(c_j,\infty) \leqq N(c)$ が得られる．これが示すべきことであった． □

文献ノート

条件つき平均作用素のコロナ問題への応用は Forelli [31] に始まり，Earle-Marden の論文 [26] により整備され，Carleson [23] による等質的 Denjoy 領域のコロナ問題に主役を演じ有効性が周知のものとなった．

§1 と §2 は Earle-Marden [26] に従った．定義 (2.1) とそれに続く議論はこの論文による．Cauchy-Read の定理 (定理 2.8) は §V3.1 で利用したが，Read [91] の他，Alling [7], Heins [58], Royden [92] が論じている．Heins [B19] に詳しい議論があるが，分りやすくはない．本章で紹介した Earle-Marden [26] の証明が最も簡明である．

§3 は Jones-Marshall [64] に従った．本書で触れなかった単位円板に関する Carleson のコロナ定理については，Garnett [B13] が詳しい．さらに，Garnett-Jones は [33] で全ての Denjoy 領域に対してコロナ定理を証明している．

PW 面一般のコロナ定理については，林 [57]，中井 [78]，荷見 [B16, 第 X 章] などを見られたい．また，無限連結領域のコロナについては Lárusson [70] の研究がある．問題 A (248 頁) に関する Stanton [108] の肯定的な解答については荷見 [B16, §X.3] にも解説がある．なお，Pranger [90] は正則な PW 面は $H^\infty(\mathcal{R})$ に関して正則凸であることなどを示している．

第 X 章

等質 Denjoy 領域の Jacobi 逆問題

前章に続いて Denjoy 領域を考察する．もし $\mathbb{R}$ の閉部分集合 E を自己共軛作用素のスペクトルと見なせば，$\mathcal{R} = \mathbb{C} \setminus E$ はレゾルベント集合であるから，Denjoy 領域は作用素論と密接に結びついた概念である．本章ではこの意味で作用素論を背景とする Denjoy 領域の理論として，実形式 Jacobi 逆問題に関する Sodin と Yuditskii の研究 [105] を解説する．ここでは，$\mathcal{R}$ の PW 性が重要な役割を演ずる．Jacobi 逆問題解決の最後の鍵は順 Cauchy 定理の成立で，等質集合の出番はここにある．

§1 古典的実形式 Jacobi 逆問題の再定義

古典的な Jacobi の逆問題の実形式を一般化可能な形に再構成する．

1.1 超楕円 Riemann 面 $\widehat{\mathcal{R}}_E$　有限個の閉区間からなる実軸上の閉集合

$$E = [b_0, a_0] \setminus \bigcup_{j=1}^{q} (a_j, b_j) \tag{1.1}$$

を考える．簡単のため，$-\infty < b_0 < a_1 < b_1 < \cdots < b_q < a_0 < \infty$ を仮定する．我々は E を截線とする複素球面上の領域 $\mathcal{R} = \overline{\mathbb{C}} \setminus E$ の 2 個の写し $\mathcal{R}_+$，$\mathcal{R}_-$ を E に沿って交叉させて貼合せることにより函数

$$w = \sqrt{\prod_{j=0}^{q} \frac{z - a_j}{z - b_j}} \tag{1.2}$$

の Riemann 面を作り，$\widehat{\mathcal{R}}_E$ と書く．我々は $z \in \mathcal{R}$ 上にあるこの面の点を $P = (z, \varepsilon)$ の形で表す．$\varepsilon = \pm 1$ は P が $\mathcal{R}_+$ または $\mathcal{R}_-$ のどちらに含まれるかで $+1$ または -1 に決める．z が分岐点 a_j, b_j の一つに一致するときは，$(z, +1)$ と $(z, -1)$ を同一視し，ε_j を省略する (図 1 参照)．

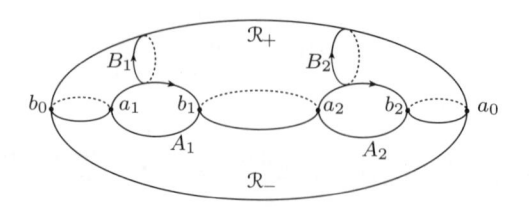

図 1: 超楕円面 $\widehat{\mathcal{R}}_E$ $(q=2)$ の構成

1.2 Abel 積分 w_k　超楕円面 $\widehat{\mathcal{R}}_E$ 上の第一種 Abel 微分の基底を構成する．そのため，$E_k = E \cap [b_k, a_0]$ $(k=1,\ldots,q)$ とおき，$\omega(z, E_k)$ を領域 $\mathcal{R}$ に関する E_k の調和測度とする．即ち E_k 上で 1, $E \setminus E_k$ 上で 0 を境界値とする $\mathcal{R}$ 上の Dirichlet 問題の解とする．境界点は正則であるから，$\omega(z, E_k)$ は境界まで連続である．そこで，$^*\omega(z, E_k)$ を $\omega(z, E_k)$ の共軛調和函数として

$$w_k = \tfrac{1}{2}[\omega(z, E_k) + i\,{}^*\omega(z, E_k)] \qquad (k=1,\ldots,q) \tag{1.3}$$

とおくと，w_k は $\mathcal{R}$ 上で (多価) 正則であり，$i(w_k - \tfrac{1}{2})$ (または，iw_k) は E_k (または，$E \setminus E_k$) 上では実数値である．従って，w_k を $\mathcal{R}_+$ 上の函数と見なすとき，E_k (または，$E \setminus E_k$) を越えて $\mathcal{R}_-$ へ $-\overline{w_k(\overline{z})} + 1$ (または，$-\overline{w_k(\overline{z})}$) として解析接続されるから，$\mathcal{R}_+$ 上の微分 dw_k は $\mathcal{R}_-$ 上では $-\overline{dw_k(\overline{z})}$ として $\widehat{\mathcal{R}}_E$ 上の第一種 Abel 微分を定義する．これを同じ記号 dw_k で表す．

さて，$E \subset \mathbb{R}$ であるから，$\omega(z, E_k)$ は実軸に関して対称である．従って，$\frac{\partial}{\partial y}\omega(z, E_k) = \frac{\partial}{\partial x}{}^*\omega(z, E_k) = 0$ $(z \in \mathbb{R} \cap \mathcal{R})$ であるから，各 $j = 1, \ldots, q$ に対して次が成り立つ：

$$\int_{a_j}^{b_j} dw_k(z) = \tfrac{1}{2}\int_{a_j}^{b_j} d\omega(z, E_k) = \tfrac{1}{2}(\omega(b_j, E_k) - \omega(a_j, E_k)) = \tfrac{1}{2}\delta_{jk}\,. \tag{1.4}$$

故に，$\{dw_1, \ldots, dw_q\}$ は $\widehat{\mathcal{R}}_E$ 上の第一種 Abel 微分の正規化された基底である．我々は (1.3) を正規化された第一種 Abel 積分の系の定義とする．

次に，$[a_j, b_j]_+$ (または $[a_j, b_j]_-$) により $\mathcal{R}_+$ (または $\mathcal{R}_-$) 上の線分 (a_j, b_j) の $\widehat{\mathcal{R}}_E$ 内の閉包を表し，$\widehat{\mathcal{R}}_E$ 上の 1 輪体 A_j を $[a_j, b_j]_+ - [a_j, b_j]_-$ と定義する．また，1 輪体 B_j を $\mathcal{R}_+$ 上で (a_j, b_j) に直交する直線とすると，

$$\{A_1, \ldots, A_q, B_1, \ldots, B_q\} = \{A, B\}$$

§1 古典的実形式 Jacobi 逆問題の再定義

は $\widehat{\mathcal{R}}_E$ の標準ホモロジー基底となる (図 1 参照). このときは, まず

$$\int_{A_k} dw_j = \delta_{jk} \qquad (j, k = 1, \ldots, q) \tag{1.5}$$

を満たすから, $\{dw_1, \ldots, dw_q\}$ は $\{A, B\}$ に対する双対基底である. また, $\omega(z, E_k)$ の実軸対称性から, $\frac{\partial}{\partial y}\omega(z, E_k) = -\frac{\partial}{\partial y}\omega(\bar{z}, E_k)$ を得るから,

$$\int_{B_j} d\omega(z, E_k) = 0 \qquad (j = 1, \ldots, q)$$

が成り立つ. 従って, 行列 $\Pi = (\pi_{jk})$ を

$$\pi_{jk} = \int_{B_k} dw_j \qquad (j, k = 1, \ldots, q) \tag{1.6}$$

と定義すれば, Π の成分は全部純虚数である. さらに, 一般論から Π の虚部は正定値であるから, $-i\Pi$ は正定値である (Farkas-Kra [B10, 61 頁]).

1.3 Jacobi 多様体 上で定義した Riemann 面 $\widehat{\mathcal{R}}_E$ の標準ホモロジー基底 $\{A, B\}$ とその双対基底 $\{dw\}$ を考えよう. $q \times 2q$ 行列 (I, Π) の列ベクトル $e^{(1)}, \ldots, e^{(q)}, \pi^{(1)}, \ldots, \pi^{(q)}$ から生成された ($\mathbb{Z}$ 上の) 格子点を $L = L(\widehat{\mathcal{R}}_E)$ と書き, $\widehat{\mathcal{R}}_E$ の Jacobi 多様体を $\mathbb{J}(\widehat{\mathcal{R}}_E) = \mathbb{C}^q/L(\widehat{\mathcal{R}}_E)$ で定義する. これはコンパクトな可換複素 Lie 群である. ここで, I は単位行列であり, Π の成分は純虚数であるから, 格子 L は A 周期を表す実ベクトルの部分と, B 周期を表す純虚ベクトルの部分の直和の形に分解される. 故に, Jacobi 多様体 $\mathbb{J}(\widehat{\mathcal{R}}_E)$ は

$$\mathbb{J}(\widehat{\mathcal{R}}_E) = \mathbb{C}^q/L(\widehat{\mathcal{R}}_E) \cong \mathbb{R}^q/(A \text{周期}) \dotplus \sqrt{-1} \cdot \mathbb{R}^q/\sqrt{-1}(B \text{周期}) \tag{1.7}$$

と直和分解される. ここで, A 周期の格子は $\mathbb{Z}^q$ であるから, Jacobi 多様体 $\mathbb{J}(\widehat{\mathcal{R}}_E)$ の実部 $\mathbb{R}^q/(A \text{周期})$ は q 次元円環体 $\mathbb{T}^q$ に同型である.

さて, $P_0 \in \widehat{\mathcal{R}}_E$ を固定し, 写像 $\varphi : \widehat{\mathcal{R}}_E \to \mathbb{J}(\widehat{\mathcal{R}}_E)$ を

$$\varphi(P) = \left(\int_{P_0}^{P} dw_1, \ldots, \int_{P_0}^{P} dw_q \right)$$

によって定義する. さらに, 次数 $n \geqq 1$ の整因子の全体を $(\widehat{\mathcal{R}}_E)_n$ と記し,

$$D = P_1 \cdots P_n \quad \text{に対し} \quad \varphi(D) = \sum_{j=1}^{n} \varphi(P_j)$$

として, $\varphi : (\widehat{\mathcal{R}}_E)_n \to \mathbb{J}(\widehat{\mathcal{R}}_E)$ を定義する. 特に, $n = q$ ならば, Jacobi の定理により $\varphi : (\widehat{\mathcal{R}}_E)_q \to \mathbb{J}(\widehat{\mathcal{R}}_E)$ は全射である (Farkas-Kra [B10, 92 頁]).

1.4 因子族 $\mathfrak{D}_E$ と Abel 写像
我々は $\mathfrak{D}_E$ により, $\widehat{\mathcal{R}}_E$ 上の因子の族

$$\mathfrak{D}_E = \{\, D = \sum_{j=1}^{q} P_j : P_j = (x_j, \varepsilon_j),\ x_j \in [a_j, b_j],\ \varepsilon_j = \pm 1 \,\} \tag{1.8}$$

に円周 $\widehat{I}_j$ $(j = 1, \ldots, q)$ の直積の位相を与えたものを表す. 但し, $\widehat{I}_j$ は区間 $I_j = [a_j, b_j]$ の二葉の被覆で端点を同一視したものである. このとき, Abel 写像 $\mathcal{A} : \mathfrak{D}_E \to \mathbb{R}^q/\mathbb{Z}^q$ を

$$\mathcal{A} : D \mapsto \left(\sum_{j \geq 1} \int_{P_j}^{Q_j} dw_1 \mod \mathbb{Z}, \ldots, \sum_{j \geq 1} \int_{P_j}^{Q_j} dw_q \mod \mathbb{Z} \right) \tag{1.9}$$

で定義する. ここで, $D_0 = \sum_{j \geq 1} Q_j$ $(Q_j = (b_j))$ は固定した因子であり, 積分路は $\widehat{I}_j$ の中 (A 周期の中) でとることとする. 各 dw_k は $\widehat{I}_j$ 上で実数値であるから, 値は $\mathbb{R}^q/L(\widehat{\mathcal{R}}_E)$ に含まれるとしてよい. また, 上の考察から $\mathbb{R}^q/L(\widehat{\mathcal{R}}_E) \cong \mathbb{R}^q/\mathbb{Z}^q$ であるから, 次の表現を得る :

$$\mathcal{A} : D \mapsto \left(\ldots, \sum_{j \geq 1} \frac{\varepsilon_j}{2} \int_{x_j}^{b_j} \omega_k(dt, E_k) \mod \mathbb{Z}, \ldots \right). \tag{1.10}$$

以上は, 実形式の Jacobi の定理で, Abel 写像が因子族 $\mathfrak{D}_E$ から q 次元実円環体 $\mathbb{R}^q/\mathbb{Z}^q$ への位相同型であることを示している. なお, 因子については §A.4.5 に記号の説明をかねた簡単な解説があることを注意しておく.

1.5 基本群の指標群
上の実円環体 $\mathbb{R}^q/\mathbb{Z}^q$ は $\mathcal{R}$ の基本群 $\pi_1(\mathcal{R}) = \pi_1(\mathcal{R}, \infty)$ の指標群 $\pi_1^*(\mathcal{R})$ と同一視できる. 我々は以下では**指標を加法形式で書く**:

$$\pi_1^*(\mathcal{R}) = \{\, \alpha(\gamma) \in \mathbb{R} \mod \mathbb{Z} : \alpha(\gamma_1 \circ \gamma_2) = \alpha(\gamma_1) + \alpha(\gamma_2) \,\}. \tag{1.11}$$

実際, γ_k を無限遠点を基点とし E_k と $E \setminus E_k$ を分離する滑らかなループで E_k を内側に含むように向きづけるものとする (図 2). このとき, $\pi_1(\mathcal{R})$ は $\{\gamma_1, \ldots, \gamma_q\}$ を生成系とする自由群であるから, その指標群 $\pi_1^*(\mathcal{R})$ は位相を込めて q 次元トーラス $\mathbb{R}^q/\mathbb{Z}^q$ に同型である. 実際, $\alpha \mapsto (\alpha(\gamma_1), \ldots, \alpha(\gamma_q))$ はこの同型対応 $\pi_1^*(\mathcal{R}) \cong \mathbb{R}^q/\mathbb{Z}^q$ の具体化であるが, これを (1.9) または (1.10) で定義した Abel 写像 $\mathcal{A}$ で表現しよう. 即ち, $D \in \mathfrak{D}_E$ に対し $\mathcal{A}(D)$ は $\pi_1(\mathcal{R})$

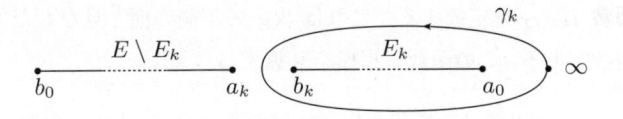

図 2: ループ γ_k の定義

の生成元 $\gamma_1, \ldots, \gamma_q$ への指標の作用を表すと解釈すれば，因子族 $\mathfrak{D}_E$ から $\pi_1^*(\mathcal{R})$ への同型対応 $\mathcal{A}: D \mapsto \alpha[D]$ が定義される．具体的には，

$$\alpha[D](\gamma_k) = \sum_{j \geqq 1} \frac{\varepsilon_j}{2} \int_{x_j}^{b_j} \omega_k(dt, E_k) \mod \mathbb{Z} \quad (k = 1, 2, \ldots). \quad (1.12)$$

但し，$D = \sum_{j \geqq 1} P_j, P_j = (x_j, \varepsilon_j), x_j \in [a_j, b_j]$，である．以下では，Abel 写像 $\mathcal{A}(D)$ はこれで定義される $\pi_1^*(\mathcal{R})$ の元 $\alpha[D]$ を表すことにする．

1.6 素函数 次に，$D \in \mathfrak{D}_E$ と $\pi_1(\mathcal{R})$ の指標の同一視を少し間接的にして，D に零点を持ち D_0 に極を持つ $\widehat{\mathcal{R}}_E$ 上の標準乗積の指標として表現しよう．そのため，我々は $\mathcal{R}$ 上の乗法的正則函数を考察する (§II.2.3 参照)．このような函数を $F(z)$ とする．無限遠点 ∞ の近傍で F の一価な分枝を固定し，これをループ $\gamma \in \pi_1(\mathcal{R})$ に沿って解析接続して得られる新しい分枝は元の分枝と $\exp[2\pi i \alpha(\gamma)]$ 倍だけ異なる．ここで，α は $\pi_1(\mathcal{R})$ の加法的指標である．これを $\alpha = \alpha[F]$ と表し，**函数 $F(z)$ の指標**と呼ぶ．

さて，$g(z, z_0)$ を z_0 を極とする $\mathcal{R}$ の Green 函数とする．このとき，任意の $x \in \mathcal{R} \cap \mathbb{R}$ に対し，$g(z,(x,\varepsilon))$ は $-g(\bar{z},(x,\varepsilon))$ として $\widehat{\mathcal{R}}_E$ 全体に調和接続される．$P = (x, \varepsilon)$ とし，$Q = (b)$ を b_j の一つとして，

$$\tau_{P,Q} = \tfrac{1}{2}\left\{\log\left|\frac{z-x}{z-b}\right| - \varepsilon g(z,x)\right\}$$

とおけば，$\tau_{P,Q}$ は $\mathcal{R}_E \setminus \{P, Q\}$ 上の調和函数で，P では負の対数的極，Q では正の対数的極を持つ．従って，

$$h_{P,Q}(z) = \tau_{P,Q}(z) + i^*\tau_{P,Q}(z)$$

は P, Q に極を持つ $\widehat{\mathcal{R}}_E$ 上の第三種の Abel 積分である．そこで，

$$H_{P,Q}(z) = \exp\{\tau_{P,Q}(z) + i^*\tau_{P,Q}(z)\} \quad (1.13)$$

として**素函数** $H_{P,Q}$ を定義する．これは $\widehat{\mathcal{R}}_E$ の下側の面と見なした $\mathcal{R}$ 上の乗法的正則函数である．この函数の指標を計算する．

補題 1.1 ∞ から出て E_k を正の向きに囲むループ γ_k (図 2 参照) に沿っての ${}^*g(z, z_0)$ の変分は次で与えられる：

$$2\pi[\omega(z_0, E_k) - \mathrm{Ind}_{\gamma_k}(z_0)]. \tag{1.14}$$

証明 まず，z_0 が γ_k の内部にあるとする．このときは，

$$\int_{\gamma_k} d^*g(z, z_0) + \int_{E_k} d^*g(z, z_0) + \int_{|z-z_0|=\varepsilon} d^*g(z, z_0) = 0$$

が成り立つ．ここで，積分は囲む領域を正の向きに廻ることとする．第二の積分については，Dirichlet 問題の解公式と比べて次が得られる：

$$\int_{E_k} d^*g(z, z_0) = -2\pi\omega(z_0, E_k).$$

第三の積分は，ε が小さいとして，$d^*g(z, z_0) \sim -\frac{\partial}{\partial r}[\log 1/r] r d\theta = d\theta$ より

$$\int_{|z-z_0|=\varepsilon} d^*g(z, z_0) \sim \int_0^{2\pi} d\theta = 2\pi\,\mathrm{Ind}_{\gamma_k}(z_0)$$

となるから，まとめて求める公式となる．また，z_0 が γ_k の外にあるときは $\mathrm{Ind}_{\gamma_k}(z_0) = 0$ で，これは上記の計算で第三の積分がない場合に当る． $\square$

補題 1.2 前の補題と同じ記号の下で，

$$\alpha[H_{P,Q}](\gamma_k) = -\tfrac{1}{2}[\varepsilon\omega(x, E_k) + \mathrm{Ind}_{\gamma_k}(b)] \pmod{\mathbb{Z}}. \tag{1.15}$$

証明 $\varepsilon = \pm 1$ のとき $\frac{1}{2}(1 + \varepsilon) \equiv 0 \pmod{\mathbb{Z}}$ であるから，計算は次の通り：

$$\begin{aligned}
\frac{1}{2\pi}\Delta_{\gamma_k}[{}^*\tau_{P,Q}(z)] &= \frac{1}{2\pi}\Delta_{\gamma_k}\left[\tfrac{1}{2}\left\{\arg\frac{z-x}{z-b} - \varepsilon\,{}^*g(z, x)\right\}\right] \\
&= \tfrac{1}{2}[\mathrm{Ind}_{\gamma_k}(x) - \mathrm{Ind}_{\gamma_k}(b) - \varepsilon(\omega(x, E_k) - \mathrm{Ind}_{\gamma_k}(x))] \\
&= -\tfrac{1}{2}[\varepsilon\omega(x, E_k) + \mathrm{Ind}_{\gamma_k}(b) - (1+\varepsilon)\mathrm{Ind}_{\gamma_k}(x)] \\
&\equiv -\tfrac{1}{2}[\varepsilon\omega(x, E_k) + \mathrm{Ind}_{\gamma_k}(b)] \pmod{\mathbb{Z}}.
\end{aligned}$$

従って，γ_k が x を通らぬ限り，$\mathcal{R}_+$ 上でも $\mathcal{R}_-$ 上でも結果は変らない． $\square$

1.7 標準乗積 零点の因子が $D = \sum_{j \geq 1} P_j$ $(P_j = (x_j, \varepsilon_j), x_j \in [a_j, b_j])$ で,極の因子が $D_0 = \sum_{j \geq 1} Q_j$ $(Q_j = (b_j))$ である素函数の**標準乗積**を

$$K_{D,D_0}(z) = \prod_{j \geq 1} H_{P_j,Q_j}(z) = \left\{ \prod_{j \geq 1} \frac{z - x_j}{z - b_j} \mathfrak{G}(z, x_j)^{\varepsilon_j} \right\}^{\frac{1}{2}} \tag{1.16}$$

で定義する.但し,$\mathfrak{G}(z, a) = \exp[-g(z, a) - i^* g(z, a)]$ は a を極とする $\mathfrak{R}$ の複素 Green 函数である (もし $a \in E$ ならば,$\mathfrak{G}(z, a) \equiv 1$ を仮定する).

補題 1.3 標準乗積 K_{D,D_0} の指標は次の通りである:

$$\begin{aligned}\alpha[K_{D,D_0}](\gamma_k) &= -\tfrac{1}{2} \sum_{j \geq 1} \{\varepsilon_j \omega(x_j, E_k) + \mathrm{Ind}_{\gamma_k}(b_j)\} \\ &= \sum_{j \geq 1} \frac{\varepsilon_j}{2} \int_{x_j}^{b_j} \omega(dt, E_k) \pmod{\mathbb{Z}}.\end{aligned} \tag{1.17}$$

証明 計算のみを示す.$j \geq k$ のときは,$\mathrm{Ind}_{\gamma_k}(b_j) = 1$ である.従って,

$$\begin{aligned}\frac{\varepsilon_j}{2} \int_{x_j}^{b_j} \omega(dt, E_k) &= \frac{\varepsilon_j}{2}(\omega(b_j, E_k) - \omega(x_j, E_k)) = \frac{\varepsilon_j}{2}(1 - \omega(x_j, E_k)) \\ &= -\frac{\varepsilon_j}{2}(\omega(x_j, E_k) + \mathrm{Ind}_{\gamma_k}(b_j)) + \varepsilon_j \mathrm{Ind}_{\gamma_k}(b_j) \\ &\equiv -\frac{\varepsilon_j}{2}(\omega(x_j, E_k) + \mathrm{Ind}_{\gamma_k}(b_j)) \pmod{\mathbb{Z}}.\end{aligned}$$

また,$j < k$ のときは,$\mathrm{Ind}_{\gamma_k}(b_j) = 0$ である.従って,

$$\begin{aligned}\frac{\varepsilon_j}{2} \int_{x_j}^{b_j} \omega(dt, E_k) &= \frac{\varepsilon_j}{2}(\omega(b_j, E_k) - \omega(x_j, E_k)) = \frac{\varepsilon_j}{2}(-\omega(x_j, E_k)) \\ &= -\frac{\varepsilon_j}{2}(\omega(x_j, E_k) + \mathrm{Ind}_{\gamma_k}(b_j)). \quad \square\end{aligned}$$

定理 1.4 標準乗積 $K_{D,D_0}(z)$ の指標について次が成り立つ:

$$\alpha[K_{D,D_0}] = \mathcal{A}(D). \tag{1.18}$$

即ち,Abel 写像は標準乗積 K_{D,D_0} の指標として計算される.

これは等式 (1.10) と (1.17) を比較すれば分る.ここで扱った標準乗積はもちろん有限積であるが,§3.6 ではより一般な E (正確には $E \in$ (RPW)) に対しても (1.16) は無限乗積として意味があり,公式 (1.18) が成り立つことが示される.

§2 有限帯 Jacobi 行列と Jacobi の逆問題

前節で述べた Jacobi の逆問題の解を或る種の Jacobi 行列に応用する．これは古典的な場合で，我々の目標である一般論のモデルの役割を演ずる．

2.1 Jacobi 行列 J を数列空間 $l^2(\mathbb{Z})$ 上の有界な自己共軛作用素を定義する Jacobi 行列とする．具体的には，$l^2(\mathbb{Z})$ の標準基底を $\{e_n\}$ として，

$$Je_n = p_{n-1}e_{n-1} + q_n e_n + p_n e_{n+1} \qquad (n \in \mathbb{Z}) \tag{2.1}$$

によって定義されるものとする．但し，$p_n > 0$ である．即ち，q_n を対角成分とし，上下の準対角線に正数 p_n が並ぶ三線対角型行列である（§E 参照）．我々は添数の集合 $\mathbb{Z}$ を

$$\mathbb{Z}_+(m) = \{n \in \mathbb{Z} : n \geqq m+1\}, \quad \mathbb{Z}_-(m) = \{n \in \mathbb{Z} : n \leqq m\}$$

によって二分し，これに対応して空間 $l^2(\mathbb{Z})$ を

$$l^2(\mathbb{Z}) = l^2_-(m) \oplus l^2_+(m) \qquad (但し, l^2_\pm(m) = l^2(\mathbb{Z}_\pm(m)))$$

と直和分解する．$P_\pm(m)$ を $l^2_\pm(m)$ への直交射影として，作用素 $J_\pm(m)$ を $J_\pm(m) = P_\pm(m) J P_\pm(m)$ と定義すれば，J をブロック形式

$$J = \begin{pmatrix} J_-(m) & p_m e_m \langle \cdot, e_{m+1} \rangle \\ p_m e_{m+1} \langle \cdot, e_m \rangle & J_+(m) \end{pmatrix} \tag{2.2}$$

に表すことができる．計算は単純なので詳細は省略する．

2.2 J の Weyl 函数 Jacobi 行列 J は式 (2.1) の通りとし，

$$R(m, n) = R(m, n; z) = \langle (J - z)^{-1} e_n, e_m \rangle$$

を J のレゾルベント $(J - z)^{-1}$ の行列成分とし，その **Weyl 函数**を

$$r_+(m; z) = \langle (J_+(m) - z)^{-1} e_{m+1}, e_{m+1} \rangle,$$
$$r_-(m; z) = \langle (J_-(m) - z)^{-1} e_m, e_m \rangle$$

で定義する．特に $m = 0$ のときは，$r_\pm(z) = r_\pm(0; z)$ と略記する．明らかに，$R(m, n; z)$ は J のレゾルベント集合上の正則函数である．また，以下で見るように，$r_\pm(m; z)$ は J のレゾルベント集合上の有理型函数である．

§2 有限帯 Jacobi 行列と Jacobi の逆問題

定理 2.1 $r_{\pm}(m;z)$ および $R(m,m;z)$ は Nevanlinna 函数である．即ち，或る $\overline{\mathbb{C}} \setminus E$ ($E \subset \mathbb{R}$ はコンパクト集合) 上の正則函数で上半平面と下半平面を保存する (§IV.2.4 参照)．

証明 J は有界な自己共軛作用素であるから，そのスペクトル E は $\mathbb{R}$ のコンパクト集合であり，J の単位の分解を $E(\lambda)$ とすると，

$$R(m,m;z) = \langle (J-z)^{-1} e_m, e_m \rangle = \int_{-\infty}^{\infty} \frac{1}{\lambda-z} \, d\langle E(\lambda) e_m, e_m \rangle$$

が成り立つ．積分はスペクトル E 上に亘るから，$R(m,m;z)$ は $\overline{\mathbb{C}} \setminus E$ 上で正則である．また，$\mathrm{Im}\, R(m,m;z)$ が $\mathrm{Im}\, z$ と同符号であることは，

$$\mathrm{Im}\, R(m,m;z) = \int_{-\infty}^{\infty} \frac{\mathrm{Im}\, z}{|\lambda-z|^2} \, d\|E(\lambda) e_m\|^2$$

から分る．$r_{\pm}(m;z)$ についても同様である． □

次に，ブロック表示 (2.2) から得られる基本公式を説明する．簡単のため，$m=0$ とする．$z \in \mathbb{C}$ を J のレゾルベント集合の点とし $x = (J-z)^{-1} e_0$ とおけば，$J_{\pm} = J_{\pm}(0)$, $x_{\pm} = P_{\pm}(0) x$ として次を得る：

$$e_0 = (J_- - z) x_- + p_0 \langle x, e_1 \rangle e_0,$$
$$0 = (J_+ - z) x_+ + p_0 \langle x, e_0 \rangle e_1.$$

特に，$z \notin \mathbb{R}$ とすれば，z は $J_{\pm}$ および J のレゾルベント集合に属するから，それぞれに $(J_- - z)^{-1}, (J_+ - z)^{-1}$ を掛けて，e_0 または e_1 との内積を作れば

$$r_- = R(0,0) + p_0 R(1,0) \, r_-,$$
$$0 = R(1,0) + p_0 R(0,0) \, r_+$$

を得る．従って，$r_- = R(0,0)/(1-p_0 R(1,0))$, $r_+ = -R(1,0)/p_0 R(0,0)$ となるから，$r_{\pm}$ は J のレゾルベント集合上で定義された有理型函数である．次に，$y = (J-z)^{-1} e_1$ として同様の計算を行えば，

$$0 = R(0,1) + p_0 R(1,1) \, r_-,$$
$$r_+ = p_0 R(0,1) \, r_+ + R(1,1)$$

が示される．これらを一つにまとめれば次を得る：

$$\begin{pmatrix} R(0,0) & R(0,1) \\ R(1,0) & R(1,1) \end{pmatrix} = \begin{pmatrix} r_-^{-1} & p_0 \\ p_0 & r_+^{-1} \end{pmatrix}^{-1}. \tag{2.3}$$

この逆行列を具体的に計算したのが次の公式で，Jacobi 行列の解析に大きな役割を果たすことになる．

定理 2.2　J のレゾルベントの行列成分について次が成り立つ：

$$-\frac{1}{R(0,0)} = p_0^2 r_+ - \frac{1}{r_-}, \tag{2.4}$$

$$R(1,1) = R(0,0) \frac{r_+}{r_-}, \tag{2.5}$$

$$R(0,1) = R(1,0) = \frac{p_0 r_+}{p_0^2 r_+ - r_-^{-1}}. \tag{2.6}$$

一般の m についても同様である．次は $r_\pm(z)$ から $r_\pm(1;z)$ へ移る公式である．検証は単純であるから省略する．これらは番号をずらしても変らない．

$$p_1^2 r_+(1;z) = -r_+(z)^{-1} - (z - q_1), \tag{2.7}$$

$$p_0^2 r_-(z) = -r_-(1;z)^{-1} - (z - q_1). \tag{2.8}$$

2.3　有限帯 Jacobi 行列

Jacobi 行列 J が**有限帯**であるとは，

(FB1)　J のスペクトル $\sigma(J) = E$ は $\mathbb{R}$ の有限個の区間よりなる，

(FB2)　ほとんど全ての $x \in E$ に対し $p_0^2 r_+(x + i0) = 1/r_-(x - i0)$

の二条件を満たすことを云う．区間の有限系 E を固定するとき，E をスペクトルとする有限帯 Jacobi 行列の全体を $\mathcal{J}_E$ と書く．

この定義により，$J \in \mathcal{J}_E$ ならば $(J - z)^{-1}$ は $\mathcal{R} = \overline{\mathbb{C}} \setminus E$ 上で正則であるから，$R(m, n; z)$ は $\mathcal{R}$ 上で正則である．また，$p_0^2 r_+(z)$ は下の面 $\mathcal{R}_-$ に $r_-(z)^{-1}$ として接続される．一方，漸化式 (2.7), (2.8) を使えば，条件 (FB2) から，全ての $m = \pm 1, \pm 2, \ldots$ に対して次も成り立つ：

$$p_m^2 r_+(m; x+i0) = \frac{1}{r_-(m; x-i0)} \qquad (\text{a.e. } x \in E). \tag{2.9}$$

補題 2.3　Jacobi 行列 J が有限帯ならば，次が成り立つ：

(a)　$r_\pm(x + i0) = \overline{r_\pm(x - i0)}$ (a.e. $x \in E$).

(b)　全ての $m \in \mathbb{Z}$ に対して $R(m, m; x + i0) \in i\mathbb{R}$ (a.e. $x \in E$).

§2 有限帯 Jacobi 行列と Jacobi の逆問題

証明 (a) $\varepsilon > 0$ として得られる次の式で $\varepsilon \to 0$ とすればよい：
$$r_\pm(x+i\varepsilon) = \langle (J_\pm - x - i\varepsilon)^{-1} e_0, e_0 \rangle = \overline{\langle e_0, (J_\pm - x + i\varepsilon)^{-1} e_0 \rangle}$$
$$= \overline{\langle (J_\pm - x + i\varepsilon)^{-1} e_0, e_0 \rangle} = \overline{r_\pm(x - i\varepsilon)}.$$

(b) 等式 (2.4) を参照すれば，条件 (FB2) より
$$-\frac{1}{R(0,0;x+i0)} = p_0^2 \{ r_+(x+i0) - \overline{r_+(x+i0)} \} \qquad (\text{a.e. } x \in E)$$
が成り立つから，$m=0$ のときは正しい．一般の m については (2.9) 使えば同様である． □

この補題は $R(0,0;z)$ が Nevanlinna 函数の積表示の条件 (定理 IV.2.5) を満たすことを示す．よって，$R(0,0;z) \sim -1/z \ (z \to \infty)$ に注意すれば，
$$R(0,0;z) = -\frac{1}{\sqrt{(z-a_0)(z-b_0)}} \prod_{j \geqq 1} \frac{z - x_j}{\sqrt{(z-a_j)(z-b_j)}} \tag{2.10}$$
が得られる．但し，$x_j \in [a_j, b_j]$ である．$R(m,m;z)$ についても同様である．

補題 2.4 $\mathcal{R}$ 上の有理型函数 $r_\pm(z)$ は有理型函数として $\widehat{\mathcal{R}}_E$ 全体に解析接続できて，次を満たす：
$$p_0^2 r_+|_{(z,+1)} = r_-^{-1}|_{(z,-1)}. \tag{2.11}$$

証明 $R(0,0;z)$ は §1.1 で述べた Riemann 面 $\widehat{\mathcal{R}}_E$ 上の有理函数と見なされる．また，(2.4) により Nevanlinna 函数 $-R(0,0)^{-1}$ は二つの Nevanlinna 函数 $p_0^2 r_+$ と $-r_-^{-1}$ の和である．表示式 (2.10) より，これらの Nevanlinna 函数の Nevanlinna 測度は有限個の点測度の成分と E を台とする絶対連続測度の成分からなることが分る．さらに，補題 2.3 の証明中の論法により，
$$-\frac{1}{R(0,0;x+i0)} = p_0^2 r_+(x+i0) - \frac{1}{r_-(x+i0)}$$
$$= 2i \operatorname{Im}(p_0^2 r_+(x+i0)) = 2i \operatorname{Im}\left(-\frac{1}{r_-(x+i0)}\right) \quad (\text{a.e. } x \in E)$$
が分るから，$p_0^2 r_+$, $-r_-^{-1}$ および $-\frac{1}{2} R(0,0)^{-1}$ の Nevanlinna 測度の絶対連続成分は等しい．一方，$-\frac{1}{2} R(0,0)^{-1}$ の主要部 Q はいくつかの $(x_j - z)^{-1}$ の一次結合と $\frac{1}{2} z$ の和であるから，
$$p_0^2 r_+ = -Q - \tfrac{1}{2} R(0,0)^{-1}, \quad -r_-^{-1} = Q - \tfrac{1}{2} R(0,0)^{-1}$$

が得られる．E を越えて解析接続するとき，Q は変化せず，$R(0,0)$ は符号を変えるだけであるから，公式 (2.11) が成り立つ． □

2.4 Jacobi 行列 J の復元 有限帯 Jacobi 行列 J においてはその Weyl 函数から J を求めることができる．より正確には，Weyl 函数の零点および極の因子から J を復元することができる．これを具体的に説明する．

2.4.1 函数 $r_+(z)$ の積表示 まず，Weyl 函数 $r_+(z)$ を因数分解する．

1) まず，$x_j = x_j(0) \in [a_j, b_j]$ $(j = 1, \ldots, q)$ を $R(0,0)$ の零点とし，$x_j \in (a_j, b_j)$ の場合を考える．このときは，(2.4) により x_j は r_+ または r_-^{-1} の極であるが，$R(1,1)$ は (a_j, b_j) 上で正則であるから，(2.5) より x_j は $r_+(z)$ または $r_-^{-1}(z)$ の一方のみの極である．

2) $\widehat{\mathcal{R}}_E$ 上の有理函数としての $r_+(z)$ (仮に $f(z)$ とおく) の極を定める．いま，f は $\mathcal{R}_+$ 上では r_+ に等しいとすると，f は $\mathcal{R}_-$ 上では $(p_0^2 r_-(z))^{-1}$ に等しいから，f の極は $\mathcal{R}_+$ 上での $r_+(z)$ の極と $\mathcal{R}_-$ 上での $r_-(z)^{-1}$ の極からなる．我々は因子 $D(0) = \sum_{j \geq 1}(x_j(0), \varepsilon_j(0)) \in \mathfrak{D}_E$ を $x_j(0)$ が $r_+(z)$ の極ならば $\varepsilon_j = \varepsilon_j(0) = +1$, x_j が $r_-(z)^{-1}$ の極ならば $\varepsilon_j = -1$ として定義する．$x_j(0)$ が a_j または b_j に等しいときは，$\varepsilon_j(0)$ は ± 1 のどちらでも同じである．このとき，$\widehat{\mathcal{R}}_E$ 上の有理函数として $r_+(z)$ は $D(0)$ で極を持つ．$r_+(z)$ はさらに $(\infty, +1)$ で自明な零点，$(\infty, -1)$ で自明な極を持つことも定義から分る．

3) $r_+(z)$ の他の零点を求める．そのために，定理 2.2 から得られる等式 $-R(1,1)^{-1} = p_0^2 r_- - r_+^{-1}$ を利用する．即ち，$R(1,1)$ の零点を $\{x_j(1)\}$ とするとき，$x_j(1)$ が $r_+(z)$ の零点ならば $\varepsilon_j = \varepsilon_j(1) = +1$, $r_-(z)^{-1}$ の零点ならば $\varepsilon_j = -1$ として因子 $D(1) = \sum_{j \geq 1}(x_j(1), \varepsilon_j(1)) \in \mathfrak{D}_E$ を定義する．この $D(1)$ は r_+ の自明でない零点の因子である．

4) 有理函数 $r_+(z)$ を零点と極から再構成する．まず，上記の考察から

$$p_0 r_+(z) = C\mathfrak{G}(z)\left\{\prod_{j \geq 1} \frac{z - x_j(1)}{z - x_j(0)} \cdot \frac{\mathfrak{G}(z, x_j(1))^{\varepsilon_j(1)}}{\mathfrak{G}(z, x_j(0))^{\varepsilon_j(0)}}\right\}^{1/2}. \qquad (2.12)$$

但し，$\mathfrak{G}(z, a)$ ($\mathfrak{G}(z) = \mathfrak{G}(z, \infty)$) は $\mathcal{R}$ の複素 Green 函数である (§1.7 参照)．(2.12) の両辺を比較すれば，C には零点も極もないから，$C = \exp w(z)$ とな

る第一種の Abel 積分 w が存在する．(2.12) の両辺の絶対値をとると，

$$p_0 |r_+(z)| = e^{\mathrm{Re}\,w} e^{-g(z,\infty)} \left(\prod_{j\geqq 1} \left|\frac{z - x_j(1)}{z - x_j(0)}\right| \cdot \frac{e^{-\varepsilon_j(1)g(z,x_j(1))}}{e^{-\varepsilon_j(0)g(z,x_j(0))}} \right)^{1/2}$$

となるが，右辺の ( )$^{1/2}$ の因数は r_+ の自明でない零点および極の因数と相殺し，$e^{-g(z)}$ は ∞ での零点と相殺するから，残る $e^{\mathrm{Re}\,w}$ は E 上で定数となる．よって，C 自身が定数となる．次に，公式 (2.11) により

$$\frac{1}{p_0 \, r_-(z)} = C \mathfrak{G}(z)^{-1} \left(\prod_{j\geqq 1} \frac{z - x_j(1)}{z - x_j(0)} \cdot \frac{\mathfrak{G}(z, x_j(0))^{\varepsilon_j(0)}}{\mathfrak{G}(z, x_j(1))^{\varepsilon_j(1)}} \right)^{1/2}$$

を得るから，(2.5) より $R(1,1) = R(0,0) C^2$ が分る．ここで，$z \to \infty$ とすれば，$R(0,0)(z) \sim -1/z$, $R(1,1)(z) \sim -1/z$ であるから，$C^2 = 1$. 最後に，$r_+(z) \sim -1/z$ に注意すれば，$C = -1$ が得られる．故に，§1.7 で導入した標準乗積を使って表せば，次を得る：

$$p_0 r_+(z) = -\mathfrak{G}(z) \frac{K_{D(1),D_0}(z)}{K_{D(0),D_0}(z)} \, . \tag{2.13}$$

2.4.2 座標の移行 まず，$r_+(1;z)$ を求める．(2.7) より $r_+(1;z)$ の自明でない極は $r_+(z)$ の零点であるから，$D(1)$ に一致する．さらに，$(\infty, -1)$ が極である．実際，同じ式から，$p_1^2 r_+(1;z)$ は下の面 $\mathcal{R}_-$ に $-p_0^2 r_-(z) - (z - q_1)$ として接続されるから，$r_-(z) \to 0$ ($z \to \infty$) として次を得るからである：

$$p_1^2 r_+(1;(\infty, -1)) = \lim_{z \to \infty} \{-p_0^2 r_-(z) - (z - q_1)\} = \infty \, .$$

一方，$r_+(1;z)$ の自明でない零点 (これを $D(2)$ と書く) は同じ式より $r_+(z)$ の極であるから，$D(0)$ で与えられる．さらに，無限遠点では $(\infty, +1)$ が自明な零点である．これらから $r_+(z)$ に対する議論と同様にして，

$$p_1 r_+(1;z) = -\mathfrak{G}(z) \frac{K_{D(2),D_0}(z)}{K_{D(1),D_0}(z)} \tag{2.14}$$

が得られる．公式 (2.7) は座標のパラメータをずらしてもよいから，(2.14) を得た論法を帰納法で延長すればさらに次を示すことができる：

$$p_n r_+(n;z) = -\mathfrak{G}(z) \frac{K_{D(n+1),D_0}(z)}{K_{D(n),D_0}(z)} \, . \tag{2.15}$$

2.4.3 因子 $D(n)$ の計算 Weyl 函数 $r_+(n;z)$ は $\mathfrak{R} = \mathbb{C} \setminus E$ 上で一価であるから, (2.15) の左辺の指標は 0 であり, 右辺も同様である. よって,
$$\alpha[K_{D(n+1),D_0}] - \alpha[K_{D(n),D_0}] + \alpha[\mathfrak{G}] = 0 .$$
そこで, 複素 Green 函数 $\mathfrak{G}(z) = \mathfrak{G}(z,\infty)$ の指標を $-\mu$ (即ち, $\mu = -\alpha[\mathfrak{G}]$) とおけば, 定理 1.4 により $\alpha[K_{D,D_0}] = \mathcal{A}(D)$ であるから, 上式から得られる $\mathcal{A}(D(n+1)) - \mathcal{A}(D(n)) = \mu$ を加え合せて次が得られる:
$$\mathcal{A}(D(n)) = \mathcal{A}(D(0)) + n\mu \qquad (n \in \mathbb{Z}) . \tag{2.16}$$
故に, 因子 $D(0)$ が与えられれば, Jacobi の逆問題によって (2.16) より各 $D(n)$ が定まり, 以下により Jacobi 行列は全部再現される.

2.4.4 p_n, q_n の計算 p_n を計算しよう. そのため, まず (2.15) において標準乗積を定義 (1.16) に戻して絶対値をとれば,
$$p_n = \frac{e^{-g(z,\infty)}}{|r_+(n;z)|} \left(\prod_{j \geq 1} \left| \frac{z - x_j(n+1)}{z - x_j(n)} \right| \cdot \frac{e^{-\varepsilon_j(n+1)g(z,x_j(n+1))}}{e^{-\varepsilon_j(n)g(z,x_j(n))}} \right)^{1/2} \tag{2.17}$$
を得る (§2.4.1 参照). 次に, 平面領域の Green 函数に関する公式 (B.13) と対数容量の定義 (B.14) から得られる公式
$$\mathrm{Cap}(E) = \lim_{z \to \infty} |z| e^{-g(z,\infty)}$$
と $r_+(n;z) \sim -z^{-1}$ ($z \to \infty$) に注意すれば, (2.17) の右辺の第一因数は $z \to \infty$ のとき $\mathrm{Cap}(E)$ に収束することが分る. 従って,
$$p_n = \mathrm{Cap}(E) \left(\prod_{j \geq 1} \frac{e^{-\varepsilon_j(n+1)g(\infty,x_j(n+1))}}{e^{-\varepsilon_j(n)g(\infty,x_j(n))}} \right)^{1/2} .$$
次に, q_n を求める. そのため, 次の公式を用いる ((2.4) 参照):
$$-\frac{1}{R(n,n;z)} = p_n^2 \, r_+(n;z) - \frac{1}{r_-(n;z)} . \tag{2.18}$$
ここで, 右辺の各項の無限遠点における漸近的挙動は次のようになる:
$$p_n^2 \, r_+(n;z) = O(1/z) \qquad (z \to \infty) , \tag{2.19}$$
$$-\frac{1}{r_-(n;z)} = z - q_n + O(1/z) \qquad (z \to \infty) . \tag{2.20}$$

ここで，(2.20) は (2.7) でパラメータを n に代えたものを利用すれば分る．故に，次の公式を得て行列 J の復元は完成する：

$$\begin{aligned} q_n &= \lim_{z\to\infty}\left[z + \frac{1}{R(n,n;z)}\right] \\ &= \lim_{z\to\infty}\left[z - \sqrt{(z-a_0)(z-b_0)}\prod_{j\geqq 1}\frac{\sqrt{(z-a_j)(z-b_j)}}{z-x_j(n)}\right] \\ &= \tfrac{1}{2}\Big\{(a_0+b_0) + \sum_{j\geqq 1}(a_j+b_j-2x_j(n))\Big\}. \end{aligned} \qquad (2.21)$$

§3 無限帯 Jacobi 行列 — 主定理と証明の筋書き

3.1 基本定義

有限帯 Jacobi 行列の理論を一般化しよう．

$$E = [b_0, a_0] \setminus \bigcup_{j\geqq 1}(a_j, b_j) \qquad (3.1)$$

は $\mathbb{R}$ の有界閉集合とし，$\mathcal{R} = \overline{\mathbb{C}} \setminus E$ は無限連結でポテンシャル論の意味で正則であるとする．以下では，区間 (ギャップとも云う) (a_j, b_j) を L_j とも書く．集合 E として本章の主役を演ずるのは Carleson が導入した**等質集合** (§IX.4.1) である．即ち，E は実軸 $\mathbb{R}$ の閉部分集合で，全ての $x \in E$ と全ての $0 < r < 1$ に対して次を満たす定数 $c > 0$ が存在するものとする：

$$|(x-r, x+r) \cap E| \geqq cr. \qquad (3.2)$$

この c を $(E$ の) **等質性の定数**と呼ぶ．本章では第 IX 章とは違って**有界なものだけを対象とする**．もちろん，等角的には等質集合に関して有界非有界の差はない．我々は補題 IX.4.4 と定理 IX.4.5 から次が得られることに注意する．

定理 3.1 コンパクト集合 $E \subset \mathbb{R}$ が等質ならば，$\mathcal{R} = \overline{\mathbb{C}} \setminus E$ は正則な PW 型領域である．実際，E を (3.1) の形とすれば，無限遠点に極を持つ $\mathcal{R}$ の Green 函数 $g(z) = g(\infty, z)$ の臨界点は各 $L_j = (a_j, b_j)$ 内に 1 個ずつあり，それ以外にはない．L_j 内の臨界点を c_j と書けば，$\{c_j\}$ は内挿列であり，$N = N(c)$ を等質性の定数 c のみに依存する定数として次が成り立つ：

$$\sum_j g(c_j) < N < \infty. \qquad (3.3)$$

領域 $\mathcal{R} = \overline{\mathbb{C}} \setminus E$ に関する ∞ の調和測度を $e \mapsto \omega(\infty, e) = \omega(\infty, e, \mathcal{R})$ (または $\omega_\infty(e)$) と書く. これは E 上の正値 Borel 測度で E 上の連続函数 f を境界値とする Dirichlet 問題の Wiener 解を $u_f(z)$ と書くとき, $u_f(\infty) = \int_E f(x) \, d\omega(\infty, x)$ を満たすという条件で一意に定義され, E の平衡分布 μ_E に一致する. これらについては, §B.4 (379頁) を見られたい.

3.2 主要結果 我々は (1.8) に倣って因子族 $\mathfrak{D}_E$ を

$$\mathfrak{D}_E = \{\, D = \sum_{j \geqq 1} P_j : P_j = (x_j, \varepsilon_j),\ x_j \in [a_j, b_j],\ \varepsilon_j = \pm 1 \,\} \tag{3.4}$$

と定義し, これに円周の無限直積としてのコンパクト位相を与える. 次に, $\pi_1(\mathcal{R}) = \pi_1(\mathcal{R}, \infty)$ を ∞ を基点とする領域 $\mathcal{R}$ の基本群とし, その生成元 $\{\gamma_k\}$ を §1.5 と同様に作る (267頁の図 2). このとき, $\pi_1(\mathcal{R})$ は $\{\gamma_k\}$ を独立な生成元とする自由群である. 従って, その指標 α は各生成元 γ_k での値 $\alpha(\gamma_k) \in \mathbb{R}/\mathbb{Z}$ によって一意に決定されるから, 指標群 $\pi_1^*(\mathcal{R})$ は離散群 $\pi_1(\mathcal{R})$ に双対な群としてコンパクト群である. 実際, 無限次元のコンパクト・トーラス $\prod_{j \geqq 1} (\mathbb{R}/\mathbb{Z})$ と位相を込めて同型となる.

さて, 領域 $\mathcal{R}$ 上の第一種 Abel 積分 $w_k(z)$ を §1.2 におけると同様に定義する. 即ち, $w_k(z)$ を (1.3) によって定義すれば (1.4) が成り立つ. よって, §1.4 と同様に Abel 写像 $\mathcal{A} : \mathfrak{D}_E \to \pi_1^*(\mathcal{R})$ を次で定義する:

$$\mathcal{A}(D)(\gamma_k) = \sum_j \frac{\varepsilon_j}{2} \int_{x_j}^{b_j} d\omega(t, E_k) \pmod{\mathbb{Z}}. \tag{3.5}$$

但し, D は (3.4) の形とする. 実際, 補題 3.5 の証明で見るように, $\mathcal{R} = \overline{\mathbb{C}} \setminus E$ が PW 面の場合この級数は収束する. さらに, E が等質集合の場合, Abel 写像の役割は次の Sodin-Yuditskii の基本定理で記述される.

定理 3.2 (Sodin-Yuditskii) コンパクト集合 $E \subset \mathbb{R}$ が等質ならば, Abel 写像 $\mathcal{A} : \mathfrak{D}_E \to \pi_1^*(\mathcal{R})$ は位相同型である.

これは有名な Abel の定理 (中井 [B30, 第 4 章 §23] 参照) の無限次元への一般化と見なすことができる. この定理において Abel 写像の連続性は比較的簡単に証明できる. それに対し, $\mathcal{A}$ が全射であることの証明はかなり難解である.

我々は $\mathcal{R}$ の基本群 $\pi_1(\mathcal{R}, \infty)$ の任意の指標 $\alpha \in \pi_1^*(\mathcal{R}, \infty)$ に対し $\mathcal{A}(D) = \alpha$ を満たす因子 D (これを $D[\alpha]$ とも書く) を具体的に構成する．そのため，任意の $\alpha \in \pi_1^*(\mathcal{R})$ に対し，α を指標とする $\mathcal{R}$ 上の乗法的正則函数 F で，$|F(z)|^2$ が調和優函数を持つものの全体を $\mathcal{H}^2(\mathcal{R}, \alpha)$ と書き，次の極値問題を解く:

$$\sup\{|F(\infty)| : F \in \mathcal{H}^2(\mathcal{R}, \alpha), \|F\| = 1\}. \tag{3.6}$$

その結果，この問題は $F(\infty) > 0$ の仮定の下に一意の解 $K^\alpha(z)$ を持つことが分る．実際，$\mathfrak{G}(z, w)$ を $\mathcal{R}$ の複素 Green 函数として次が成り立つ:

定理 3.3 (Sodin-Yuditskii) コンパクト集合 $E \subset \mathbb{R}$ は等質であるとすると，任意の $\alpha \in \pi_1^*(\mathcal{R}, \infty)$ に対し，因子 $D = D[\alpha] = \sum_{j \geq 1}(x_j, \varepsilon_j) \in \mathfrak{D}_E$ を適当に選べば次が成り立つ:

$$K^\alpha(z) = \left\{ \prod_{j \geq 1} \frac{z - x_j}{z - c_j} \frac{\mathfrak{G}(z, c_j)}{\mathfrak{G}(z, x_j)} \right\}^{1/2} \prod_{j \geq 1} \mathfrak{G}(z, x_j)^{(1+\varepsilon_j)/2}. \tag{3.7}$$

但し，$\{c_j\}$ は $g(z) = g(z, \infty)$ の臨界点である．逆に，任意の $D \in \mathfrak{D}_E$ に対し，(3.7) の右辺は或る $\alpha \in \pi_1^*(\mathcal{R}, \infty)$ に対する $K^\alpha(z)$ に一致する．

最後にコンパクト等質集合をスペクトルとする Jacobi 行列を考える．即ち，コンパクト等質集合 E に対し，Jacobi 行列 J が **$\mathfrak{J}_E$ 族**に属するとは，

(JE1) J のスペクトルは E に一致する，

(JE2) J の Weyl 函数 $r_\pm(z)$ は次を満たす:

$$p_0^2 \, r_+(x + i0) = \frac{1}{r_-(x - i0)} \qquad (x \in E \text{ a.e.}) \tag{3.8}$$

の二条件が成り立つことを云う．これも Sodin-Yuditskii [105] によるもので，行列の族 $\mathfrak{J}_E$ は次で特徴づけられる:

定理 3.4 (Sodin-Yuditskii) コンパクト等質集合 $E \subset \mathbb{R}$ に対し，Jacobi 行列の族 $\mathfrak{J}_E$ に作用素ノルム位相を与えた集合はコンパクト Abel 群 $\pi_1^*(\mathcal{R})$ に位相同型である．この写像は $\mathfrak{J}_E$ の自己同型 $J \to S^*JS$ と $\pi_1^*(\mathcal{R})$ の自己同型 $\alpha \to \alpha + \mu$ の間の共軛関係である．但し，S は $l^2(\mathbb{Z})$ の移動作用素 $Se_n = e_{n+1}$ であり，$-\mu$ は複素 Green 函数 $\mathfrak{G}(z, \infty)$ の指標である．

この定理で与えられる同型対応 $\mathcal{J}_E \leftrightarrow \pi_1^*(\mathcal{R})$ を $J \leftrightarrow \alpha$ とすれば, J を (2.1) のように行列表現するとき, 行列要素 p_n, q_n は

$$p_n = \widetilde{\mathcal{P}}(\alpha + \mu n), \quad q_n = \widetilde{\mathcal{Q}}(\alpha + \mu n) \qquad (n \in \mathbb{Z}) \tag{3.9}$$

と表される. ここで, $\widetilde{\mathcal{P}}, \widetilde{\mathcal{Q}}$ はコンパクト Abel 群 $\pi_1^*(\mathcal{R})$ 上の連続函数で, 極値函数 K^α を用いて具体的に表される (定理 5.3).

3.3 証明の構図 本章の主な結果は以上の通りであるが, 証明はかなり長いのでその筋書きを説明する. まず, 主定理 (定理 3.2), 即ち Abel 写像 $\mathcal{A} : \mathfrak{D}_E \to \pi_1^*(\mathcal{R})$ が位相同型であること, は次の三段階に分けて証明される :

(a) **Abel 写像の構成と連続性** 任意の因子 $D \in \mathfrak{D}_E$ に対し $\pi_1(\mathcal{R})$ の指標 $\alpha = \alpha[D]$ が一意に確定し, Abel 写像 (即ち対応 $\mathcal{A} : D \mapsto \alpha$) が $\mathfrak{D}$ から $\pi_1^*(\mathcal{R})$ への連続写像であることを §3.5 で示す.

(b) **Abel 写像の逆の構成** 任意の指標 $\alpha \in \pi_1^*(\mathcal{R})$ に対し $\alpha[D] = \alpha$ を満たす因子 $D \in \mathfrak{D}$ を構成する. これは §5 の主題である.

(c) **Abel 写像の全単射性** Abel 写像 $\mathcal{A} : \mathfrak{D}_E \to \pi_1^*(\mathcal{R})$ が全単射であることを示す. これが分れば, Abel 写像 $\mathcal{A}$ はコンパクト空間から Hausdorff 空間への連続な全単射ということで, 位相写像であることが結論される. 一方, $\mathcal{A}$ が全単射であることは $\mathcal{R} = \overline{\mathbb{C}} \setminus E$ の普遍被覆写像の被覆群としての Fuchs 群 Γ_E が順 Cauchy 定理の条件 (DCT) を満たすことと同値である. 実際, §6.1 では E が Carleson の等質集合ならば, Γ_E が (DCT) を満たすことを示すことができる. これも Sodin-Yuditskii の仕事である.

上記の手順のうちで手間がかかるのは (b) であるので, さらに説明をしておく. 与えられた指標 $\alpha \in \pi_1^*(\mathcal{R})$ に対し, 指標 α の保型函数からなる $L^2(\mathbb{T})$ の部分空間 $L^2(\alpha)$ における乗算作用素 $J(\alpha) : f \mapsto z \cdot f$ を考察する. ここで, z は領域 $\mathcal{R} = \overline{\mathbb{C}} \setminus E$ の一意化写像 (または, 普遍被覆写像) $z = z(\zeta) : \mathbb{D} \to \mathcal{R}$ の境界函数である (§4.3 参照). 作用素 $J(\alpha)$ は極値問題

$$\inf\{|f(0)| : f \in H^2(\mathbb{D}, \alpha) : f(0) > 0, \|f\| = 1\}$$

の一意の解 k^α を利用して生成される $L^2(\alpha)$ の基底に関して Jacobi 行列の形をとる. さらに, $J(\alpha)$ のレゾルベントの行列要素 $R(0,0;z)$ ($z \in \mathcal{R}$) の零点を

$\{x_j^\alpha\}$ と書くとき，これらは Weyl 函数による分解
$$-\frac{1}{R(0,0;z)} = p_0^2\, r_+^\alpha(z) - \frac{1}{r_-^\alpha(z)}$$
を通して，r_+^α の極と $1/r_-^\alpha$ の極に分割される．各 x_j^α については，r_+^α の極であるか否かによって符号 ε_j^α を $+1$ または -1 として，因子 $D \in \mathfrak{D}_E$ が
$$D = D[\alpha] = \sum_{j \geqq 1}(x_j^\alpha, \varepsilon_j^\alpha)$$
で定義される．実際，x_j^α ($\varepsilon_j^\alpha = +1$) の一意化写像 $z = z(\zeta)$ による $\mathbb{D}$ への持ち上げが極値函数 $k^\alpha(\zeta)$ の零点と一致する．また，$\varepsilon_j^\alpha = -1$ については k^α からいわゆる擬接続を通して得られる同伴函数 k_*^α の零点に持ち上げられる．この考察から，k^α の内外分解が得られ，さらに $\mathfrak{R}$ 上の極値問題 (3.6) の解 $K^\alpha(z)$ の表示 (3.7) が示される．この議論の結果，因子 $D = D[\alpha]$ から Abel 写像によって得られる指標 $\mathcal{A}(D) = \alpha[D]$ は K^α（または，k^α）の指標，即ち最初に与えた α, に等しいことが分る．つまり，$\alpha \mapsto J(\alpha) \mapsto D \mapsto \mathcal{A}(D) = \alpha$ となって，(b) の証明が終る．この部分は若干の準備の後，§5 で述べる．

3.4 条件 (RPW) $E \subset \mathbb{R}$ を有界閉集合とする．本章の主定理は E の等質性を仮定するが，議論のかなりは PW 型の Denjoy 領域でも有効である．我々は Sodin-Yuditskii に倣って，領域 $\mathfrak{R} = \overline{\mathbb{C}} \setminus E$ がポテンシャル論の意味で正則で且つ Parreau 条件 (P) を満たすとき，E が **(RPW)** 族に属すると云う．この場合，$H^1(\mathfrak{R})$ は自明ではないから，$|E| > 0$ が成り立つ．

§3.3 で述べた定理 3.2 の証明の三段階 (a), (b), (c) のうち，(a) と (b) は $E \in $ (RPW) だけで正しいが，(c) を示すためにはさらに順 Cauchy 定理の成立が必要となる．E の等質性はこれを保証する条件として登場する．

3.5 Abel 写像の構成と連続性 定理 3.2 の主張の半分は比較的簡単なので，まずそれを示しておく．

補題 3.5 $E \in $ (RPW) ならば，Abel 写像 (3.5) は確定して連続である．

証明 Π_k^+ および Π_k^- をそれぞれ線分 $[b_k, a_0]$ および $[b_0, a_k]$ の近傍で
$$\overline{\Pi_k^+} \cap \overline{\Pi_k^-} = \emptyset, \quad \infty \notin \overline{\Pi_k^+} \cup \overline{\Pi_k^-}$$

を満たすものとし, $\gamma_k^\pm = \mathrm{Bd}\,\Pi_k^\pm$ とおく (図 3). 次に,
$$m_k^\pm = \min\{\,g(z,\infty) : z \in \gamma_k^\pm\,\}$$
とおくと, 最大値の原理を $\Pi_k^\pm \cap \mathcal{R}$ に適用すれば, $m_k^- \omega(z, E_k) \leqq g(z,\infty)$ ($z \in \Pi_k^-$) および $m_k^+ [1 - \omega(z, E_k)] \leqq g(z,\infty)$ ($z \in \Pi_k^+$) が得られる. もし $L_j \subset \Pi_k^-$ のときは, $x_j \in L_j$ として
$$\left|\int_{x_j}^{b_j} \omega(dt, E_k)\right| = |\omega(b_j, E_k) - \omega(x_j, E_k)| = \omega(x_j, E_k)$$
$$\leqq \frac{1}{m_k^-} g(x_j, \infty) \leqq \frac{1}{m_k^-} g(c_j, \infty)$$
が成り立つ. $L_j \subset \Pi_k^+$ のときも同様である. 従って,
$$1 + \frac{1}{\min(m_k^-, m_k^+)} \sum_{\{\,c_j : \nabla g(c_j, \infty) = 0\,\}} g(c_j, \infty)$$
が (3.5) の右辺の級数の優級数である. (RPW) の仮定によりこれは収束するから, (3.5) の右辺は一様絶対収束する. よって, Abel 写像の連続性は無限積 $\prod_{j \geqq 1} \mathbb{R}/\mathbb{Z}$ の位相 (即ち, 弱位相) の定義から導かれる. □

3.6 標準乗積の指標と Abel 写像 補題 3.5 では Abel 写像 (3.5) が収束することを示した. その結果, §1.6, 1.7 の議論は一般の $E \in$ (RPW) に対してもそのまま通用することが分る. これを見るため, 補題 1.1 が一般の E についても正しいことをまず示そう.

補題 3.6 $\mathrm{Cap}\,E > 0$ で $\mathcal{R} = \overline{\mathbb{C}} \setminus E$ が正則ならば, 補題 1.1 が成り立つ.

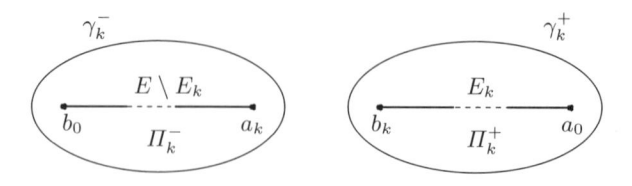

図 3: 補題 3.5 の証明

§3 無限帯 Jacobi 行列 — 主定理と証明の筋書き

証明 与えられたループ γ_k に対し，$\mathcal{R}$ の正則近似列 $\mathcal{R}_n$ $(n \geqq 1)$ で $z_0, \gamma_k \subset \mathcal{R}_1$ を満たすものを選ぶ (定理 A.1)．$\widehat{E}_n = \overline{\mathbb{C}} \setminus \mathcal{R}_n$ とおき，γ_k の内部 (E_k を含む側) に含まれる $\widehat{E}_n$ の部分を $\widehat{E}_{n,k}$ と書くと，$E_k \subset \widehat{E}_{n,k}$ および $E \setminus E_k \subset \widehat{E}_n \setminus \widehat{E}_{n,k}$ が成り立つ．さて，z_0 が γ_k の内部にあるときは，補題 1.1 の証明と同様にして次が成り立つ：

$$\int_{\gamma_k} d^* g_n(z, z_0) = 2\pi \left[\omega_n(z_0, \widehat{E}_{n,k}, \mathcal{R}_n) - \operatorname{Ind}_{\gamma_k}(z_0) \right] .$$

但し，$\omega_n(z_0, \widehat{E}_{n,k}, \mathcal{R}_n)$ は領域 $\mathcal{R}_n$ に関する $\widehat{E}_{n,k}$ の z_0 における調和測度である．$n \to \infty$ とすれば，$g_n(z, \infty)$ は $g(z, \infty)$ に $\mathcal{R}$ 上で広義一様に収束するから，第一の積分は $\int_{\gamma_k} d^* g(z, \infty)$ に収束する．また，Dirichlet 問題に関する Wiener の定理 (定理 B.17) を使えば $\omega_n(z_0, \widehat{E}_{n,k}, \mathcal{R}_n)$ は $n \to \infty$ のとき $\omega(z_0, E_k, \mathcal{R})$ に収束することが分る． □

次に，補題 1.2 は補題 1.1 を使った単純な計算であるから，これも正しい．最後に補題 1.3 を検証する．まず，任意の $N \geqq 1$ に対して，

$$K_{D,D_0}^{(N)}(z) = \prod_{j=1}^{N} H_{P_j, Q_j}(z)$$

とおくとき，補題 1.3 の証明に倣って次を示すことができる：

$$\alpha[K_{D,D_0}^{(N)}](\gamma_k) = \sum_{j=1}^{N} \frac{\varepsilon_j}{2} \int_{x_j}^{b_j} \omega(dt, E_k) \pmod{\mathbb{Z}} .$$

$N \to \infty$ のとき，$K_{D,D_0}^{(N)}(z)$ は広義一様に $K_{D,D_0}(z)$ に収束するから，各 γ_k に対し $K_{D,D_0}^{(N)}$ の周期は K_{D,D_0} の周期に収束する．よって，補題 3.5 により

$$\alpha[K_{D,D_0}](\gamma_k) = \sum_{j \geqq 1} \frac{\varepsilon_j}{2} \int_{x_j}^{b_j} \omega(dt, E_k) \pmod{\mathbb{Z}} .$$

これを (3.5) と比べれば，次の結果を得る：

定理 3.7 $E \in (\mathrm{RPW})$ ならば，任意の $D \in \mathfrak{D}_E$ に対して次が成り立つ：

$$\alpha[K_{D,D_0}] = \mathcal{A}(D) . \tag{3.10}$$

§4 PW Denjoy 領域の解析

PW Denjoy 領域は (RPW) に属する有界閉集合 E によって $\mathcal{R} = \overline{\mathbb{C}} \setminus E$ と表される領域を指す．本節は主定理証明の準備としてこの領域について検討する．

4.1 調和測度の絶対連続性 まず，PW Denjoy 領域 $\mathcal{R} = \overline{\mathbb{C}} \setminus E$ に関する ∞ の調和測度 $\omega(\infty, \cdot)$ (または, $\omega_\infty(\cdot)$) の絶対連続性を考察しよう．この問題についての最初の深い結果は Carleson [23] による．

定理 4.1 (Carleson) コンパクト集合 $E \subset \mathbb{R}$ が等質ならば，領域 $\mathcal{R} = \overline{\mathbb{C}} \setminus E$ に関する ∞ の調和測度 $d\omega(\infty, x)$ は $\mathbb{R}$ 上の Lebesgue 測度 dx に関して互いに絶対連続である．

さらに，Carleson は $d\omega_\infty / dx \in L^p(dx)$ $(p > 1)$ を予想した．この予想はその後 Jones-Marshall [64] によって実証された．以下で示すように，絶対連続性は等質集合に限らず一般の $E \in$ (RPW) に対して成り立つ．

定理 4.2 (Sodin-Yuditskii) $E \in$ (RPW) のとき，調和測度 $\omega(\infty, \cdot)$ は Lebesgue 測度 dx に関して互いに絶対連続である．実際，$\omega(\infty, \cdot)$ の Cauchy 変換を u ((4.2) 参照) とするとき，次が成り立つ：

$$d\omega(\infty, x) = \frac{1}{\pi i} u(x + i0) \, dx \qquad (\text{a.e. } x \in E). \tag{4.1}$$

これを示すために，調和測度 $\omega(\infty, \cdot)$ の Cauchy 変換の計算から始めよう．以下では，E は (3.1) の形を持つコンパクト集合とする．

補題 4.3 $E \in$ (RPW) とし，調和測度 $\omega(\infty, \cdot)$ の Cauchy 変換を $u(z)$ とする．即ち，

$$u(z) = \int_E \frac{d\omega(\infty, t)}{t - z} \tag{4.2}$$

とおく．このとき，Green 函数 $g(z) = g(\infty, z)$ の臨界点で (a_j, b_j) に含まれるものを c_j として次が成り立つ：

$$u(z) = -\widetilde{g}'(z) = -\frac{1}{\sqrt{(z-a_0)(z-b_0)}} \prod_{j \geqq 1} \frac{z - c_j}{\sqrt{(z-a_j)(z-b_j)}}. \tag{4.3}$$

§4 PW Denjoy 領域の解析

証明 (a) E が有限個の線分からなる場合を考える，即ち，
$$E = [b_0, a_0] \setminus \bigcup_{j=1}^{N}(a_j, b_j), \qquad b_0 < a_1 < b_1 < \cdots < b_N < a_0$$
とすると，Green の公式により調和測度 $d\omega(\infty, x)$ は $\frac{1}{\pi}\frac{\partial}{\partial y}g(x)\,dx$ と表される．さて，E 上では $g=0$ であるから，g は端点は別として E を越えて調和接続される．従って，$\widetilde{g}(z) = g(z) + i\,{}^*g(z)$ も E を越えて解析接続できる．$\widetilde{g}(z)$ は多価であるが，導函数 $\widetilde{g}'(z)$ は一価で，$\operatorname{Int} E$ 上では
$$\frac{\partial g}{\partial y}(x) = \frac{\partial}{\partial y}(g+i\,{}^*g)(x) = i\widetilde{g}'(x)$$
が成り立つ．無限遠点 ∞ の近傍では $g(z) = \log|z| + \langle$有界調和函数$\rangle$ の展開を持つから，$\widetilde{g}(z) = \log z + \langle$有界正則函数$\rangle$ となり，$\widetilde{g}'(z) \sim 1/z \;(|z| \to \infty)$ を得る．これから十分大きな円周 C 上での積分 $\int_C \widetilde{g}'(\zeta)\,d\zeta/(\zeta-z)$ はいくらでも小さくなることが分る．よって，次の計算が可能である：
$$u(z) = \int_E \frac{d\omega(\infty, t)}{t-z} = \int_E \frac{1}{t-z}\frac{\partial g}{\partial y}(t)\frac{dt}{\pi} = \int_E \frac{i}{t-z}\cdot\widetilde{g}'(t)\frac{dt}{\pi}$$
$$= i\cdot(i\widetilde{g}'(z)) = -\widetilde{g}'(z).$$
従って，$u(z)$ の E 上の境界値は $\operatorname{Int} E$ では確定で，
$$u(x) = -\widetilde{g}'(x) = -i\frac{\partial({}^*g)}{\partial x}(x) = i\frac{\partial g}{\partial y}(x) \in i\mathbb{R}.$$
即ち，$u(z)$ は Nevanlinna 函数で，無限遠点で $\sim -1/z$ となり且つ E 上の境界値はほとんど到るところ純虚数である．故に，定理 IV.2.5 により，
$$u(z) = -\frac{1}{\sqrt{(z-a_0)(z-b_0)}}\prod_{j=1}^{N}\frac{z-c_j}{\sqrt{(z-a_j)(z-b_j)}} \qquad (c_j \in (a_j, b_j))$$
が成り立つ．但し，$\{c_j\}$ は $\widetilde{g}'(z)$ の零点，即ち $g(z)$ の臨界点である．

(b) 一般の $E \in (\mathrm{RPW})$ を考える．各 $N \geqq 1$ に対し
$$E_N = [b_0, a_0] \setminus \bigcup_{j=1}^{N}(a_j, b_j), \quad \mathcal{R}_N = \overline{\mathbb{C}} \setminus E_N$$
とおけば，これらに対して (a) の結果は正しい．我々は $\mathcal{R}_N$ に関する ∞ を極とする Green 函数を $g_N(z) = g_N(\infty, z)$ とし，$\mathcal{R}_N$ に関する ∞ の調和測度を $d\omega_N(\infty, x)$ とおく．

上の構成から $E_1 \supset E_2 \supset \cdots \supset E$ 且つ $E = \bigcap_{N \geq 1} E_N$ であるから, $\mathcal{R}_1 \subset \mathcal{R}_2 \subset \cdots \subset \mathcal{R}$ 且つ $\mathcal{R} = \bigcup_{N \geq 1} \mathcal{R}_N$ となり,Green 函数については $\mathcal{R}$ 上で $g_1(z) \leqq g_2(z) \leqq \cdots \leqq g(z)$ が成り立つが,さらに,Harnack の定理により,$\mathcal{R}$ 上で広義一様に $g_N(z) \to g(z)$ が分る.従って,$\tilde{g}'_N(z)$ は $\tilde{g}'(z)$ に広義一様に収束する.これから,各 (a_j, b_j) 内の臨界点 $c_{N,j}$ は $g(z)$ の臨界点 c_j に収束することが分る.

次に,調和測度 $\omega_N(\infty, \cdot)$ は $\omega(\infty, \cdot)$ に汎弱収束することを示そう.まず,任意の $f \in C_{\mathbb{R}}(E_N)$ に対し $u_f^{(N)}(z)$ により,境界値 $f(x)$ に対する $\mathcal{R}_N$ 上の Dirichlet 問題の Wiener 解を表す.従って,

$$u_f^{(N)}(\infty) = \int_{E_N} f(x) \, d\omega_N(\infty, x).$$

さて,任意の $f \in C_{\mathbb{R}}(E)$ に対し,u_f の E_N への制限を $u_f|_N$ と書く.このとき,u_f は $u_f|_N$ の $\mathcal{R}_N$ への調和な延長であるから,次は明らかである:

$$\int_{E_N} (u_f|_N)(x) \, d\omega_N(\infty, x) = u_f(\infty) = \int_E f(x) \, d\omega(\infty, x).$$

ここで,改めて $f \in C_{\mathbb{R}}(E)$ に対し $\mathbb{R}$ 全体への実数値連続函数としての延長を一つ固定しやはり f と書く.u_f は $\mathbb{R}$ 上で連続であるから,

$$\varepsilon_N = \sup_{x \in E_N} |f(x) - (u_f|_N)(x)| \to 0 \qquad (N \to \infty)$$

が成り立つ.これは E_N が E に縮んでいくことから分る.従って,

$$\left| \int_{\mathbb{R}} f(x)(d\omega(\infty, x) - d\omega_N(\infty, x)) \right| = |u_f(\infty) - u_f^{(N)}(\infty)|$$
$$= \left| \int_{E_N} ((u_f|_N)(x) - f(x)) \, d\omega_N(\infty, x) \right|$$
$$\leqq \int_{E_N} |(u_f|_N)(x) - f(x)| \, d\omega_N(\infty, x) \leqq \varepsilon_N \to 0 \qquad (N \to \infty).$$

f は任意であるから,$d\omega_N(\infty, x)$ は $d\omega(\infty, x)$ に汎弱収束する.$u(z)$ を求めるために,

$$u_N(z) = \int_{E_N} \frac{d\omega_N(\infty, t)}{t - z} \tag{4.4}$$

とおく．(a) の考察より $g_N(z)$ の臨界点を $\{c_{N,j}\}$ として次が得られる：

$$d\omega_N(\infty, x) = \frac{1}{\pi i} u_N(x+i0)\, dx \qquad (x \in E_N),$$

$$u_N(z) = -\widetilde{g}'_N(z) = -\frac{1}{\sqrt{(z-a_0)(z-b_0)}} \prod_{j=1}^{N} \frac{z - c_{N,j}}{\sqrt{(z-a_j)(z-b_j)}}.$$

最後に，$z \in \mathfrak{R}$ を任意に固定する．このとき，$x \mapsto (x-z)^{-1}$ は E の ($\mathbb{R}$ 内での) 近傍での連続函数であるから，上の結果から次の計算ができる：

$$\begin{aligned}
u(z) &= \int_E \frac{d\omega(\infty, x)}{x-z} = \lim_{N \to \infty} \int_{E_N} \frac{d\omega_N(\infty, x)}{x-z} \\
&= \lim_{N \to \infty} -\frac{1}{\sqrt{(z-a_0)(z-b_0)}} \prod_{j=1}^{N} \frac{z - c_{N,j}}{\sqrt{(z-a_j)(z-b_j)}} \\
&= -\frac{1}{\sqrt{(z-a_0)(z-b_0)}} \prod_{j \geqq 1} \frac{z - c_j}{\sqrt{(z-a_j)(z-b_j)}}. \qquad \square
\end{aligned}$$

定理 4.2 の証明 (Gesztesy-Yuditskii [34]) 我々は調和測度 $d\omega(\infty, x)$ の Cauchy 変換 $u(z)$ ((4.2) 参照) を考察する．$d\omega(\infty, x)$ は E 上の有限正測度であるから，$u(z)$ は $\mathfrak{R}$ 上の Nevanlinna 函数である．従って，上半平面 $\mathbb{H}_+$ 上の Herglotz 函数であるから，定理 IV.2.3(a) により，$u(z)$ は外函数である．

次に，我々は $u(x+i0)/(x+i) \in L^1(\mathbb{R}; dx)$ を示そう．このため，$x \in \mathfrak{R} \cap \mathbb{R}$ 上では $u(x) = -g'(x)$ であることを利用する．まず，各 (a_j, b_j) 上では，

$$\int_{a_j}^{c_j} |u(x)|\, dx = \int_{c_j}^{b_j} |u(x)|\, dx = g(c_j)$$

であるから，PW 条件により次が成り立つ：

$$\sum_{j \geqq 1} \int_{a_j}^{b_j} |u(x)|\, dx = 2 \sum_{j \geqq 1} g(c_j) < \infty.$$

また，§IV.2.5 の議論と定理 IV.2.4 から $u(x+i0) \in i\mathbb{R}$ a.e. $(x \in E)$ が分るから，Fatou の定理により $(\pi i)^{-1} u(x+i0)\, dx$ は $d\omega(\infty, x)$ の (Lebesgue 測度 dx に関する) 絶対連続部分に等しい．従って，

$$\frac{1}{\pi i} \int_E u(x+i0)\, dx \leqq \int_E d\omega(\infty, x) = 1$$

となり, $u(x+i0)$ は E 上で可積分である. 最後に, $[b_0, a_0]$ の外では, $u(x) \sim -1/x$ $(x \to \pm \infty)$ であるから, $u(x)/(x+i)$ は可積分である. 以上を併せて,
$$\int_{\mathbb{R}} \frac{|u(x+i0)|\, dx}{1+|x|} < \infty$$
が得られた. ところが, u は $\mathbb{H}_+$ 上の外函数であるから, 補題 IV.2.2 を参照すれば, $u(z)$ は $\mathbb{H}_+$ 上で調和優函数を持つことが分る. これから, $f(\zeta) = F(\phi(\zeta))$ は $H^1(\mathbb{D})$ に属するから, $u(z)$ はその非接境界函数の Poisson 積分として表される. 変数変換で上半平面に戻れば, これから $u(z)$ が非接境界函数 $u(x+i0)$ の Poisson 積分で表されることとが導かれることに注意する.

次に, 函数
$$v(z) = \frac{1}{2\pi i}\int_{\mathbb{R}} \frac{u(t+i0)\, dt}{t-z} \qquad (z \in \mathbb{C} \setminus \mathbb{R})$$
を導入する. このとき, $v(z)$ は $\mathbb{H}_+ \cup \mathbb{H}_-$ 上で正則であり, 且つ
$$\begin{aligned}v(z) - v(\overline{z}) &= \frac{1}{2\pi i}\int_{\mathbb{R}}\Big(\frac{1}{t-z} - \frac{1}{t-\overline{z}}\Big)u(t+i0)\, dt \\ &= \frac{y}{\pi}\int_{\mathbb{R}} \frac{u(t+i0)\, dt}{(t-x)^2+y^2} = u(z) \qquad (z = x+iy \in \mathbb{H}_+)\end{aligned}$$
を得る. ここで, 最後の等号では上の注意を使用した. $u(z)$ と $v(z)$ は $\mathbb{H}_+$ で正則であるから, $v(\overline{z})$ も同様である. しかし,
$$\overline{v}(\overline{z}) = -\frac{1}{2\pi i}\int_{\mathbb{R}}\frac{\overline{u(t+i0)\, dt}}{t-z} \qquad (z \in \mathbb{C}\setminus\mathbb{R})$$
も $\mathbb{H}_+$ で正則であるから, $v(\overline{z})$ は $z \in \mathbb{H}_+$ において定数である. ところが, $\lim_{y\uparrow\infty} v(-iy) = 0$ であるから, $v(\overline{z}) = 0$ $(z \in \mathbb{H}_+)$ を得る. よって,
$$\frac{1}{2\pi i}\int_{\mathbb{R}}\frac{u(t+i0)\, dt}{t-z} = u(z), \quad \frac{1}{2\pi i}\int_{\mathbb{R}}\frac{u(t+i0)\, dt}{t-\overline{z}} = 0 \qquad (z \in \mathbb{H}_+).$$
$u(z)$ は $\mathbb{R}\setminus E$ 上では実であるから,
$$\begin{aligned}u(z) &= \frac{1}{2\pi i}\int_{\mathbb{R}} \frac{[u(t+i0)-\overline{u(t+i0)}]\, dt}{t-z} \\ &= \frac{1}{\pi i}\int_{\mathbb{R}} \frac{\mathrm{Im}(u(t+i0))\, dt}{t-z} = \int_E \frac{d\omega(\infty, t)}{t-z} \qquad (z \in \mathbb{H}_+).\end{aligned}$$

故に，$d\omega(\infty, x) = \pi^{-1}\operatorname{Im}(u(x+i0))\,dx = (\pi i)^{-1}u(x+i0)\,dx$．これで $d\omega(\infty, x) \ll dx|E$ の証明は終った．

一方，逆方向の絶対連続性 $dx|E \ll d\omega(\infty, x)$ は PW 性に関係なくほとんど自明であるが，証明を完結させるため述べておく．この場合は $|E| > 0$ を仮定して証明すれば十分である．Borel 集合 $F \subset E$ は $|F| > 0$ を満たすとして，上半平面上の調和函数を

$$U(z) = \frac{1}{\pi}\int_{-\infty}^{\infty}\frac{y}{(t-x)^2+y^2}\operatorname{ch}_F(t)\,dt$$

で定義する．但し，ch_F は集合 F の特性函数である．$|F| > 0$ であるから，上半平面内の有限な ζ に対して $U(\zeta) > 0$ を満たす．境界値を比較すれば，F の調和測度について $0 < U(\zeta) \leqq \omega(\zeta, F, \mathcal{R})$ が分るから，特に $\omega(\infty, F, \mathcal{D}) > 0$ が成り立つ．これが示すべきことであった． $\square$

4.2 Green 線による解析 コンパクト集合 $E \subset \mathbb{R}$ は (RPW) に属するとし，(3.1) の形に表す．定義により，領域 $\mathcal{R} = \overline{\mathbb{C}} \setminus E$ はポテンシャル論の意味で正則であり，∞ を極とする $\mathcal{R}$ の Green 函数を $g(z) = g(\infty, z)$ とするとき，$g(z)$ の臨界点を c_j と書けば，

$$\sum g(c_j) < \infty$$

が成り立つ．§3.1 の記号を使えば，臨界点は各ギャップ $L_j = (a_j, b_j)$ 内に 1 個ずつあり，従って $c_j \in L_j$ を仮定できるが，これ以上は見えにくい．ここでは，領域 $\mathcal{R}$ の各種の境界とその上の調和測度の間の対応を Green 線を利用して考察しよう．以下では，Green 線については §VI.1.1 の記号を使う．

4.2.1 $\mathcal{R}$ 上の Green 線 領域 $\mathcal{R}$ の ∞ を始点とする Green 線を調べる．E は実軸上にあるから，$\mathcal{R}$ は実軸に関して対称であり，従って ∞ を始点とする Green 線についても同様である．実際，∞ を始点とする Green 線の集合 $\mathbb{G}(\infty)$ は，実軸上の半直線 $(-\infty, b_0)$ と $(a_0, +\infty)$ を別とすれば，上半平面内にあるもの $\mathbb{G}^+(\infty)$ と下半平面内にあるもの $\mathbb{G}^-(\infty)$ に分けられ，これらは実軸対称の対になって現れる．以下では，§VI.1.1 で述べたように，Green 線 $l \in \mathbb{G}(\infty)$ を $0 \leqq \theta < 2\pi$ によって l_θ のようにパラメータ表示する．実軸に関する対称性に注意して，$\mathbb{G}^+(\infty)$ と $\mathbb{G}^-(\infty)$ はそれぞれパラメータ表示で

$0<\theta<\pi$ と $\pi<\theta<2\pi$ に対応するものとし,l_0 は $-\infty$ から b_0 に到るもの,l_π は $+\infty$ から a_0 に到るものとする.非正則 Green 線の集合 $\mathbb{E}_0(\infty)$ は臨界点 c_j を終点とするものの全体で,対応するパラメータ θ の全体を Ω_0 と記すことにする.

4.2.2 Green 線の収束 まず,$\mathfrak{R}$ の Martin コンパクト化 $\mathfrak{R}^*$ の中での収束については,§VI.3.1 の記号を用いる.$\mathfrak{R}$ は正則 PW 面であるから,定理 VI.3.1, VI.3.2 がそのまま成り立つ.即ち,次の通り:

(GL1) $\mathbb{L}_c(\infty)$ は $\mathbb{G}(\infty)$ の可測部分集合で Green 測度 1 を持つ.

(GL2) $\mathbb{L}_c(\infty)$ から Δ への写像 $\phi_\Delta: l \mapsto b_l$ は可測である.しかも,χ_∞ を $\mathfrak{R}$ の ∞ に対する Martin 境界上の調和測度とし,m_∞ を $\mathbb{G}(\infty)$ 上の Green 測度 (§VI.1.1) とすれば,π_Δ は測度空間 $(\mathbb{L}_c(\infty), m_\infty)$ と $(\Delta(\mathfrak{R}), \chi_\infty)$ の間の保測変換である (さらに,零集合だけ変更すれば,対応 π_Δ を 1 対 1 にできる).具体的には,任意の $f \in L^1(d\chi_\infty)$ に対し,$f \circ \pi_\Delta$ は $\mathbb{L}_c(\infty)$ 上でほとんど到るところ定義され,可解で且つ $H[f] = G[f \circ \pi_\Delta; \mathbb{G}(\infty)]$ が成り立つ.特に,$f \circ \pi_\Delta$ は dm_∞ 可積分で次を満たす:
$$\int_{\Delta(\mathfrak{R})} f(b)\, d\chi_\infty(b) = \int_{\mathbb{L}(\infty)} f(b_l)\, dm_\infty(l).$$

さて,$\mathfrak{R}$ は平面領域であるから平面の位相による収束がもちろん考えられる.これについては,§VI.2 (特に,§VI.2.1) での考察を利用するのが分りやすい.$\mathbb{G}'(\infty) = \mathbb{G}'(\mathfrak{R}, \infty)$ を領域 $\mathfrak{R} = \overline{\mathbb{C}} \setminus E$ の ∞ を中心とする Green 星状領域とし,$\mathbb{G}'(\infty)$ の大域的座標函数 $w = \Phi(z) = r(z)e^{i\theta(z)}$ による像を $D = D(\infty)$ とする.$\mathfrak{R}$ は正則な PW 領域であるから,D は長さ有限な境界を持つ Jordan 領域と見なされる.§4.2.1 で述べたように,各 c_j は非正則な Green 線の終点であるから,それから先の (a_j, c_j) と (c_j, b_j) は $\mathbb{G}'(\infty)$ には含まれない.よって,$\mathbb{G}'(\infty)$ は $\overline{\mathbb{C}} \setminus [b_0, a_0]$ に等しい.我々は截線 $[b_0, a_0]$ の上側と下側を $\mathbb{G}'(\infty)$ の別の境界と見なして位相的閉円板を作り $\mathrm{Cl}\,\mathbb{G}'(\infty)$ と記す.このとき,Carathéodory の定理により函数 Φ は閉円板 $\mathrm{Cl}\,\mathbb{G}'(\infty)$ から D の閉包 ($= D \cup L$) への位相写像に延長できる.これから,全ての正則な Green 線 $l_\theta \in \mathbb{L}(\infty)$ ($\theta \in [0, 2\pi) \setminus \Omega_0$) は E の点 (これを x_θ と記す) に収束すること,対応 $l_\theta \mapsto x_\theta$ は一対一であること,且つ x_θ の全体は E から a_j, b_j ($j \geqq 1$)

§4 PW Denjoy 領域の解析

を除いたもの全部であること, が分る. 一方, ζ 平面の単位円板 $\mathbb{D}_\zeta$ を D に等角に写す Riemann の写像函数 $w = \Psi(\zeta)$ で $\Psi(0) = 0$ を満たすものが存在する. この函数 $w = \Psi(\zeta)$ の特徴は定理 VI.2.1 および 定理 VI.2.2 で与えられている. 特に, $\Psi: \mathbb{D}_\zeta \to D$ は周上まで連続且つ 1 対 1 に延長され, ほとんど全ての $\theta \in \Omega_0$ に対して, 点 $\exp(i\theta) \in \partial\mathbb{D}_w$ において D の周 L は $(\exp(i\theta)$ における動径に直交する) 接線を持つ. また, 合成写像 $\Psi^{-1} \circ \Phi (= \Xi$ とおく$)$ は $\mathbb{G}'(\infty)$ から $\mathbb{D}_\zeta$ の上への等角写像である. 従って, $\Xi(\zeta)$ は両端は別として截線 (b_0, a_0) を越えて解析接続される. よって, 上記の直交性から, ほとんど全ての $\theta \in [0, 2\pi) \setminus \Omega_0$ に対し, Green 線 l_θ は点 x_θ で実軸と直交する.

Φ に関する議論から, 対応 $\pi_E : l_\theta \mapsto x_\theta$ は $\mathbb{L}(\infty)$ から E への可測写像であることが分る. π_E によって Green 測度 dm_∞ (§VI.1.1) を E 上に移して $d\mu_\infty$ と書けば, これは $\mathfrak{R}$ に関する ∞ の調和測度 $\omega(\infty, dx)$ に等しい. 実際, E 上の連続函数 $f \in C_\mathbb{R}(E)$ に対し, $f^{(L)}(l_\theta) = f(x_\theta)$ によって $\mathbb{L}(\infty)$ 上の函数 $f^{(L)}(l)$ を定義すれば, これは θ について可測で且つ有界であるから, Green 線の空間 $\mathbb{G}(\infty)$ 上の Dirichlet 問題の解 $G[f^{(L)}; \mathbb{G}(\infty)](z)$ (§VI.1.2) は $\mathfrak{R}$ 上の有界な調和函数で, 極限 $\breve{G}[f^{(L)}; \mathbb{G}(\infty)](l_\theta)$ (a.e. dm_∞) が存在して $f^{(L)}(l_\theta) = f(x_\theta)$ に等しい (定理 VI.2.4). 一方, f を境界値とする $\mathfrak{R}$ 上の Dirichlet 問題の Wiener 解 $u_f(z)$ は有界な調和函数で境界 E まで連続で, 境界値 f をとる (§B.4.5). 従って, l_θ に沿っての極限は $f(x_\theta)$ に等しいから, $u_f = G[f^{(L)}; \mathbb{G}(\infty)]$ (定理 VI.3.2). よって, 次が成り立つ:

$$\int_E f(x)\, d\mu_\infty(x) = \int_{\mathbb{G}(\infty)} (f^* \circ \pi^*)(l)\, dm_\infty(l)$$
$$= \int_{\mathbb{G}(\infty)} f^{(L)}(l)\, dm_\infty(l) = G[f^{(L)}; \mathbb{G}(\infty)](\infty)$$
$$= u_f(\infty) = \int_E f(x)\, \omega(\infty, dx)\, .$$

故に, $\mu_\infty = \omega(\infty, \cdot)$ が示された. さらに, 実軸に関する対称性から次も分る.

補題 4.4 $\mathbb{L}^+(\infty) = \mathbb{G}^+(\infty) \cap \mathbb{L}(\infty),\ \mathbb{L}^-(\infty) = \mathbb{G}^-(\infty) \cap \mathbb{L}(\infty)$ とおくとき, 写像 π_E は $\mathbb{L}^+(\infty)$ (または $\mathbb{L}^-(\infty)$) 上では単射である. また, $l_\theta \in \mathbb{L}_c(\infty)$ ならば, $l_{2\pi-\theta} \in \mathbb{L}_c(\infty)$ 且つ $x_\theta = x_{2\pi-\theta}$ が成り立つ.

4.2.3　$\Delta(\mathcal{R})$ から E への射影 π^*　$\mathcal{R}$ の Martin 境界 Δ から E への対応 π^* を次で定義する：各 $l \in \mathbb{L}_c(\infty)$ に対して，$b_l = \pi_\Delta(l)$, $x_l = \pi_E(l)$ として，
$$\pi^*(b_l) = x_l \tag{4.5}$$
と定義する．$\mathbb{L}_c(\infty)$ 上では $l \mapsto b_l$ は零集合を除いて単射であり，$l \mapsto x_l$ は可算個を除いて定義されているから，π^* は Δ 上でほとんど到るところ定義される．一方，$\pi_E : \mathbb{L}(\infty) \setminus \{l_0, l_\pi\} \to E$ は 2 対 1 の写像であるから，π^* も（ほとんど到るところ）2 対 1 である．

4.3　$\mathcal{R}$ の普遍被覆面　$\phi = \phi_E$ を単位円板 $\mathbb{D}$ から領域 $\mathcal{R} = \overline{\mathbb{C}} \setminus E$ への等角な普遍被覆写像で $\phi(0) = \infty$ を満たすものとし，その被覆変換群を $\Gamma = \Gamma_E$ と書く．また，F_0 を Γ の正規基本領域とする (§VIII.1.6)：
$$F_0 = \{\zeta \in \mathbb{D} : |\gamma'(\zeta)| < 1 \ (\forall \, \gamma \in \Gamma, \gamma \neq \iota)\}.$$
我々は写像 ϕ_E を $\mathbb{D}$ から平面領域 $\mathcal{R}$ への有理型函数と考え，$z = z(\zeta)$ と書く．これは $\mathcal{R}$ の**一意化写像**と呼ばれるもので，次で特徴づけられる：

(a)　$z(\zeta)$ は $\mathbb{D}$ を $\mathcal{R}$ の上に写す有理型函数で，原点で次の展開を持つ：
$$z = z(\zeta) = \frac{c_{-1}}{\zeta} + c_0 + \cdots \qquad (c_{-1} > 0). \tag{4.6}$$

(b)　全ての $\gamma \in \Gamma$ に対して $z \circ \gamma = z$ が成り立つ，

(c)　$\zeta \mapsto z$ は F_0 上で 1 対 1 である．

さて，§III.6.4 で示したように，ϕ の細境界函数 $\widehat{\phi}$ は次の性質を持つ：

(FB 1)　$\widehat{\phi}$ の定義域 $\mathcal{D}_0(\phi)$ は $\mathbb{T}$ の Γ 不変な Borel 部分集合で $\sigma(\mathcal{D}_0(\phi)) = 1$ を満たす．

(FB 2)　$\widehat{\phi}$ は $\mathcal{D}_0(\phi)$ を $\mathcal{R}$ の Martin 極小境界 $\Delta_1 = \Delta_1(\mathcal{R})$ の中に写す．

(FB 3)　$1 \leqq p \leqq \infty$ とする．このとき，任意の $f^* \in L^p(d\chi_\infty)$ に対して $f^* \circ \widehat{\phi}$ は Γ 不変な $L^p(d\sigma)$ の元であって $\|f^*\|_p = \|f^* \circ \widehat{\phi}\|_p$ を満たす．特に，任意の可測集合 $A \subset \Delta_1$ に対し，$\sigma(\widehat{\phi}^{-1}(A)) = \chi_\infty(A)$ が成り立つ．

(FB 4)　u を $\mathcal{R}$ 上の正の調和函数とすれば，ほとんど全ての $l \in \mathbb{L}_c(\infty)$ に対し，$\widehat{u}(b_l) = \check{u}(l)$ が成り立つ．また，$\mathcal{R}$ 上の全ての有界型有理型函数 $u(z)$ についても同様である（定理 VI.3.2(b)）．

さらに，我々は $\partial \mathbb{D} = \mathbb{T}$ から E への自然な写像 $\widetilde{\phi}$ を次によって定義する：
$$\widetilde{\phi} = \pi^* \circ \widehat{\phi}.$$

4.4 PW Denjoy 領域上の Nevanlinna 函数 自己共軛作用素のレゾルベント函数の特徴の一つは Nevanlinna 性である．次の定理は Nevanlinna 函数を扱う上で非常に有効で，主定理の証明でしばしば利用される．

定理 4.5 (Sodin-Yuditskii) $E \in$ (RPW) とし，$w(z)$ を $\mathfrak{R} = \overline{\mathbb{C}} \setminus E$ 上の有理型 Nevanlinna 函数，即ち $\mathfrak{R}$ 上の有理型函数で $\operatorname{Im} w(z)/\operatorname{Im} z > 0$ を満たすものとする．もし w の極 $\{y_s\}$ が Blaschke 条件
$$\sum_s g(y_s) < \infty$$
を満たすならば，$W(\zeta) = (w \circ z)(\zeta)$ は $\mathbb{D}$ 上で有界型の有理型函数である．しかも，W の内因数は Blaschke 積の商である．即ち，特異内因数はない．但し，$g(z) = g(\infty, z)$ は $\mathfrak{R}$ に関する ∞ の Green 函数，$z = z(\zeta)$ は §4.3 で定義した $\mathfrak{R}$ の一意化写像である．

証明は $W = w \circ z$ が有界型であることを示す前半と，W の内因数を調べる後半に二分される．まず，$W = w \circ z$ は有界型であることを示そう．

4.4.1 定理 4.5 の証明 (W は有界型である) 仮定により $w(z)$ は
$$\operatorname{Im} w(z)/\operatorname{Im} z > 0$$

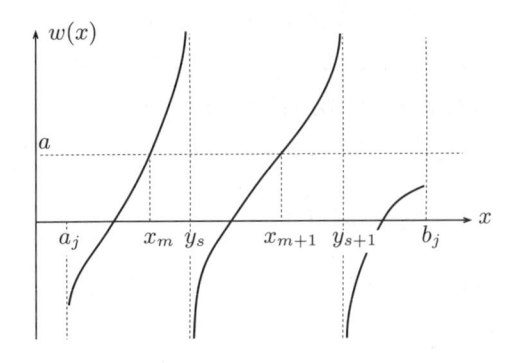

図 4: $w(x)$ の挙動

を満たすから, 全ての a 点 ($a \in \mathbb{R}$, 極も含む) は $\overline{\mathbb{R}} \setminus E$ 上にある. いま, 区間 $L_j = (a_j, b_j)$ 上での $w(x)$ を観察すれば, $w(x)$ は ($\pm\infty$ を含む) 実数値でしかも正則点では狭義の単調増加であるから, 固定した $L_j = (a_j, b_j)$ と固定した $a \in \mathbb{R}$ に対し, L_j における a 点 $w^{-1}(a) = \{x_m\}$ と $w(x)$ の極 $\{y_s\}$ は交互に現れる (図 4). 一方, $\mathfrak{R}$ は正則であるから, Green 函数 $g(x)$ は各区間 L_j において $g(a_j) = g(b_j) = 0$ を満たし且つ唯一つの臨界点 c_j を持つ. 後者は Walsh の定理 (補題 IX.4.2 参照) による. 従って, $g(x)$ は (a_j, c_j) で単調増加, (c_j, b_j) で単調減少である. これから w の a 点, 即ち $w^{-1}(a) = \{x_m\}$, について次の不等式が成り立つ:

$$\sum_m g(x_m) < \sum_s g(y_s) + \sum g(c_j) = M < \infty. \tag{4.7}$$

但し, 限界 M は $a \in \mathbb{R}$ に無関係の定数である. 単位円板 $\mathbb{D}$ に移って $W = w \circ z$ の a 点を考察するため, $\zeta_{m,0} \in \mathbb{D}$ を $z(\zeta_{m,0}) = x_m$ によって定義すると, W に対する Nevanlinna 理論の個数函数 $N(r, a) = N(r, 1/(W-a))$ (注意 IV.1.1 参照) は $\mathfrak{g}(\zeta)$ を Fuchs 群 $\mathbf{\Gamma}$ の Green 函数 (§VIII.2.2) とすれば, (4.7) から a によらぬ次の評価式が得られる:

$$N(1, a) = \int_0^1 \frac{n(t,a) - n(0,a)}{t} dt = \sum_m \sum_{\gamma \in \mathbf{\Gamma}} \log \frac{1}{|\gamma(\zeta_{m,0})|}$$
$$= \sum_m \log \frac{1}{|\mathfrak{g}(\zeta_{m,0})|} = \sum_m g(x_m) < M.$$

これから函数 W は $\mathbb{D}$ 上で有界型であることが Frostman の定理を使えば分る (Nevanlinna [B32, Chapter VI, §4, 公式 (4.2)] 参照).

4.4.2 定理 4.5 の証明 (W の内因数) $W = w \circ z$ が特異内因数を含まぬことを示す. そのため, まず $w(z)$ を乗法型 (定理 IV.2.4 参照) に表現する:

$$w(z) = \text{Const} \cdot \exp\left\{\int_{\mathbb{R}} m(x) \left[\frac{1}{x-z} - \frac{x}{1+x^2}\right] dx\right\}. \tag{4.8}$$

但し, $m(x) = \frac{1}{\pi} \arg w(x+i0)$ $(0 \leq m(x) \leq 1)$ である. この積分を E 上と $\mathbb{R} \setminus E$ 上の二つに分けて考察する. まず, 定数部分を整理すれば

$$w(z) = \text{Const} \cdot w_1(z) \cdot w_2(z) \tag{4.9}$$

が得られる．但し，w_1, w_2 はそれぞれ次で与えられるものである：

$$w_1(z) = \exp\left\{\int_{\mathbb{R}\setminus E} m(x)\left[\frac{1}{x-z} - \frac{x}{1+x^2}\right]dx\right\}, \quad (4.10)$$

$$w_2(z) = \exp\left\{\int_E m(x)\frac{dx}{x-z}\right\}. \quad (4.11)$$

以下，w_1 と w_2 を分けて考察する．

(i) $w_2(z)$ は簡単である．実際，$\log w_2(z)$ は $\mathfrak{R}$ で正則で，その虚部

$$v(z) = \operatorname{Im}\log w_2(z) = \int_E \frac{\operatorname{Im} z}{|x-z|^2} m(x)\, dx$$

は $\mathfrak{R}$ 上の有界調和函数である．従って，$V(\zeta) = v(z(\zeta))$ は $\mathbb{D}$ 上で有界調和で，特に $h^2(\mathbb{D})$ に含まれる（§IV.1.8）．Riesz の定理（定理 IV.1.19）により，その調和共軛 $^*V$ も $h^2(\mathbb{D})$ に含まれるから，或る $\widetilde{m} \in L^2(\mathbb{T})$ により

$$^*V(\zeta) = \int_{\mathbb{T}} \frac{1-|\zeta|^2}{|t-\zeta|^2}\widetilde{m}(t)\, d\sigma(t)$$

と表される．よって，

$$\log|(w_2 \circ z)(\zeta)| = \int_{\mathbb{T}} \frac{1-|\zeta|^2}{|t-\zeta|^2}\widetilde{m}(t)\, d\sigma(t)$$

となり，$w_2 \circ z$ は外部的である．故に，$w_2 \circ z$ に特異内因数はない．

(ii) $w_1(z)$ を考えよう．こちらはかなり手間がかかるので，記号を簡単にするため，$w_1(z)$ の代りに $w(z)$ と書く．まず，一般性を失わずに $m(x)$ はコンパクトな台を持つと仮定できることに注意する．従って，

$$w(z) = \exp\left\{\int_{\mathbb{R}\setminus E} \chi(x)\frac{dx}{x-z}\right\} \quad (4.12)$$

であるとしてよい．ここで，$z \to \infty$ とすれば，$w(\infty) = 1$ を得る．さらに，$w(z)$ は E 上でほとんど到るところ正の境界値をとることも分る．我々は次の公式を証明する．これから求める結果は明らかであろう．

$$\int_E \log w(x)\, d\omega(z, x)$$
$$= \log|w(z)| + \sum_{\{w(x_m)=0\}} g(z, x_m) - \sum_{\{w(y_s)=\infty\}} g(z, y_s). \quad (4.13)$$

これを示すため,図 4 (但し, $a=0$) を参考にして区間 $L_i = (a_j, b_j)$ 上で (4.12) の積分を実行する. $\chi(x)$ はここで 0 と 1 を互に交互にとるから,零点 $x_{j,l}$ と極 $y_{j,l}$ が $\cdots < x_{j,l-1} < y_{j,l} < x_{j,l} < \ldots$ のように現れるとして,

$$w(z) = \prod_j \prod_l \frac{z - x_{j,l}}{z - y_{j,l}} \tag{4.14}$$

を得る. 公式 (4.13) を示すためには,二つの補助定理が必要である:

補題 4.6 $w_\delta(z) = \delta + w(z)$ $(\delta > 0)$ とおくと,次が成り立つ:

$$w_\delta(z) = (1+\delta) \prod_j \prod_l \frac{z - x_{j,l}(\delta)}{z - y_{j,l}}.$$

但し

$$\sum_{j,l} g(z, x_{j,l}(\delta)) \leqq M(z) < \infty \qquad (z \in \mathcal{R}) \tag{4.15}$$

であり,各 j, l に対し $x_{j,l}(\delta)$ は δ に連続的に依存し,次を満たす:

$$\lim_{\delta \to 0} x_{j,l}(\delta) = x_{j,l}, \quad \lim_{\delta \to \infty} x_{j,l}(\delta) = y_{j,l}.$$

補題 4.7 $n \geqq 1$ に対し

$$w_n(z) = \prod_{j \leqq n} \prod_{|l| \leqq n} \frac{z - x_{j,l}}{z - y_{j,l}}$$

且つ

$$\delta + w_n(z) = (1+\delta) \prod_{j \leqq n} \prod_{|l| \leqq n} \frac{z - x_{j,l}(\delta, n)}{z - y_{j,l}}$$

とすれば,次が成り立つ:

$$\sum_{j \leqq n, |l| \leqq n} g(z, x_{j,l}(\delta, n)) \leqq M(z) < \infty \qquad (z \in \mathcal{R}). \tag{4.16}$$

但し, $M(z)$ は δ, n に依存せず,任意に固定した j, l, δ に対し

$$\lim_{n \to \infty} x_{j,l}(\delta, n) = x_{j,l}(\delta)$$

を満たす. ここで, $x_{j,l}(\delta)$ は前の補題のものと同じである.

証明は同様であるから補題 4.6 のみを示す.

§4 PW Denjoy 領域の解析

補題 4.6 の証明 図 4 から分るように, δ を加えることにより, 極は変らず, 零点は左にずれるだけである. また, (4.7) の計算法により,

$$\sum_{j,l} g(x_{j,l}(\delta)) \leqq \sum_s g(y_s) + \sum_j g(c_j) = M < \infty$$

が成り立つ. Harnack の不等式により, z のみによる定数 $K(z) > 0$ が存在して全ての j, l に対して

$$g(z, x_{j,l}(\delta)) \leqq K(z) g(\infty, x_{j,l}(\delta))$$

を満たす. 故に, $M(z) = MK(z)$ として (4.15) が成り立つ. □

公式 (4.13) の証明 $0 < \delta_1, \delta_2 < 1$ として, 次の函数を考える:

$$\psi_{\delta_1,\delta_2}(z) = \log\left|\frac{\delta_1 + w(z)}{1 + \delta_2 w(z)}\right| + \\ + \sum_j \sum_l \{g(z, x_{j,l}(\delta_1)) - g(z, x_{j,l}(1/\delta_2))\}, \quad (4.17)$$

$$\psi_{n;\delta_1,\delta_2}(z) = \log\left|\frac{\delta_1 + w_n(z)}{1 + \delta_2 w_n(z)}\right| + \\ + \sum_{j \leqq n} \sum_{|l| \leqq n} \{g(z, x_{j,l}(\delta_1, n)) - g(z, x_{j,l}(1/\delta_2, n))\}. \quad (4.18)$$

函数 $\psi_{n;\delta_1,\delta_2}(z)$ の極は相殺するから, $\psi_{n;\delta_1,\delta_2}(z)$ は $\mathfrak{R}$ 上で調和であり, また $\overline{\mathfrak{R}}$ 上で連続である. 従って, 有界であるが, E 上の値を見れば

$$\log \delta_1 \leqq \psi_{n;\delta_1,\delta_2}(z) \leqq \log 1/\delta_2 \quad (4.19)$$

が分る. (4.16) により, (4.18) の右辺の級数は n について一様に絶対収束級数で押さえられる. 従って,

$$\psi_{n;\delta_1,\delta_2}(z) \to \psi_{\delta_1,\delta_2}(z) \quad (n \to \infty)$$

が補題 4.7 により成り立つから, 次が得られる:

$$\log \delta_1 \leqq \psi_{\delta_1,\delta_2}(z) \leqq \log 1/\delta_2 \, .$$

ψ_{δ_1,δ_2} は有界調和函数として, その境界値の Poisson 積分として表される:

$$\psi_{\delta_1,\delta_2}(z) = \int_E \log\left|\frac{\delta_1 + w(x)}{1 + \delta_2 w(x)}\right| \omega(dx, z) \, . \quad (4.20)$$

Lebesgue の単調収束定理により,まず $\delta_2 \to 0$ とし,次に $\delta_1 \to 0$ とすると,

$$\int_E \log w(x)\, \omega(dx, z) = \lim_{\delta_1 \to 0} \lim_{\delta_2 \to 0} \psi_{\delta_1, \delta_2}(z) = \log|w(z)|$$
$$+ \lim_{\delta_1 \to 0} \lim_{\delta_2 \to 0} \sum_j \sum_l \{g(z, x_{j,l}(\delta_1)) - g(z, x_{j,l}(1/\delta_2))\} \quad (4.21)$$

が分る.評価式 (4.15) により,(4.21) の右辺の級数は δ_1, δ_2 に関して一様に絶対収束するから,公式 (4.13) が得られ,定理 4.5 の証明も完了した. □

4.5 擬接続とその応用 コンパクト集合 $E \subset \mathbb{R}$ が有限個の区間からなるときは,§1.1 で見たように,超楕円面 $\widehat{\mathcal{R}}_E$ の上下の面上の函数が E を通して互いに解析接続ができた.$E \subset \mathbb{R}$ が一般のコンパクト集合の場合,通常の解析接続に代る一つの方法が擬接続の概念である.

4.5.1 定義と空間 K_Θ $\mathbb{D}$ 上の有界型の有理型函数 f が**擬接続可能**であるとは,$\mathbb{D}$ 上の有界型の有理型函数 $\widetilde{f}$ が存在して

$$\widetilde{f}(t) = \overline{f(t)} \qquad (\text{a.e. } t \in \mathbb{T})$$

を満たすことを云う.この場合,f は $f(\zeta) = \overline{\widetilde{f}(1/\overline{\zeta})}$ ($|\zeta| > 1$) として $\overline{\mathbb{C}} \setminus \overline{\mathbb{D}}$ へ延長される.例えば,任意の内函数 Θ は擬接続可能である.この場合,$\widetilde{\Theta}(\zeta) = 1/\Theta(\zeta)$ ($\zeta \in \mathbb{D}$) とおけばよい.実際,我々が必要なのはこの場合で,内函数 Θ に対して次で定義される空間 K_Θ が重要な役割を演じる:

$$K_\Theta = H^2(\mathbb{T}) \ominus \Theta H^2(\mathbb{T}). \quad (4.22)$$

補題 4.8 任意の $k \in K_\Theta$ は擬接続可能で,$\widetilde{k} = th/\Theta$ を満たす $h \in H^2 = H^2(\mathbb{T})$ が存在する.

証明 $k \in K_\Theta$ とすると,任意の $h \in H^2$ に対し $\langle k, \Theta h \rangle = 0$ であるから,$\Theta \overline{k}$ は $\overline{H^2}$ に直交する.従って,$\Theta \overline{k} \in H_0^2(\mathbb{T})$ となり,$\Theta(t)\overline{k}(t) = th(t)$ (a.e. $t \in \mathbb{T}$) を満たす $h \in H^2(\mathbb{T})$ が存在する.これを $\overline{k(t)} = th(t)/\Theta(t)$ と書けば,k は擬接続可能で $\widetilde{k}(t) = th(t)/\Theta(t)$ であることが示された. □

4.5.2 正値函数の因数分解 以下では,$E \in (\text{RPW})$ とし,これに対応する Widom 群 Γ_E の Green 函数を $\mathfrak{g}(\zeta) = \mathfrak{g}_E(\zeta)$ とする (§VIII.3 参照).このとき,$\mathfrak{g}'(\zeta)$ は有界型でありその内因数 $\theta(\zeta)$ (または,$\theta_\mathfrak{g}(\zeta)$) は Blaschke 積であ

る.また,無限遠点 ∞ に対する領域 $\mathcal{R} = \overline{\mathbb{C}} \setminus E$ の Green 函数 $g(z) = g(\infty, z)$ の臨界点を $\{c_j\}$ と書けば,$\mathfrak{G}(z,w)$ を $\mathcal{R}$ の複素 Green 函数として,

$$\theta(\zeta) = \prod_{j \geqq 1} \mathfrak{G}(z(\zeta), c_j) \tag{4.23}$$

が成り立つ.以下では,内函数 $t\theta(t)$ $(t \in \mathbb{T})$ に対する空間 $K_{t\theta}$ を取扱う.この場合,任意の $k \in K_{t\theta}$ に対し $\theta\overline{k} \in H^2(\mathbb{T})$ が成り立つ.我々は

$$k_* = \theta\overline{k} \in H^2 \tag{4.24}$$

とおく.以下では,$h \in H^1$ の内因数を I_h,外因数を O_h と書く.

補題 4.9 $\mathbb{T}$ 上の非負函数 $f(t)$ について次は同値である:

(a) $f = |k|^2$ を満たす $k \in K_{t\theta}$ が存在する.

(b) $\theta f \in H^1(\mathbb{T})$.

この条件が成り立つとき,

$$\theta f = I_{\theta f} O_f \tag{4.25}$$

を標準的な内外因数分解 (§IV.1.6) とすれば,$k = \mathfrak{Q}\sqrt{O_f}$ を満たす.但し,$\mathfrak{Q}$ は内函数で $I_{\theta f}$ の約数である.

証明 (a) が成り立つと仮定すると,(4.24) の記号を使って,

$$f = \frac{kk_*}{\theta} = \frac{I_k O_k I_{k_*} O_{k_*}}{\theta} = \frac{IO_k^2}{\theta}$$

を得る.$O_k \in H^2$ であるから,$\theta f \in H^1$ が成り立つ.また,$I_{\theta f} = I = I_k I_{k_*}$ より,I_k は $I_{\theta f}$ の約数であることが分る.

逆に,(b) が成り立つと仮定する.このとき,$\theta f = I_{\theta f} O_f$ と分解すれば,$O_f \in H^1$ 且つ $f = |O_f|$ であるから,

$$\theta|\sqrt{O_f}|^2 = I_{\theta f}(\sqrt{O_f})^2 \quad \text{または} \quad \theta\overline{\sqrt{O_f}} = I_{\theta f}\sqrt{O_f}.$$

ここで,I_k を $I_{\theta f}$ の約数として $k = I_k \sqrt{O_f}$ とおけば,

$$\theta\overline{k} = \theta\frac{1}{I_k}\overline{\sqrt{O_f}} = \frac{I_{\theta f}}{I_k}\sqrt{O_f} \in H^2$$

となって,$k \in K_{t\theta}$ を得る.故に,(a) が成り立つ. $\square$

さて, $E \in (\text{RPW})$ を (3.1) の形とし, 上の記号を使って特殊な無限積

$$F(z) = \prod_{j \geq 1} \frac{z - x_j}{z - c_j} \qquad (x_j \in [a_j, b_j]) \tag{4.26}$$

を考える. この無限積は $\overline{\mathbb{C}} \setminus E$ 上で広義一様に絶対収束することに注意する. もちろん, x_j または c_j の近傍では, これらを含む因数は除外する. そこで, $z = z(\zeta)$ を §4.3 で定義した $\mathcal{R}$ の一意化写像として, $\mathbb{D}$ 上の函数

$$f(\zeta) = F(z(\zeta)) \tag{4.27}$$

を考察する. 我々の目的は次である.

定理 4.10 $\theta f \in H^1(\mathbb{D})$. 但し, $\theta(\zeta)$ は $\mathfrak{g}'(\zeta)$ の内因数で (4.23) で与えられるものである.

補題 4.11 $f(\zeta)$ は有界型の有理型函数でその内因数は Blaschke 積の商である. 実際, 内因数 I_f および外因数 O_f はそれぞれ次で与えられる:

$$I_f = \frac{I_{\theta f}}{\theta}, \quad O_f = \prod_{j \geq 1} \frac{z(\zeta) - x_j}{z(\zeta) - c_j} \cdot \frac{\mathfrak{G}(z(\zeta), c_j)}{\mathfrak{G}(z(\zeta), x_j)}.$$

但し,

$$I_{\theta f} = \prod_{j \geq 1} \mathfrak{G}(z(\zeta), x_j)$$

は有界型正則函数 θf の内因数である.

証明 全ての j に対して $c_j < x_j$ となるときは, $F(z)$ は Nevanlinna 函数で定理 4.5 の条件を満たす. また, もしそうでないときは, F を

$$F_1(z) = \prod_{x_j \geq c_j} \frac{z - x_j}{z - c_j}, \quad F_2(z) = \prod_{x_j < c_j} \frac{z - c_j}{z - x_j}$$

に分けて考えれば, それぞれが定理 4.5 の条件を満たすから, $f(\zeta) = F(z(\zeta))$ は有界型の有理型函数でその内因数は Blaschke 積の商である. 次に, $f(\zeta)$ の内因数の Blaschke 積は $F(z)$ の零点に対応する分子と極に対応する分母よりなるから, I_f が求める形である. また, 外因数は $f(\zeta)$ を内因数で割ったものであることから求められる. □

定理 4.10 の証明 $u(z)$ を補題 4.3 で考えた函数として $Q(z) = F(z)u(z)$ とおけば, まず (4.3) と (4.26) から

$$Q(z) = F(z)u(z) = F(z)\int_E \frac{\omega(\infty, dt)}{t-z}$$
$$= -\frac{1}{\sqrt{(z-a_0)(z-b_0)}} \prod_{j \geq 1} \frac{z-x_j}{\sqrt{(z-a_j)(z-b_j)}}$$

が成り立つ. 従って, $Q(z)$ は $\mathfrak{R}$ 上の Nevanlinna 函数であって, $Q(iy) \sim -1/z$ ($z \to \infty$) を満たすから, 定理 IV.2.3 (d), (e) より, $Q(z)$ の Nevanlinna 測度 $d\tau$ は E 上の確率測度で $Q(z) = \int_E (x-z)^{-1} d\tau(x)$ を満たす. 一方, 定理 4.2 の証明で示したように, E 上で $Q(x+i0) \in i\mathbb{R}$ a.e. が成り立つ. 従って,

$$F(x+i0)\,d\omega(\infty, x) = F(x+i0)\frac{1}{\pi i}u(x+i0)\,dx = \frac{1}{\pi i}Q(x+i0)\,dx$$

は $d\tau$ の絶対連続部分に等しいから, E 上では $F(x+i0) \geqq 0$ (a.e.) 且つ $F(x+i0) \in L^1(d\omega_\infty)$ が得られた. これを Green 線の言葉で書換えれば, $\check{F}(l) \geqq 0$ $(dm_\infty$ a.e.) 且つ $\check{F} \in L^1(dm_\infty)$ となる. 次に, Green 線の性質 (GL2) (290 頁) によって Martin 境界に移れば, $\widehat{F}(b) \geqq 0$ $(d\chi_\infty$ a.e.) 且つ $\widehat{F} \in L^1(d\chi_\infty)$ を得る. ここで, 普遍被覆写像 $\phi(\zeta) = z(\zeta)$ の性質 (FB3) に注意すれば, 次が示されたことになる:

$$\widehat{f}(\zeta) = \widehat{F}(z(\zeta)) = \widehat{F}(\widehat{\phi}(\zeta)) \geqq 0 \quad (\text{a.e. } d\sigma) \quad \text{且つ} \quad \widehat{f} \in L^1(d\sigma).$$

さて, 補題 4.11 により $f(\zeta)$ は有界型の有理型函数であり, その内因数は Blaschke 積の商で, 次の形に分解される:

$$f = I_f O_f = \frac{I_{\theta f}}{\theta}O_f, \quad I_{\theta f}(\zeta) = \prod_{j \geqq 1} \mathfrak{G}(z(\zeta), x_j).$$

ところが, 上で示したように f の境界函数は $L^1(d\sigma)$ に属するが, 内函数の境界値はほとんど到るところ絶対値 1 であるから, 外因子 O_f の境界函数が $L^1(d\sigma)$ に属する. 従って, 補題 IV.1.10 により $O_f \in H^1(\mathbb{D})$ が得られる. 故に, $\theta f = (\theta I_{\theta f})O_f \in H^1(\mathbb{D})$. □

この結果により我々の $f(\zeta) = F(z(\zeta))$ に補題 4.9 が適用できる. よって,

$$f = |k|^2, \quad k = \mathfrak{Q}\sqrt{O_f} \in K_{t\theta}$$

を満たす k が存在する．但し，Q は Blaschke 積 $I_{\theta f}$ の因数で，それ自身一つの Blaschke 積である．もし k を指標的保型函数としたい場合は，Q を指標的保型函数に選ぶことが必要十分である．

さて，Blaschke 積 $Q(\zeta)$ が指標的保型函数ならば，Q の零点は Γ 不変であるから，Q は $\mathfrak{G}(z(\zeta), x_j)$ の形の因数の積であり，この逆も正しい．従って，$\mathfrak{G}(z(\zeta), x_j)$ が Q の因数であるか否かで $\varepsilon_j = +1$ または $\varepsilon_j = -1$ とすれば，このような Blaschke 積は $\mathfrak{D}_E$ の因子 $D = \sum_{j \geq 1}(x_j, \varepsilon_j)$ によって，

$$Q_D(\zeta) = \prod_{\varepsilon_j = +1} \mathfrak{G}(z(\zeta), x_j)$$

の形に一意に定義されることが示された．この操作は §5.5 でレゾルベントの行列要素 $R(0, 0; z)$ 等を内外因数分解して因子を構成する際に利用される．

§5 Abel 写像の逆の構成

Abel 写像 $\mathcal{A} : \mathfrak{D}_E \to \pi_1^*(\mathcal{R})$ の逆を構成しよう．そのためには，任意の指標 $\alpha \in \pi_1^*(\mathcal{R})$ に対し $\mathcal{A}(D) = \alpha$ を満たす因子 $D = D[\alpha] \in \mathfrak{D}_E$ が構成できればよい．本節の目標は，空間 $L^2(\alpha)$ で $\mathcal{R}$ の一意化写像 $z = z(\zeta)$ による乗算作用素 $J(\alpha)$ を調べ，極値問題 (3.6) の解 $K^\alpha(z)$ を具体的に構成することである．因子 D はその過程で自然に現れる．以下本節では指標 $\alpha \in \pi_1^*(\mathcal{R})$ を一つ任意に固定する．なお，本節を通して $E \in$ (RPW) を仮定する．

5.1 極値函数 k^α の構成 上では極値函数 $K^\alpha(z)$ を構成すると言ったが，これを直接実行すると多価性を考慮する煩わしさが起る．それで，後の便宜もあって普遍被覆面に移して考える．そのため，§4.3 で説明した $\mathcal{R}$ の普遍被覆写像 $\phi = \phi_E : \mathbb{D} \to \mathcal{R}$ ($\phi(0) = \infty$) を一つ固定する．また，この ϕ を $\mathbb{D}$ 上の有理型函数と見なして，

$$z = z(\zeta) = \frac{c_{-1}}{\zeta} + c_0 + \cdots \qquad (c_{-1} > 0, \zeta \in \mathbb{D}) \tag{5.1}$$

と書く．さらに，ϕ に対応する被覆変換群を $\Gamma = \Gamma_E$ と書く．これは $\mathcal{R}$ の基本群 $\pi_1(\mathcal{R}, \infty)$ と標準的に同型であるから，我々は指標 α を自然に Γ の指標とも見なす．即ち，$\alpha \in \Gamma^*$ と思ってもよい．さて，この意味での α に対し函

数空間 $H^2(\alpha)$ を

$$H^2(\alpha) = H^2(\mathbb{D}, \alpha) = \{ f \in H^2(\mathbb{D}) : f \circ \gamma = e^{2\pi i \alpha(\gamma)} f \ (\forall \, \gamma \in \mathbf{\Gamma}) \}$$

により定義する．$\mathbf{\Gamma}$ は ∞ を始点とする $\mathfrak{R}$ の基本群 $\pi_1(\mathfrak{R}, \infty)$ と自然に同型であるから，$f \in H^2(\alpha)$ に対し ($\mathbb{D}$ の原点の近傍で) $F \circ \pi = f$ を満たす $F \in \mathcal{H}^2(\mathfrak{R}, \alpha)$ を一意に対応させて，$\mathcal{H}^2(\mathfrak{R}, \alpha)$ を $H^2(\alpha)$ に同型な線型空間と見なすことができる (§II.2.3 を参照せよ)．従って，極値問題 (3.6) は，

$$\sup\{ |f(0)| : f \in H^2(\alpha), \|f\| = 1 \} \tag{5.2}$$

と同等である．この極値問題を解くために，Hilbert 空間 $H^2(\alpha)$ 上の線型汎函数 $\varepsilon_0 : f \mapsto f(0)$ を考察する．$|f(z)|^2$ は劣調和函数であるから，

$$|f(0)|^2 \leqq \int_{\mathbb{T}} |f(t)|^2 \, d\sigma(t) = \|f\|^2 \qquad (f \in H^2(\alpha))$$

を満たす．従って，ε_0 は有界であり，

$$\varepsilon_0(f) = f(0) = \int_{\mathbb{T}} f(t) \overline{f_0(t)} \, d\sigma(t)$$

を満たす $f_0 \in H^2(\alpha)$ が一意に存在する．仮定により $E \in$ (RPW) であるから，Widom の定理 (定理 V.1.3) により $\|f_0\| = \|\varepsilon_0\| > 0$ である．特に，

$$f_0(0) = \int_{\mathbb{T}} |f_0(t)|^2 \, d\sigma(t) = \|f_0\|^2$$

であるから，

$$k^\alpha = f_0 / \|f_0\| \tag{5.3}$$

とおけば，$k^\alpha \in H^2(\alpha)$ は $\|k^\alpha\| = 1$ 且つ

$$k^\alpha(0) = f_0(0) / \|f_0\| = \|f_0\| = \|\varepsilon_0\|$$

を満たし，極値問題 (5.2) の解を与える．しかも，$k^\alpha(0) > 0$ の条件の下で一意である．また，f_0 の定義から，任意の $f \in H^2(\alpha)$ に対して

$$\langle f, k^\alpha \rangle = \frac{f(0)}{k^\alpha(0)} \tag{5.4}$$

が成り立つ．なお，任意の $f \in H^2(\alpha)$ に対して，

$$\langle f, 1 - f_0 \rangle = \int_{\mathbb{T}} f(t) \overline{(1 - f_0(t))} \, d\sigma(t) = 0$$

であるから，$1 - f_0 \perp H^2(\alpha)$ となり，$f_0 = P_{H^2(\alpha)}\mathbf{1}$ が分る．故に，

$$k^\alpha = \frac{P_{H^2(\alpha)}\mathbf{1}}{\|P_{H^2(\alpha)}\mathbf{1}\|}. \tag{5.5}$$

終りに，$\mathcal{R}$ 上の極値問題 (3.6) について見ておく．まず，以上から $\mathcal{R}$ 上の乗法的正則関数 $K^\alpha \in \mathcal{H}^2(\mathcal{R}, \alpha)$ を ∞ の近傍において (或る分枝が) $K^\alpha \circ \phi = k^\alpha$ を満たすように定義することができて，これが極値問題 (3.6) の解を与える．領域 $\mathcal{R}$ は実軸対称であるから，$\overline{K^\alpha(\bar{z})}$ も自然に定義できて $\mathcal{H}^2(\mathcal{R}, \alpha)$ の元を与える．さらに，$F(z) = \frac{1}{2}(K^\alpha(z) + \overline{K^\alpha(\bar{z})})$ も $\mathcal{H}^2(\mathcal{R}, \alpha)$ の元で，$|F(\infty)| = K^\alpha(\infty)$ と $\|F\| \leqq \|K^\alpha\| = 1$ を満たすから，K^α の極大性から $F(z) = K^\alpha(z)$，即ち $K^\alpha(\bar{z}) = \overline{K^\alpha(z)}$ が分る．

5.2 k^α の性質と $L^2(\alpha)$ の正規直交基 §5.1 で定義した極値関数 k^α の性質を調べよう．$\mathcal{R} = \overline{\mathbb{C}} \setminus E$ は PW 領域であるから全ての $\alpha \in \boldsymbol{\Gamma}^*$ に対して $H^2(\alpha)$ は自明ではなく従って k^α は恒等的に零になることはない．以下で用いる θ は (4.23) で与えられる Blaschke 積で，$\mathfrak{g}'$ の内因数である．

補題 5.1 任意の $\alpha \in \boldsymbol{\Gamma}^*$ に対して $k^\alpha \in K_{t\theta}$．即ち，函数 $k_*^\alpha = \theta\overline{k^\alpha}$ は単位円板の中まで H^2 の函数として延長される．

証明 定理 VIII.3.4 を利用すれば，任意の $h \in H^2$ に対し，(5.4) により

$$\begin{aligned}\langle \theta h, k^\alpha \rangle &= \langle \theta h, P^\alpha(k^\alpha) \rangle = \langle P^\alpha(\theta h), k^\alpha \rangle \\ &= \frac{P^\alpha(\theta h)(0)}{k^\alpha(0)} = \frac{\theta(0)h(0)}{k^\alpha(0)}\end{aligned} \tag{5.6}$$

となるから，特に $\langle t\theta h, k^\alpha \rangle = 0$ を得る．従って，$k^\alpha \in H^2 \ominus (t\theta H^2) = K_{t\theta}$ が分る．同じ計算から，

$$k_*^\alpha = \theta\overline{k^\alpha} \perp \overline{H_0^2}$$

が得られる．従って，$k_*^\alpha \in H^2(\mathbb{T})$ となるから，$k_*^\alpha(t) = h(t)$ (a.e. $t \in \mathbb{T}$) を満たす $h \in H^2$ が存在する．故に，$k_*^\alpha = \theta\overline{k^\alpha}$ は h として単位円板の中への擬接続ができる．□

系 全ての $\alpha \in \boldsymbol{\Gamma}^*$ に対して，

$$k^\alpha(0) \geqq |\theta(0)|. \tag{5.7}$$

証明 (5.6) より，$|\theta(0)|/k^\alpha(0) = |\langle \theta, k^\alpha \rangle| \leq \|\theta\| \|k^\alpha\| = 1$. □

さて，任意の $\alpha \in \Gamma^*$ に対し，指標 α に対する指標的保型函数からなる $L^2(d\sigma)$ の部分空間を $L^2(\alpha) = L^2(d\sigma, \alpha)$ と書く．これは既に §VIII.3.2 で扱ったもので，全ての $\gamma \in \Gamma$ に対して次を満たす $f \in L^2(d\sigma)$ の全体である：

$$f(\gamma(\zeta)) = e^{2\pi i \alpha(\gamma)} f(\zeta) \qquad (d\sigma \text{ a.e.}).$$

本節の目的は $L^2(\alpha)$ の一つの特別な正規直交基を構成することである．

定理 5.2 $-\mu$ を $\mathfrak{g}(\zeta)$ の指標とする．このとき，任意の $\alpha \in \Gamma^*$ に対して $\{\mathfrak{g}^n k^{\alpha+\mu n}\}_{n \in \mathbb{Z}}$ は $L^2(\alpha)$ の正規直交基である．

証明 証明を四段階に分けて行う．

(第1段) $\{\mathfrak{g}^n k^{\alpha+\mu n}\}_{n \in \mathbb{Z}}$ は $L^2(\alpha)$ の正規直交系である．実際，$n \geq m$ とすると，(5.4) により次が成り立つ：

$$\langle \mathfrak{g}^n k^{\alpha+\mu n}, \mathfrak{g}^m k^{\alpha+\mu m} \rangle = \langle \mathfrak{g}^{n-m} k^{\alpha+\mu n}, k^{\alpha+\mu m} \rangle$$
$$= \frac{\mathfrak{g}^{n-m}(0) k^{\alpha+\mu n}(0)}{k^{\alpha+\mu m}(0)} = \begin{cases} 0 & (n > m) \\ 1 & (n = m) \end{cases}.$$

(第2段) 次に，$\{\mathfrak{g}^n k^{\alpha+\mu n}\}_{n \geq 0}$ は $H^2(\alpha)$ の正規直交基であることを示す．そのため，$f \in H^2(\alpha)$ が k^α に直交すると仮定すれば，(5.4) より

$$f(0) = \langle f, k^\alpha \cdot k^\alpha(0) \rangle = 0 \tag{5.8}$$

であるから，$\mathfrak{g}$ は f を割り切る．従って，$f \in \mathfrak{g} H^2(\alpha+\mu)$ が分る．後は帰納法による．H^2 の元は原点で無限位数の零点を持たぬから，次が得られる：

$$H^2(\alpha) = \oplus_{n \geq 0} \{\mathfrak{g}^n k^{\alpha+n\mu}\}. \tag{5.9}$$

(第3段) $L^2(\alpha)$ は $\{\mathfrak{g}^{-N} H^2(\alpha - \mu N)\}_{N \geq 0}$ の線型包の閉包であることを示そう．いま，定理 VIII.3.4 により $P^\alpha(\theta H^2) \subseteq H^2(\alpha)$ であるから，$f \in L^2(\alpha) \ominus H^2(\alpha)$ とすると，任意の $h \in H^2$ に対し $P^\alpha(\theta H^2) \subseteq H^2(\alpha)$ より，

$$0 = \langle f, P^\alpha(\theta h) \rangle = \langle f, \theta h \rangle = \langle \overline{\theta} f, h \rangle$$

が成り立つ．従って，$\overline{\theta} f \in (H^2)^\perp = \overline{tH^2}$ を得る．これから，$\overline{f} \theta \in tH^2$ が分るから，$\theta(\zeta)$ の指標を $-\nu$ とするとき，$\overline{f} \theta \in \mathfrak{g} H^2(-\alpha - \nu + \mu)$ を得る．一

方,第2段より $\{\mathfrak{g}^n k^{-\alpha-\nu+\mu n}\}_{n\geq 1}$ は $\mathfrak{g} H^2(-\alpha-\nu+\mu)$ の正規直交基であるから, $\bar{f}\theta$ は

$$\sum_{n=1}^{N} c_n \mathfrak{g}^n k^{-\alpha-\nu+\mu n}$$

の形の元で近似される. 従って, f は

$$\sum_{n=1}^{N} \overline{c_n} \mathfrak{g}^{-n} \theta \overline{k^{-\alpha-\nu+\mu n}} = \sum_{n=1}^{N} \overline{c_n} \mathfrak{g}^{-n} k_*^{-\alpha-\nu+\mu n}$$

で近似される. ところが, 補題 5.1 により

$$k_*^{-\alpha-\nu+\mu n} = \theta \overline{k^{-\alpha-\nu+\mu n}} \in H^2(\alpha-\mu n)$$

が分るから, 我々の主張が確かめられた.

(第4段) 最後に, 第2段と第3段を併せれば, 第1段で述べた函数系が $L^2(\alpha)$ を張ることが分る. これは定理の主張に他ならない. □

5.3 乗法作用素 $J(\alpha)$ の行列表示

§4.3 (または, §5.1) で定義した $\mathfrak{R}$ の一意化写像 $z = z(\zeta)$ は Γ 不変であるから, z による掛け算は任意の $\alpha \in \Gamma^*$ に対し $L^2(\alpha)$ をそれ自身に写す. 次の結果は上で構成した $L^2(\alpha)$ の正規直交基 $\{\mathfrak{g}^n k^{\alpha+\mu n}\}$ によるこの掛け算作用素 $J(\alpha)$ の表示を与える:

定理 5.3 $E \in (\mathrm{RPW})$ とし, 任意の $\alpha \in \Gamma^*$ に対して $J(\alpha)$ を $L^2(\alpha)$ における $z(t)$ による掛け算作用素とすると, 作用素 $J(\alpha)$ は $L^2(\alpha)$ の正規直交基 $\{e_n = \mathfrak{g}^n k^{\alpha+\mu n}\}$ に関して Jacobi 行列

$$z e_n = \widetilde{\mathcal{P}}(\alpha+\mu(n-1))e_{n-1} + \widetilde{\mathcal{Q}}(\alpha+\mu n)e_n + \widetilde{\mathcal{P}}(\alpha+\mu n)e_{n+1} \quad (5.10)$$

$(n=0, \pm 1, \pm 2, \dots)$ で与えられる. 但し,

$$\widetilde{\mathcal{P}}(\alpha) = \mathrm{Cap}(E) \frac{k^{\alpha+\mu}}{k^\alpha}(0), \qquad (5.11)$$

$$\widetilde{\mathcal{Q}}(\alpha) = c_0 + c_{-1}\left\{\frac{(k^\alpha)'}{k^\alpha}(0) - \frac{(k^{\alpha-\mu})'}{k^{\alpha-\mu}}(0) + \frac{1}{2}\frac{\mathfrak{g}''}{\mathfrak{g}'}(0)\right\}. \qquad (5.12)$$

ここで, c_0, c_{-1} は $z = z(\zeta)$ の原点での展開係数である ((5.1) 参照). さらに, $J(\alpha)$ のスペクトルは E に等しく, Weyl 函数 $r_\pm^\alpha$ は次を満たす:

$$\widetilde{\mathcal{P}}(\alpha)^2 r_+^\alpha(x+i0) = \frac{1}{r_-^\alpha(x-i0)} \qquad (\text{a.e. } x \in E). \qquad (5.13)$$

5.4 定理 5.3 の証明 $z(\zeta)$ は $\mathbb{T}$ 上で Γ 不変な有界実数値関数であるから, これによる掛け算作用素は Γ 不変な有界自己共軛作用素であることが分る. 我々は証明を行列表示の公式 (5.10) と Weyl 函数の公式 (5.13) の二つに分けて述べよう.

公式 (5.10) の証明 $\mathfrak{g}(0) = 0$ より, $z\mathfrak{g}$ は $\mathbb{D}$ 上の有界正則函数で $\mathfrak{g}$ と同じ指標を持つから, 任意の指標 $\beta \in \Gamma^*$ に対して

$$z\mathfrak{g}k^\beta \in H^2(\beta - \mu)$$

が分る. 従って, 直交分解の公式 (5.9) により

$$z\mathfrak{g}k^\beta = a_0 k^{\beta-\mu} + a_1 \mathfrak{g} k^\beta + a_2 \mathfrak{g}^2 k^{\beta+\mu} + f, \quad f \in \mathfrak{g}^3 H^2(\beta + 2\mu) \quad (5.14)$$

が成り立つ. (5.4) により $n \geqq 2$ に対しては

$$\langle \mathfrak{g}^{n+1} k^{\beta+\mu n}, z\mathfrak{g} k^\beta \rangle = \langle z\mathfrak{g}^n k^{\beta+\mu n}, k^\beta \rangle = \frac{(z\mathfrak{g})(0)\mathfrak{g}(0)^{n-1} k^{\beta+\mu n}(0)}{k^\beta(0)} = 0$$

であるから, (5.14) から任意の $\beta \in \Gamma^*$ に対して次を得る:

$$z\mathfrak{g}k^\beta = a_0 k^{\beta-\mu} + a_1 \mathfrak{g} k^\beta + a_2 \mathfrak{g}^2 k^{\beta+\mu}. \quad (5.15)$$

これから (5.10) の形の表現が得られることは見やすい. 次に, 係数を求めよう. まず, $\widetilde{\mathcal{P}}(\alpha)$ については, (5.15) で $\beta = \alpha + \mu$ とおくと,

$$\widetilde{\mathcal{P}}(\alpha) = a_0 = \langle z\mathfrak{g}k^{\alpha+\mu}, k^\alpha \rangle = \frac{(z\mathfrak{g}k^{\alpha+\mu})(0)}{k^{\alpha-\mu}(0)} = c_{-1}\mathfrak{g}'(0) \frac{k^{\alpha+\mu}}{k^\alpha}(0)$$

を得る. 以下で示す $c_{-1}\mathfrak{g}'(0) = \mathrm{Cap}(E)$ に注意すれば, (5.11) が分る. また, $\widetilde{\mathcal{Q}}(\alpha)$ については, (5.15) において $\beta = \alpha$ として書換えれば,

$$zk^\alpha = \widetilde{\mathcal{P}}(\alpha - \mu)\mathfrak{g}^{-1} k^{\alpha-\mu} + \widetilde{\mathcal{Q}}(\alpha) k^\alpha + \widetilde{\mathcal{P}}(\alpha)\mathfrak{g} k^{\alpha+\mu}$$

であるから, $\zeta = 0$ における展開式を次のように計算できる:

$$\widetilde{\mathcal{Q}}(\alpha)k^\alpha = \mathfrak{g}^{-1}\left[z\mathfrak{g}k^\alpha - \widetilde{\mathcal{P}}(\alpha-\mu)k^{\alpha-\mu}\right] + O(\zeta).$$

ここで, 各函数を原点 $\zeta = 0$ で Laurent 展開し, 上で得られた $\widetilde{\mathcal{P}}(\alpha-\mu)$ に対する公式を使って計算すれば, (5.12) が得られる. □

補題 5.4 $c_{-1}\mathfrak{g}'(0) = \mathrm{Cap}(E)$.

証明 平面のポテンシャルの基本性質 (§B.4) より, μ_E を領域 $\mathfrak{R} = \overline{\mathbb{C}} \setminus E$ に関する ∞ の調和測度とすると, これは E の平衡分布であって, $\mathfrak{R}$ に関する ∞ の Green 函数 $g(\infty, z)$ は

$$g(\infty, z) = \gamma(E) - U^{\mu_E}(z) = \gamma(E) - \int_E \log \frac{1}{|t-z|} \, d\mu_E(t)$$

と表される. ここで, $\gamma(E)$ は E の Robin 定数であり, U^{μ_E} は測度 μ_E の対数ポテンシャルである. ところが, $g(\infty, z(\zeta)) = -\log|\mathfrak{g}(\zeta)|$ であるから,

$$\log \frac{1}{|\mathfrak{g}(\zeta)|} = \gamma(E) - \int_E \log \frac{1}{|t - z(\zeta)|} \, d\mu_E(t)$$

が成り立つ. いま, (5.1) に注意して,

$$\log \left| \frac{\zeta}{\mathfrak{g}(\zeta)} \cdot \frac{1}{z(\zeta)\zeta} \right| = \gamma(E) - \int_E \log \frac{|z(\zeta)|}{|t - z(\zeta)|} \, d\mu_E(t)$$

と変形してから $\zeta \to 0$ とすれば, $c_{-1} > 0$, $\mathfrak{g}'(0) > 0$ に注意して求める式 $c_{-1}\mathfrak{g}'(0) = e^{-\gamma(E)} = \mathrm{Cap}(E)$ が得られる. □

公式 (5.13) の証明 $p_n = \widetilde{\mathcal{P}}(\alpha + \mu n)$, $q_n = \widetilde{\mathcal{Q}}(\alpha + \mu n)$ とおき, $J = J(\alpha)$, $J_\pm = J_\pm(0)$ として, 付録 §E の議論を応用する.

補題 5.5 任意の $\alpha \in \mathbf{\Gamma}^*$ に対して次が成り立つ:

$$r_+^\alpha(z(\zeta)) = -\frac{\mathfrak{g} k^{\alpha+\mu}}{\widetilde{\mathcal{P}}(\alpha) k^\alpha}(\zeta) \,, \tag{5.16}$$

$$r_-^\alpha(z(\zeta)) = -\frac{\mathfrak{g} k_*^\alpha}{\widetilde{\mathcal{P}}(\alpha) k_*^{\alpha+\mu}}(\zeta) \,. \tag{5.17}$$

証明 式 (5.16) の両辺の $\zeta = 0$ における Taylor 展開を計算する. まず, 左辺については, 定理 E.2 の系 (402 頁) により $r_+(z)$ が連分数

$$r_+(z) = \langle (J_+ - zI)^{-1} e_1, e_1 \rangle = \lim_{m \to \infty} I(z; \rho_m)$$

$$= \lim_{m \to \infty} \left\{ -\frac{1}{z - q_1} \frac{p_1^2}{z - q_2} - \cdots - \frac{p_{m-1}^2}{z - q_m} \right\} \tag{5.18}$$

に展開され, さらに $z = \infty$ における z^{-1} に関する Taylor 級数展開の係数は $2m-1$ 次まで $I(z; \rho_m)$ の対応する係数と一致する. この部分を

$$\frac{a_1}{z} + \frac{a_2}{z^2} + \cdots + \frac{a_{2m-1}}{z^{2m-1}} \qquad (a_1 = -1)$$

と表す. 次に, (5.1) を代入して ζ の冪級数に変換する. このときは, $z^{-1} = b_1\zeta + b_2\zeta^2 + \cdots$ $(b_1 = 1/c_{-1} \neq 0)$ となるから, $I(z(\zeta), \rho)$ と $I(z(\zeta), \rho_m)$ を原点で ζ の冪級数に展開するとき, $2m-1$ 次までは一致し

$$\sum_{n=1}^{2m-1} A_n(a_1, \ldots, a_n; b_1, \ldots, b_n)\zeta^n \tag{5.19}$$

の形となる. ここで A_n は多項式である. また, 右辺については, (5.10) を

$$ze_n = p_{n-1}e_{n-1} + q_n e_n + p_n e_{n+1}$$

(但し, $e_n = \mathfrak{g}^n k^{\alpha+\mu n}$) と表し, 次のように形式的に変形する:

$$\frac{e_n}{p_{n-1}e_{n-1}} = \frac{1}{z - q_n - p_n e_{n+1}/e_n} = \frac{1}{z - q_n} - p_n^2 \frac{e_{n+1}}{p_n e_n}.$$

ここで, $n = 1, 2, \ldots, m$ として逐次代入すれば,

$$-\frac{e_1}{p_0 e_0} = -\frac{1}{z - q_1} - \frac{p_1^2}{z - q_2} - \cdots - \frac{p_{m-2}^2}{z - q_{m-1}} - \frac{p_{m-1}^2}{z - q_m + t} \tag{5.20}$$

が得られる. 但し, $t = -p_m e_{m+1}/e_m$ である. この右辺は t をパラメータと見て, z^{-1} の冪級数に展開すると, 定理 E.4 により, $2m-1$ 次以下の係数は t を含まず, $2m$ 以上の係数は t の多項式である. さらに, t は ζ の冪級数であるから, (5.20) を ζ の冪級数の形に表すとき, 最初の $2m-1$ 項は $I(z(\zeta), \rho_m)$ の展開と一致し, 従って (5.19) で表されることが分る.

故に, (5.16) の両辺の冪級数展開は $2m-1$ 次まで一致する. m は任意であったから, 等式 (5.16) の証明は完成した. (5.17) も同様である. □

定理 5.3 の証明に戻り, 非接極限 $\zeta \to t \in \mathbb{T}$ を考えれば, $\widetilde{\mathcal{P}}(\alpha) > 0$ より,

$$\lim_{\zeta \to t} r_+^\alpha(z(\zeta))\overline{r_-^\alpha(z(\zeta))} = \frac{\mathfrak{g}k^{\alpha+\mu}}{\widetilde{\mathcal{P}}(\alpha)k^\alpha}(t) \cdot \frac{\overline{\mathfrak{g}k_*^\alpha}}{\widetilde{\mathcal{P}}(\alpha)k_*^{\alpha+\mu}}(t) = \frac{1}{\widetilde{\mathcal{P}}^2(\alpha)}$$

がほとんど全ての $t \in \mathbb{T}$ で成り立つ. これを $\mathfrak{R}$ の場合に戻せば,

$$r_+^\alpha(x+i0)\overline{r_-^\alpha(x+i0)} = \frac{1}{\widetilde{\mathcal{P}}^2(\alpha)} \qquad (\text{a.e. } x \in E)$$

となり, $\overline{r_-^\alpha(x+i0)} = r^\alpha(x-i0)$ より (5.13) を得る. $z(t)$ による乗法作用素のスペクトルは E に一致するから, これで定理 5.3 の証明が完結した. □

5.5 Jacobi 行列が定める因子 J は E ((3.1) 参照) をスペクトルとする Jacobi 行列でその Weyl 函数 $r_\pm$ は

$$p_0^2 r_+(x+i0) = \frac{1}{r_-(x-i0)} \qquad (\text{a.e. } x \in E) \qquad (5.21)$$

を満たすと仮定する. J のレゾルベントの行列要素 $R(0,0;z)$ は

$$-\frac{1}{R(0,0)} = p_0^2 r_+ - \frac{1}{r_-}$$

を満たす ((2.4) 参照). この関係式に仮定 (5.21) を使えば,

$$R(0,0;x+i0) \in i\mathbb{R} \qquad (\text{a.e. } x \in E)$$

が分る. よって, 定理 IV.2.5 により次を満たす $x_j \in [a_j,b_j]$ が存在する:

$$R(0,0;z) = -\frac{1}{\sqrt{(z-a_0)(z-b_0)}} \prod_{j \geqq 1} \frac{z-x_j}{\sqrt{(z-a_j)(z-b_j)}}. \qquad (5.22)$$

§2.4 で述べたように, $x_j \in (a_j,b_j)$ を満たす x_j は必ず r_+ または r_-^{-1} の一方のみの極である. 前者の場合は $\varepsilon_j = +1$, 後者の場合は $\varepsilon_j = -1$ として

$$D = D_J = \sum_{j \geqq 1} (x_j, \varepsilon_j) \qquad (5.23)$$

で定義される因子を J に対応する**スペクトル・データの因子**と呼ぶ. x_j が a_j または b_j に一致するときは ε_j は ± 1 のどちらでも定義により同じである.

さて, (4.3) で与えられた $u(z)$ を使って, 式 (5.22) を

$$R(0,0;z) = F(z)u(z), \qquad F(z) = \prod_{j \geqq 1} \frac{z-x_j}{z-c_j}$$

と分解する. そこで, $f(\zeta) = F(z(\zeta))$ とおけば, 定理 4.10 により $\theta f \in H^1(\mathbb{D})$ が分る. 従って, 補題 4.9 により $f = |k|^2$ を満たす $k \in K_{t\theta}$ が存在するが, 特に k は指標的保型函数であるようにとれる. 実際, θ は指標的保型函数であり, f は Γ 不変であるから, θf は指標保型的である. 特に, $\mathbb{T}$ 上で正値函数 $f(t) = |\theta(t)f(t)|$ は Γ 不変である. これから, θf の外因数 $O_{\theta f}$ は

$$\exp\left\{ \int_\mathbb{T} \frac{e^{it}+z}{e^{it}-z} \log(f(e^{it})) \, d\sigma(t) \right\}$$

に等しいから,O_f と書いてよい.等式 (VIII.3.9) に注意して計算すれば,O_f は指標的保型函数であることが分る.従って,k の外因数は $\sqrt{O_f}$ に等しく,内因数 $\mathfrak{Q}$ は θf の内因数である Blaschke 積

$$I_{\theta f}(\zeta) = \prod_{j \geq 1} \mathfrak{G}(z(\zeta), x_j)$$

の指標保型的因数に等しい.このような $\mathfrak{Q}$ の零点は $\mathbf{\Gamma}$ 不変であるから,いくつかの $\mathfrak{G}(z(\zeta), x_j)$ の積に等しい.そこで,$\mathfrak{G}(z(\zeta), x_j)$ が $\mathfrak{Q}$ の因数であるとき $\varepsilon_j = +1$, そうでないとき $\varepsilon_j = -1$ として,因子 $D = \sum_{j \geq 1}(x_j, \varepsilon_j) \in \mathfrak{D}_E$ を定義すれば,$\mathfrak{Q}$ は D に付随する内函数

$$\mathfrak{Q}_D(\zeta) = \prod_{\varepsilon_j = +1} \mathfrak{G}(z(\zeta), x_j)$$

に一致する.逆に,任意の $\varepsilon_j = \pm 1$ に対して,$D = \sum_{j \geq 1}(x_j, \varepsilon_j) \, (\in \mathfrak{D}_E)$ とおけば,$k = \mathfrak{Q}_D \sqrt{O_f}$ は問題の条件を満たす.故に,$f = |k|^2$ を満たす指標的保型函数 $k \in K_{t\theta}$ は次の形を持つものとして特徴づけられる:

$$k = \mathfrak{Q}_D \cdot \sqrt{O_f}, \qquad D = \sum_{j \geq 1}(x_j, \varepsilon_j) \in \mathfrak{D}_E.$$

以下では,与えられた因子 $D = \sum_{j \geq 1}(x_j, \varepsilon_j) \in \mathfrak{D}_E$ に対し,

$$f(\zeta) = F(z(\zeta)), \qquad F(z) = \prod_{j \geq 1} \frac{z - x_j}{z - c_j}$$

として,$\mathbb{D}$ 上の指標的保型函数 k_D を次で定義する:

$$k_D(\zeta) = \mathfrak{Q}_D(\zeta)\sqrt{O_f(\zeta)}. \tag{5.24}$$

これを $\mathfrak{R}$ へ引戻せば,$D_0 = \sum_{j \geq 1}(b_j)$, $D_C = \sum_{j \geq 1}(c_j, -1)$ とおくとき,

$$\begin{aligned} K_D(z) &= \left\{ \prod_{j \geq 1} \frac{z - x_j}{z - c_j} \frac{\mathfrak{G}(z, c_j)}{\mathfrak{G}(z, x_j)} \right\}^{1/2} \prod_{j \geq 1} \mathfrak{G}(z, x_j)^{(1+\varepsilon_j)/2} \\ &= \frac{K_{D, D_0}(z)}{K_{D_C, D_0}(z)} \end{aligned} \tag{5.25}$$

が成り立つ.但し,$K_{D, D_0}(z)$ 等は標準乗積 (§3.6 参照) である.よって,定理 3.7 より $\alpha[K_D] = \mathcal{A}(D) - \mathcal{A}(D_C)$ を得る.我々はこの右辺を D に対応す

る指標と定義する. 即ち, 任意の $D \in \mathfrak{D}_E$ に対して, D の**指標** $\alpha[D]$ を

$$\alpha[D] = \mathcal{A}(D) - \mathcal{A}(D_C) \tag{5.26}$$

と定義する. 即ち, $\alpha[D] = \alpha[K_D]$ とするのである.

5.6 k^α の因数分解と因子 $D[\alpha]$ k^α の考察に戻る. 指標 $\alpha \in \mathbf{\Gamma}^*$ に対応する因子 $D[\alpha]$ は, α に対する Jacobi 行列 $J(\alpha)$ に対応する因子 $D_{J(\alpha)}$ として定義される ((5.23) 参照). これを具体的に求めてみよう.

定理 5.6 $E \in$ (RPW) ならば, 任意の $\alpha \in \mathbf{\Gamma}^*$ に対して次が成り立つ:

$$\frac{k^\alpha k_*^\alpha}{\theta}(\zeta) = \prod_{j \geqq 1} \frac{z(\zeta) - x_j^\alpha}{z(\zeta) - c_j} \qquad (x_j^\alpha \in [a_j, b_j]) . \tag{5.27}$$

但し, $\{x_j^\alpha\}$ は $R^\alpha(0,0;z)$ の零点である.

証明 $R^\alpha(0,0;z)$ の定義より直接計算すれば, $J = J(\alpha)$ として

$$\begin{aligned}R^\alpha(0,0;z) &= \langle (J-z)^{-1} e_0, e_0 \rangle = \langle (z(t)-z)^{-1} k^\alpha, k^\alpha \rangle \\ &= \int_\mathbb{T} \frac{|k^\alpha(t)|^2}{z(t)-z} \, d\sigma(t)\end{aligned}$$

が得られる. §5.1 で見たように, 極値問題 (3.6) の解 $K^\alpha(z)$ は ∞ における一つの分枝が $K^\alpha(z(\zeta)) = k^\alpha(\zeta)$ であるとして定義されるから,

$$R^\alpha(0,0;z) = \int_\mathbb{T} \frac{|K^\alpha(z(t))|^2}{z(t)-z} \, d\sigma(t) = \int_E \frac{|K^\alpha(x)|^2}{x-z} \, d\omega(\infty, x) \tag{5.28}$$

が分る. 一方, $R^\alpha(0,0;z)$ は $\mathfrak{R}$ 上の正則な Nevanlinna 関数であり, (5.13) により E 上でほとんど到るところ純虚数の境界値をとる. さらに, $z \to \infty$ のとき $R(0,0;z) \sim -1/z$ であるから, 定理 IV.2.5 により,

$$R^\alpha(0,0;z) = -\frac{1}{\sqrt{(z-a_0)(z-b_0)}} \prod_{j \geqq 1} \frac{z - x_j^\alpha}{\sqrt{(z-a_j)(z-b_j)}} \tag{5.29}$$

を満たす $x_j^\alpha \in [a_j, b_j]$ $(j \geqq 1)$ が存在する. 従って,

$$F_\alpha(z) = \prod_{j \geqq 1} \frac{z - x_j^\alpha}{z - c_j} \tag{5.30}$$

§5 Abel 写像の逆の構成

とおき，$u(z)$ を調和測度の Cauchy 変換とすれば，$R^\alpha(0,0;z) = F_\alpha(z)u(z)$ が成り立つ (§4.5.2 参照). さらに, 定理 4.2 と (5.28) より

$$R^\alpha(0,0;z) = F_\alpha(z)u(z) = \int_E \frac{|K^\alpha(x)|^2}{x-z} \cdot \frac{1}{\pi i} u(x+i0)\, dx$$

が得るから，Fatou の定理 (定理 D.2) により,

$$F_\alpha(x+i0) = |K^\alpha(x)|^2 \qquad (\text{a.e. } x \in E)$$

が分る．これから，$\mathbb{T}$ へ移って次を得る：

$$\frac{k^\alpha k_*^\alpha}{\theta}(\zeta) = |k^\alpha(\zeta)|^2 = F_\alpha(z(\zeta)) = \prod_{j \geq 1} \frac{z(\zeta) - x_j^\alpha}{z(\zeta) - c_j} \qquad (\text{a.e. } \zeta \in \mathbb{T}).$$

ところが，上式の両端の辺は $\mathbb{D}$ 上の有界型の有理型函数の境界値であるから，この等式は $\mathbb{D}$ 全体で成り立つ．これが示すべきことであった． □

上の証明から分るように，k^α と k_*^α の零点は $R^\alpha(0,0;z(\zeta))$ の零点の一部分である. また，補題 5.5 の公式 (5.16), (5.17) により，$r_+^\alpha(z(\zeta))$ または $1/r_-^\alpha(z(\zeta))$ の極はそれぞれ $k^\alpha(\zeta)$ または $k_*^\alpha(\zeta)$ の零点である．さらに，§2.4 で述べたように，$R^\alpha(0,0;z)$ の ($\mathfrak{R}$ 内の) 各零点は $r_+^\alpha(z)$ または $1/r_-^\alpha(z)$ のいずれか一方のみの極である．よって，$k^\alpha(\zeta)$ の零点は $r_+^\alpha(z)$ の極の持ち上げに一致し，$k_*^\alpha(\zeta)$ の零点は $1/r_-^\alpha(z)$ の極の持ち上げに一致する．我々の目的は指標 $\alpha \in \mathbf{\Gamma}^*$ の因子 $D[\alpha]$ であるが，これは $D[\alpha] = D_{J(\alpha)}$ として定義された．§5.5 で与えた $J = J(\alpha)$ の因子 D_J の定義を当てはめれば，$\{x_j^\alpha\}$ を $R^\alpha(0,0;z)$ の零点として，$D[\alpha] = D_{J(\alpha)} = \sum_{j \geq 1} (x_j^\alpha, \varepsilon_j^\alpha)$ と表される．ここで，ε_j^α は x_j^α が $r_+^\alpha(z)$ の極ならば $+1$, $1/r_-^\alpha(z)$ の極ならば -1 である．上の考察によれば，$\varepsilon_j^\alpha = \pm 1$ は $z^{-1}(x_j^\alpha)$ が $k^\alpha(\zeta)$ の零点のとき $+1$, $k_*^\alpha(\zeta)$ の零点のとき -1 とすると言ってもよい．この注意から k^α, k_*^α の因数分解の公式が直ちに得られる．

実際，補題 4.11 において $F = F_\alpha$ とすれば，

$$k^\alpha(\zeta) k_*^\alpha(\zeta) = \theta(\zeta) F_\alpha(z(\zeta))$$

の内因数 I_α と外因数 O_α はそれぞれ

$$I_\alpha = \prod_{j \geq 1} \mathfrak{G}(z(\zeta), x_j^\alpha), \quad O_\alpha = \prod_{j \geq 1} \frac{z(\zeta) - x_j^\alpha}{z(\zeta) - c_j} \cdot \frac{\mathfrak{G}(z(\zeta), c_j)}{\mathfrak{G}(z(\zeta), x_j^\alpha)}$$

で与えられる．$\mathbb{T}$ 上では $|k^\alpha| = |k_*^\alpha|$ であるから，k^α と k_*^α の外因数は $\sqrt{O_\alpha}$ に等しい．従って，次が得られたことになる．

系 $E \in (\text{RPW})$ ならば，任意の $\alpha \in \Gamma^*$ に対して次が成り立つ：

$$k^\alpha(\zeta) = k_{D[\alpha]}(\zeta) = \prod_{\varepsilon_j^\alpha = +1} \mathfrak{G}(z(\zeta), x_j^\alpha) \sqrt{O_\alpha}, \qquad (5.31)$$

$$k_*^\alpha(\zeta) = k_{D_*[\alpha]}(\zeta) = \prod_{\varepsilon_j^\alpha = -1} \mathfrak{G}(z(\zeta), x_j^\alpha) \sqrt{O_\alpha}. \qquad (5.32)$$

ここで，$D[\alpha] = D_{J(\alpha)} = \sum_{j \geq 1} (x_j^\alpha, \varepsilon_j^\alpha)$ は行列 $J(\alpha)$ に対応するスペクトルデータの因子で，$D_*[\alpha] = \sum_{j \geq 1} (x_j^\alpha, -\varepsilon_j^\alpha)$ と定義する．

等式 (5.31) は定理 3.3 の前半が任意の $E \in (\text{RPW})$ に対して成り立つことを示している．実際，極値函数 $K^\alpha(z)$ は $k^\alpha(\zeta)$ を被覆写像 (または，一意化写像) $z = z(\zeta)$ によって $\mathfrak{R}$ へ戻したものであるから，(5.31) において $z(\zeta)$ を z におきかえれば，我々は次を示したことになる：

定理 5.7 (Sodin-Yuditskii) $E \in (\text{RPW})$ とすると，任意の $\alpha \in \Gamma^*$ に対し $K^\alpha = K_D$ を満たす因子 $D = D[\alpha] = \sum_{j \geq 1} (x_j, \varepsilon_j) \in \mathfrak{D}_E$ が存在する．但し，K_D は (5.25) で定義されるものである．

一方，§5.1 での構成法から $k^\alpha(\zeta)$ の指標は α であるから，$K^\alpha(z)$ の指標も同様である．従って，上の等式は $\alpha = \alpha[D[\alpha]]$ を示している．従って，任意の $\alpha \in \pi_1^*(\mathfrak{R}, \infty)$ に対して $\mathcal{A}(D) = \alpha$ を満たす $D \in \mathfrak{D}_E$ は $D = D[\alpha - \mathcal{A}(D_C)]$ として得られる．実際，$\beta = \alpha - \mathcal{A}(D_C)$ とおけば，$\alpha = \beta + \mathcal{A}(D_C) = \alpha[D[\beta]] + \mathcal{A}(D_C) = \mathcal{A}(D)$ となるからである．

§6 主要結果の証明の仕上げ

6.1 E の等質性と順 Cauchy 定理

定理 3.2 の残りの部分—Abel 写像 $\mathcal{A}$ の逆の連続性—の証明には集合 E の等質性を利用する．そこでは §VII.2 と §VIII.3.5 で述べた順 Cauchy 定理が重要な役割を演じる．

定理 6.1 (Sodin-Yuditskii) コンパクト集合 $E \in \mathbb{R}$ が等質ならば，領域 $\mathfrak{R} = \overline{\mathbb{C}} \setminus E$ の被覆変換群 Γ に対して順 Cauchy 定理 (DCT_Γ) が成り立つ．

§6 主要結果の証明の仕上げ

以下では，コンパクト集合 $E \subset \mathbb{R}$ は §IX.4.1 の意味で等質であると仮定する．従って，§IX.4 (257 頁以下) で述べた Jones-Marshall の考察が基本である．まず，領域 $\mathcal{R}$ は正則であるから，Fuchs 群 Γ は放物元を含まない．また，領域 $\mathcal{R}$ の Green 函数 $g(z) = g(\infty, z)$ の臨界点は内挿列であるから，群 Γ の Green 函数 $\mathfrak{g}(\zeta)$ については，その導関数 $\mathfrak{g}'(\zeta)$ の零点が内挿列であることが分る．即ち，$\mathfrak{g}'(\zeta)$ は有界型の正則函数で，その内因数 $\theta_{\mathfrak{g}}(\zeta)$ は内挿列を零点とする Blaschke 積である．以下では，$\theta_{\mathfrak{g}}(\zeta)$ の指標を $-\nu$ と書く．

補題 6.2 $b(\zeta)$ を内挿的な零点 $\{\zeta_k\}$ を持つ Blaschke 積とすれば，任意の $f \in H^1(\mathbb{D})$ に対し $\{f(\zeta_k)/b'(\zeta_k)\} \in l^1$ が成り立つ．

証明 $\{\zeta_k\} \subset \mathbb{D}$ は内挿列であるから，Shapiro-Shields の定理 ([101]) により，

$$l^1 = \{\{(1 - |\zeta_k|^2)f(\zeta_k)\} : f \in H^1(\mathbb{D})\}$$

が成り立つ．一般性を失わずに $\{\zeta_k\}$ は 0 を含まぬとしてよいから，これらを零点とする Blaschke 積を $b(\zeta)$ とすると，次が成り立つ：

$$b'(\zeta_k) = -\frac{|\zeta_k|}{\zeta_k} \cdot \frac{1}{1 - |\zeta_k|^2} \cdot \prod_{j \neq k} \frac{|\zeta_j|}{\zeta_j} \frac{\zeta_j - \zeta_k}{1 - \overline{\zeta}_j \zeta_k}.$$

内挿条件より $\delta \leq \inf_k \prod_{j \neq k} |\zeta_j - \zeta_k|/|1 - \overline{\zeta}_j \zeta_k| \leq 1$ を満たす $\delta > 0$ が存在するから，

$$1 - |\zeta_k|^2 \leq \frac{1}{|b'(\zeta_k)|} \leq \frac{1 - |\zeta_k|^2}{\delta}.$$

従って，任意の $f \in H^1(\mathbb{D})$ に対し $\{f(\zeta_k)/b'(\zeta_k)\} \in l^1$ が成り立つ． □

補題 6.3 $b(\zeta)$ を内挿的な零点 $\{\zeta_k\}$ を持つ Blaschke 積とすれば，任意の $f \in H^1$ に対して次が成り立つ：

$$\frac{1}{2\pi i} \int_{\mathbb{T}} \frac{f(\zeta)}{b(\zeta)} d\zeta = \sum_k \frac{f(\zeta_k)}{b'(\zeta_k)}. \tag{6.1}$$

証明 仮定と補題 6.2 より $\{f(\zeta_k)/b'(\zeta_k)\} \in l^1$ が分る．従って，

$$f(\zeta) = \sum_k \frac{f(\zeta_k)}{b'(\zeta_k)} \frac{b(\zeta)}{\zeta - \zeta_k} \frac{1 - |\zeta_k|^2}{1 - \zeta\overline{\zeta}_k} + b(\zeta)\widetilde{f}(\zeta) \tag{6.2}$$

とおくことができる．実際，$\mathbb{T}$ 上では $|b(\zeta)| = 1$ a.e. であるから，

$$\left\| \frac{b(\zeta)}{\zeta - \zeta_k} \frac{1 - |\zeta_k|^2}{1 - \overline{\zeta}\zeta_k} \right\|_1 = \int_{\mathbb{T}} \frac{1 - |\zeta_k|^2}{|\zeta - \zeta_k|^2} \, d\sigma(\zeta) = 1$$

となり，右辺の級数は H^1 に属する．従って，$\widetilde{f} \in H^1$ が分る．(6.2) を (6.1) の左辺に代入して計算すれば次のようにして求める式が得られる：

$$\frac{1}{2\pi i} \int_{\mathbb{T}} \frac{f}{b} \, d\zeta = \sum_k \frac{f(\zeta_k)}{b'(\zeta_k)} \int_{\mathbb{T}} \frac{1}{\zeta - \zeta_k} \frac{1 - |\zeta_k|^2}{1 - \overline{\zeta}\zeta_k} \frac{d\zeta}{2\pi i} = \sum_k \frac{f(\zeta_k)}{b'(\zeta_k)} . \quad \Box$$

これだけ準備ができれば，定理 6.1 を示すことは容易である．

定理 6.1 の証明 $\mathfrak{g}'(\zeta)$ の内因数 $\theta_{\mathfrak{g}}(\zeta)$ は内挿的 Blaschke 積であるから，公式 (6.1) が利用できる．即ち任意の $f \in H(-\nu)$ に対して

$$\frac{1}{2\pi i} \int_{\mathbb{T}} \frac{f(\zeta)}{\zeta \theta_{\mathfrak{g}}(\zeta)} \, d\zeta - \frac{f(0)}{\theta_{\mathfrak{g}}(0)} = \sum_{\{\delta : \theta_{\mathfrak{g}}(\delta) = 0\}} \frac{f(\delta)}{\delta \theta'_{\mathfrak{g}}(\delta)}$$

が成り立つ．この右辺をさらに計算するために，$\mathfrak{g}'(\zeta)$ の非合同な零点の代表を重複度を込めて並べたものを $\{\delta_j\}$ とするとき，$f(\zeta)$ と $\theta_{\mathfrak{g}}(\zeta)$ の指標の保型性と定理 VIII.2.3 の系 (等式 (VIII.2.13)) を利用して

$$\text{右辺} = \sum_{j \geqq 1} \sum_{\gamma \in \Gamma} \frac{f(\gamma(\delta_j))}{\gamma(\delta_j) \theta'_{\mathfrak{g}}(\gamma(\delta_j))} = \sum_{j \geqq 1} \sum_{\gamma \in \Gamma} \frac{e^{-2\pi i \nu(\gamma)} f(\delta_j) \gamma'(\delta_j)}{\gamma(\delta_j) e^{-2\pi i \nu(\gamma)} \theta'_{\mathfrak{g}}(\delta_j)}$$

$$= \sum_{j \geqq 1} \frac{f(\delta_j)}{\theta'_{\mathfrak{g}}(\delta_j)} \sum_{\gamma \in \Gamma} \frac{\gamma'(\delta_j)}{\gamma(\delta_j)} = \sum_{j \geqq 1} \frac{f(\delta_j)}{\theta'_{\mathfrak{g}}(\delta_j)} \cdot \frac{\mathfrak{g}'(\delta_j)}{\mathfrak{g}(\delta_j)} = 0$$

を得る．これが示すべきことであった． $\Box$

6.2 (DCT) の成立しない (RPW) 集合 林 [57] は $\overline{\mathbb{C}} \setminus E$ が (DCT) を満たさぬ $E \in$ (RPW) の例を与えた．ここでは，荷見 [B16, 第 X 章 §2] による単純な構成法の概略を書いておく．

例 6.4 正数列 $b_0, a_0, b_1, a_1, \ldots$ は

$$0 < \cdots < a_n < b_n < a_{n-1} < \cdots < a_0 < b_0 < \infty .$$

を満たすものとし，$I_i = [a_i, b_i]$ とおく．また，各 $n \geqq 0$ に対し領域 $\mathcal{R}_n$ を

$$\mathcal{R}_n = \overline{\mathbb{C}} \setminus \bigcup_{i=0}^{n} I_i \tag{6.3}$$

§6 主要結果の証明の仕上げ

で定義し,$\mathcal{R}_n$ の ∞ を極とする Green 函数を $g_n(\infty,z)$ と書く.我々は線分 I_i を帰納的に構成する.先ず,線分 $I_0 = [a_0, b_0]$ を $0 < a_0 < b_0 < \infty$ を満たすように任意に固定し,$\varepsilon_0 = g_0(\infty, 0)$ とおく.このとき,Walsh の定理 (補題 IX.4.2) により $g_0(\infty, x)$ は臨界点を持たぬから,$g_0(\infty, x)$ は区間 $(-\infty, a_0)$ 上で狭義に単調減少する.よって,$0 \leqq x < a_0$ に対して $0 < g_0(\infty, x) \leqq \varepsilon_0$ が成り立つ.いま,線分 $I_0, \ldots, I_n$ ($n \geqq 0$) を選んだとして,$\varepsilon_i = g_i(\infty, 0)$ とおく.このとき,$0 < a_{n+1} < b_{n+1} < a_n$ を条件

(a) $a_{n+1} = c_n a_n$ ($0 < c_n < \frac{1}{2}$),
(b) $b_{n+1} - a_{n+1} = a_{n+1}^2/(a_n - a_{n+1}) = \{c_n/(1-c_n)\}a_{n+1}$,
(c) $g_n(\infty, b_{n+1}) \geqq \alpha \varepsilon_n$

を満たすように選ぶ.但し,α は $0 < \alpha < 1$ を満たす固定した定数であり,数列 $\{c_n : n = 0, 1, \ldots\}$ は $\sum_{n=0}^{\infty} c_n < \infty$ を満たすものとする.この構成は c_n を十分小さく選ぶことにより可能である.このとき,$E = \bigcup_{i=0}^{\infty} I_i \cup \{0\}$ が求めるものである.

実際,u_n (または,v_n) を領域 $\mathcal{R}_{n+1}$ 上の Dirichlet 問題の解で境界値は I_{n+1} 上では $g_n(\infty, z)$ (または,1) に等しく,$I_0 \cup \cdots \cup I_n$ 上では 0 に等しいものとする.条件 (c) より $\mathcal{R}_{n+1}$ 上では $u_n(z) \geqq \alpha \varepsilon_n v_n(z)$ が成り立つ.一方,線分 I_{n+1} と半直線 $[a_n, \infty]$ は原点に関して対称である.ところが,$I_0 \cup \cdots \cup I_n \subset [a_n, \infty]$ であるから,$v_n(0) \geqq \frac{1}{2}$ が分る.$\mathcal{R}_{n+1}$ 上では $g_{n+1}(\infty, z) = g_n(\infty, z) - u_n(z)$ であるから,

$$\varepsilon_{n+1} = g_{n+1}(\infty, 0) = g_n(\infty, 0) - u_n(0)$$
$$\leqq g_n(\infty, 0) - \alpha \varepsilon_n v_n(0) \leqq (1 - \alpha/2)\varepsilon_n.$$

帰納法によれば,これから次が得られる:

$$\varepsilon_n \leqq (1 - \alpha/2)^n \varepsilon_0 \qquad (n = 0, 1, \ldots). \tag{6.4}$$

さて,$\mathcal{R} = \overline{\mathbb{C}} \setminus E$ とおき,$\mathcal{R}$ の ∞ を極とする Green 函数を $g(\infty, z)$ と記す.このとき,$g_n(\infty, z) \geqq g_{n+1}(\infty, z) \geqq g(\infty, z)$ が $\mathcal{R}$ 上で成り立つから,

$$\{g_n(\infty, z) - g(\infty, z) : n = 0, 1, \ldots\}$$

は $\mathcal{R}$ 上の正の有界調和函数の単調減少列である.この函数列は Harnack の定理により,$\mathcal{R}$ 上の有界な非負調和函数に収束する.これを u とおけば,$\partial \mathcal{R}$ 上到るところ境界値 0 をとることが分るから,$\mathcal{R}$ 上で恒等的に 0 となる.偏角の原理を使えば,$g(\infty, z)$ は各区間 (b_{n+1}, a_n) ($n = 0, 1, \ldots$) に唯一個の臨界点 z_n を持ち,それ以外の臨界点はないことが分る.一方,(6.4) から n を大きくすることにより $g_n(\infty, z)$ は原点の近傍でいくらでも小さくすることができる.全ての n に対して $g(\infty, z) \leqq g_n(\infty, z)$ が

成り立つから, $z \in \mathcal{R}$ が 0 に近づくとき $g(\infty, z)$ は 0 に収束する. 即ち, $\mathcal{R}$ は正則な領域である. さらに, 次の計算から PW 条件が分る:

$$\sum_{n=0}^{\infty} g(\infty, z_n) \leq \sum_{n=0}^{\infty} g_n(\infty, z_n) \leq \sum_{n=0}^{\infty} g_n(\infty, 0)$$
$$\leq \sum_{n=0}^{\infty} \varepsilon_n \leq \sum_{n=0}^{\infty} (1-\alpha/2)^n \varepsilon_0 < \infty.$$

故に, $\mathcal{R}$ は正則な PW 領域である.

この $\mathcal{R}$ が条件 (DCT) を満たさぬことは定理 VII.3.10 による. 実際,

$$\Phi(f) = \lim_{\substack{x<0, \\ x \to -0}} f(x)$$

は $H^\infty(\mathcal{R})$ 上の β 連続線型汎函数であるが, これに対応する極大イデアル $\Phi^{-1}(0)$ には定数でない共通内因数が存在しないことが示され, それから定理 VII.3.10 の条件 (c) を満たさぬことが分るが, 詳細は省略する.

6.3 証明の仕上げ (I)   まず, 基本的な補題から始めよう.

補題 6.5 $E \in (\mathrm{RPW})$ を仮定する. このとき, 次は同値である:

(a) 被覆変換群 $\mathbf{\Gamma} = \mathbf{\Gamma}_E$ は条件 $(\mathrm{DCT}_{\mathbf{\Gamma}})$ を満たす.
(b) 全ての $D \in \mathfrak{D}_E$ に対して $k_D = k^{\alpha[D]}$ が成り立つ.
(c) Abel 写像 $\mathcal{A} : \mathfrak{D}_E \to \mathbf{\Gamma}^*$ は全単射である.

証明 $E \in (\mathrm{RPW})$ を仮定し, (a) $\Rightarrow$ (b) $\Rightarrow$ (c) $\Rightarrow$ (a) の手順で証明する.

(a) $\Rightarrow$ (b) $\mathbf{\Gamma}$ は $(\mathrm{DCT}_{\mathbf{\Gamma}})$ を満たすと仮定し, 条件 (b) を示す. そのため, $D \in \mathfrak{D}_E$ を任意にとり $g \in H^2(\alpha[D])$ とすれば, $\alpha[k_D] = \alpha[D]$ であるから $(\mathrm{DCT}_{\mathbf{\Gamma}})$ (235 頁の (VIII.3.24) 参照) により,

$$\langle g, k_D \rangle = \int_{\mathbb{T}} g \overline{k_D}\, dm = \int_{\mathbb{T}} \frac{g(k_D)_*}{\theta}\, dm = \frac{g(0)(k_D)_*(0)}{\theta(0)} \tag{6.5}$$

が得られる. ところが,

$$\frac{k_D(k_D)_*}{\theta}(\zeta) = \prod_{j \geq 1} \frac{z(\zeta) - x_j}{z(\zeta) - c_j}$$

であるから,

$$(k_D)_*(0) = \frac{\theta(0)}{k_D(0)}.$$

(6.5) を利用すれば,全ての $g \in H^2(\alpha[D])$ に対して $\langle g, k_D \rangle = g(0)/k_D(0)$ を得るが,これは丁度 $k^{\alpha[D]}$ の定義に合う.故に,(b) が成り立つ.

(b) $\Rightarrow$ (c) 定理 5.7 の後に述べたように,Abel 写像 $\mathcal{A}$ は $\mathfrak{D}_E$ から $\mathbf{\Gamma}^*$ への全射である.次に,$\mathcal{A}$ が単射であることを示そう.そのため,任意の $\alpha \in \mathbf{\Gamma}^*$ を考える.定理 5.7 により,$k^\alpha = k_D$ を満たす $D \in \mathfrak{D}_E$ が存在する.故に,$\alpha = \alpha[D]$ が成り立つ.もし或る $D_1 \in \mathfrak{D}_E$ に対して,$\alpha[D_1] = \alpha$ が成り立つとすれば,条件 (b) により $k_{D_1} = k^{\alpha[D_1]} = k^\alpha$ を満たす.従って,$k_{D_1} = k_D$ を得るから,$D_1 = D$.これは $\alpha : \mathfrak{D}_E \to \mathbf{\Gamma}^*$ が単射であることを示す.故に,$\mathcal{A}$ は全単射である.即ち,条件 (c) が成り立つ.

(c) $\Rightarrow$ (a) Abel 写像は全単射であると仮定する.θ の指標を $-\nu$ とするとき,任意の $\alpha \in \mathbf{\Gamma}^*$ に対し

$$k_*^\alpha = k^{-\alpha-\nu} \tag{6.6}$$

が成り立つことを示そう.まず,定理 5.6 の系 (314 頁) により,$k_*^\alpha = k_{D_*[\alpha]}$ が成り立つ.また,定理 5.7 により $k^{-\alpha-\nu} = k_{D_1}$ を満たす因子 $D_1 \in \mathfrak{D}_E$ が存在する.そこで,これらの指標を計算すると,$\alpha[D_*[\alpha]] = \alpha[k_{D_*[\alpha]}] = \alpha[k_*^\alpha] = \alpha[\theta \overline{k^\alpha}] = -\alpha - \nu$ および $\alpha[D_1] = \alpha[k_{D_1}] = \alpha[k^{-\alpha-\nu}] = -\alpha - \nu$ となって,$\alpha[D_*[\alpha]] = \alpha[D_1]$ が得られる.因子の指標の定義 (公式 (5.26)) を思い出せば,$\mathcal{A}(D_*[\alpha]) = \mathcal{A}(D_1)$ が分る.Abel 写像は単射であったから,$D_1 = D_*[\alpha]$ が成り立つ.これから (6.6) は明らかである.

次に,(6.6) を使えば,次を示すことができる:

$$[\mathfrak{g}H^2(\alpha+\mu)]^\perp = \theta \overline{H^2(-\alpha-\nu)}. \tag{6.7}$$

但し,$\mathfrak{g}$ は $\mathbf{\Gamma}$ の Green 函数,$-\mu$ は保型函数 $\mathfrak{g}$ の指標である.実際,定理 5.2 により,$[\mathfrak{g}H^2(\alpha+\mu)]^\perp$ は次の形の函数よりなる:$\sum_{n=-\infty}^{0} c_n \mathfrak{g}^n k^{\alpha+\mu n}$.一方,$\theta \overline{H^2(-\alpha-\nu)}$ の元については,(6.6) を使って,

$$\theta \sum_{n=0}^{\infty} c_n \overline{\mathfrak{g}^n k^{-\alpha-\nu+\mu n}} = \sum_{n=0}^{\infty} c_n \mathfrak{g}^{-n} \theta \overline{k^{-\alpha-\nu+\mu n}}$$
$$= \sum_{n=0}^{\infty} c_n \mathfrak{g}^{-n} k_*^{-\alpha-\nu+\mu n} = \sum_{n=0}^{\infty} c_n \mathfrak{g}^{-n} k^{\alpha-\mu n}$$

を得るから,等式 (6.7) が示された.

さて，(DCT_{Γ}) を示すために，$f \in H^1(-\nu)$ をとる．我々は f を

$$f = f_1 f_2, \quad f_1 = I_f \sqrt{O_f}, \quad f_2 = \sqrt{O_f}$$

の形に分解すると，$f_1, f_2 \in H^2$ であり且つ両方とも指標的保型函数である．f_1 の指標を α とする．このとき，$f_1 \in H^2(\alpha), f_2 \in H^2(-\alpha-\nu)$ であるから，次のような計算によって Γ は (DCT_{Γ}) を満たすことが知られる：

$$\begin{aligned}
\int_{\mathbb{T}} \frac{f}{\theta} d\sigma &= \int_{\mathbb{T}} \frac{f_1 f_2}{\theta} d\sigma = \langle f_1, \theta \overline{f_2} \rangle \\
&= \frac{f_1(0)}{k^\alpha(0)} \langle k^\alpha, \theta \overline{f_2} \rangle \qquad ((6.7) \text{ による}) \\
&= \frac{f_1(0)}{k^\alpha(0)} \langle f_2, \theta \overline{k^\alpha} \rangle \\
&= \frac{f_1(0)}{k^\alpha(0)} \langle f_2, k_*^\alpha \rangle \\
&= \frac{f_1(0)}{k^\alpha(0)} \frac{f_2(0)}{k_*^\alpha(0)} \qquad ((6.6) \text{ による}) \\
&= \frac{f_1(0) f_2(0)}{\theta(0)} = \frac{f(0)}{\theta(0)}. \qquad \square
\end{aligned}$$

6.3.1 定理 3.2 の証明 Abel 写像 $\mathcal{A}: \mathfrak{D}_E \to \Gamma^*$ が存在して連続であることは既に §3.5 の補題 3.5 で示した．集合 E は等質であるから，定理 6.1 により被覆変換群 Γ は (DCT_{Γ}) を満たす．従って，補題 6.5 により $\mathcal{A}$ は全単射である．故に，Abel 写像はコンパクト空間 $\mathfrak{D}_E$ から Hausdorff 空間 Γ^* への連続写像として位相同型となる．

6.3.2 定理 3.3 の証明 定理の前半は定理 5.7 そのものである．後半を示すために，E は等質集合であると仮定する．このとき，定理 6.1 により被覆変換群 $\Gamma = \Gamma_E$ は条件 (DCT_{Γ}) を満たす．任意に $D \in \mathfrak{D}_E$ をとると，補題 6.5 により $k_D = k^{\alpha[D]}$ が成り立つ．これを $\mathfrak{R}$ 上で考えれば，K_D に等しい K^α が存在することが分る．

6.3.3 定理 3.4 の証明 証明を Γ_E^* から $\mathcal{J}_E$ への写像 $\alpha \mapsto J(\alpha)$ が全単射であることを示す前半と連続であることを示す後半に分ける．

§6 主要結果の証明の仕上げ

全単射であること 仮定により集合 E は等質であるから，定理 6.1 により群 $\boldsymbol{\Gamma}$ は条件 $(\mathrm{DCT}_{\boldsymbol{\Gamma}})$ を満たす．従って，補題 6.5 により，Abel 写像 $\mathcal{A}$ は全単射である．よって，我々の主張の前半は次の補題に含まれる．

補題 6.6 $E \in (\mathrm{RPW})$ のとき，Abel 写像 $\mathcal{A}$ が全単射ならば，写像 $\alpha \mapsto J(\alpha)$ は $\boldsymbol{\Gamma}^*$ から次の条件を満たす Jacobi 行列 J 全体の族への全単射である：

(a) J のスペクトルは E に等しい．
(b) J の Weyl 函数 $r_\pm$ は条件 (5.13) を満たす．

証明 Jacobi 行列 J の Weyl 函数は (5.13) を満たすとする．このときは，

$$R(0,0;z) = -\frac{1}{\sqrt{(z-a_0)(z-b_0)}} \prod_{j \geqq 1} \frac{z - x_j(0)}{\sqrt{(z-a_j)(z-b_j)}},$$

$$R(1,1;z) = -\frac{1}{\sqrt{(z-a_0)(z-b_0)}} \prod_{j \geqq 1} \frac{z - x_j(1)}{\sqrt{(z-a_j)(z-b_j)}}$$

を満たす $a_j \leqq x_j(0), x_j(1) \leqq b_j \ (j \geqq 1)$ が存在する．従って，(2.5) より

$$\frac{r_+}{r_-}(z) = \frac{R(1,1;z)}{R(0,0;z)} = \prod_{j \geqq 1} \frac{z - x_j(1)}{z - x_j(0)} \quad (= F(z) \ \text{とおく}) \tag{6.8}$$

が成り立つ．(2.4) により r_+ および r_-^{-1} の極は $R(0,0)$ の零点であるから，定理 4.5 の条件を満たす．従って，$r_+ \circ z$ および $r_-^{-1} \circ z$ は有界型の有理型函数で，その内因数は Blaschke 積の商であり，$f(\zeta) = F(z(\zeta))$ についても同様である．即ち，f の内因数，外因数をそれぞれ I_f, O_f とすれば，

$$I_f = \prod_{j \geqq 1} \frac{\mathfrak{G}(z(\zeta), x_j(1))}{\mathfrak{G}(z(\zeta), x_j(0))}, \quad O_f = \prod_{j \geqq 1} \frac{z(\zeta) - x_j(1)}{z(\zeta) - x_j(0)} \cdot \prod_{j \geqq 1} \frac{\mathfrak{G}(z(\zeta), x_j(0))}{\mathfrak{G}(z(\zeta), x_j(1))}$$

となる．仮定により $r_\pm$ は (5.13) を満たすから，

$$p(0)^2 |r_+(z(\zeta))|^2 = \frac{1}{p(0)^2 |r_-(z(\zeta))|^2} = |f(\zeta)| \quad (\text{a.e } \zeta \in \mathbb{T})$$

が成り立つ．これから，まず $p(0) r_+(z(\zeta))$ と $(p(0) r_-(z(\zeta)))^{-1}$ の外因数は同じで $\sqrt{O_f}$ に等しいことが分る．次に，内因数について見ると，r_+ と r_-^{-1} の零点と極には共通のものがないから，$F(z)$ の極 $\{x_j(0)\}$ と零点 $\{x_j(1)\}$ を §2.4

で述べたように振り分けて因子 $D(0)$ と $D(1)$ を作る. このとき,

$$p(0)r_+ \circ z(\zeta) = C\mathfrak{G}(z(\zeta)) \prod_{j \geqq 1} \frac{\mathfrak{G}(z(\zeta), x_j(1))^{(1+\varepsilon_j(1))/2}}{\mathfrak{G}(z(\zeta), x_j(0))^{(1+\varepsilon_j(0))/2}} \sqrt{O_f(\zeta)}. \quad (6.9)$$

但し, C は定数である. 条件 (5.13) は $p(0)^2(r_+ \circ z)$ が $(r_-^{-1} \circ z)$ に擬接続可能であることを意味するから,

$$p(0)(r_+ \circ z)(t) = \frac{1}{p(0)\overline{(r_- \circ z)(t)}} \qquad (\text{a.e. } t \in \mathbb{T})$$

を満たす. 従って,

$$\frac{1}{p(0)r_-(z(t))} = p(0)\overline{r_+ \circ z(t)}$$

$$= \overline{C} \frac{1}{\mathfrak{G}(z(t))} \prod_{j \geqq 1} \frac{\mathfrak{G}(z(t), x_j(1))^{(1-\varepsilon_j(1))/2}}{\mathfrak{G}(z(t), x_j(0))^{(1-\varepsilon_j(0))/2}} \sqrt{O_f(t)}.$$

r_- は有界型であるから, この等式は $\mathbb{D}$ の中まで正しい. 即ち,

$$\frac{1}{p(0)r_-(z(\zeta))} = \overline{C} \frac{1}{\mathfrak{G}(z(\zeta))} \prod_{j \geqq 1} \frac{\mathfrak{G}(z(\zeta), x_j(1))^{(1-\varepsilon_j(1))/2}}{\mathfrak{G}(z(\zeta), x_j(0))^{(1-\varepsilon_j(0))/2}} \sqrt{O_f(\zeta)}. \quad (6.10)$$

以上の等式 (6.8), (6.9), (6.10) を併せれば $|C|^2 = 1$ が導かれるが, さらに $r_+(z) \sim -z^{-1}$ $(z \to \infty)$ に注意すれば, $C = -1$ が得られる. ここで, (5.24) で与えた k_D の定義を思い出せば, 補題 6.5 を使って

$$p(0)r_+ \circ z = -\mathfrak{g} \cdot \frac{k_{D(1)}}{k_{D(0)}} = -\mathfrak{g} \cdot \frac{k^{\alpha[D(1)]}}{k^{\alpha[D(0)]}}, \quad (6.11)$$

$$\frac{1}{p(0)r_- \circ z} = -\frac{1}{\mathfrak{g}} \cdot \frac{k^{\alpha[D_*(1)]}}{k^{\alpha[D_*(1)]}} \quad (6.12)$$

が分る. ここで, $r_+ \circ z$ は $\mathbf{\Gamma}$ 不変であるから, (6.11) の指標を計算して

$$0 = \alpha[\mathfrak{g}] + \alpha[k^{[D(1)]}] - \alpha[k^{[D(0)]}]$$

が得られる. 即ち, $\alpha[D(1)] = \alpha[D(0)] + \mu$. 従って, $\alpha = \alpha[D(0)]$ とおけば, $\alpha[D(1)] = \alpha + \mu$ となるから, 等式 (6.11), (6.12) は

$$p(0)r_+ \circ z = -\mathfrak{g} \frac{k^{\alpha+\mu}}{k^\alpha}, \quad \text{および} \quad \frac{1}{p(0)r_- \circ z} = -\frac{1}{\mathfrak{g}} \frac{k_*^{\alpha+\mu}}{k_*^\alpha} \quad (6.13)$$

と書き直すことができる．これを補題 5.5 の公式と比較すれば，
$$p(0)r_+(z) = \widetilde{\mathcal{P}}(\alpha)r_+^\alpha, \quad p(0)r_-(z) = \widetilde{\mathcal{P}}(\alpha)r_-^\alpha$$
が分る．ところが，(6.13) の第一式の両辺に $-z(\zeta)$ を掛けて $\zeta \to 0$ とすれば，(5.1) と r_+ の定義式を使って
$$p(0) = c_{-1}\mathfrak{g}'(0)\frac{k^{\alpha+\mu}}{k^\alpha}(0) = \mathrm{Cap}(E)\frac{k^{\alpha+\mu}}{k^\alpha}(0) = \widetilde{\mathcal{P}}(\alpha)$$
を得るから，$r_\pm = r_\pm^\alpha$ が示された．従って，定理 E.2 の系より $J_\pm = J_\pm(\alpha)$ が分る．さらに，$p(0) = \widetilde{\mathcal{P}}(\alpha)$ でもあったから，J と $J(\alpha)$ の $m = 0$ に対するブロック表示 ((2.2) 参照) は一致する．故に，$J = J(\alpha)$ を満たす $\alpha \in \mathbf{\Gamma}_E^*$ が存在する．即ち，Jacobi 行列の族 $\mathcal{J}_E$ は $\alpha \in \mathbf{\Gamma}_E^*$ に対する行列 $J(\alpha)$ の全体と一致することが示された．   □

連続であること 次に，$\alpha \mapsto J(\alpha)$ の連続性を示そう．$J(\alpha)$ の行列要素は
$$p_n = \widetilde{\mathcal{P}}(\alpha+\mu n), \quad q_n = \widetilde{\mathcal{Q}}(\alpha+\mu n) \qquad (n \in \mathbb{Z})$$
で特徴づけられることに注意し，まず対応 $\alpha \mapsto \widetilde{\mathcal{P}}(\alpha)$ および $\alpha \mapsto \widetilde{\mathcal{Q}}(\alpha)$ の連続性を示す．このために，Abel 写像 $\mathcal{A}: \mathfrak{D} \to \mathbf{\Gamma}_E^*$ をつないで得られる函数 $\mathcal{P}(D) = \widetilde{\mathcal{P}}(\alpha[D])$, $\mathcal{Q}(D) = \widetilde{\mathcal{Q}}(\alpha[D])$ の連続性を示そう．このために，
$$p_n = \langle Je_n, e_{n+1}\rangle, \quad q_n = \langle Je_n, e_n\rangle$$
とするとき，$J = J(\alpha)$ に対しては
$$\widetilde{\mathcal{Q}}(\alpha) = q_0 = \langle Je_0, e_0\rangle, \quad \widetilde{\mathcal{P}}(\alpha) = p_0 = \langle Je_0, e_1\rangle$$
であることに注意する．仮定により，$J = J(\alpha) \in \mathcal{J}_E$ であるから，
$$p_0^2 r_+(x+i0) = \frac{1}{r_-(x-i0)} \qquad (\text{a.e. } x \in E)$$
を満たす．従って，
$$-\frac{1}{R(0,0;x+i0)} = p_0^2 r_+(x+i0) - \frac{1}{r_-(x+i0)} \in i\mathbb{R} \qquad (\text{a.e. } E)$$
であるから，定理 IV.2.5 により
$$R(0,0;z) = -\frac{1}{\sqrt{(z-a_0)(z-b_0)}} \prod_{j \geqq 1} \frac{z-x_j(0)}{\sqrt{(z-a_j)(z-b_j)}}$$

を満たす $x_j(0) \in [a_j, b_j]$ $(j \geqq 1)$ が存在する．さらに，連分数展開

$$r_-(z) = -\frac{1}{z-q_0} - \frac{|p_{-1}^2|}{z-q_{-1}} - \cdots - \frac{|p_{-m}|^2}{z-q_{-m}} - \cdots$$

から，$r_-(z)$ は $z = \infty$ の近傍で z^{-1} の冪級数に展開される．従って，

$$-\frac{1}{r_-(z)} = z - q_0 + O(1/z) \quad (z \to \infty)$$

を得る．同様に，$r_+(z) = O(1/z)$ $(z \to \infty)$ であるから，

$$-\frac{1}{R(0,0;z)} = p_0^2 r_+(z) - \frac{1}{r_-(z)} = z - q_0 + O(1/z) \quad (z \to \infty).$$

従って，微分法における不定形の極限の計算を利用して次が得られる：

$$\begin{aligned}
\mathcal{Q}(D) = q_0 &= \lim_{x \to +\infty}\left[x + \frac{1}{R(0,0;x)}\right] \\
&= \lim_{x \to +\infty}\left[x - \sqrt{(x-a_0)(x-b_0)}\prod_{j \geqq 1}\frac{\sqrt{(x-a_j)(x-b_j)}}{x-x_j(0)}\right] \\
&= \tfrac{1}{2}\left\{(a_0+b_0) + \sum_{j \geqq 1}(a_j+b_j-2x_j)\right\}.
\end{aligned}$$

これが $\mathfrak{D}_E$ の位相について連続であることは，

$$\tfrac{1}{2}\sum_{j\geqq 1}(a_j+b_j-2x_j) \leqq \sum_{j\geqq 1}(b_j-a_j) \leqq a_0 - b_0 < \infty$$

に注意すれば簡単に分る．一方，$\mathcal{P}(D)$ については，まず

$$\begin{aligned}
k_D(0) = K_D(\infty) &= \left\{\prod_{j\geqq 1}\frac{\mathfrak{G}(c_j)}{\mathfrak{G}(x_j)}\right\}^{1/2}\prod_{j\geqq 1}\mathfrak{G}(x_j)^{(1+\varepsilon_j)/2} \\
&= \exp\left\{\tfrac{1}{2}\sum_{j\geqq 1}[g(c_j) + \varepsilon_j g(x_j)]\right\}
\end{aligned}$$

に条件 $E \in (\mathrm{RPW})$ を使えば，$D \mapsto k_D(0)$ の連続性が分る．さらに，これを条件 (DCT_a) から分る $k_D = k^{\alpha[D]}$ と併せれば，$\alpha \mapsto k^\alpha(0)$ の連続性も分る．故に，公式 (5.11)，即ち $\widetilde{\mathcal{P}}(\alpha) = \mathrm{Cap}(E)(k^{\alpha+\mu}/k^\alpha)(0)$ から $D \mapsto \mathcal{P}(D)$ の連続性が示された．

6.4 $L^2(\alpha)$ の直交分解と (DCT) 条件　Γ は Widom 型の Fuchs 群で楕円元及び放物元を含まぬとものとする．いま，この Γ の Green 函数 $\mathfrak{g}$ の導函数 $\mathfrak{g}'$ の零点が内挿的なとき，Γ は **Widom-Carleson 型**であると云う．

定理 6.1 の系　Γ が Widom-Carleson 型の Fuchs 群ならば，任意の指標 $\alpha \in \Gamma^*$ に対し次の直交分解式が成り立つ：

$$L^2(\alpha) = H^2(\alpha) \oplus \theta\,\overline{\mathfrak{g}H^2(-\alpha-\nu+\mu)}\,. \tag{6.14}$$

証明　定理 6.1 の証明で，もし $\mathfrak{g}'$ の内因数 θ の零点が内挿的ならば，公式 (6.7) が成り立つが，これと直交分解公式 (6.14) は同等である．　□

定理 6.7　Widom 型の群 Γ に対し次は同等である：
(a) Γ は条件 (DCT_Γ) を満たす．
(b) 任意の $\alpha \in \Gamma^*$ に対し直交分解公式 (6.14) が成り立つ．

証明　(a) $\Rightarrow$ (b)　この部分は 定理 6.1 の系の証明の中で述べた．
(b) $\Rightarrow$ (a)　補題 6.5 の証明で使った次の等式を示そう：

$$k_*^\alpha = k^{-\alpha-\nu} \qquad (\forall\, \alpha \in \Gamma^*)\,. \tag{6.15}$$

補題 6.5 の場合にはこれを (DCT_Γ) と同等な性質から導いたが，今度は直交分解式 (6.14) より導こう．まず，$H^2(\alpha+\mu) = [\mathfrak{g}^n k^{\alpha+\mu+n\mu}]_{n \geqq 0}$ であるから，

$$\theta\,\overline{\mathfrak{g}\,H^2(\alpha+\mu)} = \theta\,\overline{\mathfrak{g}[\mathfrak{g}^n k^{\alpha+\mu+n\mu}]_{n \geqq 0}} = [\mathfrak{g}^{-n} k_*^{\alpha+n\mu}]_{n \geqq 1}$$

を得る．一方，$\{\mathfrak{g}^{-n} k_*^{\alpha+n\mu} : n \in \mathbb{Z}\}$ は正規直交系であるから，

$$\{\mathfrak{g}^{-n} k_*^{\alpha+n\mu} : n \leqq 0\} \perp \{\mathfrak{g}^{-n} k_*^{\alpha+n\mu} : n \geqq 1\}\,.$$

ここで条件 (6.14) を $L^2(-\alpha-\nu)$ に適用すれば，$k_*^{\alpha+n\mu} \in H^2(-\alpha-\nu)$ が成り立つ．次に，条件 (6.14) を $L^2(-\alpha-\nu+\mu)$ に適用すれば，$\mathfrak{g}H^2(-\alpha-\nu+\mu) \perp \theta\,\overline{H^2(\alpha)}$ を得るが，$k_*^\alpha = \theta\overline{k^\alpha} \in \theta\,\overline{H^2(\alpha)}$ であるから，$k_*^\alpha \perp \mathfrak{g}H^2(-\alpha-\nu+\mu)$．故に，$k_*^\alpha \in H^2(-\alpha-\nu) \ominus \mathfrak{g}H^2(-\alpha-\nu+\mu)$．ところが，$\{\mathfrak{g}^n k^{-\alpha-\nu+n\mu} : n \geqq 0\}$ は $H^2(-\alpha-\nu)$ の正規直交基であるから，比較して $k_*^\alpha = c k^{-\alpha-\nu}$ (c は定数) が分る．ところが，$k_*^\alpha(0) > 0$, $k^{-\alpha-\nu}(0) > 0$ および $\|k_*^\alpha\|_2 = \|k^{-\alpha-\nu}\|_2 = 1$ より $c = 1$ を得て，求める等式 (6.15) が示される．また補題 6.5 の証明の中

の直交関係式 (6.7) は条件式 (6.14) と同等であるから，(DCT_Γ) の等式は補題 6.5 の証明の中の最後の計算と全く同様にして示される． □

文献ノート

実軸 $\mathbb{R}$ の閉部分集合 E を自己共軛作用素のスペクトルと見なせば，$\mathfrak{R} = \mathbb{C} \setminus E$ はレゾルベント集合であるから，Denjoy 領域は作用素論と密接に結びついた概念である．本章で述べた無限次元 Jacobi 逆問題はこのような背景を持つものである．

実際，Sodin-Yuditskii は，有限帯を持つ或る種のポテンシャルに関する逆問題を Jacobi の逆問題に帰着させた 1960 年代初頭の Akhiezer の着想 (Akhiezer [3–5]) を Lebesgue 測度が正の Cantor 集合 (特に，Carleson の等質集合) をスペクトルとする二階の自己共軛差分・微分作用素の場合に拡張し，さらに進んで実形式の Jacobi 逆問題の無限次元版を確立しようとの意図を持って取り組んだと言っている．

これに先立つ無限次元 Jacobi 逆問題の研究としては，Hill 方程式など周期ポテンシャルを持つ自己共軛微分作用素の研究が背景にある．McKean-Trubowitz [76, 77], Levitan [B27, 73], Egorova [27, 28], Antony-Krishna [9] などであるが，いずれも等質性よりも本質的に強い条件の下で論じているようである．

§1 については，Farkas-Kra [B10] が参考になる．§2 で論じた Jacobi 行列の一般性質については古典的ながら Stone [B41] が詳しい．§4.1 で述べた $E \in (\mathrm{RPW})$ に対する $\mathfrak{R} = \overline{\mathbb{C}} \setminus E$ の調和測度の絶対連続性 (定理 4.2) は Sodin-Yuditskii [105] で言及されてはいるが，具体的な証明はなかった．ここでは Gesztesy-Yuditskii [34] の論法による証明を述べた．§4.5 の擬接続については Nikol'skii [B33, 第 2 章] が詳しい．定理 5.3 の中の公式 (5.12) については，原論文 [105] の公式 (8.1.3) は誤りで，Perherstorfer-Yuditskii [86, 120 頁の定理] で訂正されている．これは M. Sodin 教授からの情報による．§6.2 の例 6.4 で述べた (DCT) の成立せぬ $E \in (\mathrm{RPW})$ のより簡単な構成法は荷見 [B16, §X.2] より引用した．詳しい証明は同書を見られたい．この構成法の別の応用については Gesztesy-Yuditskii [34] を見よ．

本章では，Jacobi の逆問題または Abel の定理の拡張に関する話題を紹介した．Jacobi 行列や指標的保型函数の理論は近年活発な分野の一つで興味深い話題も多いので，本章で紹介した Sodin-Yuditskii の論文 [105] を一つの手がかりとして最近の研究動向を眺めてみるのも面白いのではないかと思われる．

第 XI 章

Hardy 族による平面領域の分類

本章では Hardy 族による平面領域の分類に関する Heins の問題 (Heins [B19], 第 3 章]) を解く．結果を視覚的に書けば次のようになる：

$$\mathcal{O}_G = \mathcal{O}_{AB^*} = \mathcal{O}_{AS} < \cap\{\mathcal{O}_q : 0 < q < \infty\} < \mathcal{O}_p^- < \mathcal{O}_p < \mathcal{O}_p^+$$
$$< \cup\{\mathcal{O}_q : 0 < q < \infty\} < \mathcal{O}_{AB}.$$

これは Heins の Riemann 面の分類定理のほとんど完全な再現である．

§1 Hardy-Orlicz 族

目標は Hardy 族による分類であるが，精密な結果を目指すため，より広い函数族を導入する．それが Hardy-Orlicz 族である．

1.1 定義 Φ を $[0, \infty)$ 上で定義された定数でない非減少な凸函数で $\Phi(0) = 0$ を満たすとする．本章ではこのような函数を単に **凸函数** と呼ぶ．

さて，複素球面 $\overline{\mathbb{C}}$ の任意の領域 D に対し，D 上の正則函数 f で $\Phi(\log^+ |f|)$ が D 上で調和優函数を持つものの全体を $H^\Phi(D)$ と書く．これをノルム Φ に対する **Hardy-Orlicz 族** と呼ぶ．$\Phi(\log^+ |f|)$ は D 上で劣調和であるから，もしこれが調和優函数を持てば最小調和優函数を持つことを注意しておく．

集合 $E \subset \overline{\mathbb{C}}$ が全不連結なコンパクト集合で，E を含む任意の領域 V に対し $H^\Phi(V \setminus E) = H^\Phi(V)$ を満たすとき，$\mathcal{N}_\Phi$ **級の零集合** であると云う．さらに，$\overline{\mathbb{C}}$ の領域 D で $H^\Phi(D)$ が定数函数しか含まぬものの全体を $\mathcal{O}_\Phi$ と書く．一般に，特定の函数が定数しかない領域の族を領域の **零族** と呼ぶ．

もし $0 < p < \infty$ ならば，$\Phi(t) = e^{pt} - 1 \ (0 \leqq t < \infty)$ は上の意味で凸函数であり，これに対応する $H^\Phi(D)$ は Hardy 族 $H^p(D)$ に等しい．この場合には，$\mathcal{N}_\Phi, \mathcal{O}_\Phi$ の代りに $\mathcal{N}_p, \mathcal{O}_p$ と書く．また，$\Phi(t) = t$ のときは，$H^\Phi(D), \mathcal{N}_\Phi,$

O_Φ の代りにそれぞれ $AB^*(D)$, N_{AB^*}, O_{AB^*} と書く．最後に，$\overline{\mathbb{C}}$ の領域で定数以外の有界正則函数を持たぬものの全体を O_{AB} と表し，Green 函数を持たぬ領域の全体を O_G と書く．

以下の議論では，凸函数 Φ で **de la Vallée-Poussin 条件**

$$\lim_{t\to\infty} \frac{\Phi(t)}{t} = \infty \tag{1.1}$$

を満たすものが有用である．この条件を満たす凸函数を**強凸函数**と呼ぶ．

1.2 基本性質 Hardy-Orlicz 族の基本性質を Parreau に従って説明する．これらの性質は一般の Riemann 面について述べられるが，ここでは平面領域に限ることとする．以下では，領域 S 上での最小調和優函数を $\mathbf{M}_S(\cdot)$ と書く．S が自明のときは $\mathbf{M}(\cdot)$ と略記する．

補題 1.1 u を $\overline{\mathbb{C}}$ の部分領域 S 上の調和函数とする．もし U が S 上での $\Phi(|u|)$ の調和優函数ならば，U は $\Phi(u^+)$ と $\Phi(u^-)$ の調和優函数である．

証明 凸函数の定義より，正数 c_0 と t_0 を適当に選べば，$\Phi(t) \geq c_0 t$ ($t \geq t_0$) が成り立つから，$|u| \leq c_0^{-1}\Phi(|u|) + t_0 \leq c_0^{-1}U + t_0$．これから，$u \in HP'(S)$ が得られるから，S 上では $u^+ = u \vee 0$, $u^- = (-u) \vee 0$ が存在する．

$\{S_n\}$ を S の正則近似列とし，∂S_n 上で $\max\{u,0\}$ を境界値とする S_n 上の Dirichlet 問題の解を u_n^+ とする．$\max\{u,0\}$ は劣調和であるから，$u_n^+ = \mathbf{M}_{S_n}(\max\{u,0\})$ を満たす．∂S_n 上では

$$\Phi(u_n^+) = \Phi(\max\{u,0\}) \leq \Phi(|u|) \leq U$$

であり，$\Phi(u_n^+)$ は S_n 上で劣調和であるから，S_n 全体で $\Phi(u_n^+) \leq U$ が成り立つ．一方，u_n^+ の定義から $u_1^+ \leq u_2^+ \leq \cdots$ であるから，S_n 上では

$$\Phi(u_n^+) \leq \Phi(u_{n+1}^+) \leq \cdots \leq U.$$

よって，$\{u_n^+(z) : n=1, 2, \ldots\}$ は任意の $z \in S$ において有界であることが分る．Harnack の定理により函数列 $\{u_n^+\}$ は S 上で非負の調和函数に収束するが，この極限を v とおくと，$v = \mathbf{M}_S(\max\{u,0\}) = u^+$ が成り立つ．ここで $\Phi(v) = \lim_{n\to\infty} \Phi(u_n^+) \leq U$ に注意すれば，$\Phi(u^+) \leq U$ が得られる．u の代りに $-u$ を考えれば，$\Phi(u^-) \leq U$ が分る． □

定理 1.2 S を $\overline{\mathbb{C}}$ の真部分領域とし,G は S 内の領域であって $S \cap \partial G \, (= C_0$ とおく) は空でなく,且つ解析曲線からなるものとする.さらに,G は C_0 の片側のみに存在するものと仮定する.また,Φ は強凸函数とする.もし G 上に定数でない調和函数 u が存在して C_0 上で $u = 0$ を満たし,$\Phi(|u|)$ が G 上で調和優函数を持てば,G は S の部分領域として双曲的である.即ち,G 上には定数でない有界な調和函数で C_0 上で消滅するものが存在する.

証明 補題 1.1 を $S = G$ に適用すれば,$\Phi(u^+)$ と $\Phi(u^-)$ は調和優函数を持ち,u^+ または u^- は定数ではないから,初めから $u \geqq 0$ であると仮定してよい.$\Phi(u)$ の最小調和優函数を U とおく.

$\{S_n\}$ を S の正則近似列で $S_1 \cap C_0 \neq \emptyset$ を満たすものとする.今,$S_1 \cap G$ の成分の一つ G_1 を固定し,各 $n \geq 2$ に対し G_1 を含む $G \cap S_n$ の成分を G_n と書く.さらに,$C_{0n} = S_n \cap \partial G_n$,$C_{1n} = \partial G_n \setminus C_{0n}$ とおく.このとき,$C_{0n} \subset C_0$ は明らかである.

次に,G_n 上の調和函数 v_n を境界函数

$$\phi_n(z) = \begin{cases} 0 & (z \in C_{0n}), \\ 1 & (z \in C_{1n}) \end{cases}$$

に対する Dirichlet 問題の解 $H[\phi_n; G_n]$ と定義する.従って,$v_1 \geqq v_2 \geqq \cdots$ が (それぞれの共通定義域で) 成り立つ.さて,$a \in G$ を任意に固定し,$a \in G_n$ を満たす n に対し点 a に対する領域 G_n の調和測度を $\omega_a^{(n)}$ と書けば,

$$u(a) = \int_{C_{1n}} u \, d\omega_a^{(n)}, \qquad v_n(a) = \int_{C_{1n}} d\omega_a^{(n)} \tag{1.2}$$

および

$$\int_{C_{1n}} \Phi(u) \, d\omega_a^{(n)} \leqq \int_{C_{1n}} U \, d\omega_a^{(n)} \leqq \int_{\partial G_n} U \, d\omega_a^{(n)} = U(a) \tag{1.3}$$

が成り立つ.Φ は凸で単調増加であるから,Jensen 不等式により,

$$\Phi \left(\frac{\int_{C_{1n}} u \, d\omega_a^{(n)}}{\int_{C_{1n}} d\omega_a^{(n)}} \right) \leqq \frac{\int_{C_{1n}} \Phi(u) \, d\omega_a^{(n)}}{\int_{C_{1n}} d\omega_a^{(n)}}$$

が得られる.従って,(1.2) と (1.3) より次を得る:

$$v_n(a) \, \Phi \left(\frac{u(a)}{v_n(a)} \right) \leqq U(a) \qquad (n \geqq 1). \tag{1.4}$$

ここで凸函数 Φ に関する仮定 (1.1) を使えば, 数列 $\{v_n(a)\}$ が 0 から離れていることが分る. 故に, $\{v_n\}$ の極限 v は G 上の定数でない有界調和函数であって, 各 G_n 上で $0 \leqq v \leqq v_n$ を満たす. v_n は C_{0n} 上で消滅するから, v も同様であり, n は任意であるから, v は C_0 上で消滅する. □

定理 1.3 S を $\overline{\mathbb{C}}$ の領域とし, Φ を強凸函数とする. v は S 上で調和で $\Phi(|v|)$ が調和優函数を持つならば, v と $\mathbf{M}(\Phi(|v|))$ は共に準有界である.

証明 補題 1.1 により $v \geqq 0$ であると仮定してよい. また, v が有界ならば, 準有界であることは明らかであるから, v は非有界であると仮定する. 従って, 定数 $c > 0$ を十分大きくとれば, $A = \{z \in S : v(z) > c\}$ は S の空でない真部分開集合となり, しかも $v(z) = c$ 上には v の特異点はないようにできる. 集合 A の成分の一つを G と書けば, G は定理 1.2 に述べた条件を満たす. $\mathrm{Cl}\, G \cap S$ 上で $u = v - c$ とおけば, u は定理 1.2 の仮定を満たすから, G は双曲的である. 即ち, G 上の定数でない調和函数 u_0 で $0 \leqq u_0(z) \leqq 1$ ($z \in G$) および $u_0(z) = 0$ ($z \in C_0$) を満たすものが存在する. 我々はこの u_0 を $S \setminus G$ 上では恒等的に 0 として S 全体に延長し, u_1 とおく. この函数は S 上で劣調和であって, S 上で $u_1 \leqq v$ を満たす. よって, $\mathbf{M}(u_1)$ は有界で, v よりは小さい. 故に, v の準有界成分 $\mathrm{pr}_Q(v)$ は 0 ではない.

次に, $v_1 = v - \mathrm{pr}_Q(v)$ とおく. $v > 0$ であったから, $v_1 \geqq 0$ が成り立つ. もし仮に $v_1 > 0$ ならば, $\Phi(v_1)$ は調和優函数を持つから, 上の議論から $\mathrm{pr}_Q(v_1) > 0$ であることが分る. 一方, v_1 は v の内成分であるから, これは矛盾である. 故に, $v = \mathrm{pr}_Q(v)$ となり, v が準有界であることが示された.

最後に $\mathbf{M}(\Phi(v))$ が準有界であることを示す. このため, $\Phi(v)$ の調和優函数の一つを U とする. v は正且つ準有界であるから, 広義一様収束の意味で $v \wedge n \to v$ が成り立つ (定理 I.4.9 参照). 任意の $n = 1, 2, \ldots$ に対し

$$\Phi(v \wedge n) \leqq \min\{\Phi(v), \Phi(n)\} \leqq \min\{U, \Phi(n)\}$$

であり, $\Phi(v \wedge n)$ は劣調和であるから, $\Phi(v \wedge n) \leqq U \wedge \Phi(n)$ ($n = 1, 2, \ldots$) を得る. この両辺で $n \to +\infty$ とすれば,

$$\Phi(v) = \lim_{n \to +\infty} \Phi(v \wedge n) \leqq \lim_{n \to +\infty} U \wedge \Phi(n) = \mathrm{pr}_Q(U).$$

従って，$\mathbf{M}(\Phi(v)) \leqq \mathrm{pr}_Q(U)$ となるが，この右辺は準有界であるから，それより小さい $\mathbf{M}(\Phi(v))$ も同様である． □

定理 1.4 S を $\overline{\mathbb{C}}$ の領域とし，F を S に含まれるコンパクトな極集合とする (付録 §B.3.3 参照)．$G = S \setminus F$ とおく．もし u が G 上の調和函数で，或る強凸函数 Φ に対して $\Phi(|u|)$ が調和優函数 U を持てば，u は F まで調和函数として延長される．

証明 S_0 を S の正則部分領域で F を含むものとし，v を S_0 に関する Dirichlet 問題の解で境界値が u に等しいものとする．u は ∂S_0 上で有界であるから，v は S_0 上で有界である．ここで $u_0 = \frac{1}{2}(u-v)$ とおくと，u_0 は $S_0 \setminus F$ 上で調和，∂S_0 上で 0 であり，且つ $S_0 \setminus F$ 上で

$$\Phi(|u_0|) \leqq \Phi(\tfrac{1}{2}(|u|+|v|)) \leqq \tfrac{1}{2}(\Phi(|u|)+\Phi(|v|)) \leqq \tfrac{1}{2}(U + \Phi(\|v\|_\infty))$$

を得る．もし u_0 が定数でなければ，定理 1.2 により $S_0 \setminus F$ は双曲的になるが，F は極集合であるから，これは不可能である．故に，$S_0 \setminus F$ 上で $u_0 \equiv 0$ となって，u は F まで調和函数として延長される． □

§2　$\mathcal{N}_\Phi$ 級の零集合

本節では，平面領域分類の鍵となる $\mathcal{N}_\Phi$ 級の零集合を構成する．

2.1　準備的考察

補題 2.1 Φ を強凸函数とすると，次の性質を持つ強凸函数 Ψ が存在する：

(a)　$\Psi(t + \log 2) \leqq 2\Psi(t)$ が十分大きい全ての t に対して成り立つ．
(b)　$\lim_{t \to \infty} \Psi(t)/\Phi(t) = 0$ および $\lim_{t \to \infty} \Psi(t)/t^2 = 0$ が成り立つ．

証明 $\Phi(t)$ は凸函数であるから，全ての t に対して右側微係数 $\Phi'(t+0)$ を持ち，t について単調非減少であるが，これは de la Vallée Poussin 条件により $t \to +\infty$ のとき $+\infty$ に発散する．従って，$t_0 > 0$ を適当に選べば，$t \geqq t_0$ に対し $\Phi(t)/t$ は非減少となる．ここで，

$$\Xi(t) = \min\{\Phi(t)/t, t\}, \quad \Xi_1(t) = \min\{\Phi'(t+0), 2t\} \qquad (t \geqq t_0)$$

と定義すれば，どちらも非減少であって，$t \to +\infty$ のとき $+\infty$ に発散する．

これらの性質を利用して函数 $\Psi(t)$ を帰納的に構成しよう. まず, 正数 t_1 を $t_1 \geqq \max\{t_0, \log 2\}$, $\Xi(t_1) \geqq 4$ 且つ $\Xi_1(t_1) \geqq 2$ を満たすように選び,

$$\Psi(t) = t_1 + 2(t - t_1) \qquad (t_1 \leqq t \leqq t_2)$$

とおく. 但し, t_2 は $t_2 \geqq t_1 + 1$, $\Psi(t_2) \geqq \max\{t_2, 4\log 2\}$, $\Xi(t_2) \geqq 3^2$, $\Xi_1(t_2) \geqq 3$ を満たす実数とする. $\Psi(t)$ が $t_{n-2} \leqq t \leqq t_{n-1}$ $(n \geqq 3)$ に対して, $t_{n-1} \geqq t_{n-2} + 1$, $\Psi(t_{n-1}) \geqq \max\{(n-2)t_{n-1}, (n+1)\log 2\}$, $\Xi(t_{n-1}) \geqq n^2$ 且つ $\Xi_1(t_{n-1}) \geqq n$ のように定義されたとき,

$$\Psi(t) = \Psi(t_{n-1}) + n(t - t_{n-1}) \qquad (t_{n-1} \leqq t \leqq t_n)$$

とおく. 但し, t_n は $t_n \geqq t_{n-1} + 1$, $\Psi(t_n) \geqq \max\{(n-1)t_n, (n+2)\log 2\}$, $\Xi(t_n) \geqq (n+1)^2$ 且つ $\Xi_1(t_n) \geqq n+1$ を満たすとする. Ξ と Ξ_1 は単調増加であるから, これらの操作は可能であり, $\Psi(t)$ が全ての $t \geqq t_1$ に対して定義されることが分る. この $\Psi(t)$ は $t \geqq t_1$ においては凸函数であり, さらにグラフを原点と直線で結ぶことによって定義を $0 \leqq t \leqq t_1$ まで延長すれば, $[0, \infty)$ 上の非減少凸函数で $\Psi(0) = 0$ を満たすようにできる.

$\Psi(t)$ が $t \geqq t_1$ で強凸で且つ (a), (b) を満たすことを示そう. そのため, $t_{n-1} \leqq t \leqq t_n$ とする. まず,

$$\Psi(t) = \Psi(t_{n-1}) + n(t - t_{n-1}) \geqq (n-2)t_{n-1} + n(t - t_{n-1}) > (n-2)t$$

より, Ψ が de la Vallée Poussin 条件を満たすことが分る. 次に, $t + \log 2 \leqq t_n + 1 \leqq t_{n+1}$ であるから,

$$\begin{aligned}\Psi(t + \log 2) &\leqq \Psi(t_{n-1}) + (n+1)(t + \log 2 - t_{n-1}) \\ &= \Psi(t_{n-1}) + (n+1)(t - t_{n-1}) + (n+1)\log 2 \\ &\leqq 2\Psi(t_{n-1}) + 2n(t - t_{n-1}) \\ &= 2\Psi(t)\end{aligned}$$

が得られる. これで (a) が示された. さらに, $\Xi(t) \geqq n^2$ であるから, $\Phi(t) \geqq n^2 t$ および $t^2 \geqq n^2 t$ が成り立つ. 従って, $t \to +\infty$ のとき $\Psi(t)/\Phi(t) \to 0$ および $\Psi(t)/t^2 \to 0$ を示すことができる. 故に, 性質 (b) も成り立つ. □

上の補題の条件 (a) またはもっと一般にした

$$\frac{\Phi(t+\log 2)}{\Phi(t)} = O(1) \qquad (t \to +\infty) \tag{2.1}$$

は $\mathcal{N}_\Phi$ 級の零集合の構成で大切な役割を演じる．これを Orlicz 空間論での同種の条件に倣って Δ_2 **条件**と呼ぶ．まず次の結果から始める：

定理 2.2 Φ は Δ_2 条件を満たす強凸函数で，E は $\overline{\mathbb{C}}$ の全不連結コンパクト集合とするとき，$E \in \mathcal{N}_\Phi$ であるための必要十分条件は $\overline{\mathbb{C}} \setminus E \in \mathcal{O}_\Phi$ である．

証明 まず $E \in \mathcal{N}_\Phi$ を仮定すると，$H^\Phi(\overline{\mathbb{C}} \setminus E) = H^\Phi(\overline{\mathbb{C}})$ は定数函数しか含まぬから，$\overline{\mathbb{C}} \setminus E \in \mathcal{O}_\Phi$ が成り立つ．

逆に，$\overline{\mathbb{C}} \setminus E \in \mathcal{O}_\Phi$ を仮定する．E を含む領域 V と $f \in H^\Phi(V \setminus E)$ を任意にとる．このとき，$f \not\equiv 0$ を仮定してよい．$U = \mathbf{M}_{V \setminus E}(\Phi(\log^+ |f|))$ 且つ $u = \mathbf{M}_{V \setminus E}(\log^+ |f|)$ とおく (存在については補題 1.1 の証明の最初を見よ)．このとき，補題 2.3 で示すように $U = \mathbf{M}_{V \setminus E}(\Phi(u))$ が成り立つ．ここで証明を四つの場合に分ける．

(場合 1) E が極集合であると仮定する．このときは，定理 1.3 により，u と U は共に $V \setminus E$ 上で準有界な調和函数である．従って，定理 4.9 により $u = \lim_{n \to \infty} u \wedge n$ および $U = \lim_{n \to \infty} U \wedge n$ が $V \setminus E$ 上で成り立つ．$u \wedge n$ と $U \wedge n$ は有界であるから，定理 1.4 により V 上の調和函数に延長できる．従って，n に関する極限をとれば，u と U も V 上で調和であることが分る．さらに，連続性から不等式 $\Phi(u) \leqq U$ が V 上で成り立つ．この結果，f は E の十分小さな近傍上で有界となるから，E 上まで正則に延長できる．故に，$f \in H^\Phi(V)$. 即ち，E が極集合ならば $E \in \mathcal{N}_\Phi$.

(場合 2) 以下では，E は極集合ではないと仮定する．まず最初に，$V \in \mathcal{O}_G$ とする．即ち，$F = \overline{\mathbb{C}} \setminus V$ は極集合であると仮定する．$S = \overline{\mathbb{C}} \setminus E$ とおく．このとき，S は F を含む領域であって，$f \in H^\Phi(V \setminus E) = H^\Phi(S \setminus F)$ を満たす．F は極集合であるから，場合 1 で示したように $f \in H^\Phi(S)$ が分る．我々は $S \in \mathcal{O}_\Phi$ を仮定していたから，f は定数函数である．故に，$f \in H^\Phi(V)$ は明らかである．

(場合 3) 次に E は極集合ではなく，且つ $V \notin \mathcal{O}_G$ であると仮定する．この場合，一般性を失わずに $\infty \notin V$ であると仮定してよい．さらに，V は有限個の解析曲線で囲まれた Jordan 領域であり，f は V の境界まで連続であると仮定する．$V \setminus E_n$ $(n = 1, 2, \ldots)$ を解析的な境界を持つ Jordan 領域による $V \setminus E$ の近似列で，$E \subseteq E_{n+1} \subseteq E_n \subset V$ $(n = 1, 2, \ldots)$ を満たすものとすると，任意の $z \in V \setminus E_n$ に対して

$$f(z) = \frac{1}{2\pi i} \int_{\partial V} \frac{f(\zeta)}{\zeta - z} \, d\zeta - \frac{1}{2\pi i} \int_{\partial E_n} \frac{f(\zeta)}{\zeta - z} \, d\zeta.$$

右辺の第一項と第二項をそれぞれ $g(z)$, $h_n(z)$ と書く．これらはそれぞれ V および $\overline{\mathbb{C}} \setminus E_n$ 上で正則である．$V \setminus E_n$ 上では $f(z) = g(z) - h_n(z)$ であることに注意すれば，$g(z)$ は ∂V 上まで連続であることが分る．従って，$|g(z)| \leqq M$ $(z \in V)$ を満たす正数 M が存在する．一方，$h_n(z)$ $(n = 1, 2, \ldots)$ は $V \setminus E_1$ 上で一致するから，これらは $\overline{\mathbb{C}} \setminus E$ 上の 1 個の正則函数を定義する．これを h とすれば，$V \setminus E$ 上では $f(z) = g(z) - h(z)$ であるから，$|h(z)| \leqq |f(z)| + M$ $(z \in V \setminus E)$ が成り立つ．ここで Φ に関する Δ_2 条件を使えば，

$$\Phi(\log^+ |h(z)|) \leqq C_1 U(z) + C_2 \quad (z \in V \setminus E)$$

を満たす正数 C_1, C_2 が存在することが分る．

さて，$z_0 \in V \setminus E_1$ を固定し，μ_n (または，ν_n) により点 z_0 に対する領域 $\overline{\mathbb{C}} \setminus E_n$ (または，$V \setminus E_n$) の調和測度を表そう．E は極集合ではないから，補題 2.4 で示すように，全ての n に対し ∂E_n 上で $d\mu_n \leqq C d\nu_n$ を満たす定数 $C \geqq 1$ が存在する．$|h(z)|$ は $\overline{\mathbb{C}} \setminus E_n$ 上で有界であるから，$\overline{\mathbb{C}} \setminus E_n$ 上での $\Phi(\log^+ |h(z)|)$ の最小調和優函数を定義できる．これを v_n と書けば，

$$\begin{aligned}
v_n(z_0) &= \int_{\partial E_n} \Phi(\log^+ |h(z)|) \, d\mu_n(z) \\
&\leqq C \int_{\partial E_n} \Phi(\log^+ |h(z)|) \, d\nu_n(z) \\
&\leqq C \int_{\partial (V \setminus E_n)} (C_1 U(z) + C_2) \, d\nu_n(z) \\
&= C(C_1 U(z_0) + C_2).
\end{aligned}$$

従って，函数列 $\{v_n\}$ は単調増加で，点 z_0 では有界であるから，Harnack の定理により $\overline{\mathbb{C}} \setminus E$ 上で或る調和函数に収束する．これは明らかに $\overline{\mathbb{C}} \setminus E$ 上での $\Phi(\log^+|h|)$ の調和優函数であるから，$h \in H^\Phi(\overline{\mathbb{C}} \setminus E)$ が示された．我々は $E \in \mathcal{O}_\Phi$ を仮定したから，h は定数函数になるが，$h(\infty) = 0$ であるから，h は恒等的に 0 である．よって，f は g に等しく，V 上の有界正則函数に延長されることが分った．故に，$f \in H^\Phi(V)$．

(場合 4) 最後に，E は極集合ではなく，$V \notin \mathcal{O}_G$ 且つ $\infty \notin V$ を仮定するが，今度は V は一般の領域であるとして $H^\Phi(V \setminus E) = H^\Phi(V)$ を示そう．このため，$f \in H^\Phi(V \setminus E)$ を任意にとる．さて，$\{V_n\}$ を V の正則近似列で $E \subset V_1$ を満たすものとすると，f を $V_n \setminus E$ に制限すれば，場合 3 に帰着するから，$f \in H^\Phi(V_n)$ $(n = 1, 2, \ldots)$ が得られる．$\Phi(\log^+|f|)$ の $V_n \setminus E$ および V_n 上での最小調和優函数をそれぞれ u_n, v_n と書く．$f \in H^\Phi(V)$ を示すために，場合 3 の論法をまねる．今度は $z_0 \in V_1 \setminus E$ を固定し，この点に対する領域 $V_n \setminus E$ および V_n の調和測度をそれぞれ μ_n, ν_n と書く．このときは，全ての n に対して ∂V_n 上で $d\nu_n \leqq C \, d\mu_n$ を満たす正の定数 C が存在する．従って，全ての n に対し

$$U(z_0) \geqq u_n(z_0) \geqq \int_{\partial V_n} \Phi(\log^+|f|) \, d\mu_n(z)$$
$$\geqq C^{-1} \int_{\partial V_n} \Phi(\log^+|f|) \, d\nu_n(z) = C^{-1} v_n(z_0)$$

が成り立つ．これは函数列 $\{v_n\}$ が V 上で或る調和函数に収束することを示している．この極限は V 上での $\Phi(\log^+|f|)$ の調和優函数である．故に，$f \in H^\Phi(V)$．これが示すべきことであった． □

補題 2.3 $U = \mathbf{M}_{V \setminus E}(\Phi(u))$．

証明 $\{G_n\}$ を $V \setminus E$ の正則近似列とすると，$a \in G$ を任意に固定するとき，$a \in G_n$ を満たす n に対し点 a に対する領域 G_n の調和測度を $\omega_a^{(n)}$ と書けば，

$$u(a) = \lim_{n \to \infty} \int_{\partial G_n} \log^+|f| \, d\omega_a^{(n)}.$$

従って，

$$\Phi(u)(a) \leqq \lim_{n \to \infty} \int_{\partial G_n} \Phi(\log^+|f|) \, d\omega_a^{(n)} = U(a)$$

より $\mathbf{M}_{V\setminus E}(\Phi(u)) \leqq U$ を得る. 一方, $\Phi(\log^+|f|) \leqq \Phi(u)$ であるから,
$$U = \mathbf{M}(\Phi(\log^+|f|)) \leqq \mathbf{M}(\Phi(u)) .$$
故に, $U = \mathbf{M}_{V\setminus E}(\Phi(u))$. □

補題 2.4 $z_0 \in V \setminus E_1$ を固定し, μ_n (または, ν_n) により点 z_0 に対する領域 $\overline{\mathbb{C}} \setminus E_n$ (または, $V \setminus E_n$) の調和測度を表せば, 全ての n に対し ∂E_n 上で $d\mu_n \leqq C d\nu_n$ を満たす定数 $C \geqq 1$ が存在する.

証明 解析的な境界を持つ Jordan 領域 Ω を $E_1 \subset \Omega \subset \text{Cl}\,\Omega \subset V \setminus \{z_0\}$ と選ぶ. 一般に, 領域 D の Green 函数を $g(a,z;D)$ と書くことにして,
$$m_n = \max_{w\in\partial\Omega} \frac{g(w,z_0;\overline{\mathbb{C}}\setminus E_n)}{g(w,z_0;V\setminus E_n)} < \infty \qquad (n=1,2,\dots)$$
とおく. E は極集合ではないから, $V \setminus E$ と $\overline{\mathbb{C}} \setminus E$ は共に Green 函数を持つ. 作り方から, $V \setminus E_1 \subseteq V \setminus E_2 \subseteq \cdots$ 且つ $V \setminus E = \bigcup_{n=1}^{\infty} V \setminus E_n$ が成り立つ. Harnack の定理を使えば, 函数列 $g(w,z_0;V\setminus E_n)$ $(n=1,2,\dots)$ は $g(w,z_0;V\setminus E)$ に $V \setminus E$ 上で広義一様に収束することが分る. 特に, $\partial\Omega$ 上では一様に収束する. 同様に, $g(w,z_0;\overline{\mathbb{C}}\setminus E_n) \to g(w,z_0;\overline{\mathbb{C}}\setminus E)$ は $\partial\Omega$ 上で一様収束である. よって, 数列 $\{m_n\}$ の極限は次で与えられる:
$$\max_{w\in\partial\Omega} \frac{g(w,z_0;\overline{\mathbb{C}}\setminus E)}{g(w,z_0;V\setminus E)} < +\infty .$$
故に, 全ての n に対して $m_n \leqq C$ を満たす定数 $C \geqq 1$ が存在する. 即ち, 全ての n と全ての $w \in \partial\Omega$ に対して $g(w,z_0;\overline{\mathbb{C}}\setminus E_n) \leqq C g(w,z_0;V\setminus E_n)$ が成り立つ. ここで, 最大値の原理を領域 $\Omega \setminus E_n$ に適用すれば,
$$g(w,z_0;\overline{\mathbb{C}}\setminus E_n) \leqq C g(w,z_0;V\setminus E_n) \tag{2.2}$$
が全ての $w \in \Omega \setminus E_n$ に対して成り立つ. 一方, ∂E_n に沿っては
$$d\mu_n(w) = -\frac{1}{2\pi}\frac{\partial g}{\partial n_w}(w,z_0;\overline{\mathbb{C}}\setminus E_n)\,|dw|,$$
$$d\nu_n(w) = -\frac{1}{2\pi}\frac{\partial g}{\partial n_w}(w,z_0;V\setminus E_n)\,|dw|$$

が成り立つ．但し，n_w は $w \in \partial E_n$ における $\overline{\mathbb{C}} \setminus E_n$ ないし $V \setminus E_n$ に関する外向き法線であり，$|dw|$ は ∂E_n に沿っての線素である．これらを (2.2) と併せれば，求める結果が得られる． □

2.2 調和測度の評価 $z_0 \in \mathbb{C}$, $0 < r_0 < \infty$ に対し $C(z_0; r_0)$ により中心 z_0, 半径 r_0 の円周を表す．$z_0 = 0$ のときは略して $C(r_0)$ と書く．以下では $\overline{\mathbb{C}}$ で考えるから，例えば $\{|z| > a\}$ は無限遠点 ∞ を含むものとする．

補題 2.5 $0 < a < b < \infty$ とし，F を $\{|z| \geqq b\}$ に含まれる有界閉集合で $D_0 = \{|z| > a\} \setminus F$ は領域になるものとする．無限遠点 ∞ に対する領域 D_0 の調和測度を μ と書けば，ds を $C(a)$ の弧長要素として次が成り立つ:

$$\max\left\{\frac{ds}{d\mu}(z) : z \in C(a)\right\} \leqq A(a/b) \cdot \frac{2\pi a}{\mu(C(a))}.$$

但し，$A(t)$ は t の非減少函数で $0 < A(t) < \infty$ を満たす．

証明 $D_1 = \{a < |z| < b\}$, $D_2 = \{|z| > a\}$ とし，$c = \sqrt{ab}$ とおく．Harnack の不等式により，D_1 上の任意の正の調和函数 U に対し，$U(z_1) \leqq A'U(z_2)$ を全ての $z_1, z_2 \in C(c)$ に対して満たす定数 $A' = A'(a/b)$ が存在し，$A'(a/b)$ は比 a/b に関して非減少であることが分る．$C(a)$ の任意の弧 e に対し，$U_j(e; z)$ ($j = 0, 1, 2$) により D_j 上の有界調和函数でその境界値は e 上で 1，その他で 0 をとるもの (即ち，e の調和測度) を表す．このとき，

$$U_1(e; z) \leqq U_0(e; z) \leqq U_2(e; z)$$

が D_1 上で成り立つ．Harnack の不等式を使えば，$|w| = c$ に対して

$$\frac{|e|}{4\pi a} \leqq A'U_1(e; w), \quad U_2(e; w) \leqq \frac{|e|}{2\pi a} \cdot \frac{1 + (a/b)^{1/2}}{1 - (a/b)^{1/2}}$$

が成り立つ．但し，$|e|$ は e の弧長である．従って，

$$\max\{U_2(e; w) : |w| = c\} \leqq A \cdot \min\{U_1(e; w) : |w| = c\},$$
$$\text{但し } A = A(a/b) = 2A'(a/b) \cdot \frac{1 + (a/b)^{1/2}}{1 - (a/b)^{1/2}} \tag{2.3}$$

を得る.ここで,$A(a/b)$ は a/b の非減少函数である.さて,e_1, e_2 を $C(a)$ 上の弧で $|e_1| = |e_2|$ を満たすものとすれば,(2.3) から

$$\max\{U_0(e_1;w) : |w| = c\} \leqq A \cdot \min\{U_0(e_2;w) : |w| = c\}$$

を得るから,$\mu(e_1) \leqq A\mu(e_2)$ が分る.実際,$\mu(e_j) = U_0(e_j;\infty)$ $(j = 1, 2)$ であり,函数 $U_0(e_j;\infty)$ $(j = 1, 2)$ は領域 $\{|z| > c\} \setminus F$ に関する Dirichlet 問題の解で $C(c)$ 上で $U_0(e_j;z)$,その他では 0 を境界値とするものに等しいからである.故に,

$$\max_{z \in C(a)}\left\{\frac{ds}{d\mu}(z)\right\} \leqq A \cdot \min_{z \in C(a)}\left\{\frac{ds}{d\mu}(z)\right\} \leqq A \cdot \frac{2\pi a}{\mu(C(a))}. \qquad \square$$

この節の主結果は $\mathfrak{N}_\Phi$ の構成の鍵となる次の定理である.

定理 2.6 $0 < a^2/b < a_0 < a < b < \infty$ とし,$F_1, \ldots, F_k$ を $\{|z| > b\}$ に含まれる有限個の極集合ではない有界閉集合で,各 $\alpha = 1, \ldots, k$ に対し $\overline{\mathbb{C}} \setminus F_\alpha$ は全ての F_β $(\beta \neq \alpha)$ を含む領域であると仮定し,$F = \bigcup_{\alpha=1}^{k} F_\alpha$ とおく.次に,$\{l(n)\}$ は正数の増加列で $l(n)/n \to 0$ $(n \to \infty)$ であり,全ての n に対して $l(n) \geqq n^{1/2}$ を満たすとする.さらに,

$$w_{n,j} = a_0 \exp\left(\frac{2\pi ji}{n}\right), \quad K_{n,j} = \{|z - w_{n,j}| \leqq a_0 e^{-l(n)}\} \quad (j = 1, \ldots, n)$$

とおく.次に,自然数 n は小円板 $K_{n,j}$ $(j = 1, \ldots, n)$ が互いに素で且つ $K_n = \bigcup_{j=1}^{n} K_{n,j} \subset \{|z| < a\}$ を満たすように選んで固定し,μ と μ_n をそれぞれ無限遠点 ∞ に対する領域 $\{|z| > a_0\} \setminus F$ と $\overline{\mathbb{C}} \setminus (K_n \cup F)$ の調和測度とすると,任意の $\varepsilon > 0$ に対し,自然数 $N = N(\varepsilon)$ が存在して,全ての $n \geqq N$ に対し次が成り立つ.但し $B = B(a/b)$ は a/b の非減少正値函数である.

$$|\mu(C(a_0)) - \mu_n(\partial K_n)| < \varepsilon, \tag{2.4}$$
$$|\mu(F_\alpha) - \mu_n(F_\alpha)| < \varepsilon \quad (1 \leqq \alpha \leqq k), \tag{2.5}$$
$$\mu_n(\partial K_{n,j}) \geqq (Bn)^{-1}\mu(C(a_0)) \quad (1 \leqq j \leqq n). \tag{2.6}$$

証明 一般性を失わずに $b = 1$ と仮定してよい.さて,任意に固定した $\varepsilon > 0$ に対し,$0 < \varepsilon' < 1$ を

$$\max\{(1 + \varepsilon') - (1 + \varepsilon')^{-3}, \varepsilon'\} < 2^{-1}\mu(C(a_0))^{-1}\varepsilon \tag{2.7}$$

とし，$0 < a' < a_0 < a'' < a$ を十分 a_0 に近く選んで次を満たすようにとる：

$$(1+\varepsilon')^{-1}\mu(C(a_0)) < \mu'(C(a')) < \mu''(C(a'')) < (1+\varepsilon')\mu(C(a_0)). \quad (2.8)$$

ここで，μ' および μ'' は ∞ に対する領域 $\{|z| > a'\} \setminus F$ および $\{|z| > a''\} \setminus F$ の調和測度を表す．次に，ν_n を ∂K_n 上に一様に分布する質量 1 の正測度とし，単位閉円板 $\{|z| \leqq 1\}$ 上の ν_n のポテンシャルを $U_n(z)$ とする．即ち，

$$U_n(z) = \int_{\partial K_n} g(z,w)\, d\nu_n(w)$$

とする．但し，$g(a,w) = \log(|1-z\overline{w}|/|z-w|)$ は w に極を持つ単位円板の Green 関数である．明らかに，$U_n(z)$ は $\{|z| \leqq 1\}$ 上で連続，$\{|z| < 1\} \setminus K_n$ で調和であり，$C(1)$ 上で 0 となる．具体的に計算すれば，次を得る：

$$U_n(z) = \begin{cases} \dfrac{1}{n}\sum_{j=1}^{n} g(z,w_{n,j}) & (z \notin K_n), \\ \dfrac{1}{n}\sum_{j \neq i} g(z,w_{n,j}) + \dfrac{l(n)}{n} + \dfrac{1}{n}R_{n,i}(z) & (z \in K_{n,i}). \end{cases}$$

但し，$R_{n,i}(z) = \log(|1-z\overline{w}_{n,i}|/a_0) \leqq \log(2/a_0)$ である．数列 $\{l(n)\}$ の性質を利用すれば，次を簡単に示すことができる：

(i) 関数列 $\{U_n(z) : n \geqq 1\}$ は円周 $C(a')$ 上で次に一様収束する：

$$\frac{1}{2\pi}\int_0^{2\pi} g(a', a_0 e^{it})\, dt = \log(1/a_0).$$

(ii) 自然数 $N' = N'(\varepsilon')$ を適当にとれば，全ての $n \geqq N'$ に対し次を満たす（計算は初等的ではあるがいささか長いので省略する）：

$$(1+\varepsilon')^{-1}\log(1/a_0) < U_n(z) < (1+\varepsilon')\log(1/a_0) \qquad (z \in K_n).$$

領域 $\{|z| > a'\} \setminus F$ 上の Dirichlet 問題で $C(a')$ 上で 1，その他で 0 を境界値とする解を u' とする．また，領域 $\overline{\mathbb{C}} \setminus (K_n \cup F)$ 上の Dirichlet 問題で ∂K_n 上で 1，その他で 0 を境界値とする解を u_n とし，これを $u_n(z) = 1$ として K_n 上にまで延長する．この u_n は $\overline{\mathbb{C}} \setminus F$ 上の優調和関数である．このと

き，自然数 $N'' = N''(\varepsilon')$ を十分大きく選べば，全ての $n \geqq N''$ に対し
$$K_n \subset \{a' < |z| < a''\},$$
$$(1+\varepsilon')^{-1}\log(1/a_0) \leqq U_n(z) \leqq (1+\varepsilon')\log(1/a_0) \qquad (z \in C(a'))$$
が成り立つ．この前者は K_n を構成する小円板の半径が 0 に収束するからであり，後者は上の性質 (i) から明らかである．次に，$n \geqq \max\{N', N''\}$ を仮定する．このときは，性質 (ii) により
$$u_n(z) \geqq (1+\varepsilon')^{-1}(\log(1/a_0))^{-1}U_n(z) \qquad (z \in \partial K_n)$$
を満たすから，同じ不等式が $\{|z| \leqq 1\}$ 上の到るところで成り立つ．従って，$C(a')$ 上で $u_n(z) \geqq (1+\varepsilon')^{-2} = (1+\varepsilon')^{-2}u'(z)$ を得る．$u_n(z)$ は $\{|z| > a'\} \setminus F$ 上で優調和であり，∂F 上では u' と同じ境界値を持つから，$\{|z| > a'\} \setminus F$ 上で到るところ $u_n(z) \geqq (1+\varepsilon')^{-2}u'(z)$ が成り立つ．この結果を $u_n(\infty) = \mu_n(\partial K_n)$，$u'(\infty) = \mu'(C(a'))$ および (2.8) と併せれば，
$$\mu_n(\partial K_n) \geqq (1+\varepsilon')^{-2}\mu'(C(a')) \geqq (1+\varepsilon')^{-3}\mu(C(a_0)) \qquad (2.9)$$
を得る．一方，K_n は $C(a'')$ の内部にあるから，(2.8) を参照すれば，
$$\mu_n(\partial K_n) \leqq \mu''(C(a'')) \leqq (1+\varepsilon')\mu(C(a_0)) \qquad (2.10)$$
が分る．よって，(2.9), (2.10) を併せ，(2.7) に注意すれば，定理の第一の不等式 (2.4) が得られる．

不等式 (2.5) は，$1 \leqq \alpha \leqq k$ に対し，(2.7), (2.8), (2.9), (2.10) を使って次のように計算すればよい：
$$\begin{aligned}|\mu(F_\alpha)-\mu_n(F_\alpha)| &\leqq \sum_{j=1}^{k}|\mu(F_j) - \mu_n(F_j)| \\ &\leqq \sum_{j=1}^{k}|\mu(F_j) - \mu''(F_j)| + \sum_{j=1}^{k}|\mu_n(F_j) - \mu''(F_j)| \\ &= \mu''(C(a'')) - \mu(C(a_0)) + \mu''(C(a'')) - \mu_n(\partial K_n) \\ &\leqq \varepsilon'\mu(C(a_0)) + ((1+\varepsilon') - (1+\varepsilon')^{-3})\mu(C(a_0)) < \varepsilon.\end{aligned}$$

最後に不等式群 (2.6) を示す.まず,$a > a_0$ より,$C(a)$ 上で一様に

$$U_n(z) = \frac{1}{n}\sum_{j=0}^{n} g(z, w_{n,j}) \to \frac{1}{2\pi}\int_0^{2\pi} g(a, a_0 e^{it})\,dt = \log\frac{1}{a}$$

を満たす.従って,十分大きな $N_1 \geqq N''$ を選べば,

$$U_n(z) \geqq \tfrac{1}{2}\log(1/a) \qquad (n \geqq N_1) \tag{2.11}$$

が $C(a)$ 上で成り立つ.我々はこのような n を一つ選び,各 $j = 1, \ldots, n$ に対し函数 u_j, u_{1j}, u_{2j} をそれぞれ領域 $\mathbb{C} \setminus (K_n \cup F)$, $\mathbb{C} \setminus K_n$, $\mathbb{D} \setminus K_n$ に対する Dirichlet 問題の解で境界値は $\partial K_{n,j}$ 上で 1,その他で 0 となるものとする.ここで $c = a_0^{1/2}$ とおく.K_n の対称性を利用すれば,

$$m_i = \min\{u_{ij}(z) : |z| = c\},\ M_i = \max\{u_{ij}(z) : |z| = c\} \qquad (i = 1, 2)$$

は j によらぬ定数であり,補題 2.5 の証明で定義した乗数 $A'(a)$ を用いて $M_i \leqq A'(a)m_i$ $(i = 1, 2)$ を満たすことが分る.また,$\mathbb{C}\setminus K_n$ 上では $\sum_{j=1}^n u_{1j}(z) \equiv 1$ であるから,$nM_1 \leqq A'(a)nm_1 \leqq A'(a)$ を得る.一方,$\sum_{j=1}^n u_{2j}(z)$ は $\mathbb{D}\setminus K_n$ 上の調和函数で,境界 ∂K_n 上では恒等的に 1 に等しいから,上に述べた性質 (ii) より $n \geqq N'$ に対しては,全ての $z \in \partial K_n$ に対して

$$\sum_{j=1}^{n} u_{2j}(z) \geqq ((1+\varepsilon')\log(1/a_0))^{-1} U_n(z) \geqq \tfrac{1}{2}(\log(1/a_0))^{-1} U_n(z)$$

を満たす.$\partial\mathbb{D}$ 上では u_{2j} も U_n も 0 であるから,上の不等式は $\mathbb{D} \setminus K_n$ 上で到るところ成立する.ここで (2.11) に注意すれば,$C(a)$ 上では次を得る:

$$\begin{aligned}\sum_{j=1}^n u_{2j}(z) &\geqq \tfrac{1}{2}(\log(1/a_0))^{-1} U_n(z)\\ &\geqq \tfrac{1}{2}(\log(1/a_0))^{-1} \cdot \tfrac{1}{2}(\log(1/a))\\ &= \tfrac{1}{4}\cdot\frac{\log a}{\log a_0} \geqq \tfrac{1}{8}\ .\end{aligned}$$

最後の不等号は $a^2 < a_0 < a$ より分る.これらから,$C(c)$ 上では

$$A'(a)nm_2 \geqq nM_2 \geqq \sum_{j=1}^{n} u_{2j}(z) \geqq \tfrac{1}{16}$$

が得られる. 従って,
$$A'(a)m_2 \geqq \frac{1}{16n} \geqq \frac{M_1}{16A'(a)}. \tag{2.12}$$

さて, 円環 $\{a < |z| < 1\}$ 上では, $u_{2j}(z) \leqq u_j(z) \leqq u_{1j}(z)$ を満たすから, (2.12) により, $C(c)$ 上では全ての $i, j = 1, 2, \ldots, n$ に対して $u_i(z) \leqq 16A'(a)^2 u_j(z)$ が成り立つ. 従って, 同じ不等式が $\{|z| > c\} \setminus F$ 上でも成り立つ. 特に, $z = \infty$ の場合には, 全ての $i, j = 1, \ldots, n$ に対して
$$\mu_n(\partial K_{n,i}) = u_i(\infty) \leqq 16A'(a)^2 u_j(\infty) = 16A'(a)^2 \mu_n(\partial K_{n,j})$$
が得られる. 従って,
$$\mu_n(\partial K_{n,j}) \geqq (16A'(a)^2 n)^{-1} \mu_n(\partial K_n) \qquad (j = 1, \ldots, n)$$
が成り立つ. n が十分大きければ, 不等式 (2.9) と $\varepsilon' < 1$ により
$$\mu_n(\partial K_{n,j}) \geqq (128A'(a)^2 n)^{-1} \mu(C(a_0)) \qquad (j = 1, \ldots, n)$$
を得る. $B = B(a) = 128A'(a)^2$ とおけば, 求める不等式群となる. □

2.3 零集合の存在 我々はやっと本節の主定理に到達した.

定理 2.7 Φ を Δ_2 条件を満たす強凸関数とする. また, $0 < a < b < \infty$ とし, $F_1, \ldots, F_k$ は $\{|z| > b\}$ に含まれる有限個の有界閉集合とする. 各 $\overline{\mathbb{C}} \setminus F_\alpha$ は領域であって残りの F_β ($\beta \neq \alpha$) を全部含むと仮定し, $F = \bigcup_{\alpha=1}^{k} F_\alpha$ とおく. このときは, 任意の正数 ε と δ に対して, 次の性質を持つ $E \in \mathcal{N}_\Phi$ で極集合ではないものが存在する:

(a) $E \subset \{\delta a \leqq |z| \leqq a\}$,

(b) μ および μ_E をそれぞれ無限遠点 ∞ に対する領域 $\{|z| < a\} \setminus F$ および $\overline{\mathbb{C}} \setminus (E \cup F)$ の調和測度とするとき, 次を満たす:
$$|\mu(F_\alpha) - \mu_E(F_\alpha)| < \varepsilon \qquad (1 \leqq \alpha \leqq k), \tag{2.13}$$
$$|\mu(C(a)) - \mu_E(E)| < \varepsilon. \tag{2.14}$$

証明 補題 2.1 を関数 $t \mapsto \Phi(\frac{1}{2}t)$ に適用して, 強凸関数 $\Lambda(t)$ で十分大きな全ての t に対して $\Lambda(t) \leqq t^2$ を満たし, さらに $t \to \infty$ のとき $\Lambda(t)/\Phi(\frac{1}{2}t) \to 0$ を満たすものを構成する. 次に, 正数 t_0 を十分大きくとり, $t \geqq t_0$ に対しては

$\Phi(t)$ と $\Lambda(t)$ が共に狭義の増加関数であるようにし,$t_1 = \max\{\Phi(t_0), \Lambda(t_0)\}$ とおく.このときは,$\Phi(t)$ と $\Lambda(t)$ の逆関数 $h(t)$ と $l(t)$ が半直線 $[t_1, \infty)$ 上の狭義の増加関数として一意に定義され,次が成り立つ:

(i) $l(t)/t \to 0$ $(t \to \infty)$ 且つ十分大きい全ての t に対して,$l(t) \geqq t^{\frac{1}{2}}$.

(ii) 任意の正数 ε に対し正数 $t(\varepsilon)$ $(\geqq t_1)$ を適当にとれば,$t \geqq t(\varepsilon)$ に対して $h(t/\varepsilon) \leqq \frac{1}{2} l(t)$ が成り立つ.

従って,数列 $\{l(n) : n \geqq t_1\}$ は定理 2.6 の条件を満たす.正数 ε は $0 < \varepsilon < (1 - \mu(F))/\mu(F)$ $(\mu(F) = 0$ ならば無条件$)$ を満たすようにとる.また,$\rho = (b/a)^{\frac{1}{4}}$ とおき,$B = B(a/b)$ は定理 2.6 の定数とする.

最初に,$\{|z| \leqq a\}$ に含まれる閉円板の族 $\mathcal{K}_n, \mathcal{K}'_n$ $(n = 0, 1, \ldots)$ を帰納的に構成する.各 $\mathcal{K}_n$ (または $\mathcal{K}'_n$) は $\{|z| \leqq a\}$ に含まれる互いに素で共通の半径 r_n (および r'_n) を持つ閉円板よりなる.$\mathcal{K}_n$ (または $\mathcal{K}'_n$) に属する円板の和集合を K_n (または K'_n) と書く.さらに,無限遠点 ∞ に対する領域 $\mathbb{C} \setminus (K_n \cup F)$ (または $\mathbb{C} \setminus (K'_n \cup F)$) の調和測度を μ_n (または μ'_n) と書く.

帰納法の第 0 段階として,$\mathcal{K}_0$ は空であるとし,$\mathcal{K}'_0$ は円板 $\{|z| \leqq a\}$ 唯一個よりなるとする.従って,$\mu'_0 = \mu$ が成り立つ.定数 ρ の定義から閉円板 $\{|z| \leqq \rho^4 r'_0\} = \{|z| \leqq b\}$ は集合 F と互いに素である.

さて,$n \geqq 0$ とし第 n 段階まで構成できたとする.このとき,$\mathcal{K}'_n$ は中心が w_α で共通な半径 $r'_n > 0$ を持つ閉円板 $D'_\alpha = \{|z - w_\alpha| \leqq r'_n\}$ $(1 \leqq \alpha \leqq N(n))$ の族で,拡大した円板 $\{|z - w_\alpha| \leqq \rho^4 r'_n\}$ は互いに素であり且つ F とも素であるとする.上で見たように $\mathcal{K}'_0$ はこれを満たしている.

次に,$\mathcal{K}_{n+1}$ と $\mathcal{K}'_{n+1}$ を作ろう.そのため,
$$\max\{\rho^{-1}, \delta\} r'_n < r_{n+1} < r'_n$$
を満たす r_{n+1} を選び,円板
$$D_\alpha = \{|z - w_\alpha| \leqq r_{n+1}\} \qquad (1 \leqq \alpha \leqq N(n))$$
の全体を $\mathcal{K}_{n+1}$ とする.但し,r_{n+1} は r'_n に十分近く選び
$$\mu_{n+1}(F_j) - \mu'_n(F_j) \leqq 2^{-(n+2)} \varepsilon \mu(F_j) \qquad (1 \leqq j \leqq k), \tag{2.15}$$
$$\mu_{n+1}(\partial D_\alpha) \geqq \tfrac{1}{2} \mu'_n(\partial D'_\alpha) \qquad (1 \leqq \alpha \leqq N(n)) \tag{2.16}$$

が成り立つようにする．円板族 $\mathcal{K}'_{n+1}$ を作るため，$N'(n+1) \geqq \max\{n+1, t_1\}$ を満たす整数 $N'(n+1)$ をとる．$N'(n+1)$ の詳しい値は後から決めることとして，次のように定義する．まず，

$$w_{\alpha, j} = w_\alpha + r_{n+1} \exp\left[\frac{2\pi j i}{N'(n+1)}\right] \quad (1 \leqq j \leqq N'(n+1)),$$
$$N(n+1) = N(n) N'(n+1), \quad r'_{n+1} = r_{n+1} \exp[-l(N(n+1))],$$
$$D'_{\alpha, j} = \{|z - w_{\alpha, j}| \leqq r'_{n+1}\} \quad (1 \leqq j \leqq N'(n+1))$$

とおき，円板族 $\mathcal{K}'_{n+1}$ を

$$\mathcal{K}'_{n+1} = \{D'_{\alpha, j} : 1 \leqq \alpha \leqq N(n), \, 1 \leqq j \leqq N'(n+1)\}$$

と定義する．但し，$N'(n+1)$ は以下の (a) から (e) までの五つの条件が成り立つように十分大きく定めるものとする：

(a) 円板 $\{|z - w_{\alpha, j}| \leqq \rho^4 r'_{n+1}\}$ は互いに素で，且つ F とも素である，
(b) $|\mu_{n+1}(F_j) - \mu'_{n+1}(F_j)| \leqq 2^{-(n+3)} \varepsilon \mu(F_j)$ $(j = 1, \ldots, k)$,
(c) $\mu'_{n+1}(\partial D'_{\alpha, j}) \geqq B^{-1} N'(n+1)^{-1} \mu_{n+1}(\partial D_\alpha)$ $(1 \leqq j \leqq N'(n+1),$ $1 \leqq \alpha \leqq N(n))$,
(d) $r'_{n+1} \leqq \frac{1}{3} \min\{r'_n - r_{n+1}, r_{n+1} - \delta r'_n\}$,
(e) $h((n+1)(2B)^{n+1} N(n+1)) \leqq \frac{1}{2} l(N(n+1))$.

ここで，条件 (a) と (d) はほとんど明らかである．条件 (b) と (c) は定理 2.6 を各円板 D_α に（原点をずらして）適用すればよい．さらに，条件 (e) は上の性質 (ii) から分る．故に，帰納法によって条件 (a) から (d) までを満たす円板の族 $\mathcal{K}_n, \mathcal{K}'_n$ が全ての $n \geqq 0$ に対して構成された．

さて，(2.15) と (b) より，全ての $n \geqq 1$ に対して次が成り立つ．

$$\begin{aligned}|\mu_n(F_j) - \mu_{n+1}(F_j)| &\leqq |\mu_n(F_j) - \mu'_n(F_j)| + |\mu'_n(F_j) - \mu_{n+1}(F_j)| \\ &\leqq 2^{-n-2} \varepsilon \mu(F_j) + 2^{-n-2} \varepsilon \mu(F_j) \\ &= 2^{-n-1} \varepsilon \mu(F_j) \quad (1 \leqq j \leqq k).\end{aligned} \quad (2.17)$$

また，(2.16) と (b) より，任意の $D'_\alpha \in \mathcal{K}'_n$ に対し $D'_\beta \in \mathcal{K}'_{n-1}$ が存在して

$$\mu'_n(\partial D'_\alpha) \geqq \frac{1}{2B N'(n)} \mu'_{n-1}(\partial D'_\beta)$$

が成り立つ. これを繰返せば, 任意の $D'_\alpha \in \mathcal{K}'_n$ に対して次を得る.

$$\mu'_n(\partial D'_\alpha) \geqq \frac{1}{2^n B^n N'(n) N'(n-1) \cdots N'(2) N(1)} \mu'_0(C(a)) \quad (2.18)$$
$$= \frac{1}{2^n B^n N(n)} \mu(C(a)) . \quad (2.19)$$

ここで, 目標とする集合 E を次で定義する:

$$E = \bigcap_{n=1}^{\infty} \Big[\mathrm{Cl}\Big(\bigcup_{s=n}^{\infty} K_s\Big)\Big] .$$

我々の構成法と性質 (d) から, 全ての $n = 1, 2, \ldots$ に対して

$$K'_{n+1} \subseteq \mathrm{Int}(K'_n) \subseteq K'_1 \subseteq \{\delta a < |z| < a\} \quad \text{および} \quad K_{n+1} \subseteq K'_n$$

が成り立つ. これから, 全ての $n = 1, 2, \ldots$ に対して

$$E \subseteq \mathrm{Cl}\Big(\bigcup_{s=n+2}^{\infty} K_s\Big) \subseteq K'_{n+1} \subseteq \mathrm{Int}(K'_n) \subset \{\delta a < |z| < a\}$$

を満たすことも分る. (2.17) を使えば, $n \geqq 1$ に対して

$$\begin{aligned}
\mu_n(F) &= \mu(F) + \sum_{s=1}^{n} [\mu_s(F) - \mu_{s-1}(F)] \\
&= \mu(F) + \sum_{s=1}^{n} \sum_{j=1}^{k} [\mu_s(F_j) - \mu_{s-1}(F_j)] \\
&\leqq \mu(F) + \sum_{s=1}^{\infty} \sum_{j=1}^{k} \frac{\varepsilon}{2^s} \mu(F_j) \\
&= (1 + \varepsilon) \mu(F)
\end{aligned}$$

が成り立つ. 従って, ε に関する仮定を思い出せば, 次を得る:

$$\begin{aligned}
\mu_n(\partial K_n) &= 1 - \mu_n(F) \geqq 1 - \mu(F) - \varepsilon \mu(F) \\
&= \mu(C(a)) - \varepsilon \mu(F) > 0 .
\end{aligned}$$

さて, u_n を領域 $\overline{\mathbb{C}} \setminus \big[F \cup \mathrm{Cl}\big(\bigcup_{s=n}^{\infty} K_s\big)\big]$ に関する Dirichlet 問題の解で境界値は $\partial\big[\mathrm{Cl}\big(\bigcup_{s=n}^{\infty} K_s\big)\big]$ 上で 1, ∂F 上で 0 をとるものとする. また, v_n を領域 $\overline{\mathbb{C}} \setminus (F \cup K_n)$ に関する Dirichlet 問題の解で境界値は ∂K_n 上で 1, ∂F 上で 0 をとるものとする. 函数列 $\{u_n\}$ は単調減少で下に有界であるから, $\overline{\mathbb{C}} \setminus (E \cup F)$ 上の或る非負の調和函数に収束する. これを $u(z)$ と書く. このと

き, $0 \leqq u(z) \leqq 1$ であり, ∂F 上では (極集合を除いて) $u(z) = 0$ を満たす. u_n の定義域上では $u_n(z) \geqq v_n(z)$ であり, $v_n(\infty) = \mu_n(\partial K_n) = 1 - \mu_n(\partial F) \geqq 1 - (1+\varepsilon)\mu(F) > 0$ が成り立つ. これから, $u(\infty) > 0$ が分る. 実際, この関数 u は領域 $\overline{\mathbb{C}} \setminus (E \cup F)$ に関する Dirichlet 問題の解で境界値は E 上で 1, ∂F 上で 0 をとるものである. 無限遠点 ∞ に対する領域 $\overline{\mathbb{C}} \setminus (E \cup F)$ の調和測度を μ_E とすれば, これから $\mu_E(E) = u(\infty) > 0$ が得られるから, E は極集合ではない. さらに,

$$\mu_E(E) = u(\infty) = \lim_{n \to \infty} u_n(\infty) \geqq \limsup_{n \to \infty} v_n(\infty)$$
$$= \limsup_{n \to \infty} \mu_n(\partial K_n) \geqq \mu(C(a)) - \varepsilon\mu(F). \quad (2.20)$$

一方, E は円板 $\{|z| \leqq a\}$ に含まれているから, $\mu_E(F_j) \geqq \mu(F_j)$ $(1 \leqq j \leqq k)$ であり, 従って $\mu_E(F) \geqq \mu(F)$ を得る. 故に, $\mu(C(a)) \geqq \mu_E(E)$. これを (2.20) と併せて不等式 (2.14) を得る. また, 不等式 (2.13) は次から出る:

$$\mu_E(F_j) - \mu(F_j) \leqq \mu_E(F) - \mu(F) = \mu(C(a)) - \mu_E(E) \leqq \varepsilon\mu(F).$$

最後に $E \in \mathcal{N}_\Phi$ を示そう. 強凸函数 Φ は Δ_2 条件を満たすから, 定理 2.2 により $\overline{\mathbb{C}} \setminus E \in \mathcal{O}_\Phi$ を示せばよい. 即ち, $H^\Phi(\overline{\mathbb{C}} \setminus E)$ が定数函数のみからなることを示そう. $f \not\equiv 0$ を $H^\Phi(\overline{\mathbb{C}} \setminus E)$ の任意の元とし, v を $\Phi(\log^+ |f(z)|)$ の調和優函数とする. まず, 全ての $n = 0, 1, \ldots$ に対し E は K'_n の内部に含まれることに注意する. $n \geqq 0$ を任意に固定し, $D' = \{|z - w'| \leqq r'\}$ を $\mathcal{K}'_n$ に属する円板の一つとする. このとき, 性質 (a) により円環 $\{r' \leqq |z - w'| \leqq \rho^4 r'\}$ は $E, F, K'_n \setminus D'$ と交わらない. ξ_w を円環 $\{r' < |z - w'| < \rho^2 r'\}$ に関するその中の点 w の調和測度とする. もし点 w が円周 $C(w'; \rho r')$ 上にあれば, Harnack の不等式により

$$\frac{d\xi_w}{ds}(z) \leqq \begin{cases} A'/4\pi r' & (z \in C(w'; r')), \\ A'/4\pi \rho^2 r' & (z \in C(w'; \rho^2 r')) \end{cases}$$

が成り立つことが補題 2.5 の論法で分る. 但し, $A' = A'(\rho^{-2})$ は同じ補題の証明中の定数である. f は円環 $\{r' < |z - w'| < \rho^2 r'\}$ 上で有界正則であるから, この円環内の任意の点 w に対し $\log^+|f(w)| \leqq \int \log^+|f(\zeta)| d\xi_w(\zeta)$ が成

り立つ．この両辺を凸函数 Φ に代入し，Jensen の不等式を適用すれば，

$$\Phi(\log^+|f(w)|) \leqq \Phi\Big(\int \log^+|f(\zeta)|\,d\xi_w(\zeta)\Big) \leqq \int \Phi(\log^+|f(\zeta)|)\,d\xi_w(\zeta)$$
$$= \int_{C(w';r')} + \int_{C(w';\rho^2 r')} = I_1 + I_2$$

が得られる．ここで，$w \in C(w';\rho r')$ を仮定して I_1, I_2 を評価する．そのため，領域 $G' = \{|z-w'| > r'\} \setminus E$ および $G'' = \{|z-w'| > \rho^2 r'\} \setminus E$ の無限遠点 ∞ に対する調和測度をそれぞれ $\eta,\ \eta'$ と書く．$E \subseteq K'_n$ 且つ $C(w';r') = \partial D'$ であるから，$\eta'(C(w';\rho^2 r')) \geqq \eta(C(w';r')) \geqq \mu'_n(\partial D')$．(2.18) から $\mu'_n(\partial D') \geqq (2B)^{-n} N(n)^{-1} \mu(C(a))$ も分る．ここで補題 2.5 を円環 $\{r' < |z-w'| < \rho^2 r'\}$ と $\{\rho^2 r' < |z-w'| < \rho^4 r'\}$ に適用すれば，

$$\frac{ds}{d\eta}(z) \leqq 2\pi A r'/\eta(C(w';r')) \qquad (z \in C(w';r'))\,,$$
$$\frac{ds}{d\eta'}(z) \leqq 2\pi A \rho^2 r'/\eta'(C(w';\rho^2 r')) \qquad (z \in C(w';r'))$$

が分る．ここで，$A = A(\rho^{-2})$ は補題 2.5 の定数である．これより，

$$I_1 = \int_{C(w';r')} \Phi(\log^+|f(\zeta)|) \frac{d\xi_w(\zeta)}{ds(\zeta)} \frac{ds(\zeta)}{d\eta(\zeta)}\,d\eta(\zeta)$$
$$\leqq \frac{A'}{4\pi r'} \cdot \frac{2\pi A r'}{\eta(C(w';r'))} \int_{C(w';r')} \Phi(\log^+|f(\zeta)|)\,d\eta(\zeta)$$
$$\leqq \frac{AA'}{2\eta(C(w';r'))} \int_{\partial G'} \Phi(\log^+|f(\zeta)|)\,d\eta(\zeta) \leqq \tfrac{1}{2} C(2B)^n N(n)\,.$$

但し，$C = AA'v(\infty)/\mu(C(a))$ である．$\eta',\ G''$ および対応する評価を使えば，同様の計算で $I_2 \leqq \tfrac{1}{2} C(2B)^n N(n)$ が得られる．これらをまとめれば，

$$\Phi(\log^+|f(w)|) \leqq C(2B)^n N(n)$$

が全ての $w \in C(w';\rho r')$ に対して成り立つことが分る．我々は $v(\infty) \neq 0$ を仮定してよいから，十分大きい全ての n (例えば，$n \geqq n_0$) に対し，この右辺は t_1 を越えるとしてよい．このような n に対しては Φ の逆函数 $h(t)$ を施して次の不等式が得られる：

$$|f(w)| \leqq \exp\bigl[h(C(2B)^n N(n))\bigr]\,.$$

これを円周 $C(w';\rho r')$ 上で積分する. 定義から $r' = r'_n = r_n \exp[-l(N(n))]$ であるから, 性質 (e) により, $n \geq \max\{n_0, C\}$ のとき

$$\int_{C(w';\rho r')} |f(w)|\, ds(w) \leq 2\pi\rho r' \exp[h(C(2B)^n N(n))]$$
$$\leq 2\pi\rho r_n \exp\left[-\tfrac{1}{2}l(N(n))\right] \qquad (2.21)$$

が成り立つ. ここで, 全ての $D' \in \mathcal{K}'_n$ に対応する積分路 $C(w';\rho r')$ の合併を C_n とすれば, 集合 E は C_n の内部に含まれているから, f は無限遠点 ∞ で正則である. 従って, f は ∞ で $f(z) = \sum_{j=0}^{\infty} c_j z^{-j}$ の形に展開される. 凸関数 Φ は Δ_2 条件 $\Phi(t+\log 2)/\Phi(t) = O(1)$ $(t \to \infty)$ を満足しているから, $f(z) - c_0$ も $H^\Phi(\overline{\mathbb{C}} \setminus E)$ に属することが分る. よって, $f(\infty) = 0$ を仮定してよい. もし f が恒等的に 0 でなければ, c_p $(p \geq 1)$ を f の 0 でない最初の展開係数とし, n を十分に大きくとれば, 不等式 (2.21) より

$$|c_p| \leq \frac{1}{2\pi} \int_{C_n} |f(w)||w|^{p-1}\, ds(w)$$
$$\leq \rho r_n b^{p-1} N(n) \exp\left[-\tfrac{1}{2}N(n)^{\frac{1}{2}}\right]$$

を得る. ここでは $l(t)$ の性質 (343 頁の (i) の後半) を利用した. しかし, 最終辺は $n \to \infty$ のとき 0 に収束するから, $c_p = 0$ となって矛盾である. 従って, f は定数関数であることが示された. 故に, $\overline{\mathbb{C}} \setminus E \in \mathcal{O}_\Phi$ となるり, 証明が完了した. □

§3 平面領域の分類

前節の結果を使って Hardy-Orlicz 族による平面領域の分類を実行しよう.

3.1 若干の準備

補題 3.1 $0 < a < b < c < +\infty$ とし, F を $\{|z| \geq c\}$ に含まれる有界閉集合で $\{|z| > b\} \setminus F$ が連結であるとする. また, μ と ν をそれぞれ無限遠点 ∞ に対する領域 $\{|z| > b\} \setminus F$ および $\{|z| > a\} \setminus F$ の調和測度とすると

$$\frac{\log(c/b)}{\log(c/a)} \mu(C(b)) \leq \nu(C(a))$$

が成り立つ.

証明 u を領域 $\{|z|>a\}\setminus F$ に対する Dirichlet 問題の解で境界値は $C(a)$ 上で 1, その他で 0 をとるものとする. u の $\{|z|>b\}\setminus F$ への制限はこの領域に対する Dirichlet 問題の解で境界値は $C(b)$ 上では u, その他では 0 と等しいものであるから, 次が成り立つ：

$$\nu(C(a)) = u(\infty) = \int_{C(b)} u(z)\,d\mu(z).$$

F は $\{|z|>c\}$ に含まれるから, 任意の $a<|z|<c$ に対して $u(z) \geqq \log(|z|/c)/\log(a/c)$ を得る. これから,

$$\int_{C(b)} u(z)\,d\mu(z) \geqq \frac{\log(c/b)}{\log(c/a)}\mu(C(b))$$

が得られるから, 求める不等式は明らかであろう. □

補題 3.2 $F_0,\ldots,F_k$ を有限個の有界閉集合で, どれも極集合ではないとする. さらに, 各 i に対し $\overline{\mathbb{C}}\setminus F_i$ は連結した領域で他の F_j $(j\neq i)$ を全部含むものとし, $F=\bigcup_{j=0}^k F_j$ とおく. また, $z_0\in\overline{\mathbb{C}}\setminus F$ $(\neq\infty)$ を任意に固定する. μ は点 ∞ に対する領域 $\overline{\mathbb{C}}\setminus F$ の調和測度とし, $0<a<\inf\{|z-z_0|:z\in F\}$ を満たす a に対し μ_a は点 ∞ に対する領域 $\{|z-z_0|>a\}\setminus F$ の調和測度とする. このとき, 任意の正数 ε に対して, 上の性質を持つ数 a で

$$\mu(F_j) - \mu_a(F_j) < \varepsilon \qquad (j=0,\ldots,k)$$

を満たすものが存在する.

証明 任意に添数 j $(0\leqq j\leqq k)$ を固定して考える. $u(a;z)$ を領域 $D_a=\{|z-z_0|>a\}\setminus F$ に関する Dirichlet 問題の解で境界値は ∂F_j 上で 1, その他で 0 をとるものとする. 従って, $\mu_a(F_j)=u(a;\infty)$ を満たす. 仮定により F_j は極集合ではないから, D_a 上で $u(a;z)>0$ が成り立つ. さて, 0 に収束する狭義の減少列 $\{a_n\}$ を一つ固定し, 対応する調和函数列 $\{u(a_n;z)\}$ を考察する. この函数列は単調増加で且つ上に有界であるから, Harnack の定理により領域 $\overline{\mathbb{C}}\setminus(F\cup\{z_0\})$ 上の調和函数に広義一様に収束する. この極限を $v(z)$ と書く. $v(z)$ は有界であるから, z_0 は v の除去可能な特異点であり, 従って v は $\overline{\mathbb{C}}\setminus F$ 上の調和函数である. 実際, v は領域 $\overline{\mathbb{C}}\setminus F$ に関する Dirichlet 問題の解で境界値は ∂F_j 上で 1, その他で 0 をとるものであることが分る. よっ

て, $v(\infty) = \mu(F_j)$ が成り立つ. 一方, 数列 $u(a_n;\infty)$ は $v(\infty)$ に収束する増加列であって, $0 < a < a_n$ ならば $u(a_n;\infty) \leqq u(a;\infty)$ が満たすから, 十分小さい全ての a に対して

$$\mu(F_j) - \mu_a(F_j) = v(\infty) - u(a;\infty) < \varepsilon$$

が成り立つ. j は何でもよかったから, 全ての j に対してこの不等式を満たす a をとることができる. □

補題 3.3 Φ は強凸函数, $\{b_0, b_1, \dots\}$ は正数列で, $0 < \rho < \delta < 1, 0 < d < 1$ とする. このとき, 正数列 $\{a_0, a_1, \dots\}$ と $\mathcal{N}_\Phi$ 級の零集合列 $\{E_0, E_1, \dots\}$ で次の性質を持つものが存在する: $n = 0, 1, \dots$ に対して, $na_n < 1, a_{n+1}/a_n \leqq \rho$, $a_n \leqq b_n, E_n \subseteq \{\delta a_n \leqq |z| \leqq a_n\}$ であり, 且つ m を点 ∞ に対する領域 $\overline{\mathbb{C}} \setminus E$ の調和測度として次が成り立つ:

$$d \leqq \Phi(-\log(na_n)) m(E_n) \leqq 1 \qquad (n = 1, 2, \dots). \tag{3.1}$$

但し, $E = \left(\bigcup_{n=0}^{\infty} E_n\right) \cup \{0\}$ とする.

証明 $\{d_0, d_1, \dots\}$ $(0 < d_n < 1)$ を d に収束する狭義の単調減少列とする. また, 領域

$$\overline{\mathbb{C}} \setminus \left(\bigcup_{k=0}^{n} E_k\right) \quad \text{および} \quad \{|z| > a_{n+1}\} \setminus \left(\bigcup_{k=0}^{n} E_k\right)$$

の点 ∞ に対する調和測度をそれぞれ μ_n および ν_n と書く. 以下では, $na_n < 1$ と $\Phi(-\log(na_n)) > 0$ が成り立つように a_n を十分小さく選び, $\alpha_n = 1/\Phi(-\log(na_n))$ とおく.

さて, 集合 E を帰納的に作ろう. まず, a_0 を $0 < a_0 < \min\{b_0, 1\}$ および $\Phi(-\log a_0) > 0$ を満たすように選ぶ. さらに, 補題 2.1 と定理 2.7 を使って, 極集合ではない $E_0 \in \mathcal{N}_\Phi$ で円環 $\{\delta a_0 \leqq |z| \leqq a_0\}$ に含まれるものをとる. さらに進むために, $k = 0, \dots, n$ に対し, 極集合でない $E_k \in \mathcal{N}_\Phi$ で $\{\delta a_k \leqq |z| \leqq a_k\}$ に含まれ且つ次を満たすものが選ばれたと仮定する:

$$\begin{cases} 0 < a_k < \min\{b_k, k^{-1}\}, \ \Phi(-\log(ka_k)) > 0 & (0 \leqq k \leqq n), \\ \dfrac{a_{k+1}}{a_k} \leqq \rho & (0 \leqq k \leqq n-1), \\ d_n \alpha_k \leqq \mu_n(E_k) \leqq \alpha_k & (1 \leqq k \leqq n). \end{cases} \quad (\mathrm{C}_n)$$

このとき,a_{n+1} を十分小さくとって,次の三性質が成り立つようにできる:
$$0 < a_{n+1} < \min\{b_{n+1}, (n+1)^{-1}\}, \quad \frac{a_{n+1}}{a_n} \leqq \rho; \tag{3.2}$$
$$d_{n+1}\alpha_k \leqq \nu_n(E_k) \leqq \alpha_k \quad (1 \leqq k \leqq n); \tag{3.3}$$
$$\nu_n(C(a_{n+1})) > \frac{1}{\Phi[-\log((n+1)a_{n+1})]} \ (=\alpha_{n+1}). \tag{3.4}$$

性質 (3.2) については問題はない.(3.4) は補題 3.1 と Φ に関する de la Vallée Poussin 条件から明らかである.実際,$\nu_n(C(a_{n+1}))$ は $a_{n+1} \to 0$ のとき $(-\log a_{n+1})^{-1}$ より早く減少することはないが,$1/\Phi[-\log((n+1)a_{n+1})]$ はこれよりずっと早く減少するからである.(3.3) については,補題 3.2 において,$0 < \varepsilon \leqq (d_n - d_{n+1})\min\{\alpha_1,\ldots,\alpha_n\}$,$F_j = E_j$ $(0 \leqq j \leqq n)$,$\mu = \mu_n$,$\mu_a = \nu_n$,$a = a_{n+1}$ とおき,条件 (C_n) の最後の不等式と併せて考えればよい.ここで定理 2.7 を使えば,円環 $\{\delta a_{n+1} \leqq |z| \leqq a_{n+1}\}$ に含まれる集合 $K \in \mathcal{N}_\Phi$ で $\alpha_{n+1} < \mu_K(K) \leqq \nu_n(C(a_{n+1}))$ を満たすものの存在が分る.但し,μ_K は点 ∞ に対する領域 $\overline{\mathbb{C}} \setminus (\bigcup_{k=0}^{n} E_k \cup K)$ の調和測度である.このときは,K の閉部分集合 E_{n+1} で次を満たすものが存在する:
$$d_{n+1}\alpha_{n+1} \leqq \mu_{n+1}(E_{n+1}) \leqq \alpha_{n+1}.$$

以上の構成により,$\nu_n(E_k) \leqq \mu_{n+1}(E_k) \leqq \mu_n(E_k)$ $(k=1,\ldots,n)$ が成り立つから,性質 (C_{n+1}) が示されたことになる.我々は帰納法を続けて全ての $n \geqq 1$ に対して性質 (C_n) を持つ集合列 $\{E_0, E_1, \ldots\}$ を構成することができる.ここで $E = \bigcup_{n=0}^{\infty} E_n \cup \{0\}$ とおくと,番号 k を固定するごとに $\nu_n(E_k) \to m(E_k)$ $(n \to \infty)$ を示すことができる.$d_n \to d$ であったから,(3.3) から (3.1) が導かれる.これで証明が終った. □

3.2 領域の分類定理 補題 3.3 で構成した集合 E に名前を付けよう.即ち,$\{a_n\}$ を正数列,$0 < \rho < \delta < 1$ を定数とし,
$$a_{n+1}/a_n \leqq \rho \quad (n=0, 1, \ldots)$$
を仮定する.各 n に対し E_n を円環 $\{\delta a_n \leqq |z| \leqq a_n\}$ に含まれる全不連結な閉集合で極集合ではないものとし,$E = \bigcup_{n=0}^{\infty} E_n \cup \{0\}$ とおく.従って,E も全不連結な有界閉集合である.以下では,このような集合 E を原点を中心と

する**環状集合**と呼び，各 E_n を E の成分集合と呼ぶことにする．任意の点を中心とする環状集合の定義も同様であるから繰返さない．このような E が与えられたとき，m および m_n ($n=1,2,\ldots$) によりそれぞれ点 ∞ に対する領域 $\overline{\mathbb{C}} \setminus E$ および $\{|z| > a_n\} \setminus E$ の調和測度を表すこととする．

定理 3.4 Φ と Ψ は凸函数で，任意の正数 s に対して，

$$\frac{\Psi(t)}{\Phi(t-s)} = o(1) \qquad (t \to +\infty) \tag{3.5}$$

を満たすと仮定する．このとき，原点を中心とする環状集合 E で

$$H^{\Phi}(\overline{\mathbb{C}} \setminus E) = \mathbb{C}, \quad z^{-1} \in H^{\Psi}(\overline{\mathbb{C}} \setminus E)$$

を満たすものが存在する．

証明 $0 < \rho < \delta < 1$ を固定して考える．まず，条件 (3.5) より正数列 $\{b_0, b_1, \ldots\}$ で，$b_0 = 1$, $b_n < n^{-1}$ 且つ

$$0 < \Psi(\log t/\delta) \leqq 2^{-n}\Phi(\log t/n) \qquad (t \geqq 1/b_n, n = 1, 2, \ldots)$$

を満たすものが存在する．また，正数列 $\{a_n\}$ と $\mathcal{N}_{\Phi}$ 級集合 $\{E_n\}$ で，

$$a_{n+1}/a_n \leqq \rho, \quad a_n \leqq b_n, \quad E_n \subset \{\delta a_n \leqq |z| \leqq a_n\} \qquad (n \geqq 0),$$
$$d \leqq \Phi(-\log(na_n))m(E_n) \leqq 1 \qquad (n \geqq 1)$$

を満たすものを補題 3.3 により構成する．ここで，m と d は補題 3.3 で定義した意味を持つものである．

以上の準備の下で，まず $H^{\Phi}(\overline{\mathbb{C}} \setminus E) = \mathbb{C}$ を示そう．これは定理 2.7 に用いた論法による．そのため，$n \geqq 1$ を任意に固定して a_n を観察する．$0 < \rho < \delta < 1$ であるから，円環 $\{a_n < |z| < \delta \rho^{-1} a_n\}$ は $\overline{\mathbb{C}} \setminus E$ に含まれる．ここで $\sigma = (\delta\rho^{-1})^{\frac{1}{4}}$ とおき，点 $w \in C(\sigma a_n)$ に対する円環 $\{a_n < |z| < \sigma^2 a_n\}$ の調和測度を ξ_w とすると，Harnack の不等式より

$$\frac{d\xi_w}{ds}(z) \leqq \begin{cases} A'/(4\pi a_n) & (z \in C(a_n)), \\ A'/(4\pi\sigma^2 a_n) & (z \in C(\sigma^2 a_n)) \end{cases} \tag{3.6}$$

が成り立つ．但し，$A' = A'(\sigma^{-2})$ は補題 2.5 の証明の中で定義した定数である．さて，$f \in H^{\Phi}(\overline{\mathbb{C}} \setminus E)$ と $\overline{\mathbb{C}} \setminus E$ 上の $\Phi(\log^+ |f|)$ の調和優函数 u を任意

§3 平面領域の分類

にとる.目的は f が定数函数になることの証明である.このためには,f と u は恒等的には消滅しないと仮定してよい.各 E_n は $\mathcal{N}_\Phi$ に属しているから,f は原点以外に特異点を持つことはない.従って,f を

$$f(z) = \sum_{j=0}^{\infty} \frac{c_j}{z^j} \qquad (0 < |z| < \infty)$$

の形に展開することができる.ここで,$n \geq 1$ とする.$f(z)$ は任意の円環 $\{a_n < |z| < \sigma^2 a_n\}$ 上で有界正則であるから,任意の $w \in C(\sigma a_n)$ に対して

$$\log^+|f(w)| \leq \int \log^+|f(\zeta)|\, d\xi_w(\zeta) \tag{3.7}$$

が成り立つ.ここで,ξ_w は上で定義した調和測度である.上式の両辺を Φ に代入して Jensen の不等式を使えば,

$$\Phi(\log^+|f(w)|) \leq \left(\int_{C(a_n)} + \int_{C(\sigma^2 a_n)}\right) \Phi(\log^+|f(\zeta)|)\, d\xi_w(\zeta) \tag{3.8}$$

を得る.ここで,$w \in C(\sigma a_n)$ に注意し,(3.6), (3.7), 補題 2.5 および評価式 $m_n(C(a_n)) \geq m(E_n) \geq d\Phi(-\log(na_n))^{-1}$ を使って定理 2.7 の証明と同様に計算すれば,不等式 (3.8) の右辺は $C = A'(\sigma^{-2})A(\sigma^{-1})u(\infty)/d$ として $C\Phi(-\log a_n)$ を越えないことが分る.故に,

$$\frac{\Phi(\log^+|f(w)|)}{\Phi(-\log a_n)} \leq C \qquad (w \in C(\sigma a_n)). \tag{3.9}$$

さて,正数 t_0 を十分大きく選び,函数 $\Phi(t)/t$ は $t \geq t_0$ では正で且つ非減少であるとすれば,

$$\frac{t_1}{t_2} \leq 1 + \frac{\Phi(t_1)}{\Phi(t_2)} \qquad (t_1 \geq 0, t_2 \geq t_0)$$

が成り立つから,番号 N を $-\log a_N \geq t_0$ となるようにとれば,(3.9) より

$$|f(w)| \leq a_n^{-C-1} \qquad (w \in C(\sigma a_n), n \geq N)$$

が成り立つ.そこで,$n \geq N$ として $r = \sigma a_n$ と書けば,次を得る:

$$|c_k| = \left|\frac{1}{2\pi i}\int_{C(r)} f(z) z^{k-1}\, dz\right| \leq r^k a_n^{-C-1} = \sigma a_n^{k-C-1}.$$

ここで,$n \to \infty$ とすれば,$k > C+1$ のとき $c_k = 0$ が成り立つことが分る.そこで,c_p を 0 でない最高次の係数とする.もし $p \geq 1$ ならば,十分

小さい全ての $z \neq 0$ に対して (例えば $0 < |z| \leq a_{N'}$ $(N' \geq N)$ とする) $|f(z)| \geq \frac{1}{2}|c_p||z|^{-p} \geq 1$ が成り立つ. 従って,

$$\int_E \Phi\bigl(\log^+|f(z)|\bigr)\,dm(z) \geq \sum_{n=N'}^{\infty} \Phi(\log(\tfrac{1}{2}|c_p|a_n^{-p}))\,m(E_n)$$
$$\geq d\sum_{n=N'}^{\infty} \frac{\Phi(\log(\tfrac{1}{2}|c_p|a_n^{-p}))}{\Phi(-\log(na_n))} = +\infty$$

となって, $f \in H^{\Phi}(\overline{\mathbb{C}} \setminus E)$ に反する. 故に, $p = 0$ であり, $H^{\Phi}(\overline{\mathbb{C}} \setminus E)$ は定数函数のみよりなることが証明された.

第二の性質 $z^{-1} \in H^{\Psi}(\overline{\mathbb{C}} \setminus E)$ は比較的簡単である. 実際, $a_n \leq b_n$ より,

$$\Psi(-\log(\delta a_n)) \leq 2^{-n}\,\Phi(-\log(na_n)) \qquad (n = 1, 2, \dots)$$

が成り立つ. E_n は $\{\delta a_n \leq |z| \leq a_n\}$ に含まれているから,

$$\int_E \Psi(\log|z^{-1}|)\,dm(z) = \sum_{n=0}^{\infty}\int_{E_n}\Psi(\log|z^{-1}|)\,dm(z)$$
$$\leq \sum_{n=0}^{\infty}\Psi(-\log|\delta a_n|)\,m(E_n)$$
$$\leq \Psi(-\log|\delta a_0|)\,m(E_0) + \sum_{n=1}^{\infty}\frac{\Psi(-\log|\delta a_n|)}{\Phi(-\log|na_n|)}$$
$$\leq \Psi(-\log|\delta a_0|)\,m(E_0) + \sum_{n=1}^{\infty}\frac{1}{2^n} < \infty$$

を得る. 故に, z^{-1} は $H^{\Psi}(\overline{\mathbb{C}} \setminus E)$ に属する. □

3.3 零族 $\mathcal{O}_{\Phi}$ の分類
前定理を平面領域の零族 $\mathcal{O}_{\Phi}$ の言葉で述べてみよう.

定理 3.5 凸函数 Φ と Ψ は定理 3.4 の条件を満足するならば, $\mathcal{O}_{\Psi} \subsetneq \mathcal{O}_{\Phi}$.

正数 p に対して

$$\mathcal{O}_p^- = \bigcup\{\mathcal{O}_q : 0 < q < p\}, \quad \mathcal{O}_p^+ = \bigcup\{\mathcal{O}_q : p < q < \infty\}$$

とおく. このとき, 次の関係が成り立つ.

系 (a) $\mathcal{O}_p^- \subsetneq \mathcal{O}_p \subsetneq \mathcal{O}_p^+$ $(0 < p < \infty)$.
  (b) $\mathcal{O}_{AB^*} \subsetneq \bigcap\{\mathcal{O}_q : 0 < q < \infty\}$, $\bigcup\{\mathcal{O}_q : 0 < q < \infty\} \subsetneq \mathcal{O}_{AB}$.

§3 平面領域の分類

証明 まず,凸函数 Φ または Ψ のいずれかが Δ_2 条件を満たすときは,条件 (3.5) は簡単な $\Psi(t)/\Phi(t) = o(1)$ $(t \to \infty)$ と同等であることに注意する.

(a) $0 < p < \infty$ とする.まず,$\mathcal{O}_p^- \subsetneqq \mathcal{O}_p$ を示すためには,$\Phi(t) = e^{pt} - 1$ とし,$\Psi(t)$ としては

$$\Psi(t) = \begin{cases} \frac{1}{4}p^2 e^2 t & (0 \leqq t \leqq 2/p), \\ e^{pt}/t & (t \geqq 2/p) \end{cases}$$

とおけばよい.実際,これらの Φ と Ψ は Δ_2 条件を満たす凸函数であり,$\Psi(t)/\Phi(t) = o(1)$ $(t \to +\infty)$ が成り立つから,条件 (3.5) も成り立つ.従って,定理 3.5 により $\mathcal{O}_\Psi \subsetneqq \mathcal{O}_\Phi = \mathcal{O}_p$ を得る.さらに,もし $0 < q < p$ ならば,$e^{qt}/\Psi(t) = o(1)$ $(t \to \infty)$ であるから,$\mathcal{O}_q \subsetneqq \mathcal{O}_\Psi$.故に,

$$\mathcal{O}_p^- = \bigcup\{\mathcal{O}_q : 0 < q < p\} \subseteqq \mathcal{O}_\Psi \subsetneqq \mathcal{O}_p.$$

一方,$\mathcal{O}_p \subsetneqq \mathcal{O}_p^+$ を示すために,$\Phi(t) = te^{pt}, \Psi(t) = e^{pt} - 1$ とおく.このとき,Φ と Ψ は条件 (3.5) を満たすから,$\mathcal{O}_p \subsetneqq \mathcal{O}_\Phi$ が成り立つ.次に,もし $q > p$ ならば,$\Phi(t)/e^{qt} = o(1)$ $(t \to \infty)$ であるから,$\mathcal{O}_\Phi \subsetneqq \mathcal{O}_q$.故に,$\mathcal{O}_p \subsetneqq \mathcal{O}_\Phi \subseteqq \mathcal{O}_p^+$.

(b) 前半を示すには,$\Phi(t) = t^2, \Psi(t) = t$ とおく.このとき,$\mathcal{O}_\Psi$ は定義により $\mathcal{O}_{AB^*}$ である.また,$\Psi(t)/\Phi(t) = o(1)$ $(t \to \infty)$ であるから,$\mathcal{O}_{AB^*} \subsetneqq \mathcal{O}_\Phi$ が成り立つ.一方,$q > 0$ ならば,$\Phi(t)/e^{qt} = o(1)$ $(t \to \infty)$ であるから,$\mathcal{O}_\Phi \subsetneqq \mathcal{O}_q$ を得る.故に,$\mathcal{O}_{AB^*} \subsetneqq \mathcal{O}_\Phi \subseteqq \bigcap\{\mathcal{O}_q : 0 < q < \infty\}$.

後半を示すためには,$\Phi(t) = \exp(e^{2t}) - e, \Psi(t) = \exp(e^t) - e$ とおけばよい.このとき,Φ と Ψ は条件 (3.5) を満たすから,$\mathcal{O}_\Psi \subsetneqq \mathcal{O}_\Phi$ が成り立つ.今,$e^{qt}/\Psi(t) = o(1)$ $(t \to \infty)$ であるから,$\mathcal{O}_q \subsetneqq \mathcal{O}_\Psi$ を得る.故に,$\bigcup\{\mathcal{O}_q : 0 < q < \infty\} \subseteqq \mathcal{O}_\Psi \subsetneqq \mathcal{O}_\Phi \subseteqq \mathcal{O}_{AB}$.これで証明が終った. □

3.4 零族 $\mathcal{O}_\Phi$ の比較 領域の二つの零族,例えば $\mathcal{O}_p$ と $\mathcal{O}_q$,が異なるとき,その差は非常に大きい.即ち,我々は次を示すことができる.

定理 3.6 凸函数 Φ と Ψ は定理 3.4 の条件を満足すると仮定する.このとき,$\overline{\mathbb{C}}$ の連結領域 D で $H^\Phi(D)$ は定数函数しか含まないが $H^\Psi(D)$ は無限次元で真性特異点を持つ函数を含むようなものが存在する.

証明の概略 証明の鍵は既に定理 3.4 の証明の中にあるので,筋書だけを述べる.説明を簡単にするために,$H^\Phi(D)$ は定数函数しか含まないが $H^\Psi(D)$ は原点を真性特異点とする函数を含むような $\overline{\mathbb{C}}$ の連結領域を構成する.我々の領域は $\overline{\mathbb{C}}$ から可算個の環状集合を除去することで得られる.これを実行するため,まず記号を説明する.任意の点 $z_0 \in \overline{\mathbb{C}} (\neq \infty)$ と任意の $r_0 > 0$ に対し,円環 $\{\frac{15}{16}r_0 \leq |z - z_0| \leq r_0\}$ に含まれる $\mathcal{N}_\Phi$ 級の零集合の全体を $\mathcal{N}_\Phi(z_0; r_0)$ と書く.また,$b_{n,j} > 0$ を性質

$$\frac{\Psi(2t)}{\Phi(j^{-1}t)} \leq 2^{-n-j} \qquad (t \geq b_{n,j}^{-1}; n, j \geq 1)$$

によって定義する.次に,正数列 $\{A_n : n \geq 0\}$, $\{a_{n,j} : n \geq 1, j \geq 0\}$, $\{z_n : n \geq 1\}$ と $\mathcal{N}_\Phi$ 級零集合の列 $\{E'_n : n \geq 0\}$, $\{E_{n,j} : n \geq 1, j \geq 0\}$ を帰納法により構成する.これらに課する条件の最初は次である:

$$\frac{A_{n+1}}{A_n} \leq \tfrac{1}{8} \quad (n \geq 0); \qquad A_n \leq b_{1,n} \quad (n \geq 1);$$
$$z_n = \tfrac{3}{4}A_n \quad (n \geq 1); \qquad a_{n,0} \leq \tfrac{1}{8}A_n \quad (n \geq 1);$$
$$a_{n,j} \leq b_{n,j}, \quad \frac{a_{n,j+1}}{a_{n,j}} \leq \tfrac{1}{2} \quad (n \geq 1, j \geq 0);$$
$$E'_n \in \mathcal{N}_\Phi(0; A_n) \quad (n \geq 0); \qquad E_{n,j} \in \mathcal{N}_\Phi(z_n; a_{n,j}) \quad (n \geq 1, j \geq 0).$$

ここで,集合 $E'_n, E_{n,j}$ は全て互いに素である.そこで,

$$E_n = \bigcup \{E_{n,j} : j \geq 0\} \cup \{z_n\} \qquad (n \geq 1)$$

とし,最後に集合 E_n $(n \geq 1)$, E'_n $(n \geq 0)$ と原点 0 の全部の和集合を作って E と書く.この構成から E は全不連結な有界閉集合であることが分る.点 ∞ に対する領域 $\overline{\mathbb{C}} \setminus E$ の調和測度を m と書く.ここで,最後の条件

$$d \leq \Phi(-\log(nA_n))m(E'_n) \leq 1 \qquad (n \geq 1);$$
$$d \leq \Phi(-\log(ja_{n,j}))m(E_{n,j}) \leq 1 \qquad (n, j \geq 1)$$

を課する.d は $0 < d < 1$ を満たす定数で,任意に指定できる.構成の論法は補題 3.3 の証明と同様であるから省略するが多少複雑である.

以上の E について,まず $\overline{\mathbb{C}} \setminus E \in \mathcal{O}_\Phi$ を示す.このため,任意の 0 ではない $f \in H^\Phi(\overline{\mathbb{C}} \setminus E)$ をとる.E'_n と $E_{n,j}$ は $\mathcal{N}_\Phi$ に属するから,f はこれらの集合上に正則に延長できる.従って,f の特異点としては z_n $(n \geq 1)$ と原点

だけが残っている．この中で z_n は環状集合 E_n の中心である．E_n についての仮定を抜き出せば，

$$a_{n,j+1}/a_{n,j} \leq \tfrac{1}{2} \qquad (j \geq 0),$$
$$E_{n,j} \subseteq \{\tfrac{15}{16} a_{n,j} \leq |z - z_n| \leq a_{n,j}\} \qquad (j \geq 0),$$
$$d \leq \Phi[-\log(ja_{n,j})] m(E_{n,j}) \leq 1 \qquad (j \geq 1)$$

である．定理 3.4 の証明を見れば，これらの条件から z_n が f の除去可能な特異点であることが分る．また，原点については，領域 $\overline{\mathbb{C}} \setminus E$ がモジュラス一定の円環列 $\{A_n < |z| < 4A_n\}$ $(n \geq 1)$ を含むことが分るが，$m(E'_n)$ に関する仮定から，原点も f の除去可能な特異点であることが分る．故に，f は定数函数で，$\overline{\mathbb{C}} \setminus E \in \mathcal{O}_\Phi$ が示された．

最後に，$a_{n,j}$ と $m(E_{n,j})$ に関する性質から，$H^\Psi(\overline{\mathbb{C}} \setminus E)$ は

$$h(z) = \sum_{n=1}^\infty \frac{c_n}{z - z_n} \qquad (c_n \neq 0 \text{ は十分小})$$

の形の函数を含むことが示される．即ち，$H^\Psi(\overline{\mathbb{C}} \setminus E)$ は無限次元で原点に真性特異点を持つ函数を含むことが証明できる． □

3.5 その他の注意 D を任意の平面領域とするとき，$H^\infty(D) \subseteq H^p(D)$ $(0 < p < \infty)$ が成り立つが，$H^\infty(D)$ は $H^p(D)$ の中で稠密であるとは限らない．§3.2 や §3.4 で述べた論法を使えば，さらに精密な結果が得られる．

定理 3.7 任意の $n = 0, 1, 2, \ldots, \infty$ に対し，有界な領域 $D_n \subset \mathbb{C}$ で次を満たすものが存在する：

(a) $H^\infty(D_n)$ は $H^\infty(\mathbb{D})$ と等距離且つ代数的に同型である．

(b) $H^\infty(D_n)$ の $H^2(D_n)$ 内での L^2 閉包 $[H^\infty(D_n)]_2$ は $H^2(D_n)$ の中で余次元 n を持つ．

証明の概略 (a) $n = 0$ のときは簡単で $D_0 = \mathbb{D}$ とおけばよい．

(b) 定理 3.4 の証明で構成した原点 0 を中心とする環状集合 E を $\Psi(t) = e^{2t}$, $\Phi(t) = e^{3t}$ 且つ $a_0 < 1$ に対応するものとする．このとき，$H^2(\overline{\mathbb{C}} \setminus E)$ は $c_0 + c_1 z^{-1}$ (c_0, c_1 は定数) の形の函数全体からなる．$D_1 = \mathbb{D} \setminus E$ とおけば，$H^2(D_1$ は $f(z) + c_1 z^{-1}$ (但し，$f \in H^2(\mathbb{D})$) の形の函数全体からなる．一方，

$E \in \mathcal{O}_3 \subset \mathcal{O}_{AB}$ であるから,全ての $f \in H^\infty(D_1)$ は $\mathbb{D}$ まで解析接続されて,$H^\infty(\mathbb{D})$ の元 $\tilde{f}$ を定義する.明らかに,$f \mapsto \tilde{f}$ は $H^\infty(D_1)$ から $H^\infty(\mathbb{D})$ の上への線型且つ等距離的な同型写像である.また,$[H^\infty(D_1)]_2 = H^2(\mathbb{D})$ は明らかであるから,$H^2(D_1) \ominus [H^\infty(D_1)]_2$ は z^{-1} の倍数のみからなる.故に,$[H^\infty(D_1)]_2$ は $H^2(D_1)$ の中で余次元 1 を持つ.

(c) $n = 2, 3, \ldots$ の場合は,(b) で構成したような環状集合 $E^{(1)}, \ldots, E^{(n)}$ の合併 E を用いて,$D_n = \mathbb{D} \setminus E$ と定義されるものがその一例である.

(d) $n = \infty$ の場合は,やはり $\Psi(t) = e^{2t}$, $\Phi(t) = e^{3t}$ として,定理 3.6 の証明の中で説明した方法で構成される $\mathbb{D}$ の部分集合 E によって $\mathbb{D} \setminus E$ と表されるものが求める性質を持つ. □

文献ノート

Hardy 族による Riemann 面の分類は Heins [B19, Chapter III] による.本章の主題である平面領域の場合は,Heins は同書で $\mathcal{O}_{AB^*} \subsetneq \mathcal{O}_1$ を示したが,それ以外は課題として残った.1970 年代になり重要な貢献が現れた.まず,Hejhal [59, 60] は系統図

$$\mathcal{O}_G = \mathcal{O}_{AB^*} \subseteq \mathcal{O}_1^- \subsetneq \mathcal{O}_1 \subseteq \mathcal{O}_{\frac{3}{2}}^- \subsetneq \mathcal{O}_{\frac{3}{2}} \subseteq \mathcal{O}_2^- \subsetneq \mathcal{O}_2 \subseteq \mathcal{O}_{\frac{5}{2}}^-$$
$$\subsetneq \mathcal{O}_{\frac{5}{2}} \subseteq \mathcal{O}_3^- \subsetneq \mathcal{O}_3 \subseteq \cdots \subsetneq \bigcup \{\mathcal{O}_q : 0 < q < +\infty\} \subsetneq \mathcal{O}_{AB}$$

を証明した.しかし,$0 < p < 1$ の場合は謎として残された.続いて小林 [65, 66] は Hejhal の方法を改良して $0 < p < q \leqq \infty$ 且つ $q \geqq 1$ のとき $\mathcal{O}_p \subsetneq \mathcal{O}_q$ が成り立つことを示した.本章の Hardy-Orlicz 族による結果は荷見 [43, 45] による.これによれば,平面領域特有の結果 $\mathcal{O}_G = \mathcal{O}_{AB^*}$ を除けば,Riemann 面で実現する結果は全て平面領域の範囲で再現できる.Heins の例は全て種数無限の所謂 Myrberg 型の Riemann 面であるが,筆者の結果は平面の領域だけで十分に複雑であることを示している.一方,Obrock [83] は Hardy-Orlicz 族による Riemann 面の分類を研究し Heins の結果の拡張を試みている.

§1.1 の強凸函数の定義は Rudin [B37, 37 頁] に従った.また,定理 2.2 は古典的 Hardy 族の場合に Hejhal [59, 定理 2; 60, 定理 5] が証明している.なお,定理 3.6 の後半部分については,筆者の報告 [43] にやや詳しく述べられている.定理 3.7 は荷見 [46] による.なお,Hardy-Orlicz 族については荷見・片岡 [48] にも注意がある.

この種の問題の解決の鍵は除去可能な特異点 (または,特異集合) の解明である.この観点から最近は Björn [13–17] が様々な研究を行っている.

付　録

この付録は本書を理解するための最小限の参考事項を用語と記号の説明をかねて集めたものである．標準的な教科書にあるような事項は事実だけを述べたが，なるべく著者が参考にした参考書を併記しておいた．基本的な定義は原則として説明を省略したので，適当な参考書で補っていただきたい．

§A　Riemann 面の基本事項

Riemann 面の基本用語 (等角構造，座標円板，交叉数，等) は既知として説明を省略する．主に，Ahlfors-Sario [B2], Constantinescu-Cornea [B7], 中井 [B30] 等を参考にした．以下では $\mathcal{R}$ は (連結した) Riemann 面を表す．

A.1　近似列

A.1.1　正則領域 $\mathcal{R}$ の連結開集合を $\mathcal{R}$ の**領域**と云う．$\mathcal{R}$ の領域は常に $\mathcal{R}$ と同じ等角構造を持つものとする．$\mathcal{R}$ の領域 D が相対コンパクトで，境界 ∂D は有限個の互いに素な解析的単純閉曲線からなり，且つ $\mathcal{R} \setminus D$ にはコンパクトな成分がないとき，D を $\mathcal{R}$ の**正則領域**と云う．このとき，次が成り立つ．

定理 A.1　任意の開 Riemann 面 $\mathcal{R}$ は**正則近似列**を持つ．即ち，$\mathcal{R}$ の正則領域の増加列 $\{D_n\}_{n=1}^{\infty}$ で次の二条件を満たすものが存在する：

(i)　$\operatorname{Cl} D_n \subset D_{n+1}$ $(n = 1, 2, \dots)$,

(ii)　$\mathcal{R} = \bigcup_{n=1}^{\infty} D_n$.　　　　　　　　　　　　　　　　　　　　　([B2, II.12D])

A.1.2　三角形分割　$\mathcal{R}$ は正則近似列を持つから，$\mathcal{R}$ には座標円板による局所有限な開被覆が存在する．これから，$\mathcal{R}$ は三角形分割が構成できる．　　　([B2, I.46A])

A.1.3　標準領域　$\mathcal{R}$ の領域 D が**標準領域**であるとは，D が正則領域であって，さらに $\mathcal{R} \setminus D$ の各成分が D と唯一個の境界成分を共有することを云う．実際，§A.1.2

で得られる $\mathfrak{R}$ の三角形分割をさらに細分して，標準領域のみからなる $\mathfrak{R}$ の正則近似列を構成できる．これを $\mathfrak{R}$ の**標準近似列**と呼ぶ． ([B2, I.29A])

A.1.4 忠実な被覆 $\mathfrak{R}$ の**忠実な被覆**は §II.1.1 (32 頁) で条件 (FC1), (FC2) を満たすものとして定義した．ここではそのような被覆の存在を示そう．

定理 A.2 Riemann 面は忠実且つ局所有限な開被覆を持つ．特に，Riemann 面の任意の開被覆は忠実且つ局所有限な細分を持つ．

証明 $\mathfrak{R}$ を開 Riemann 面として証明すれば十分である．また，$\mathfrak{R}$ は位相空間として距離づけ可能であるから，$\mathfrak{R}$ 上の距離を一つ固定して考える．さて，定理 A.1 により $\mathfrak{R}$ の正則近似列をとり $\{D_n : n = 1, 2, \ldots\}$ と書く．なお，便宜上 $D_0 = D_{-1} = \emptyset$ とおく．さて，$\mathfrak{U}_*$ を単連結開集合 (例えば，座標開円板) による $\mathfrak{R}$ の被覆とする．$\mathfrak{U}_*$ をコンパクト距離空間 $\mathrm{Cl}\,D_n$ の開被覆と見なしたときの Lebesgue 数を δ_n とおけば，$\delta_1 \geqq \delta_2 \geqq \cdots > 0$ が成り立つ (荷見 [B17], 系 11.16])．次に，各 $z \in \mathrm{Cl}\,D_n \setminus D_{n-1}$ に対し，z を含み $D_{n+1} \setminus \mathrm{Cl}\,D_{n-2}$ に含まれる単連結開集合で直径が $\frac{1}{3}\delta_{n+5}$ より小さいものをとり U_z とおく．$\{U_z\}$ はコンパクト集合 $\mathrm{Cl}\,D_n \setminus D_{n-1}$ の開被覆であるから，その中の有限個で $\mathrm{Cl}\,D_n \setminus D_{n-1}$ を被うものを $\mathfrak{U}_n = \{U_{n,1}, \ldots, U_{n,m_n}\}$ とおくと，和集合 $\mathfrak{U} = \bigcup_{n=1}^{\infty} \mathfrak{U}_n$ が求めるものである．

各 $\mathfrak{U}_n$ の集合と共通点を持ちうるのは $\mathfrak{U}_{n-2}$ から $\mathfrak{U}_{n+2}$ までの集合であるから，$\mathfrak{U}$ は局所有限である．次に，忠実であることを示そう．まず，定義により $\mathfrak{U}$ の各元は単連結開集合である．また，$U_{i_1}, U_{i_2}, U_{i_3} \in \mathfrak{U}$ を $U_{i_1} \cup U_{i_2} \cup U_{i_3}$ が連結であるようにとる．$\mathfrak{U}$ の作り方からこれらの 3 個の集合は或る $\mathfrak{U}_n \cup \cdots \cup \mathfrak{U}_{n+4}$ に含まれる．従って，$U_{i_1}, U_{i_2}, U_{i_3}$ の直径は $\frac{1}{3}\delta_{n+5}$ より小さい．$U_{i_1} \cup U_{i_2} \cup U_{i_3}$ は連結であるから，その直径はそれぞれの直径の和 δ_{n+5} より小さい．ところが，$U_{i_1} \cup U_{i_2} \cup U_{i_3}$ は D_{n+5} に含まれているから，$\mathfrak{U}_*$ の或る元に含まれる．故に，単連結開集合に含まれる．これで前半の証明が終った．後半は，$\mathfrak{R}$ の任意の開被覆に対し，前半で構成した忠実且つ局所有限な開被覆との共通の細分を作ればよい． □

A.2 ホモロジー群

A.2.1 一般性質 $\mathfrak{R}$ の 1 次元特異ホモロジー群を $H_1(\mathfrak{R})$ と書く．$\mathfrak{R}$ は三角形分割できるから，$\mathfrak{R}$ を可符号の多面体と見なすことができる．これを $K = K(\mathfrak{R})$ と記す．$H_1(K)$ を多面体 K の 1 次元ホモロジー群とする．K の向きのついた 1 単体は $\mathfrak{R}$ 上の特異 1 単体と見なされるから，この対応は $H_1(K)$ から $H_1(\mathfrak{R})$ の上への同型を与える．これを標準同型と呼ぶ． ([B2, I.33B, I.23D, I.34A])

A.2.2 標準列 この同型により, $H_1(\mathfrak{R})$ の性質を $H_1(K)$ から導くことができる. K の 1 輪体の有限または無限列を二つずつ組にして a_i, b_i と番号づけしたものが

$$a_i \times a_j = b_i \times b_j = 0, \quad a_i \times b_i = 1, \quad a_i \times b_j = 0 \quad (i \neq j)$$

を満たすとき, 標準列であると云う. 但し, $a \times b$ は 1 輪体 a と b の交叉数を表す.

A.2.3 閉 Riemann 面 もし $\mathfrak{R}$ が閉 Riemann 面ならば, K は有限な有向多面体であるから, 標準列 a_i, b_i $(i = 1, \ldots, g)$ で, $H_1(K)$ の基底をなすものがとれる. よって, $\dim H_1(\mathfrak{R}) = \dim H_1(K) = 2g$ が成り立つ. g を曲面 $\mathfrak{R}$ の**種数**と呼ぶ.

また, $\overline{\mathfrak{R}}$ がコンパクト縁つき面で, q 個の境界成分 $c_0, \ldots, c_{q-1}$ $(q \geqq 1)$ (これらを $\mathfrak{R}$ の輪郭とも云う) を持つとすれば, K の標準列 a_i, b_i $(i = 1, \ldots, g)$ が存在して, これらと 1 個残しの輪郭の全体が $H_1(K)$ の基底となる. ここで, g は $\overline{\mathfrak{R}}$ の種数である. よって, $\dim H_1(\overline{\mathfrak{R}}) = \dim H_1(K) = 2g + q - 1$. ([B2, I.31G])

A.2.4 開 Riemann 面 $\mathfrak{R}$ を開 Riemann 面とすると, K は向きづけられた開多面体である. D を $\mathfrak{R}$ の正則部分領域とする. $\mathrm{Cl}\, D$ はコンパクト縁つき面と見なされるから, これは有限多面体 $K(\mathrm{Cl}\, D)$ を定義する. 必要ならば K を細分することにより, $K(\mathrm{Cl}\, D)$ を K の部分複体と見なすことができるから, $H_1(K(\mathrm{Cl}\, D))$ から $H_1(K)$ への自然な準同型を得られるが, $\mathfrak{R} \setminus D$ の成分でコンパクトなものはないから, この準同型は同型で, $H_1(K(\mathrm{Cl}\, D))$ は $H_1(K)$ の部分群と同一視される.

定理 A.3 (a) D を $\mathfrak{R}$ の正則部分領域とする. このとき, D 内の任意の 1 鎖を $\mathfrak{R}$ 内の 1 鎖と見なすことにより $H_1(D)$ を $H_1(\mathfrak{R})$ の部分群と見なすことができる.

(b) もし D が $\mathfrak{R}$ の標準領域ならば, $H_1(D)$ は自由 Abel 群 $H_1(\mathfrak{R})$ の直和因子である. ([B2, I.30C])

A.3 基本群

A.3.1 定義 $\mathfrak{R}$ 上の指定した 1 点 O に関する $\mathfrak{R}$ の**基本群** $\pi_1(\mathfrak{R}, O)$ は O を共通の基点とする閉曲線のホモトピー同値類の作る乗法群である. ([B2, I.9D])

A.3.2 開被覆による定義 $\mathfrak{R}$ の開被覆 $\mathcal{U} = \{U_i\}$ と $O \in U_0$ を満たす $\mathcal{U}$ の固定した元 U_0 の組 $(\mathcal{U}, U_0)$ (U_0 を略して単に $\mathcal{U}$ とも書く) を U_0 を基点とする開被覆と呼び, このような開被覆全体の族を $\mathbb{K}_O(\mathfrak{R})$ と記す.

さて, $(\mathcal{U}, U_0) \in \mathbb{K}_O(\mathfrak{R})$ とする. $U_0 \in \mathcal{U}$ を基点とする開被覆 $\mathcal{U}$ の**鎖**とは, $\mathcal{U}$ の元の有限列 $\gamma = (U_{i_0}, \ldots, U_{i_m})$ で $U_{i_0} = U_0$ 且つ全ての $1 \leqq r \leqq m$ に対し $U_{i_{r-1}} \cap U_{i_r} \neq \emptyset$ を満たすことを云う. さらに, $U_{i_m} = U_0$ を満たすとき, γ は閉鎖であると云う. このような鎖に対する**単純抜き差し**とは, 鎖の引き続く元の組 $U_{i_r}, U_{i_{r+1}}$

を $U_{i_r} \cap U_j \cap U_{i_{r+1}} \neq \emptyset$ を満たす $\mathcal{U}$ の元の三つ組 $U_{i_r}, U_j, U_{i_{r+1}}$ でおきかえることまたはこの逆の操作を云う．二つの $(\mathcal{U}, U_0)$ の閉鎖 γ, γ' が有限回の単純抜き差しで移れるとき**ホモトープ**であると云い，$\gamma \cong \gamma'$ と表す．これは同値関係で，同値類の全体を $\pi_1(\mathcal{U}, U_0)$ と書く．$(U_{i_0}, \ldots, U_{i_m})$ と $(\widetilde{U}_{i_0}, \ldots, \widetilde{U}_{i_n})$ が二つの閉鎖ならば，その積は閉鎖 $(U_{i_0}, \ldots, U_{i_m}, \widetilde{U}_{i_0}, \ldots, \widetilde{U}_{i_n})$ であり，この演算は閉鎖の同値類の集合 $\pi_1(\mathcal{U}, U_0)$ に自然に移行されて，$\pi_1(\mathcal{U}, U_0)$ が群になる．次に，開被覆 $(\mathcal{V}, V_0) \in \mathbb{K}_O(\mathcal{R})$ において，$\mathcal{V}$ が $\mathcal{U}$ の細分であって且つ付随する細分写像 $\mu: \mathcal{V} \to \mathcal{U}$ が $\mu V_0 = U_0$ を満たすとき，μ から群の準同型 $\mu^*: \pi_1(\mathcal{V}, V_0) \to \pi_1(\mathcal{U}, U_0)$ が引き起こされる．実際，V_0 を基点とする閉鎖 $(V_{i_0}, \ldots, V_{i_m})$ に対し，$\mu(V_{i_0}, \ldots, V_{i_m}) = (\mu V_{i_0}, \ldots, \mu V_{i_m})$ とおけば，同値類が保存されて求める準同型 μ^* が得られる．この準同型は細分写像の選び方に依存しない．実際，$\nu V_0 = U_0$ を満たす任意の細分写像 $\nu: \mathcal{V} \to \mathcal{U}$ を考えると，V_0 を基点とする任意の閉鎖 $(V_{i_0}, V_{i_1}, \ldots, V_{i_m})$ と任意の添数 $r = 1, 2, \ldots, m-1$ に対し，鎖 $(\mu V_{i_0}, \ldots, \mu V_{i_{r-1}}, \nu V_{i_r}, \ldots, \nu V_{i_m})$ から鎖 $(\mu V_{i_0}, \ldots, \mu V_{i_r}, \nu V_{i_{r+1}}, \ldots, \nu V_{i_m})$ へは単純抜き差し $(\mu V_{i_{r-1}}, \nu V_{i_r}) \to (\mu V_{i_{r-1}}, \mu V_{i_r}, \nu V_{i_r})$ と $(\mu V_{i_r}, \nu V_{i_r}, \nu V_{i_{r+1}}) \to (\mu V_{i_r}, \nu V_{i_{r+1}})$ で移れるから，$\mu(V_{i_0}, \ldots, V_{i_m})$ と $\nu(V_{i_0}, \ldots, V_{i_m})$ はホモトープである．故に，$\mu^* = \nu^*$．この共通の写像を $\varphi_{\mathcal{U},\mathcal{V}}$ と書く．

さて，$\mathbb{K}_O(\mathcal{R})$ の元 $(\mathcal{U}, U_0)$ と $(\mathcal{V}, V_0)$ において，$\mathcal{V}$ は $\mathcal{U}$ の細分であって $\mu V_0 = U_0$ を満たす細分写像 $\mu: \mathcal{V} \to \mathcal{U}$ が存在するとき，$(\mathcal{V}, V_0)$ は $(\mathcal{U}, U_0)$ の細分であると云って，$(\mathcal{U}, U_0) > (\mathcal{V}, V_0)$（または単に $\mathcal{U} > \mathcal{V}$）と定義する．このとき，$\mathbb{K}_O(\mathcal{R})$ は有向集合となり，被覆の基本群 $\pi_1(\mathcal{U}, U_0)$ と細分準同型 $\varphi_{\mathcal{U},\mathcal{V}}$ $(\mathcal{U} > \mathcal{V})$ の族は射影的系をなす．これらについては次が成り立つ．

定理 A.4 $\mathcal{R}$ の基本群 $\pi_1(\mathcal{R}, O)$ は被覆 $(\mathcal{U}, U_0) \in \mathbb{K}_O(\mathcal{R})$ の基本群 $\pi_1(\mathcal{U}, U_0)$ の射影的極限に標準的に同型である．即ち，

$$\pi_1(\mathcal{R}, O) = \varprojlim_{(\mathcal{U}, U_0)} \pi_1(\mathcal{U}, U_0) . \tag{A.1}$$

A.3.3 忠実な被覆と基本群 定理 A.4 を証明する代りにもっと強い結果を示す．

定理 A.5 $(\mathcal{U}, U_0) \in \mathbb{K}_O(\mathcal{R})$ が $\mathcal{R}$ の忠実な開被覆ならば，被覆 $(\mathcal{U}, U_0)$ の基本群 $\pi_1(\mathcal{U}, U_0)$ は $\mathcal{R}$ の基本群 $\pi_1(\mathcal{R}, O)$ に標準的に同型である．

まず，$(\mathcal{U}, U_0)$ を $\mathcal{R}$ の忠実な開被覆とし，$\mathcal{U} = \{U_i : i \in I\}$ とおく．各 $i \in I$ に対し $z_i \in U_i$ を選んで固定する．但し，U_0 に対しては $z_0 = O$ とする．次に，もし $U_i \cap U_j \neq \emptyset$ ならば，$z_{ij} = z_{ji} \in U_i \cap U_j$ を選んで固定し，まず U_i の中で z_i

を z_{ij} に結ぶ弧を c'_{ij}, U_j の中で z_{ij} を z_j に結ぶ弧を c''_{ij} (但し, $= {c'_{ji}}^{-1}$) として, $c_{ij} = c'_{ij} c''_{ij}$ とおくと, $c_{ji} = c_{ij}^{-1}$ が成り立つ. 被覆 $\mathfrak{U}$ は忠実であるから, 弧 c_{ij} はホモトープの意味で一意に決る (図 A.1 参照). このような弧の全体 $\{c_{ij} : i, j \in I\}$ を $\mathfrak{U}$ の**網目**と呼び, 有限個の c_{ij} を次々に繋いでできる弧, 即ち $c_{i_0 i_1} c_{i_1 i_2} \ldots c_{i_{m-1} i_m}$ の形の弧を $\mathfrak{U}$ の**網目弧**と呼ぶ. 特に, U_0 を基点とする閉鎖 $\gamma = (U_{i_0}, \ldots, U_{i_m})$ に対し, $c(\gamma) = c_{i_0 i_1} c_{i_1 i_2} \ldots c_{i_{m-1} i_m}$ とおけば, O を基点とする閉路が得られる. これを γ に対応する**網目閉路**と呼ぶ.

次に, 網目弧の**単純抜き差し**とは, 網目弧 $c_{i_0 i_1} c_{i_1 i_2} \ldots c_{i_{m-1} i_m}$ において, $c_{i_r i_{r+1}}$ を $U_{i_r} \cap U_j \cap U_{i_{r+1}} \neq \emptyset$ を満たす $U_j \in \mathfrak{U}$ を用いて, $c_{i_r j} c_{j i_{r+1}}$ でおきかえること, または $U_{i_r} \cap U_{i_{r+1}} \cap U_{i_{r+2}} \neq \emptyset$ のとき,

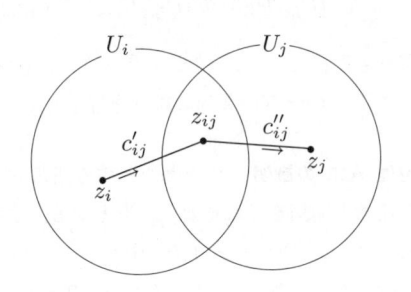

図 A.1: 網目弧の構成

$c_{i_r i_{r+1}} c_{i_{r+1} i_{r+2}}$ を $c_{i_r i_{r+2}}$ でおきかえることを指す. $\mathfrak{U}$ は忠実であるから, この変換で曲線のホモトープ同値類は変らない.

さて, $(\mathfrak{U}, U_0)$ の閉鎖 $\gamma = (U_{i_0}, \ldots, U_{i_m})$ が O を基点とする閉路 c を被うとは, c を有限個の引き続く部分弧 $\sigma_0, \ldots, \sigma_m$ に分割して $c = \sigma_0 \ldots \sigma_m$ と表すとき, $\sigma_r \subset U_{i_r}$ $(r = 0, \ldots, m)$ を満たすことを云う. 記号では, $c \subset \gamma$ と書く. この場合, 弧の分割 $c = \sigma_1 \ldots \sigma_m$ は γ に**適合**していると云う. 特に, 任意の $(\mathfrak{U}, U_0)$ の閉鎖 γ に対して $c(\gamma) \subset \gamma$ が分る. これらの定義の下に次が成り立つ:

補題 A.6 O を基点とする閉路を c とし, γ を c を被う $(\mathfrak{U}, U_0)$ の任意の閉鎖とする. このとき, $c \cong c(\gamma)$ が成り立つ.

証明 $U_i \cap U_j \neq \emptyset$ ならば, $U_i \cup U_j$ は単連結領域に含まれることから明らかである (図 A.1 参照). □

補題 A.7 O を基点とする閉路を c とし, γ, γ' を c を被う $(\mathfrak{U}, U_0)$ の任意の閉鎖とする. このとき, $\gamma \cong \gamma'$ が成り立つ.

証明 $\gamma = (U_{i_0}, \ldots, U_{i_m})$ に適合している c の分割を $c = \sigma_0 \ldots \sigma_m$ とする. もしこの分割が γ' にも適合しているならば, $\gamma' = (U_{j_0}, \ldots, U_{j_m})$ とおくことができる. このときは, $(U_{i_0}, U_{i_1}, U_{i_2}) \to (U_{i_0}, U_{j_1}, U_{i_1}, U_{i_2}) \to (U_{i_0}, U_{j_1}, U_{i_2})$ のように単純抜き差しで U_{i_1} を U_{j_1} におきかえることができる. 以下も同様で, $\gamma \cong \gamma'$ が示される.

次に，もし γ' に適合する c の分割が $c = \sigma_0 \ldots \sigma_m$ の細分である場合を考える．例えば，$\sigma_0 = \tau_0 \ldots \tau_k$ であったとし，これを被う γ' の部分を $(U_{j_0}, U_{j_1}, \ldots, U_{j_k})$ とすれば，γ から単純抜き差しで次の変形ができる：

$$(U_{i_0}, U_{i_1}) \to (U_{i_0}, \overbrace{U_{i_0}, \ldots, U_{i_0}}^{k\text{ 個}}, U_{i_1}) \to (U_{j_0}, U_{j_1}, \ldots, U_{j_k}, U_{i_1}).$$

残りも同様で，$\gamma \cong \gamma'$ が示される．任意の γ' については，γ と γ' のそれぞれに適合する c の分割の共通の細分を経由して考えれば，$\gamma \cong \gamma'$ が導かれる． □

定理 A.5 の証明 O を基点とする閉路 c と c' を任意にとり，これらを被う $(\mathcal{U}, U_0)$ の任意の閉鎖をそれぞれ γ, γ' とする．まず，$c \cong c'$ であるとし，これらをつなぐホモトピーを $F(t,s) = f_s(t)$ $(0 \leqq s, t \leqq 1)$ とする．即ち，$F(t,s)$ は $\mathcal{R}$ の中への連続函数であり，各 s に対して $f_s(t)$ $(0 \leqq t \leqq 1)$ は O を基点とする閉路 c_s を表すとする．特に，$c = c_0, c' = c_1$ とする．F は一様連続であるから，十分近い s に対する c_s は $(\mathcal{U}, U_0)$ の同一の閉鎖で被われる．補題 A.7 を使えば，十分近い二つの $c_s, c_{s'}$ を被う (二つの) 閉鎖はホモトープであることが分る．従って，c_0 と c_1 を被う閉鎖はホモトープである．故に，$\gamma \cong \gamma'$ が成り立つ．逆に，$\gamma \cong \gamma'$ を仮定する．このとき，γ から γ' へは $\mathcal{U}$ の鎖の単純抜き差しで変換できるが，それに対応する網目弧の単純抜き差しで $c(\gamma)$ から $c(\gamma')$ に変換できるから，$c(\gamma) \cong c(\gamma')$ が成り立つ．従って，補題 A.6 により $c \cong c(\gamma)$ および $c' \cong c(\gamma')$ を得る．故に，$c \cong c'$． □

なお，基本群 $\pi_1(\mathcal{R}, O)$ の指標群 $\pi_1^*(\mathcal{R}, O)$ について見ておく．まず，群 G が与えられたとき，G から乗法群 $\mathbb{T}$ への準同型を G の**指標**と呼ぶ．G の指標の全体は指標の (G 上の) 函数としての積に関して群を作る．これを G の**指標群**と呼んで G^* で表す．さて，$\pi_1(\mathcal{U}, U_0)$ の任意の指標 χ に対して，$\tilde{\chi} = \chi \circ \varphi_{\mathcal{U},\mathcal{V}}$ は $\pi_1(\mathcal{V}, V_0)$ の指標で，対応 $\chi \to \tilde{\chi}$ は指標群の準同型 $\pi_1^*(\mathcal{U}, U_0) \to \pi_1^*(\mathcal{V}, V_0)$ を定義する．これを $\varphi_{\mathcal{U},\mathcal{V}}^*$ と書くと，指標群 $\pi_1^*(\mathcal{U}, U_0)$ と細分準同型 $\varphi_{\mathcal{U},\mathcal{V}}^*$ $(\mathcal{U} > \mathcal{V})$ の族は帰納的系を作る．従って，$\pi_1(\mathcal{R}, O)$ の指標群 $\pi_1^*(\mathcal{R}, O)$ は $\pi_1(\mathcal{U}, U_0)$ の指標群 $\pi_1^*(\mathcal{U}, U_0)$ の帰納的極限に標準的に同型である．即ち，次が成り立つ：

$$\pi_1^*(\mathcal{R}, O) = \varinjlim_{(\mathcal{U}, U_0)} \pi_1^*(\mathcal{U}, U_0). \tag{A.2}$$

実際，$(\mathcal{U}, U_0) \in \mathbb{K}_O(\mathcal{R})$ が $\mathcal{R}$ の忠実な開被覆ならば，$\mathcal{R}$ の基本群の指標群 $\pi_1^*(\mathcal{R}, O)$ は被覆 $(\mathcal{U}, U_0)$ の基本群 $\pi_1(\mathcal{U}, U_0)$ の指標群 $\pi_1^*(\mathcal{U}, U_0)$ に標準的に同型である．

A.3.4 ホモロジー群との関係 O から出る任意の閉曲線 γ を $\mathcal{R}$ 上の特異 1 輪体と見なすことにより $\pi_1(\mathcal{R}, O)$ から 1 次元ホモロジー群 $H_1(\mathcal{R})$ の上への群の自然な準同型が定義される．実際，この準同型は γ のホモトピー類を γ のホモロジー類に写すとして，一意に決定する．この自然な準同型の下でホモロジー群 $H_1(\mathcal{R})$ は基本群 $\pi_1(\mathcal{R}, O)$ の交換子部分群 $[\pi_1(\mathcal{R}, O)]$ による商群 $\pi_1(\mathcal{R}, O)/[\pi_1(\mathcal{R}, O)]$ に同型である ([B2, I.33D])．従って，$H_1(\mathcal{R})^*$ は $\pi_1^*(\mathcal{R}, O)$ と同型である．さらに，定理 A.3(b) を参照すれば次も分る：

定理 A.8 D が開 Riemann 面 $\mathcal{R}$ の標準領域で原点 O を含むならば，$\pi_1(D, O)$ は $\pi_1(\mathcal{R}, O)$ の部分群である．さらに，$\pi_1(D, O)$ の任意の指標は $\pi_1(\mathcal{R}, O)$ の指標の $\pi_1(D, O)$ への制限として得られる．

A.4 微分形式 本小節は主に Ahlfors-Sario [B2, 第 V 章] に従うこととし，記号の説明以外の詳細はほとんど省略した．

A.4.1 基本定義 Riemann 面 $\mathcal{R}$ 上の **1 位微分** (または，微分形式) ω とは，各座標円板 (V_α, z_α) $(z_\alpha = x_\alpha + iy_\alpha)$ に一組の連続函数 (a_α, b_α) が割当てられ，

$$a_\alpha \, dx_\alpha + b_\alpha \, dy_\alpha \tag{A.3}$$

が座標変換に関して不変であることを云う．即ち，任意の座標円板 $(V_\alpha, z_\alpha), (V_\beta, z_\beta)$ に対し，$V_\alpha \cap V_\beta$ 上で次を満たすことを云う：

$$a_\beta = a_\alpha \frac{\partial x_\alpha}{\partial x_\beta} + b_\alpha \frac{\partial y_\alpha}{\partial x_\beta}, \quad b_\beta = a_\alpha \frac{\partial x_\alpha}{\partial y_\beta} + b_\alpha \frac{\partial y_\alpha}{\partial y_\beta}.$$

また，Ω が **2 位微分**とは，各 (V_α, z_α) に連続函数 c_α が割当てられ，

$$c_\alpha \, dx_\alpha \wedge dy_\alpha \tag{A.4}$$

が座標変換に関して不変であること，即ち $V_\alpha \cap V_\beta$ 上で $c_\beta = c_\alpha \dfrac{\partial(x_\alpha, y_\alpha)}{\partial(x_\beta, y_\beta)}$ を満たすことを云う．このような微分を $\omega = a \, dx + b \, dy$ または $\Omega = c \, dx \wedge dy$ などと表す．また，$\mathcal{R}$ 上の微分は全ての係数が C^k 級のとき，C^k **級**であると云う．1 位微分 $\omega = a \, dx + b \, dy$ の基本演算は次の通りである：

(a) スカラー函数 f の掛け算　$f\omega = (fa) \, dx + (fb) \, dy$.
(b) 複素共軛　$\overline{\omega} = \overline{a} \, dx + \overline{b} \, dy$.
(c) 共軛微分　$^*\omega = -b \, dx + a \, dy$.
(d) 外積　$\omega_j = a_j \, dx + b_j \, dy$ $(j = 1, 2)$ として $\omega_1 \wedge \omega_2 = (a_1 b_2 - a_2 b_1) \, dx \wedge dy$.
(e) 外微分　ω が C^1 級のとき，$d\omega = \left(\dfrac{\partial b}{\partial x} - \dfrac{\partial a}{\partial y}\right) dx \wedge dy$.

C^1 級 1 位微分 ω が **閉微分**であるとは $d\omega = 0$ を満たすことを云う．また，ω が**完全**であるとは $\mathfrak{R}$ 上の C^2 級函数 f で $\omega = df$ を満たすものが存在することを云う．但し，$df = (\partial f/\partial x)\,dx + (\partial f/\partial y)\,dy$ である．

A.4.2 微分形式の積分 γ を $\mathfrak{R}$ 上の弧とする．以下では，弧や 1 鎖というときは区分的に滑らかであると仮定する．γ が一つの座標近傍 (V, z) に含まれているならば，局所座標によって $t \mapsto z(t) = x(t) + iy(t)$ $(1 \leqq t \leqq 1)$ と表すとき，C^1 級 1 位微分 $\omega = a\,dx + b\,dy$ の γ 上の積分 $\int_\gamma \omega$ を次式で定義する：

$$\int_0^1 \left\{ a(z(t))\frac{dx}{dt}(t) + b(z(t))\frac{dy}{dt}(t) \right\} dt \,.$$

この値は局所座標や弧の表示法に依存しない．もし γ が 1 個の座標近傍に含まれぬときは，γ を有限個の部分弧 γ_j に分割し，各 γ_j は一つの座標近傍の中にあるとして，

$$\int_\gamma \omega = \sum_j \int_{\gamma_j} \omega$$

とおく．結果は弧の分割に無関係である．ω の積分は線型性によって任意の 1 鎖上の積分に拡張される．

C^0 級 2 位微分 $\Omega = c\,dx \wedge dy$ の積分も同様である．Δ を $\mathfrak{R}$ 内の可微分特異 2 単体とする．もし Δ が一つの座標近傍 V 内にあれば，その局所座標を $z = x + iy$ とし C^1 級写像 $(t,u) \mapsto z(t,u)$ によって $\Delta = \{z(t,u) : 0 \leqq u \leqq t \leqq 1\}$ と表すとき，

$$\iint_\Delta \Omega = \iint_{0 \leqq u \leqq t \leqq 1} c(z)\frac{\partial(x,y)}{\partial(t,u)}\,dt\,du$$

と定義する．この値は局所座標やパラメータに依存しない．もし Δ が単一の座標近傍に含まれぬときは，Δ を適当に細分して考えればよい．可微分 2 単体から構成された任意の特異 2 鎖の上での積分は線型性を利用して定義される．微分形式の積分に関して最も基礎的なものは **Stokes の公式**である．即ち，任意の C^1 級 1 位微分 ω と任意の特異 2 鎖 X に対して次が成り立つ：

$$\iint_X d\omega = \int_{\partial X} \omega \,. \tag{A.5}$$

A.4.3 微分の族 Γ とその部分族

C^1 **級微分族 Γ^1** $\omega = a\,dx + b\,dy$ を C^1 級の 1 位微分とするとき，

$$\omega \wedge {}^*\overline{\omega} = (|a|^2 + |b|^2)\,dx \wedge dy$$

は C^1 級の 2 位微分である．我々は

$$\|\omega\|^2 = \iint \omega \wedge {}^*\overline{\omega} = \iint \left\{|a|^2 + |b|^2\right\} dx \wedge dy \tag{A.6}$$

とおく．$\mathcal{R}$ 上の C^1 級 1 位微分 ω で $\|\omega\| < \infty$ を満たすものの全体を $\Gamma^1 = \Gamma^1(\mathcal{R})$ と書く．$\|\omega\|$ は Γ^1 上のノルムであるが，これは次の内積から導かれる：

$$(\omega_1, \omega_2) = \iint \omega_1 \wedge {}^*\overline{\omega}_2. \tag{A.7}$$

以下では，1 位微分の集合 $\mathcal{A}$ に対し $\mathcal{A}$ の元の共軛微分の全体を ${}^*\mathcal{A}$ と記す．もし ω と ${}^*\omega$ が共に閉微分ならば，ω を**調和微分**と呼ぶ．また，$d\omega = 0$ 且つ ${}^*\omega = -i\omega$ ならば，**正則微分**と云う．Γ^1 に属する調和 (または，正則) 微分の全体を Γ_h^1 (または，Γ_a^1) と書く．Γ^1 に属する閉微分，完全微分の全体をそれぞれ Γ_c^1, Γ_e^1 と書く．

Γ^1 における直交関係 $\mathcal{R}$ をコンパクト縁つき Riemann 面 $\overline{\mathcal{R}}$ の内部とする．この場合，$\Gamma^1 = \Gamma^1(\overline{\mathcal{R}})$ は $\overline{\mathcal{R}}$ 上の 1 位微分で，係数が $\overline{\mathcal{R}}$ の境界まで C^1 級であるものの全体とする．$\Gamma_c^1 = \Gamma_c^1(\overline{\mathcal{R}})$ と $\Gamma_e^1 = \Gamma_e^1(\overline{\mathcal{R}})$ の意味は明らかであろう．さらに，$\omega \in \Gamma_{c0}^1(\overline{\mathcal{R}})$ とは $\omega \in \Gamma^1(\overline{\mathcal{R}})$ が $\mathcal{R}$ の縁 $\partial \mathcal{R}$ に沿って $\omega = 0$ を満たすこと，$\omega \in \Gamma_{e0}^1(\overline{\mathcal{R}})$ とは $\partial \mathcal{R}$ 上で 0 となる $f \in C^2(\overline{\mathcal{R}})$ によって $\omega = df$ と表されることを云う．$\Gamma^1(\overline{\mathcal{R}})$ には (A.7) による内積を導入して直交関係を定義する．

定理 A.9 $\Gamma_{c0}^1(\overline{\mathcal{R}})$ は ${}^*\Gamma_e^1(\overline{\mathcal{R}})$ の直交補空間である．また，$\Gamma_c^1(\overline{\mathcal{R}})$ は ${}^*\Gamma_{e0}^1(\overline{\mathcal{R}})$ の直交補空間である．　　([B2, V.5A])

$\mathcal{R}$ が開 Riemann 面のときは，Γ_c^1 の元でコンパクト台を持つものの全体を $\Gamma_{c0}^1 = \Gamma_{c0}^1(\mathcal{R})$, $f \in C_0^2$ の微分 df の全体を $\Gamma_{e0}^1 = \Gamma_{e0}^1(\mathcal{R})$ と書く．$\mathcal{R}$ がコンパクトならば $\Gamma_{c0}^1 = \Gamma_c^1$, $\Gamma_{e0}^1 = \Gamma_e^1$ であるから，任意の Riemann 面について次が成り立つ：

定理 A.10 Γ_{c0}^1 は ${}^*\Gamma_e^1$ に直交し，Γ_c^1 は ${}^*\Gamma_{e0}^1$ に直交する．さらに，$\omega \in \Gamma^1$ が ${}^*\Gamma_{e0}^1$ に直交すれば，$\omega \in \Gamma_c^1$ が成り立つ．　　([B2, V.6C])

微分族 Γ Γ^1 をノルム (A.6) について完備化し Γ と書く．これは Hilbert 空間であり，Γ の元 ω は各座標円板上では二乗可積分函数 a, b によって $a\,dx + b\,dy$ と表される．我々は Γ の部分空間を次のように定義する：

$$\Gamma_e = \mathrm{Cl}(\Gamma_e^1), \quad \Gamma_{e0} = \mathrm{Cl}(\Gamma_{e0}^1), \quad \Gamma_c = ({}^*\Gamma_{e0})^\perp, \quad \Gamma_{c0} = ({}^*\Gamma_e)^\perp.$$

但し，閉包 $\mathrm{Cl}(\cdot)$ と直交作用は空間 Γ の中で考えることとする．さらに，$\Gamma_h = \Gamma_c \cap {}^*\Gamma_c$ とおくと，Weyl の補題 (例えば，[B2, V.9B]) を使って次が証明される：

定理 A.11 任意の $\omega \in \Gamma_h$ に対し $\omega_1 \in \Gamma_h^1$ で $\|\omega - \omega_1\| = 0$ を満たすものが存在する．即ち，Γ_h と Γ_h^1 を同一視できる．　　([B2, V.9A])

定理 A.10 に注意すれば,これから次が得られる:
$$\Gamma_c^1 = \Gamma_h^1 \dotplus \Gamma_{e0}^1. \tag{A.8}$$
但し,$\dotplus$ は直交する部分空間の直和を表す.最後に,関連する公式を若干述べておく.

定理 A.12 Hilbert 空間 Γ においては次が成り立つ:

(a) $\Gamma_c = \Gamma_h \dotplus \Gamma_{e0}$,
(b) $\Gamma = \Gamma_c \dotplus {}^*\Gamma_{e0} = {}^*\Gamma_c \dotplus \Gamma_{e0} = \Gamma_{e0} \dotplus {}^*\Gamma_{e0} \dotplus \Gamma_h$.
(c) Γ_c は Γ_c^1 の閉包に等しい. ([B2, V.10])

A.4.4 輪体と微分

微分の特異点 C^1 級 1 位微分 ω が点 $a \in \mathcal{R}$ の或る除外近傍(点 a の近傍から a を除いたもの)で定義されているならば,ω は a で**特異点**を持つと云う.このような ω が a の或る(一般には別の)除外近傍で正則(または,調和)ならば,この特異点は**解析的**(または,**調和**)であると云う.また,ω が点 a まで C^1 級微分として延長されるならば,特異点 a は**除去可能**であると云う.

点 $a \in \mathcal{R}$ を中心とする座標円板 $V = \{|z| < 1\}$ をとり,$V \setminus \{a\}$ 上の正則微分 ω を考える.従って,$V \setminus \{a\}$ 上の正則関数 f によって
$$\omega = f\,dz, \quad f(z) = \sum_{k=-\infty}^{\infty} c_k z^k \quad (0 < |z| < 1)$$
と表される.ここで,$\nu_a(\omega) = \inf\{k : c_k \neq 0\}$ とおいて a における ω の**位数**と呼ぶ.位数は局所座標の選び方には依存しない.また,c_{-1} を ω の a における**留数**と呼び,$\mathrm{Res}_a(\omega)$ と書く.これも局所座標に依存しない.実際,
$$\mathrm{Res}_a(\omega) = c_{-1} = \frac{1}{2\pi i}\int_\gamma \omega$$
が a に関して回転数 1 を持つ V 内の任意の 1 輪体 γ に対して成り立つ.指定された有限個の特異点を持つ有理型微分は次の原理で作られる.

定理 A.13 Ω を有限個の解析的特異点を持つ閉微分で或るコンパクト集合の外では正則であると仮定すると,$\tau - \Omega \in \Gamma_{e0}$ を満たす(特異点を持つ)調和微分 τ が一意に存在する. ([B2, V.17D])

輪体の再生微分 $p, q \in \mathcal{R}$ を相異なる 2 点とし,c を p を q に結ぶ弧とする.まず,これらが同一の座標円板 $V = \{|z| < 1\}$ に含まれるとする.このとき,$\zeta_1 = z(p)$,$\zeta_2 = z(q)$ とおき,$|\zeta_1|, |\zeta_2| < r_1 < r_2 < 1$ を満たす正数 r_1, r_2 を選ぶ.次に,v を

$r_1 < |z| < 1$ 上の $\log\{(z-\zeta_2)/(z-\zeta_1)\}$ の一価の分枝とし, e を $\mathcal{R}$ 上の C^2 函数で, $\{|z| \leqq r_1\}$ 上で $e \equiv 1$, $\mathcal{R} \setminus \{|z| \leqq r_2\}$ 上で $e \equiv 0$ を満たすものとする. さらに,

$$\Omega = \begin{cases} \{(z-\zeta_2)^{-1} - (z-\zeta_1)^{-1}\} dz & (|z| < r_1), \\ d(ev) & (r_1 \leqq |z| < 1), \\ 0 & (\text{その他}) \end{cases}$$

で微分 Ω を定義する. 定理 A.13 を適用すれば, $\tau - \Omega \in \Gamma_{e0}$ を満たす調和微分 τ が一意に存在することが分る. このとき, p と q を通らぬ任意の 1 輪体 γ に対して

$$\int_\gamma \tau = 2\pi i (c \times \gamma) \tag{A.9}$$

が成り立つ ([B2, V.19C]). もし p, q, c が一つの座標円板に含まれぬときは, c を有限個の弧 c_j に分割しそれぞれは単一の座標円板に含まれるようにして上の手順で Ω_j と τ_j を作って $\Omega = \sum \Omega_j, \tau = \sum \tau_j$ とおけば, τ は p と q のみに特異点を持つ調和微分で $\tau - \Omega \in \Gamma_{e0}$ を満たし, どの分点も通らぬ 1 輪体 γ に対して (A.9) を満たす. この微分 τ は c のホモロジー類のみで決るから, τ の代りに $\tau(c)$ と記す. さらに,

$$\phi(c) = \tfrac{1}{2}(\tau(c) + i^*\tau(c)), \quad \psi(c) = \tfrac{1}{2}(\overline{\tau(c)} + i^*\overline{\tau(c)}).$$

このとき, $\phi(c)$ と $\psi(c)$ は $\mathcal{R}$ 上の有理型微分で, $\tau(c) = \phi(c) + \overline{\psi(c)}$ を満たす. $\phi(c)$ は p と q にそれぞれ -1 と 1 を留数とする 1 位の極を持ち, $\psi(c)$ は到るところ正則である.

以上の構成法は $p = q$ のときにも通用する. その結果得られる微分 $\phi(c), \psi(c)$ は共に正則である. $\tau(c), \phi(c)$ および $\psi(c)$ の以上の定義は任意の 1 鎖に線型的に延長される. $\phi(c)$ が特異点を持たぬための条件は c が 1 輪体になることである. この条件が成り立つとすると, $\phi(c) \in \Gamma_a$ 且つ $\tau(c) \in \Gamma_h$ を満たす. さらに, Ω はコンパクト台を持ち, 且つ $\tau(c) - \Omega \in \Gamma_{e0}$ であるから, $\tau(c)$ は $\Gamma_h \cap \Gamma_{c0} \ (= \Gamma_{h0})$ に属する. ここで,

$$\sigma(c) = \frac{1}{2\pi i} \tau(c)$$

とおき, 1 輪体 c の**再生微分**と呼ぶ. 実際, 次の結果が得られる ([B2, V.20]):

定理 A.14 c を $\mathcal{R}$ 上の 1 輪体とすると, 全ての $\omega \in \Gamma_c$ に対して

$$\langle \omega, {}^*\sigma(\gamma) \rangle = \int_\gamma \omega$$

を満たす実調和微分 $\sigma(c) \in \Gamma_{h0}$ が唯一つ存在する. さらに, もし c と γ が $\mathcal{R}$ 上の任意の 1 輪体ならば, 次が成り立つ:

$$\langle \sigma(c), {}^*\sigma(\gamma) \rangle = \int_\gamma \omega = c \times \gamma. \tag{A.10}$$

A.4.5 Riemann-Roch の定理 種数 g の閉 Riemann 面 $\mathfrak{R}$ を考察する. 我々は $\mathfrak{R}$ 上の 1 輪体の標準基底 A_n, B_n $(n=1,\ldots,g)$ を

$$A_j \times B_k = \delta_{jk}, \quad A_j \times A_k = B_j \times B_k = 0 \quad (j,k=1,\ldots,g)$$

を満たすように選んで固定する. このとき, 定理 A.14 で見たように, $\sigma(A_n), \sigma(B_n)$ は調和微分であって全ての j, k に対して次が成り立つ:

$$\int_{B_k} \sigma(A_j) = A_j \times B_k = \delta_{jk}, \quad \int_{A_k} \sigma(B_j) = B_j \times A_k = -\delta_{jk},$$
$$\int_{A_k} \sigma(A_j) = \int_{B_k} \sigma(B_j) = 0.$$

定理 A.15 (a) $\sigma(A_n), \sigma(B_n)$ $(n=1,\ldots,g)$ は Γ_h の基底をなす. 従って, $\dim \Gamma_h = 2g$.

(b) $\dim \Gamma_a = g$ であって, 各 $\phi \in \Gamma_a$ はその A 周期 $(\int_{A_1} \phi, \ldots, \int_{A_g} \phi)$ によって一意に決定される. ([B2, V.24A–B])

因子 $\mathfrak{R}$ 上の**因子**とは $\mathfrak{R}$ の点 a_j と整数 n_j よりなる形式的有限和

$$D = n_1 a_1 + \cdots + n_k a_k \tag{A.11}$$

を指す. $\mathfrak{R}$ 上の 0 でない有理型函数 f に対しては,

$$(f) = \sum_{a \in \mathfrak{R}} \nu_a(f)\, a \tag{A.12}$$

によって f の因子 (f) を定義する. 但し, $\nu_a(f)$ は f の点 a における位数で, $f(z) = \sum_k c_k (z-a)^k$ と展開したとき, $\nu_a(f) = \inf\{k : c_k \neq 0\}$ で定義される. (f) で与えられる因子を**主因子**と呼ぶ. $\mathfrak{R}$ 上の因子全体は Abel 群を作るが, これを $\mathfrak{D} = \mathfrak{D}(\mathfrak{R})$ と書いて**因子群**と呼ぶ. 主因子の全体 $\mathfrak{D}_0 = \mathfrak{D}_0(\mathfrak{R})$ は $\mathfrak{D}$ の部分群で, 商群 $\mathfrak{D}/\mathfrak{D}_0$ を**因子類群**と呼ぶ.

因子 $D = \sum_a n_a a$ に対しその係数の和 $\sum_a n_a$ を D の**次数**と呼んで $\deg D$ と記す. 函数 $\deg$ は $\mathfrak{D}$ から $\mathbb{Z}$ への群の準同型である. ところが, $\mathfrak{R}$ 上の定数でない有理型函数は $\mathfrak{R}$ を複素球面の完全な被覆面とするから, 任意の $D \in \mathfrak{D}_0$ に対して $\deg D = 0$ が成り立つ. 従って, $\deg$ は準同型 $\mathfrak{D}/\mathfrak{D}_0 \to \mathbb{Z}$ と見なされる.

有理型微分 $\alpha \neq 0$ の因子 (α) を次で定義する:

$$(\alpha) = \sum_{a \in \mathfrak{R}} \nu_a(\alpha)\, a\,.$$

但し, $\nu_a(\alpha)$ は a における α の位数である (§A.4.4 参照). もし $\beta \neq 0$ が他の有理型微分ならば, $(\beta) - (\alpha) = (\beta/\alpha) \in \mathfrak{D}_0$ であるから, 全ての有理型微分は同一の因子類に属する. この類を**標準因子類**と呼ぶ.

Riemann-Roch の定理 $\mathfrak{R}$ 上の因子 D の表現 (A.11) において全ての係数が非負ならば, D を**整因子**と云う. もし $D_1 - D_2$ が整因子ならば, D_1 を D_2 の**倍元**といって $D_1 \geqq D_2$ と書く. $\mathfrak{R}$ 上の因子 $D \in \mathfrak{D}$ に対し, $\mathfrak{R}$ 上の有理型函数 f で $(f) \geqq D$ を満たすものの全体を $L(D)$ と書く. 線型空間 $L(D)$ の複素次元を $r(D)$ と書き, 因子 D の**次元**と呼ぶ. また, $D \in \mathfrak{D}$ に対し, $\mathfrak{R}$ 上の有理型微分 α で $(\alpha) \geqq D$ を満たすものの全体を $\Omega(D)$ と書く. $\Omega(D)$ の複素次元を $i(D)$ と書き, 因子 D の**特殊指数**と呼ぶ. いま, $\mathfrak{R}$ 上の固定した零でない有理型微分を α_0 とおけば, $\alpha \in \Omega(D)$ であるための必要十分条件は $(\alpha/\alpha_0) \geqq D - Z$ である. 但し, $Z = (\alpha_0)$ とする. 従って, $i(D) = r(D - Z)$ が成り立つ.

定理 A.16 (Riemann-Roch) 任意の $D \in \mathfrak{D}$ に対し
$$r(-D) = \deg D - g + 1 + i(D) \tag{A.13}$$
が成り立つ. ([B10, III.4.11])

Riemann-Roch の定理の応用 $\mathfrak{R}$ を種数 $g \geqq 1$ の閉 Riemann 面とする. 定理 A.15(b) より $r(-Z) = i(0) = \dim \Gamma_a = g$ であるから, 公式 (A.13) より
$$\deg Z = 2g - 2 . \tag{A.14}$$

$\mathfrak{R}$ 全体で正則な微分を第一種 **Abel 微分**と云う. この全体が Γ_a である.

定理 A.17 全ての第一種 Abel 微分の共通零点は存在しない. ([B10, III.5.8])

証明 $a_0 \in \mathfrak{R}$ を共通零点とすると, $i(a_0) = \dim \Omega(a_0) = \dim \Gamma_a = g > 0$ が成り立つ. 従って, Riemann-Roch の定理により, $r(-a_0) = 1 - g + 1 + i(a_0) = 2$ となるから, a_0 で 1 位の極を持ち, 他では正則な有理型函数 f が存在するが, この f は複素球面の上への全単射であるから, $\mathfrak{R}$ の種数は 0 となって矛盾である. □

定理 A.18 J を $\mathfrak{R}$ の任意の無限部分集合とすると, J から相異なる点 $a_1, \ldots, a_g$ を適当にとれば, $i(a_1 + \cdots + a_g) = 0$ が成り立つ.

証明 任意の $1 \leqq s \leqq g$ に対し, Riemann-Roch の定理により
$$i(a_1 + \cdots + a_s) = g - s - 1 + r(-(a_1 + \cdots + a_s)) \geqq g - s$$

が成り立つ．さて，$a_1 \in J$ を任意にとる．$s=1$ ならば，$i(a_1) \geqq g-1$ を得るが，定理 A.17 より等号が成り立つ．次に，恒等的に零ではない有理型微分 ϕ で $\phi(a_1) = 0$ を満たすものを任意に取って固定する．$\Re$ はコンパクトであるから，このとき，ϕ の零点は有限個であり J は無限であるから，$a_2 \in J$ で $a_1 \neq a_2$ 且つ $\phi_1(a_2) \neq 0$ を満たすものが存在する．従って，同様な論法で $i(a_1 + a_2) = g - 2$ を得る．以下同様にして，定理を満たす点 $a_1, \ldots, a_g \in J$ が存在する． □

$\omega_1, \ldots, \omega_g$ を $\Re$ 上の第一種 Abel 微分の基底とする．$a_1, \ldots, a_g$ を $\Re$ の相異なる点とし，各 a_k における局所座標を z_k と書く．このときは，a_k の近傍で $\omega_j = f_j(z_k)\, dz_k$ と表される．また，a_j の座標を z_j^* とするとき，次が成り立つ．

定理 A.19 $i(a_1 + \cdots + a_g) = 0$ であるための必要十分条件は

$$\Delta(a_1, \ldots, a_g) = \det(f_j(z_k^*))_{j,k=1,\ldots,g} \neq 0 . \tag{A.15}$$

証明 $\Delta(a_1, \ldots, a_g) = 0$ ならば，$\det(f_j(z_k^*))_{j,k=1,\ldots,g} = 0$ であるから，自明ではない一次結合 $\omega = \lambda_1 \omega_1 + \cdots + \lambda_g \omega_g$ で，$\omega(a_1) = \cdots = \omega(a_g) = 0$ を満たすものが存在する．従って，$i(a_1 + \cdots + a_g) \geqq 1$ を得る．逆に，$i(a_1 + \cdots + a_g) \geqq 1$ とすると，任意の零でない $\omega \in \Omega(a_1 + \cdots + a_g)$ は $\omega = \lambda_1 \omega_1 + \cdots + \lambda_g \omega_g$ のように自明ではない一次結合で表されるから，$\omega(a_1) = \cdots = \omega(a_g) = 0$ が得られる．故に，$\Delta(a_1, \ldots, a_g) = 0$． □

§B 古典的ポテンシャル論

B.1 優調和函数

B.1.1 基本定義 Riemann 面 $\Re$ の領域 D 上の広義実数値函数 s が

(S1) D 上で $-\infty < s(z) \leqq +\infty$ 且つ $s \not\equiv +\infty$ を満たす，

(S2) s は D で下半連続である，

(S3) 任意の $a \in D$ に対し，中心 a の座標円板 V で $\mathrm{Cl}\,V \subset D$ 且つ

$$s(a) \geqq \frac{1}{2\pi} \int_0^{2\pi} s(re^{i\theta})\, d\theta \qquad (0 < r \leqq 1)$$

を満たすものが存在する．但し，V を単位円板と同一視する

の三条件を満たすとき，s を **優調和** である云う．また，$-s$ が優調和なとき，s を **劣調和** であると云う．さらに，優調和且つ劣調和な函数を **調和** であると云う．

B.1.2 Perron 族 D 上の優調和函数の族 $\mathcal{S}$ が **Perron 族**であるとは,
(PE1) $\mathcal{S}$ は (函数の通常の大小を順序として) 下向きの有向集合である,
(PE2)   任意の $s \in \mathcal{S}$ と任意の座標円板 V に対し $P_{s|\partial V}(z) \geqq s'(z)$ $(z \in V)$ を満たす $s' \in \mathcal{S}$ が存在する. 但し, 左辺は V 上の Poisson 積分である:

$$P_{s|\partial V}(z) = \frac{1}{2\pi}\int_0^{2\pi} \mathrm{Re}\left[\frac{e^{it}+z}{e^{it}-z}\right] s(e^{it})\,dt \qquad (z\in V),$$

(PE3)   劣調和函数 u で全ての $s\in\mathcal{S}$ に対して $s \geqq u$ を満たすものが存在する

の三条件を満足することを云う. また, 劣調和函数の族 $\mathcal{S}'$ が Perron 族であるとは, $\{u : -u \in \mathcal{S}'\}$ が優調和函数の Perron 族になることと定義する. Perron 族は調和函数を構成する手段として非常に有力である. 即ち, 次が成り立つ.

定理 B.1 $\mathcal{S}$ が D 上の優調和函数からなる Perron 族ならば, $\mathcal{S}$ の下限函数 $u(z) = \inf\{s(z) : s\in\mathcal{S}\}$ は D 上の調和函数である.   ([B7, 14 頁], [B30, 56 頁])

B.1.3 調和優函数 u が D 上の劣調和函数が D 上で優調和な優函数を持つとする. 即ち, D 上で $u \leqq s$ を満たす優調和函数 s が存在するときは, 上の定理によりこのような s の中に最小なものがあり, それは調和である. これを u の**最小調和優函数**と呼び, $\mathbf{M}(u)$ と記す.

B.2 Dirichlet 問題

B.2.1 問題の設定 D を $\mathfrak{R}$ の領域で $\mathfrak{R}$ 内の**境界** ∂D は空でないとする. ∂D 上の任意の広義実数値函数 f に対し, 下に有界な D 上の優調和函数 s で

$$\liminf_{D\ni z\to \zeta} s(z) \geqq f(\zeta) \qquad (\zeta\in\partial D), \tag{B.1}$$

$$\liminf_{D\ni z\to\infty} s(z) \geqq 0 \tag{B.2}$$

を満たすものの全体を $\overline{\mathcal{S}}(f;D)$ とおく. 但し, 条件 (B.2) は $\mathrm{Cl}\,D$ がコンパクトでないときに限る. また, $\underline{\mathcal{S}}(f;D) = -\overline{\mathcal{S}}(-f;D)$ と定義する. さて, $\overline{\mathcal{S}}(f;D)$ と $\underline{\mathcal{S}}(f;D)$ が共に空でないと仮定すると, 任意の $u\in\overline{\mathcal{S}}(f;D)$ と $v\in\underline{\mathcal{S}}(f;D)$ に対して $v\leqq u$ が成り立つから, $\overline{\mathcal{S}}(f;D)$ と $\underline{\mathcal{S}}(f;D)$ はそれぞれ優調和函数および劣調和函数の Perron 族である. よって, $\overline{H}_f^D(z) = \inf\{v(z) : v \in \overline{\mathcal{S}}(f;D)\}$ および $\underline{H}_f^D(z) = \sup\{v(z) : w \in \underline{\mathcal{S}}(f;D)\}$ とおけば, これらは D 上の調和函数で $\underline{H}_f^D \leqq \overline{H}_f^D$ を満たす. もし ∂D 上の函数 f に対し $\underline{H}_f^D$ と $\overline{H}_f^D$ が存在して相等しいとき, 境界値 f は (D に関して) **可解**であると云う. このとき, 共通の調和函数

$\underline{H}_f^D = \overline{H}_f^D$ を H_f^D (または, $H[f;D]$) と書き, 境界値 f に対する D 上の **Dirichlet 問題の解**と呼ぶ. ∂D 上の可解な境界値の全体 $\mathcal{L} = \mathcal{L}(D)$ は実ベクトル空間であり, 次が成り立つ:

定理 B.2 (a) 境界値 $f \in \mathcal{L}(D)$ に Dirichlet 問題の解 $H_f = H_f^D$ を割当てる対応は $\mathcal{L}(D)$ から D 上の調和函数の空間 $\mathrm{HP}'(D)$ への順序を保つ線型写像である:

$$H_{f+g} = H_f + H_g, \qquad H_{\alpha f} = \alpha H_f, \qquad (B.3)$$
$$H_{\max\{f,g\}} = H_f \vee H_g, \qquad H_{\min\{f,g\}} = H_f \wedge H_g. \qquad (B.4)$$

(b) $\{f_n\} \subset \mathcal{L}(D)$ が単調列ならば, 極限 $f = \lim_{n\to\infty} f_n$ が可解であるためには函数列 $\{H_{f_n}\}$ が収束することが必要十分である. このとき, $H_f = \lim_{n\to\infty} H_{f_n}$.

(c) $f \in \mathcal{L}(D)$ とすると, D の部分領域 D' に対し, f' を $\partial D' \cap \partial D$ 上では f に等しく, $\partial D' \cap D$ 上では H_f^D に等しいとして定義すれば, $f' \in \mathcal{L}(D')$ であり, D' 上では $H_{f'}^{D'} = H_f^D$ が成り立つ. ([B7, 定理 3.1, 補題 3.2])

B.2.2 正則点 $\zeta_0 \in \partial D$ が**正則**であるとは, ∂D 上の任意の実数値有界函数 f に対して

$$\limsup_{\partial D \ni \zeta \to \zeta_0} f(\zeta) \geq \limsup_{D \ni z \to \zeta_0} \overline{H}_f^D(z) \qquad (B.5)$$

が成り立つことを云う. f が ζ_0 で連続ならば, この不等式から次が分る:

$$\lim_{z \to \zeta_0} \overline{H}_f^D(z) = \lim_{z \to \zeta_0} \underline{H}_f^D(z) = f(\zeta_0).$$

正則でない境界点を**非正則境界点**と呼ぶ. また, D 上の正の優調和函数 s が

(i) $\lim_{D \ni z \to \zeta_0} s(z) = 0$,
(ii) ζ_0 の任意の近傍 V に対して $\inf_{z \in D \setminus V} s(z) > 0$

の二条件を満たすとき, s を D 上の境界点 $\zeta_0 \in \partial D$ における**柵函数**であると云う.

定理 B.3 D を $\mathfrak{R}$ の領域とし, $\zeta_0 \in \partial D$ とすると, 次の三条件は同値である:

(a) ζ_0 は D の正則境界点である.
(b) D 上の ζ_0 における柵函数が存在する.
(c) ζ_0 の近傍 V と $V \cap D$ 上の正の優調和函数 u で, $z \to \zeta_0$ のとき $u(z) \to 0$ となるものが存在する. ([B43, 定理 I.13])

B.2.3 双曲的領域 $\mathfrak{R}$ の領域 D が**双曲的**とは D 上に定数でない正の優調和函数が存在することを云う.

定理 B.4 D は $\mathfrak{R}$ の双曲的領域で ∂D は空でないものとする. このとき, ∂D 上の全ての有界な実数値連続函数は可解である. ([B7, 定理 3.2])

B.2.4 調和測度 D を $\mathfrak{R}$ の双曲的領域で ∂D が空でないものとし, $C_b(\partial D, \mathbb{R})$ を ∂D 上の有界な実数値連続函数の全体とする. これは通常の函数の和とスカラー倍についてベクトル空間をなす. さらに, 一様収束ノルム $\|f\|_\infty = \sup_{\zeta \in \partial D} |f(\zeta)|$ について Banach 空間をなす. また, $C_\kappa(\partial D)$ により ∂D 上の実数値連続函数でコンパクトな台を持つものの全体を表す. 定理 B.4 により任意の $f \in C_b(\partial D, \mathbb{R})$ は可解であるから, f は D 上の有界な調和函数 $H_f = H_f^D$ を一意に決定する. 従って, 対応 $f \mapsto H_f$ は $C_b(\partial D, \mathbb{R})$ から D 上の有界な調和函数の空間の中への順序を保つ線型写像である. 特に,
$$\|H_f\|_D = \sup_{z \in D} |H_f(z)| \leqq \|f\|_\infty$$
が成り立つ. 特に, D 内の任意の定点 a に対して $|H_f(a)| \leqq \|f\|_\infty$ $(f \in C_b(\partial D))$ を得るから, 線型汎函数 $f \mapsto H_f(a)$ は $C_b(\partial D)$ 上で有界である. 実際,
$$H_f(a) = \int_{\partial G} f(\zeta)\, d\omega_a^G(\zeta) \qquad (\forall f \in C_\kappa(\partial D)) \tag{B.6}$$
を満たす ∂D 上の唯一の非負の Radon 測度 ω_a^D が存在する. 特に, 定数函数 $f \equiv 1$ に対しては $0 \leqq H_1(z) \leqq 1$ $(z \in D)$ であるから, $\omega_a^D(\partial D) \leqq 1$ が成り立つ. もし Dirichlet 問題が自明な解しか持たぬ場合には, 全ての $a \in D$ に対し測度 ω_a^D は恒等的に消滅する. Dirichlet 問題が自明でない解を持つとき, 測度 ω_a^D を a に対する ∂D 上の (領域 D に関する) **調和測度**と呼ぶ.

定理 B.5 ∂D 上の函数 f が可解であるための必要十分条件は, f が或る $a \in D$ (従って, 全ての $a \in D$) に対して ω_a^D 可積分になることである. この条件が成り立つとき, 等式 (B.6) が全ての $a \in D$ に対して成り立つ. ([B7, 定理 3.3])

B.3 ポテンシャル論

B.3.1 Green 函数 $\mathfrak{R}$ を双曲型 Riemann 面とする. 任意の $a \in \mathfrak{R}$ に対し a を極とする $\mathfrak{R}$ の **Green 函数**を $g_a(z) = g(a, z)$ と書く. これは a を唯一つの特異点 (即ち, 対数的特異点) とする優調和函数であって次のように特徴づけられる:

定理 B.6 全ての $a \in R$ に対し $\mathfrak{R}$ 上の正の優調和函数 $z \mapsto g_a(z)$ で

(G1) a を中心とする任意の座標円板 $V = \{|z| < 1\}$ に対し次を満たす調和函数 u が存在する: $g_a(z) = -\log|z| + u(z)$ $(z \in V)$,

(G2) $a \in \mathcal{R} \setminus \mathrm{Cl}\, D$ を満たす任意の領域 $D \subset \mathcal{R}$ 上で, $H_{g_a}^D = g_a$ が成り立つ

の二条件を満たすものが一意に存在する. ([B7, 31 頁])

B.3.2 Green ポテンシャル $\mathcal{R}$ 上の有限な正則 Borel 測度 $\mu \geqq 0$ (以下, 本節では非負の正則 Borel 測度を略して "測度" と呼ぶ) に対し

$$U^\mu(z) = \int_{\mathcal{R}} g(z, w)\, d\mu(w)$$

とおく. もし $U^\mu \not\equiv +\infty$ ならば, U^μ を μ で生成された**ポテンシャル**と呼ぶ. 従って, U^μ は $\mathcal{R}$ 上の正の優調和関数で μ の台の外で調和である. さらに, 次が分る:

定理 B.7 ポテンシャルの差 $U^\mu - U^\nu$ が開集合 D で調和であるためには D 上で $\mu = \nu$ が成り立つことが必要十分である. ([B7, 定理 4.1])

系 ポテンシャル U^μ が開集合 D 上で調和ならば, $\mu(D) = 0$ が成り立つ. また, ポテンシャルを生成する測度は一意である.

B.3.3 極集合 $\mathcal{R}$ の部分集合 E が**極集合**であるとは, $\mathcal{R}$ 上の正の優調和関数で E 上で恒等的に $+\infty$ になるものが存在することを云う. $\mathcal{R}$ の点に関する性質 P が $\mathcal{R}$ の部分集合 A 上で**ほぼ到るところ** (quasi-everwhere) 成り立つとは, 性質 P が成り立たぬ A の点が極集合をなすことを云う. 記号は q.e. である.

定理 B.8 ポテンシャル U^μ は到るところ有限であるとし, u を正の優調和関数とする. もし μ の台 F の上でほぼ到るところ $U^\mu \leqq u$ ならば, $\mathcal{R}$ 上到るところで $U^\mu \leqq u$ が成り立つ. ([B7, 定理 4.4])

B.3.4 Frostman の定理と Riesz の定理

定理 B.9 (Frostman の定理) s を任意の正の優調和関数とし, K をコンパクト集合とする. このとき, K 上の非負測度 μ で次の性質を持つものが唯一つ存在する.

(a) $U^\mu \leqq s$.
(b) 等式 $U^\mu = s$ は K 上でほぼ到るところ, $\mathrm{Int}\, K$ 上で到るところ成り立つ.
(c) U^μ は正の優調和関数 u で K 上ではほぼ到るところ $s \leqq u$ を満たすものの下限として表される. ([B7, 定理 4.5])

定理 B.10 (F. Riesz の定理) 正の優調和関数は非負の調和関数とポテンシャルの和として一意的に表される. ([B7, 定理 4.6])

系 ポテンシャルを項とする級数の和で表される正の優調和関数 s はまたポテンシャルである．

定理 B.11 D を双曲的領域とすると，D の非正則境界点の全体は極集合で且つ高々可算個のコンパクト集合の合併として表される．　　　　　　　　　　　　　　　　　([B7, 定理 4.7])

B.3.5 掃散　$\mathcal{R}$ の閉部分集合 E と $\mathcal{R}$ 上の正の優調和関数 s に対し，E 上で $s \leqq v$ を満たす正の優調和関数 v の族 $\mathcal{V}_s^E$ の下限関数を $R[s;E]$ とし，$R[s;E]$ の正則化を s_E^R と定義する．即ち，

$$R[s;E](z) = \inf_{v \in \mathcal{V}_s^E} v(z), \qquad s_E^R(a) = \liminf_{z \to a} R[s;E](z). \tag{B.7}$$

関数 s_E^R および $R[s;E]$ をそれぞれ s の E に関する**掃散函数**および**縮減函数**と呼ぶ．

定理 B.12　正の優調和関数 s と $\mathcal{R}$ の閉部分集合 E に対し次が成り立つ．

　(a)　$R[s;E]$ は E 上では s に等しく，$R \setminus E$ 上では $H_s^{R \setminus E}$ に等しい．

　(b)　s_E^R は $\mathcal{R}$ 上の優調和関数であって，$R \setminus E$ 上では $H_s^{R \setminus E}$ に等しく，また E 上では $R \setminus E$ の非正則境界点を除いて s に等しい．

　(c)　s_E^R は E 上のほぼ到るところで s より小さくない正の優調和関数の中で最小のものである．

　(d)　E がコンパクトならば，s_E^R は Frostman の定理 (定理 B.9) で与えられるポテンシャルである．　　　　　　　　　　　　　　　　　　　　　　　　　　　　　　　　　　　([B7, 定理 4.8])

証明　証明を (A), (B), (C) に分ける．

　(A)　まず，(d) を示そう．E はコンパクトであり，u は正の優調和関数で E 上で $s \leqq u$ (q.e.) を満たすとすると，E 内の或る極集合上で $+\infty$ となる正の優調和関数 s'' が存在し，任意の正数 ε に対して $u + \varepsilon s'' \in \mathcal{V}_s^E$ を満たす．従って，$R[s,E] \leqq u + \varepsilon s''$ が成り立つ．領域 $\mathcal{R} \setminus E$ の非正則境界点の全体を E_0 とおくと，E_0 は定理 B.11 により極集合であるから，s'' は E_0 上でも $+\infty$ であるとしてよい．以下で見るように，$R[s,E]$ と $s_E^{\mathcal{R}}$ がずれているのは E_0 上だけであるから，$s_E^R \leqq u + \varepsilon s''$ を得る．これは，$s_E^R \leqq u$ (q.e.) を示す．また，E 上で $s_E^R = R[s,E] = s$ (q.e.) を満たすことも分る．故に，s_E^R は Frostman の定理 (定理 B.9 で $K = E$ の場合) で与えられたポテンシャルに等しい．

　(B)　次に，(a), (b), (c) を示そう．まず，s が有界であると仮定し，

$$f(z) = \begin{cases} s(z) & (z \in E), \\ H_s^{\mathcal{R} \setminus E}(z) & (z \in \mathcal{R} \setminus E), \end{cases} \qquad s'(z) = \liminf_{w \to z} f(w)$$

と定義する．目標は $f = R[s; E]$ と $s_E^{\mathcal{R}} = s'$ を示すことである．

(第 1 段) s' は正の優調和函数であることを示す．下極限の定義から s' は下半連続であるから，任意の座標円板 V について $H_{s'}^V \leqq s'$ を示せばよい．まず，s は下半連続であるから，任意の $\zeta \in \partial(\mathcal{R} \setminus E)$ に対して

$$\liminf_{\mathcal{R} \setminus E \ni z \to \zeta} s(z) \geqq s(\zeta)$$

を満たす．よって，$s \in \overline{\mathcal{S}}(s|\partial(\mathcal{R} \setminus E); \mathcal{R} \setminus E)$ を得るから，$\mathcal{R} \setminus E$ 上では $f \leqq s$ が成り立つ．従って，$V \cap E$ 上では $H_f^V \leqq H_s^V \leqq s = f$ が成り立つ．次に，

$$f'(z) = \begin{cases} f(z) & (z \in \mathcal{R} \setminus V), \\ H_f^V(z) & (z \in V) \end{cases}$$

と定義すると，$V \setminus E$ 上では，定理 B.2(c) に注意して次を得る：

$$H_f^V = H_{f'}^{V \setminus E} \leqq H_f^{V \setminus E} = H_f^{\mathcal{R} \setminus E} = H_s^{\mathcal{R} \setminus E} = f .$$

よって，$H_f^V(z) \leqq f(z)$ $(z \in V)$ が示された．一方，優調和函数の定義から，不等式 $f \leqq s$ の両辺の下極限をとって $s' \leqq f$ が示される．よって，V 上で $H_{s'}^V \leqq H_f^V \leqq f$．$V$ 上での下極限をとれば，$H_{s'}^V$ は連続であるから，$H_{s'}^V \leqq s'$．

(第 2 段) $\mathcal{R} \setminus E$ の非正則境界点以外では $s' = f$ が成り立つことを示す．実際，f は $\mathrm{Int}\, E$ および $\mathcal{R} \setminus E$ 上で下半連続であるから，$\mathcal{R} \setminus E$ の正則な境界点のみを考察すればよい．このような点を ζ_0 とする．s は有界であったから，s の下半連続性と $f \leqq s$ に注意すれば，(B.5) より

$$s(\zeta_0) \leqq \liminf_{\partial(\mathcal{R} \setminus E) \ni \zeta \to \zeta_0} s(\zeta) \leqq \liminf_{\mathcal{R} \setminus E \ni z \to \zeta_0} H_s^{\mathcal{R} \setminus E}(z) \leqq \liminf_{\mathcal{R} \setminus E \ni z \to \zeta_0} s(z)$$

を得る．もう一度 s の下半連続性を使えば，$s(\zeta_0) = \liminf_{E \ni \zeta \to \zeta_0} s(z)$ が分る．よって，次の計算から求める結果が得られる：

$$\begin{aligned} s'(\zeta_0) &= \liminf_{z \to \zeta_0} f(z) = \min\{\liminf_{E \ni \zeta \to \zeta_0} s(\zeta), \liminf_{\mathcal{R} \setminus E \ni z \to \zeta_0} H_s^{\mathcal{R} \setminus E}(z)\} \\ &= \liminf_{E \ni \zeta \to \zeta_0} s(\zeta) = s(\zeta_0) = f(\zeta_0) . \end{aligned}$$

(第 3 段) 最後に，$f = R[s; E]$ および $s' = s_E^{\mathcal{R}}$ を示す．そのため，$\mathcal{R} \setminus E$ の非正則境界点の全体を E_0 とおくと，定理 B.11 により E_0 は極集合であるから，正の優調和函数 s'' で $E_0 \subseteq E_1 = \{z \in \mathcal{R} : s''(z) = +\infty\}$ を満たすものが存在する．そこで，$\varepsilon > 0$ を任意にとれば，$s' + \varepsilon s''$ は正の優調和函数であって，

$$s'(z) + \varepsilon s''(z) \geqq s(z) \qquad (z \in E)$$

を満たすことが上記の議論から分る. 故に, $s' + \varepsilon s'' \in \mathcal{V}_s^E$ となるから, $R[s; E] \leqq s' + \varepsilon s''$. ここで ε は任意であるから, $\mathcal{R} \setminus E_1$ 上で $R[s; E] \leqq s' = f$ が成り立つ. 一方, $u \in \mathcal{V}_s^E$ ならば $u \in \overline{\mathcal{S}}_s^{\mathcal{R} \setminus E}$ であるから, $f = H_s^{\mathcal{R} \setminus E} \leqq R[s; E]$ が $\mathcal{R} \setminus E$ 上で成り立つ. 従って, $\mathcal{R} \setminus E$ 上で $R[s; E] = H_s^{\mathcal{R} \setminus E} = f$. E 上では, $s \in \mathcal{V}_s^E$ に注意すれば, $R[s; E] = s = f$ が分る. 故に, $\mathcal{R}$ 上到るところで $R[s; E] = f$.

(C) s は有界でないとし, $s_\beta = \min\{s, \beta\}$ $(\beta = 1, 2, \ldots)$ とおく. 各 s_β は有界な優調和函数であるから, 上で示したことによって,

$$R[s_\beta, E](z) = \begin{cases} s_\beta(z) & (z \in E), \\ H_{s_\beta}^{R \setminus E}(z) & (z \in R \setminus E) \end{cases} \tag{B.8}$$

$$(s_\beta)_E^R(z) = \begin{cases} s_\beta(z) & (z \in E \setminus E_0), \\ H_{s_\beta}^{R \setminus E}(z) & (z \in R \setminus E) \end{cases} \tag{B.9}$$

であり,

$$(s_\beta)_E^R \leqq (s_{\beta+1})_E^R \leqq s \qquad (\beta = 1, 2, \ldots).$$

即ち, $\{(s_\beta)_E^R\}_{\beta=1}^\infty$ は優調和函数の単調増加列で s を超えない. 従って, この函数列の上限

$$v = \sup_{\beta \to \infty} (s_\beta)_E^R$$

はまた R 上の正の優調和函数であって次を満たす:

$$v(z) = \begin{cases} s(z) & (z \in E \setminus E_0), \\ H_s^{R \setminus E}(z) & (z \in R \setminus E). \end{cases} \tag{B.10}$$

ここで, (A) で利用した優調和函数 s'' を使えば, 任意の正数 ε に対して $v + \varepsilon s'' \in \mathcal{V}_s^E$ が成り立つ. 従って, $R[s; E] \leqq v + \varepsilon s''$ が得られ, ε は任意であるから,

$$R[s, E](z) = \begin{cases} s(z) & (z \in E), \\ H_s^{R \setminus E}(z) & (z \in R \setminus E) \end{cases} \tag{B.11}$$

が得られる. 以上で, (a), (b), (c) が示された. $\square$

B.4 平面のポテンシャル この項はほとんどを Garnett-Marshall [B14, 第 III 章 §§1–6] から引用する. 証明は大部分省略するので, 詳細は同書を参照されたい.

B.4.1 対数容量と Green 函数 E を平面のコンパクト集合で, その補集合 $\mathcal{R} = \overline{\mathbb{C}} \setminus E$ が滑らかな境界を持つ有限連結な Jordan 領域になるとする. 定理 B.4 により, $\mathcal{R}$ の境界 $\partial \mathcal{R}$ 上の任意の連続函数 f に対し, f を境界値とする $\mathcal{R}$ 上の Dirichlet 問題は

境界まで連続な一意の解 $H_f(z) = H_f^{\mathcal{R}}(z)$ を持つ．特に，$f(\zeta) = -\log|\zeta|$ ($\zeta \in \partial\mathcal{R}$) のとき，$h(z) = H_f^{\mathcal{R}}(z)$ と書けば，h は $\partial\mathcal{R}$ まで連続な $\mathcal{R}$ 上の調和函数で，
$$g_{\mathcal{R}}(\infty, z) = \log|z| + h(z)$$
は ∞ を極とする $\mathcal{R}$ の Green 函数である．我々は
$$\gamma = \gamma(E) = h(\infty) \tag{B.12}$$
を集合 E の **Robin 定数**と呼ぶ．従って，
$$g_{\mathcal{R}}(\infty, z) = \log|z| + \gamma(E) + o(1) \qquad (z \to \infty) \tag{B.13}$$
が成り立つ．さらに，E の**対数容量** $\mathrm{Cap}(E)$ を次で定義する：
$$\mathrm{Cap}(E) = e^{-\gamma(E)} . \tag{B.14}$$

任意のコンパクト集合 $E \subset \mathbb{C}$ に対しては，$\overline{\mathbb{C}} \setminus E$ の成分で ∞ を含むものを $\mathcal{R}$ と書く．このときは，滑らかな境界を持つ有限連結 Jordan 領域 $\mathcal{R}_n$ の列で
$$\infty \in \mathcal{R}_n \subset \overline{\mathcal{R}_n} \subset \mathcal{R}_{n+1} \subset \mathcal{R} \qquad (n \geqq 1)$$
を満たし，且つその合併が $\mathcal{R}$ に等しいものを一つ選んで固定する．各 n に対して，$E_n = \overline{\mathbb{C}} \setminus \mathcal{R}_n$ とおく．このとき，$\gamma(E_n) < \gamma(E_{n+1})$ 且つ $\mathrm{Cap}(E_n) > \mathrm{Cap}(E_{n+1})$ が成り立つ．よって，E の対数容量を
$$\mathrm{Cap}(E) = \lim_{n \to \infty} \mathrm{Cap}(E_n) \tag{B.15}$$
で定義できる．実際，この極限は集合列 $\{E_n\}$ の選び方によらない．また，$\widehat{E} = \overline{\mathbb{C}} \setminus \mathcal{R}$ とおけば，対数容量の定義法より $\mathrm{Cap}(E) = \mathrm{Cap}(\widehat{E}) = \mathrm{Cap}(\partial E) = \mathrm{Cap}(\partial \widehat{E})$ は明らかである．一方，任意の有界閉集合 E の Robin の定数 $\gamma(E)$ は次で定義される：
$$\gamma(E) = \log \frac{1}{\mathrm{Cap}(E)} = \lim_n \gamma(E_n) .$$
この定義法から，任意のコンパクト集合 $E \subset F \subset \mathbb{C}$ に対して次が成り立つ：
$$\mathrm{Cap}(E) \leqq \mathrm{Cap}(F) \quad \text{および} \quad \gamma(E) \geqq \gamma(F) . \tag{B.16}$$

B.4.2 対数ポテンシャル コンパクト台を持つ正則 Borel 測度 $\mu > 0$ (以下本節では，単に測度と云う) に対し，μ の**対数ポテンシャル**を次で定義する：
$$U^\mu(z) = \int \log \frac{1}{|z - \zeta|} d\mu(\zeta) .$$
函数 $U^\mu(z)$ は $\mathbb{C}$ 上で優調和であり，μ の台の外では調和である．いま，$\mathcal{R} = \overline{\mathbb{C}} \setminus E$ は有限個の滑らかな Jordan 曲線で囲まれた領域であると仮定し，μ_E を領域 $\mathcal{R}$ に関

する ∞ の調和測度とする.従って,$\mathcal{R}$ の境界点 $\zeta \in \partial \mathcal{R}$ における外向き法線を n_ζ,境界 $\partial \mathcal{R}$ に沿った線素を ds とすれば,Green の公式から次が分る:

$$d\mu_E(\zeta) = d\omega_\infty^\mathcal{R}(\zeta) = -\frac{1}{2\pi}\frac{\partial g(\infty,\zeta)}{\partial \zeta}\,ds(\zeta)\,.$$

定理 B.13 $\mathcal{R} = \overline{\mathbb{C}} \setminus E$ は有限個の滑らかな互いに素な Jordan 曲線で囲まれた領域であるとすれば,積分 $U^{\mu_E}(z)$ は全ての $z \in \mathbb{C}$ に対し絶対収束する.$U^{\mu_E}(z)$ は $\mathbb{C}$ 上で連続であって,次の性質を持つ:

$$g(\infty,z) = \gamma(E) - U^{\mu_E}(z) \qquad (z \in \overline{\mathcal{R}})\,, \tag{B.17}$$
$$U^{\mu_E}(z) < \gamma(E) \qquad (z \in \mathcal{R})\,, \tag{B.18}$$
$$U^{\mu_E}(z) = \gamma(E) \qquad (z \in E)\,. \tag{B.19}$$

B.4.3 エネルギー積分 ν をコンパクト台を持つ符号つき測度とする.もし

$$\iint \left|\log \frac{1}{|z-\zeta|}\right| d|\nu|(\zeta) d|\nu|(z) < \infty \tag{B.20}$$

ならば,ν は**エネルギー有限**であると云い,ν の**エネルギー積分** $I(\nu)$ を

$$I(\nu) = \iint \log \frac{1}{|z-\zeta|}\,d\nu(\zeta)d\nu(z) = \int U^\nu(z)\,d\nu(z)$$

で定義する.

定理 B.14 符号つき測度 ν はエネルギー有限で,$\int d\nu = 0$ を満たすとすれば,$I(\nu) \geqq 0$ が成り立つ.さらに,$I(\nu) = 0$ ならば,$\nu = 0$ である. ([B14, 80 頁])

B.4.4 平衡分布 $M_1^+(E)$ をコンパクト集合 $E \subset \mathbb{C}$ 上の確率 Borel 測度の全体とする.さて,$\mathcal{R}$ を $\overline{\mathbb{C}} \setminus E$ の ∞ を含む連結成分とし,$\{\mathcal{R}_n\}$ を §B.4.1 で定義したような領域の列とし,$E_n = \overline{\mathbb{C}} \setminus \mathcal{R}_n$ と書く.

定理 B.15 $\mathrm{Cap}(E) > 0$ を仮定すると,測度の列 $\{\mu_{E_n}\}$ は或る $\mu_E \in M_1^+(E)$ に汎弱収束する.しかも,極限は集合列 $\{E_n\}$ の選び方に依存しない.さらに,

$$\gamma(E) = I(\mu_E) = \inf\{I(\nu) : \nu \in M_1^+(E)\} \tag{B.21}$$

であり,しかも $\nu \neq \mu_E$ ならば $I(\nu) > \gamma(E)$ が成り立つ.即ち,μ_E は $\gamma(E) = I(\mu_E)$ を満たす E 上の唯一の確率測度である. ([B14, 83 頁])

これから,μ_E は $U^\mu = \gamma(E)$ (a.e. $d\mu$) を満たす唯一の $\mu \in M_1^+(E)$ であることが分る.我々は μ_E を E の**平衡分布**と呼び,U^{μ_E} を**平衡ポテンシャル**と呼ぶ.

定理 B.16 ψ を E 上の縮小写像, 即ち $|\psi(z) - \psi(w)| \leq |z - w|$ $(z, w \in E)$ とする. このとき, $\mathrm{Cap}(\psi(E)) \leq \mathrm{Cap}(E)$ が成り立つ. 特に, $E^* = \{|z| : z \in E\}$ を E の $\mathbb{R}$ への円弧状射影とすれば, 次が成り立つ:

$$\mathrm{Cap}(E) \geq \mathrm{Cap}(E^*) \geq \tfrac{1}{4}|E^*|. \tag{B.22}$$

但し, $|E^*|$ は E^* の長さである. ([B14, 86 頁])

B.4.5 Dirichlet 問題の Wiener 解 $\mathcal{R}$ を $\overline{\mathbb{C}}$ の領域で $\mathrm{Cap}(\mathbb{C} \setminus \mathcal{R}) > 0$ を満たすものとし, $f \in C(\partial \mathcal{R})$ を境界値とする $\mathcal{R}$ 上の Dirichlet 問題を解く. そのため, まず $\{\mathcal{R}_n\}$ を §B.4.1 で導入した $\mathcal{R}$ の部分領域の列とする. 次に, f を $\overline{\mathbb{C}}$ 上の連続函数に延長したものをやはり f と書き,

$$u_n(z) = \int_{\partial \mathcal{R}} f(\zeta)\, d\omega(z, \zeta, \mathcal{R}_n) \qquad (z \in \mathcal{R}_n)$$

と定義する.

定理 B.17 (Wiener) $\mathrm{Cap}(\mathbb{C} \setminus \mathcal{R}) > 0$ ならば, 函数列 $\{u_n(z)\}$ は $\mathcal{R}$ 上で或る調和函数 $u(z)$ に広義一様収束する. さらに, 極限函数 $u(z)$ は領域の列 $\{\mathcal{R}_n\}$ の選び方や f の延長の仕方に依存しない. 我々は $u(z)$ を境界値 $f(\zeta)$ に対する **Dirichlet 問題の Wiener 解**と呼び, $u_f(z)$ と書く. ([B14, 89 頁])

この定理により $\mathrm{Cap}(\overline{\mathbb{C}} \setminus \mathcal{R}) > 0$ を満たす任意の領域 $\mathcal{R} \subset \overline{\mathbb{C}}$ に対して調和測度を定義することができる. 実際, 汎弱位相の意味で極限

$$\omega(z, \cdot, \mathcal{R}) = \lim_{n \to \infty} \omega(z, \cdot, \mathcal{R}_n) \tag{B.23}$$

は存在して, $\{\mathcal{R}_n\}$ の選び方によらぬことと, 任意の $f \in C(\partial \mathcal{R})$ に対して

$$u_f(z) = \int_{\partial \mathcal{R}} f(\zeta)\, d\omega(z, \zeta, \mathcal{R})$$

が成り立つことが分る. 但し, u_f は境界値 f に対する Dirichlet 問題の Wiener 解である. この測度 $\omega(z, \cdot, \mathcal{R})$ を $\mathcal{R}$ に関する z に対する**調和測度**と定義する.

B.4.6 正則境界点と Wiener の判定条件 $\mathrm{Cap}(\overline{\mathbb{C}} \setminus \mathcal{R}) > 0$ を仮定する. このとき, $\zeta \in \partial \mathcal{R}$ が $\mathcal{R}$ の**正則点**であるとは, 任意の $f \in C(\partial \mathcal{R})$ とこれを境界値とする $\mathcal{R}$ に関する Dirichlet 問題の Wiener 解を u_f とするとき, 常に

$$\lim_{\mathcal{R} \ni z \to \zeta} u_f(z) = f(\zeta) \tag{B.24}$$

が成り立つことを云う. また, 正則点でない $\zeta \in \partial \mathcal{R}$ を**非正則点**と呼ぶ.

定理 B.18 $E = \overline{\mathbb{C}} \setminus \mathcal{R}$ は平面のコンパクト集合で $\mathrm{Cap}(E) > 0$ を満たすと仮定し，μ_E を E の平衡分布とする．このとき，$\zeta \in \partial \mathcal{R}$ に対して次は同値である：

(a) ζ は正則点である．
(b) ζ に収束する任意の点列 $z_n \in \mathcal{R}$ に対して $g_{\mathcal{R}}(z_n, \infty) \to 0$ が成り立つ．
(c) $U^{\mu_E}(\zeta) = \gamma(E)$. ([B14, 95 頁])

定理 B.19 (Wiener の判定法) $\mathcal{R}$ は前節と同様とし，$\zeta \in \partial \mathcal{R}$ とする．$0 < \lambda < 1$ を任意に固定し，$A_n = A_n(\zeta) = \{ z : \lambda^{n+1} \leqq |z - \zeta| \leqq \lambda^n \}$ $(n = 1, 2, \ldots)$ とおく．このとき，$\mathcal{R}$ の境界点 ζ に対し次の条件は同値である：

(a) ζ は正則点である．
(b) $\sum_{n=1}^{\infty} \dfrac{n}{\gamma(A_n \setminus \mathcal{R})} = \infty$．
(c) $\sum_{n=1}^{\infty} \dfrac{n}{\gamma(A_n \cap \partial \mathcal{R})} = \infty$． ([B14, 97 頁])

§C 主作用素の構成

主作用素は指定された特異性を持つ調和函数を作る方法で Sario による．

C.1 主作用素と主函数の存在定理 W は開 Riemann 面 $\mathcal{R}$ の開部分集合で，$\mathcal{R} \setminus W$ は $\mathcal{R}$ の正則領域の閉包であるとするとき，∂W 上の任意の実数値連続函数 f に対し，W 上で調和，$\mathrm{Cl}(W)$ 上で連続な函数 Lf を対応させる線型作用素 L で性質

(S1) $L1 = 1$,
(S2) $f \geqq 0$ ならば $Lf \geqq 0$,
(S3) ∂W 上では $Lf = f$,
(S4) Lf の流量は消滅する．即ち，$\mathcal{R} \setminus W$ を含む任意の正則領域を Ω とすれば，
$\int_{\beta(\Omega)} {}^*d(Lf) = 0$ が成り立つ．但し，$\beta(\Omega)$ は Ω の正の境界である

を持つものを W に関する Sario の**主作用素**と呼ぶ．主作用素があれば，指定された特異性を持つ調和函数 (即ち，**主函数**) を作ることができる．

定理 C.1 (主函数の存在定理) $\mathcal{R}, W$ は上の通りとし，L を W に関する主作用素とする．s を W 上で調和，$\mathrm{Cl}\, W$ 上で連続な函数 (このような s を W 上の**特異性函数**と呼ぶ) とするとき，$\mathcal{R}$ 上の調和函数 p で W 上で

$$p - s = L(p - s) \tag{C.1}$$

を満たすものが存在するための必要十分条件は s の流量が消滅することである．このような p は付加定数を除いて一意である． ([B2, III.3A])

C.2 コンパクト縁つき面上の主作用素 $\overline{W}$ をコンパクトな縁つき Riemann 面とし，W をその内部とする．即ち，W と $\overline{W}$ はより大きな Riemann 面の正則領域 D とその閉包 $\overline{D}$ として実現できるものとする（§A.1.1 参照）．$\beta(W) = \overline{W} \setminus W$ は W の縁であるが，W の理想境界と思ってもよい．$W' \subset W$ は開集合で $W \setminus W'$ は W の正則領域の閉包に等しいコンパクト集合とし，W' の相対境界 $\partial W'$ に W' に関する負の向きをつけたものを α と書く（図 C.1）．開 Riemann 面上の主作用素を構成するため，W' に関する特別な主作用素 L_0, L_1 を構成する．

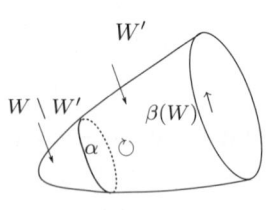

図 C.1: W と W'

C.2.1 第一主作用素 L_0 α 上の連続函数 f に対し，W' 上で調和，Cl W' 上で連続で，α 上では f に一致し，且つ縁 $\beta(W)$ 上では法線微分が消滅する函数を $L_0 f$ と定義する．この作用素 L_0 は一意に存在する． ([B2, III.5A])

C.2.2 第二主作用素 $(P)L_1$ α 上の任意の連続函数 f に対し，W' 上で調和，Cl W' 上で連続で，α 上では f に一致し，且つ縁 $\beta(W)$ 上では定数で且つ流量が消滅する函数を $L_1 f$ と書く．この作用素 L_1 は一意に存在する． ([B2, III.5B])

定義をさらに拡張するため，$P = P_W = \{\beta_1, \ldots, \beta_l\}$ を $\overline{W}$ の縁 $\beta = \beta(W)$ の任意の分割とする．即ち，各 β_i は β の成分をなす輪郭の何個かの合併であって互いに素であり，且つ $\beta = \cup \beta_i$ を満たすとする．これを **境界 β の分割** と呼ぶ．我々は境界 β の任意の分割 P と両立する L_1 型の主作用素を定義することができる．

定理 C.2 $\beta = \beta(W)$ の任意の分割 P に対し，次の性質を持つ主作用素 $L = (P)L_1$ が一意に存在する．

(a) L は W' に関する主作用素である．

(b) α 上の任意の連続函数 f に対し，Lf は α 上では f に等しく，各 β_i 上では定数であり且つ β_i を過る流量は消滅する． ([B2, III.5B])

C.3 開 Riemann 面上の主作用素 開 Riemann 面上で主作用素を構成する．

C.3.1 理想境界の分割 開 Riemann 面 $\mathfrak{R}$ の正則領域を一般に Ω とし，その境界に正の向きをつけたものを $\beta(\Omega)$ と書く．$\mathfrak{R} \setminus \mathrm{Cl}\,\Omega$ の互いに素な空でない開集合への分割を $P = P(\Omega)$ と書く．$\mathfrak{R} \setminus \mathrm{Cl}\,\Omega$ は有限個の成分からなるから，$P(\Omega)$ は有限個の部分 $\mathfrak{R}_1, \ldots, \mathfrak{R}_l$ からなる．$\mathfrak{R}$ の中での $\mathfrak{R}_j$ の相対境界に $\mathfrak{R}_j$ に関して負の向きをつけたものを $\beta_j(P)$ と書けば，$\bigcup_j \beta_j(P)$ は $\beta(\Omega)$ の分割である．

次に，各正則領域 Ω に対し分割 $P = P(\Omega)$ を一つずつ選んで得られる分割の完全系 $\{P\}$ をとる．この系が**同調的**であるとは，$\overline{\Omega} \subset \Omega'$ である限り，$P(\Omega')$ の各部分は $P(\Omega)$ の一つの部分に含まれることを云う．我々は同調的な分割系 $\{P\}$ を $\mathcal{R}$ の**理想境界 $\beta(\mathcal{R})$ の分割**と呼び，$\{P(\Omega)\}$ または単に P と表す．特に，分割 P の各元 $P(\Omega)$ が唯一個の部分からなるとき，P を**恒等分割**と云って I で表す．また，分割 P の各元 $P(\Omega)$ において $\mathcal{R} \setminus \operatorname{Cl}\Omega$ の各成分が一つの部分をなしているとき，P を**標準分割**と云って，Q で表す．

C.3.2 主作用素の構成 $\mathcal{R}$ 上の最も標準的な主作用素を構成しよう．W を $\mathcal{R}$ の開領域で $\mathcal{R} \setminus W$ は正則領域の閉包であるとし，W の相対境界に W に関して負の向きを付けたものを α と書く．$\beta(\mathcal{R})$ の分割 $P = \{P(\Omega)\}$ を一つ固定する．$\mathcal{R} \setminus W$ を含む任意の正則領域 Ω に対し，$\Omega \cap W$ をコンパクト縁つき Riemann 面 $\overline{\Omega}$ の理想境界近傍と見なし，これに働く第一主作用素 (§C.2.1 の L_0) を $L_{0\Omega}$，Ω の縁の分割 $P(\Omega)$ に対応する第二主作用素 (§C.2.2 の $(P)L_1$) を $(P)L_{1\Omega}$ と書く．いま，α 上の連続函数でその近傍に調和接続できるものの全体を $\Sigma(\alpha)$ と書き，次の定義をおく：

$$u_{0\Omega} = L_{0\Omega} f, \quad u_{1\Omega} = (P)L_{1\Omega} f \qquad (f \in \Sigma(\alpha)).$$

さて，$\mathcal{R} \setminus W$ を含む $\mathcal{R}$ の正則領域 Ω の全体を包含関係 $\subseteq$ によって有向族と見なし，これによって $\mathcal{R}$ を近似することを $\Omega \to \mathcal{R}$ で表す．もっと具体的には，$\mathcal{R} \setminus W \subset \Omega_1$ を満たす $\mathcal{R}$ の正則近似列 $\{\Omega_n\}$ を一つ固定して $\Omega_n \to \mathcal{R}$ としても同じことである．

補題 C.3 $\Omega \to \mathcal{R}$ のとき，$\{u_{i\Omega}\}$ ($i = 0, 1$) はそれぞれ $\operatorname{Cl} W$ 上の調和函数 u_i ($i = 0, 1$) に広義一様収束し，α 上では $u_i = f$ を満たす． ([B2, III.8])

我々は目的の主作用素 L を次で定義する：

$$u_1 = Lf = (P)L_1 f. \tag{C.2}$$

定理 C.4 (C.2) で定義される L は $\Sigma(\alpha)$ から $\operatorname{Cl} W$ 上の有界且つ Dirichlet 有限な調和函数の空間への線型作用素で次の性質を持つ．

(a) L は主作用素の性質 (S1), (S2), (S3), (S4) を満たす．

(b) $\mathcal{R} \setminus W$ を含む任意の正則領域 Ω に対し，$\beta(\Omega) = \bigcup_{i=1}^{l} \beta_i(\Omega)$ を $\beta(\Omega)$ の $P(\Omega)$ による分割とすると，$\int_{\beta_i(\Omega)} {}^*d(Lf) = 0$ ($i = 1, \ldots, l$).

(c) $d(Lf) \in \Gamma_{h0}(\operatorname{Cl} W)$．但し，$\omega \in \Gamma_{h0}(\operatorname{Cl} W)$ とは，$\operatorname{Cl} W$ 上の調和微分 (§A.4.3 参照) で $\|\omega\|_W < \infty$ であり，且つ次の等式を満たすものとする：

$$(\omega, {}^*dh)_W = -\iint_W \omega \wedge d\overline{h} = -\int_\alpha \overline{h}\,\omega \qquad (\forall\, dh \in \Gamma_e^1(\operatorname{Cl} W)).$$

注意 C.5 この定理では L の定義域を $\Sigma(\alpha)$ としたが，α 上の連続函数は $\Sigma(\alpha)$ の元で一様近似できるから，$\Sigma(\alpha)$ を実数値連続函数全体 $C_{\mathbb{R}}(\alpha)$ としても定理は正しい．

(中井 [B30, 71 頁])

証明 L は明らかに線型作用素であるから，それ以外の性質を検証する．

(a) $f = 1$ ならば，対応する全ての $u_{1\Omega}$ は 1 に等しいから，その極限としての u_1 も 1 に等しい．よって，(S1) が成り立つ．次に，$f \geqq 0$ ならば，$u_{1\Omega} \geqq 0$ より $u_1 \geqq 0$ も分るから，(S2) を得る．さらに，α 上では $u_{1\Omega} = (P)L_{1\Omega}f = f$ であり，$\{u_{1\Omega}\}$ は u_1 に広義一様収束するから，α 上で $u_1 = f$ を満たすことになり，(S3) も正しい．性質 (S4) は次の (b) の特別の場合である．故に，L は主作用素の条件を満たす．

(b) $\Omega \Subset \Omega'$ を満たす $\mathfrak{R}$ の任意の正則領域 Ω' に対し，P から定義される Ω と Ω' の縁の分割 $P(\Omega) : \beta(\Omega) = \cup \beta_i(\Omega)$ と $P(\Omega') : \beta(\Omega') = \cup \beta_j(\Omega')$ は同調している．即ち，$\Omega' \setminus \Omega$ の成分で $\beta_i(\Omega)$ の点を含むもの全体の合併を S_i とするとき，S_i の境界で $\beta(\Omega')$ 上にある部分はいくつかの $\beta_j(\Omega')$ の合併に等しい．よって，

$$0 = \iint_{S_i} d^*du_{1\Omega'} = \int_{\partial S_i} {}^*du_{1\Omega'} = \sum_{\beta_j(\Omega') \subset \partial S_i} \int_{\beta_j(\Omega')} {}^*du_{1\Omega'} - \int_{\beta_i(\Omega)} {}^*du_{1\Omega'} .$$

$u_{1\Omega'}$ の定義から，各 $\beta_j(\Omega')$ を過る $u_{1\Omega'}$ の流量は 0 であるから，

$$\int_{\beta_i(\Omega)} {}^*du_{1\Omega'} = 0 \tag{C.3}$$

が成り立つ．$u_{1\Omega'}$ は u_1 に広義一様収束するからその導函数についても同様で，従って，(C.3) で $\Omega' \to \mathfrak{R}$ として求める結果が得られる．

(c) $\mathrm{Cl}(W \cap \Omega)$ 上の調和函数 w に対して，

$$D_\Omega(w) = \iint_{W \cap \Omega} d(w) \wedge {}^*dw = \int_{\beta(\Omega)} w \, {}^*dw - \int_\alpha w \, {}^*dw ,$$

$$B_\Omega(w) = \int_{\beta(\Omega)} w \, {}^*dw , \quad A(w) = \int_\alpha w \, {}^*dw$$

と定義する．このとき，$\Omega \Subset \Omega'$ に対し，次が成り立つ：

$$D_\Omega(u_{1\Omega'} - u_{1\Omega}) = B_\Omega(u_{1\Omega'}) + A(u_{1\Omega'}) - A(u_{1\Omega}) . \tag{C.4}$$

(C.4) において $\Omega' \to \mathfrak{R}$ とすることにより，導函数も広義一様収束することから，

$$D_\Omega(u_1 - u_{1\Omega}) = B_\Omega(u_1) + A(u_1) - A(u_{1\Omega})$$

を得る．ここで，$B_\Omega(u_1) \leqq 0$ に注意すれば，$D_\Omega(u_1 - u_{1\Omega}) - B_\Omega(u_1) \to 0$ から，

$$B(u_1) = \lim_{\Omega \to \mathfrak{R}} B_\Omega(u_1) = 0 \quad 且つ \quad \lim_{\Omega \to \mathfrak{R}} D_\Omega(u_1 - u_{1\Omega}) = 0 . \tag{C.5}$$

これからまず $du_1 \in \Gamma_h(\text{Cl}\,W)$ が分る．実際，
$$\left|\|du_1\|_{W\cap\Omega} - \|du_{1\Omega}\|_{W\cap\Omega}\right|^2 \leqq \|du_1 - du_{1\Omega}\|_{W\cap\Omega}^2 = D_\Omega(u_1 - u_{1\Omega}) \to 0$$
であるから，
$$\begin{aligned}\|du_1\|_W^2 &= \lim_{\Omega\to\mathcal{R}} \|du_1\|_{W\cap\Omega}^2 = \lim_{\Omega\to\mathcal{R}} \|du_{1\Omega}\|_{W\cap\Omega}^2 \\ &= \lim_{\Omega\to\mathcal{R}} D_\Omega(u_{1\Omega}) = \lim_{\Omega\to\mathcal{R}} \{B_\Omega(u_{1\Omega}) - A(u_{1\Omega})\} \\ &= -\lim_{\Omega\to\mathcal{R}} \int_\alpha f^* du_{1\Omega} = -\int_\alpha f^* du_1 \,.\end{aligned}$$
よって，du_1 は $\text{Cl}\,W$ 上で二乗可積分である．u_1 は $\text{Cl}\,W$ 上の調和函数であったから，$du_1 \in \Gamma_h(\text{Cl}\,W)$．一方，$dh \in \Gamma_e^1(\text{Cl}\,W)$ とすると，
$$\begin{aligned}(du_{1\Omega}, {}^*dh)_{W\cap\Omega} &= -\iint_{W\cap\Omega} du_{1\Omega} \wedge d\bar{h} = \iint_{W\cap\Omega} d\{\bar{h}\,du_{1\Omega}\} \\ &= \sum_i \int_{\beta_i(\Omega)} \bar{h}\,du_{1\Omega} - \int_\alpha \bar{h}\,du_{1\Omega} = -\int_\alpha \bar{h}\,du_{1\Omega}\,.\end{aligned}$$
最後では $u_{1\Omega}$ が各 $\beta_i(\Omega)$ 上で定数であることを使った．よって，(C.5) より
$$(du_1, {}^*dh)_W = \lim_{\Omega\to\mathcal{R}} (du_{1\Omega}, {}^*dh)_{W\cap\Omega} = -\lim_{\Omega\to\mathcal{R}} \int_\alpha \bar{h}\,du_{1\Omega} = -\int_\alpha \bar{h}\,du_1$$
を得る．故に，$u_1 = Lf$ は定理の性質 (a), (b), (c) を満たす． □

§D 若干の古典函数論

D.1 Fatou の定理 Hardy 族理論には不可欠の古典函数論の定理の一つで，Poisson の積分表示と共に周知のものである．

D.1.1 上半平面の場合 まず，測度の微分についての結果から始める．

定理 D.1 μ を区間 $I \subset \mathbb{R}$ 上の有限な複素測度とし，I 上の有界変動函数 $\mu(x)$ を $\mu(x) = \mu(I \cap (-\infty, x))$ $(x \in I)$ で定義すれば，次が成り立つ：

(a) $\mu'(x)$ は I 上ほとんど到るところで存在し，可積分である．
(b) $f(x)\,dx + d\mu_s(x)$ を μ の dx に関する Lebesgue 分解とすれば，$f = \mu'$ a.e.
が成り立つ． (Rudin [B38, 7.14])

さて，$u(z)$ を上半平面 $\mathbb{H}_+ = \{z \in \mathbb{C} : \text{Im}\,z > 0\}$ 上の函数とする．$u(z)$ が実軸 $\mathbb{R}$ 上の点 x_0 で**非接極限** A を持つとは，x_0 を頂点とする任意の扇形
$$\{z = x + iy : y > 0,\ |x - x_0| < cy\} \qquad (c > 0)$$
の中を通って z が x_0 に近づくとき $u(z)$ が極限値 A を持つことを云う．

定理 D.2 (Fatou) μ を $\mathbb{R}$ 上の複素 Borel 測度で $\int_{\mathbb{R}}(1+t^2)^{-1}|d\mu(t)| < \infty$ を満たすものとし，

$$V(z) = \frac{1}{\pi}\int_{-\infty}^{\infty}\frac{y}{(x-t)^2+y^2}\,d\mu(t) \qquad (\mathrm{Im}\,z > 0)$$

とおく．このとき，$x_0 \in \mathbb{R}$ において $\mu'(x_0)$ が存在して有限ならば，$V(z)$ は x_0 において非接極限 $\mu'(x_0)$ を持つ． (Koosis [B22, VI.B])

証明 $x_0 = 0$ として証明する．従って，$\mu'(0)$ は存在して有限であると仮定する．このとき，$z = x + iy$ は任意に固定した正数 c に対し $|x| \leqq cy$ を満たすとして，

$$\frac{1}{\pi}\int_{-\infty}^{\infty}\frac{y}{(t-x)^2+y^2}\,d\mu(t) \to \mu'(0) \qquad (y \to 0)$$

を証明する．また，必要ならば $d\mu(t)$ の代りに $d\mu(t) - \mu'(0)\,dt$ を考えることにより，$\mu'(0) = 0$ であるとしてよい．よって，以下では $\mu'(0) = 0$ を仮定する．まず正数 ε を任意に固定し，これに対し正数 δ を十分小さく選び，全ての $|t| \leqq \delta$ に対して $|\mu(t)| \leqq \varepsilon|t|$ が成り立つようにする．そこで，y を十分に 0 に近づければ，$2|x|$ は δ より遥かに小さくなるから，上の積分を次のように分解することができる：

$$\frac{1}{\pi}\int_{-\infty}^{\infty}\frac{y}{(t-x)^2+y^2}\,d\mu(t) = o(1) + \frac{1}{\pi}\int_{-\delta}^{\delta}\frac{y}{(t-x)^2+y^2}\,d\mu(t).$$

ここで，右辺の $o(1)$ は $y \to 0$ のとき 0 に近づく量である．右辺の第二項を部分積分によりさらに変形すれば，次が得られる：

$$\frac{1}{\pi}\int_{-\delta}^{\delta}\frac{y}{(t-x)^2+y^2}\,d\mu(t) = o(1) + \frac{1}{\pi}\int_{-\delta}^{\delta}\frac{2(t-x)y}{[(t-x)^2+y^2]^2}\,\mu(t)\,dt.$$

右辺の第一項は積分された項で $y \to 0$ のとき 0 に近づく．第二項を評価するため，$x > 0$ ($x < 0$ でも同様である) を仮定して積分区間を分割する．即ち，

$$\frac{1}{\pi}\left[\int_{-\delta}^{0} + \int_{0}^{2x} + \int_{2x}^{\delta}\right]\frac{2(t-x)\cdot y\cdot \mu(t)}{[(t-x)^2+y^2]^2}\,dt = \mathrm{I} + \mathrm{II} + \mathrm{III}$$

とおいて，それぞれを評価する．まず，$0 < x \leqq cy$ であるから，

$$|\mathrm{II}| \leqq \frac{1}{\pi}\int_{0}^{2x}\frac{2\,y\,x\,\varepsilon t}{y^4}\,dt = \frac{4\varepsilon x^3}{\pi y^3} \leqq \frac{4c^3}{\pi}\varepsilon.$$

次に，$2x \leqq t \leqq \delta$ に対しては，$2(t-x) \geqq t$ であるから，$|\mu(t)| \leqq \varepsilon t \leqq 2\varepsilon(t-x)$ を得る．従って，

$$|\text{III}| \leqq \frac{1}{\pi}\int_{2x}^{\delta} \frac{2(t-x)\cdot y \cdot |\mu(t)|}{[(t-x)^2+y^2]^2}\,dt \leqq \frac{1}{\pi}\int_{2x}^{\delta}\frac{2(t-x)\cdot y \cdot 2\varepsilon(t-x)}{[(t-x)^2+y^2]^2}\,dt$$

$$\leqq \frac{2\varepsilon}{\pi}\int_0^{\infty}\frac{y\cdot 2t}{(t^2+y^2)^2}\,t\,dt = \frac{2\varepsilon}{\pi}\left[-\frac{y}{t^2+y^2}\,t\right]_0^{\infty} + \frac{2\varepsilon}{\pi}\int_0^{\infty}\frac{y}{t^2+y^2}\,dt = \varepsilon\,.$$

最後に，$-\delta \leqq t \leqq 0$ についても類似の計算で，$|\text{I}| \leqq \varepsilon$ が得られる．よって，

$$|\text{I}+\text{II}+\text{III}| \leqq (4c^3/\pi + 2)\varepsilon \qquad (y\to 0+)$$

が得られる．$\varepsilon > 0$ は任意であったから，求める結果が示された． □

D.1.2 単位円板の場合 単位円板上の調和函数に関する Fatou の定理は定理 D.2 を単位円板 $\mathbb{D}=\{|\zeta|<1\}$ から上半平面 $\mathbb{H}_+=\{\text{Im}\,z>0\}$ への等角写像

$$\zeta \mapsto z = i\frac{1-\zeta}{1+\zeta} \tag{D.1}$$

により翻訳すればよい．まず，$\zeta_0 \in \partial\mathbb{D}$，$0<\alpha<\frac{\pi}{2}$ に対し，

$$S(\zeta_0;\alpha) = \{\zeta \in \mathbb{D} : |\arg(1-\zeta\overline{\zeta_0})| < \alpha\}$$

を頂点 ζ_0，開き 2α の **Stolz 角領域** と呼ぶ．$\mathbb{D}$ 上の函数 $u(\zeta)$ が $\zeta_0 \in \partial\mathbb{D}$ で **非接極限** A を持つとは，任意の Stolz 角領域 $S(\zeta_0;\alpha)$ 内を通って ζ が ζ_0 に近づくとき $u(\zeta)$ が極限値 A を持つことを云う．このとき，次が成り立つ：

定理 D.3 (Fatou) μ を $\mathbb{T}$ 上の有限複素 Borel 測度とし，

$$u(\zeta) = u(re^{i\theta}) = \frac{1}{2\pi}\int_{\mathbb{T}}\frac{1-r^2}{1-2\cos(\theta-\tau)+r^2}\,d\mu(e^{i\tau}) \tag{D.2}$$

とおく．このとき，u は $\mathbb{D}$ 上の調和函数である．任意に実数 τ_0 をとり，

$$F(\tau) = \mu(\{e^{i\theta} : \tau_0 \leqq \theta < \tau\}) \qquad (\tau_0 \leqq \tau \leqq \tau_0 + 2\pi) \tag{D.3}$$

とおく．このとき，$F'(\theta)$ が存在する全ての $\theta \in (\tau_0, \tau_0+2\pi)$ に対して，$u(\zeta)$ の $e^{i\theta}$ における非接極限は存在して $F'(\theta)$ に等しい．

系 定理 D.3 と同じ仮定の下で，u の非接極限はほとんど到るところ存在する．

$$u^*(e^{i\theta}) = \lim_{r\to 1-0} u(re^{i\theta}) \quad \text{a.e.}$$

とおくと，u^* は可積分であり，u の準有界成分は次で与えられる：

$$u_Q(\zeta) = \frac{1}{2\pi}\int_{\mathbb{T}}\frac{1-r^2}{1-2\cos(\theta-\tau)+r^2}\,u^*(e^{i\tau})\,d\tau \qquad (\zeta = re^{i\theta}\in\mathbb{D})\,.$$

D.2 Stieltjes の反転公式 μ を $\mathbb{R}$ 上の非負の Borel 測度で,
$$\int_{\mathbb{R}} \frac{d\mu(t)}{1+t^2} < \infty \tag{D.4}$$
を満たすものとし,
$$V(z) = \frac{y}{\pi} \int_{\mathbb{R}} \frac{d\mu(t)}{(t-x)^2 + y^2} \qquad (z = x + iy,\ y > 0) \tag{D.5}$$
とおく.このとき,次が成り立つ (Rosenblum-Rovnyak [B36, 5.4]):

定理 D.4 任意の $-\infty < a < b < \infty$ に対して,
$$\lim_{y \downarrow 0} \int_a^b V(x+iy)\,dx = \mu((a,b)) + \tfrac{1}{2}\mu(\{a\}) + \tfrac{1}{2}\mu(\{b\}). \tag{D.6}$$

証明 $\mathbb{R}$ 上の函数 $k(t)$ を次で定義する:
$$k(t) = \begin{cases} 1 & (a < t < b), \\ \tfrac{1}{2} & (t = a \text{ または } b), \\ 0 & (\text{その他}). \end{cases}$$
このとき,Fubini の定理により,
$$\int_a^b V(x+iy)\,dx - \mu((a,b)) - \tfrac{1}{2}\mu(\{a\}) - \tfrac{1}{2}\mu(\{b\})$$
$$= \int_{-\infty}^{\infty} \left[\frac{y}{\pi} \int_a^b \frac{dx}{(t-x)^2 + y^2} - k(t) \right] d\mu(t)$$
$$= \int_{-\infty}^{\infty} (1+t^2) \left[\frac{1}{\pi} \arctan \frac{b-t}{y} - \frac{1}{\pi} \arctan \frac{a-t}{y} - k(t) \right] \frac{d\mu(t)}{1+t^2}.$$
$y \downarrow 0$ のとき,最終辺の被積分函数は点ごとに 0 に収束する.ここで,
$$(1+t^2) \left[\frac{1}{\pi} \arctan \frac{b-t}{y} - \frac{1}{\pi} \arctan \frac{a-t}{y} - k(t) \right] \leqq C$$
は $y \in (0,1)$ および全ての $t \in \mathbb{R}$ に対して有界であることを示そう.arctan と k は有界であるから,$t \to \pm \infty$ のところだけが問題である.まず,$t \leqq a - 1$ を仮定する.このときは,$b - t > a - t \geqq 1$ 且つ $k(t) = 0$ であるから,平均値の定理を使えば,$(a-t)/y < \xi < (b-t)/y$ が存在して
$$(1+t^2) \left[\frac{1}{\pi} \arctan \frac{b-t}{y} - \frac{1}{\pi} \arctan \frac{a-t}{y} - k(t) \right]$$
$$= \frac{1+t^2}{\pi} \frac{1}{1+\xi^2} \left[\frac{b-t}{y} - \frac{a-t}{y} \right] \leqq \frac{1+t^2}{\pi} \frac{1}{1+(a-t)^2/y^2} \left[\frac{b-a}{y} \right]$$
$$= \frac{1+t^2}{\pi} \frac{y(b-a)}{y^2 + (a-t)^2} \leqq \frac{1+t^2}{\pi} \frac{(b-a)}{(a-t)^2} \to \frac{b-a}{\pi} \quad (t \to -\infty).$$

$t \geqq b+1$ として $t \to +\infty$ としたときも同様である．よって，Lebesgue 積分の有界収束定理により求める結果が得られる． □

次に，(D.4) を満たす $\mathbb{R}$ 上の非負 Borel 測度 μ の **Herglotz 変換**を考える：
$$F(z) = \int_{-\infty}^{\infty} \left[\frac{1}{t-z} - \frac{t}{1+t^2} \right] d\mu(t) \qquad (\mathrm{Im}\, z > 0)\,. \tag{D.7}$$

定理 D.5 a, b が $-\infty < a < b < \infty$ ならば，Herglotz 変換 F は次を満たす：
$$\mu((a,b)) + \tfrac{1}{2}\mu(\{a\}) + \tfrac{1}{2}\mu(\{b\}) = \lim_{y \downarrow 0} \frac{1}{\pi} \int_a^b \mathrm{Im}\, F(x+iy)\, dx\,. \tag{D.8}$$

証明 (D.7) の両辺の虚部をとれば，
$$\mathrm{Im}\, F(x+iy) = \int_{-\infty}^{\infty} \frac{y}{(t-x)^2 + y^2}\, d\mu(t)$$
を得る．これを定理 D.4 と比べれば求める結果が得られる． □

D.3 F. and M. Riesz の定理 これも有名な定理で，ここでは Øksendal [119] による簡単な証明を紹介する．

定理 D.6 (F. and M. Riesz) 単位円周 $\mathbb{T}$ 上の複素 Borel 測度 μ が
$$\int_{\mathbb{T}} e^{int}\, d\mu(e^{it}) = 0 \qquad (n = 1, 2, \ldots) \tag{D.9}$$
を満たすならば，μ は $\mathbb{T}$ 上の Lebesgue 測度に関して絶対連続である．

証明 μ の代りに $\mu - \mu(\mathbb{T})\sigma$ を考えれば，条件 (D.9) は $n = 0$ に対しても成り立つと仮定できる．$F \subset \mathbb{T}$ を Lebesgue 測度 0 のコンパクト集合とする．従って，任意の正整数 n に対し，F の点 z_j を中心とする円板 $\Delta_j = \{|z - z_j| < r_j\}$ ($j = 1, \ldots, N$) による F の被覆で $\sum_{j=1}^{N} r_j < n^{-2}$ を満たすものが存在する．いま，
$$g_n(z) = 1 - \prod_{j=1}^{N} \frac{z - z_j}{z - (1+\rho_j)z_j} \qquad (\rho_j = nr_j)$$
と定義する．g_n は閉円板 Cl$\mathbb{D}$ の近傍 $|z| < 1 + \min\{\rho_j : j = 1, \ldots, N\}$ で正則であるから，Runge の定理により Cl$\mathbb{D}$ 上で g_n に一様収束する多項式列が存在する．μ は全ての多項式に直交するから，g_n にも直交する．ここで，次の二つを示そう：

(a) $|g_n(z)| \leqq 2$ ($z \in \mathbb{T}$) が全ての n に対して成り立つ．これは $z \in \mathbb{T}$ ならば，各 j に対して $|z - z_j| < |z - (1+\rho_j)z_j|$ を満たすことから分る．

(b) 函数列 $\{g_n\}$ は $\mathbb{T}$ 上で F の特性函数に各点収束する．これを示すために，まず $z \in F$ とすれば，$z \in \Delta_k$ を満たす k が存在するから，

$$|g_n(z) - 1| = \prod_{j=1}^{N}\left|\frac{z - z_j}{z - (1+\rho_j)z_j}\right| \leqq \frac{|z - z_k|}{|z - (1+\rho_k)z_k|} \leqq \frac{r_j}{\rho_j} = \frac{1}{n}.$$

一方, $z \in \mathbb{T}$ が全ての $y \in F$ に対して $|z - y| \geqq \delta > 0$ を満たすとする. このときは, 以下に述べる補題 D.7 を利用して次が分る:

$$|g_n(z)| = \left|1 - \prod_{j=1}^{N}\left(1 + \frac{\rho_j z_j}{z - (1+\rho_j)z_j}\right)\right| \leqq \prod_{j=1}^{N}\left(1 + \frac{\rho_j}{|z - (1+\rho_j)z_j|}\right) - 1$$
$$\leqq \exp\left(\sum_{j=1}^{N}\log\left(1 + \frac{\rho_j}{\delta}\right)\right) - 1 \leqq \exp\left(\sum_{j=1}^{N}\frac{\rho_j}{\delta}\right) - 1$$
$$= \exp\left(\frac{n}{\delta}\sum_{j=1}^{N}r_j\right) - 1 < \exp\left(\frac{1}{n\delta}\right) - 1.$$

これから, $n \to \infty$ のとき, $z \in F$ に対しては $g_n(z) \to 1$, $z \in \mathbb{T} \setminus F$ に対しては $g_n(z) \to 0$ が成り立つ. 即ち, (b) が成り立つ. 従って, 有界収束定理により $\mu(F) = \lim_{n\to\infty}\int g_n\,d\mu = 0$. これが求めるべきことであった. □

補題 D.7 任意の複素数 $w_1, \ldots, w_n$ に対して次が成り立つ:
$$\left|1 - \prod_{k=1}^{n}(1 + w_k)\right| \leqq \prod_{k=1}^{n}(1 + |w_k|) - 1.$$

これは簡単な帰納法で証明できる.

D.4 角微係数

D.4.1 Carathéodory の基本定理

$\mathbb{D}$ 上の正則函数 f で $|f| \leqq 1$ を満たすものの全体を $\mathfrak{B}$ と書く. $f \in \mathfrak{B}$ が $\zeta \in \mathbb{T}$ で**角微係数**を持つとは, $f(\zeta) = \lim_{r\to 1-0} f(r\zeta)$ が存在して絶対値が 1 であり, 且つ ζ において $f'(z)$ が有限な非接極限を持つことを云う. その極限値を $f'(\zeta)$ と書き ζ における f の**角微係数**と云う. $f(z)$ が ζ で角微係数を持たぬときは $|f'(\zeta)| = \infty$ と定義する. このとき次が成り立つ.

定理 D.8 (Carathéodory) $f \in \mathfrak{B}$ と $\zeta \in \mathbb{T}$ に対して次が成り立つ:
- (a) $|f'(\zeta)| = \lim_{r\to 1}\frac{1 - |f(r\zeta)|}{1 - r}$.
- (b) f が ζ で角微係数を持つならば, $f'(\zeta) = \overline{\zeta}f(\zeta)|f'(\zeta)|$.
- (c) $f_n \in \mathfrak{B}$ が f に $\mathbb{D}$ 上で広義一様収束するならば,
$$|f'(\zeta)| \leqq \liminf_{n\to\infty}|f_n'(\zeta)|.$$

証明の準備として, まず Pommerenke [B35, Lemma 10.3] から引用する.

定理 D.9 (Julia-Wolffe 補題) $f \in \mathfrak{B}$ は定数ではないとし, $0 < \alpha \leqq +\infty$ は

$$\frac{|1-f(z)|^2}{1-|f(z)|^2} \leqq \alpha \frac{|1-z|^2}{1-|z|^2} \quad (z \in \mathbb{D}) \tag{D.10}$$

を満たす最小数とする. このとき, 次が成り立つ:

$$\frac{1-f(x)}{1-x} \to \alpha \quad (x \to 1-0). \tag{D.11}$$

証明 $h(z) = (1+f(z))/(1-f(z))$ とおくと, $h(z)$ は $\mathbb{D}$ で正則で

$$\operatorname{Re} h(z) = \frac{1-|f(z)|^2}{|1-f(z)|^2} > 0 \quad (z \in \mathbb{D})$$

を満たす. α の定義から

$$\frac{|1-z_n|^2}{1-|z_n|^2} \operatorname{Re} h(z_n) \to \frac{1}{\alpha} \tag{D.12}$$

を満たす点列 $\{z_n\} \subset \mathbb{D}$ が存在する. そこで,

$$h_n(s) = \left[h\left(\frac{s+z_n}{1+\overline{z}_n s}\right) - i \operatorname{Im} h(z_n) \right] / \operatorname{Re} h(z_n) \quad (s \in \mathbb{D})$$

とおけば, $h_n(s)$ は $\mathbb{D}$ 上で正則であり, $\operatorname{Re} h_n(s) > 0$ 且つ $h_n(0) = 1$ を満たすから, Riesz-Herglotz の定理 (定理 IV.1.12) を使った簡単な計算により

$$|h_n(s)| \leqq \frac{1+|s|}{1-|s|} \leqq \frac{4}{1-|s|^2} \quad (s \in \mathbb{D})$$

が成り立つ. いま, $s = (x-z_n)/(1-\overline{z}_n x)$ $(-1 < x < 1)$ を代入すれば,

$$\left| \frac{h(x) - i \operatorname{Im} h(z_n)}{\operatorname{Re} h(z_n)} \right| = \left| h_n\left(\frac{x-z_n}{1-\overline{z}_n x}\right) \right| \leqq \frac{4|1-\overline{z}_n x|^2}{(1-x^2)(1-|z_n|^2)}$$

となるから, 変形して,

$$\frac{1-x}{1+x} \cdot |h(x) - i \operatorname{Im} h(z_n)| \leqq \frac{4}{(1+x)^2} \cdot \frac{|1-\overline{z}_n x|^2}{1-|z_n|^2} \cdot \operatorname{Re} h(z_n)$$

を得る. さらに, n を固定して $x \to 1-0$ とすれば,

$$\limsup_{x \to 1-0} \frac{1-x}{1+x} \cdot |h(x)| \leqq \frac{|1-\overline{z}_n|^2}{1-|z_n|^2} \cdot \operatorname{Re} h(z_n).$$

左辺は n に無関係であるから, 右辺で $n \to \infty$ として (D.12) を使えば,

$$\limsup_{x \to 1-0} \frac{1-x}{1+x} \cdot |h(x)| \leqq \frac{1}{\alpha} \tag{D.13}$$

が分る. 一方, $0 < x < 1$ のときは, (D.10) より,

$$\frac{1-x}{1+x} \cdot |h(x)| \geqq \frac{1-x}{1+x} \cdot \operatorname{Re} h(x) = \frac{(1-x)^2}{1-x^2} \cdot \operatorname{Re} h(x) \geqq \frac{1}{\alpha}$$

が分るから，(D.13) と併せて

$$\lim_{x\to 1-0}\frac{1-x}{1+x}\cdot|h(x)|=\lim_{x\to 1-0}\frac{1-x}{1+x}\cdot\mathrm{Re}\,h(x)=\frac{1}{\alpha}\,. \qquad (\mathrm{D}.14)$$

従って，また次が得られる：

$$\lim_{x\to 1-0}\frac{1-x}{1+x}\cdot\frac{1+f(x)}{1-f(x)}=\lim_{x\to 1-0}\frac{1-x}{1+x}\cdot h(x)=\frac{1}{\alpha}\,. \qquad (\mathrm{D}.15)$$

もし $\alpha<+\infty$ ならば，$x\to 1-0$ のとき (D.15) より $f(x)\to 1$ が分るから，$(1+f(x))/(1+x)\to 1$ となり，(D.11) が成り立つ．また，$\alpha=+\infty$ のときは，

$$\frac{1-f(x)}{1-x}\cdot\frac{1}{1+f(x)}\to+\infty \qquad (x\to 1-0)$$

を観察すれば，(D.11) が必ず成り立つことが分る． □

系 $f\in\mathfrak{B}$ が定数ではなく，$x\to 1-0$ のとき $f(x)\to 1$ ならば，定理 D.9 で与えられる α に対し次が成り立つ：

$$\lim_{x\to 1-0}\frac{1-|f(x)|}{1-x}=\lim_{x\to 1-0}\frac{1-f(x)}{1-x}=\alpha\,.$$

定理 D.9 の結果は非接極限値に拡張することができる．即ち，Ahern-Clark [1] が Carathéodory の定理と呼ぶ次が成り立つ．

定理 D.10 $f\in\mathfrak{B}$ が定数ではなく，$x\to 1-0$ のとき $f(x)\to 1$ を満たし，定理 D.9 の α が有限ならば，$(1-f(z))/(1-z)$ は $z\to 1$ のとき非接極限値が存在し α に等しい．また，$f'(z)$ も $z\to 1$ のとき非接極限値が存在し α に等しい．

証明 任意に $0<\theta_0<\theta_1<\pi/2$ を固定し 1 における二つの制限された Stolz の角領域 $S'(1,\theta_0)$, $S'(1,\theta_1)$ を考察する．但し，任意の $0<\theta<\pi/2$ に対し $S'(1,\theta)$ は $S'(1,\theta)=\{z\in\mathbb{D}:|\arg\{1-z\}|<\theta,|\arg z|<\frac{\pi}{2}-\theta\}\cup\{|z|<\sin\theta\}$ によって定義されるものとする．さて，$S'(1;\theta_0)$ 内の点列で 1 に収束するものを $\{z_n\}$ とすると，$z_n=r_n+(1-r_n)t_n$ ($|t_n|\leqq\sin\theta_0$) を満たす $0<r_n<1$ が存在する．そこで，

$$g_n(t)=\frac{1}{1-r_n}[f(r_n+(1-r_n)t)-1] \qquad (t\in\mathbb{D};\,n=1,2,\dots)$$

とおけば，$\{g_n(t)\}$ は $|t|<\sin\theta_1$ 上の一様有界な正則函数の族として正規族をなす．実際，Stolz の角領域 $S'(1;\theta_1)$ の中では $|1-z|\leqq M(1-|z|)$ を満たす正数 M が存在するから，$z\in S'(1;\theta_1)$ のとき，(D.10) より $|1-f(z)|\leqq 2\alpha M|1-z|$ が成り立つ．もし $|t|\leqq\sin\theta_1$ ならば，$r_n+(1-r_n)t\in S'(1;\theta_1)$ であるから，

$$|1-f(r_n+(1-r_n)t)|\leqq 2\alpha M|(1-r_n)(1-t)|\,.$$

従って，$|g_n(t)| \leqq 2\alpha M$ が得られる．さて，$0 < t < \sin\theta_1$ を任意に固定するとき，$x_n = r_n + (1-r_n)t$ は実数で，$x_n \to 1$ $(n \to \infty)$ であるから，定理 D.9 により

$$g_n(t) = (t-1) \cdot \frac{1-f(x_n)}{1-x_n} \to \alpha(t-1) \qquad (n \to \infty)$$

を得る．よって，Vitali の定理により，$g_n(t)$ は $|t| < \sin\theta_1$ 上で広義一様に $\alpha(t-1)$ に収束することが分る．従って，$|t| \leqq \sin\theta_0$ 上で一様収束する．これから，

$$\left|\frac{1-f(z_n)}{1-z_n} - \alpha\right| = \left|\frac{g_n(t_n)}{t_n-1} - \alpha\right| = \left|\frac{g_n(t_n) - \alpha(t_n-1)}{t_n-1}\right|$$
$$\leqq \frac{|g_n(t_n) - \alpha(t_n-1)|}{1-\sin\theta_0} \to 0 \qquad (n \to \infty).$$

一方，導函数については，$|t| \leqq \sin\theta_0$ 上で一様に $g'_n(t) = f'(r_n + (1-r_n)t) \to \alpha$ が成り立つから，特に $f'(z_n) = g'(t_n) \to \alpha$ $(n \to \infty)$．点列 $\{z_n\}$ は任意であったから，定理は証明された． $\square$

定理 D.8 の証明 f が定数ではない場合のみを考察すれば十分である．まず，$f(\zeta)$ が存在し $|f(\zeta)| = 1$ が成り立つと仮定する．このとき，$F(z) = f(\zeta z)\overline{f(\zeta)}$ とおくと，$F \in \mathfrak{B}$ であって，$F(1)$ は存在し 1 に等しい．この F に定理 D.9 を適用すれば，

$$\lim_{x \to 1-0} \frac{1-|F(x)|}{1-x} = \lim_{x \to 1-0} \frac{1-F(x)}{1-x} = \alpha$$

を得る．但し，$0 < \alpha \leqq +\infty$ は F が (D.10) を満たす最小数である．まず，$\alpha = +\infty$ を仮定する．このとき，$F'(r)$ は有界ではない．もし $\sup_{0<r<1}|F'(r)| = M < \infty$ とすれば，$0 \leqq r_0 < r_1 < 1$ のとき

$$|F(r_1) - F(r_0)| = \left|\int_{r_0}^{r_1} F'(r)\,dr\right| \leqq \int_{r_0}^{r_1} |F'(r)|\,dr \leqq M(r_1 - r_0)$$

であるから，$F(r_1) \to 1$ $(r_1 \to 1)$ より

$$\left|\frac{1-F(r_0)}{1-r_0}\right| \leqq M < +\infty \qquad (0 \leqq r_0 < 1)$$

を得るが，$r_0 \to 1$ のとき左辺は発散し矛盾となる．従って，$f'(\zeta r)$ も非有界で，ζ において f の角微係数は存在しないから，$|f'(\zeta)| = \infty$ となって (a) が成り立つ．

次に，$\alpha < +\infty$ を仮定する．定理 D.10 により $(1-F(z))/(1-z)$ および $F'(z)$ は $z \to 1$ のとき非接極限 α を持つ．これから，$z \to \zeta$ のときの非接極限として

$$\frac{f(\zeta) - f(z)}{\zeta - z} = \frac{f(\zeta)}{\zeta} \cdot \frac{1-F(\overline{\zeta}z)}{1-\overline{\zeta}z} \to \overline{\zeta}f(\zeta)\alpha,$$
$$f'(z) = \overline{\zeta}f(\zeta)F'(\overline{\zeta}z) \to \overline{\zeta}f(\zeta)\alpha$$

が分る．従って，$f'(\zeta) = \overline{\zeta}f(\zeta)\alpha$ であるから，$|f'(\zeta)| = \alpha$．故に，(b) が成り立つ．

最後に，(c) を示すには，
$$\alpha = \liminf_{n\to\infty} |f_n'(\zeta)| < \infty$$
を仮定してよい．従って，全ての n に対して $|f_n'(\zeta)| < \infty$ を仮定できる．このとき，定理 D.10 により
$$\frac{|f_n(\zeta) - f_n(z)|^2}{1 - |f_n(z)|^2} \leqq |f_n'(\zeta)| \cdot \frac{|\zeta - z|^2}{1 - |z|^2} \quad (z \in \mathbb{D},\ n = 1, 2, \ldots).$$
任意に正数 $\delta > 0$ を固定し，$|f_{n_k}'(\zeta)| < \alpha + \delta$ を満たす部分列 $\{n_k\}$ を選ぶ．従って，
$$\frac{|f_{n_k}(\zeta) - f_{n_k}(z)|^2}{1 - |f_{n_k}(z)|^2} \leqq (\alpha + \delta) \cdot \frac{|\zeta - z|^2}{1 - |z|^2} \quad (z \in \mathbb{D},\ k = 1, 2, \ldots)$$
を得るが，必要ならばさらに部分列に移って $f_{n_k}(\zeta)$ も収束するようにできる．いま，$f_{n_k}(\zeta) \to \xi \ (k \to \infty)$ とすれば，
$$\frac{|\xi - f(z)|^2}{1 - |f(z)|^2} \leqq (\alpha + \delta) \cdot \frac{|\zeta - z|^2}{1 - |z|^2} \quad (z \in \mathbb{D})$$
となるから，$f'(\zeta)$ が存在して $|f'(\zeta)| \leqq \alpha + \delta$ が成り立つことが分るが，δ は任意であるから $|f'(\zeta)| \leqq \alpha$ が得られる．これが示すべきことであった． □

次の二つの系は Ahern-Clark [1] より引用する．

系1 $f, g \in \mathfrak{B}$ 且つ $\phi = fg$ ならば，
$$|\phi'(\zeta)| = |f'(\zeta)| + |g'(\zeta)|. \tag{D.16}$$

証明 f と g が ζ で角微係数を持てば，ϕ も同様で，定理 D.8(b) より
$$|\phi'(\zeta)| = \lim_{r\to 1} |\phi'(r\zeta)| = |f'(\zeta)g(\zeta) + f(\zeta)g'(\zeta)|$$
$$= \left|\overline{\zeta}f(\zeta)|f'(\zeta)| \cdot g(\zeta) + f(\zeta) \cdot \overline{\zeta}g(\zeta)|g'(\zeta)|\right| = |f'(\zeta)| + |g'(\zeta)|$$
が成り立つ．これ以外の場合で，(D.16) の少なくとも一辺が有限になるのは，ϕ が ζ で角微係数を持つときである．このときは，$|g(r\zeta)| \leqq 1$ であるから，
$$\frac{1 - |f(r\zeta)|}{1 - r} \leqq \frac{1 - |\phi(r\zeta)|}{1 - r} \to |\phi'(\zeta)| < \infty$$
となり，定理 D.8 (a) により $|f'(\zeta)| < \infty$ となる．故に，f は ζ で角微係数を持つ．g についても同様である． □

$f, g \in \mathfrak{B}$ において，$f = gh$ を満たす $h \in \mathfrak{B}$ が存在するならば，g は f の**約数**であると云う．

系2 $\phi, \phi_n \in \mathfrak{B}$ $(n=1, 2, \ldots)$ において，各 ϕ_n が ϕ の約数であり，$\mathbb{D}$ 上で広義一様に $\phi_n \to \phi$ ならば，全ての $\zeta \in \mathbb{T}$ に対して $|\phi'_n(\zeta)| \to |\phi'(\zeta)|$ が成り立つ．

証明 定理 D.8(c) により，$|\phi'(\zeta)| \leqq \liminf_n |\phi'_n(\zeta)|$ が成り立つ．一方，ϕ_n は ϕ の約数であるから，$\phi = \phi_n \psi_n$ を満たす $\psi_n \in \mathfrak{B}$ が存在する．従って，系1により $|\phi'_n(\zeta)| \leqq |\phi'(\zeta)|$ が成り立つ．故に，$|\phi'_n(\zeta)| \to |\phi'(\zeta)|$．□

§E Jacobi 行列

Jacobi 行列について最小限の事項を Stone [B41] を参考にして述べる．

E.1 定義と基本性質

E.1.1 Jacobi 行列の定義 無限行列 $J = (a_{jk})$ $(j, k \in \mathbb{Z})$ で
$$a_{jk} = \overline{a}_{jk}; \quad a_{jk} = 0 \quad (j < k-1); \quad a_{kk} = q_k; \quad a_{k,k+1} = p_k \neq 0$$
を満たすものを **Jacobi 行列**と呼ぶ．具体的には，次のようなものである：

$$J = \begin{pmatrix} \ddots & & & & & \\ & q_0 & p_0 & & & \\ & \overline{p}_0 & q_1 & p_1 & & \\ & & \overline{p}_1 & q_2 & p_2 & \\ & & & \overline{p}_2 & q_3 & \\ & & & & & \ddots \end{pmatrix} \tag{E.1}$$

このような行列はユニタリ対角行列で変換して $p_n > 0$ にできる．また，添数の集合を半無限に制限することもある．

Jacobi 行列 J は数列空間 $l^2 = l^2(\mathbb{Z})$ 上の作用素 (これを同じ記号 J で表す)
$$Je_n = \sum_{k=-\infty}^{\infty} a_{kn} e_k = p_{n-1} e_{n-1} + q_n e_n + \overline{p}_n e_{n+1} \quad (n \in \mathbb{Z}) \tag{E.2}$$
を定義する．但し，$\{e_n : n \in \mathbb{Z}\}$ は l^2 の標準基底である．また，添数の集合 $\mathbb{Z}$ を $\mathbb{Z}_+ = \mathbb{Z}_+(0) = \{n \in \mathbb{Z} : n \geqq 1\}$, $\mathbb{Z}_- = \mathbb{Z}_-(0) = \{n \in \mathbb{Z} : n \leqq 0\}$ により二分し，これに対応して空間 l^2 を次のように直和分解する：
$$l^2 = l^2_- \oplus l^2_+ \quad (\text{但し，} l^2_\pm = l^2_\pm(0) = l^2(\mathbb{Z}_\pm(0))) .$$

さらに，$P_\pm = P_\pm(0)$ を $l^2_\pm$ への直交射影として，作用素 $J_\pm$ を $J_\pm = P_\pm J P_\pm$ と定義する．J_+ (J_- についても同様) を具体的に示せば次の通りである：
$$\begin{aligned} J_+ e_1 &= q_1 e_1 + \overline{p}_1 e_2 \\ J_+ e_n &= p_{n-1} e_{n-1} + q_n e_n + \overline{p}_n e_{n+1} \quad (n \geqq 2) . \end{aligned} \tag{E.3}$$

E.1.2 Jacobi 作用素の有界性 作用素 J が有界, 即ち $\|Jx\| \leqq K\|x\|$ ($x \in l^2$) を満たす $K < \infty$ が存在するならば, 特に $\|Je_n\| = (|p_{n-1}|^2 + |q_n|^2 + |p_n|^2)^{1/2} \leqq K$ ($n \in \mathbb{Z}$) が成り立つから, $|p_n|, |q_n| \leqq K$ ($n \in \mathbb{Z}$) が分る. 逆に, この条件を満たすときは, 任意の $x \in l^2$ に対して $\|Jx\| \leqq 3K\|x\|$ が成り立つから, J は有界である. これは $J_\pm$ に対しても同様である. 以下では, この条件を仮定する.

E.1.3 有限階作用素による近似 Weyl 函数への応用を意識して, J_+ 型の有界 Jacobi 作用素を考察する. $m \geqq 1$ とし, $\{e_1, \ldots, e_m\}$ から生成される l_+^2 の線型部分空間を $l_{1,m}^2$ と表し, l_+^2 から $l_{1,m}^2$ への直交射影を $P_+^{(m)}$ と書く. さらに, $J_+^{(m)} = P_+^{(m)} J_+ P_+^{(m)}$ とおく. これは有限階の Hermite 作用素で次を満たす:

$$J_+^{(m)} e_1 = q_1 e_1 + \overline{p}_1 e_2, \tag{E.4}$$
$$J_+^{(m)} e_n = p_{n-1} e_{n-1} + q_n e_n + \overline{p}_n e_{n+1} \quad (2 \leqq n \leqq m-1), \tag{E.5}$$
$$J_+^{(m)} e_m = p_{m-1} e_{m-1} + q_m e_m, \tag{E.6}$$
$$J_+^{(m)} e_n = 0 \quad (n > m). \tag{E.7}$$

補題 E.1 (a) $J_+^{(m)}$ は J_+ に強収束する.

(b) $\operatorname{Im} z \neq 0$ に対し, $J_+^{(m)}$ のレゾルベント $R_{+,z}^{(m)} = (J_+^{(m)} - z)^{-1}$ は J_+ のレゾルベント $R_{+,z} = (J_+ - z)^{-1}$ に弱収束する. 即ち, 任意の $x, y \in l_+^2$ に対して $\langle R_{+,z}^{(m)} x, y \rangle \to \langle R_{+,z} x, y \rangle$ ($m \to \infty$) が成り立つ.

証明 (a) 任意の $x \in l_+^2$ に対して $\|(J_+ - J_+^{(m)})x\| \to 0$ であるから.

(b) 任意に $x, y \in l_+^2$ をとる. $J_+ - \overline{z}$ は全射であるから, $y = (J_+ - \overline{z})y_0$ を満たす $y_0 \in l_+^2$ がある. このときは,

$$\begin{aligned}
\langle R_{+,z}^{(m)} x, y \rangle - \langle R_{+,z} x, y \rangle &= \langle R_{+,z}^{(m)} x, y \rangle - \langle x, y_0 \rangle \\
&= \langle R_{+,z}^{(m)} x, (J_+ - \overline{z}) y_0 \rangle - \langle R_{+,z}^{(m)} x, (J_+^{(m)} - \overline{z}) y_0 \rangle \\
&= \langle R_{+,z}^{(m)} x, (J_+ - J_+^{(m)}) y_0 \rangle
\end{aligned}$$

のように変形できるから, $\|R_{+,z}^{(m)} x\| \leqq \|x\|$ に注意して絶対値を評価すればよい. □

E.2 Weyl 函数の解析 J_+ および $J_+^{(m)}$ の単位の分解をそれぞれ $E_+(\lambda)$, $E_+^{(m)}(\lambda)$ とすると, 次を満たす:

$$R_{+,z} = \int_{-\infty}^\infty \frac{1}{\lambda - z} dE_+(\lambda), \quad R_{+,z}^{(m)} = \int_{-\infty}^\infty \frac{1}{\lambda - z} dE_+^{(m)}(\lambda).$$

従って，任意に固定した $x \in l^2$ に対し，次が成り立つ：

$$\langle R_{+,z} x, x \rangle = \int_{-\infty}^{\infty} \frac{1}{\lambda - z} d\|E_+(\lambda)x\|^2,$$

$$\langle R_{+,z}^{(m)} x, x \rangle = \int_{-\infty}^{\infty} \frac{1}{\lambda - z} d\|E_+^{(m)}(\lambda)x\|^2.$$

特に，$x = e_1$ として，$\rho(\lambda) = \|E_+(\lambda)e_1\|^2$, $\rho_m(\lambda) = \|E_+^{(m)}(\lambda)e_1\|^2$ とおくと，

$$I(z;\rho) := \langle (J_+ - z)^{-1} e_1, e_1 \rangle = \int_{-\infty}^{\infty} \frac{d\rho(\lambda)}{\lambda - z},$$

$$I(z;\rho_m) := \langle (J_+^{(m)} - z)^{-1} e_1, e_1 \rangle = \int_{-\infty}^{\infty} \frac{d\rho_m(\lambda)}{\lambda - z}$$

であるから，補題 E.1(b) により J_+ のレゾルベント集合上で $I(z;\rho_m)$ は $I(z;\rho)$ に収束する．$I(z;\rho)$ は第 X 章で Weyl 函数と呼んだ $r_+(z)$ と同じでものである．

E.2.1 $\rho_m(\lambda)$ の解析 $I(z;\rho)$ をさらに調べるために，多項式 $G_n(z)$ を

$$G_1(z) = 1, \qquad G_2(z) = \frac{z - q_1}{\overline{p}_1},$$

$$G_n(z) = \frac{(z - q_{n-1})G_{n-1}(z) - p_{n-2} G_{n-2}(z)}{\overline{p}_{n-1}}$$

で定義すれば，次が成り立つ：

定理 E.2 (a) $\rho_m(\lambda)$ は有界で右連続な実数値単調増加函数で，$\rho_m(-\infty) = 0$ を満たし，丁度 $m+1$ 個の異なった値をとる．その m 個の相異なる不連続点は $G_{m+1}(z)$ の根に一致する．

(b) $\int_{-\infty}^{\infty} d\rho_m(\lambda) = 1$, $\int_{-\infty}^{\infty} G_j(\lambda) \overline{G_k(\lambda)} d\rho_m(\lambda) = \delta_{jk}$,

$$\int_{-\infty}^{\infty} \lambda G_j(\lambda) \overline{G_k(\lambda)} d\rho_m(\lambda) = a_{kj} \ (1 \leqq j, k \leqq m).$$

(c) 積分 $I(z;\rho_m) = \int_{-\infty}^{\infty} \frac{1}{\lambda - z} d\rho_m(\lambda)$ は z の有理函数で無限遠点で正則であり，そこで次の収束級数に展開される：

$$-\sum_{n=0}^{\infty} c_n(m)/z^{n+1}, \quad c_n(m) = \int_{-\infty}^{\infty} \lambda^n d\rho_m(\lambda).$$

この係数 $c_n(m)$ は次の性質を持つ：$c_n(m) = c_n(m')$ $(0 \leqq n < 2m, m' \geqq m)$．

(d) 有理函数 $I(z;\rho_m)$ は次の連分数に展開される：

$$I(z;\rho_m) = -\frac{1}{z - q_1} - \frac{|p_1^2|}{z - q_2} - \cdots - \frac{|p_{m-2}|^2}{z - q_{m-1}} - \frac{|p_{m-1}|^2}{z - q_m}. \tag{E.8}$$

証明 まず, (E.4)–(E.7) から $G_n(J_+^{(m)})e_1 = e_n$ $(1 \leqq n \leqq m)$, $G_{m+1}(J_+^{(m)})e_1 = 0$ が分る. これを使って次のように証明される.

(a) e_n $(n > m)$ は固有値 $\lambda = 0$ に対する $J_+^{(m)}$ の固有ベクトルであるから,
$$E_+^{(m)}(\lambda)e_n = \begin{cases} 0 & (\lambda < 0), \\ e_n & (\lambda \geqq 0) \end{cases}$$
を満たす. 従って, $\langle E_+^{(m)}(\lambda)e_1, e_n \rangle = \langle e_1, E_+^{(m)}(\lambda)e_n \rangle = 0$ $(n > m)$ より, $E_+^{(m)}(\lambda)e_1$ の形に表される元は e_n $(n > m)$ と直交する. よって, $E_+^{(m)}(\lambda)e_1 \in l_{1,m}^2$ が分る. 一方, $e_n = G_n(J_+^{(m)})e_1$ $(1 \leqq n \leqq m)$ であるから, $E_+^{(m)}(\lambda)e_1$ $(-\infty < \lambda < +\infty)$ から生成される線型部分空間は $l_{1,m}^2$ に一致する. よって, $\rho_m(\lambda) = \|E_+^{(m)}(\lambda)e_1\|^2$ は丁度 $m+1$ 個の相異なる値をとるから, m 個の相異なる不連続点, $\lambda_{m1} < \lambda_{m2} < \cdots < \lambda_{m,m-1} < \lambda_{mm}$ を持つ. Δ を点 $\lambda = \lambda_{mk}$ を含む区間で, $\rho_m(\lambda)$ の他の不連続点は含まぬと仮定すると,
$$G_{m+1}(\lambda_{mk})\|E_+^{(m)}(\Delta)e_1\|^2 = \int_\Delta G_{m+1}(\lambda)\,d\rho_m(\lambda)$$
$$= \langle E_+^{(m)}(\Delta)G_{m+1}(J_+^{(m)})e_1, e_1 \rangle = 0$$
が成り立つ. ところが, $\|E_+^{(m)}(\Delta)e_1\|^2 = \rho_m(\lambda_{mk}+0) - \rho_m(\lambda_{mk}-0) \neq 0$ であるから, $G_{m+1}(\lambda_{mk}) = 0$ を得る. $G_{m+1}(\lambda)$ は m 次の多項式であるから, $\{\lambda_{mk}\}_{1 \leqq k \leqq m}$ が丁度零点の全てである. これで (a) が示された.

(b) $\int_{-\infty}^\infty d\rho_m(\lambda) = \|e_1\| = 1$ は単純である. 他は次のように計算すればよい:
$$\int_{-\infty}^\infty G_j(\lambda)\overline{G_k(\lambda)}\,d\rho_m(\lambda) = \langle G_j(J_+^{(m)})e_1, G_k(J_+^{(m)})e_1 \rangle = \langle e_j, e_k \rangle = \delta_{jk},$$
$$\int_{-\infty}^\infty \lambda G_j(\lambda)\overline{G_k(\lambda)}\,d\rho_m(\lambda) = \langle J_+^{(m)}G_j(J_+^{(m)})e_1, G_k(J_+^{(m)})e_1 \rangle$$
$$= \langle J_+^{(m)}e_j, e_k \rangle = a_{kj} \qquad (1 \leqq j, k \leqq m).$$

(c) 測度 $d\rho_m$ は (a) により $G_{m+1}(\lambda)$ の零点 $\{\lambda_{mk}\}_{1 \leqq k \leqq m}$ に台を持つ点測度であるから, $I(z; \rho_m)$ は $\sum_{1 \leqq k \leqq m} c_{mk}/(\lambda_{mk} - z)$ の形の有理関数で, ∞ で正則である. これを ∞ の近傍で Taylor 展開し, $\sum_{n=0}^\infty c_n(m)/z^{n+1}$ と書く. $d\rho_m$ は有限な台を持つから, $I(z; \rho_m)$ の積分表現における λ は $|\lambda| \leqq K < \infty$ を満たすとしてよい. 従って, 次の計算で $c_n(m)$ が得られる:
$$I(z; \rho_m) = \int_{-K}^K \frac{1}{\lambda - z}\,d\rho_m(\lambda) = -\frac{1}{z}\int_{-K}^K \frac{1}{1 - \lambda/z}\,d\rho_m(\lambda)$$
$$= -\frac{1}{z}\int_{-K}^K \sum_{n=0}^\infty \left(\frac{\lambda}{z}\right)^n d\rho_m(\lambda) = -\sum_{n=0}^\infty \frac{1}{z^{n+1}}\int_{-K}^K \lambda^n\,d\rho_m(\lambda).$$

§E Jacobi 行列

次に, $G_n(z)$ は $n-1$ 次の多項式であるから,
$$z^m = \sum_{\alpha=1}^{m+1} C_{m\alpha} G_\alpha(z) \qquad (m \geqq 0)$$
を満たす定数 C_{mn} が存在する. もし $0 \leqq n \leqq 2m-1$ ならば, $0 \leqq j, k \leqq m-1$ を $n = j+k+1$ のように選ぶとき, 実数 λ に対して
$$\lambda^n = \lambda \cdot \lambda^j \cdot \overline{\lambda}^k = \sum_{\alpha=1}^{j+1}\sum_{\beta=1}^{k+1} C_{j\alpha}\overline{C}_{k\beta}\lambda G_\alpha(\lambda)\overline{G_\beta(\lambda)}$$
が成り立つ. 従って, $m' \geqq m$ ならば, この表示式と (b) により,
$$c_n(m') = \int_{-\infty}^{\infty} \lambda^n \, d\rho_{m'}(\lambda) = \sum_{\alpha=1}^{j+1}\sum_{\beta=1}^{k+1} C_{j\alpha}\overline{C}_{k\beta} \int_{-\infty}^{\infty} \lambda G_\alpha(\lambda)\overline{G_\beta(\lambda)}\, d\rho_{m'}(\lambda)$$
$$= \sum_{\alpha=1}^{j+1}\sum_{\beta=1}^{k+1} C_{j\alpha}\overline{C}_{k\beta} a_{\beta\alpha}$$
を得るが, 最終辺は m' に依存しない式であるから, $c_n(m')$ $(0 \leqq n \leqq 2m-1)$ は全ての $m' \geqq m$ に対して共通であることが示された.

(d) $R_{+,z}^{(m)} e_1 = \sum_{n=1}^{m} x_n e_n$ とおき, これを $e_1 = \sum_{n=1}^{m} x_n (J_+^{(m)} e_n - ze_n)$ と変形して, (E.4)–(E.7) を使えば, 係数が次の方程式を満たすことが分る:
$$x_1(q_1 - z) + x_2 p_1 = 1,$$
$$x_{n-1}\overline{p}_{n-1} + x_n(q_n - z) + x_{n+1}p_n = 0 \qquad (2 \leqq n < m),$$
$$x_{m-1}\overline{p}_{m-1} + x_m(q_m - z) = 0.$$

この連立方程式は次のように書き換えられる:
$$x_1 = -\frac{1}{z - q_1 - p_1 x_2/x_1} = -\frac{1}{z - q_1} - |p_1|^2 \frac{x_2}{\overline{p}_1 x_1},$$
$$\frac{x_n}{\overline{p}_{n-1} x_{n-1}} = \frac{1}{z - q_n - p_n x_{n+1}/x_n} = \frac{1}{z - q_n} - |p_n|^2 \frac{x_{n+1}}{\overline{p}_n x_n} \qquad (2 \leqq n < m),$$
$$\frac{x_m}{\overline{p}_{m-1} x_{m-1}} = \frac{1}{z - q_m}.$$

これから, 逐次代入して
$$x_1 = -\frac{1}{z - q_1} - \frac{|p_1|^2}{z - q_2} - \cdots - \frac{|p_{m-2}|^2}{z - q_{m-1}} - \frac{|p_{m-1}|^2}{z - q_m}.$$

一方, $x_1 = \langle R_z^{(m)} e_1, e_1 \rangle = I(z, \rho_m)$ であるから, (d) が示された. □

系 (a) 積分 $I(z;\rho)$ は次の無限連分数で表される：

$$I(z;\rho) = \cfrac{1}{q_1 - z} - \cfrac{|p_1|^2}{q_2 - z} - \cdots - \cfrac{|p_{m-1}|^2}{q_m - z} - \cdots . \tag{E.9}$$

(b) $I(z;\rho)$ と $I(z;\rho_m)$ の $z = \infty$ における z^{-1} に関する Taylor 級数展開は $2m-1$ 次まで一致する．

E.3 近似連分数の誤差評価 有限連分数

$$F_m(z,t) = -\cfrac{1}{z-q_1} - \cfrac{|p_1|^2}{z-q_2} - \cdots - \cfrac{|p_{m-2}|^2}{z-q_{m-1}} - \cfrac{|p_{m-1}|^2}{z-q_m+t} \tag{E.10}$$

における剰余項 t の影響を調べるため，$p_0 = 1$, $H_0(z) = 1$, $H_1(z) = 0$ とし，

$$H_n(z) = \frac{(z-q_{n-1})H_{n-1}(z) - p_{n-2}H_{n-2}(z)}{\overline{p}_{n-1}} \quad (n \geqq 2) \tag{E.11}$$

により函数族 H_n を導入する．このとき，次が成り立つ：

補題 E.3

$$F_m(z,t) = \frac{\overline{p}_m H_{m+1}(z) + H_m(z)\, t}{\overline{p}_m G_{m+1}(z) + G_m(z)\, t} \quad (m \geqq 1). \tag{E.12}$$

証明 帰納法による．まず，$m=1$ に対する (E.12) の検証は単純である．次に，これが $m = k \geqq 1$ に対して正しいとすれば，次の計算で帰納法が完成する：

$$\begin{aligned}
F_{k+1}(z,t) &= F_k\!\left(z, \frac{|p_k|^2}{q_{k+1}-z-t}\right) \\
&= \frac{\overline{p}_k(q_{k+1}-z)H_{k+1} + |p_k|^2 H_k - \overline{p}_k H_{k+1} t}{\overline{p}_k(q_{k+1}-z)G_{k+1} + |p_k|^2 G_k - \overline{p}_k G_{k+1} t} \\
&= \frac{\overline{p}_{k+1} H_{k+2} + H_{k+1} t}{\overline{p}_{k+1} G_{k+2} + G_{k+1} t}.
\end{aligned}$$
□

定理 E.4 有限連分数 $F_m(z,t)$ について次が成り立つ：

$$F_m(z,t) - F_m(z,0) = \frac{p_1 \cdots p_{m-1}}{\overline{p}_1 \cdots \overline{p}_m} \cdot \frac{t}{\overline{p}_m G_{m+1}^2(z) + G_m(z)G_{m+1}(z)\, t}. \tag{E.13}$$

従って，$F_m(z,t)$ を $z = \infty$ の近傍で z^{-1} について Taylor 展開するとき，z^{-n} に対する Taylor 係数は $1 \leqq n < 2m$ に対しては t を含まぬ定数であり，$n \geqq 2m$ に対しては t の多項式である．

証明 等式は $H_m G_{m+1} - G_m H_{m+1} = \dfrac{p_1 \cdots p_{m-1}}{\overline{p}_1 \cdots \overline{p}_{m-1} \overline{p}_m}$ であることと補題 E.3 から分る．また，後半は (E.13) の右辺を z^{-1} の冪級数に展開してみれば分る． □

参考文献一覧

[B1] L. V. Ahlfors, *Complex Analysis*, McGraw-Hill, 1953.
[B2] L. V. Ahlfors–L. Sario, *Riemann Surfaces*, Princeton Univ. Press, 1960.
[B3] E. C. Alfsen, *Compact Convex Sets and Boundary Integrals*, Springer, 1971.
[B4] H. Behnke–F. Sommer, *Theorie der analytischen Funktionen einer komplexen Veränderlichen*, 2nd ed., Springer, 1962.
[B5] M. Brelot, *Éléments de la Théorie Classique du Potentiel*, Centre de Documentation Universitaire, 1969.
[B6] G. Choquet, *Lectures on Analysis. Vol. II: Representation Theory* (J. Marsden, T. Lance, S. Gelbart, eds.), W. A. Benjamin, 1969.
[B7] C. Constantinescu–A. Cornea, *Ideale Ränder Riemannscher Flächen*, Springer, 1963.
[B8] J. B. Conway, *A Course in Functional Analysis*, Springer, 1985.
[B9] N. Dunford–J. T. Schwartz, *Linear Operators, Part I*, Interscience, 1957.
[B10] H. M. Farkas–I. Kra, *Riemann Surfaces*, Springer, 1980.
[B11] L. R. Ford, *Automorphic Functions*, Chelsea, 1951.
[B12] T. W. Gamelin, *Uniform Algebras*, Prentice-Hall, 1969.
[B13] J. B. Garnett, *Bounded Analytic Functions*, Academic Press, 1981.
[B14] J. B. Garnett–D. E. Marshall, *Harmonic Measure*, Cambridge Univ. Press, 2005.
[B15] R. C. Gunning, *Lectures on Riemann Surfaces*, Princeton Univ. Press, 1966.
[B16] M. Hasumi (荷見守助), *Hardy Classes on Infinitely Connected Riemann Surfaces*, Lecture Notes in Math., vol. 1027, Springer, 1983.
[B17] ———, 集合と位相, 内田老鶴圃, 1995.
[B18] ———, 関数解析入門―バナッハ空間とヒルベルト空間, 内田老鶴圃, 1995.
[B19] M. Heins, *Hardy Classes on Riemann Surfaces*, Lecture Notes in Math., vol. 98, Springer, 1969.
[B20] H. Helson, *Lectures on Invariant Subspaces*, Academic Press, 1964.
[B21] K. Hoffman, *Banach Spaces of Analytic Functions*, Prentice-Hall, 1962.

[B22] P. Koosis, *Introduction to H_p Spaces*, Cambridge Univ. Press, 1980.
[B23] I. Kra, *Automorphic Forms and Kleinian Groups*, W. A. Benjamin, 1972.
[B24] M. G. Krein–A. A. Nudelman, *The Markov Moment Problem and Extremal Problems*, Amer. Math. Soc., 1977.
[B25] Y. Kusunoki (楠幸男), 函数論—リーマン面と等角写像—, 朝倉書店, 1973.
[B26] J. Lehner, *Discontinuous Groups and Automorphic Functions*, Amer. Math. Soc., 1964.
[B27] B. M. Levitan, *Inverse Sturm-Liouville Problems*, Nauka, 1984.
[B28] L. H. Loomis, *An Introduction to Abstract Harmonic Analysis*, Van Nostrand, 1953.
[B29] W. Magnus–W. Winkler, *Hill's Equation*, Wiley, 1966.
[B30] M. Nakai (中井三留), リーマン面の理論, 森北出版, 1980.
[B31] Z. Nehari, *Conformal Mapping*, McGraw-Hill, 1952.
[B32] R. Nevanlinna, *Analytic Functions*, Springer, 1970.
[B33] N. K. Nikol'skii, *Treatise on the Shift Operator*, Springer, 1986.
[B34] K. Oikawa (及川廣太郎), リーマン面, 共立出版, 1987.
[B35] Ch. Pommerenke, *Univalent Functions*, Vandenhoeck u. Ruprecht, 1975.
[B36] M. Rosenblum–J. Rovnyak, *Topics in Hardy Classes and Univalent Functions*, Birkhäuser, 1994.
[B37] W. Rudin, *Function Theory in Polydiscs*, W. A. Benjamin, 1969.
[B38] ———, *Real and Complex Analysis*, 3rd ed., McGraw-Hill, 1987.
[B39] D. Sarason, *Function Theory on the Unit Circle*, Virginia Poly. Inst. and State Univ., 1978.
[B40] L. Sario–M. Nakai (中井三留), *Classification Theory of Riemann Surfaces*, Springer, 1970.
[B41] M. H. Stone, *Linear Transformations in Hilbert Space and their Applications to Analysis*, Amer. Math. Soc., 1932.
[B42] O. Takenouchi (竹之内脩), A. Sakai (阪井章), K. Kishi (貴志和男), T. Jimbo (神保敏弥), 関数環, 培風館, 1977.
[B43] M. Tsuji (辻正次), *Potential Theory in Modern Function Theory*, Maruzen, 1959.
[B44] J. Wada (和田淳蔵), ノルム環, 共立出版, 1969.
[B45] J. L. Walsh, *The Location of Critical Points of Analytic and Harmonic Functions*, Amer. Math. Soc., 1950.
[B46] K. Yosida (吉田耕作), *Functional Analysis*, 6th ed., Springer, 1980.
[B47] A. Zygmund, *Trigonometric Series*, 2nd ed., Cambridge Univ. Press, 1959.

[1] P. R. Ahern–D. N. Clark, *On inner functions with H^p-derivatives*, Michigan Math. J. **21** (1974), 115–127. MR 0344479 (49 #9218)

[2] N. I. Akhiezer, *Orthogonal polynomials on several intervals*, Soviet Math. Dokl. **1** (1960), 989–992.

[3] ———, *Orthogonal polynomials on a system of intervals and its continual analogues*, Proc. of the 4-th All Union Math. Congress, Vol. 2, 1964, pp. 623–628.

[4] ———, *On an undetermined equation of Chebyshev type in problems of construction of orthogonal systems*, Math. Physics and Functional Analysis (Proc. Inst. Low Temp. Physics, Kharkov) **2** (1971), 3–14.

[5] ———, *Some inverse problems of spectral theory connected with hyperelliptic integrals*, Theory of Linear Operators in Hilbert Space (N. I. Akhiezer–I. M. Glazman, eds.), Vol. II, "Vishcha Shkola", 1978, pp. 242–283. MR 0509335 (82g:47001b)

[6] N. I. Akhiezer–Yu. Ya. Tomchuk, *On the theory of orthogonal polynomials over several intervals*, Dokl. Akad. Nauk **138** (1961), 743–746.

[7] N. L. Alling, *Extension of meromorphic function rings over non-compact Riemann surfaces. II*, Math. Z. **93** (1966), 345–394. MR 0199427 (33 #7572)

[8] D. Alpay–M. Mboup, *A characterization of Schur multipliers between character-automorphic Hardy spaces*, Integral Equations Operator Theory **62** (2008), 455–463. MR 2470119 (2009m:30079)

[9] A. J. Antony–M. Krishna, *Inverse spectral theory for Jacobi matrices and their almost periodicity*, Proc. Indian Acad. Sci. Math. Sci. **104** (1994), 777–818. MR 1319885 (95m:47054)

[10] H. Behnke–K. Stein, *Entwicklung analytischer Funktionen auf Riemannschen Flächen*, Math. Ann. **120** (1949), 430–461. MR 0029997 (10,696c)

[11] A. Beurling, *On two problems concerning linear transformations in Hilbert space*, Acta Math. **81** (1949), 239–255. MR 0027954 (10,381e)

[12] E. Bishop–K. de Leeuw, *The representation of linear functionals by measures on sets of extreme points*, Ann. Inst. Fourier (Grenoble) **9** (1959), 305–331. MR 0114118 (22 #4945)

[13] A. Björn, *Removable singularities for Hardy spaces*, Complex Variables Theory Appl. **35** (1998), 1–25. MR 1609914 (98k:32018)

[14] ———, *Removable singularities on rectifiable curves for Hardy spaces of analytic functions*, Math. Scand. **83** (1998), 87–102. MR 1662084 (99m:46065)

[15] _____, *Removable singularities for H^p spaces of analyitc functions, $0 < p < 1$*, Ann. Acad. Sci. Fenn. Math. **26** (2001), 155–174. MR 1816565 (2002a:30060)

[16] _____, *Properties of removable singularities for Hardy spaces of analytic functions*, J. London Math. Soc. (2) **66** (2002), 651–670. MR 1934298 (2003j:30049)

[17] _____, *Removable singularities for analytic functions in BMO and locally Lipschitz spaces*, Math. Z. **244** (2003), 805–835. MR 2000460 (2004i:30003)

[18] S. Bochner, *Generalized conjugate and analytic functions without expansions*, Proc. Nat. Acad. Sci. USA **45** (1959), 855–857. MR 0106411 (21 #5143)

[19] M. Brelot, *Topology of R. S. Martin and Green lines*, Lectures on Functions of a Complex Variable (W. Kaplan, ed.), Univ. of Michigan Press, Ann Arbor, 1955, pp. 105–121. MR 0069966 (16,1108c)

[20] M. Brelot – G. Choquet, *Éspaces et lignes de Green*, Ann. Inst. Fourier (Grenoble) **3** (1951), 199–263 (1952). MR 0062883 (16,34e)

[21] R. C. Buck, *Algebraic properties of classes of analytic functions*, Seminars on Analytic Functions, vol. II, 1957, pp. 175–188.

[22] L. Carleson, *Interpolation by bounded analytic functions and the corona problem*, Ann. of Math. (2) **76** (1962), 547–559. MR 0141789 (25 #5186)

[23] _____, *On H^∞ in multiply connected domains*, Conference on Harmonic Analysis in honor of Antoni Zygmund (W. Beckner, A. P. Calderón, R. Fefferman, P. W. Jones, eds.), Vol. II, Wadsworth, 1983, pp. 349–372. MR 0730079 (85g:30058)

[24] G. Choquet, *Existence et unicité des représentations intégrales*, Séminaire Bourbaki, 1956, December, pp. 139. 15 pages.

[25] G. Choquet – P. A. Meyer, *Existence et unicité des représentations intégrales dans les convexes compactes quelconques*, Ann. Inst. Fourier (Grenoble) **13** (1963), 139–154. MR 0149258 (26 #6748)

[26] C. J. Earle – A. Marden, *On Poincaré series with application to H^p spaces on bordered Riemann surfaces*, Illinois J. Math. **13** (1969), 202–219. MR 0237766 (38 #6147)

[27] I. E. Egorova, *On a class of almost periodic solutions of the KdV equation with a nowhere dense spectrum*, Dokl. Akad. Nauk **323** (1992), 219–222. MR 1191535 (93m:35161)

[28] _____, *Almost periodicity of some solutions of the KdV equation with Cantor spectrum*, Dopov./Dokl. Akad. Nauk Ukraïni (1993), no. 7, 26–29. MR 1260549 (95j:35191)

[29] S. Fedorov, *On harmonic analysis in a multiply connected domain and character-automorphic Hardy spaces*, Algera i Analiz **9** (1997), 192–240. MR 1468551 (99d:32046)

[30] ———, *On a projection from one co-invariant subspace onto another in character-automorphic Hardy space on a multiply connected domain*, Math. Nachr. **217** (2000), 53–74. MR 1780771 (2001g:46054)

[31] F. Forelli, *Bounded holomorphic functions and projections*, Illinois J. Math. **10** (1966), 367–380. MR 0193534 (33 #1754)

[32] O. Frostman, *Sur les produits de Blaschke*, Kungl. Fysiogr. Sällsk. i Lund Förh. [Proc. Roy. Physiog. Soc. Lund] **12** (1942), 169–182. MR 0012127 (6,262e)

[33] J. B. Garnett – P. W. Jones, *The corona theorem for Denjoy domains*, Acta Math. **155** (1985), 27–40. MR 0793236 (87e:30044)

[34] F. Gesztesy – P. Yuditskii, *Spectral properties of a class of reflectionless Schrödinger operators*, J. Funct. Anal. **241** (2006), 486–527. MR 2271928 (2008a:34209)

[35] A. Gleason – H. Whitney, *The extension of linear functionals defined on H^∞*, Pacific J. Math. **12** (1962), 163–182. MR 0142013 (25 #5408)

[36] G. H. Hardy, *The mean value of the modulus of an analytic function*, Proc. London Math. Soc. ser. 2 **14** (1915), 269–277.

[37] M. Hasumi (荷見守助), *Shift-invariant subspace について*, 数学 **17** (1966), 214–224. MR 0221322 (36 #4374)

[38] ———, *Invariant subspace theorems for finite Riemann surfaces*, Canad. J. Math. **18** (1966), 240–255. MR 0190790 (32 #8200)

[39] ———, *Invariant subspaces on open Riemann surfaces*, Ann. Inst. Fourier (Grenoble) **24** (1974), no. 4, 241–286 (1975). MR 0364647 (51 #901)

[40] ———, *Invariant subspaces on open Riemann surfaces. II*, Ann. Inst. Fourier (Grenoble) **26** (1976), no. 2, 273–299. MR 0407283 (53 #11062)]

[41] ———, *The Fatou theorem for open Riemann surfaces*, Duke Math. J. **43** (1976), 731–746. MR 0417409 (54 #5459)

[42] ———, 不変部分空間の理論, 数学 **28** (1976), 47–57. MR 0632103 (58 #30274)

[43] ———, *Hardy classes on plane domains*, Technical Report 2, Institut Mittag-Leffler, Djursholm, Sweden, 1977.

[44] ———, *Weak-star maximality of H^∞ on surfaces of Parreau-Widom type*, 1977, (未公刊).

[45] _____, *Hardy classes on plane domains*, Ark. Mat. **16** (1978), 213–227. MR 0524750 (80d:30034)

[46] _____, *Remarks on Hardy classes on plane domains*, Bull. Fac. Sci. Ibaraki Univ. Ser. A. Math. **11** (1979), 65–71. MR 0536903 (80h:30028)

[47] _____, *A remark on the Green fundamental domain*, Math. Rep. Toyama Univ. **8** (1985), 211–218. MR 0810371 (87c:30064)

[48] M. Hasumi (荷見守助) – S. Kataoka (片岡三郎), *Remarks on Hardy-Orlicz classes*, Arch. der Math. **51** (1988), 455–463. MR 0970361 (89k:46034)

[49] M. Hasumi (荷見守助) – L. A. Rubel, *Multiplication isometries of Hardy spaces and of double Hardy spaces*, Hokkaido Math. J. **10** (1981), no. Sp., 221–241. MR 0662301 (83h:30038)

[50] M. Hasumi (荷見守助) – T. P. Srinivasan, *Doubly invariant subspaces, II*, Pacific J. Math. **14** (1964), 525–535. MR 0164230 (29 #1529)

[51] _____, *Invariant subspaces of continuous functions*, Canad. J. Math. **17** (1965), 643–651. MR 0179625 (31 #3871)

[52] M. Hayashi (林実樹廣), *Smoothness of analytic functions at boundary points*, Pacific J. Math. **67** (1976), 171–202. MR 0425126 (54 #13083)

[53] _____, *Hardy classes on Riemann surfaces*, Ph.D. Thesis, University of California, Los Angeles, 1979.

[54] _____, *Characterization of Riemann surfaces possessing invariant subspace theorem*, 1981, (未公刊).

[55] _____, *Szegö's theorem on Riemann surfaces*, Hokkaido Math. J. **10** (1981), no. Sp., 242–254. MR 0662302 (84d:30083)

[56] _____, *Invariant subspaces on Riemann surfaces of Parreau-Widom type*, Trans. Amer. Math. Soc. **279** (1983), 737–757. MR 0709581 (85b:30049)

[57] _____, *An example of a domain of Parreau-Widom type*, Complex Variables Theory Appl. **6** (1986), 73–80. MR 0871621 (88e:30090)

[58] M. Heins, *Symmetric Riemann surfaces and boundary problems*, Proc. London Math. Soc. **14A** (1965), 129–143. MR 0213540 (35 #4400)

[59] D. A. Hejhal, *Classification theory for Hardy classes of analytic functions*, Bull. Amer. Math. Soc. **77** (1971), 767–771. MR 0281907 (43 #7621)

[60] _____, *Classification theory for Hardy classes of analytic functions*, Ann. Acad. Sci. Fenn. Math. **566** (1973), 1–28.

[61] H. Helson – D. Lowdenslager, *Prediction theory and Fourier series in several variables*, Acta Math. **99** (1958), 165–202. MR 0097688 (20 #4155)

[62] _____, *Prediction theory and Fourier series in sevaral variables. II*, Acta Math. **106** (1961), 175–213. MR 0176287 (31 #562)

[63] D. Hitt, *Invariant subspaces of H^2 of an annulus*, Pacific J. Math. **134** (1988), 101–120. MR 0953502 (90a:46059)

[64] P. W. Jones – D. E. Marshall, *Critical points of Green's function, harmonic measure, and the corona problem*, Ark. Mat. **23** (1985), 281–314. MR 0827347 (87h:30101)

[65] S. Kobayashi (小林昇治), *On H_p classification of plane domains*, Kōdai Math. Sem. Rep. **27** (1976), 458–463. MR 0442235 (56 #621)

[66] _____, *On a classification of plane domains for Hardy classes*, Proc. Amer. Math. Soc. **68** (1978), 79–82. MR 0486533 (58 #6256)

[67] S. Kupin – P. Yuditskii, *Analogs of the Nehari and Sarason theorems for character-automorphic functions and some related questions*, Topics in Interpolation Theory (Leipzig, 1994), Operator Theory: Advances and Applications, vol. 95, Birkhäuser, 1997, pp. 373–390. MR 1473264 (99d:47016)

[68] Ü. Kuran, *A criterion of harmonic majorization in half-spaces*, Bull. London Math, Soc. **3** (1971), 21–22. MR 0315149 (47 #3698)

[69] F. Lárusson, *The Martin boundary action of Gromov hyperbolic covering groups and applications to Hardy classes*, Internat. J. Math. **6** (1995), 601–624. MR 1339648 (97d:30049)

[70] _____, *Holomorphic functions of slow growth on nested covering spaces of compact manifolds*, Canad. J. Math. **52** (2000), no. 5, 982–998. MR 1782336 (2002c:32039)

[71] P. D. Lax, *Translation invariant subspaces*, Acta Math. **101** (1959), 163–178. MR 0105620 (21 #4359)

[72] _____, *Translation invariant subspaces*, Proc. Internat. Symp. Linear Spaces (Jerusalem, 1960), Macmillan (Pergamon), 1961, pp. 299–306. MR 0140931 (25 #4345)

[73] B. M. Levitan, *The closure of a set of finite-gap potentials*, Mat. Sb. (N.S.) **123(165)** (1984), 69–91. MR 0728450 (85i:34013)

[74] R. S. Martin, *Minimal positive harmonic functions*, Trans. Amer. Math. Soc. **49** (1941), 137–172. MR 0003919 (2,292h)

[75] K. Matoba (的場克義) – M. Nakamura (中村正弘), *On a theorem of Hasumi and Srinivasan*, Mem. Osaka Lib. Arts Ed. Ser. B **13** (1964), 23–24. MR 0180881 (31 #5111)

[76] H. P. McKean – E. Trubowitz, *Hill's operator and hyperelliptic function theory in the presence of infinitely many branch points*, Comm. Pure. Appl. Math. **29** (1976), 143–226. MR 0427731 (55 #761)

[77] _____, *Hill's surfaces and their theta functions*, Bull. Amer. Math. Soc. **84** (1978), 1042–1085. MR 0508448 (80b:30039)

[78] M. Nakai (中井三留), *Corona problem for Riemann surfaces of Parreau-Widom type*, Pacific J. Math. **103** (1982), 103–109. MR 0687965 (85c:30047)

[79] C. W. Neville, *Ideals and submodules of analytic functions on infinitely connected plane domains*, Ph.D. Thesis, University of Illinois, Urbana-Champaign, 1972.

[80] _____, *Invariant subspaces of Hardy classes on infinitely connected plane domains*, Bull. Amer. Math. Soc. **78** (1972), 857–860. MR 0301206 (46 #364)

[81] _____, *Invariant subspaces of Hardy classes on infinitely connected open surfaces*, Mem. Amer. Math. Soc. **160** (1975), 151 pp. MR 0586558 (58 #28516)

[82] M. Niimura (新村幹夫), *Asymptotic value sets of bounded holomorphic functions along Green lines*, Ark. Mat. **20** (1982), 125–128. MR 0660130 (83m:30025)

[83] A. E. Obrock, *Null Orlicz classes of Riemann surfaces*, Ann. Acad. Sci. Fenn. Ser. A. I. **498** (1972), 22 pp. MR 0304648 (46 #3780)

[84] M. Parreau, *Sur les moyennes des fonctions harmoniques et analytiques et la classifications des surfaces de Riemann*, Ann. Inst. Fourier (Grenoble) **3** (1951), 103–197 (1952). MR 0050023 (14,263c)

[85] _____, *Théorème de Fatou et problème de Dirichlet pour les lignes de Green de certaines surfaces de Riemann*, Ann. Acad. Sci. Fenn. Ser. A. I. **250/25** (1958), 8 pp. MR 0098180 (20 #4642)

[86] F. Peherstorfer – P. Yuditskii, *Asymptotic behavior of polynomials orthonormal on a homogeneous set*, J. Analyse Math. **89** (2003), 113–154. MR 1981915 (2004j:42022)

[87] Ch. Pommerenke, *On the Green's function of Fuchsian groups*, Ann. Acad. Sci. Fenn. Ser. A. I. Math. **2** (1976), 409–427. MR 0466534 (57 #6412)

[88] _____, *On the Green's fundamental domain*, Math. Z. **156** (1977), 157–164. MR 0463431 (57 #3382)

[89] W. Pranger, *Bounded sections on a Riemann surface*, Proc. Amer. Math. Soc. **69** (1978), 77–80. MR 0482224 (58 #2306)

[90] _____, *Riemann surfaces and bounded holomorphic functions*, Trans. Amer. Math. Soc. **259** (1980), 393–400. MR 0567086 (82i:30067)

[91] A. H. Read, *A converse of Cauchy's theorem and applications to extremal problems.*, Acta Math. **100** (1958), 1–22. MR 0098178 (20 #4640)

[92] H. L. Royden, *The boundary values of analytic and harmonic functions*, Math. Z. **78** (1962), 1–24. MR 0138747 (25 #2190)

[93] _____, *Invariant subspaces of $\mathcal{H}^p$ for multiply connected regions*, Pacific J. Math. **134** (1988), 151–172. MR 953505 (90a:46056)

[94] L. A. Rubel – J. V. Ryff, *The bounded weak-star topoloy and the bounded analytic functions*, J. Funct. Anal. **5** (1970), 167–183. MR 0254580 (40 #7788)

[95] L. A. Rubel – A. L. Shields, *The space of bounded analytic functions on a region*, Ann. Inst. Fourier (Grenoble) **16** (1966), 235–277. MR 0198281 (33 #6440)

[96] W. Rudin, *Analytic functions of class H_p*, Trans. Amer. Math. Soc. **78** (1955), 46–66. MR 0067993 (16,810b)

[97] M. V. Samokhin, *Some properties of classes of analytic functions on Parreau-Widom surfaces*, Uspekhi Mat. Nauk **43** (1988), no. 2(260), 153–154; English transl., Russian Math. Surveys **43** (1988), no. 2, 185–186.

[98] _____, *Some classical problems in the theory of analytic functions in domains of Parreau-Widom type*, Mat. Sb. **182** (1991), no. 6, 892–910; English transl., Math. USSR-Sb **73** (1992), no. 1, 273–288. MR 1126158 (93d:30055)

[99] D. Sarason, *The H^p spaces of an annulus*, Mem. Amer. Math. Soc. **56** (1965), 78 pp. MR 0188824 (32 #6256)

[100] S. Segawa (瀬川重男), *Harmonic majoration of quasi-bounded type*, Pacific J. Math. **84** (1979), 199–200. MR 0559637 (81i:30077)

[101] H. S. Shapiro – A. L. Shields, *On some interpolation problems for analytic functions*, Amer. J. Math. **83** (1961), 513–532. MR 0133446 (24 #A3280)

[102] M. Shapiro, V. Vinnikov, P. Yuditskii, *Finite difference operators with a finite band spectrum*, Mat. Fiz. Anal. Geom. **11** (2004), 331–340. MR 2104844 (2005h:47063)

[103] M. Sodin – P. Yuditskii, *The limit-periodic finite-difference operator on $l^2(\mathbb{Z})$ associated with iterations of quadratic polynomials*, J. Statist. Phys. **60** (1990), 863–873. MR 1076922 (92e:58214)

[104] _____, *Almost periodic Strum-Liouville operators with Cantor homogeneous spectrum*, Comment. Math. Helv. **70** (1995), 639–658. MR 1360607 (96k:34175)

[105] _____, *Almost periodic Jacobi matrices with homogeneous spectrum, infinite-dimensional Jacobi inversion, and Hardy spaces of character-automorphic functions*, J. Geom. Anal. **7** (1997), 387–435. MR 1674798 (2000k:47033)

[106] T. P. Srinivasan, *Simply invariant subspaces*, Bull. Amer. Math. Soc. **69** (1963), 706–709. MR 0152884 (27 #2856)

[107] _____, *Doubly invariant subspaces*, Pacific J. Math. **14** (1964), 701–707. MR 0164229 (29 #1528)

[108] C. M. Stanton, *Bounded analytic functions on a class of open Riemann surfaces*, Pacific J. Math. **59** (1975), 557–565. MR 0414897 (54 #2989)

[109] E. L. Stout, *Bounded holomorphic functions on finite Riemann surfaces*, Trans. Amer. Math. Soc. **120** (1965), 255–285. MR 0183882 (32 #1358)

[110] M. Voichick, *Ideals and invariant subspaces of analytic functions*, Trans. Amer. Math. Soc. **111** (1964), 493–512. MR 0160920 (28 #4129)

[111] _____, *Invariant subspaces on Riemann surfaces*, Canad. J. Math. **18** (1966), 399–403. MR 0190791 (32 #8201)

[112] A. Volberg – P. Yuditskii, *On the inverse scattering problem for Jacobi matrices with the spectrum on an interval, a finite system of intervals or a Cantor set of positive length*, Comm. Math. Phys. **226** (2002), 567–605. MR 1896882 (2003m:47059)

[113] H. Widom, *Extremal polynomials associated with a system of curves in the complex plane*, Advances in Math. **3** (1969), 127–232 (1969). MR 0239059 (39 #418)

[114] _____, *The maximum principle for multiple-valued analytic functions*, Acta Math. **126** (1971), 63–82. MR 0279311 (43 #5034)

[115] _____, $\mathcal{H}_p$ *sections of vector bundles over Riemann surfaces*, Ann. of Math. (2) **94** (1971), 304–324. MR 0288780 (44 #5976)

[116] P. Yuditskii, *The character-automorphic Nehari problem: non-uniqueness criterion and some extremal solutions*, Z. Anal. Anwendungen **16** (1997), 249–261. MR 1459958 (98i:47014)

[117] _____, *Two remarks on Fuchian groups of Widom type*, Operator theory, system theory and related topics (Beer-Sheva/Rehovot, 1997), Operator theory: Advances and Applications, vol. 123, Brikhäuser, Basel, 2001, pp. 527–537. MR 1821928 (2002a:30070)

[118] M. Zinsmeister, *Espaces de Hardy et domaines de Denjoy*, Ark. Mat. **27** (1989), 363–378. MR 1022286 (92c:30041)

[119] B. Øksendal, *A short proof of the F. and M. Riesz theorem*, Proc. Amer. Math. Soc. **30** (1971), 204. MR 0279316 (43 #5039)

著者索引

Ahern, P. R., 227, 394, 396
Ahlfors, L. V., 84, 152

Banach, S., 10
Beurling, A., 190, 208
Bishop, E., 30
Björn, A., 358
Bochner, S., 98
Brelot, M., 63, 153, 164, 172
Buck, R. C., 110

Carathéodory, C., 392, 394
Carleson, L., ii, 237, 248, 252, 257, 262, 263, 277, 284, 379
Choquet, G., 13, 23, 30, 153, 164, 172
Clark, D. N., 227, 394, 396
Constantinescu, C., 80
Conway, J. B., 30
Cornea, A., 80

de Leeuw, K., 30
Dunford, N., 88, 99, 191

Earle, C. J., iii, 237, 241, 246, 262

Farkas, H. M., 265, 266
Fatou, P., 388, 389
Ford, L. R., 236

Forelli, F., iii, 208, 237, 241, 246, 262
Frostman, O., 225, 376

Gamelin, T. W., 116
Garnett, J. B., 159, 251, 262, 379
Gesztesy, F., 287, 326
Gunning, R. C., 48

Hahn, H., 10
Hardy, G. H., i, 81
Hasumi, M. (荷見守助), i, 30, 80, 116, 151, 207, 208, 262, 358
Hayashi, K. (林一道), 207
Hayashi, M. (林実樹廣), ii, 145, 151, 172, 207, 262
Heins, M., i, 245, 327, 358
Hejhal, D. A., 358
Helson, H., iii, 116, 190
Herglotz, G., 96
Hoffman, K., 116

Jimbo, T. (神保敏弥), 116
Jones, P. W., iii, 152, 237, 247, 262
Julia, G., 393

Kakutani, S. (角谷静夫), 248
Kishi, K. (貴志一男), 116
Kobayashi, S. (小林昇治), 358

Koosis, P., 116, 388
Kra, I., 236, 265, 266
Krein, M. G., 8, 10
Kuramochi, Z. (倉持善治郎), 151
Kusunoki, Y. (楠幸男), 48

Lárusson, F., 152
Lehner, J., 236
Littlewood, L. E., i
Loomis, L. H., 64
Lowdenslager, D., 190

Marden, A., iii, 237, 241, 246, 262
Marshall, D. E., iii, 152, 159, 237, 247, 379
Martin, R. S., 80
Matoba, K. (的場克義), 208
Milman, D. P., 8, 10
Minkowski, H., 10
Myrberg, P. J., 218

Nakai, M. (中井三留), 152, 262
Nakamura, M. (中村正弘), 208
Nehari, Z., 254
Nevanlinna, F., 87
Nevanlinna, R., 83, 87, 294
Neville, C. W., 30, 116, 207
Niimura, M. (新村幹夫), 172
Nikol'skii, N. K., 326

Obrock, A. E., 358

Parreau, M., ii, 117, 119, 151, 153, 328
Perherstorfer, F., 326
Pommerenke, Ch., iii, 209, 224, 228, 230, 236, 237, 392
Pranger, W., 208, 262

Read, A. H., 110, 207
Riesz, F., i, 56, 86, 96, 376, 391
Riesz, M., i, 98, 391
Rosenblum, M., 102, 116, 390
Rovnyak, J., 102, 116, 390
Royden, H. L., 207, 208
Rubel, L. A., 110
Rudin, W., 78, 82, 94, 96, 111, 358, 387

Sakai, A. (阪井章), 116
Sario, L., 152
Schwartz, J. T., 88, 99, 191
Shields, A. L., 110
Sodin, M., iii, 236, 263, 278, 279, 284, 293, 314
Srinivasan, T. P., 190, 208
Stanton, C. M., 237, 262
Stone, M. H., 326, 397
Stout, E. L., 152
Szegö, G., i

Takenouchi, O. (竹之内脩), 116
Tsuji, M. (辻正次), 159, 236

Voichick, M., iv, 208

Wada, J. (和田淳蔵), 116
Widom, H., ii, 117, 118, 120, 150–153, 230
Wiener, N., 382, 383
Wolffe, T. H., 393

Yosida, K. (吉田耕作), 30
Yuditskii, P., iii, 236, 263, 278, 279, 284, 287, 293, 314, 326

Zygmund, A., 97
Øksendal, B., 391

記号索引

$|E|$　E の 1 次元 Lebesgue 測度, 257
$|x|$　絶対値 (ベクトル束), 4

$\alpha[F]$　F の指標, 267
$\mathcal{A}(\mathcal{R})$　$\mathcal{R}$ 上で正則で $\overline{\mathcal{R}}$ 上で連続な微分の空間, 242
$\mathcal{A}, \mathcal{A}(K)$　凸集合 K 上のアフィン函数の全体, 17
$A(\mathbb{D}), A(\mathbb{T}), A_0(\mathbb{D}), A_0(\mathbb{T})$　円板環, 96
$A^\perp$　A の直交補空間, 5

$B(\alpha, a)$　$\mathcal{R}(\alpha, a)$ の 1 次元 Betti 数, 117

$\chi, \chi_\mathcal{R}$　原点 O に対する調和測度, 55
χ_a　点 a に関する調和測度, 62, 174, 181
$\mathcal{C}, \mathcal{C}(K)$　凸集合 K 上の連続な凸函数全体の集合, 17
$\mathrm{Cap}(E)$　対数容量, 380
C_κ　コンパクト台を持つ連続函数の環, 49
$C(X), C_\mathbb{R}(X), C_\mathbb{R}(\mathbb{T})$　実数値連続函数の空間, 15

$\delta g(a, z)$　Green 函数 $g(a, z)$ の複素微分, 118, 164
Δ, Δ_M　Martin 理想境界, 51
Δ_1　Martin 極小境界, 55
$\mathcal{D}(f)$　細境界函数の定義域, 64
$\overline{\mathbb{D}}$　単位閉円板, 85

dm_a　始点 a の Green 測度, 154
$D[\alpha]$　Jacobi 行列 $J(\alpha)$ の因子, 314
$D_*[\alpha]$　$D[\alpha]$ の共軛因子, 314

$\mathcal{E}(a)$　$HP(a)$ の端点集合, 28
$\mathrm{ex}(A)$　$(A$ の$)$ 端点の集合, 9

$\mathcal{F}(b)$　b の細近傍の族, 62
$\widehat{f}(b)$　f の細極限, 64

$\gamma(E)$　E の Robin 定数, 380
Γ　一次変換群，Fuchs 群, 211
$\Gamma_e, \Gamma_{e0}, \Gamma_c, \Gamma_{c0}, \Gamma_h$　微分族, 367
$\Gamma_{h0}(\mathrm{Cl}(W))$　$\mathrm{Cl}\,W$ 上の調和微分, 134, 385
$\mathfrak{g}$　Fuchs 群 Γ の Green 函数, 218, 294, 298
$\mathfrak{G}(z, a)$　複素 Green 函数 $(\mathcal{R}$ の$)$, 187, 269, 274, 279, 299
$\mathbb{G}'(a)$　Green 星状領域, 154
$\mathbb{G}(\mathcal{R}, a), \mathbb{G}(a)$　始点 a の Green 線全体, 153
$g^{(a)}(z) = \exp(-s^{(a)}(z))$, 165
$g(a, z), g(z, a), g_a(z)$　$\mathcal{R}$ の Green 函数, 51, 375
$G[f] = G[f; \mathbb{G}(a)]$　Green 線 Dirichlet 問題の解, 155

415

記号索引

HP　非負調和函数の族, 25
HP'　非負調和函数の差の族, 25
$\mathbb{H}_+$　上半平面, 101, 214
$h_\beta^\infty(\mathcal{R})$　β 位相を持つ $h^\infty(\mathcal{R})$, 111
$h^p(\mathbb{D}), h^\infty(\mathbb{D})$　調和 Hardy 族, 99
$H^p(\mathbb{D}), H^\infty(\mathbb{D})$　$\mathbb{D}$ 上の Hardy 族, 82

ι　一次変換群の単位元, 209

$\mathcal{J}_E$　スペクトル E の Jacobi 行列の族, 272, 279

$k(b,a), k_b(a)$　Martin 函数, 51
k_D　因子 D に対する極値函数, 311

$\Lambda(\mathbf{\Gamma})$　$\mathbf{\Gamma}$ の極限集合, 212
$\mathbb{L}(\mathcal{R},a), \mathbb{L}(a)$　始点 a の正則 Green 線全体の集合, 154
$L^p(d\sigma)_{\mathbf{\Gamma}_\mathcal{R}}$　$\mathbf{\Gamma}_\mathcal{R}$ 不変な $L^p(d\sigma)$ の元全体の空間, 79

Möb　一次変換 (Möbius 変換) の全体, 209
$\mathbf{M}_S(\ )$　S 上での最小調和優函数, 328

$\mathbf{M}(u)$　最小調和優函数, 82, 107, 120, 373
$N(\mathbb{D})$　$\mathbb{D}$ 上の Nevanlinna 族, 82
$\Omega(\mathbf{\Gamma})$　$\mathbf{\Gamma}$ の不連続領域, 212
$\pi_1^*(\mathcal{R},O)$　基本群の指標群, 32
$\pi_1(\mathcal{R}), \pi_1(\mathcal{R},O)$　$\mathcal{R}$ の基本群, 31, 79, 361
p'　p の共軛指数, 125

$\mathcal{R}$　Riemann 面, 25
$\mathcal{R}(\alpha,a)$　a を中心とする正則領域, 117
$\{\mathcal{R}_n\}$　$\mathcal{R}$ の正則近似列, 156
$\mathcal{R}^*, \mathcal{R}_M^*$　$\mathcal{R}$ の Martin コンパクト化, 51
$\mathcal{R}_Q^*$　$\mathcal{R}$ の Q コンパクト化, 50

$\sigma, d\sigma$　$\mathbb{T}$ 上の正規化 Lebesgue 測度, 82
$s^{(a)}(z) = \sum\{g(z,z_l) : z_l \in Z(a;\mathcal{R})\}$, 165

tr　行列の跡 (トレース), 209

U^μ　Green ポテンシャル, 376

事項索引

あ 行

アーベル微分　Abelian differential, 371
(RPW) 族　class (RPW), 281
i 函数　i-function, 193
アフィン函数　affine function, 17
アフィン部分空間　affine subspace, 11
位相　topology
　厳密 (β) ―　strict (β-) ―, 111
　弱 ―　weak ―, 14
　汎弱 ―　weak-star ―, 15
一意化写像　uniformizing map, 292
一次変換　linear (fractional)
　　　transformation, 209
　斜行的 ―　loxodromic ―, 211
　双曲的 ―　hyperbolic ―, 210
　楕円的 ―　elliptic ―, 211
　放物的 ―　parabolic ―, 211
一様ノルム　uniform norm, 96
因子 (ヤコビ行列の)　divisor, 310
因子　divisor, 370
　主 ―　principal ―, 370
　整 ―　integral ―, 371
　― 類群　― class group, 370
因子群　group of divisors, 370
ウィーナー解 (ディリクレ問題の)　Wiener

solution to the Dirichlet problem, 382
ウィーナー函数　Wiener function, 66
ウィーナーポテンシャル　Wiener
　　　potential, 66
ウィドム型 (フックス群が)　Widom type, 224
ウィドム条件　Widom's condition, 118
m 函数　m-function, 193
円板環　disk algebra, 96
凹　concave, 17
凹函数　concave function, 17
凹包絡函数 (凹包)　concave envelope, 17

か 行

外因数　outer factor, 38, 39, 95
外函数　outer function, 94, 102
外的　outer, 38
開被覆　open covering
　基点を持つ ―　― with base, 31
可解　resolutive, 56, 155, 373
角微係数　angular derivative, 224, 392
環状集合　circular set, 352
函数　function
　外 ―　outer ―, 94, 102

準有界 — quasi-bounded —, 29
特異 — singular —, 29
内 — inner —, 29, 93
完備 complete, 3
シグマ — σ- —, 3
Γ不変 Γ-invariant, 74
擬接続可能 pseudo-continuable, 298
擬双曲距離 pseudo-hyperbolic metric, 214, 251
基本群 fundamental group, 31, 361
基本領域 fundamental domain, 214
  正規 — normal —, 214, 237
逆コーシー定理 inverse Cauchy theorem, 175, 180
境界 boundary, 373
  マーティン極小 — Martin minimal —, 55
境界集合 boundary set, 19, 21
境界点 boundary point
  正則 — regular —, 374, 382
  非正則 — irregular —, 374
強凸函数 strongly convex function, 328
共軛函数 conjugate function, 97
共軛空間 conjugate space, 14
極限 limit
  — 集合 — set, 212
  非接 — non-tangential —, 387, 389
極集合 polar set, 376
極小調和函数 minimal harmonic function, 55
極小点 minimal point, 55
局所凸空間 locally convex space, 9
極大イデアル空間 maximal ideal space, 247
極大性定理 maximality theorem, 180

極大測度 maximal measure, 20
近似列 exhaustion
  正則 — regular —, 359
  標準 — canonical —, 360
近接函数 proximity function, 83
グリーン函数（フックス群の） Green function, 218
グリーン函数 Green function, 51, 81, 375
グリーン線 Green line, 153
  — の収束 convergence of —, 164, 167, 290
  正則 — regular —, 154
グリーン測度 Green measure, 154
限界円 oricycle, 214
厳密位相 β strict topology, 111
合成 resultant, 16
合同 congruent, 211
恒等分割 identity partition, 385
公約内因数 common inner factor, 110
コーシー核 Cauchy kernel, 40, 41
コーシー定理 Cauchy theorem, 175, 180
  順 — direct —, 181, 184, 185
  逆 — inverse —, 175, 180
個数函数 counting function, 83
固定群 stabilizer, 211
固定点 fixed point, 210
コホモロジー群 cohomology group, 33
コロナ corona
  — 解 — solution, 248
  — 解の限界 bound on — solutions, 248
  — データ — data, 248

さ 行

鎖（被覆の） chain (of covering), 31, 361
細境界函数 fine boundary function, 64

事項索引　　　　　　　　　　　　　　　　　　419

細極限　fine limit, 64
細近傍　fine neighborhood, 62
最小調和優函数　least harmonic majorant, 373
再生微分　reproducing differential, 139, 369
最大公約内因数　greatest common inner factor, 110
柵函数　barrier, 374
次元 (因子の)　dimension of a divisor, 371
支持集合　supporting set, 12
次数　degree, 370
指標 (因子の)　character, 312
指標　character, 38, 219, 364
　加法的 —　additive —, 36, 219
　— 群　— group, 32, 219, 364
重心　barycenter, 16
収束 (グリーン線)　convergence of Green lines, 164, 167, 290
収束型　convergence-type, 218
重複度　multiplicity, 119
主円　principal circle, 212
主函数　principal function, 383
縮減函数　reduced function, réduite, 377
主作用素　principal operator, 136, 138, 383, 385
種数　genus, 361
主分枝　principal branch, 38
順コーシー定理　direct Cauchy theorem, (DCT), 181, 184, 185
順序　order, ordering relation, 1
順序イデアル　order ideal, 5
順序線型空間　ordered linear space, 1
準有界　quasi-bounded, 7, 29, 56, 107
　— 函数　— function, 29

— 成分　— part, 7, 29
条件つき平均　conditional expectation, 241
乗法的　multiplicative, 36, 38
除外近傍　deleted neighborhood, 368
除去可能　removable, 368
スティルチェスの反転公式　Stieltjes' inversion formula, 103
ストークスの公式　Stokes formula, 366
ストルツ角領域　Stolz angle, 160, 389
星状　star-shaped, 216
正則 (リーマン面が)　regular, 118
　— リーマン面　— Riemann surface, 118
正則　regular, 374
　— (境界) 点　— point, 374, 382
　— 近似列　— exhaustion, 359
　— グリーン線　— Green line, 154
　— 領域　— region, 359, 383
正則断面　holomorphic section, 37
正則微分　analytic differential, 367
跡 (行列の)　trace, 209
截線　slit, 158
絶対値 (ベクトル束の)　absolute value, 4
絶対値　modulus, 37
　局所正則 —　locally analytic —, 38
　局所有理型 —　locally meromorphic —, 38, 171
穿孔　puncture, 222
尖細　thin, 62
双曲的 (領域が)　hyperbolic, 133, 374
掃散函数　balayaged function, 377
双対　dual pair, 14
双対空間　dual, 14
双対輪体 (コサイクル)　cocycle, 32
素函数　prime function, 268

測度　measure
　確率点 —　probability point —, 15
　極大 —　maximal —, 20
　ディラック —　Dirac —, 15
　点 —　point —, 15
　標準 —　canonical —, 55

た　行

台（測度の）　support, 15
対合　involution, 239
対称　symmetric, 239
対称化（ダブル）　double, 119, 238
対数ポテンシャル　logarithmic potential, 380
対数容量　logarithmic capacity, 380
単純抜き差し　simple jerk, 31, 34, 361, 363
ダンジョア領域　Denjoy domain, 257
　等質 —　homogeneous —, 257
単体　simplex, 14, 23
端点　extreme point, 9
断面　section, cross section, 36
　正則 —　holomorphic —, 37
　正則微分 —　holomorphic differential —, 37
　有理型 —　meromorphic —, 37
　有理型微分 —　meromorphic differential —, 37
忠実な被覆　faithful covering, 32, 360
超平面　hyperplane, 11
　支持 —　supporting —, 12
調和　harmonic, 372
調和化可能　harmonizable, 66
調和測度　harmonic measure, 55, 62, 375, 382
調和微分　harmonic differential, 367

調和優函数　harmonic majorant
　最小 —　least —, 82
直線束　line bundle, 36, 38
直交　orthogonal, disjoint, 4
直交補空間　orthocomplement, 5
ディリクレ問題　Dirichlet problem
　— の解　solution of —, 56, 155
(DCT)　Direct Cauchy Theorem, 181, 198–200, 235
テータフックス級数　theta-Fuchsian series, 219
適合　adapted, 363
Δ_2 条件　Δ_2 condition, 333
点測度　point measure, 15
等距離円　isometric circle, 213
動径方向極限　radial limit, 161
等質　homogeneous, 257, 277
　— ダンジョア領域　— Denjoy domain, 257
到達可能型　accessible type, 224
　完全 —　fully —, 224
同調的　consistent, 385
特異　singular, 7, 29, 56
　— 函数　— function, 29
　— 成分　— part, 7, 29
　— 内函数　— inner function, 93
特異性函数　singularity function, 383
特殊指数　index of speciality, 371
特性函数（有理型函数の）　characteristic function, 83
凸　convex, 17
凸函数　convex function, 17, 327
　強 —　strongly —, 328
凸集合　convex set, 9
凸錐　convex cone, 1, 23, 26

事項索引

凸体　convex body, 8
ド・ラ・ヴァレ・プサンの条件　de la Vallée Poussin condition, 328

な 行

内因数　inner factor, 38, 39, 95
内函数　inner function, 29, 93
内成分　inner part, 29
内挿　interpolation
　— 定数　— constant, 251
　— 列　interpolating sequence, 250
内的　inner, 38
ネバンリンナ函数　Nevanlinna function, 104, 293, 301, 312
ネバンリンナ族　Nevanlinna class, 82
ネバンリンナ測度　Nevanlinna measure, 103

は 行

ハーディ・オルリッツ族　Hardy-Orlicz class, 327
ハーディ族　Hardy class, 82, 101
バーリア　barrier, 374
倍元　multiple, 371
漠位相　vague topology, 15
端　end, 164
パロー・ウィドム型　Parreau-Widom type, 118
パロー条件　Parreau condition, 119
非接極限　non-tangential limit, 387, 389
被覆写像　covering map, 73
被覆変換群　group of cover transformations, 74, 216
被覆三つ組　covering triple, 73
微分 (形式)　differential (form), 365
　C^k 級 —　— of class C^k, 365

アーベル —　Abelian —, 371
完全 —　exact —, 366
正則 —　analytic —, 367
調和 —　harmonic —, 367
閉 —　closed —, 366
標準　canonical
　— 因子類　— divisor class, 371
　— 基　— basis, 39
　— 乗積　— product, 269
　— 測度　— measure, 55
　— 分割　— partition, 385
　— 領域　— region, 359
複素グリーン函数　complex Green function, 187, 217, 279, 299
フックス群　Fuchsian group, 212
　ウィドム・カーレソン型 —　— of Widom-Carleson type, 325
　ウィドム型 —　— of Widom type, 224
　収束型 —　— of convergence type, 218
普遍被覆面　universal covering surface, 73
不変部分空間　invariant subspace, 190
　単純 —　simply —, 190
　二重 —　doubly —, 190
ブラシュケ積　Blaschke product, 86
ブルロ・ショケー問題　Brelot-Choquet problem, 164
不連続群　discontinuous group, 212
不連続領域　region of discontinuity, 212
分割　partition
　境界の —　— of boundary, 384
　標準 —　canonical —, 385
平衡分布　equilibrium distribution, 381
平衡ポテンシャル　equilibrium potential, 381
閉凸包　closed convex hull, 13

事項索引

閉微分　closed differential, 366
β 位相　β-topology, 111
ベクトル束　vector lattice, 2
　(シグマ) 完備 ─　(σ-) complete ─, 3
　部分 ─　vector sublattice, 5
ヘルグロッツ函数　Herglotz function, 103
ペロン族　Perron family, 373
変数とパラメータの交換法則　exchange law for variable and parameter, 39
ポアンカレ級数　Poincaré series, 219, 220, 227, 240
保型因子　factor of automorphy, 220
保型函数　automorphic function, 220
　指標的 ─　character- ─, 39, 220
ポテンシャル　potential, 376
　対数 ─　logarithmic ─, 380
ほぼ到るところ　quasi-everywhere, q.e., 57, 376
ホモトープ　homotopic, 31, 362

ま 行

マーティン函数　Martin function, 51, 81
マーティンコンパクト化　Martin compactification, 51, 81
マーティン理想境界　Martin ideal boundary, 51, 81
ミンコフスキ汎函数　Minkowski functional, 10
無限帯　infinite band, 277
メービウス変換　Möbius transformation, 209

や 行

約数 (正則函数の)　divisor, 396
ヤコビ行列　Jacobi matrix, 397

─ 族 $\mathcal{J}_E$　─ class $\mathcal{J}_E$, 272, 279
有界型　bounded type, 38, 39, 82, 83
有限帯　finite band, 272
優調和　superharmonic, 372
有理型断面　meromorphic section, 37

ら 行

リース兄弟の定理　F. and M. Riesz's theorem, 391
リーマン面　Riemann surface, 216
　パロー・ウィドム型 ─　─ of Parreau-Widom type, 118
リーマン・ロッホの定理　Riemann-Roch theorem, 371
理想境界　ideal boundary
　─ の分割　partition of the ─, 385
　マーティン ─　Martin ─, 51, 81
流量　flux, 383
領域　region, 359
　グリーン星状 ─　Green star ─, 154, 157
　正則 ─　regular ─, 359
　標準 ─　canonical ─, 359
臨界点　critical point, 119
零集合　null set
　$\mathcal{N}_\Phi$ 級の ─　─ of class $\mathcal{N}_\Phi$, 327
零族　null class, 327
劣加法的汎函数　subadditive functional, 10, 21
劣調和　subharmonic, 372
ロバン定数　Robin's constant, 380

わ 行

ワイル函数　Weyl function, 270, 399

著者紹介

荷見　守助（はすみ　もりすけ）
　1955年　茨城大学文理学部理学科卒業
　1955年　茨城大学助手
　1962年　茨城大学講師
　1962～64年　カリフォルニア大学バークレー校講師
　1966年　茨城大学助教授
　1968年　茨城大学教授
　1998年　茨城大学名誉教授
　理学博士(東京大学)，Ph.D.(カリフォルニア大学バークレー校)
　主な著書　現代解析の基礎(共著)，現代解析の基礎演習，集合と位相，関数解析入門，線型代数入門(共著)，解析入門(共著)，統計入門(共著)(内田老鶴圃)
　Hardy Classes on Infinitely Connected Riemann Surfaces
　(Springer-Verlag (ドイツ))

Hardy Classes on Riemann Surfaces—A Modern Introduction

2010年9月25日　第1版1刷発行

著者の了解に
より検印を省
略いたします

リーマン面上
のハーディ族

著　者　ⓒ荷　見　守　助
発行者　内　田　　　学
印刷者　山　岡　景　仁

発行所　株式会社　内田老鶴圃　〒112-0012 東京都文京区大塚3丁目34番3号
　　　　　　　　　　　　　　電話 03(3945)6781(代)・FAX 03(3945)6782
http://www.rokakuho.co.jp　　印刷/三美印刷 K.K.・製本/榎本製本 K.K.

Published by UCHIDA ROKAKUHO PUBLISHING CO., LTD.
3-34-3 Otsuka, Bunkyo-ku, Tokyo, Japan

ISBN 978-4-7536-0090-8 C3041　　U. R. No. 581-1

現代解析の基礎　荷見守助・堀内利郎　共著　A5・302頁・本体2800円

第Ⅰ章 集合　第Ⅱ章 実数　第Ⅲ章 関数　第Ⅳ章 微分　第Ⅴ章 積分　第Ⅵ章 級数　第Ⅶ章 2変数関数の微分と積分

集合と位相　荷見守助 著　A5・160頁・本体2300円

第1章 集合の基礎概念　第2章 順序集合　第3章 順序数　第4章 順序数の算術　第5章 基数　第6章 選択公理と連続体仮説　第7章 距離空間　第8章 位相空間　第9章 連続写像　第10章 収束概念の一般化　第11章 コンパクト空間　第12章 連続関数の構成

関数解析入門　荷見守助 著　A5・192頁・本体2500円

第1章 距離空間とベールの定理　第2章 ノルム空間の定義と例　第3章 線型作用素　第4章 バナッハ空間続論　第5章 ヒルベルト空間の構造　第6章 関数空間 L^2　第7章 ルベーグ積分論への応用　第8章 連続関数の空間　付録A 測度と積分　付録B 商空間の構成

複素解析の基礎　堀内利郎・下村勝孝　共著　A5・256頁・本体3000円

第1章 プロローグ 複素世界への招待　第2章 べき級数の世界　第3章 べき級数で定義される関数の世界　第4章 正則関数の世界　第5章 コーシーの積分定理　第6章 特異点をもつ関数の世界　第7章 正則関数のつくる世界　第8章 調和関数のつくる世界　第9章 正則関数列と有理型関数列の世界　第10章 エピローグ

関数解析の基礎　堀内利郎・下村勝孝　共著　A5・296頁・本体3800円

第1章 ベクトル空間からノルム空間へ　第2章 ルベーグ積分：A Quick Review　第3章 ヒルベルト空間　第4章 ヒルベルト空間上の線形作用素　第5章 フーリエ変換とラプラス変換　第6章 プロローグ：線形常微分方程式　第7章 超関数　第8章 偏微分方程式とその解について　第9章 基本解とグリーン関数の例　第10章 楕円型境界値問題への応用　第11章 フーリエ変換の初等的偏微分方程式への適用例　第12章 変分問題　第13章 ウェーブレット

ルベーグ積分論　柴田良弘 著　A5・392頁・本体4700円

§1 準備　§2 n次元ユークリッド空間上のルベーグ測度と外測度　§3 一般集合上での測度と外測度　§4 ルベーグ積分　§5 フビニの定理　§6 測度の分解と微分　§7 ルベーグ空間　§8 Fourier 変換と Fourier Multiplier Theorem

藤原松三郎 著
代数学　全2巻
Ⅰ巻　A5・664頁・本体6000円
Ⅱ巻　A5・765頁・本体9000円

第一巻 有理数体(4節)—有理数体の数論(10節)—無理数(5節)—有理数による無理数の近似(8節)—複素数(2節)—整函数(8節)—行列式(10節)—方程式(6節)—方程式と二次形式(5節)　第二巻 群(8節)—ガロアの方程式論(7節)—方列の理論(10節)—二元二次形式の数論(3節)—一次変換群(4節)—不変式論(5節)—代数体の数論(6節)—超越数(2節)

数学解析 第一編　微分積分学　全2巻
Ⅰ巻　A5・688頁・本体9000円
Ⅱ巻　A5・655頁・本体5800円

第一巻 基本概念(8節)—微分(6節)—積分(6節)—二変数の函数(7節)　第二巻 多変数の函数(5節)—曲線と曲面(3節)—多重積分(5節)—常微分方程式(6節)—偏微分方程式(5節)

表示価格は税別の本体価格です．　http://www.rokakuho.co.jp